“十三五”国家重点图书出版规划项目

流域生态安全研究丛书　　主编　杨志峰

城市产业代谢与流域生态健康

刘耕源　杨志峰　著

中国环境出版集团·北京

图书在版编目（CIP）数据

城市产业代谢与流域生态健康/刘耕源，杨志峰著.
—北京：中国环境出版集团，2020.11
（流域生态安全研究丛书/杨志峰主编）
“十三五”国家重点图书出版规划项目 国家出版
基金项目
ISBN 978-7-5111-4435-5

Ⅰ. ①城… Ⅱ. ①刘…②杨… Ⅲ. ①城市环境—生
态环境—研究—中国 Ⅳ. ①X321.2

中国版本图书馆 CIP 数据核字（2020）第 238181 号

出 版 人 武德凯
责任编辑 宋慧敏 周 煜
责任校对 任 丽
封面设计 艺友品牌

出版发行 中国环境出版集团
（100062 北京市东城区广渠门内大街 16 号）
网 址：http://www.cesp.com.cn
电子邮箱：bjgl@cesp.com.cn
联系电话：010-67112765（编辑管理部）
发行热线：010-67125803，010-67113405（传真）
印 刷 北京中科印刷有限公司
经 销 各地新华书店
版 次 2020 年 11 月第 1 版
印 次 2020 年 11 月第 1 次印刷
开 本 787×1092 1/16
印 张 28.75
字 数 592 千字
定 价 158.00 元

“流域生态安全研究丛书”

编著委员会

总　序

近年来，高强度人类活动及气候变化已经对流域水文过程产生了深远影响。诸多与水相关的生态环境要素、过程和功能不断发生变化，流域生态系统健康和生态完整性受损，并在多个空间和时间尺度上产生非适应性响应，引发水资源短缺、水环境恶化、生境破碎化和生物多样性下降等问题，导致洪涝、干旱等极端气候事件的频率和强度增加，直接或间接给人类生命和财产带来了巨大损失，维护流域或区域生态安全已成为迫在眉睫的重大问题。

党中央、国务院历来高度重视国家生态安全。2016 年 11 月，国务院印发《"十三五"生态环境保护规划》，明确提出"维护国家生态安全"，并在第七章第一节详细阐述。2017 年 10 月，党的十九大报告提出"实施重要生态系统保护和修复重大工程，优化生态安全屏障体系，构建生态廊道和生物多样性保护网络，提升生态系统质量和稳定性。"2019 年 10 月，《中共中央关于坚持和完善中国特色社会主义制度　推进国家治理体系和治理能力现代化若干重大问题的决定》明确提出"筑牢生态安全屏障"。一系列国家重大规划和战略的出台与实施，有效遏制了流域或区域的生态退化问题，保障了国家的生态安全，促进了经济社会的可持续发展。

长期聚焦于高强度人类活动与气候变化双重作用对流域生态系统的影响和响应这一关键科学问题，我的团队开展了系列流域或区域生态安全研究，承担了多个国家级重大（点）项目、国际合作项目、部委和地方协作项目，取得了系列论文、专利、咨询报告等成果，希望这些成果能够推动生态安全学科体系建设和科技发展，为保障流域生态安全和社会可持续发展提供重要支撑。

“流域生态安全研究丛书”是近年来在流域生态安全研究领域相关成果的重要体现，集中展现了在流域水电开发生态安全、流域生态健康、城市水生态安全、水环境承载力、河湖水系网络、城市群生态系统健康、流域生态弹性、湿地生态水文等多个领域的理论研究、技术研发和应用示范。希冀丛书的出版可以推动我国流域生态安全研究的深入和持续开展，使理论体系更加完善、技术研发更加深入、应用示范更加广泛。

由于流域生态安全的研究涉及多个学科领域，且受作者水平所限，书中难免存在不足之处，恳请读者批评指正。

杨志峰

2020 年 6 月 5 日

前 言

近年来，城市化已经对流域的生态环境造成严重的干扰和破坏（许申来，2011）。这种现象对发展中国家，尤其是经济快速增长的国家或地区更为明显（丁文峰等，2006）。城市化引发的流域资源与环境问题多集中在水和大气方面，包括水资源短缺、水污染、地下水开采过度及大气污染引发的区域人群健康等问题。随着经济的发展，沿岸城市工业企业对河流与区域大气的污染日趋加重，直接影响流域内的生态环境（刘继文等，2012），同时流域污染又会给城市生态与人群健康带来威胁，二者相互交织、互相影响。以 2013 年报道中常见的流域污染影响热点地区“癌症高发区”为例，“癌症高发区”是癌症高发现象在村级空间尺度上的反映。在我国，“癌症高发区”分布的东部、中部、西部差异大，在东部经济较发达地区，“癌症高发区”数量较多，西部经济欠发达地区“癌症高发区”数量较少。这种分布及地带性差异实际折射出了改革开放以来我国东部、中部、西部经济发展和环境污染的差异。“十一五”国家科技支撑计划课题“淮河流域水污染与肿瘤的相关性评估研究”于 2013 年出版的《淮河流域水环境与消化道肿瘤死亡图集》首次证实了淮河流域癌症高发现象与水污染的直接关系。我国“癌症高发区”的分布与河流关系十分密切，近 60%的“癌症高发区”分布在距离河流 3 km 的范围内，81%的“癌症高发区”分布在距离河流 5 km 的范围内，说明河流是影响“癌症高发区”分布的重要因素（龚胜生等，2013）。而大气污染也通过降水携带或直接作用于人体造成人群的寿命影响，成果已在《美国科学院院报》（*PNAS*）等期刊上发表（Chen et al.，2013），获得国内外巨大关注。

而流域中这种环境影响的热点区域出现与流域中城市产业结构的时空分布有着密切的联系。一方面，中国流域经济区具有其特殊性，上游城市中多集中高污染、高消耗、高排放的产业，且在较长的时期内围绕这些重工业已经形成了较为完善的“三高”产业链。另一方面，由于这种特殊的产业结构以及位于上游城市的区位，给所在地区造成了严重的环境污染。基于河流的特殊性，上游的污染随着水流到达下游，对整个流域的环境尤其是水环境造成严重危害。因此，以流域为研究尺度，关注流域中城市产业发展及其与流域环境质量的关系，成为人文地理学、生态管理学以及可持续发展研究的焦点和关键问题。而通过产业代谢的方法追踪区域内污染物的迁移转化和空间分布是当前学术界亟需解决的问题之一。

从资源核算的角度，产业代谢的研究是对产业间资源从最初的开采，到工业生产、产品消费，直至变成最终的废物排放这一全过程进行跟踪。它通过建立物质衡算表，测算或估算物质流动与储存的数量及其物理和化学状态，描绘其进行的路线和动力学机制（Gerlach et al.，1999）。产业代谢中的产业包括农业、制造业、服务业、旅游业（如后续案例所选择的自然保护区）等，对其的研究目前仍处于发展阶段。当前产业代谢研究方法正在从传统的定性分析向更为严格的定量化描述方向发展，以便找出经济系统中的物质流动与环境问题之间的关联关系，通过分析经济发展与物质流、能量流的结构变化，来研究城市代谢的动力机制与调控策略。从产业空间组织的角度，产业空间组织是产业活动的空间投影，也是产业空间结构的生产和重塑再构过程，是产业自组织与他组织相互叠加作用下发生的空间结果。伴随产业集群和生态化的发展，相似或相关的产业在相同的区位集聚，并变得相互依赖（张华等，2007）。同时，产业集群和生态化的发展也必将引发产业空间组织过程的调整、优化、重组。产业空间组织建构的过程就是应用产业协调机制促进产业活动的空间迁移或空间集聚并形成目标区域的过程（Graedel et al.，2003）。产业生态化背景下，空间区位既包括经济区位，也包括环境空间区位（Oliveira et al.，2004；Hellsten et al.，2008）和社会空间区位（Overmars et al.，2003）；空间联系不仅包括经济要素（价值流和物质流）的联系，还包括社会关系（Oberholster et al.，2008）和环境要素流（Santhi et al.，2006）的联系。探讨系统中经济和环境等不同组成部分（即子系统）之间的相互关联性，以及它们变化的过程，亦即各种动态序列的瞬间反应（陆大道，2001），以便更好地实现产业集聚化组织和产业生态化组织的地域集中表达，创新产业生态化区域响应机制，促进二者在实践中的融合发展。

建立城市间产业代谢结构模型并连接流域尺度生态环境影响是实现流域社会经济与生态环境耦合研究的重要内容。人类活动具有自然地理过程所不具有的复杂性，产业系统与生态环境之间不但体现刚性的响应关系，而且体现基于人类预判性的、更具弹性的、多种社会经济与政策行为耦合的反馈关系。因此，以系统的思路开展多子系统耦合、多尺度嵌套的，集成知识库、模型库与数据库为一体的流域资源综合管理决策支持系统研究，将环境影响热点区域的时空分布作为研究城市产业代谢对流域生态环境影响的一个纽带，从理论上总结流域产业空间组织的特殊性，从而为经济环境协调发展研究增添新的内容，具有独特的科学价值和学术价值。因此，本书的理论意义在于通过流域内城市资源配置和产业结构优化研究，完善和深化流域经济环境复合系统的研究框架，初步揭示“流域环境质量—产业组织结构—城市资源配置”的数量关系、演变过程和作用机制，并通过对流域城市资源配置和产业空间组织的实证研究，补充和完善产业空间组织的基础理论，丰富经济地理学之经济环境协调发展理论内容。

流域生态系统健康评价是开展流域环境管理的重要基础，由评价结果可诊断出流域生态环境是否存在问题及存在何种问题，进而促使国家和地区相关部门制订相应的解决方案，并通过方案的执行对其管理成效进行检验，从而再促进管理部门调整管理方案。在我国大量河流、湖泊等水生态系统不同程度退化的情况下，开展流域生态系统健康评价研究，对发展完善我国水质目标管理技术体系具有重要意义。此外，建立流域经济环境复合生态系统的健康指标评价体系，揭示流域产业生态转型的动力机制，构建绿色生产链，进行产业生态化建设，提出流域开发适宜的产业空间组织模式，也是未来流域经济发展的重点。因此，本书的现实需求在于针对研究流域内城市资源代谢过程、产业空间结构和环境质量演变，构建经济与环境协调发展的评价体系，对流域资源代谢与污染产出进行耦合分析；确定影响流域污染空间差异的主要影响因素，分析不同产业空间组织对环境污染空间格局的影响；提出产业空间组织优化的模式与对策，为流域生态环境质量的改善提供科学依据。通过延长产业链条，构建绿色生产链，对产业进行重组、优化，实现产业生态化建设；同时提高污水处理能力和改善污水处理技术，减少污水向流域的排放，达到水环境质量改善的目标，促进流域经济环境协调发展，具有重要的现实意义，同时也可为其他流域的产业生态化与产业空间组织研究提供借鉴。

本书由刘耕源教授和杨志峰院士共同撰写及统稿，并得到国际生态模拟协会会长Brain Fath教授的指导，部分章节得到国际生态模拟协会创始人及前会长Sven

Jørgenson教授，意大利Parthenope大学的Sergio Ulgiati教授、Marco Casazza博士，清华大学石磊教授，北京师范大学陈彬教授、张妍教授、徐琳瑜教授、张力小教授、郝岩副教授等及学生高岩、刘心宇、孟凡鑫、李慧、刘敏、唐雨晨、高山、冯憬、张雯等的建议和帮助，在此一并表示由衷的感谢！

本书的内容也包含下列项目的部分研究成果：国家自然科学基金“城市产业代谢过程对流域生态健康影响的时空机制研究”（No. 41471466）、“基于城市群产业代谢网络关联机制的协同减排政策工具开发与实证”（No. 71673029），国家自然科学基金创新研究群体“流域水环境、水生态与综合管理”（No. 51721093），国家重点研发计划项目课题“珠江三角洲城市群生态安全保障技术”（No. 2016YFC0502802）、国家重点研发计划项目课题“京津冀城市群生态安全保障技术研究”（No. 2016YFC0503005），国家自然科学基金中-意国际（地区）合作与交流项目（71861137001）。同时致谢高等学校学科创新引智计划（B17005）对合作国际专家的资助。

由于工作时间紧迫，研究人员经验和水平有限，某些研究思路难以全面完成，或有待将来继续完善；书中错误和疏漏之处也在所难免，敬请专家、学者和管理部门同志批评指正，促进城市产业代谢和流域生态管理实践不断完善。

刘耕源　杨志峰
2020 年 1 月 1 日于铁狮子坟

目　录

第1章 绪 论

1.1 研究背景

1.1.1 城市之间的污染相互交织，对整个流域造成环境威胁与风险

城市化已经对流域的生态环境造成了严重的干扰和破坏（许申来，2011）。城市化引发的流域资源与环境问题主要集中在水和大气方面，包括水资源短缺、水污染、地下水开采过度以及大气污染引发的区域人群健康问题，而流域在受到污染的同时又会给城市生态与人群健康带来威胁，流域与城市二者相互交织、相互影响。城市化进程影响着流域水环境质量，而这种水环境质量的变化对城市的反馈成为当今城市与流域生态环境研究的热点问题之一。以 2013 年广泛报道的淮河流域“癌症村”问题为例，我国“癌症村”分布呈现出自东部向西部减少的规律，这种规律表现了我国东部和西部经济发展和环境污染的差异。2013 年出版的《淮河流域水环境与消化道肿瘤死亡图集》首次证实了淮河流域癌症高发现象与水污染的直接关系（杨功焕等，2013）。我国有近 60%的“癌症村”分布在距离河流 3 km 的范围内，81%的“癌症村”分布在距离河流 5 km 的范围内，说明河流是影响“癌症村”分布的重要因素（龚胜生等，2013）。而大气污染也通过降水或其他方式影响人群寿命，相关成果在《美国科学院院报》（*PNAS*）上发表（Chen et al., 2013）。之后，2018 年年初，清华大学联合全球 20 多家机构在著名医学期刊《柳叶刀》上共同发布了《柳叶刀 2030 倒计时：2017 年健康与气候变化报告》。该报告选取了与人类健康和气候变化相关的 40 多个指标，这些指标主要涉及 5 个方面：气候变化影响，风险和脆弱性；健康适应性规划和弹性；缓解行动和健康福利；经济和金融；公共政治参与。其中在气候变化对健康的影响方面，该研究提到气候变化对人类健康的影响是不可逆转的；另外，过去 25 年来对气候变化的迟缓反应已经极大地影响了人类的健康。研究同时表明，气候变化也可以通过其他途径影响人类健康状况，例如改变部分地区的空气

污染状况。虽然当前气候变化所带来的负面影响极为严重，但是当前在这方面的健康支出却很少，只占到总支出的不到 5%，这应该引起整个社会的重视（Watts et al.，2018）。以上研究获得国内外医学界以及环境生态学领域的极大关注。

而流域中这种环境热点地区的出现与流域中邻近的城市空间结构有着密切的关系。一方面，随着城市经济的进一步发展，城市自身的发展已经不能完全支撑整个城市人群的需求，需要进一步加强与周边城市的经济互动（或贸易）；另一方面，城市间的经济活动会进一步产生各种污染，并通过各种媒介的传播影响周边城市以及城市自身环境质量和人群健康状况。因此，以流域为研究角度，关注流域中城市空间发展及其与周边城市经济-污染耦合关系，成为人文地理学以及可持续发展研究的焦点和关键问题。而通过生态网络分析方法建立网络模型追踪区域内污染物的直接-间接迁移转化以及经济发展之间的关系也是当今学术界亟需解决的问题之一。

1.1.2 流域尺度下城市污染与经济互动有密不可分的联系，并随着部分城市经济规模的扩大和城市群之间的交互产生涌现效果

流域尺度下城市之间的污染转移与城市之间的经济互动有着极为密切的关系。已有研究表明，污染转移是发生在两个或两个以上主体之间的，由经济相对发达地区向经济落后地区转移污染物的过程（孙昌兴等，2003）。因此流域尺度下城市之间经济互动的演化过程是当前所关注的焦点之一。城市自身的发展越来越需要与其他城市进行经济互动来实现，这种互动通过人口流动（张勋等，2016；Zhang，2016；刘锦，2018；You et al.，2018）、贸易流动（赵璟等，2012；孙天昊等，2016；Riekhof et al.，2018；Landesmann et al.，2019）、产业链（赵祥，2016；张彩庆等，2018；Herczeg et al.，2018；Kayvanfar et al.，2018）等具体实现，但也通过这些流动网造成了污染外部性的延伸，所以了解城市经济互动的逻辑，也就把握了污染间接传递的逻辑。因此，城市之间的经济互动行为产生了怎样的变化过程，到底是城市之间的合作关系、互惠关系，还是都为了自身的利益而损害对方的利益？这是当前城市群经济研究的一个重点方向。在城市经济互动过程中，某些城市的投机行为（即城市会接收其他城市分享的经济资本，但不会向其他城市输送自身所拥有的相关资源或资本）的防范与治理问题是当前研究城市间经济互动行为演化过程所不容忽视的一个重要问题。从管理学的视角，很多研究从互惠理论（Avgeris et al.，2018；Sun et al.，2018；Constable et al.，2018；Gbededo et al.，2018）以及惩罚机制（周明等，2009；Wu et al.，2014；伍大清等，2015；Ma et al.，2017）角度考虑，对主体之间的经济合作及产生的影响和涌现性情况开展研究并取得了不少成果（易余胤等，2005；彭本红等，2008；周燕等，2014；刁丽琳，2012）。

2000年，Gintis在其发表于*Journal of Theoretical Biology*期刊上的“Strong reciprocity and human sociality”论文中首次创新性地提出了“强互惠”的概念。该研究认为一个具有互惠行为的人倾向于与他人进行合作并且惩罚相关的不合作者。该研究建立了一个简单人类行为互动模型来分析强互惠行为的演化过程并得到了相关结论。该研究表明有一个合理的演化模型会支持强互惠行为的出现。这种模式基于社会定期遭遇灭亡威胁的观念。相互利他主义将无法激励这些时期的自利个人，从而加剧威胁并增加群体灭绝的可能性。如果强互惠者的比例高得惊人，在这种情况下，可以引导主体之间进行合作，从而降低群体灭绝的可能性（Gintis，2000）。此外，2002年，Fehr等在《自然》（*Nature*）上发表了关于“利他性惩罚”的文章，为Gintis的研究成果提供了强有力的支持。该研究提出了与Gintis文章相近的观点，即许多人在受到公平对待的前提下会有自愿与他人合作的倾向并惩罚不合作者。在纯粹的自利行为会导致双方之间合作彻底崩溃的情况下，这种强互惠行为会产生几乎全面的合作。此外，研究还表明，人们愿意惩罚那些对第三者不公平的行为，或者与第三人一起背叛处于“囚徒困境”的人。这表明，强有力的互惠行为是强制执行社会规范的有力手段，例如食物分享或集体行动。人类合作的主流进化理论（换言之，指亲属选择、互惠利他、间接互惠和昂贵的信号理论）不能将强互惠理性转化为适应性特征。然而，文化演进的多层次选择理论与强互惠理论是一致的（Fehr and Gachter，2002；Fehr et al.，2002）。强互惠理论对传统的理性经济人假设所做出的改变得到证实。传统的理性经济人假设认为每一个从事经济活动的人都是利己的，即每一个从事经济活动的人所采取的经济行为都是力图以自己最小的经济代价去获得最大的经济利益（沈炳珍，2014）。而强互惠理论认为每一个社会人的经济行为都具有与他人合作的倾向并惩罚不合作者，这种行为有利于社会的良性发展（韦倩，2010）。这与当前流域内城市之间的合作非常相似，强互惠理论对研究流域内城市之间所存在的合作关系具有重要的价值。

流域内的城市在经济发展以及与其他城市进行经济贸易时，在产品生产加工过程中会产生大量的废弃物以及副产品。如何处置这些废弃物以及副产品直接影响到城市整体的发展。为了不影响城市自身的生态环境，城市在与其他城市进行经济贸易的过程中不仅进行相关经济流和货币流的转移，同时也将相关的废弃物以及副产品通过经济互动的方式转移给其他城市。当流域内部所有城市都采取这种行为时，就会导致相应的环境风险在整个流域内部的转移。如果城市不尽快制定有效的方针政策并采取积极的措施来控制环境风险的转移，那么整个流域的环境将会被进一步地破坏。

环境风险在整个流域内城市间的传递过程会对流域的环境质量造成严重的影响。由于流域是一个复杂的巨系统，因此环境风险在流域中的传递过程会使环境风险随着经济的交织与时间的推移慢慢累积，并最终导致流域内城市的环境污染事件的爆发和公众事件，这一过程正是环境风险的涌现性过程。而流域内城市复杂系统对于流域环境风险的治理过程也会呈现出涌现性的特征，城市间所传递的环境风险，经过放大机制的作用，在城市间不间断地传递，并且相互作用、相互影响。而流域环境管理机构通过各种管理手段，在某种程度上会使得涌现结果是风险消散，但也有可能导致污染事件的发生。此时所呈现出的状态是各个城市所不具有的整体特性。

1.1.3 我国已采取最强硬流域管理策略，但管理效果和长效机制仍需多方评估

流域管理机构需要采取怎样的措施来最大限度地减小城市对流域环境风险的影响是当前研究的一个重要方向。我国的流域环境管理具有以下发展趋势（张驰，2008）：

①流域水环境管理已经从单一目标、单一手段向多目标、多手段综合开发管理方面发展；

②流域水环境管理与水资源开发利用管理进一步结合；

③中央政府在流域环境管理方面进一步赋予流域管理机构更大的行政管理权利和自主权利；

④流域环境管理过程更加注重流域规划。

主要手段包括（张继承，2006）：

①经济手段，主要包括排污权交易、排污收费、污染罚款等手段；

②行政手段，主要包括行政指标、行政制度的制定以及经济立法监督等；

③经济手段和行政手段并用。

从这些政策和手段能看出中央政府对解决流域环境问题的重视程度。尽管中央政府以及流域地方政府采取各种措施加强对流域水环境的管理，且取得了一定的成效，但中央政府对流域水环境管理仍存在以下几方面问题（王亚华等，2012；张雪泽，2014）：

①流域水环境管理体制框架不完善。流域水环境管理以行政区划为主，主要靠各个行政区域单独治理，而缺乏整个流域尺度下统筹的规划协调和治理，最终导致流域水环境管理力度十分薄弱。

②流域水环境管理缺乏有效性。各城市流域水环境管理部门之间缺乏有效的协调和配合机制，导致管理部门的水污染治理能力得不到更好的提升，进而导致相关管理的有效性不足。

③流域监督机制缺失。地方政府及相关流域环境管理部门对排污企业的监管不到位，导致流域环境进一步恶化。另外，在发生相关污染事件时，流域相关管理部门的响应能力不够，导致污染事件不能及时得到合理的解决。

这些问题的存在严重制约了流域管理的效果以及整个流域环境质量的提升。2016年10月11日，中央全面深化改革领导小组第二十八次会议审议通过《关于全面推行河长制的意见》（以下简称《意见》），并于同年12月由中共中央办公厅、国务院办公厅印发，要求各地区、部门根据自身实际情况认真贯彻落实。“河长制”，即由中国各级党政主要负责人担任“河长”，负责组织领导相应河湖的管理和保护工作（肖俊霞等，2017）。具体到淮河流域，负责“河长制”实施的是淮河水利委员会。结合当前淮河流域水资源保护所存在的问题，即相关法律法规不完善、管理困难以及流域和区域保护不协调导致淮河流域水环境得不到有效的改善，自《意见》下发以来，多个流域管理机构积极响应，以推动“河长制”全面提升流域综合管理水平。“河长制”的实行，对于改善流域环境、推动流域相关管理部门综合管理能力的提升具有重要意义。不仅实现了流域的统一管理、保护和综合治理，还突破了当前法律法规和管理体制的局限，实现问责到人。相关实践证明，“河长制”对河道水环境的改善、政府执政能力的提升和群众满意度的提高有显著成效。虽然“河长制”的实施确实在一定程度上促进了河流水环境的进一步改善，但从长远来看，仍然存在以下几点问题（王亚华等，2012；李成艾等，2015；朱玫，2017）：

①考核问责机制难以落实，导致“河长”无法对污染事件形成积极响应。

②对于“河长”形成过度依赖性，无法调动各方的积极性。

③治理目标不明确。各个地区的水环境治理目标差别很大，无法形成统一的治理目标，也就难以发挥各地方政府的合力对水环境进行治理。

这些问题的产生是在一定的流域中城市受到流域管理机构不同环境管理措施的影响而不断相互作用的结果。这种流域管理机构的政策影响可能是正向作用的，也可能是反向作用的，流域管理机构所采取的不同行动会对风险控制效果涌现的最终结果产生重大影响。另外，当下由于流域环境管理形势的严峻性，导致了各个流域内部的城市在对待流域环境风险时具有较高的敏感度。此外，由于政府是流域环境管理过程中的利益相关者之一，因此流域环境风险因素不但会影响与流域环境有直接利益关系的利益相关者，还有可能使作为流域经济社会发展支撑的沿岸城市在“主人翁”意识的作用下成为流域环境风险传递网络的重要成员之一。

1.2 研究进展综述

1.2.1 流域尺度污染转移相关研究进展

污染转移在流域尺度上通常是由于城市经济社会发展，城市向其他城市或流域排放过量超标的污染物，进而对其他城市的环境以及流域环境造成严重影响。关于区域尺度下的污染转移现象，近年来，有不少学者进行了研究（Li et al.，2013；姜玲等，2017；Li and Li et al.，2017；Lin，2017；Yu et al.，2017；项春哲，2017；Liu et al.，2018；Papaioannou et al.，2018）。如 Okadera 等（2006）基于区域间投入产出模型对长江流域虚拟水和污染的完全排放进行了核算，探讨了其他区域最终消费对长江流域水污染的影响。李方一等（2013）对中国区域间隐含污染转移情况进行了分析和研究。基于区域间投入产出表，构建了区域间隐含污染转移的评估模型，并选取了 4 种典型工业污染物计算区域间隐含污染转移量。研究结果表明，国内隐含污染转移主要是从经济欠发达的中西部地区流向经济发达的东部沿海地区，实际上东部地区通过区域间贸易将自身的污染排放负担转移到中西部地区。蒋雅真等（2015）运用投入产出方法对资源节约和具环境保护潜力的进口贸易部门进行辨析，发现货物进口贸易对于缓解中国资源环境压力起到了积极作用。王勇（2016）对中国区域间贸易隐含虚拟水转移进行了测算，重点从区域间贸易隐含水转移的整体现状、主要流向、产业分解以及对区域水资源的影响 4 个方面进行了分析。陈建铃等（2016）研究了我国造纸产业 1995—2009 年出口贸易隐含碳的演变特征以及影响因素；结果表明，我国造纸产业在 1995—2009 年出口贸易隐含碳呈先降低后升高再降低的变化规律，而且造纸产业与高碳排放行业的关联度逐渐增加。高静等（2016）就中国对 38 个国家的进出口碳排放量进行核算，比较了中国与特定国家虚拟进口排放与实际进口排放之间的差异。张炜希（2016）以四川省出口贸易中的隐含碳排放作为研究对象，通过对出口数据进行系统分析测算出口隐含碳排放量，将测算结果与全国出口隐含碳排放量进行了比较分析。庞军等（2017）基于多区域投入产出表，测算了京津冀三地贸易隐含污染转移量，并引入贸易污染条件指标分析双边贸易对京津冀三地污染排放带来的不同影响。李方一等（2017）对长三角三省市电力输入所产生的大气污染物排放转移效应进行定量评估，并在此基础上分析出长三角地区接收跨区域电力的主要来源地。Lin（2017）基于空间面板数据对中国污染密集型产业的转移路径和驱动因子进行分析研究；研究结果表明，中国污染密集型企业的空间分布具有强烈的空间依赖性，中西部地区承受着来自东部沿海区域污染密集型企业所传递的污染，Lin 就此提出了相关的政策建议。Li 和 Yang 等（2017）基于灰水足迹方法对经济活动过程中隐含的虚拟水污染转移进行分析；结果表明，经济活动过程中的物质交换导致了水污染由下游产业向上游产业转移。另外，大多数的虚拟水污染转移是由消费模式导致的，这就需要整合跨区域生产和消费模式来减轻水污染转移。

以上研究多考虑城市间直接的污染转移过程，很少有研究关注直接和间接的经济污染转移过程所产生的影响，这当然是由于当前关于城市尺度污染转移的研究缺乏相关数据、区域及城市间缺乏投入产出数据，因此如何通过一些方法、模型来量化相关污染物在城市间迁移的风险数据并模拟环境风险迁移过程是本研究的重点。

污染转移是污染物随着介质进行迁移的过程。由于本书的研究范围是流域，因此主要研究污染物随水进行迁移的过程。当前对这方面的研究取得了不少实质性的进展，但主要集中于环境化学微观层面对污染物迁移进行研究（李云良等，2016；许可等，2011；黄维等，2012；杨旭等，2013；何振强等，2017）。而从宏观尺度研究污染物随水转移的相关研究，尤其是通过建立相关模型的研究还处于起步阶段。基于此，本研究考虑通过构建相关环境污染转移网络模型，从宏观尺度，即区域（流域）尺度研究污染物随水进行迁移的过程。

1.2.2 城市经济-污染耦合关系研究进展

目前我国关于城市经济-污染耦合关系的研究主要集中在传统的面板数据和环境库兹涅茨曲线上（张晓昱等，2016；王伟等，2016；雷平等，2016；王立平等，2016；马丽梅等，2017；黎明等，2017；宋锋华；2017；李鹏涛，2017；龚兴涛等，2017；田伟等，2017；李莉娜等，2017；刘明辉等，2017）。如张晓昱等（2016）利用2005—2014年10个地级资源枯竭型城市的面板数据，基于环境库兹涅茨曲线研究了资源枯竭型城市的环境污染指标与经济增长变化之间的关系，探讨了资源枯竭型城市如何使经济增长与环境保护并举。王伟等（2016）利用2013年我国20个重点城市群的经济发展与污染的相关统计数据进行聚类分析，对各个城市群的环境库兹涅茨曲线进行拟合，进而对20个城市群进行识别划分，并定量刻画每类城市群的经济发展与环境污染的相关关系以及发展拐点。雷平等（2016）分析了$PM_{2.5}$排放与区域经济发展的关系；结果表明，人类经济活动会提升$PM_{2.5}$的浓度，但经济发展水平与$PM_{2.5}$的浓度并非线性关系，而是符合环境库兹涅茨曲线。王立平等（2016）运用空间面板计量方法，基于2002—2013年中国省际面板数据，对经济增长、能源结构与工业污染之间的关系进行分析研究；结果表明，经济增长与工业污染之间的关系符合环境库兹涅茨理论，而能源结构与工业污染之间的关系呈正相关。马丽梅等（2017）基于环境库兹涅茨理论对京津冀城市群城市协同发展进程进行研究；结果表明，工业化阶段之前环境质量持续下降，工业化阶段环境质量先下降后上升，工业化阶段之后，环境质量则持续上升。黎明等（2017）基于环境库兹涅茨理论，对武汉市碳排放情况进行分析；研究结果表明，武汉市人均碳排放与GDP的关系符合库兹涅茨曲线，并提出武汉市未来要实现低碳发展所需要采取的措施，即升级产业结构以及提高清洁能源比例。Li和Li等（2017）研究了四川省工业经济增长与环境污染之间的相关关系，并运用3种典型污染指标的时间序列数据进一步检验其格兰杰因果关系；

格兰杰因果关系的结果表明，工业经济增长是环境质量变化的格兰杰原因；反过来，环境质量变化是工业经济增长的格兰杰原因。其原因可能包括技术进步的失败导致污染排放强度降低、缺乏资源交易市场和排放交易市场或缺乏环境友好型企业的激励措施。Elimam（2017）讨论了绿色经济对减轻环境污染以及有限资源不合理使用的影响；结果表明，有限资源的合理使用也为推动经济增长和减少大气中的污染物提供了更好的案例。绿色经济可以减少污染排放及资源的滥用，可以在两方面同时发挥重要的作用。Ebi 等（2017）主要对减轻气候变化和空气污染之间经济的协同效益进行了讨论。Newbery（2017）阐述了解决外部性问题的经济理论，例如化石燃料和道路交通引起的空气污染以及温室气体排放等公共危害，又如 1956 年通过的《清洁空气法案》，以减少发电站废气的排放；以及近几年对柴油车快速增长导致的过早死亡人数的担忧。平均而言，这种损害可以以 15 便士/L[①]的柴油成本计算。最后一部分讨论税收、配额或标准以及欧盟排放交易体系对缓解气候损害的效力。

以上研究大部分是对单个城市进行环境库兹涅茨理论的验证。另外也有研究通过阐述具体案例来研究经济发展和环境污染之间的关联性。而构建网络模型研究城市间经济-污染的耦合关系的研究还处于起步阶段，另外考虑城市群内部经济-污染关联关系也是一种新的思路和方向。

1.2.3 流域水环境综合管理研究进展

当前，随着流域水环境问题的进一步突出，越来越多的专家、学者开始将研究重心转移到流域水环境综合管理的研究上，研究应对流域水环境污染的相关政策以及建议。国外对流域水环境综合管理的经验已经比较成熟（Sun et al.，2017；Procter et al.，2017；Khan et al.，2017；Cairns et al.，2017；Thakkar et al.，2017；Lehtoranta et al.，2017；Das，2017；Moradi et al.，2018；Boongaling et al.，2018；Koralay et al.，2018）。总结国外流域综合管理的经验，主要在于建立了强有力的流域管理机构，并将大部分流域管理的权利转移给流域管理机构。另外，积极协调联邦和地方之间存在的矛盾，推进公众参与流域综合管理过程。实现流域综合管理区域一体化，发挥地方各自优势，并制定系统的法制体系和监督机制。而国内对流域环境综合管理的研究也是在学习借鉴国外先进经验的基础上逐渐建立起一种成熟的体系。其中，王赫（2011）从我国水环境区划、流域污染物总量控制、现行的流域水环境管理体系、监控预警等4个方面分别介绍了我国水环境现状。在流域管理体制方面，提到我国多年来的水资源管理和其他自然资源管理一样都采用计划经济体制下形成的管理模式，即按产品门类和行业来设置管理部门，导致横向职

① 1 英镑=20 先令，1 先令=12 便士。1971 年英国货币改革时被废除。

能部门设置过多，事权划分过细。针对此问题，该研究提出的建议是确立流域统筹的水环境管理思想和体系以及建立以保障水生态系统健康为目标的水环境管理理念及其技术体系。王树义（2000）对我国现行的流域管理体制及其存在的问题做了较为深入的分析和研究，认为我国水资源管理工作中中央与地方的割裂、政府之间及政府各部门间各自为政局面的主要原因是我国当前所实行的“中央统一领导与分级分部门领导”的领导体制。在此基础上，提出了建立统一管理、垂直领导的流域管理新体制的主张，并对流域管理新体制的形成和运行提出了具体的建议。刘亚男等（2013）提到流域水环境管理已经以行政区划作为基础，此种分割管理的模式导致流域水环境管理更加难以实现协调统一，进而影响着流域水资源的可持续开发利用。在此背景下，对我国流域水环境管理中省际政府协调机制的现状进行探讨，提出3点建议，即健全流域水环境管理的法律法规体系、构建流域水环境管理协调机构、建立与健全相关保障机制。仇伟光等（2013）从法律、监督管理经济和体制机制创新等方面对辽河流域水环境管理现状进行分析，提出了辽河流域水环境管理过程中所存在的问题，包括：流域管理体制不完善，流域层面缺乏统筹和协调、监管；监控预警体系不完善，在流域管理中缺乏“总量减排—环境容量—水质改善”的整套联动管理机制；污染源管理缺乏有效措施。并针对以上问题，从污染源管理、水环境监测以及水生态管理等方面提出了不同的对策。宋旭等（2017）根据我国近年来出台的《水污染防治行动计划》，对水资源管理、水环境保护相关政策与研究进展及国外在水环境管理方面的经验进行了探讨，并提出了相关建议，包括以协作机制优化区域流域水环境管理，完善水权交易并规范绿色投融资体系，创新水文化建设与公众参与模式，优化分区、分级、共治的水环境管理法规与执法支撑体系，强化信息化、集成化的水环境管理与应用等。李桐等（2008）提出以行政区域为主的管理体制与水资源的自然特性相悖，无法进行有效的流域管理，因此对水资源的管理应以流域管理为主，然而现有流域管理机构与行政区域管理机构之间存在权责交叉、相互冲突等问题，无法有效履行职责。基于此，该研究给出如下建议：以法律形式明确流域机构和地方行政主管部门间权责、协调流域利益与地方利益、加强地方政府参与流域水资源决策。王亚华等（2012）提出我国流域内各地方政府尚未将水环境保护纳入地方政府政绩考核中，尚未构建完善的政府水环境保护绩效考核指标与问责体系。水环境管理依然存在诸多问题，例如：绩效考核目标以水质控制为主，考核指标不统一；问责主体单一，考核流于形式；问责不科学，问责实施效果不到位；信息的公开性不够，影响监督管理效果。并在此基础上对流域水环境问责机制进行设计，提出问责实施的配套制度包括推进流域地方政府水环境保护管理问责的法制化建设、健全流域水环境管理问责的监测机制、建立统一的流域信息共享发布平台、逐步推进媒体与公众参与机制。邓富亮等（2016）提出了能有效衔接流域水自然特征和水资源三级分区，以乡镇级行政区划与流域管理相结合，综合考虑污染源分布、社会经济、土地利用等诸因素的控制单元划分方法，为“十三五”期间流域水环境管理进一步明确地方政府责任，实现基于控制单元的水环境精细化、差异化管理提供数据和技术支撑。阴文杰等（2017）分析了我国流域环境管理中所存在的问题，比如缺乏统筹兼顾的管理思路、环境标准体系不完善以及对面源污染的防治办法不多等问题，并提出只有着眼于流域整体，完善相关保护机制，才能解决以上所提到的流域环境综合管理所面临的问题。庞洪涛等（2017）对流域环境综合管理的 PPP 模式进行探究，首先分析了水环境管理所存在的问题，然后结合 PPP 模式的特点和优势进行探讨，最后总结了 PPP 模式在水环境管理中的经验，扩展了 PPP 模式的应用范围。石秋池（2017）在其研究论文中提到，我国建设生态文明所面临的首要问题是如何建立科学合理的水安全管理体系。需要强化流域整体防控，控制流域跨界污染，在此基础上做好相关的规划工作以及顶层设计。杨阳（2018）基于整体性管理理论，提出了实现流域综合管理的创新性路径，即最大限度地激发出市场和社会组织的治理效能，并进一步夯实整体治理的制度基础。

根据以上对相关文献的综述，发现现有对流域水环境综合管理的研究多关注于定性描述和情景分析方面，从定量化以及长时间序列政策模型模拟的角度对其进行研究的相关文献并不多（周亮和徐建刚，2013；周亮等，2013；徐志伟，2011；张驰，2008）。因此，本研究从定量化角度对流域水环境综合管理进行研究。通过多主体建模的仿真技术，对流域整体进行简化，通过设置流域管理机构不同的属性参数研究流域管理机构相关政策的实施对流域整体环境状况的影响。

1.3 研究意义

1.3.1 理论意义

①现在已有大量关于经济与污染关联性的理论，但是大部分理论都用于国家尺度以及单一城市尺度，用于流域尺度的并不多。本研究将相关的经济-污染关联性理论运用到流域尺度，扩展了理论的应用范围，对于后续经济-污染关联性的研究提供一个新的思路和方向。

②之前关于流域污染传递的研究偏向于把城市作为一个污染源，而不是污染的接收对象。这种情况下只考虑污染向外传递的过程，而忽略了接收污染的过程，这就使研究结果不能显示完整的污染传递过程。本研究不仅考虑了污染向外传递的过程，还考虑了

吸收污染的过程，这样就能够更加全面地研究城市之间所存在的污染传递过程。

③本研究综合考虑了多方面的流域环境管理理论，如环境风险传递理论、污染转移理论、网络组织治理理论等，而不只是单一的理论。各理论的结合使本研究的理论框架更加完善，也能更好地展示出本研究的相关结果。

1.3.2 方法学意义

①当前经济-污染关联性的方法学主要是对经济和污染进行相关性分析，缺少城市之间经济与污染传递性的考虑。本研究通过建立网络模型，考虑城市间经济和污染的传递性，模拟经济和污染在整个网络系统中的传递过程。本研究为经济-污染关联性分析提供了一个新的方法学思路。

②当前较少有研究通过网络关系来考虑直接和间接的传递。本研究在构建相关网络模型的基础上，分析经济和污染在城市之间直接和间接的传递过程，能够更加动态地观察相关的传递过程。

③当前针对流域多城市的政策仿真方法尚不完善，缺乏机理性模型开发和政策对接。本研究结合复杂网络理论和相关流域环境管理理论，对流域多城市系统环境政策进行仿真，并研究其机理性模型，以便更好地完成机理性研究和相关政策制定的对接。

本研究囊括了管理学、环境学、生态学以及计算机科学等多学科的方法，体现了多学科的融合，能够得到更加科学合理的结果。

1.3.3 现实意义

从现实意义来看，本研究的结果对流域相关管理政策的制定和实施具有一定的参考价值。在当前流域环境综合管理中“河长制”普遍施行的情况下，本研究为“河长制”的施行和后续政策的指导提供了一定的科学参考价值。

第 2 章　城市内部产业代谢模拟及网络结构分析

2.1　城市内部的产业代谢

现代城市是极度人为化的复杂生态巨系统，其物质、能量与信息转换过程的时空奇异涌现性导致现代城市“病”（段宁，2005；黄国和等，2006）。从现代系统生态学和非平衡热力学角度对城市生命体的重新诠释提供了一个专业化视角（Odum，1983；Jørgensen，2000），以客观、统一的参数衡量一般城市生态流变过程，为城市的系统生态特征的识别和演变机理研究提供了坚实的基础（Huang，1998）。同时，由于城市中经济、社会与自然系统交互作用的复杂性，相应城市过程的生态热力学研究又必须聚焦于城市结构的系统层面，需要整合系统生态学、城市生态学和生态热力学等的研究方法，从而有力地促进这些学科理论的交叉、创新和发展。

由此，基于生态热力学的城市代谢结构的研究成为实现城市生态规划和环境管理等实际工作优化与决策的关键理论问题之一，通过对城市代谢结构的追踪和量化，摸清其运行机制，不但可以定量描述城市资源系统支撑和环境负荷，更可以找到城市系统结构的优化路径，提高其资源利用效率。从 20 世纪 80 年代中期以来，很多专家和学者已经就此进行了诸多细致的研究。而城市代谢的主要研究领域集中在工业物质代谢（Ayres et al.，1994；Huang，1998；Douglas et al.，2002；Huang et al.，2006）、家庭物质代谢（Newman et al.，1996；Lenzen et al.，2004；Forkes，2007）及元素代谢（如氮、磷这种营养代谢），很少提及代谢的结构与功能（Fischer-Kowalski，1998；Huang et al.，2006）。

生态热力学理论自诞生起，它的理论和应用始终处于矛盾中，这个脱离现实的表象却是掩盖在更加接近现实世界的分析范式中，出现了研究结果在城市实际政策指导上的悬空。线性、简单的静态系统或者经验研究都易于操作，可是这样的应用是在强烈的约化现实或在强假设基础上成立的，这样的理论应用没有可靠的、稳定的理论基础，所以理论向更复杂的世界靠拢是必需的。对于我国而言，目前正处于一个快速工业化和城市化的进程中，且能源结构中煤炭的主导地位在短时间内无法改变，而我国又是世界上仅有的还在进行产业结构规划的国家。因此，从结构分析和调整的角度研究、发展城市系统是可行的，也是很有价值的一个切入点。当前已有一些研究描绘物质与能量网络。如Léontief（1941）率先提出投入产出分析，后来被广泛应用到经济系统研究中（Costanza，1980；Costanza et al.，1984；Casler，1989）。网络分析可以为生态系统研究者或管理者提供关于生态系统中物质与能量的许多信息（Wulff et al.，1989）。越来越多的生态网络研究方法，如循环路径、链接密度、连接度等已成为新的研究视角（Ulanowicz，1983；Patten，1985；Williams et al.，2000）。在生态食物链结构分析中，生态网络分析已经初步成熟（Dunne et al.，2002；Fath and Halnes，2007）。当然，在城市这种生态经济系统中，生态网络分析也可用于考察城市生态系统结构及探究不同情景下指标的变化情况。当前已有不少研究将部分产业作为生态网络研究对象进行了初步的尝试（Chavez et al.，1991；Graedel，1996；Hardy et al.，2002）。

而对网络节点之间流的量化方法已有不少尝试。本研究采用“㶲”[exergy，又称可用能（available energy）]这个概念，㶲在热力学中的定义为系统在所处环境中的最大作功能力，它提供了将物质与能源进行统一量化的途径（Chen et al.，2009）。㶲有所谓三位一体性：系统在其环境中所具有的㶲量，对于外界、系统及其环境而言，分别构成资源量、生态承载力和环境影响力（Jørgenson，2001；Chen，2005）。在资源核算、生态模拟和环境影响评价等方面，近年出现了基于㶲概念的研究热潮（Wall，1990；Schaeffer et al.，1992；Ertesvåg et al.，2000；Chen and Chen，2006；Chen et al.，2006；Chen et al.，2010），包括Sciubba提出的扩展㶲分析，将劳动、资本和环境外部因素也考虑到整体的㶲流计算之中（Sciubba，2001；Sciubba，2006）。当然，货币流也可以用来量化网络之间的物质、能量交换，采用热力学的方法，并不是要取代货币流方法，而是从另一个视角来考察城市各部门间的网络结构。

所以，本研究的目的在于三点：①将城市代谢结构重新拆解，实际是将外生变量纳入的过程；②发展生态热力学㶲流计算方法，实现对价值难以量化的输入量的统一核算，也为生态网络方法的应用提供面向部门或区域分解的物质型输入输出表；③借助生态网络方法，面向城市结构的复杂性，考虑基于生态的城市结构演化规律，揭示城市结构变化背后的驱动因素，而不是仅仅基于产业结构变化的假设分析产业结构调整对降低能源强度的作用。

2.2 基于生态网络的城市产业代谢网络分析模型

2.2.1 生态网络分析方法

生态网络分析（Ecological Network Analysis，ENA）是一种基于系统整体的分析方法，它通过分析系统内部的交互作用来确定系统的整体特性，而这些特性通常是无法通过直接的观察而发现的。通过生态网络分析，可以分析系统的结构与功能，例如循环指数、总流通量、转换率与转换时间以及系统内部组分间的关系，这种分析方法能够将系统内的所有生态组分都考虑在内。生态网络分析是一种有效、通用的分析工具，在研究系统内部的复杂联系问题上正在逐步发展，同时也正在得到越来越多的认可。

生态网络分析将系统看作是一个内部连通的网络，这一网络由系统内的组分与组分间的流构成。在生态系统模型中，组分间的流通常是能量与物质流，按照来源可以分为以下 4 类：①来自系统外部的输入流；②组分间的流动；③输入其他系统的流；④耗散损失。这 4 种类型的流可以通过以下简化的两组分网络进行描述（如图 2-1 所示）。

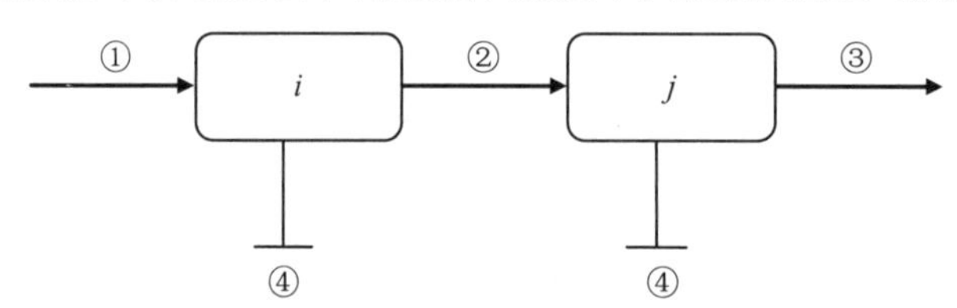

图 2-1 简化的两组分网络与 4 种类型流示意

生态网络分析是基于矩阵运算的一种分析方法，在投入产出分析法（I/O）的基础上产生。I/O 法应用于生态系统的研究过程中，Patten 和 Ulanowicz 将其作为主要研究工具，提出了生态网络分析研究的两个基本理论：势分析（Ascendency Analysis）（Ulanowicz，1997）与网络环境元分析（Network Environ Analysis）（Patten，1982）。

生态网络分析方法是一种对环境的投入产出进行分析的方法。最早 Léontief 发展了投入产出方法（Léontief ，1951；Léontief ，1966），并赢得了诺贝尔经济学奖，后人借此分析了经济系统各个产业节点之间的相互依存关系（Miller et al.，1985）。首次将网络分析应用到生态系统的是 Hannon（1973）研究生态系统中生态流的分布。生态网络分析是一种系统导向的建模技术，用以研究生态系统的结构与流量，在模型里表述称节点和连接（Patten et al.，1976；Wulff et al.，1989；Christensen et al.，1993；Fath et al.，1999a，1999b；Fath and Halnes，2007；Fath and Killian，2007；Fath，2007a，2007b；Borrett et al.，

2007）。

自 Patten 等发表了一系列生态网络分析的文章后，后续生态网络分析的研究接踵而至。其中，Ulanowicz（1986；1997）根据物质或能量流之间相互作用的特点以及信息理论特点提出了势分析方法，他也将生态网络分析用于探讨节点直接混合的营养等级和互相关联性（Ulanowicz et al.，1979；Ulanowicz et al.，1990）。Patten（1978；1982）又进一步发展了网络环境元分析方法（Network Environ Analysis），分析间接流影响（Higashi et al.，1989）、网络放大效应（Patten et al.，1990）、网络同质化因素（Patten et al.，1990）以及网络的协同作用（Patten，1991）。还有两个同源岔生生态网络的环境元分析及势分析（Scharler et al.，2009），对其内部的直接和间接的流都进行了量化。

上述方法构建了现今生态网络分析的框架基础，并已发展了相关的分析方法和指标体系（Fath，2004a，2004b，2004c；Fath，2006；Fath，2007a，2007b，2007c；Fath et al.，2009；Scharler et al.，2009；Ulanowicz，1980；Ulanowicz，1986；Ulanowicz，2004），主要的分析方法和指标列于表 2-1。

表 2-1　生态网络分析主要方法与指标

分析方法	目标与应用	指标
通量分析	计算每个节点内/间的生态系统物质和能量的流动参数	TST、APL、FCI 等
结构分析	通过向量矩阵及邻接矩阵分析节点间的互联模式	通路数、通路长度
存量分析	确定沿间接途径的非空间储存强度	存储质量、保留时间
效能分析	分析每个节点和其共生节点之间的直接和间接的关系	共生综合指数、协同率
控制分析	分析每个节点在整个系统配置中发挥的控制能力	流的依赖程度、控制分布
（食物网的）营养级分析	分析计算物种的营养水平，找出生态系统内存在的循环	综合营养水平、营养链
信息理论分析	量化分析系统的整体性能（包括发展现状、多样性和成熟度），而系统考虑为一个物质、能量流的整体过程	发展能力、势、超载、冗余

生态网络分析的这些方法和概念不仅已经被广泛地应用于特定的生态系统研究中，也扩展到了其他领域，如社会经济系统（Fath，2006；Fath，2007b；Fath，2015）。生态网络分析方法已被证明是一个可以反映系统结构与功能的分析方法（Christian et al.，2003；Gattie，Schramski and Bata，2006；Gattie，Schramski and Borrett et al.，2006；Borrett et al.，2006；Whipple et al.，2007；Dunne，2006；Vasas et al.，2006），并可以反映人类干扰情况下的环境改变。

2.2.1.1 模型构建方法

生态网络分析的网络模型构建共有 10 个步骤：确定研究对象，确定生态系统中的主要物种，选择流的单位，构建关联矩阵描述物种之间的联系，通过实验确定各组分的生物量，通过实验确定输入、输出以及组分之间的流量，对于无法实验得出的数据，通过其他方式或模型量化，通过流量平衡算法最终确定流矩阵和储存、输入、输出向量，进行网络分析与敏感性分析（Fath and Halnes，2007；Fath and Killian，2007）。

在模型的构建中需要注意以下两点：系统中组分众多，需要对组分进行分类，将每一类别确定为网络的一个节点，不同的分类会产生不同的网络分析结果（Abarca et al.，2002），这是因为这种简化系统组分的做法不仅降低了系统所固有的信息量，而且影响了系统的结构与功能，因此，在进行分类时应予以仔细考虑；网络平衡算法可能会对分析结果造成影响（Allesina et al.，2003），在进行网络平衡计算时需多加注意。

2.2.1.2 分析软件

在网络模型建成之后，需要采用分析软件进行分析研究。从 20 世纪 90 年代开始，生态网络分析软件取得了很大的进展，列举如下。

①NETWRK4（Ulanowicz et al.，1991）：最早的一种分析软件，是在 DOS 环境下的 FORTRAN 程序包，用于进行投入产出分析、营养和循环分析，计算反映网络状态的信息参数（http：//www.cbl.umces.edu/-ulan/ntwk/network.html）；

②ECOPATH Ⅱ（Christensen et al.，1992）：用于网络平衡计算的一种软件，在后来得到了进一步的发展，参见 EwE；

③EcoNetwrk：NETWRK4.2版本的改进，基于Windows平台，这一软件可以执行NETWRK4.2的所有网络分析功能，与NETWRK4.2的分析结果相同（http：//www.glerl.noaa.gov/EcoNetwrk/）；

④EwE（Christensen et al.，2004）：Ecosim（Walters et al.，1997）和 Ecospace（Walters et al.，1999）出现后形成的基于 Ecopath、结合 Ecosim 和 Ecospace 的新的网络分析软件，不仅可以用于生态问题的研究，而且可以进行政策管理、环境影响的评价研究（http：//www.ecopath.org）；

⑤WAND（Allesina et al.，2004）：在 Excel 表格环境下进行文件的输入与输出的网络分析软件，这一软件允许使用者只选择单独分析对象进行操作，结果易于处理并与其他 Windows 软件兼容（http：//www.dsa.unipr.it/netanalysis）；

⑥EcoNet（Kazanci，2007）：近来出现的一种简便的网络分析软件，它简化了模型构

建、模拟和分析的过程，用户只需通过计算机网络将他们的模型以文本格式上传，模型就会自动转化成各种方程式进行求解，结果以图表的形式反馈到用户手中，自2006年在线公布使用后，已经得到了快速的发展（http：//eco.engr.uga.edu）。

2.2.1.3 应用研究

（1）在生态学领域中的应用

生态网络分析提出之后，随着不断研究与完善，采用生态网络分析进行生态问题研究的案例也越来越多。以ECOPATH软件为例，仅开发后10年（截至2000年），ECOPATH已经拥有来自124个国家的2 500名注册用户，发表文章150多篇（Christensen et al.，2004），可见，生态网络分析越来越得到了生态学家的认可。

生态网络分析可以用于某一个单独生态系统的研究中（Baird et al.，1989；Heymans et al.，2000；Heymans et al.，2002；Gattie，Schramski and Bata，2006；Gattie，Schramski and Borrett et al.，2006），也可以作为生态系统对比研究的工具（Heymans et al.，2002）。

生态网络分析可以作为资源管理决策的工具，通过对食物网的分析，研究某一组分减少或增加对生态系统带来的影响，进行生态系统资源管理（Ulanowicz et al.，1992；Walters et al.，1997；Pauly et al.，1998；Christian et al.，1999），并且很多国家研究机构也采用了生态网络分析作为海岸与海洋资源管理的决策工具。

（2）在水资源问题中的应用

虽然生态网络分析产生于生态系统研究，应用于生态系统研究，但是由于生态网络分析的理论基础是将复杂的系统看作节点与连线交织的网络进行研究，对具有生态系统特征的其他复杂系统来说是同样适用的。水资源系统就是这样的一个复杂系统，Bodini等（2002）阐述了生态网络分析在水资源系统中应用的可行性，使用生态网络分析对城市的用水方式可持续性进行了研究，并且基于生态网络分析的结果为研究区域提出了一种可持续的用水方式。这是生态网络分析在水资源利用中的一次尝试，并且取得了满意的结果，肯定了这一方法的适用性。

2.2.2 城市产业代谢网络模型

基于Wall（1987；1990）与Sciubba（2003）的方法，以及Chen G Q等（2011）的早期工作，一个典型的系统图如图2-2所示。根据生态网络构建方法，将城市代谢系统中的众多功能体按照其各自的特点与功能进行分组，分为采掘部门（Ex）、转化部门（Co）、农业部门（Ag）、工业部门（In）、交通部门（Tr）、第三产业部门（Te）和家庭部门（Do）7类，并考虑内部及外部资源、能源、商品、劳动力等的投入和系统的耗散。为了避免重复计算，资本流并没有纳入进来，因为资本流中包括了劳动力和同等价值的商品。但是需要说明的是，也有纯资本流动的部门（如银行部门和政府部门等），由于缺乏可靠的数据，因此，该模型的边界内是不包括银行部门和政府部门的。

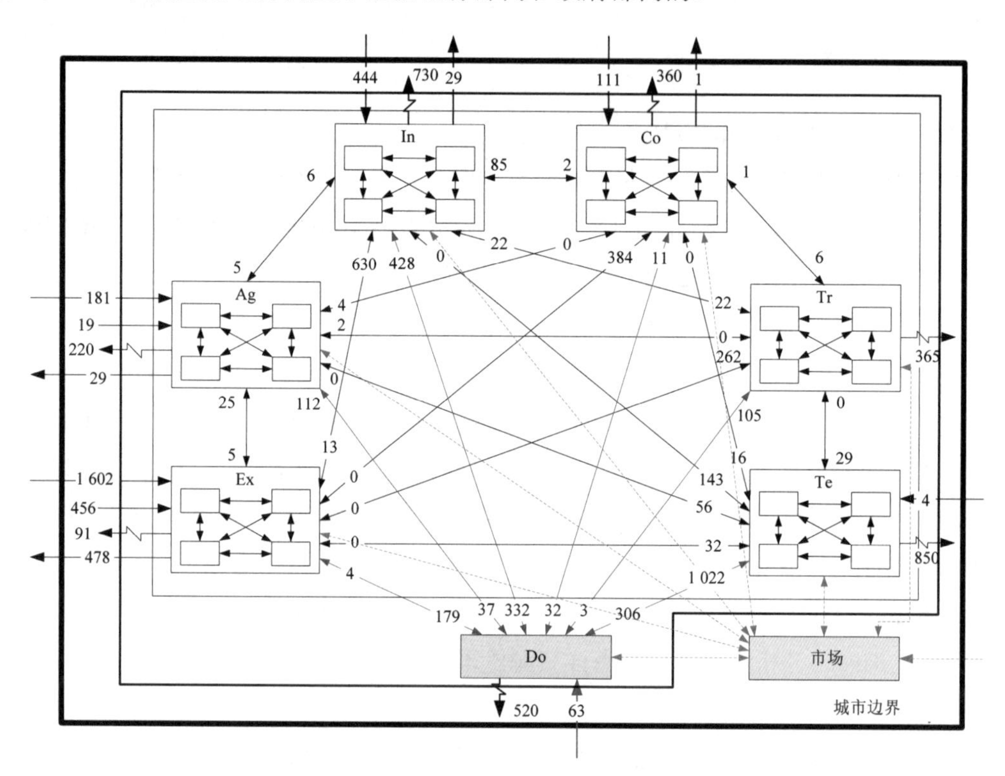

图 2-2　城市代谢结构生态网络模型系统图

接下来根据系统的组分分类，将城市代谢系统中可用能流在系统各组分间的传递与转化表达为由节点与节点间路径连接构成的城市生态网络模型。在文献调查、专家咨询与调研以及现场考察的基础上，计算各节点之间的各项输入、输出流量，计算各节点与环境之间的流量交换，从而确定网络路径上的数值，包括本地的可更新资源（农产品、畜产品、木材等自然资源）、本地和国内外进口的不可更新资源（化石燃料、电力等能载体，矿石，工业产品等）、劳力资本、环境影响和烟损（如图 2-3 所示）。

一个生态系统网络需要用直接流矩阵（$\boldsymbol{F}$）来描述，它包括系统中所有节点间的流，但不包括节点与外界的流，节点之间的流用 f_{ij} 来表示（f_{ij} 表示流从 j 到 i）。

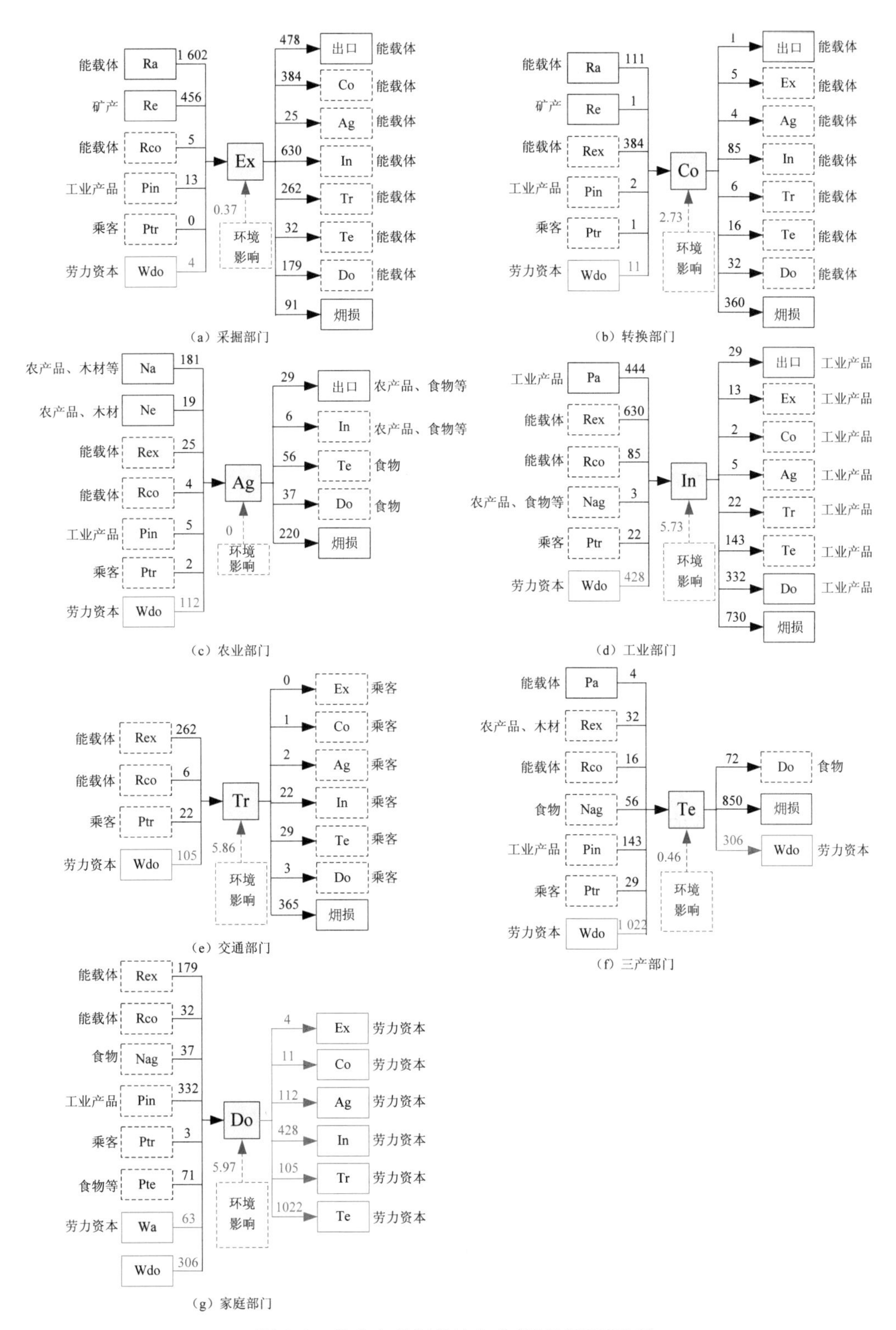

图 2-3　北京市代谢结构七大部门扩展㶲分析

由于㶲的可加性，㶲的平衡模型可表现为：

$$\mathrm{IE}_{\mathrm{a},i} + N_{\mathrm{e},i} + \sum_{j}^{j \neq i} f_{ij} - \mathrm{OE}_{\mathrm{a},i} - \sum_{j}^{j \neq i} f_{ji} - E_{\mathrm{Loss},i} = 0 \tag{2-1}$$

式中：$\mathrm{IE}_{\mathrm{a},i}$、$\mathrm{OE}_{\mathrm{a},i}$ —— 进口和出口的㶲流；

$N_{\mathrm{e},i}$ —— 本地可更新自然资源 N_{e} 输入到第 i 个节点；

f_{ij}、f_{ji} —— j 和 i 两个部门相互的输入和输出；

$E_{\mathrm{Loss},i}$ —— 第 i 个节点的㶲损。

在一般平衡的系统中，采用以各部门元素为节点的矩阵反映本地输入与输出、进出口和损失之间的流动。

劳力㶲的核算参考相关文献（Wall，1987；Sciubba，2001）。

$$\mathrm{EE}_{i,\mathrm{Do}} = C_{i,\mathrm{Do}} \cdot \frac{E_{\mathrm{tot}}}{C_{i,\mathrm{E}}} = C_{i,\mathrm{Do}} \cdot \frac{E_{\mathrm{tot}}}{C_{i,\mathrm{tot}} - C_{i,\mathrm{Do}}} \tag{2-2}$$

式中：$\mathrm{EE}_{i,\mathrm{Do}}$ —— 劳力㶲；

E_{tot} —— 㶲总量；

$C_{i,\mathrm{Do}}$ —— 第 i 个部门的劳力的资本通量；

$C_{i,\mathrm{E}}$ —— 第 i 个部门用于购买能载体（即化石燃料、电力、热等）的资本流量；

$C_{i,\mathrm{tot}}$ —— 第 i 个部门的总资本流动。

因此，扩展㶲分析劳动力分配，用同等的㶲值计算总值除以工作小时数。总的㶲使用量为：

$$\mathrm{EE}_{i,\mathrm{tot}} = E_x + \mathrm{EE}_{i,\mathrm{Do}} \tag{2-3}$$

式中：$\mathrm{EE}_{i,\mathrm{tot}}$ —— 扩展㶲总量；

E_x —— 除了劳动㶲之外的㶲值；

$\mathrm{EE}_{i,\mathrm{Do}}$ —— 劳力㶲。

图 2-3 将各部门㶲计算结果显示到一张流图上，具体的计算详见附录 1。

2.2.3 基于扩展㶲的城市产业代谢结构生态网络评估方法学

为了研究城市产业代谢结构的方方面面，我们基于扩展㶲建立多个生态网络分析指标，指标的建立参照现有的网络分析指标（Patten，1985；Cohen et al.，1993；Hall，2004；Fath，2004b；Fath and Killian，2007）。

2.2.3.1 通量分析方法

每个节点通量计算：进入量 $T_i^+=\sum_{j=1}^{n}f_{ij}+\mathrm{IE}_{\mathrm{a},i}+N_{\mathrm{e},i}$，流出量 $T_i^-=\sum_{j=1}^{n}f_{ji}+\mathrm{OE}_{\mathrm{a},i}+E_{\mathrm{Loss},i}$。根据一个稳态节点的入流和出流，可以得到该节点总的系统通量值 $\mathrm{TST}=\boldsymbol{I}^{\mathrm{T}}\cdot\boldsymbol{T}\cdot\boldsymbol{I}=\sum_{i=1}^{n}T_i$，其中，$\boldsymbol{I}$ 是数值均为 1 的行向量。该值表征系统经济总投资，也表示系统消费总规模。

对外依存度（EDD）表明一个部门是否有强烈的进口依存度，计算公式为：

$$\mathrm{EDD}=\frac{\sum_{i=1}^{n}\mathrm{IE}_{\mathrm{a},i}}{\mathrm{TST}} \tag{2-4}$$

EDD 的值越高，相应部门的依赖程度越大。

可再生性指数（RI）计算公式为：

$$\mathrm{RI}=\frac{\sum_{i=1}^{n}N_{\mathrm{e},i}}{\mathrm{TST}} \tag{2-5}$$

这是利用当地资源与总通量的比值。从长远来看，只有具有较高的可再生性指数的经济模式才是可持续的。

产量指数（YI）表明整个系统的产量，被定义为：

$$\mathrm{YI}=\frac{\sum_{i=1}^{n}\mathrm{OE}_{\mathrm{a},i}}{\mathrm{TST}} \tag{2-6}$$

2.2.3.2 效率分析方法

第一个指标 η_{ee} 是用来描述㶲转换效率的：

$$\eta_{ee}=\frac{\sum_{j=1}^{n}f_{ji}+\mathrm{OE}_{\mathrm{a},i}}{\sum_{j=1}^{n}f_{ij}+\mathrm{IE}_{\mathrm{a},i}+N_{\mathrm{e},i}}=1-\frac{E_{\mathrm{Loss},i}}{T_i^+} \tag{2-7}$$

传递闭包入流矩阵（$\boldsymbol{N}^{\mathrm{I}}$）和传递闭包出流矩阵（$\boldsymbol{N}^{\mathrm{O}}$）可根据公式 $\boldsymbol{N}^{\mathrm{I}}=(\boldsymbol{I}-\boldsymbol{T}^{-1}\boldsymbol{F})^{-1}$ 和 $\boldsymbol{N}^{\mathrm{O}}=(\boldsymbol{I}-\boldsymbol{F}\boldsymbol{T}^{-1})^{-1}$ 分别计算得出。基于马尔可夫链的 $\boldsymbol{N}^{\mathrm{I}}$ 和 $\boldsymbol{N}^{\mathrm{O}}$ 的解释，Patten（1999）构建了一系列反映生态系统结构和流的利用效率的指标。

入流路径长度（IPL）和出流路径长度（OPL）（Patten et al.，1976；Finn，1977）计算公式为：

$$\mathbf{IPL}^{\mathrm{T}}=(\mathbf{IPL}_i)^{n\times1}=\boldsymbol{I}^{\mathrm{T}}\cdot\boldsymbol{N}^{\mathrm{O}}=\left(\sum_{j=1}^{n}n_{ji}^{\mathrm{O}}\right)^{n\times1} \tag{2-8}$$

式中：$\boldsymbol{I}$—— 对角转置矩阵；

n_{ji}^{O} —— 节点中的出流值。

$$\mathbf{OPL} = (\mathbf{OPL}_i)^{1\times n} = \boldsymbol{N}^{\mathrm{I}} \cdot \boldsymbol{I} = \left(\sum_{j=1}^{n} n_{ij}^{\mathrm{I}}\right)^{1\times n} \tag{2-9}$$

式中：n_{ij}^{I} —— 节点之间的入流值。

IPL 和 OPL 用以衡量网络中的任何两个节点之间间接连接的平均距离。

平均路径长度被定义为：

$$\overline{\mathrm{PL}} = \frac{\sum_{i=0}^{n} f_{\mathrm{IEa},i} + \sum_{i=0}^{n} f_{\mathrm{Ne},i}}{\mathrm{TST}} \tag{2-10}$$

循环指数是衡量网络中循环流的百分比（Herendeen，1989；Patten et al.，1984）：

$$\mathrm{CI} = \frac{\sum_{i=1}^{n}\sum_{j=1}^{n}(n_{ji} / n_{ij} - 1)z_j}{\sum_{i=1}^{n}\sum_{j=1}^{n} n_{ij} z_j} \tag{2-11}$$

式中：n_{ji}—— 从 j 流入 i 的流值；

n_{ij}—— 从 i 流入 j 的流值；

z_j——j 节点的权重。

2.2.3.3 效用分析方法

网络效用分析方法（Patten，1992；Fath et al.，1998；Fath，2007a）是将一个网络模型中的流用总系统通量（TST）标准化$\left[d_{ij} = \frac{f_{ij} - f_{ji}}{T_i}(i, j = 1, \cdots, n)\right]$后而生成直接流矩阵 $\boldsymbol{D} = \boldsymbol{D}$（$F$）。然后考察矩阵中各节点两两之间的关系。效用矩阵 $\boldsymbol{U}$ 描述了所有直接和间接的关系，$\boldsymbol{D}$ 矩阵为贡献权重：

$$\boldsymbol{U}(F) = \sum_{m=0}^{\infty}[\boldsymbol{D}(F)]^m = [\boldsymbol{I} - \boldsymbol{D}(F)]^{-1} \tag{2-12}$$

由于 **sgn**（$\boldsymbol{U}$）可以提供网络节点间的交互关系（可能会变化为直接关系）和可以根据节点间“共生”关系的多少将网络进行分类，我们计算一个效用函数 J（F）作为 **sgn**（$\boldsymbol{U}$）中正负号的比例。

$$J(F) = \frac{S_+(F)}{S_-(F)} \tag{2-13}$$

式中：$S_+(F)$ —— 在矩阵 $\boldsymbol{U}$（F）中所有的正号数目；

$S_-(F)$ —— 在矩阵 $\boldsymbol{U}$（F）中所有的负号数目（Lobanova et al.，2008）。

因此，$J(F)$ 就是矩阵中所有正号和负号总数之商。我们认为 $J(F)$ 可以作为网络共生能源系统的目标函数（Fath et al.，1998）。当 $J(F)>1$ 时，表明系统整体的积极共生性要大于消极竞争性。

2.2.3.4　结构分析方法

在一个结构中长期耦合说明二者长期关联形成一种更有活力的网络（Surra，1985）。节点耦合度（CD_{ij}）定义为：

$$\mathrm{CD}_{ij}=\sqrt{\left(\sum_{k=1}^{m}\frac{p_{ij}^{k}\cdot n_{ij}^{k}}{k}\right)\cdot\left(\sum_{k=1}^{m}\frac{p_{ji}^{k}\cdot n_{ji}^{k}}{k}\right)} \tag{2-14}$$

$$\mathrm{CD}=2\cdot\left(\sum_{\substack{i,j=1\\ i\neq j,i>j}}^{n}w_{ij}\mathrm{CD}_{ij}\right)/(n^2-n) \tag{2-15}$$

$$\boldsymbol{w}^{\mathrm{T}}=\left(w_1,w_2,\cdots,w_n\right)=\left(\sum_{k=1}^{n}\gamma_{k1},\sum_{k=1}^{n}\gamma_{k2},\cdots,\sum_{k=1}^{n}\gamma_{kn}\right)^{\mathrm{T}}/\left(\sum_{i=1}^{n}\sum_{k=1}^{n}\gamma_{ki}\right) \tag{2-16}$$

式中：$w_i=\sum_{k=1}^{n}\gamma_{ki}$ —— 第 i 个节点对整个网络系统的贡献程度；

n_{ij} —— 节点之间的入流值；

n_{ji} —— 节点之间的出流值；

p_{ij} —— 节点循环流量；

k —— 连接的节点数量。

2.2.3.5　环境影响分析方法

总环境负荷矩阵（$\boldsymbol{e}$）可以定义为伴随着经济产出的环境排放总值（Lave et al.，1995）。总环境负荷定义为：

$$\boldsymbol{e}=\boldsymbol{R}\cdot(\boldsymbol{I}-\boldsymbol{D})^{-1}\cdot\boldsymbol{F} \tag{2-17}$$

式中：$\boldsymbol{R}$ —— 一种环境负荷系数向量，其中 R_i 是部门 i 的环境负荷输出。

式（2-17）反映来自不同部门的污染物排放与其部门经济产出的关系。该比值越高，当地部门的环保压力越大。

2.3 城市产业代谢评估结果分析

北京市七大部门的扩展㶲计算详见附录 1，数据年份为 2004 年。在此得出城市代谢系统部门内部流量分析、效率分析、效用分析、结构分析和环境影响分析结果。

2.3.1 流量分析

北京市七部门通量分析和效率分析结果如表 2-2 所示。系统总㶲通量（TST）为 7 929 PJ，开采部门占据最大比例（2 080 PJ）。工业部门和三产部门作为两大龙头部门，也占据了大量的㶲使用，这表明北京正在凭借很大的能源和资源来维系一个城市的结构和功能。高能耗造就了北京现在的高速发展，这与全国 2003 年的情况很相似（Chen et al., 2007）。北京对外依存度很高，全市对外依存度为 30.33%。采掘部门对外依存度为 77.02%，可再生指数为 21.92%，说明北京强烈依赖于能源进口。对于不同来源的能源依存度可能会存在相反的结果。

表 2-2　北京市七部门通量分析和效率分析

部门	TST/PJ	EDD/%	RI/%	YI/%	η/%	IPL	OPL	CI/%
采掘部门（Ex）	2 080	77.02	21.92	22.98	95.67	2.27	1.02	0.58
转化部门（Co）	510	21.76	0.20	0.20	29.22	1.57	1.83	0.35
农业部门（Ag）	348	52.01	5.46	8.33	35.92	1.60	1.90	1.39
工业部门（In）	1 612	27.54	0.00	1.80	33.87	1.77	2.16	7.88
三产部门（Te）	1 302	0.31	0.00	0.00	29.03	1.80	3.26	20.03
交通部门（Tr）	395	0.00	0.00	0.00	14.46	1.26	2.45	0.47
家庭部门（Do）	1 682	6.15	0.00	0.00	—	2.74	2.35	25.03

此外，人力资本的外省迁入是北京的一个重要的扩展㶲输入（6.3 PJ）。这说明北京作为一个移民城市，已借助其人力资源优势发展了劳动力高度密集的服务行业，并可以根据现在的情况提出一个特殊的行业战略。

2.3.2 效率分析

北京能源部门拥有最高的用能效率，三产部门的用能效率最低，这一结果与 Chen 等（2007）对整个中国的计算结果一致。这表明化石燃料相比其他能源载体，浓度更加集中。相比 Chen 等（2007）的研究，采掘部门、转化部门以及工业部门有着高的用能效率，而其他部门η则处于平均水平，说明前三个部门的热力学效率在一个比较好的水平。

入流路径长度（IPL）和出流路径长度（OPL）测量网络中任意两个节点间的直接平均距离，或任何间接连接的两个节点之间的平均连接距离。表 2-2 显示不同部门的㶲效率排序。采掘部门和家庭部门的入流路径长度最大（分别为 2.27 和 2.74），出流路径长度以三产部门和交通部门为最大，采掘业、转化部门和农业部门的出流路径长度非常低。这其中的原因是三产部门和交通部门都需要直接或者间接地从其他部门输入。换句话说，三产部门和交通部门有较短的㶲供应链，但是有长的需求链。相反，采掘部门、转化部门和家庭部门主要基于非可再生资源和劳力，并有相对较长的㶲供应链。北京市系统的平均路径长度为 2.75，这意味着平均㶲供应链的节点至少有 3 个。

2.3.3 效用分析

使用流量矩阵 ***F***，建立直接的流矩阵 ***D*** 和 **sgn**（***D***）矩阵。

$$\mathbf{sgn}(\boldsymbol{D})=\begin{bmatrix} 0 & - & - & - & - & - & - \\ + & 0 & - & - & - & - & - \\ + & + & 0 & + & - & + & + \\ + & + & - & 0 & - & 0 & + \\ + & + & + & + & 0 & + & + \\ + & + & - & 0 & - & 0 & + \\ + & + & - & - & - & - & 0 \end{bmatrix}$$

跨矩阵的对角线进行节点比较，确定任意两个节点的直接关系，例如（sd21，sd12）=（−，+），表明这两个节点之间的关系是“捕食”；（sd43，sd34）=（+，−），表明这两个节点之间的关系是“竞争”；（sd64，sd46）=（0，0），表明这两个节点之间的关系是“中立”。换句话说，转化部门向采掘部门损失㶲流，工业部门从农业部门获得㶲流；并且，交通部门和工业部门没有直接的㶲流交换。**sD** 矩阵显示采掘部门、转化部门、家庭部门作为一种纯出口部门直接投入到其他部门。**sD** 矩阵拥有相同数目的正负号，因为所有的节点都是输入/输出守恒或者是 0。综合效用矩阵 **sgn**（***U***）计算得出：

$$\mathbf{sgn}(\boldsymbol{U})=\begin{bmatrix} + & - & - & - & + & - & - \\ + & + & - & - & + & - & - \\ + & - & + & - & - & - & + \\ + & - & - & + & - & - & - \\ + & + & + & + & + & - & + \\ + & - & - & - & - & + & + \\ + & + & - & - & - & - & + \end{bmatrix}$$

$$J(F)=\frac{S_{+}(F)}{S_{-}(F)}=\frac{22}{27}=0.815$$

$$\mathbf{sgn}(\boldsymbol{U})=\begin{bmatrix} + & - & - & - & + & - & - \\ + & + & - & - & + & - & - \\ + & - & + & - & - & - & + \\ + & - & - & + & - & - & - \\ + & + & + & + & + & - & + \\ + & - & - & - & - & + & + \\ + & + & - & - & - & - & + \end{bmatrix}$$

捕食关系(−,+)　互利关系(−,−)
共生关系(+,+)　竞争关系(+,−)

可发现效用矩阵 **U** 有几处不同。首先，所有的 **U** 矩阵元素都非零，这说明所有的节点都直接或间接地与其他节点产生关系。其次，当一些节点的关系已经改变时，需要考虑整个网络的变化。例如，（su31，su13）=（+，−）表示竞争关系，这说明能源转化部门与农业部门是竞争对手；（su53，su35）=（−，+）表示捕食关系，这说明三产部门“捕食”农业部门。最后，效用函数也不再是零和。总体而言，在效用矩阵中，有 8 项竞争关系（转化部门和农业部门、转化部门和工业部门、农业部门和工业部门、转化部门和交通部门、农业部门和交通部门、工业部门和交通部门、三产部门和交通部门、工业部门和家庭部门），只有 2 项互利关系（采掘部门和三产部门、转化部门和三产部门）。这里有 22 个正号和 27 个负号，所以可以说，北京实际上是一个高度竞争的城市代谢网络。

2.3.4 结构分析

结构耦合程度（CD）的指标衡量贸易系统的结构强度。所有的 CD 值都非零，说明所有部门都紧紧耦合在这个社会网络系统之中，其中一些节点（如工业部门和三产部门、工业部门和家庭部门、三产部门和家庭部门）的耦合度很高，这表示这几个耦合节点会相互地干扰。一个部门的发展程度可以因为某个部门的影响而出现波动，甚至导致系统崩溃。家庭部门和农业部门是主要控制因素。

表 2-3 城市代谢网络节点耦合度

部门	Ex	Co	Ag	In	Te	Tr	Do
采掘部门（Ex）	—	—	—	—	—	—	—
转化部门（Co）	0.14	—	—	—	—	—	—
农业部门（Ag）	0.19	0.16	—	—	—	—	—
工业部门（In）	0.64	0.63	1.38	—	—	—	—
三产部门（Te）	0.47	0.56	1.31	4.85	—	—	—
交通部门（Tr）	0.18	0.12	0.22	0.88	0.84	—	—
家庭部门（Do）	1.47	0.94	1.65	4.40	3.44	1.86	—

2.3.5 环境影响分析

七部门的环境负荷不仅取决于净排放量。图 2-4 显示了七部门的环境负荷。其中家庭部门和工业部门有最大的环境负荷（e 为 10.91 和 8.45），而农业部门和三产部门的环境负荷仅为 1.82 和 3.63。值得一提的是，由于数据的原因，考虑农业部门外部环境负荷输入量为0，但结果中显示农业部门的输出量不为0。这表明其他部门也提供了间接的环境负荷。

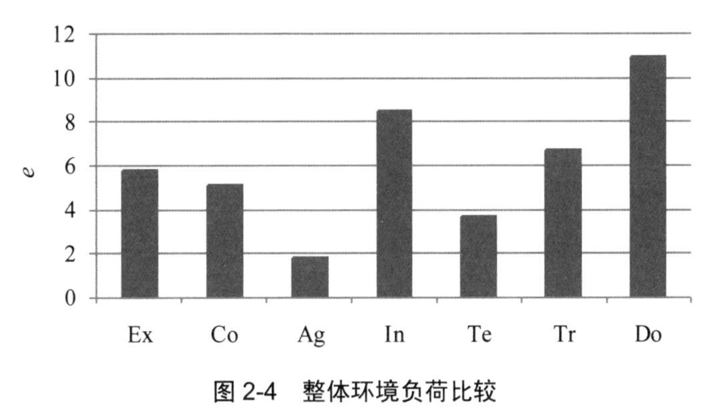

图 2-4 整体环境负荷比较

2.4 城市产业代谢模式的国际比较

把北京的评估结果与其他3个已评估过的欧洲社会系统进行比较分析，比较对象为挪威（Ertesvåg，2005）、英国（Gasparatos et al.，2009）和意大利（Milia et al.，2006）。由于扩展㶲方法本身需要统一评价区域的热力学参考温度，但是这确实很难。因此，应该说明，这种比较是比较不同部门的比例，而不是比较计算出来的㶲值。表2-4中列出了计算结果。关于环境负荷数据，由于其他参考文献缺乏相关数据，所以在本次讨论中忽略。

表 2-4 北京、挪威、英国、意大利 4 个代谢系统参数比较

代射系统	数据来源	通量				效率			效能	结构
		TST	EDD/%	RI/%	YI/%	η/%	$\overline{\text{PL}}$	CI/%	J（F）	CD/%
北京，2004年	本研究	7 929	30.33	6.00	6.77	62.14	2.75	10.46	0.81	19.62
挪威，2000年	Ertesvåg，2005	14 606	2.12	70.42	62.74	80.75	1.38	0.43	0.81	0.21
英国，2004年	Gasparatos et al.，2009	50 147	14.27	20.47	11.04	57.89	2.88	1.47	0.81	0.80
意大利，1996年	Milia et al.，2006	35 617	—	24.48	—	56.08	4.08	5.74	0.88	3.32

总系统通量显示出 4 个经济系统的不同规模。北京有最小的总系统通量，采掘部门、转化部门、工业部门仍提供最大的㶲流。这个结果显示尽管已经付出了很大的努力实现工业转型，但 2004 年的北京仍然部分依赖于重型制造业及污染密集型企业。北京的对外依存度是最大的，大量的化石燃料商品从外界进口，而英国和意大利则主要利用本地的化石燃料和其他不可更新资源。㶲转换效率和平均路径长度方面，北京大致跟其他 3 个社会经济系统相同。而循环指数方面，北京 2004 年是 10.46%，比 2000 年的挪威高出了 25 倍，是 1996 年意大利节点循环指数的两倍，最大的是家庭部门，因此主要在循环的是劳力㶲流。

效能分析结果显示，虽然北京、挪威、英国的正负号数目相同，但是节点之间的关系还是有不同的。互利共生关系和竞争关系的总数是相等的，但是仅有 2 个竞争关系是相似的（农业部门和交通部门、工业部门和交通部门）。意大利与其他 3 个系统有相同的共生网络（采掘部门和三产部门、转化部门和三产部门），但是，它仅有 7 个竞争关系。所以意大利（1996 年）的效用系数最高，整个系统的部门竞争力最强，$J(F)=0.88$。结论显示，效用结构之间的相关性是基于相同程度的发展和同一部门的利用率。因此，只有研究通量和效率之间的多种约束情况，才能明确哪种是最优配置情况。

$$\mathbf{sgn}\left(\boldsymbol{U}_{\text{北京}}\right)=\begin{bmatrix} + & - & - & - & + & - & - \\ + & + & - & - & + & - & - \\ + & - & + & - & - & - & + \\ + & - & - & + & - & - & - \\ + & + & + & + & + & - & + \\ + & - & - & - & - & + & + \\ + & + & - & - & - & - & + \end{bmatrix} \quad \mathbf{sgn}\left(\boldsymbol{U}_{\text{挪威}}\right)=\begin{bmatrix} + & - & - & - & + & - & - \\ - & + & - & - & + & - & - \\ + & + & + & - & - & - & + \\ + & + & + & + & - & - & + \\ + & + & - & - & + & - & + \\ + & + & - & - & - & + & + \\ - & - & - & - & - & - & + \end{bmatrix}$$

$$\mathbf{sgn}\left(\boldsymbol{U}_{\text{英国}}\right)=\begin{bmatrix} + & - & - & - & + & - & - \\ + & + & - & - & + & - & - \\ + & + & + & - & - & - & + \\ + & + & - & + & - & - & + \\ + & + & + & - & + & - & + \\ + & - & - & - & - & + & - \\ + & - & - & - & - & - & + \end{bmatrix} \mathbf{sgn}\left(\boldsymbol{U}_{\text{意大利}}\right)=\begin{bmatrix} + & - & - & - & + & - & - \\ + & + & - & - & + & - & - \\ - & - & + & - & + & - & + \\ + & + & + & + & - & - & + \\ + & + & - & + & + & - & + \\ + & - & - & - & - & + & + \\ - & + & - & - & - & - & + \end{bmatrix}$$

此外，系统贡献率（w_i）用来描述第 i 个部门对整个系统的贡献程度。从图 2-5 可以看出不同社会经济系统的部门贡献程度。可以看出，北京整体的部门贡献与英国相似。此外，也可以用图 2-5 来描述社会的层级结构。如底层的采掘部门属于生产者，顶层的家庭部门属于顶层消费者，中间各部门属于不同层级消费者（注意：社会经济系统中的农业部门属于消费者）。而与自然生态系统比较，可以发现自然生态系统是“金字塔”形的消费结构（Fath and Killian，2007）。而城市代谢系统由于其他消费部门结构畸形以及系统还原者的缺失，呈现“哑铃”结构。所以，如果北京想走向循环经济的未来，向自然生态系统结构学习、加强“分解者”作用、提高部门效率、优化产业结构是十分必要的。

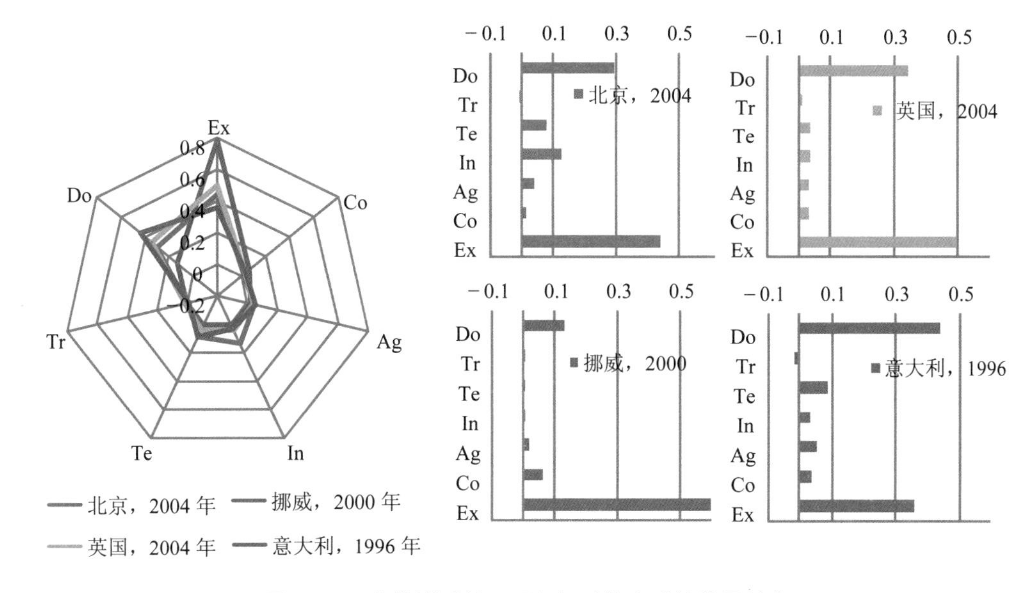

图 2-5　4 个代谢系统不同部门对整个系统的贡献率

2.5　本章小结

本研究完成了基于生态热力学的城市代谢结构网络模型构建与评价。从结构分析和调整的角度来研究城市代谢问题，旨在通过对城市系统结构的追踪和量化，摸清其运行机制，不但可以定量描述城市资源系统支撑和环境负荷，更可以找到城市系统结构的优化路径，提高其资源利用效率。根据生态网络构建方法，将城市代谢系统中的众多功能体按照其各自的特点与功能进行分组，分为采掘部门（Ex）、转化部门（Co）、农业部门（Ag）、工业部门（In）、交通部门（Tr）、三产部门（Te）和家庭部门（Do）7 类，并考虑内部及外部资源、能源、商品、劳动力等的投入和系统的耗散。

基于所构建的网络模型，对生态网络分析中用于度量网络结构的信息指标进行计算，从网络的结构效率与效用两方面分析网络结构。探讨城市生产者、消费者、分解者之间的生态关系和关联程度，城市生态关系包括生态组分间的捕食、竞争和共生等关系，以及亚组分间的竞争、中性、偏利共生、无利共生等关系。利用网络路径分析方法研究代谢长度与代谢路径数量、连通性的变化关系，由代谢路径的数量分布确定城市代谢系统的基本营养结构，以及各组分间的作用途径；利用网络效用矩阵中正负号分布、数量比值，确定了城市代谢系统各组分间的作用方式、共生状况，最后揭示出固有网络结构中复杂的生态关系。研究结果表明：北京是具有一个高度竞争性的部门共生体，而且随着代谢长度的增加，城市代谢系统中各组分间的作用途径更为多样，代谢路径数量、连通性不断提高，与其他经济系统相比，北京七部门生态关系更类似于英国经济系统。

第3章　城市群内部煤炭相关产业代谢网络结构分析

3.1　绪论

3.1.1　背景与意义

京津冀地区由北京市、天津市、河北省构成，最早由首都经济圈发展而来，包括中国的政治、经济、文化中心，在国内具有十分重要的战略地位。然而目前，京津冀地区面临的大气污染问题较为严重。以 $PM_{2.5}$ 为例，根据资料，2015 年北京市空气中 $PM_{2.5}$ 的年平均质量浓度为 80.57 μg/m^3（北京市环境保护局，2016），是国家标准限值的 2.30 倍（环境保护部，2012）；河北省 $PM_{2.5}$ 年平均质量浓度值为 77 μg/m^3，是国家标准的 2.19 倍（河北省环境保护厅，2016）；天津市 $PM_{2.5}$ 年平均质量浓度值为 70 μg/m^3，是国家标准的 2.02 倍（天津市环境保护局，2016）。相关研究表明，京津冀地区的 $PM_{2.5}$ 污染已经对人群健康造成了威胁（杨维等，2013；方叠，2014）。此外，京津冀地区大气污染（如雾霾）也对中国的国际形象造成了一定影响。

中国政府对京津冀地区的大气污染问题，尤其是 $PM_{2.5}$ 污染问题非常重视。在《2016 年政府工作报告》中，提出了要推进京津冀的协同发展，在生态环保等领域取得突破性进展。2015 年 12 月，国家发展和改革委员会、环境保护部联合发布的《京津冀协同发展生态环境保护规划》中要求，到 2020 年京津冀地区 $PM_{2.5}$ 年均质量浓度控制在 64 μg/m^3 左右，并提出将京津冀地区打造成生态修复、环境改善示范区的目标（国家发展和改革委员会等，2015）。同期，国务院还发布实施了《国家环境保护“十二五”规划》和《大气污染防治行动计划》等文件，加大空气污染的综合治理力度，并在《中华人民共和国国民经济和社会发展第十三个五年规划纲要》中针对京津冀地区，提出构建区域生态环境监测网络、预警体系和协调联动机制，削减区域污染物排放总量的计划。通过加强大气污染联防联控，实施大气污染防治重点地区气化工程，到“十三五”时期末，实现京津

冀地区 $PM_{2.5}$ 质量浓度下降 25%的目标（国家发展和改革委员会，2016）。北京、天津、河北的政府部门也相继提出了各自的大气污染防治计划和措施（如表 3-1 所示），改善大气环境污染问题（李少聪，2015）。

表 3-1　北京、天津、河北大气污染防治措施整理及对比

区域	出台的法规、条例和文件	技术指标	具体措施
北京市	《北京市 2012—2020 年大气污染治理措施》(2012 年) 《北京市 2013—2017 年清洁空气行动计划》(2013 年) 《北京市大气污染防治条例》(2014 年) 《北京市空气重污染应急预案》(2015 年)	到 2020 年，$PM_{2.5}$、PM_{10}、总悬浮颗粒物、二氧化硫、二氧化氮等主要污染物的年均质量浓度均比 2010 年下降 30%。其中二氧化硫达到 20 μg/m³ 以下，总悬浮颗粒物稳定达标，二氧化氮基本达标（达到 40 μg/m³），PM_{10} 达到 80 μg/m³ 左右，$PM_{2.5}$ 达到 50 μg/m³ 左右。臭氧超标小时数比 2010 年减少 30%，全年控制在 200 h 左右	①城市核心区无煤化工程：利用拆迁、危房改造、“煤改电”、老楼通热通电等形式，实现核心区无煤化。城市拓展区基本无燃煤锅炉工程：在持续进行燃煤锅炉清洁能源改造的基础上完成六区燃煤锅炉改造工程。 ②对农村实行“减煤换煤”工程，启动天然气入户试点工程。 ③调整退出污染企业，2015 年年底前水泥产能压缩到 550 万 t，2016 年前完成 1 000 家企业淘汰任务；滚动式启动推进百项技改项目。 ④制定并出台锅炉、炼油与石油化工、印刷、木制家具制造、汽车制造、汽车修理、工业涂装等更为严格的行业大气污染物排放标准。 ⑤新增燃油出租车实施 8 改 6，电动车不限行，新增柴油车实施国Ⅴ标准。 ⑥在税费方面，开征扬尘排污费，制定挥发性有机物排污费，调整优化停车收费，制定交通拥堵费，减免新能源汽车停车费、过路费
天津市	《天津市 2012—2020 年大气污染治理措施》(2012 年) 《天津市重污染天气应急预案》(2014 年) 《天津市大气污染防治条例》（2015 年）	第一阶段：到 2015 年，$PM_{2.5}$、PM_{10} 年均质量浓度分别下降 4 μg/m³、12 μg/m³，达到 51 μg/m³、84 μg/m³。第二阶段：到 2020 年，$PM_{2.5}$、PM_{10} 年均质量浓度分别再下降 4 μg/m³、12 μg/m³，达到 47 μg/m³、72 μg/m³。第三阶段：$PM_{2.5}$、PM_{10} 年均质量浓度力争早日达到新标准限值，进入环境空气质量达标城市行列	①严格控制“两高一资”项目，2020 年前煤炭消费总量控制在 6 300 万 t。 ②将中心城区、滨海新区和环城四区建成区建成基本无燃煤区，推进远郊区县燃煤供热锅炉房热电联产替代或改燃。 ③快速路环线以内区域土石方施工现场实行全封闭作业，加强道路机扫水洗作业，控制交通扬尘二次污染。 ④加强工业企业烟气脱硫、脱硝和烟粉尘治理，2020 年前所有保留机组完成脱硝治理任务，烟尘排放浓度未实现稳定达标的燃煤机组必须进行袋式除尘器改造。 ⑤2020 年前，实施国家第五阶段机动车排放标准和国Ⅴ油品标准，淘汰全部 29 万辆黄标机动车。 ⑥争取到 2020 年，在一次能源消费结构中，煤炭消费比重控制在 40%以下

区域	出台的法规、条例和文件	技术指标	具体措施
河北省	《河北省大气污染防治行动计划实施方案》(2013 年) 《河北省大气污染深入治理三年(2015—2017)行动方案》(2015 年) 《河北省大气污染防治条例》(2016 年)	2017 年，全省 $PM_{2.5}$ 质量浓度比 2012 年下降 25%以上。石家庄、唐山、保定、廊坊和定州、辛集 $PM_{2.5}$ 质量浓度比 2012 年下降 33%，邢台、邯郸下降 30%，秦皇岛、沧州、衡水下降 25%以上，承德、张家口下降 20%以上	①提前一年完成国家“十二五”落后产能淘汰任务，到 2017 年，全部淘汰 10 万 kW 以下常规燃煤机组，煤炭消费量比 2012 年净削减 4 000 万 t。 ②加强对工业源的治理。到 2015 年，新建和改造燃煤机组、钢铁烧结机完成脱硫治理、拆除旁路；燃煤电厂、水泥完成脱硝治理；燃煤电厂、水泥、钢铁等行业完成除尘升级改造治理；石化行业完成有机废气综合治理。 ③加强对黄标车污染的整治。到 2014 年，各设区市和省直管县（市）城市建成区全面实施黄标车限行。到 2015 年，全部淘汰 2005 年年底前注册营运的黄标车。到 2017 年，全部淘汰黄标车。 ④加强对汽车油品的管理。2015 年年底前，全省供应符合国家第五阶段标准的车用汽、柴油。 ⑤到 2017 年，全省完成 80%具备改造价值的老旧住宅供热计量及节能改造

北京市环境保护局2014年发布的《北京市2012—2013年度 $PM_{2.5}$ 来源综合解析结果》显示，北京市由燃煤产生的 $PM_{2.5}$ 排放量占其本地总排放量的 22.4%，在所有来源中位居第二位（北京市环境保护局，2014）；天津市由燃煤产生的 $PM_{2.5}$ 排放量占其本地总排放量的 27%，在所有来源中居第二位（天津市环境保护局，2014）；在河北省石家庄市，燃煤产生的 $PM_{2.5}$ 排放量占其本地总排放量的 28.5%，在所有来源中居第一位；在河北省廊坊市，燃煤产生的 $PM_{2.5}$ 排放量占其本地总排放量的 50%，在所有来源中位居第一位；在河北省其他城市，煤炭产业也在本地 $PM_{2.5}$ 排放中占有较大比重（河北省环境保护厅，2015）。可见，燃煤对京津冀地区的 $PM_{2.5}$ 起到了较大的贡献作用。煤炭及其相关产业链的直接排放和间接排放是京津冀地区 $PM_{2.5}$ 的主要来源之一，也是目前急需解决的大气污染问题（孟亚东等，2014）。

京津冀地区以煤炭作为支柱能源，其大气污染问题与能源结构密切相关，在能源结构维持不变的情况下，这种污染状况很难根本性改变。这在中国北方具有一定的典型性和代表性。推进京津冀地区煤炭相关产业链的升级与转型，不仅能改善本地区的生态环境，更对中国北方以煤炭为主要能源的区域具有一定的引导性和示范性作用，便于提出更有针对性的减排与替代对策，为政府决策提供一定的理论支持和政策建议。

从国际视角而言，经历过伦敦烟雾事件和洛杉矶光化学烟雾事件以后，各国都对燃煤和汽车尾气的处理制定了相应标准，起到了一定的效果。而京津冀地区的大气污染问题却不是一次污染问题，也不仅仅是光化学污染，而是一种复合型污染，污染物成分复杂，来源也较广。对于依赖高能源消耗的部分发展中国家而言，我国京津冀地区的大气污染问题具有一定的代表性。如何能够通过能源结构的优化调整，减少大气污染物排放，具有一定的研究价值。

从科学意义上看，引入产业链和体现能的研究方法为解决京津冀地区的大气污染问题提供了一种新的视角，能够从产业链的角度对京津冀地区的煤炭利用情况进行整体和系统的评估与核算，通过优化煤炭链系统，实现污染物排放量控制与能源供给的最优平衡，具有一定的科学创新性。

3.1.2 国内外研究进展

3.1.2.1 煤炭相关产业链的能源消耗和污染物排放研究进展

产业链的概念源于西方，由德国经济学家赫希曼在1958年提出，经过价值链、供应链等微观层面概念的补充而进一步发展（Hirschman，1958）。在中国，产业链的概念不断得到丰富和扩充。龚勤林（2004）指出，产业链是一种在经济活动中相关的产业部门基于经济活动的内在技术、经济关联而客观形成的环环相扣、首尾相接的链条式关联关系形态。郁义鸿（2005）认为，产业链是一种由最终产品的生产加工全过程的各个环节（包括了从最初的原材料到终端产品到达消费者手中）所构成的整个生产链条。以上学者对产业链的阐述，重点突出了产业链中部门间基于技术上的关联性和链式联系。

部分学者还对区域产业链的概念进行了阐述。陈朝隆等（2007）指出，区域产业链是特定区域范围内的产业链段或链条，即产业链在特定区域的形态，他还从系统科学的视角将区域产业链的概念进一步加以说明，认为区域产业链本质上是一种区域经济组织，其运行与发展符合产业组织运行和区域发展的基本规律。龚勤林（2004）研究了区域产业链形成与发展的相关问题，认为区域产业链要连通不同城市产业链之间的断链，让产业链在空间上得到延伸，使得产业链各个环节在区域内的不同城市间得以分布（全诗凡，2014）。

一些学者借助产业链和区域产业链的概念，对煤炭资源利用系统的能源消耗和污染物排放进行了研究。煤炭资源利用系统包括原煤开采、洗选、运输、煤化工、供暖供热及终端消费，从产业链的角度分析煤炭资源的利用情况，可以更直接和清楚地厘清煤炭资源利用系统的资源分配、技术状况、能耗水平和排放情况。Shrestha 等（1999）的研究表明，运用经济手段对火力发电系统进行规划，可以在一定程度上提升火力发电系统的运行效率，促使能源构成种类多样化。刘强等（2006）研究了经济手段对电力企业碳排放的限制作用，并建立了相关模型用于综合规划评价。Aden 等（2009）通过研究中国煤炭资源的开发利用状况，对煤炭资源的需求驱动力、供应约束条件、可替代选项、环境外部性等因素进行了分析，并提出了有针对性的改进建议。淮洪九（2010）从煤炭产业链的角度对中国煤炭资源的利用现状进行了分析与预测，并提出了煤炭资源可持续利用的概念，论述了煤炭资源在开发利用中应有的约束条件与政策建议。赵剑峰（2011）从低碳经济的视角研究了煤炭工业的清洁利用情况，提出我国应适度发展煤制烯技术，对煤制油技术进行一定程度的限制，并及时修订完善煤炭相关法律法规。Fankhauser 等（2010a；2010b）利用碳排放税，从空间、时间的角度对煤炭市场产业结构进行了优化和调控，从而实现降低成本与增大市场灵活度的目的。袁迎菊（2012）分析了目前煤炭产业链结构，以 IPCC 标准为基础，对煤炭产业链碳排放的度量方法进行了阐述；并通过对煤炭产业链低碳演化进程的综合分析，揭示了影响煤炭产业链的低碳技术和影响演化过程的内部因素与外部因素，提出了煤炭相关产业链的演化过程。

目前，有关产业链、区域产业链的概念已较为明确和统一，但尚缺乏机理方面的深入研究。而对煤炭资源利用系统污染物排放控制的研究往往局限于单一污染物，缺乏对系统的精细分析与描述，缺乏宏观角度的系统性和整体性的核算与优化。从煤炭相关产业链的整体角度去核算能源消耗和污染物排放，将有助于更好地配置和利用煤炭资源，实现资源利用与环境保护的平衡。

3.1.2.2 体现能的核算

人类的生产活动产生的所有产品和提供的所有服务都必须直接或间接消耗各种能源（Rosen et al.，1999）。而体现能即表示产品生产全过程中消耗的直接能源和间接能源的总和，也被称为“虚拟能”（周志田等，2006）、“隐含能”（齐晔等，2008）、“隐性能源”（刘峰，2007）。其概念最早源于 1974 年的国际高级研究机构联合会能源分析工作会议，并不断得到丰富和发展（公丕芹等，2013）。马涛（2005）和孙玮（2008）都提出将体现能定义为生产某种产品实际消耗的能源，由技术水平、生产条件、能源效率等因素决定。罗思平等（2010）将体现能定义为产品生产、加工、运输等全过程消耗的能源总和。庞军等（2017）认为出口体现能是生产国为了生产出口产品而在本地直接消耗和间接消耗的总能源。

目前，体现能的核算方法已经较为成熟，主要有过程分析法和投入产出分析法两种核算方法。过程分析法即通过生命周期评价去鉴别和量化生产过程中消耗的能源，常用于核算工业材料和建筑电热的体现能（Yohanis et al.，2002）。而投入产出分析法则是基于投入产出表提供的完整框架，系统地将非直接消耗能源也考虑在内（Costanza，2002），通过经济学和数学模型核算出体现能（马涛，2005）。对于较为复杂的系统，采取过程分析法往往需要大量数据，而且运算过程复杂，人工工作量巨大；而投入产出分析法则可以通过模型在投入产出表的基础上较为方便和快捷地对体现能进行核算（张力小等，2013）。

国外学者从体现能的视角开展了比较丰富的研究。Kahral 等（2008）根据中国的投入产出与能源消耗数据，验证了中国贸易出口量与能源消费量间的相关关系，认为中国能源消费增长的首要驱动因素是出口贸易，中国需制定既能兼顾能源环境要素、又能兼顾经济贸易发展的长期目标。Rahimifard 等（2010）应用产品体现能模型核算了产品生产过程中的直接能源消耗和间接能源消耗，并指出直接能源消耗可以分为理论能源消耗与辅助能源消耗。通过对体现能的核算，能提高非有效能源的透明度，促进能源利用率的提升。Kara 等（2010）将过程分析法与投入产出分析法相结合，对 6 种产品和 4 种供应链进行了体现能核算，分析了制造全球化的发展趋势对产品体现能的响应。结果表明，生产地的选择，产品运输的方式、距离、重量等都是决定产品体现能的重要条件。通过选择更适合的本地生产商，采取更加高效和环保的运输途径，可以进一步减少产品的体现能。

国内学者对体现能的研究主要集中于进出口贸易方面。Li 等（2007）根据中国 1997 年的投入产出表，推算出 20 种主要进出口产品的能源消耗系数，并由此核算出 1996—2004 年中国进出口贸易的体现能。刘峰（2007）则将出口能源消耗系数和进口能源消耗系数区别计算，根据 2000 年日本的投入产出表推算出进口产品的能源消耗系数，并根据 2002 年中国的投入产出表推算出口货物的能源消耗系数，并核算了 2001—2005 年中国进出口产品的体现能；结果表明，研究时段内中国产品出口体现能占到全年能源消费总量的 24%～33%。齐晔等（2008）根据投入产出分析法核算了中国 1997—2006 年产品进出口贸易的体现能；结果表明，中国进口消费的相当一部分能源又以产品体现能的形式出口到其他国家和地区，客观地反映了中国产品进出口贸易中的体现能流动。Chen 等（2011）根据投入产出分析法核算了 2001—2006 年中国产品进出口贸易中的体现能；结果表明，2002 年中国产品体现能净进口折合 1.7 亿 t 标准煤，产品体现能净出口折合 4.1 亿 t 标准煤。此外，部分学者还将对体现能的研究扩展到其他领域。Liu 等（2012）根据投入产出法核算了 1992—2007 年中国基础设施建设的体现能。研究通过结构分解模型，阐述了影响中国基础设施建设体现能的主要因素，并发现了 2007 年中国基础设施建设的体现能占当年能源消费总量的比例过高。从能源利用率的角度考虑，当年中国部分基础设施建设的合理性较低。张力小等（2013）根据投入产出法对北京市 1987—2007 年城市经济活动中的体现能进行了核算，从产业整合、结构调整的角度为北京市的节能减排工作提供了新思路。

目前，将体现能与污染物排放的核算应用到区域煤炭相关产业链中的研究较少。而区域煤炭产业链研究多从供应链和能源安全的角度来分析，污染物排放多从单个能源消耗的角度考虑，缺乏深度跟踪区域煤炭相关产业链的单独走向，未梳理出能源利用主线和分支，无法得到对煤炭相关产业链的能源消耗和污染物排放的纵览情况。本研究通过引入体现能的方法，利用能源平衡表、相关数据和模型可以对煤炭相关产业链各个环节的能源消耗和污染物排放进行详细核算，较为客观和真实地反映京津冀地区煤炭消费最终产生的环境影响。

3.2 研究方法

本研究尝试以京津冀地区的能源平衡表为基础，以京津冀地区煤炭相关产业链为研究对象，查找京津冀地区煤炭相关产业链能源消耗相关数据，厘清京津冀地区 2012 年煤炭相关产业链的物质走向，并对煤炭相关产业链的体现能进行详细计算。在此基础上，核算并编制 2012 年京津冀地区煤炭相关产业链的污染物排放清单。最后，依据煤炭相关产业链体现能和污染物排放清单的结果，提出有针对性的优化改进方案和政策建议。

3.2.1 数据来源

本研究能源消耗数据来源于各省市的能源平衡表。京津冀地区 2012 年能源平衡（实物量）总表的数据来源于《中国能源统计年鉴 2013》中的“北京市 2012 年能源平衡统计（实物量）（一）”“天津市 2012 年能源平衡统计（实物量）（一）”和“河北省 2012 年能源平衡统计（实物量）（一）”（国家统计局能源统计司，2014）。能源折算系数（如表 3-2 所示）来源于《综合能耗计算通则》（GB/T 2589—2008）（国家质量监督检验检疫总局，2008）和《能源统计知识手册》（国家统计局，2006）。

表 3-2 能源折算系数

能源名称	平均低位发热量	折标准煤系数	转换系数/ J/10^4 t 或 J/10^8 m^3
原煤	20 908 kJ/kg	0.714 3 kg标准煤/kg	2.09×10^{14}
洗精煤	26 344 kJ/kg	0.900 0 kg标准煤/kg	2.63×10^{14}
其他洗煤	8 363 kJ/kg	0.285 7 kg标准煤/kg	8.36×10^{13}
型煤		0.500 0～0.700 0 kg标准煤/kg	1.76×10^{14}
煤矸石		0.178 6 kg标准煤/kg	5.23×10^{13}
焦炭	28 435 kJ/kg	0.971 4 kg标准煤/kg	2.84×10^{14}
焦炉煤气	16 726～17 981 kJ/m^3	0.571 4～0.614 3 kg标准煤/m^3	1.74×10^{15}
高炉煤气	3 763 kJ/m^3	0.128 6 kg标准煤/m^3	3.76×10^{14}

能源名称	平均低位发热量	折标准煤系数	转换系数/ $J/10^4$ t 或 $J/10^8$ m^3
转炉煤气	4 976～17 160 kJ/m^3	0.17～0.59 kg标准煤/kg	1.11×10^{15}
其他煤气	10 454 kJ/kg	0.357 1 kg标准煤/m^3	1.05×10^{15}

数据来源：《综合能耗计算通则》（GB/T 2589—2008）、《粗钢生产主要工序单位产品能源消耗限额》（GB 21256—2007）和《能源统计知识手册》。

3.2.2 数据处理

3.2.2.1 京津冀地区特定种类能源净调运量的计算

根据 2012 年北京、天津、河北的能源平衡表，对于一种特定的能源，只能得到 3 个省市各自的调入量和调出量，在缺少 3 个省市间调入量和调出量的情况下，无法得到京津冀地区整体的调入量和调出量。但是，可以运用以下模型计算出该种能源在京津冀地区整体的净调运量（净调运量=调入量−调出量）。

对于一个含有 j 个子区域的Ω地区，某种能源的调入、调出具有如下模型。

$$C_i = \alpha_i + c_{i2} + c_{i3} + \cdots + c_{ij} \tag{3-1}$$

式中：C_i —— i 区域的调出量；

α_i —— i 区域调出Ω地区外的量；

c_{ij} —— i 区域调出到Ω地区内 j 区域的量。

$$R_i = \beta_i + r_{2i} + r_{3i} + \cdots + r_{ji} \tag{3-2}$$

式中：R_i —— i 区域的调入量；

β_i —— 从Ω地区外调入 i 区域的量；

r_{ji} —— i 区域接收到Ω地区内 j 区域调运的量。

$$c_{ij} = r_{ji} \tag{3-3}$$

式（3-3）为在Ω地区内，从 i 区域调出到 j 区域的量等于 j 区域接收到从 i 区域调运的量。

由式（3-1）、式（3-2）和式（3-3）可以推导出式（3-4）：

$$\begin{aligned}\Omega_{\alpha-\beta} &= \sum_{i=1}^{n}\alpha_i - \sum_{i=1}^{n}\beta_i = \sum_{i=1}^{n}C_i - \sum_{i=1}^{n}R_i + \left(\sum_{i,j=1}^{n}c_{ij} - \sum_{i=1}^{n}c_{ii}\right) - \left(\sum_{i,j=1}^{n}r_{ji} - \sum_{i=1}^{n}r_{ii}\right) \\ &= \sum_{i=1}^{n}C_i - \sum_{i=1}^{n}R_i + \sum_{i,j=1}^{n}(c_{ij} - r_{ji}) = \sum_{i=1}^{n}C_i - \sum_{i=1}^{n}R_i\end{aligned} \tag{3-4}$$

式中：$\Omega_{\alpha-\beta}$ —— Ω地区整体的净调运量。

根据以上模型，代入北京、天津、河北某种能源各自的调入量和调出量，即可算出该种能源在京津冀地区整体的净调运量。

3.2.2.2 京津冀地区 2012 年能源平衡（实物量）总表的编制

将北京市 2012 年能源平衡统计（实物量）（一）、天津市 2012 年能源平衡统计（实物量）（一）和河北省 2012 年能源平衡统计（实物量）（一）中的数据加和，并将结果按照横坐标为能源种类，纵坐标包括可供本地区消费的能源量、加工转换投入产出量、损失量、终端消费量等子项目的结构列表，即可得到京津冀地区 2012 年能源平衡（实物量）总表（如表 3-3 所示）。

表 3-3 京津冀地区 2012 年能源平衡（实物量）总表

项目	原煤/10^4t	洗精煤/10^4t	其他洗煤/10^4t	型煤/10^4t	煤矸石/10^4t	焦炭/10^4t	焦炉煤气/10^8m^3	高炉煤气/10^8m^3	转炉煤气/10^8m^3	其他煤气/10^8m^3
1. 可供本地区消费的能源量	37 369.00	2 809.30	−1 252.81	1.29	−762.70	2 740.70	4.57	4.91	−0.01	0
（1）一次能源生产量	12 265.00									
（2）净调运量（+为调入，−为调出）	24 656.00	1 275.80	−1 253.87	6.42	−762.80	2 762.10	4.57	4.91	−0.01	
（3）进口量	513.99	1 673.70		0.39		8.67				
（4）境内轮船和飞机在境外的加油量										
（5）出口量（−）	−191.40	−257.40		−0.94		−10.12				
（6）境外轮船和飞机在境内的加油量（−）										
（7）库存保留（−）、供给（+）量	126.00	117.19	1.06	−4.58	0.07	−19.95				
2. 加工转换投入（−）产出（+）量	−27 406.00	−1 907.00	1 931.74	247.15	853.83	6 540.90	107.97	526.86	50.53	10.64
（1）火力发电	−12 973.00		−89.04	−1.48	−170.40		−18.56	−334.02	−20.44	
（2）供热	−3 022.00		−50.31	−20.18	−56.68		−12.97	−210.71	−18.77	
（3）洗选煤	−11 119.00	6 871.90	2 073.68		1 081.00					
（4）炼焦	−62.35	−8 764.00				6 576.60	139.50			
（5）炼油及煤制油	−2.89									
（6）制气	−1.60					−35.65				10.64
（7）天然气液化										
（8）煤制品加工	−225.50	−14.27	−2.59	268.81						
（9）回收能								1 071.59	89.74	
3. 损失量（−）	−18.83									

项目	原煤/10^4 t	洗精煤/10^4 t	其他洗煤/10^4 t	型煤/10^4 t	煤矸石/10^4 t	焦炭/10^4 t	焦炉煤气/10^8 m^3	高炉煤气/10^8 m^3	转炉煤气/10^8 m^3	其他煤气/10^8 m^3
4. 终端消费量（-）	−9 945.00	−902.70	−678.93	−248.40	−91.14	−9 282.00	−112.54	−531.77	−50.52	−10.64
（1）农、林、牧、渔、水利业	−214.50	−0.23								
（2）工业	−7 538.00	−902.50	−182.51	−166.90	−91.14	−9 280.00	−96.81	−531.77	−50.52	−10.64
（3）建筑业	−63.76			−1.31		−0.05	−0.05			
（4）交通运输、仓储和邮政业	−89.07			−0.93			−0.01			
（5）批发、零售业和住宿、餐饮业	−211.70			−3.49		−0.30	−0.63			
（6）生活消费	−1 169.00		−496.42	−69.38			−13.32			
（7）其他	−659.10			−6.42		−0.85	−1.72			
验算（总消耗−各部分消耗）	0	0	0	0	0	0	0	0	0	0

数据来源：《中国能源统计年鉴 2013》。

3.2.2.3 京津冀地区 2012 年煤炭链火力发电量走向推算

由表 3-2、表 3-3 可以得出，京津冀地区 2012 年煤炭链中火力发电投入能量合计 2.91×10^{18} J。根据文献（杨勇平等，2013）分析可知，2012 年中国火力发电煤耗率不低于 250 g/（kW·h），即能源转换效率不高于 49%。故京津冀地区煤炭链中火力发电产生的电能不高于 $3\ 960\times10^{9}$ kW·h，小于 2012 年京津冀地区的总用电量 $4\ 674.49\times10^{9}$ kW·h（国家统计局，2013）。对于以火力发电为主且电力资源紧张的京津冀地区（《中国电力年鉴》编辑委员会，2013），煤炭链火力发电产生的电能主要用于本地消费。

3.2.2.4 京津冀地区 2012 年能源平衡（能量）总表的编制

为完成京津冀地区 2012 年能源平衡（能量）总表的编制，需要将能源以实物为单位转换为以能量为单位。根据《综合能耗计算通则》（GB/T 2589—2008）（国家质量监督检验检疫总局，2008），使用以下公式：

$$E_i = e_i \times p_i \tag{3-5}$$

式中：E_i —— 能源 i 的能量；

e_i —— 能源 i 的实物量；

p_i —— 能源 i 的值折算系数。

将表 3-2、表 3-3 中的能源实物量代入式（3-5）中并取绝对值，即可得到京津冀地区 2012 年能源平衡（能量）总表（如表 3-4 所示）。

表 3-4 京津冀地区 2012 年能源平衡（能量）总表

单位：J

项目	原煤	洗精煤	其他洗煤	型煤	煤矸石	焦炭	焦炉煤气	高炉煤气	转炉煤气	其他煤气
1. 可供本地区消费的能源量	7.81×10^{18}	7.40×10^{17}	1.05×10^{17}	2.27×10^{14}	3.99×10^{16}	7.79×10^{17}	7.93×10^{15}	1.85×10^{15}	1.11×10^{13}	0
（1）一次能源生产量	2.56×10^{18}	0	0	0	0	0	0	0	0	0
（2）净调运量	5.16×10^{18}	3.36×10^{17}	1.05×10^{17}	1.13×10^{15}	3.99×10^{16}	7.85×10^{17}	7.93×10^{15}	1.85×10^{15}	1.11×10^{13}	0
（3）进口量	1.07×10^{17}	4.41×10^{17}	0	6.86×10^{13}	0	2.47×10^{15}	0	0	0	0
（4）境内轮船和飞机在境外的加油量	0	0	0	0	0	0	0	0	0	0
（5）出口量	4.00×10^{16}	6.78×10^{16}	0	1.65×10^{14}	0	2.88×10^{15}	0	0	0	0
（6）境外轮船和飞机在境内的加油量	0	0	0	0	0	0	0	0	0	0
（7）库存保留、供给量	2.63×10^{16}	3.09×10^{16}	8.86×10^{13}	8.05×10^{14}	3.66×10^{12}	5.67×10^{15}	0	0	0	0
2. 加工转换投入产出量	5.73×10^{18}	5.02×10^{17}	1.62×10^{17}	4.35×10^{16}	4.47×10^{16}	1.86×10^{18}	1.87×10^{17}	1.98×10^{17}	5.59×10^{16}	1.11×10^{16}
（1）火力发电	2.71×10^{18}	0	7.45×10^{15}	2.60×10^{14}	8.92×10^{15}	0	3.22×10^{16}	1.26×10^{17}	2.26×10^{16}	0
（2）供热	6.32×10^{17}	0	4.21×10^{15}	3.55×10^{15}	2.97×10^{15}	0	2.25×10^{16}	7.93×10^{16}	2.08×10^{16}	0
（3）洗选煤	2.32×10^{18}	1.81×10^{18}	1.73×10^{17}	0	5.66×10^{16}	0	0	0	0	0
（4）炼焦	1.30×10^{16}	2.31×10^{18}	0	0	0	1.87×10^{18}	2.42×10^{17}	0	0	0
（5）炼油及煤制油	6.04×10^{14}	0	0	0	0	0	0	0	0	0
（6）制气	3.35×10^{14}	0	0	0	0	1.01×10^{16}	0	0	0	1.11×10^{16}

项目	原煤	洗精煤	其他洗煤	型煤	煤矸石	焦炭	焦炉煤气	高炉煤气	转炉煤气	其他煤气
（7）天然气液化	0	0	0	0	0	0	0	0	0	0
（8）煤制品加工	4.71×10^{16}	3.76×10^{15}	2.17×10^{14}	4.73×10^{16}	0	0	0	0	0	0
（9）回收能	0	0	0	0	0	0	0	4.03×10^{17}	9.93×10^{16}	0
3. 损失量	3.94×10^{15}	0	0	0	0	0	0	0	0	0
4. 终端消费量	2.08×10^{18}	2.38×10^{17}	5.68×10^{16}	4.37×10^{16}	4.77×10^{15}	2.64×10^{18}	1.95×10^{17}	2.00×10^{17}	5.59×10^{16}	1.11×10^{16}
（1）农、林、牧、渔、水利业	4.48×10^{16}	6.06×10^{13}	0	0	0	0	0	0	0	0
（2）工业	1.58×10^{18}	2.38×10^{17}	1.53×10^{16}	2.94×10^{16}	4.77×10^{15}	2.64×10^{18}	1.68×10^{17}	2.00×10^{17}	5.59×10^{16}	1.11×10^{16}
（3）建筑业	1.33×10^{16}	0	0	2.30×10^{14}	0	1.42×10^{13}	8.68×10^{13}	0	0	0
（4）交通运输、仓储和邮政业	1.86×10^{16}	0	0	1.64×10^{14}	0	0	1.74×10^{13}	0	0	0
（5）批发、零售业和住宿、餐饮业	4.43×10^{16}	0	0	6.14×10^{14}	0	8.53×10^{13}	1.09×10^{15}	0	0	0
（6）生活消费	2.44×10^{17}	0	4.15×10^{16}	1.22×10^{16}	0	0	2.31×10^{16}	0	0	0
（7）其他	1.38×10^{17}	0	0	1.13×10^{15}	0	2.42×10^{14}	2.98×10^{15}	0	0	0
验算（总消耗–各部分消耗）	0	0	0	0	0	0	0	0	0	0

3.2.2.5 京津冀地区2012年煤流和能流图、桑基图的编制

煤流和能流图是根据热力学第一定律，将煤炭链中生产、制造、加工、消费、回收等全过程通过箭头有序连接，标记出物质的流通转化量和能源的流动量，并以图的形式呈现出来，形象和直观地展现某一区域的煤炭源利用状况（胡秀莲，2014）。参照2014年美国能流图（Lawrence Livermore National Laboratory，2015）和2012年中国煤流图及能流图（胡秀莲，2014），在表3-3和表3-4的基础上利用Visio 2013软件可以绘制出京津冀地区2012年煤流和能流图。通过e!Sankey软件，即可以得到京津冀地区2012年煤炭相关产业链桑基能量分流图，更加直观地展现能量的流动。

参照京津冀地区2012年煤炭相关产业链桑基能量分流图的格式，将京津冀地区2012年煤炭相关产业链的体现能数值代入e!Sankey软件，即可得到京津冀地区2012年煤炭相关产业链体现能桑基图。

3.2.3 计算参数

3.2.3.1 京津冀地区2012年煤炭相关产业链的体现能核算

根据投入产出法，参照Chen等（2010）中的参数，可以制得能源体现能折算系数（如表3-5所示）。根据表3-3中的数据与能源体现能折算系数，运用投入产出法可以核算出京津冀地区2012年煤炭相关产业链的体现能数值。

表3-5 能源体现能折算系数

能源名称	原折算系数	折算系数
原煤	2.20×10^{10} J/t	2.20×10^{14} J/10^4 t
洗精煤	2.77×10^{10} J/t	2.77×10^{14} J/10^4 t
其他洗煤	2.20×10^{10} J/t	2.20×10^{14} J/10^4 t
型煤	2.20×10^{10} J/t	2.20×10^{14} J/10^4 t
煤矸石	2.20×10^{10} J/t	2.20×10^{14} J/10^4 t
焦炭	4.49×10^{10} J/t	4.49×10^{14} J/10^4 t
焦炉煤气	4.60×10^{7} J/m^3	4.60×10^{15} J/10^8 m^3
高炉煤气	9.98×10^{6} J/m^3	9.98×10^{14} J/10^8 m^3
转炉煤气	4.60×10^{7} J/m^3	4.60×10^{15} J/10^8 m^3
其他煤气	4.60×10^{7} J/m^3	4.60×10^{15} J/10^8 m^3

数据来源：Chen等（2010）。

3.2.3.2 京津冀地区2012年煤炭相关产业污染物排放核算

根据欧洲环境署编制的指导手册（Courtesy of European Environment Agency，2013），可以由表3-4与能源消费、转化污染物排放系数（如表3-6所示），运用投入产出法得到京津冀地区2012年煤炭相关产业链污染物排放清单。

3.2.3.3 能源转化效率的计算

在煤炭相关产业链的能源转化过程中，可以根据以下公式求得能源转化效率。

$$\eta = \Sigma(A_1+\cdots+A_n) / \Sigma(B_1+\cdots+B_n) \tag{3-6}$$

式中：η —— 转化效率；

$\Sigma(A_1+\cdots+A_n)$ —— 所有产品能量之和；

$\Sigma(B_1+\cdots+B_n)$ —— 所有原料能量之和。

3.3 结果与讨论

3.3.1 结果分析

本研究以京津冀地区2012年的能源平衡表为基础，厘清了京津冀地区2012年煤炭相关产业链物质与能量走向，运用投入产出法核算了京津冀地区煤炭相关产业链的体现能（如图3-1、表3-7、图3-2、图3-3所示）。

研究结果如下：

①京津冀地区煤炭利用的主要特点（如图3-4、图3-5所示）：京津冀地区的原煤主要依赖调运，按体现能计算，外省净调入量占全部可消费原煤的65.94%，综合煤炭相关产业链分析，京津冀地区属于净煤炭进口地区。

②煤炭转化环节的能量流动特点：从能量的角度分析，原煤为供热提供了绝大部分能量，占到其总能量的82.61%。其次为高炉煤气、焦炉煤气和转炉煤气，分别占比10.36%、2.94%和2.72%，其余能源占比较小，均不超过1%；原煤为火力发电提供了绝大部分能量，占到其总能量的93.22%。其次为高炉煤气和焦炉煤气，分别占比4.32%和1.11%，其余能源占比较小，均不超过1.00%。从体现能的角度分析，原煤对供热的体现能贡献率最高，达到53.61%，其次为高炉煤气、转炉煤气和焦炉煤气，分别占比36.77%、4.78%和3.30%，其余能源占比较小，均不超过1.00%；原煤对火力发电的体现能贡献率最高，达到61.68%，其次为高炉煤气、转炉煤气和焦炉煤气，分别占比33.20%、2.03%和1.85%，其余能源占比较小，均不超过1.00%。

表 3-6 能源消费、转化污染物排放系数

项目	原煤	洗精煤	其他洗煤	型煤	煤矸石	焦炭	焦炉煤气	高炉煤气	转炉煤气	其他煤气	炼焦过程
NO_x/（g/GJ）	209.00	263.33	84.12	175.56	52.26	284.23	48.00	48.00	48.00	48.00	820 g/Mg
CO/（g/GJ）	8.700 0	10.961 8	3.501 7	7.307 9	2.175 3	11.831 4	4.800 0	4.800 0	4.800 0	4.800 0	340 g/Mg
NMVOC/（g/GJ）	1.000 0	1.260 0	0.402 5	0.840 0	0.250 0	1.359 9	1.600 0	1.600 0	1.600 0	1.600 0	47 g/Mg
SO_x/（g/GJ）	820.00	1 033.18	330.04	688.79	205.03	1 115.14	0.281 0	0.281 0	0.281 0	0.281 0	420 g/Mg
TSP/（g/GJ）	11.400 0	14.363 7	4.588 4	9.575 8	2.850 4	15.503 2	0.200 0	0.200 0	0.200 0	0.200 0	1 914 g/Mg
PM_{10}/（g/GJ）	7.700 0	9.701 8	3.099 2	6.467 9	1.925 3	10.471 5	0.200 0	0.200 0	0.200 0	0.200 0	1 864 g/Mg
$PM_{2.5}$/（g/GJ）	3.400 0	4.283 9	1.368 5	2.855 9	0.850 1	4.623 8	0.200 0	0.200 0	0.200 0	0.200 0	1 176 g/Mg
BC/（g/GJ，按 $PM_{2.5}$ 量统计）	2.200 0	2.771 9	0.885 5	1.848 0	0.550 1	2.991 9	2.500 0	2.500 0	2.500 0	2.500 0	
Pb/（mg/GJ）	7.300 0	9.197 8	2.938 2	6.131 9	1.825 3	9.927 5	0.001 5	0.001 5	0.001 5	0.001 5	2.2 mg/Mg
Cd/（mg/GJ）	0.900 0	1.134 0	0.362 2	0.756 0	0.225 0	1.223 9	0.000 3	0.000 3	0.000 3	0.000 3	0.1 mg/Mg
Hg/（mg/GJ）	1.400 0	1.764 0	0.563 5	1.176 0	0.350 0	1.903 9	0.100 0	0.100 0	0.100 0	0.100 0	
As/（mg/GJ）	7.100 0	8.945 8	2.857 7	5.963 9	1.775 2	9.655 5	0.120 0	0.120 0	0.120 0	0.120 0	1.6 mg/Mg
Cr/（mg/GJ）	4.500 0	5.669 9	1.811 2	3.779 9	1.125 2	6.119 7	0.000 8	0.000 8	0.000 8	0.000 8	3.6 mg/Mg
Cu/（mg/GJ）	7.800 0	9.827 8	3.139 4	6.551 9	1.950 3	10.607 5	0.000 1	0.000 1	0.000 1	0.000 1	1.7 mg/Mg
Ni/（mg/GJ）	4.900 0	6.173 9	1.972 2	4.115 9	1.225 2	6.663 7	0.000 5	0.000 5	0.000 5	0.000 5	0.9 mg/Mg
Se/（mg/GJ）	23.000 0	28.979 4	9.257 3	19.320 0	5.750 8	31.278 5	0.011 2	0.011 2	0.011 2	0.011 2	1.8 mg/Mg
Zn/（mg/GJ）	19.000 0	23.939 5	7.647 3	15.960 0	4.750 7	25.838 7	0.001 5	0.001 5	0.001 5	0.001 5	7.6 mg/Mg
PCB/（ng/GJ）	3.300 0	4.157 9	1.328 2	2.771 9	0.825 1	4.487 8					
（PCDD/F）/（ng /GJ）	10.000 0	12.599 7	4.024 9	8.399 8	2.500 3	13.599 3					738 ng/Mg
苯并[*a*]芘/（μg/GJ）	0.700 0	0.882 0	0.281 7	0.588 0	0.175 0	0.952 0	0.560 0	0.560 0	0.560 0	0.560 0	8.2 mg/Mg
苯并[*b*]荧蒽/（μg/GJ）	27.000 0	34.019 3	10.867 0	22.680 0	6.750 9	36.718 2	1.580 0	1.580 0	1.580 0	1.580 0	0.1 mg/Mg
苯并[*k*]荧蒽/（μg/GJ）	29.000 0	36.539 3	11.672 0	24.360 0	7.251 0	39.438 1	1.110 0	1.110 0	1.110 0	1.110 0	0.03 mg/Mg
茚并[1,2,3-*cd*]芘/（μg/GJ）	1.100 0	1.386 0	0.442 7	0.924 0	0.275 0	1.495 9	8.360 0	8.360 0	8.360 0	8.360 0	0.02 mg/Mg
HCB/（μg/GJ）	6.70	8.44	2.70	5.63	1.68	9.11					

注：炼焦过程污染物排放量=炼焦产品能量×排放系数；其中，炼焦产品能量=（焦炭的重量转为标准煤重量+焦炉煤气的体积转为标准煤重量）/标准煤能量折算系数。

数据来源：Courtesy of European Environment Agency，2013. EMEP/EEA Emission Inventory Guidebook.

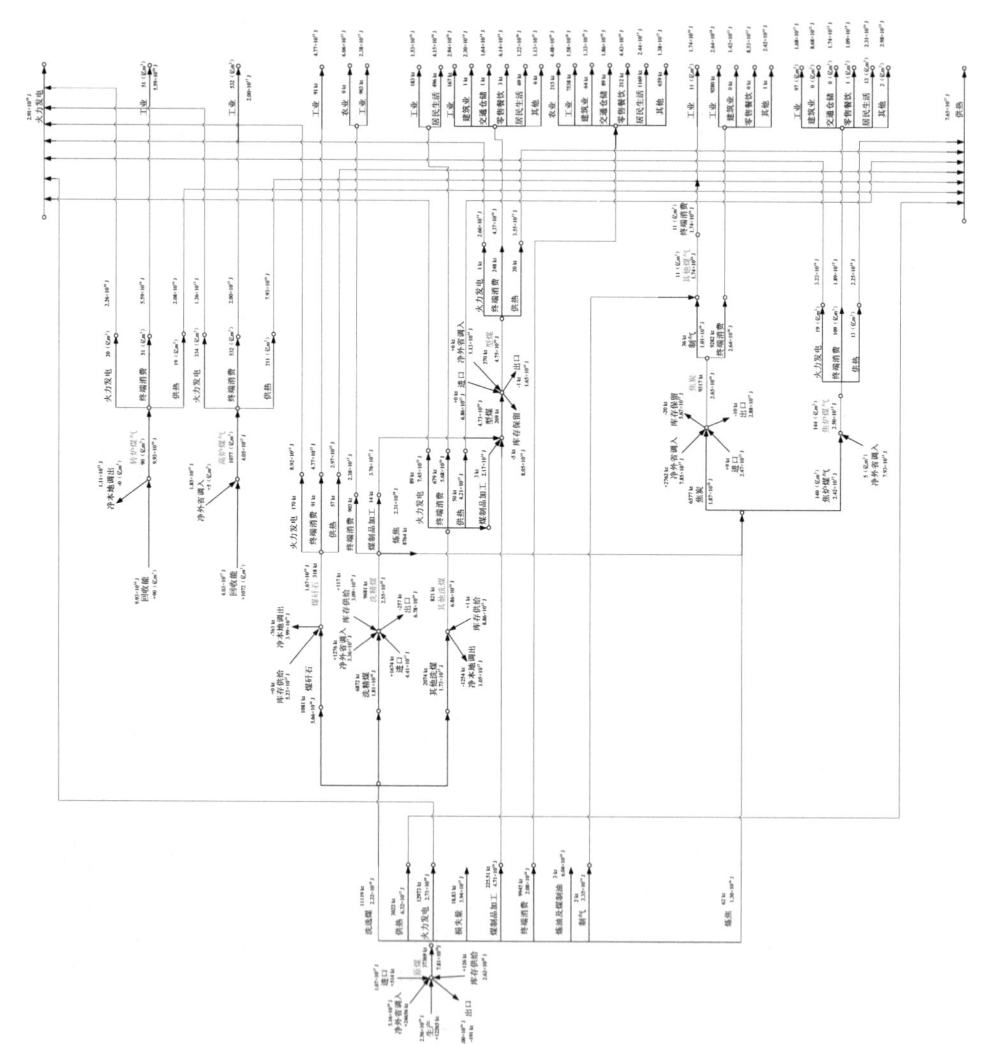

图 3-1　京津冀地区 2012 年煤流和能流图

表 3-7　京津冀地区 2012 年煤炭相关产业链体现能总表

单位：J

项目	原煤	洗精煤	其他洗煤	型煤	煤矸石	焦炭	焦炉煤气	高炉煤气	转炉煤气	其他煤气
1. 可供本地区消费的能源量	8.22×10^{18}	7.78×10^{17}	2.76×10^{17}	2.84×10^{14}	1.68×10^{17}	1.23×10^{18}	2.10×10^{16}	4.90×10^{15}	4.60×10^{13}	0
（1）一次能源生产量	2.70×10^{18}	0	0	0	0	0	0	0	0	0
（2）净调运量	5.42×10^{18}	3.53×10^{17}	2.76×10^{17}	1.41×10^{15}	1.68×10^{17}	1.24×10^{18}	2.10×10^{16}	4.90×10^{15}	4.60×10^{13}	0
（3）进口量	1.13×10^{17}	4.64×10^{17}	0	8.58×10^{13}	0	3.89×10^{15}	0	0	0	0
（4）境内轮船和飞机在境外的加油量	0	0	0	0	0	0	0	0	0	0
（5）出口量	4.21×10^{16}	7.13×10^{16}	0	2.07×10^{14}	0	4.54×10^{15}	0	0	0	0
（6）境外轮船和飞机在境内的加油量	0	0	0	0	0	0	0	0	0	0
（7）库存保留、供给量	2.77×10^{16}	3.25×10^{16}	2.33×10^{14}	1.01×10^{15}	1.54×10^{13}	8.96×10^{15}	0	0	0	0
2. 加工转换投入产出量	6.03×10^{18}	5.28×10^{17}	4.25×10^{17}	5.44×10^{16}	1.88×10^{17}	2.94×10^{18}	4.97×10^{17}	5.26×10^{17}	2.32×10^{17}	4.89×10^{16}
（1）火力发电	2.85×10^{18}	0	1.96×10^{16}	3.26×10^{14}	3.75×10^{16}	0	8.54×10^{16}	3.33×10^{17}	9.40×10^{16}	0
（2）供热	6.65×10^{17}	0	1.11×10^{16}	4.44×10^{15}	1.25×10^{16}	0	5.97×10^{16}	2.10×10^{17}	8.63×10^{16}	0
（3）洗选煤	2.45×10^{18}	1.90×10^{18}	4.56×10^{17}	0	2.38×10^{17}	0	0	0	0	0
（4）炼焦	1.37×10^{16}	2.43×10^{18}	0	0	0	2.95×10^{18}	6.42×10^{17}	0	0	0
（5）炼油及煤制油	6.36×10^{14}	0	0	0	0	0	0	0	0	0
（6）制气	3.52×10^{14}	0	0	0	0	1.60×10^{16}	0	0	0	4.89×10^{16}
（7）天然气液化	0	0	0	0	0	0	0	0	0	0

项目	原煤	洗精煤	其他洗煤	型煤	煤矸石	焦炭	焦炉煤气	高炉煤气	转炉煤气	其他煤气
（8）煤制品加工	4.96×10^{16}	3.95×10^{15}	5.70×10^{14}	5.91×10^{16}	0	0	0	0	0	0
（9）回收能	0	0	0	0	0	0	0	1.07×10^{18}	4.13×10^{17}	0
3. 损失量	4.14×10^{15}	0	0	0	0	0	0	0	0	0
4. 终端消费量	2.19×10^{18}	2.50×10^{17}	1.49×10^{17}	5.47×10^{16}	2.01×10^{16}	4.17×10^{18}	5.18×10^{17}	5.31×10^{17}	2.32×10^{17}	4.89×10^{16}
（1）农、林、牧、渔、水利业	4.72×10^{16}	6.37×10^{13}	0	0	0	0	0	0	0	0
（2）工业	1.66×10^{18}	2.50×10^{17}	4.02×10^{16}	3.67×10^{16}	2.01×10^{16}	4.17×10^{18}	4.45×10^{17}	5.31×10^{17}	2.32×10^{17}	4.89×10^{16}
（3）建筑业	1.40×10^{16}	0	0	2.88×10^{14}	0	2.25×10^{13}	2.30×10^{14}	0	0	0
（4）交通运输、仓储和邮政业	1.96×10^{16}	0	0	2.05×10^{14}	0	0	4.60×10^{13}	0	0	0
（5）批发、零售业和住宿、餐饮业	4.66×10^{16}	0	0	7.68×10^{14}	0	1.35×10^{14}	2.90×10^{15}	0	0	0
（6）生活消费	2.57×10^{17}	0	1.09×10^{17}	1.53×10^{16}	0	0	6.13×10^{16}	0	0	0
（7）其他	1.45×10^{17}	0	0	1.41×10^{15}	0	3.82×10^{14}	7.91×10^{15}	0	0	0
验算（总消耗-各部分消耗）	0	0	0	0	0	0	0	0	0	0

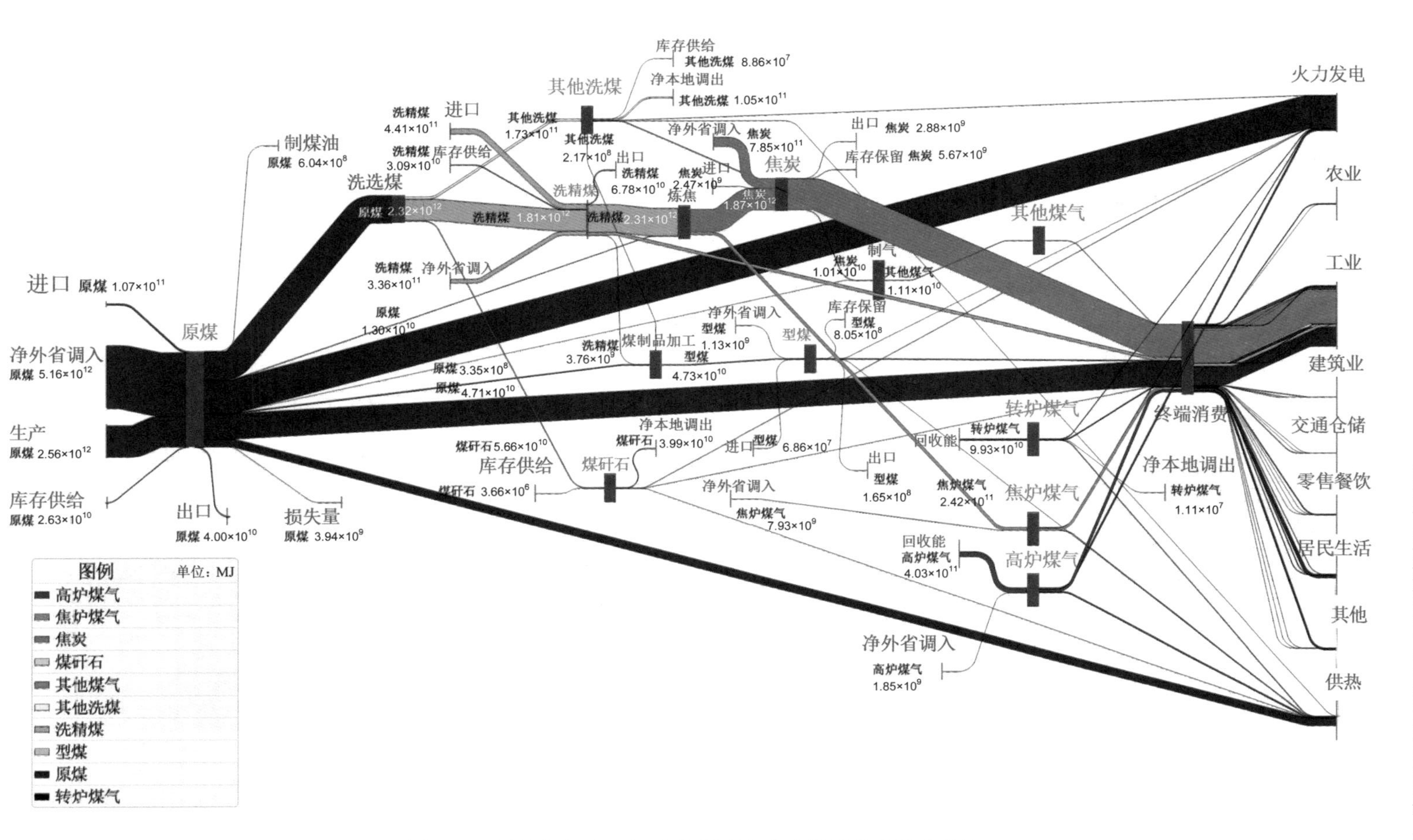

图 3-2 京津冀地区 2012 年煤炭相关产业链桑基能量分流图

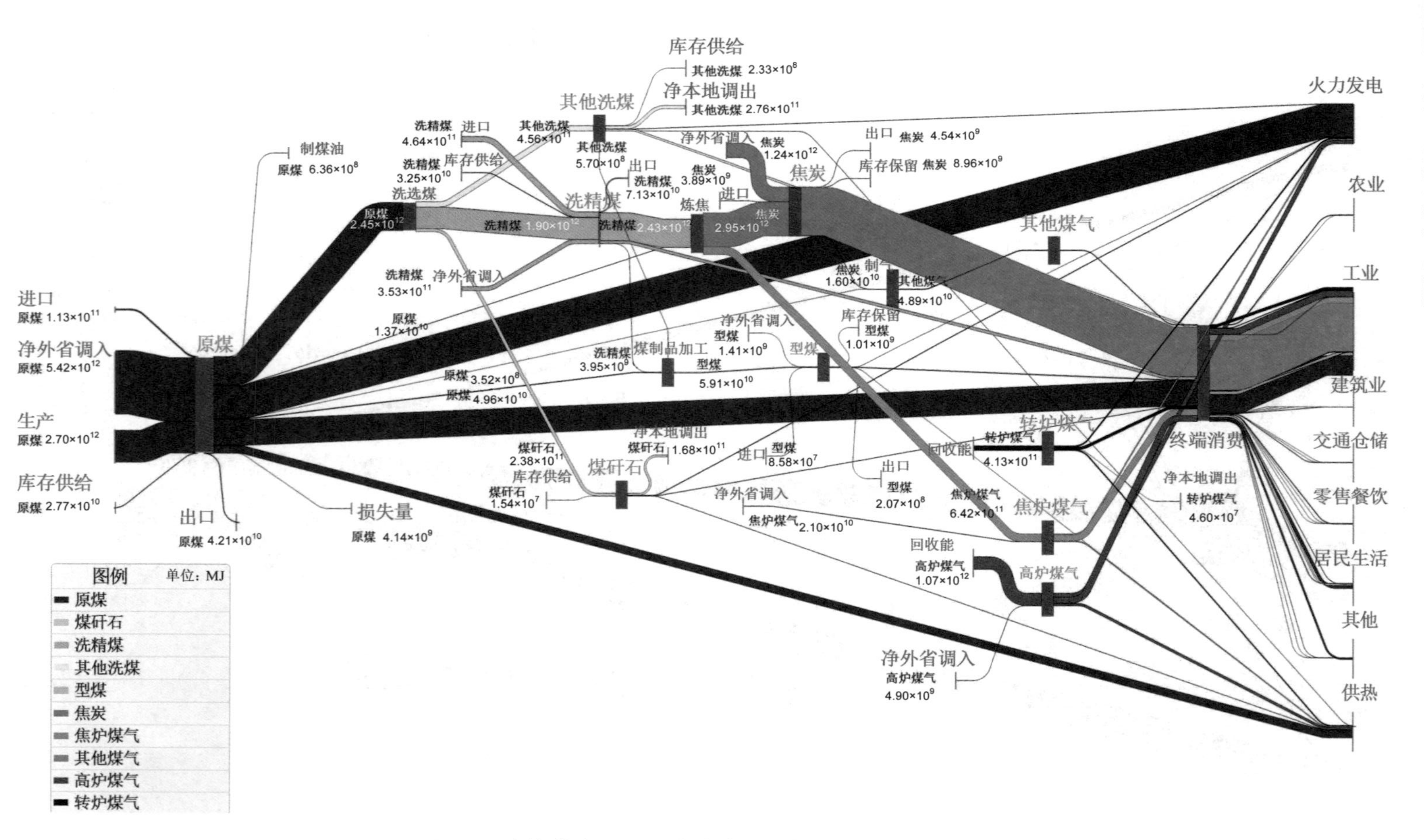

图 3-3　京津冀地区 2012 年煤炭相关产业链体现能桑基图

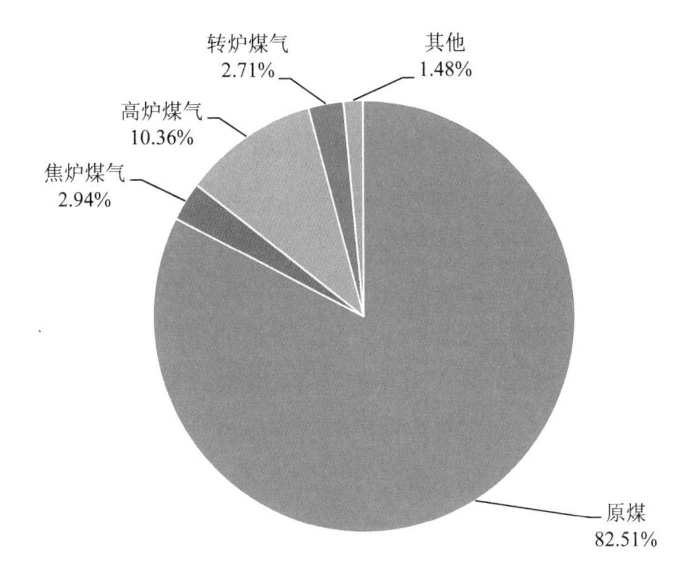

图 3-4 供热能量来源

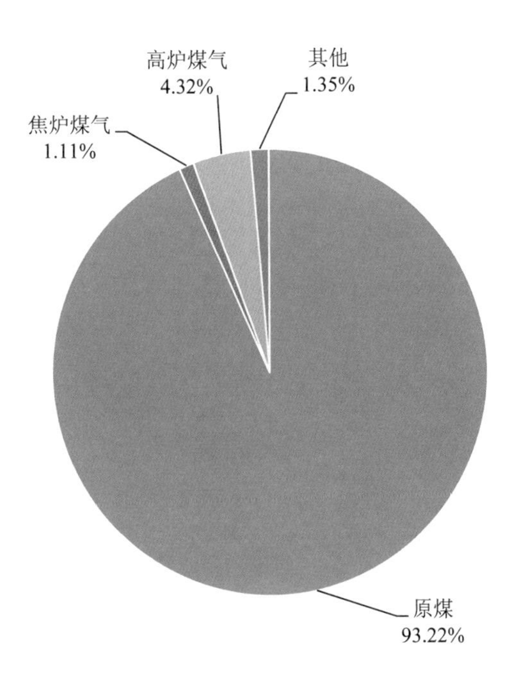

图 3-5 火力发电能量来源

由此可见，原煤的直接使用在京津冀地区的煤炭相关产业链中占有非常大的比重。将体现能角度分析的结果与能量角度分析的结果对比，可以发现，在煤炭相关产业链中，煤化工产业的潜在能量消耗最大。

③煤炭终端消费环节的能量流动特点（如图 3-6、图 3-7 所示）：从能量的角度分析，焦炭为终端消费提供的能量在所有能源中比重最大，达到 47.78%，其次为原煤和洗精煤，分别占 37.64%和 4.31%，其余能源占比较小，均不超过 4%；在各种类型的终端消费中，工业耗能比重最高，达到 89.38%，其次为生活消费和其他消费，分别占 5.81%和 2.57%，其余种类终端消费占比较小，均不超过 1%。从体现能的角度分析，原煤对终端消费的体现能贡献率最高，达到 41.28%，其次为高炉煤气和焦炭，分别为 24.41%和 21.83%，其余能源占比较小，均不超过 5.5%；在各种类型的终端消费中，工业体现能占比最高，达到 92.72%，其次为生活消费和其他消费，分别占比 4.42%和 1.54%，其余种类终端消费占比较小，均不超过 0.5%。

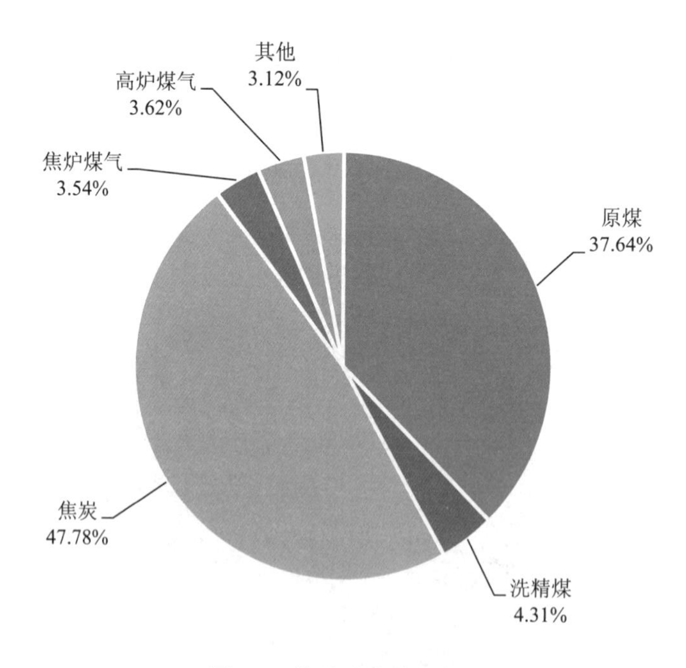

图 3-6　终端消费能量来源

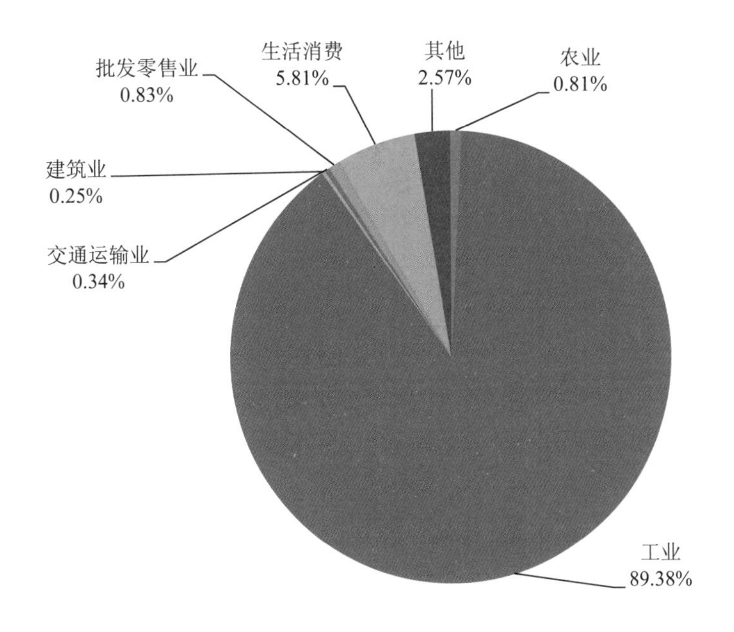

图 3-7　终端消费能量分配

由此可见，焦炭是终端消费能量的主要来源，也是体现能的主要贡献源。对于终端消费而言，无论是从能量的角度，还是从体现能的角度，工业都占到了其总量的绝大多数（约90%），有效地调控工业煤炭资源使用，对于提高能源利用效率具有重要的意义。

④能源转化效率：根据表 3-4，将煤炭转化过程中洗选煤、煤制品加工、炼焦的产品与原料转化为能量，代入式（3-6）中，可以得到煤炭转化效率（如表 3-8 所示）。

表 3-8　煤炭转化效率

转化项目	产品/J	原料/J	效率/%
洗选煤	2.04×10^{18}	2.32×10^{18}	87.93
煤制品加工	4.73×10^{16}	5.11×10^{16}	92.56
炼焦	2.11×10^{18}	2.32×10^{18}	90.95

⑤京津冀地区 2012 年煤炭相关产业链污染物排放清单如表 3-9 所示。

表 3-9　京津冀地区 2012 年煤炭相关产业链污染物排放清单

项目	原煤	洗精煤	其他洗煤	型煤	煤矸石	焦炭	焦炉煤气	高炉煤气	转炉煤气	其他煤气	炼焦过程	合计
NO_x/g	1.13×10^{12}	6.26×10^{10}	5.76×10^{9}	8.34×10^{9}	8.70×10^{8}	7.50×10^{11}	1.20×10^{10}	1.94×10^{10}	4.77×10^{9}	5.34×10^{8}	5.91×10^{10}	2.06×10^{12}
CO/g	4.72×10^{10}	2.61×10^{9}	2.40×10^{8}	3.47×10^{8}	3.62×10^{7}	3.12×10^{10}	1.20×10^{9}	1.94×10^{9}	4.77×10^{8}	5.34×10^{7}	2.45×10^{10}	1.10×10^{11}
NMVOC/g	5.42×10^{9}	3.00×10^{8}	2.75×10^{7}	3.99×10^{7}	4.17×10^{6}	3.59×10^{9}	4.00×10^{8}	6.48×10^{8}	1.59×10^{8}	1.78×10^{7}	3.39×10^{9}	1.40×10^{10}
SO_x/g	4.45×10^{12}	2.46×10^{11}	2.26×10^{10}	3.27×10^{10}	3.42×10^{9}	2.94×10^{12}	7.03×10^{7}	1.14×10^{8}	2.79×10^{7}	3.13×10^{6}	3.03×10^{10}	7.73×10^{12}
TSP/g	6.18×10^{10}	3.42×10^{9}	3.14×10^{8}	4.55×10^{8}	4.75×10^{7}	4.09×10^{10}	5.00×10^{7}	8.10×10^{7}	1.99×10^{7}	2.22×10^{6}	1.38×10^{11}	2.45×10^{11}
PM_{10}/g	4.18×10^{10}	2.31×10^{9}	2.12×10^{8}	3.07×10^{8}	3.21×10^{7}	2.76×10^{10}	5.00×10^{7}	8.10×10^{7}	1.99×10^{7}	2.22×10^{6}	1.34×10^{11}	2.07×10^{11}
$PM_{2.5}$/g	1.84×10^{10}	1.02×10^{9}	9.36×10^{7}	1.36×10^{8}	1.42×10^{7}	1.22×10^{10}	5.00×10^{7}	8.10×10^{7}	1.99×10^{7}	2.22×10^{6}	8.48×10^{10}	1.17×10^{11}
BC/g	4.06×10^{10}	2.82×10^{9}	8.29×10^{7}	2.51×10^{8}	7.79×10^{6}	3.65×10^{10}	1.25×10^{8}	2.03×10^{8}	4.97×10^{7}	5.56×10^{6}	—	8.06×10^{10}
Pb/mg	3.96×10^{10}	2.19×10^{9}	2.01×10^{8}	2.91×10^{8}	3.04×10^{7}	2.62×10^{10}	3.75×10^{5}	6.08×10^{5}	1.49×10^{5}	1.67×10^{4}	1.59×10^{8}	6.87×10^{10}
Cd/mg	4.88×10^{9}	2.70×10^{8}	2.48×10^{7}	3.59×10^{7}	3.75×10^{6}	3.23×10^{9}	6.25×10^{4}	1.01×10^{5}	2.48×10^{4}	2.78×10^{3}	7.21×10^{6}	8.45×10^{9}
Hg/mg	7.59×10^{9}	4.19×10^{8}	3.86×10^{7}	5.59×10^{7}	5.83×10^{6}	5.02×10^{9}	2.50×10^{7}	4.05×10^{7}	9.93×10^{6}	1.11×10^{6}	—	1.32×10^{10}
As/mg	3.85×10^{10}	2.13×10^{9}	1.96×10^{8}	2.83×10^{8}	2.96×10^{7}	2.55×10^{10}	3.00×10^{7}	4.86×10^{7}	1.19×10^{7}	1.33×10^{6}	1.15×10^{8}	6.68×10^{10}
Cr/mg	2.44×10^{10}	1.35×10^{9}	1.24×10^{8}	1.80×10^{8}	1.87×10^{7}	1.62×10^{10}	1.90×10^{5}	3.08×10^{5}	7.55×10^{4}	8.45×10^{3}	2.59×10^{8}	4.25×10^{10}
Cu/mg	4.23×10^{10}	2.34×10^{9}	2.15×10^{8}	3.11×10^{8}	3.25×10^{7}	2.80×10^{10}	1.90×10^{4}	3.08×10^{4}	7.55×10^{3}	8.45×10^{2}	1.23×10^{8}	7.33×10^{10}
Ni/mg	2.66×10^{10}	1.47×10^{9}	1.35×10^{8}	1.95×10^{8}	2.04×10^{7}	1.76×10^{10}	1.28×10^{6}	2.07×10^{5}	5.06×10^{4}	5.67×10^{3}	6.49×10^{7}	4.60×10^{10}
Se/mg	1.25×10^{11}	6.89×10^{9}	6.34×10^{8}	9.18×10^{8}	9.58×10^{7}	8.26×10^{10}	2.80×10^{6}	4.54×10^{6}	1.11E$\times10^{6}$	1.25×10^{5}	1.30×10^{8}	2.16×10^{11}
Zn/mg	1.03×10^{11}	5.69×10^{9}	5.23×10^{8}	7.58×10^{8}	7.91×10^{7}	6.82×10^{10}	3.75×10^{6}	6.08×10^{6}	1.49×10^{6}	1.67×10^{4}	5.48×10^{8}	1.79×10^{11}
PCB/ng	1.79×10^{10}	9.89×10^{8}	9.09×10^{7}	1.32×10^{8}	1.37×10^{7}	1.18×10^{10}	—	—	—	—	—	3.10×10^{10}
PCDD 和 PCDF/ng	5.42×10^{10}	3.00×10^{9}	2.75×10^{8}	3.99×10^{8}	4.17×10^{7}	3.59×10^{10}	—	—	—	—	5.32×10^{10}	1.47×10^{11}
苯并[*a*]芘/μg	3.80×10^{9}	2.10×10^{8}	1.93×10^{7}	2.79×10^{7}	2.92×10^{6}	2.51×10^{9}	1.40×10^{8}	2.27×10^{8}	5.56×10^{7}	6.23×10^{6}	5.91×10^{14}	5.91×10^{14}
苯并[*b*]荧蒽/μg	1.46×10^{11}	8.09×10^{9}	7.44×10^{8}	1.08×10^{9}	1.12×10^{8}	9.69×10^{10}	3.95×10^{8}	6.40×10^{8}	1.57×10^{8}	1.76×10^{7}	7.21×10^{12}	7.46×10^{12}
苯并[*k*]荧蒽/μg	1.57×10^{11}	8.69×10^{9}	7.99×10^{8}	1.16×10^{9}	1.21×10^{8}	1.04×10^{11}	2.78×10^{8}	4.50×10^{8}	1.10×10^{8}	1.23×10^{7}	2.16×10^{12}	2.44×10^{12}
茚并[1,2,3-*cd*]芘/μg	5.97×10^{9}	3.30×10^{8}	3.03×10^{7}	4.39×10^{7}	4.58×10^{6}	3.95×10^{9}	2.09×10^{9}	3.39×10^{9}	8.30×10^{8}	9.30×10^{7}	1.44×10^{12}	1.46×10^{12}
HCB/μg	3.63×10^{10}	2.01×10^{9}	1.85×10^{8}	2.67×10^{8}	2.79×10^{7}	2.40×10^{10}	—	—	—	—	—	6.29×10^{10}

本研究选取了表 3-9 中的 7 种主要污染物数据制作了图 3-8。根据图 3-8，京津冀地区 2012 年煤炭相关产业链中 NO_x 的主要贡献因子为原煤（54.85%）和焦炭（36.41%）；CO 的主要贡献因子为原煤（42.91%）、焦炭（28.36%）和炼焦过程（22.27%）；NMVOC 的主要贡献因子为原煤（38.71%）、焦炭（25.64%）和炼焦过程（24.21%）；SO_x 的主要贡献因子为原煤（57.57%）和焦炭（38.03%）；TSP 的主要贡献因子为炼焦过程（56.33%）、原煤（25.22%）和焦炭（16.69%）；PM_{10} 的主要贡献因子为炼焦过程（64.47%）、原煤（20.19%）和焦炭（13.33%）；$PM_{2.5}$ 的主要贡献因子为炼焦过程（72.48%）、原煤（15.73%）和焦炭（10.43%）。

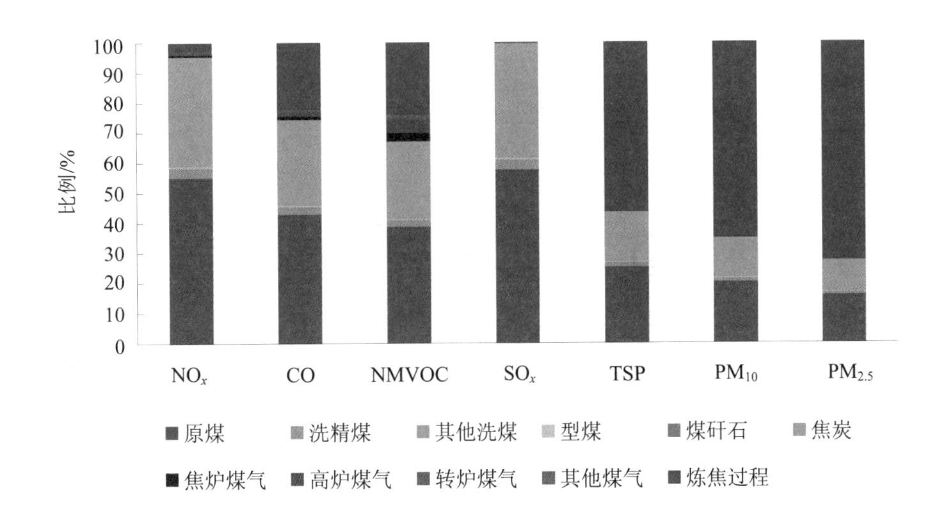

图 3-8　京津冀地区 2012 年煤炭相关产业链主要污染物排放分析

结果表明，原煤、焦炭的直接消费和炼焦过程对京津冀地区 2012 年煤炭相关产业链 7 种主要污染物贡献率最大。为了有效减少京津冀地区煤炭相关产业链的污染物排放，需要对原煤、焦炭的直接消费和炼焦过程采取相应的减排政策和措施。

3.3.2 讨论与建议

3.3.2.1 讨论

将京津冀地区 2012 年煤炭相关产业链现状与胡秀莲（2014）（如图 3-9 所示）研究中呈现的中国 2012 年煤炭相关产业链现状对比，可以得到如下结果。

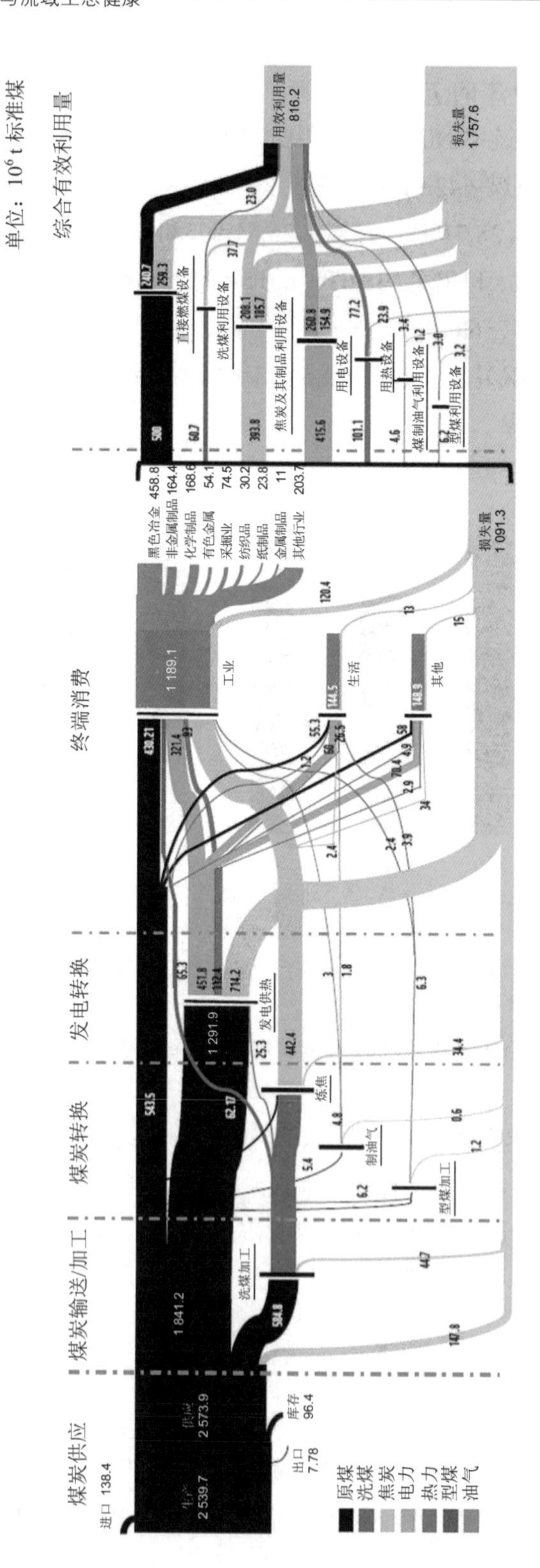

图 3-9 中国 2012 年煤流图（胡秀莲，2014）

①从原煤供应的角度，2012 年中国原煤供应的 94.83%依靠本地生产，基本可以保证煤炭资源供应的自给自足；而 2012 年京津冀地区煤炭供应则主要依靠外省调入。

②在煤流图的分能源品种构成中（如图 3-10 所示），2012 年京津冀地区原煤直接使用比例为 21.64%，电力占比 30.29%，焦炭及其制品占比 29.44%，热力占比 7.96%，煤制油气、型煤、洗选煤及其他占比 10.67%。在 2012 年中国煤流图的分能源品种构成中，原煤直接使用比例为 33.7%，电力占比 28.1%，焦炭及其制品占比 26.6%，热力占比 6.8%，煤制油气、型煤、洗选煤及其他占比 4.8%。在终端消费构成上，京津冀地区工业比重为 89.38%，中国的工业比重为 80.2%，都占到了终端消费能量消耗的绝大多数。

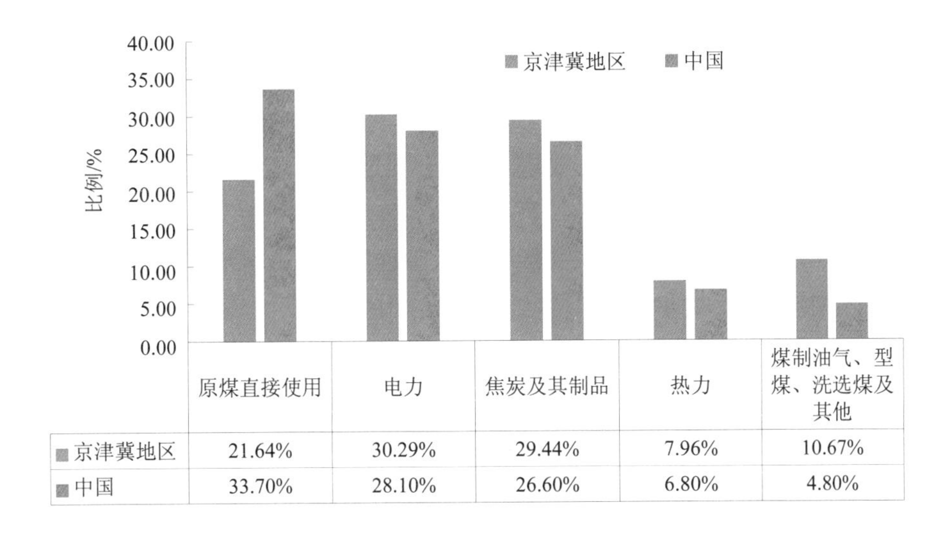

图 3-10　京津冀地区与中国煤炭资源使用情况对比

在煤炭转化效率上，京津冀地区 2012 年煤炭相关产业链洗选煤、煤制品加工、炼焦 3 个环节的效率分别为 87.93%、92.56%、90.95%，稍低于中国 2012 年的利用效率（96.16%）和分项环节效率（如表 3-10 所示）。

表 3-10　中国 2012 年煤炭系统效率计算汇总（胡秀莲，2014）

指标	一次能源投入量及输送		加工		转换		中心电站转换		二次能源及直接使用的一次能源输送、分配		煤炭终端消费及有效利用量	
	投入量	产出量	投入量	产出量	投入量	产出量	投入量	产出量	投入量	产出量	投入量	产出量
环节投入产出量/亿 t 标准煤	25.74	24.26	24.26	23.81	23.81	23.41	23.41	16.56	16.56	14.82	14.82	8.16
环节相对效率/%	94.25		98.16		98.30		70.76		89.49		55.06	
损失率/%	5.74		1.74		1.58		26.60		6.77		25.86	
煤炭系统总效率/%	31.71											

结果表明，京津冀地区的煤炭相关产业链是中国煤炭相关产业链的比较典型的代表，优化调整京津冀地区的煤炭相关产业链对中国煤炭相关产业链的发展具有代表性意义。

3.3.2.2 建议

根据京津冀地区煤炭相关产业链的现状，为了提高能源转化效率，减少体现能和污染物排放，可以采取以下措施改进煤炭相关产业链，在保证能源安全的前提下减少污染。

①煤化工是煤炭相关产业链中的关键环节，也是能源消耗、污染物排放的突出环节。京津冀地区应该进一步改造煤化工产业布局，在煤焦化等领域淘汰落后产能，关停小规模企业，整合大型企业；以煤气化推动煤制合成氨技术改造，同时积极开发利用焦炉煤气、煤焦油等副产品。新建设的煤化工企业要使用更严格的技术指标，遵循成规模、成集群、循环利用的原则。

②供热和发电是煤炭消费的主要途径。京津冀地区还有一定存量的落后锅炉。对此，一方面应该加速对落后锅炉的淘汰；另一方面，要加强对锅炉污染的处理，进行除尘、脱硫改造。对新安装的具有一定规模的锅炉都要进行在线联网检测，及时监督。此外，还应该积极鼓励各地采取集中供热方式供暖，并用使用煤气、天然气的锅炉取代小型煤炭锅炉。

③在煤炭的终端消费中，居民生活消费和其他消费的能源消耗与污染物排放也占有相当比重，需要进一步加以整治。一方面可以扩大城市高污染燃料禁用范围，在城区和城乡接合部采取政策补偿措施，推行天然气、电力替代民用散煤，在农村推广沼气、风能、太阳能等清洁能源，压缩煤炭使用范围。另一方面，可以制定严格的民用煤炭产品标准，对灰分、硫分、挥发分进行管控，全面禁止生产和销售劣质煤、高污染煤。此外，对必须使用煤炭的地区，还可以采取政府补贴的方式，推广先进煤炭炉具，提高能源利用效率，降低污染排放。

④煤炭洗选是原煤加工的重要过程。根据京津冀地区的煤炭资源利用现状，可以通过高精度煤炭洗选，分质分级，提高煤炭洗选加工技术水平和煤炭产品质量。同时，加强对《商品煤质量管理暂行办法》的执行力度，进一步推广洁净型煤处理技术和高浓度水煤浆处理技术。

3.4 本章小结

我国面临的大气污染问题越发严重，尤其在京津冀地区更为突出。而煤炭相关产业链的能源消耗及其污染物排放是导致此问题的重要原因之一。本研究基于 2012 年京津冀地区各省、市的能源平衡表，通过区域间能源调配模型，构建并配平了2012年京津冀地区的区域性能源平衡总表，绘制了煤流和能流图、桑基图，厘清了京津冀地区2012年煤炭相关产业链的物质与能量走向，并运用了投入产出法系统核算了京津冀地区2012年煤炭相关产业链的体现能与24种污染物的排放量。研究结果表明：

①京津冀地区的原煤主要依赖调运，综合煤炭相关产业链分析，京津冀地区属于净煤炭进口地区。

②原煤的直接使用在京津冀地区的煤炭相关产业链中占有非常大的比重。将体现能角度分析的结果与能量角度分析的结果对比，可以发现煤化工产业在煤炭相关产业链中的潜在能量消耗仍然具有相当的贡献。

③焦炭是终端消费能量的主要来源，也是体现能的主要贡献源。对于终端消费而言，无论是从能量的角度，还是从体现能的角度，工业都占到了其总量的绝大多数（约90%），有效地调控工业煤炭资源使用，对于提高能源利用效率具有重要的意义。

④在煤炭转化效率上，京津冀地区2012年煤炭相关产业链洗选煤、煤制品加工、炼焦3个环节的效率分别为87.93%、92.56%、90.95%，稍低于中国2012年的利用效率（96.16%）和分项环节效率。

⑤原煤、焦炭的直接消费和炼焦过程对京津冀地区2012年煤炭相关产业链7种主要污染物贡献率最大。为了有效减少京津冀地区煤炭相关产业链的污染物排放，需要对原煤、焦炭的直接消费和炼焦过程采取相应的减排政策和措施。

本研究可以为京津冀城市群煤炭相关产业链提高能源利用效率、减少体现能和污染物排放、采取改进措施提供一定的理论支持和政策建议。

第 4 章　城市内部水资源代谢模拟及网络分析与优化

4.1　城市内部水资源代谢研究背景

4.1.1　面向“以水四定”北京市规划新思路

2014 年年初，习近平总书记先后到北京、水利部视察调研，对新形势下水务建设做了重要指示，明确提出“城市发展要坚持以水定城、以水定地、以水定人、以水定产的原则”“北京确定人口规模的根本性制约就是水……就是以水定人”。2014 年年底，北京市水务局召开“十三五”水务规划启动部署会，计划处负责人传达和说明了国家发改委、水利部、北京市政府的“十三五”规划编制要求和水务局的工作安排。为配合新一轮的总体规划修改工作，2016 年北京市政府开展了新一轮总体规划修改工作，相关部门开展了大量的“以水四定”工作，从水资源的角度提出合理的城市发展建议。新的思路理念、新的要求对北京水务改革发展有很强的针对性，在“十三五”规划编制中必须深入领会，要提出具体的措施贯彻落实，逐渐转变原有规划思路，推动水务从服务保障向引导约束转变。

4.1.2　北京市当前水资源利用情况及在早期规划中的地位

北京市常住人口数量已超 2 000 万人，由此引发的资源不足、基础配套设施短缺等问题日益凸显。在用水方面，北京的水资源有限，需从外地调水。北京水资源量为 40 亿 m^3，而年均用水量 35 亿 m^3，不能支撑 2 000 多万人的供水和城市经济的发展，这看似是城市基础设施的建设不足，跟不上城市化进程的步伐，归根结底是城市的发展理念、规划理念存有误区，没有真正实现以“水”来定位城市的发展规模。今后城市化发展的一个核心问题是如何根据水资源的条件来确定城市的发展道路。同时，大量的外来人口涌向城市，必将占据城市的资源和服务设施，让城市无法承受。这说明过去中国在根据水的条件确定城市化发展的道路和发展方向方面关注和重视不够，值得反思。实际上，城市应在发展的同时，依据自身的资源承载力适当控制规模、控制人口。这在国际上已经有好的经验和案例，比如，华盛顿设立华盛顿特区，在管理上采取一些举措，严格控制城市规模和人口进入，收到了不错的效果。

在近年来的发展中，北京市经历了多次产业结构调整，使北京市的用水结构发生了巨大变化。北京市 GDP 中第一产业和第二产业的比例均呈稳定下降趋势，而第三产业的比例呈快速上升趋势。在产业结构调整的同时，北京市也加大了节水力度，总用水量有所下降，其中农业用水量保持下降的趋势，工业用水量在小幅上升后逐渐下降，生活用水量则保持稳定上升的趋势。如今生活用水和服务业用水已经占了主要的用水比例。生活用水由 1980 年的 194 L/（人·d）增加到 2003 年的 245 L/（人·d），年增长率为 2.2%。2003—2012 年，人均生活用水量总体呈现下降的趋势，由 2003 年的 245 L/（人·d）下降到 2012 年的 212 L/（人·d）[约为 77 m^3/（人·a）]。工业用水小幅上升后呈现负增长趋势。万元产值用水量由 1980 年的 279 m^3/万元下降到 2003 年的 210 m^3/万元，年下降率为 11%。农业用水由 1980 年的 31.8 亿 m^3 降到 2003 年的 13.66 亿 m^3，降低了 57%。2003 年用水总量 35 亿 m^3，比 1980 年降低了 27%。用水构成发生较大变化，农业用水比例由 1980 年的 65%下降到 2003 年的 39%；生活用水的比例由 8%增加到 35%；工业用水比例有所减少。环境用水在总用水中所占比重很小，2003 年仅占全市总用水量的 3%。不断恶化的生态环境表明，表面上的水资源供需平衡是以牺牲环境为代价的。

而水资源利用效率仍有较大提升空间。通过加强水资源管理和推广节水技术，我国的用水效率已有明显的提升。2010 年，全国城市居民人均家庭生活用水量为 122.6 L/d，较 2000 年下降 16.0%，与欧洲的德国、荷兰等用水效率较高的国家水平相当，明显优于美国、日本、澳大利亚等国。但我国的城市公共供水管网的平均漏损率仍高达 15.3%，个别省份甚至超过 30%。同时，在市场和用户中仍存在不符合节水标准的用水器具亟须更换或改造。需水预测是判断未来水资源供需趋势的重要工具，也是城市规划和水资源规划中不可或缺的内容。但较长一段时间以来，由于缺乏对用水规律的系统研究，需水预测的过程主要关注人口数量和工业产品产量等规模性因素产生的效应，对社会结构和观念意识改变、用水技术进步和政策调整等结构性因素产生的效应考虑不足，预测结果通常与实际情况存在较大的偏差。例如，20 世纪 90 年代中期制定的《全国水中长期供求计划》预测全国 2010 年总需水量为 6 600 亿～6 900 亿 m^3，但实际用水量仅为 6 022 亿 m^3。这些偏差不仅造成水资源管理部门对需水规模的错判，更可能因此误导城市供排水基础设施的建设，对相关管理政策的制定形成错误导向。

从用水端来控制需水量，以此来控制人口数量，并建立模型，预测未来的变化。需水预测是城市水资源管理的基础性工作，具有重要的现实意义。为应对水资源短缺、区域发展与水资源关系不均衡等问题，我国城市水资源管理正从传统的项目经营管理（SSM）向水资源综合管理（IWRM）转变。由于技术选择和政策制定的过程需要一定的经济成本或社会成本，解析水资源需求对用水行为变化、技术进步和器具改进以及不同政策组合的响应程度，将有助于水资源管理部门制定合理的经济和技术决策。

以往北京市规划的思路是：按照经济的增长估算人口的增长，以人口的多少来定北京市以后的需水量。这样的弊端是：水资源总是有限的，而人口的增长相对来说却是无限的。北京作为中国的首都，经济、政治、文化各方面都很发达，如果未来人口仍快速增长，即使有南水北调工程，又怎能支撑起发展这么迅速的城市和日益增长的人口呢？所以，关键的点是：转变规划思路，将以人定水、以城定水的旧思路转化为以水定人、以水定城。

4.1.3 理论与现实意义

转换旧思路，北京市以“水”来确定城市的功能定位、发展方向和经济布局，对现有的城市规划理论及城市水代谢理论的发展有重要的意义（如图 4-1 所示）。有的城市适合发展工业、加工业，可以布局用水量比较大的产业，比如南方沿江或者沿河的一些城市。每个城市都有浪费水资源的情况，因此，每个城市都有节水潜力。据调查，北京市的节水潜力如下：

①北京市万元 GDP 用水量由 1995 年的 322 m^3/万元下降到 2002 年的 108 m^3/万元，是 2002 年我国平均水平的 23%，在国内属领先水平，只低于天津市。但与国外节水水平还有一定差距。

②市区生活用水中，公共建筑用水占 55%，公共建筑用水构成中，机关、院校、部队、宾馆饭店、医院用水量所占比例较高，还有节水潜力。居民住宅节水中的淋浴及个人洗漱、冲厕、衣物洗涤用水及市政绿化节水的潜力较大。

③工业节水方面，工业用水量和增加值投入产出较好的产业是电子信息产业、机电产业；较差的产业是冶金、石油化工和建材产业；市区一般工业用水结构中，高耗水行业还占据一定比例。从节水潜力看，电力行业用水的复用率提高潜力已不大，但万元产值用水量还有一定提升空间；冶金行业节水水平有进一步提高的可能性；机电、建材、交通运输设备制造业已具备较高节水水平，节水潜力不是很大，在复用率上还有一定提升空间。

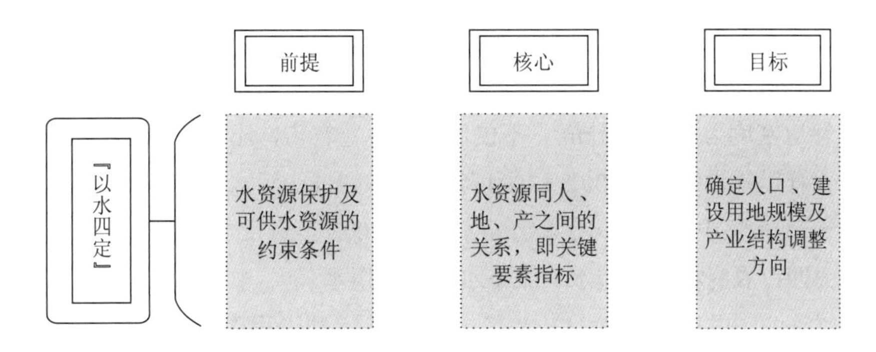

图 4-1 “以水四定”的前提、核心与目标

北京市具有较大的节水潜力，主要表现在以下几个方面：

（1）潜力一：城镇节约用水、工业用水重复利用、污水回用

随着节约用水力度加强，北京市水资源供给量由 2000 年的 40.4 亿 m^3 减少到 2004 年的 34.6 亿 m^3。2000—2004 年，城镇累计节约用水 2.7 亿 m^3，工业用水重复利用率由 91%提高到 95%，农业部门推广先进灌溉方式，用水实现了计量式管理。在城市供水方面，城镇自来水普及率达到 100%，综合生产能力为 399.3 万 m^3/d，自来水管道由 2000 年的 7 610 km 延伸到 9 980 km，2004 年城镇自来水销售量为 8.3 亿 m^3，自备井使用量为 5.6 亿 m^3；在城市排水方面，全市污水处理厂由 4 个增加到 25 个，污水处理能力由 128 万 m^3/d 增长到 255 万 m^3/d，市区污水处理率由 39%提高到 58%，污水回用能力达到 30 万 m^3/d。

（2）潜力二：水源、水库、水质符合标准多

“十五”期间北京市水源保护工作不断加强，水库周边环境得到整治和改善，密云水库在进水量连年下降的情况下始终保持清洁。截至 2004 年，环保部门监测的 19 座水库中有 12 座水质达标，达标库容占总库容的 67.2%，比 2000 年提高 1.1 个百分点，密云水库、怀柔水库的水质符合Ⅱ类水体水质标准。2004 年监测的 76 条河段中，符合标准要求的有 23 条河段，其长度占实测河流长度的 45.2%，比 2000 年提高了 3.6 个百分点。

（3）潜力三：污水处理厂建设进程加快

进入“十五”期间以来，北京市调动多方面力量加大污水处理厂建设投资力度，截至 2004 年，共完成建设投资 34 亿元，建设力度大大超过以往任何时期。近郊区先后建成了卢沟桥污水处理厂、清河污水处理厂二期、吴家村污水处理厂、肖家河污水处理厂，污水日处理能力达到 190 万 m^3，污水处理率由 2000 年的 39%上升到 2004 年的 58%。远郊区县污水处理厂建设和改造工程也陆续完成，2004 年污水日处理能力达到 65 万 m^3，污水处理率达到 40%。2005 年年底，日设计能力 60 万 m^3 的小红门污水处理厂建成运营，此后全市污水日处理能力超过 300 万 m^3，意味着近郊区 90%以上的污水可以得到无害化处理。

但是城市排水管网建设滞后、原有管网设施老化等原因严重地制约了城市排涝、污水处理和中水利用能力的全面提升，成为构建循环水务系统的软肋。资料表明，2004 年北京市排水管道密度为 5.74 km/km^2，不仅低于其他直辖市，还低于全国 7.2 km/km^2 的平均水平。污水管道铺设缓慢，2001—2004 年仅为 131 km；污水处理厂运行能力无法充分发挥，2004 年污水集中处理量为 5.5 亿 m^3，仅比 2003 年增长 1.1%。

（4）潜力四：农村机电井用水、中小水利工程用水

2004 年农村机电井用水量为 17.48 亿 m^3，中小水利工程用水量为 0.45 亿 m^3，农村地区用水近 18 亿 m^3，占全市水资源供给量的 52%，高于城镇用水量 29 个百分点。鉴于北京市水源主要分布在广大农村地区，而用水人口集中在城镇地区，水务管理部门应大力推进城乡统筹工作，充分发挥集防洪、蓄水、供水、用水、节水、排水、水资源保护与配置、污水处理和再生水利用为一体的循环水务管理功能，确保北京市宝贵的水资源得到最有效的利用和节约。将北京市以往的以人定水、以城定水的思路转变为以水定人、以水定城，既响应了国家的号召，又体现了创新的思维。“四定”有四个发展方向：以水定人、以水定产、以水定城、以水定地（如图 4-2 所示）。

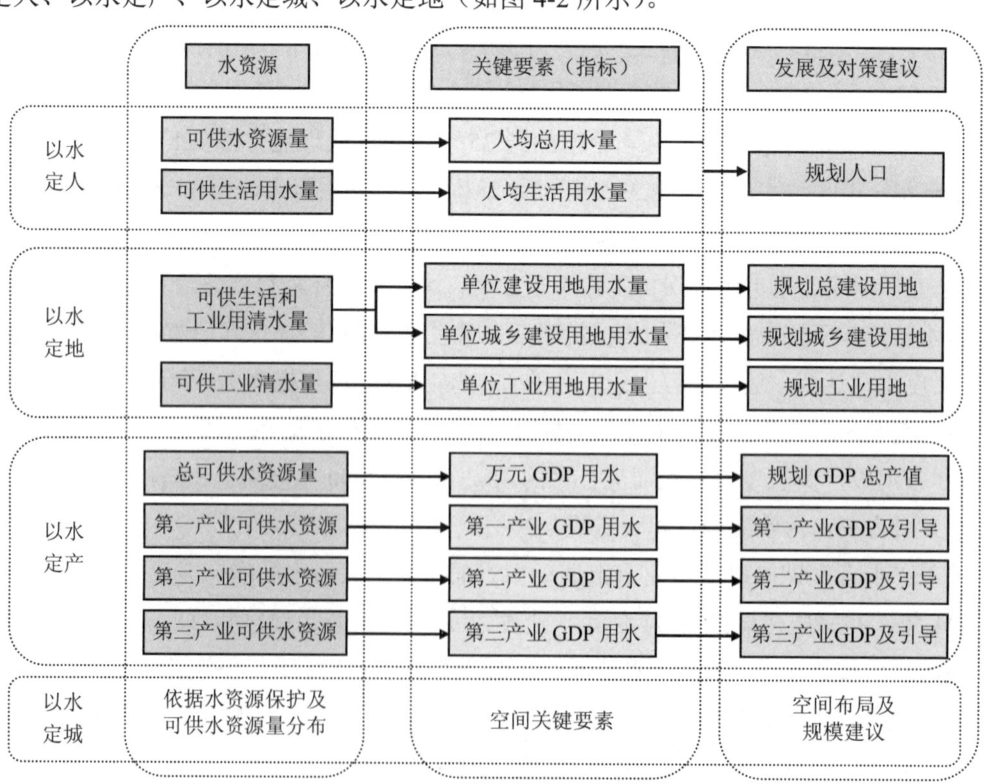

图 4-2 “以水四定”的四个发展方向

4.1.4 实践与管理意义

北京市的用水类型可以分为三大种：工业用水、生活用水、农业用水。其中，工业用水与生活用水属于城市用水，生活用水又称大生活用水，由居民家庭生活用水和市政公共用水两大部分组成。居民家庭生活用水是指居民家中的日常生活用水，亦称居民生活用水、居民住宅用水或小生活用水，包括冲洗卫生洁具、洗浴、洗衣、炊事烹调、饮食、清扫、浇洒、庭院绿化及家庭洗车等用水。市政公共用水包括公共设施用水和其他公共用水两部分。公共设施用水包括机关、办公楼、学校、医院、娱乐场所、商业、宾馆、饭店及科研机构等用水，其中相当一部分属第三产业用水。其他公共用水包括浇洒道路用水、绿化用水、交通设施用水、仓储用水、市政设施用水、消防用水以及军营、军事设施和监狱等特殊用水，但不包括河湖环境用水。

在这三大种用水中，工业、农业等行业比较容易控制用水规模和企业准入，而北京市未来产业特点是发展服务业，在北京市的近几次产业结构调整中，第三产业的 GDP 呈现快速增长趋势，第一产业、第二产业的 GDP 呈现下降趋势，因此服务业用水将在北京市用水中占据越来越大的比重，也是较难定量的部分。同时北京市人口增长过快，需要精细划分，以确定人口规模对应的终端用水量。因此本研究重点对服务业和不同类别居民小区进行调研，根据不同类别服务行业和人群聚集小区单位面积的终端用水量，为未来北京市规划提供细致的基础数据参考。

4.2 国内外现状分析

4.2.1 城市水代谢研究进展及其在城市规划中的运用

城市水代谢（water metabolism）源自“城市代谢”与“工业代谢”，最早可追溯到 1857 年 Moleschott 的著作。他认为生命是一种代谢现象，是能量、物质与环境的交换过程。工业化、城市化速度的加快促使全球经济快速发展，但同时也增加了对自然环境的压力，一些学者开始讨论工业化、城市化与物质代谢以及自然环境的相互作用关系，并且相继提出“城市代谢”和“工业代谢”的概念。后来，根据国内外一批专家、学者倡导的理念，要点是将自然水系比拟为生命体，将水文循环中的蒸发、降水、径流等一系列过程及其维持水量平衡和水的自然净化的作用比拟为生态代谢。水系维持其生态健康状况的能力则被称为代谢容量（metabolic capacity）。自然水系为人类提供维持生存所必需的淡水资源，随着工业化和城市化的推进，人类需要建造大规模的取水、供水、用水、排水工程设施，形成了叠加于自然水文循环之上的无数人工水循环系统。从水量的角度来看，以我国北方六大流域为例，2008 年的供水量已占水资源总量的 57%，说明自然水系的水代谢过程已经受到人类活动的严重干扰，导致其代谢容量锐减，水生态健康状况难以维系。这是我国北方流域普遍水污染严重的原因所在。在城市所处的小流域，供水量占水资源总量的比例远高于上述平均值，原有的自然水系及其代谢容量几近荡然无存，人造水工程设施成为城市水系的主要构成部分，良好的城市水环境生态已无从谈起。针对上述问题，一些专家、学者积极呼吁从根本上改变城市水系统的构建模式和设计方法。以满足用户需求为原则设计城市给水系统、以迅速收集排除废水和污染物为原则设计城市排水系统的传统方法已不适合当今和未来城市可持续发展和水资源可持续开发利用的需求。按照水代谢的理念，将城市置于自然水循环体系中，分析城市用水与流域径流量、水源给水面积的依存关系，以及城市排水对水系代谢容量的影响，得出的一个重要结论就是，在传统的城市给水排水系统模式下，要维持良好的城市水环境已完全不可能。面对人口剧增、资源和能量消耗巨大的现代社会，必须研究在自然水循环的体系中对水体按“保护”和“使用”进行功能分区，在将污水作为城市可利用水资源的前提下，考虑包括环境用水在内的多种需求，重新配置城市水系统，形成对水资源按“质”和“量”合理使用的新型系统模式。

Wolman（1965）在他的《城市代谢》（“the metabolism of cities”）中提出了城市代谢系统的概念，后续研究者进一步将城市代谢的概念进行了扩展，并将城市代谢过渡到城市水代谢，此为城市水代谢的雏形。如丹保宪仁等（2002）著文论述城市水代谢，为城市水代谢理论奠定了基础，其主要观点为把城市看成一个有机系统，则城市水系统的“水质”污染实际上是城市物质代谢失衡的结果。他对城市代谢进行了反思，对 19 世纪以来工业城市水系统的扩张进行了回顾，通过使用水足迹系统动力学方法来研究水代谢系统。国内对水代谢的代表性研究有：钱家忠等（2000）从系统的观点出发，提出了地球水循环过程中地下水代谢的概念，分析了地下水代谢过程，建立了地下水极限代谢条件方程，进一步阐述了解决水资源问题的根本出路在于最大限度地发挥水资源的恢复功能、调节功能与重复利用功能。并且指出地下水代谢在水资源保护，尤其在发挥水资源恢复功能与调节功能中起重要作用，在水资源保护中应当充分利用。刘晶茹等（2003）介绍了家庭代谢的概念模型，该模型中包含着代谢流的方向、流量和速度等要素，水资源、能源和物质代谢是家庭代谢的主要内容。应用这一模型，对中国城市家庭的水资源和能源代谢进行描述，对家庭代谢的社会经济因素进行了分析。结果表明，中国城市家庭的代谢量在可预见的短中期时间内，将继续保持增加的趋势。

4.2.2 城市居民用水和典型服务业用水研究综述

在城市用水规模研究领域，这类建模思路带动了终端用水分析（EUA）模型的出现。终端用水分析模型的重要基础是将用水量分解至不同的终端用途，收集这些用水子类别的相关参数。生活用水量主要根据行为划分，其参数包括各类用水行为的发生频率、对应用水技术的类型和用水效率、技术使用率等；工业用水量可考虑按生产流程划分，其参数包括各子流程的生产规模、对应的技术选择和用水效率、技术选择和用水效率、技术的运用比例等。

终端用水规律的解析和用水规模的预测摆脱了黑箱模型的范畴，与用水机理更好地结合。Clarke 等（1997）以英国约克郡为案例，详细介绍了基于居民户基础信息和终端用水规律构建水量预测模型的步骤。Williamson 等（2002）在此基础上，利用 1 017 户居民 18 个月的用水数据，预测该地区 1991—2025 年居民用水量将增加 30.7%。Jacobs 等（2004）模拟了南非不同住房类型的月用水量和排水量，并从水量上分析了灰水直接回用的可行性和节水效果。龙瀛等（2006）在北京市节约用水规划的制定中运用终端分析方法预测了北京市 2004—2020 年的工业、生活、农业和生态用水量。

用水参数在时间和空间上的动态性，是终端用水分析模型研究的重点。在较早的一些研究中，根据技术用水效率的动态性，终端用水分析模型可分为所有权存量模型（ownership stock model）和年份存量模型（vintage stock model）两种类型。前一类模型假定同一项技术的用水效率并不随时间改变，因此系统整体用水效率的变化取决于技术总体普及率的改变程度；而在后一类模型中，同一项技术的用水效率随时间变化，即使使用相同的总体普及率，该技术在各个年份普及率的差异将同样对系统的整体用水效率存在影响。因此，后一类模型需要更详细的技术推广过程的信息。澳大利亚水服务协会（WSAA）开发的最终使用水性预测模型（ISDP）就属于年份存量模型，它可以清楚地反映出不同年份居民家庭使用的便器、淋浴器等器具的整体技术结构。近年来，终端用水分析模型往往通过嵌套其他方法解决参数动态性问题。例如 Blokker（2006）建立的 SIMDEUM 模型，借鉴了 Buchberger 等（2003）的用水脉冲解析原理统计用水规律，并运用蒙特卡洛方法随机生成居民和公共场所的用水参数；褚俊英等（2007）将终端用水分析嵌套于多主体社会仿真建模框架中，模拟用水和器具更替等行为，预测了北京市未来居民用水技术结构和水量的变化趋势。

从上述对水代谢及其模型的研究可知，虽然国内外专家对水代谢的环节、过程以及机理进行了较为细致的探讨，但是水代谢概念及其内涵仍然没有统一，并且大多数研究都倾向于单一的以居民家庭等单位代谢为主的水代谢系统；而且没有对餐饮业、服务业、公共用水代谢等有细致的研究。而这些方面，也正是我们要细致研究的。

本研究通过分行业调研，为北京市“十三五”规划修编过程中居民和典型服务业用水预测提供精细化数据支持，并可与可供水、工业用水的调查研究结果相结合后形成北京市水资源代谢整体规划图，从而得到全市的水资源用水供水数据图以及水的来源去向动态资料图，使对北京市整体水的供给与消费有一个全面、清晰的认识。作为补充结果，将实时调研生活用水和典型行业的用水情况，通过建立用水模型以及所获取的不同指标对北京市未来发展的需求进行分析，再根据调研所得的总体水源量的合理供给，对比找到可持续发展的平衡点，将不平衡引向平衡的发展模式。本研究将预测未来北京市水资源供给利用的量作为参考基准，有针对性地提出相关人口规模以及典型服务行业发展的合理政策，从而对北京市的可持续发展提出相关建议，缓解北京市的供水用水压力，实现“以水四定”的新规划发展。

4.3 城市水代谢研究方法

4.3.1 “以水定需”的未来水资源预测思路

顾名思义，“以需定供”就是根据需求来确定供给量，即以水资源需求的多少来决定水资源的供给量和配置量。由于理性的经济人总是追求其利益的最大化，客观来讲，在缺乏有效限制措施的情况下，经济和社会发展以及人类生活对水资源的需求量会持续增长，因此，“以需定供”的水资源配置只能在水资源供给量比较丰富、人类现状的需求能够充分得到满足的条件下实施。但在以往的水资源配置中，由于对生态和环境用水的认识和重视不足，没有充分合理考虑生态和环境需水量，从而导致生产和生活的可供水量明显偏大，在“以需定供”的水资源配置模式下，生态和环境用水被大量占用，从而引起了严重的生态和环境问题。按照“以水定需”的水资源管理思路，可以保证生活用水、调控工业用水、稳定农业用水、维持生态用水。

一般来讲，“以需定供”的水资源配置模式按照以下几个步骤进行（如图 4-3 所示）:

①可供水量分析。根据区域或流域的水资源条件、生态和环境保护的要求，根据水资源开发利用状况，在保证人类生活用水及保障基本生态和环境用水的情况下，分析确定区域或流域的可供水量。

②制定水资源配置方案。按照公平、高效和可持续的原则，根据区域或流域的可供水量，制定水资源配置方案，确定在某一水平年区域或流域不同用水行业（生活、生产和生态）的水资源配置量。

③水资源供需分析。根据国民经济和社会发展预测，预测不同水平年的水资源需求量；根据水资源配置量，进行不同水平年和不同行业的水资源供需分析。

④制定需求满足配置量的水资源开发利用和保护战略。根据供需分析的结果，制定水资源开发利用和保护战略。如果行业的供给小于需求，研究制定控制行业用水增长的工程措施和非工程措施；同时研究制定在区域或流域各行业用水总量一定的情况下，采用市场经济的手段进行行业间水资源配置的政策和战略。

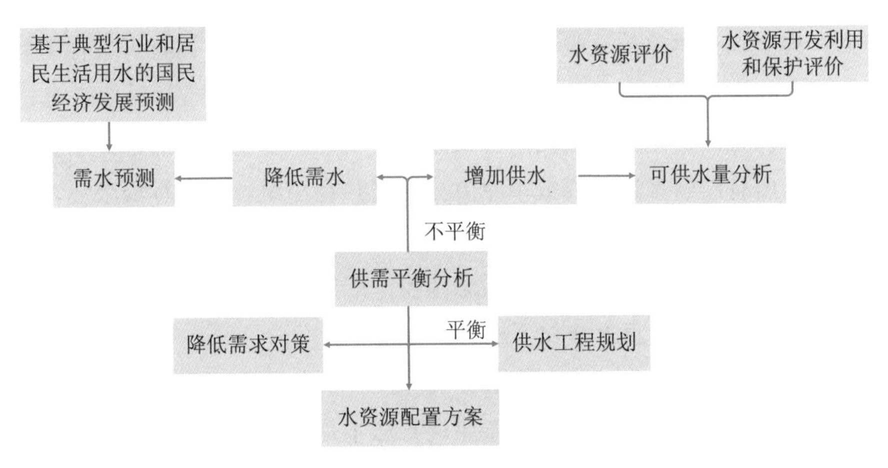

图 4-3 水资源配置方案思路

4.3.2 城市基于典型行业划分及用水行为规律的生活用水问卷调研

按现行城市用水统计方法，城市用水分为生活用水和工业用水两大类。其中，工业用水有明确的计量和标定限制，方便规划和管理。生活用水所占比例很大且用途广泛，但是居民生活用水和餐饮业用水实际用量与计划用量相差较大，且北京产业结构调整后，三次产业结构发生了重大变化，北京市 GDP 中第一产业和第二产业的比例均呈稳定下降趋势，第三产业的比例呈快速上升趋势，其用水量越来越大。因此本研究的重点是居民生活用水和服务业中的餐饮业用水调查。

居民家庭用水可以分为八类基本用水类型，即饮用水、洗衣用水、洗手用水、洗碗用水、洗浴用水、冲厕用水、做饭用水、洗漱用水等。从每种用水的次数和持续时间以及对终端用水器具的调查得出居民生活用水量，通过调查问卷的方式获得数据。

居民生活用水调查：木研究选用在不同的小区直接入户发放调查问卷，让用户现场填写问卷、现场回收的方式。这种方法使调查人员可以和用户面对面直接交流，得到第一手的资料，也有助于现场了解问题、解答用户疑问，使问卷所反映的问题更真实、更可信。与此同时，在与用户的交流中，了解他们所关注的问题以及这些问题对用水的影响，对后续数据的分析和处理也很有帮助。在调查表格设计时，首先根据所查阅文献和国内外研究成果，确定出可能对家庭生活用水造成影响的因素，设置问题，所有问题都以选择或填空方式出现，这是为了让调查对象更好地配合调查工作，同时也可以缩短填写调查表的时间。

在调查表设计出来后，经过小组讨论修改，最后打印出多份到附近小区做小规模的调查，以根据反馈结果对调查表进行修改完善，之后才可进行大规模调查。在初次调查一些用户后，根据调查对象的反映以及调查人员切身的体会，对调查表进行了修改，最后确定了调查表的格式和内容，包括 21 个问题。

餐饮业用水调查：调查问卷根据所查文献资料设计，基于饭店给水排水、环境评价体系进行调查，所有问题都以选择或填空方式出现。在小组讨论进行修改后，确定餐饮业用水调查表草稿，共有 22 个问题。

在设计问题时，为了能够有效得到所希望反映的结果，在问题回答方式的设计上采用了多种调查方法，常用调查方法如下。

①意愿调查法：直接询问一组调查对象对减少环境危害的不同选择所愿意支付的价值。与市场价值法和替代市场法不同，意愿调查法不是基于可观察到的或预设的市场行为，而是基于调查对象的回答。调查对象的回答告诉调查人员在假设的情况下调查对象将采取什么行动。直接询问调查对象的支付意愿既是意愿调查法的特点，也是意愿调查法的缺点所在。意愿调查法可以粗略分为两类：直接询问支付或接受赔偿的意愿；询问表示上述愿望的商品或劳务的需求量，并从询问结果推断出支付意愿。

②投标博弈：在投标博弈中，调查对象被要求估价假想的情况，说出其对物品供应的若干不同水平的支付意愿或接受补偿的意愿。这种方法常被用于纯公共物品的估价，即每个社会成员可以得到给定质量、同样数量的公共物品。这种方法常被用于发展中国家的公共物品的估价，例如对公园的进入、空气和水的净化等的估价。有两种主要的投标博弈：单次投标博弈和重复投标博弈（或收敛投标博弈）。在单次投标博弈中，调查人员向调查对象解释被估价的物品，例如某种面临绝种的物种，让调查对象说出为保护该物种所愿意支付的最大价值或失去该物种所愿意接受的最小补偿。调查中得到的信息被用于建立总和的支付意愿函数或补偿意愿函数。重复投标博弈中，调查对象不必自行说出一个确定的支付意愿数额，而是被问及是否愿意对某一物品或状态支付给定的数额，这一数额不断改变，直至得到最大支付意愿或最小补偿意愿。

③比较博弈：调查对象在不同物品的组合之间进行选择，以确定个人对物品的评价。在环境评价中经常给出的是一定数额的货币和一定水平的环境商品的不同组合。组合中

的货币实际上代表了环境商品的价格。调查对象被给定一组环境状态和价格的初始值。然后给出一组替代，例如，环境质量提高，价格也提高。调查对象对两者进行取舍。价格继续上升直至调查对象找不到更好的替代为止。通过调查对象的选择，可以估算出其对环境产品增加量的支付意愿。在进行比较博弈法调查时，需要向调查对象详细介绍所涉及的环境产品的各种属性。通过调查统计上足够多的、有代表性的人群，就可以估算出对该环境产品的总支付意愿。

④无费用选择：无费用选择法通过询问个人在不同的无费用物品之间的选择来估价环境物品的价值。该法模拟市场上购买商品数量的选择。无费用选择法给调查对象两个以上选择，每一个都不用付钱，直接询问调查对象的选择。无费用选择法与投标博弈法的主要区别在于，在选择时个人不必支付任何费用就可以得到供选择的物品。即使选择了钱，也没有损失环境物品；无论选择什么，都有所得而无所失。这种方法可以用来估价环境物品的最小价值，缩小投标博弈法中的某些偏差。

在进行调查时，根据具体情况，选择合适的方法或者多种方法同时使用，同时注意降低误差。在本研究进行调查时，采用入户问卷调查的方式，具体题目的设计上用到了上述方法。本次调查考虑了对用水可能的影响因素，家庭生活用水调查问卷和餐饮业用水调查问卷分别设计如下。

北京市家庭生活用水调查表

1. 您的年龄：①34岁以下 ②35～59岁 ③60岁以上
2. 您的文化程度：①初中以下 ②高中/中专 ③大学、专科 ④研究生及以上
3. 您家里有_____人，其中：6岁以下_____人，学生_____人，上班_____人，60岁以上老人_____人。
4. 您家每月的总收入为：①1 000元以下 ②1 000～3 000元 ③3 000～5 000元 ④5 000～10 000元 ⑤10 000元以上
5. 您所在的小区的物业费每月多少元一平方米：①3元以下 ②3～5元 ③5～10元 ④10～20元 ⑤20元以上
6. 您家住房的房屋面积大约为多少平方米：①50平方米以下 ②50～80平方米 ③80～100平方米 ④100～150平方米 ⑤150平方米以上
7. 您在北京生活了：①5年以下 ②5～10年 ③10～20年 ④20年以上
8. 来北京之前，您在__________省（市、区）住的时间最长。
9. 您家一个月平均用多少水？__________吨/月

10. 您家共有水龙头______个，其中节水龙头______个。
11. 您全家每周洗澡人次数：冬天_______人次/周，其中盆浴______人次/周；
淋浴_____人次/周。夏天______人次/周，其中盆浴_____人次/周；
淋浴_____人次/周。
12. 您家的洗衣机类型：①滚筒式___公斤　②涡流式全自动___公斤
③涡流式半自动____公斤。
13. 您家手洗衣服所占百分比：______%；机洗衣服的百分比：_____%。
14. 您家里的大便器类型：①坐式_____个，水箱______升
②蹲式_____个，水箱______升
15. 您对于生活节水的态度是：①没想过　②比较支持　③非常支持
16. 您家采取了节水措施吗？①没有采取　②采取一点　③尽可能多地采取
17. 您家采取的节水措施是（可选多项）：①安装节水龙头　②安装节水便器
③水箱中安放砖块　④洗衣水回用　⑤洗菜水回用
18. 您出于什么考虑节水？①形成了爱惜水的习惯　②保护环境　③节省水费
19. 您知道水价是多少吗？①不知道　②知道，现在的水价是_____元/吨。
20. 您觉得现在的水价对于您日常的生活用水有影响吗？
①有很大影响　②有一点　③没有影响
21. 您觉得合理的水价应该是：_______元/吨

上述调查表包括年龄、文化程度、家庭结构、收入、住宅区档次、卫生洁具、地区、洗衣类别方式、节水意识、水价等诸多影响因素。在对调查地点进行选择时，根据国家标准，分为室内无给水排水卫生设备从集中给水龙头取水，室内有给水龙头但无卫生设备，室内有给水排水卫生设备但无淋浴设备，室内有给水排水卫生设备和淋浴设备，室内有给水排水卫生设备并有淋浴设备和集中热水供应，即住宅给水的 5 种类型进行调查。

本次调查采用入户调查的形式，调查人员在居民家中和调查对象进行面对面的交流，取得第一手的资料。在调查区域的选择上，从居民经济情况、地区发展情况、住宅所在地周边情况、住户情况等各个方面进行综合考虑，尽量使所选择区域可以涵盖所有情况，选择市区不同区的不同小区的300户居民进行入户问卷调查，户数分布具有较好的代表性。按比例向不同档次的社区发放问卷，其中高档社区100份，普通社区200份。北京的高档住宅主要分布在朝阳、海淀、东城、西城4个区，约有1 200个高档住宅社区。从18～60岁之间的不同年龄段选择调查对象年龄；尽可能覆盖更多文化程度层次和各种职业人群，使调查对象具有良好的代表性。调查问题围绕着可能影响用水量的因素及居民

的节水意识进行，包括居民家庭的相关用水设施、行为、心理等方面内容。问卷共有21个问题。从负责抄写用户水表的有关部门得到居民用水量，真实可靠。

北京市餐饮服务业用水调查表

1. 您的年龄：①34岁以下 ②35～59岁 ③60岁以上
2. 您的文化程度：①初中以下 ②高中/中专 ③大学、专科 ④研究生及以上
3. 您在此饭店工作时间：①3个月以下 ②3～6个月 ③6个月～1年 ④1～3年 ⑤3年以上
4. 您的职位是__________。
5. 这家饭店是：①中餐厅 ②西餐厅 ③快餐店 ④酒吧、咖啡厅
6. 您每月的收入为：①1 000元以下 ②1 000～3 000元 ③3 000～5 000元 ④5 000～10 000元 ⑤10 000元以上
7. 这家饭店已经建成营业的时间：①1年以下 ②1～3年 ③3～5年 ④5～10年 ⑤10年以上
8. 这家饭店的平常营业时间：平时____点到____点，周末____点到____点
9. 这家饭店的客流高峰时间：____点到____点 ____点到____点 ____点到____点
10. 来北京之前，您在________省（市、区）住的时间最长。
11. 这家饭店的用水高峰时间：____点到____点 ____点到____点 ____点到____点
12. 这家饭店占地面积：________。
13. 这家饭店的餐位数：________。
14. 这家饭店的每月用水量约为________吨。
15. 这家饭店有员工________人。
16. 这家饭店是否为星级饭店：①五星级 ②四星级 ③三星级 ④二星级 ⑤一星级 ⑥都不是
17. 您对于生活节水的态度是：①没想过 ②比较支持 ③非常支持
18. 这家饭店采取了节水措施吗？①没有采取 ②采取一点 ③尽可能多地采取
19. 该饭店采取的节水措施是（可选多项）：①安装节水龙头 ②安装节水便器 ③水箱中安放砖块 ④洗菜水回用 ⑤其他________
20. 厨房中有______个水龙头，是否为节水龙头______
21. 该饭店有______个洗手间，______个水龙头，是否为节水龙头______
22. 该饭店是否达到卫生标准级别：①A级 ②B级 ③C级 ④D级 ⑤都不是

上述调查表包括调查对象的基本信息和餐馆的经营时间、客流量、餐位数、占地面积、档次、卫生标准、用水设施、员工数量等诸多影响因素。在对调查地点进行选择时，本研究根据北京市商圈和高档餐馆的聚集地进行划分，选取各典型商圈不同档次和类型的餐馆进行调研，采用发放问卷的形式，与调查对象进行面对面的交流，取得相关信息，此外还采用在微信平台上发放问卷的方式。调研各类、各档次餐馆共 300 家。调查对象为餐馆工作人员，并对员工的基本信息进行筛选。问卷共有 22 个问题。从负责抄写相关餐馆水表的有关部门得到餐馆水表显示的用水量，真实可靠。

4.3.3 数据分析及用水行为规律的模型构建

要想对调查结果进行分析，建立生活用水数学模型，首先需要把调查结果电子化，输入计算机制成表格。为了做到这一点，采用了如下步骤：

①首先选择不同的字母来代表不同的影响因素(每个问题都包括至少 1 个影响因素)；

②对每个问题的答案类型进行分析，如果几个供选择的答案是并列的，是不同类型，则分别给不同类型赋值 1、2、3 等，这里不同的数值不反映大小的差异，仅代表类别的不同；

③如果供选择的答案有程度高低的差异，则按照对用水影响程度的不同从最好程度到最差程度分别赋值，给予一定的数值，这个数值将反映大小的差异；

④如果答案是在某个范围内有大小区别的数值，则取其中间平均值输入，比如收入在 1 000～3 000 元，则取中间值“2 000 元”输入；

⑤如果答案是某个可直接采用的数值，则直接输入该数值。根据以上原则，具体各选项的数据输入说明如表 4-1 所示（没有说明的即是数据可以直接采用的）。

表 4-1　数值输入时数值说明

影响因素	数值说明	类别
年龄	按照 3 个选项顺序分别赋值 1、2、3	不同类别
文化程度	初中及以下 0.25，高中 0.5，本科 0.75，硕士及以上 1	程度高低不同
洗衣机类型	滚筒式 1，涡流全自动 2，涡流半自动 3	不同类别
坐便器类型	坐式 1，蹲式 2	不同类别
节水态度	没想过 0，比较支持 0.6，非常支持 1	程度高低不同
是否采取节水措施	没有采取 0，采取一点 0.5，尽可能采取 1	程度高低不同
采取节水措施	选一项为 0.2，都选为 1	程度高低不同
考虑节水原因	按照选项顺序分别取 1、2、3，选择两项为 4，三项都选为 5	不同类别
是否知道水价	知道且回答正确 1，知道但回答不正确 0.5，不知道 0	程度高低不同
水价对生活用水是否影响	有很大影响 1，有一点影响 0.4，没有影响 0	程度高低不同
生活时间最长地区	东北、西北、华北、南方和中原依次取 1、2、3、4、5	不同类型
家庭收入	将收入范围取中间值	大小不同

4.3.4 城市生活和典型行业水代谢模型构建及城市总体用水平衡分析

本研究主要基于北京市居民生活用水量和以餐饮业为主的典型服务行业用水量的调查数据，以终端用水量调查为主，计算出人均生活用水量以及以餐饮业为主的典型服务行业的单位面积用水量，并结合水资源供给量进行分配，通过近几年的用水规模趋势推测出未来几年北京市人口的适宜规模和以餐饮业为主的典型服务行业的用水规模及相关发展规模。

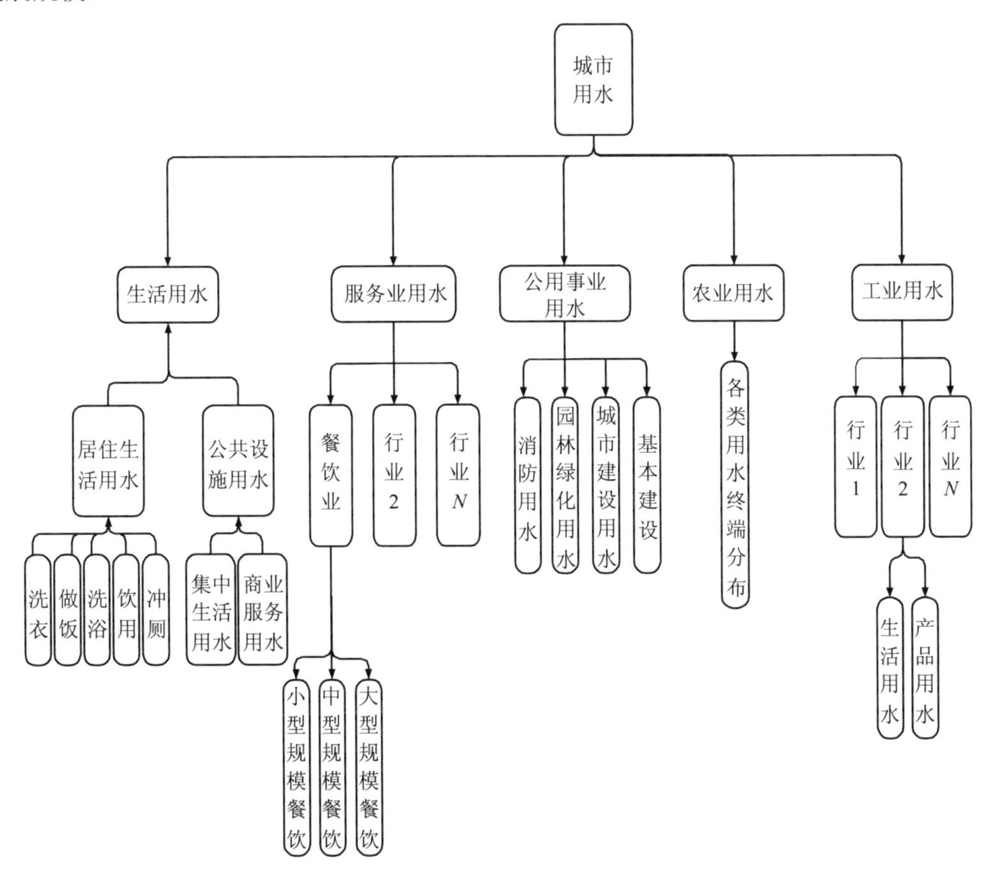

图 4-4 城市生活和典型行业水代谢模型

4.3.5 “以水定需”的城市规划情景分析

情景分析法是通过分析系统中的驱动力以及相互联系来探究未来可能性的方法。从宏观角度来讲，情景分析是一种预测，它的主要内容是通过确认研究事件未来可能发生的各种态势组合，描述各种态势的特性和发生的可能性大小，分析各种态势的发展演变路径。“以水定需”的城市规划是以水资源承载力为底线，探索“以水四定”的相关规划指标，提出人口控制、用地减量、产业调整和空间优化的目标建议，为总体规划修改及北京落实“以水定需”发展提供技术支撑。

使用城市用水网络模型，对北京市居民生活用水和典型服务行业的用水情况进行分析，按不同用水行为模拟用水规模，并根据水资源的供给量，分配未来北京市居民生活用水和以餐饮业为主的典型服务行业的用水规模，从而通过模拟水资源量的分配来对北京市未来的人口规模和以餐饮业为主的服务业规模提出建议。

模型中除道路浇洒、绿地浇灌等公共用水以外，城市居民家庭用水和多数公共用水从微观尺度上都与个人用水行为（即单位面积用水量或人均用水量）存在着直接联系（如图 4-5 所示）。城市生活用水行为可划分为冲厕、淋浴、洗漱、洗手、饮用、做饭、洗碗和洗衣等八类基本用水行为和清扫、浇花等其他用水行为（如图 4-5 所示）。基本用水行为主要源于个人的生理需求，可以发生于个人活动所及的任何场所（包括家庭内），它既与个人的基本属性（包括年龄、性别、职业等）相关，又与个人的用水行为（包括用水行为的发生频率、单次用水行为的时长和用水量、对应用水器具的效率等）相关。清扫、浇花等其他用水行为与居民家庭的生活方式相关，可通过对居民家庭的行为统计来估算。

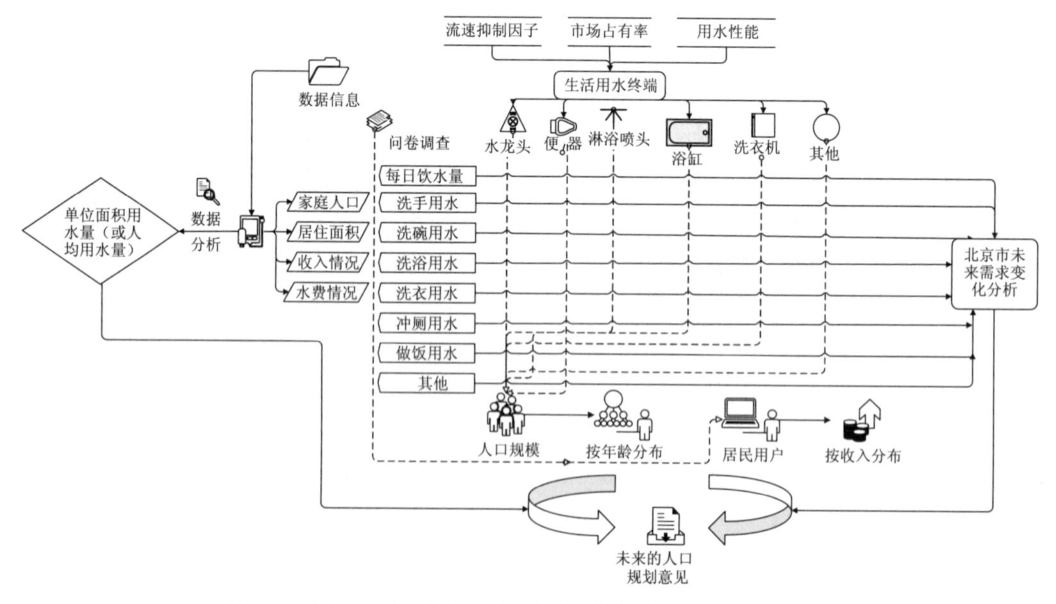

图 4-5　城市居民生活用水和典型服务行业的用水网络结构

4.4 城市可供水资源量分析

4.4.1 城市可供水资源量预测

北京市可供水资源包括地表水源、地下水源、再生水源及外调水源。本研究主要以北京市水务局印发的《关于我市水资源保障与利用策略的汇报》中提出的可供水资源量为依据。数据等参照杨舒媛等（2006）中的数据。

（1）地表水供水量变化趋势判断

预计 2020 年在 50%、75%和 95%不同丰枯频率下，本地密云-怀柔水库、官厅水库、中小型水库等地表水总可供水量分别为 6.7 亿 m^3、3.8 亿 m^3、2.0 亿 m^3。

（2）地下水资源可开采量趋势判断

基于水资源减少量、开采限制条件、地下水位等资料，采用采补平衡法进行地下水可开采量的分析计算。考虑现状地下水连续多年超采，储存水量严重亏损，按照不利情况做好水资源供给准备，规划 2020 年地下可开采水资源量参考 2001—2013 年平均值，约为 17.0 亿 m^3。

综上所述，北京市 2020 年本地地表和地下水源可供水量如表 4-2 所示。

表 4-2 北京市 2020 年本地地表、地下水源可供水量预测 单位：亿 m^3

水源	2020 年		
	平水年 $P=50\%$	偏枯年 $P=75\%$	枯水年 $P=95\%$
地表水	6.7	3.8	2.0
地下水	17.0	17.0	17.0

（3）再生水源

预测分析，2020 年再生水利用量达到 12 亿 m^3 以上，具体结合未来的水源需求情况确定。

（4）南水北调水源

根据 2002 年国务院批复的由国家发展计划委员会和水利部联合上报的《南水北调工程总体规划》，工程第一期按多年平均年调水量 95 亿 m^3 建设，其中供北京毛水量（陶岔渠首）12.4 亿 m^3，净水量 10.5 亿 m^3（干线分水口）。

（5）可供水资源总量

北京市2020年在50%、75%和95%不同丰枯频率下，可供水资源总量分别为46.2亿m^3、

43.3亿m^3和41.5亿m^3。与原总体规划相比，在50%、75%和95%不同丰枯频率下，可供水资源总量分别减少了9.2亿m^3、10.9亿m^3和10.6亿m^3，主要是本地地表水、地下水资源量衰减，同时原来对南水北调的调水量估计过于乐观。

4.4.2 城市水资源初步配置方案

“以水四定”的前提是要确定可供水资源量。根据北京市水务局印发的《关于我市水资源保障与利用策略的汇报》，以全市水资源配置为基础，明确分行业的可供水资源量。根据上述相关文件的要求，2020 年农业用水由 7 亿 m^3 降至 5 亿 m^3，另外考虑农业灌溉、林地绿化和百万亩平原造林等新增用水后，全市农业总用水量为 7.8 亿 m^3。2020 年工业用新水维持现状不增加（3.4 亿 m^3），工业总用水量为 5.1 亿 m^3。

考虑规划 2020 年生态环境用水为 8 亿～12 亿 m^3/a，两种不同生态环境用水配置情景下全市水资源配置方案分别如表 4-3 和表 4-4 所示。

表 4-3　生态环境用水配置 8 亿 m^3 情景下全市水资源配置方案　　单位：亿 m^3

水资源类别	清水量	再生水量	总计
生活	19.1	1.5	20.6
工业	3.4	1.7	5.1
农业	5.0	2.8	7.8
生态环境	2.0	6.0	8.0
总计	29.5	12.0	41.5

表 4-4　生态环境用水配置 12 亿 m^3 情景下全市水资源配置方案　　单位：亿 m^3

水资源类别	清水量	再生水量	总计
生活	16.6	0	16.6
工业	3.4	1.7	5.1
农业	5.0	2.8	7.8
生态环境	4.5	7.5	12.0
总计	29.5	12.0	41.5

可供生活用水量为16.6亿～20.6亿m^3。可供生活和工业用清水量为20.0亿～22.5亿m^3。可供生产生活水资源量为29.5亿～33.5亿m^3。

2020 年建筑业用水量按照 2013 年现状 0.4 亿 m^3 考虑，则第二产业可供水资源量为 5.5 亿 m^3。

如表 4-5、表 4-6 所示，第三产业可供水资源量以可供生活用水量为基础，按照近几年居民家庭和公共服务用水量的分配比例得到公共服务可供水资源量，再扣除建筑业用水量，则第三产业可供水资源量为 7.6 亿～9.5 亿 m³。

表 4-5 生态环境用水配置 8 亿 m³ 情景下分行业配置结果 单位：亿 m³

行业	总计	其中
居民家庭生活	10.7	
第一产业	7.8	
第二产业	5.5	建筑业 0.4
第三产业	9.5	
生态环境	8.0	
总计	41.5	

表 4-6 生态环境用水配置 12 亿 m³ 情景下分行业配置结果 单位：亿 m³

行业	总计	其中
居民家庭生活	8.6	
第一产业	7.8	
第二产业	5.5	建筑业 0.4
第三产业	7.6	
生态环境	12.0	
总计	41.5	

4.5 城市用水分析

4.5.1 以水定人

2002—2012 年，北京市人均生活用水量总体呈现下降的趋势，由 2003 年的 245 L/（人·d）下降到 2012 年的 212 L/（人·d）[约为 77 m³/（人·a）]。由于 2010 年进行人口普查，对统计数据进行了修正，普查数据较前几年统计数据增大较多，因此导致 2010 年人均生活用水量数据发生突变，但近几年人均生活用水量指标基本不超过 240 L/（人·d）。

在遵循现状的基础上，确定规划指标时，一方面考虑未来人均居住面积仍有增长的空间，另一方面考虑公共服务设施将更加完善，综合考虑后人均生活用水量指标应提高至 240 L/（人·d）。若按照前述可供生活水资源量 16.6 亿～20.6 亿 m³ 考虑，则 2020 年承载人口为 1 895 万～2 350 万人。

由于生活用水总量的控制和人口快速增长，人均用水量总体上呈现逐年下降的趋势，由 1988 年的 400 m³/（人·a）下降到 2012 年的 173 m³/（人·a），呈现明显的下降趋势。扣除生态环境用水后，2012 年人均生产生活用水量为 146 m³/（人·a）。通过长系列数据分析，未来人均综合用水量存在持续下降的趋势。但考虑随着南水北调水进京，可供水资源增加，人均用水量指标应满足如下两种情景：

①能够使人均用水量维持在 173 m^3/（人·a）的水平，若按照可供水资源量 41.5 亿 m^3 考虑，则承载人口约为 2 400 万人。

②人均生产生活用水量维持在 146 m^3/（人·a）的水平不变，若按照可供生产生活水资源量 29.5 亿～33.5 亿 m^3 考虑，则承载人口为 2 020 万～2 294 万人，对应人均用水指标为 180 m^3/（人·a）和 205 m^3/（人·a），人均生态环境用水量较现状提高。

若按照可供水资源量 41.5 亿 m^3 考虑，对应人均用水指标分别为 173 m^3/（人·a）、180 m^3/（人·a）和 205 m^3/（人·a）3 种情景下，则承载人口为 2 020 万～2 400 万人。

①若生态环境用水配置 8 亿 m^3，现状生态环境有所改善，人均生态环境用水较现状略有提高，则可承载人口为 2 350 万～2 400 万人。

②若生态环境用水配置 12 亿 m^3，现状生态环境用水达到总体规划的目标，生态环境良好，则只能承载 1 895 万～2 020 万人。

4.5.2 以水定地

由表 4-7 可看出，2013 年全市平均单位建设用地清水量为 5 738.88 m^3/（hm^2·a），中心城为 11 430.90 m^3/（hm^2·a），发展新区为 3 722.68 m^3/（hm^2·a），生态涵养区为 2 870.49 m^3/（hm^2·a）。

表 4-7　2013 年现状各区县总建设用地及单位建设用地清水量

2013 年各区县总用清水量（工业及生活）/m^3			总建设用地面积/hm^2	单位建设用地清水量/[m^3/（hm^2·a）]
全市		193 980	338 010	5 738.88
中心城		112 400	98 330	11 430.90
发展新区	房山	14 126	34 630	4 079.12
	通州	11 238	26 020	4 318.99
	顺义	9 952	33 010	3 014.84
	昌平	14 741	37 650	3 915.27
	大兴	10 092	30 720	3 285.16
	亦庄	3 338	13 200	2 528.79
生态涵养区	怀柔	3 427	12 340	2 777.15
	平谷	5 416	11 790	4 593.72
	密云	3 224	16 250	1 984.00
	延庆	2 011	14 840	1 355.12
	门头沟	3 362	9 230	3 642.47

确定规划指标主要考虑两方面的因素：一方面是开发强度因素，考虑未来随着规划容积率的提高、建设强度的增加，单位用地用水量指标相应增加，单位建设用地用水指标同开发强度增长率成正比；另一方面是用水效率因素，随着节约用水水平的提高，规划用水指标相应降低。考虑数据的可获得性，参考城镇建设用地开发强度指标和开发强度的增长率（全市平均为36.36%，如表4-8所示）。

考虑农村建设用地的开发强度较城镇低，则总建设用地开发强度增长率在城镇建设用地开发强度增长率的基础上乘以0.9的折减系数，考虑单位用地用水效率提高，再乘以用水效率折减系数0.8，折减后增长率为26.18%。

表4-8　2013年现状及规划各区县开发强度及增长率

分区		2013年现状			规划			开发强度增长率/%	折减后增长率/%
		城镇建设用地面积/hm^2	城镇建筑面积/万 m^2	开发强度	城镇建设用地面积/hm^2	城镇建筑面积/万 m^2	开发强度		
全市		157 333	85 953	0.55	210 876	159 003	0.75	36.36	26.18
中心城		73 082	56 336	0.77	87 689	79 235	0.90	17.22	12.40
发展新区	房山	10 280	3 045	0.30	14 590	9 162	0.63	112.04	80.67
	通州	13 357	4 918	0.37	19 463	7 183	0.37	44.10	31.75
	顺义	13 034	3 939	0.30	19 747	10 771	0.55	80.50	57.96
	昌平	14 584	6 302	0.43	21 316	14 697	0.69	59.56	42.88
	大兴	15 252	5 577	0.37	20 956	9 217	0.44	61.29	44.13
生态涵养区	怀柔	3 847	1 296	0.34	5 480	4 114	0.75	122.79	88.41
	平谷	3 352	944	0.28	5 545	3 003	0.54	92.19	66.38
	密云	5 242	1 797	0.34	7 360	7 165	0.97	183.86	132.38
	延庆	2 362	1 005	0.43	4 464	3 766	0.84	98.30	70.78
	门头沟	2 941	794	0.27	4 248	4 406	1.04	284.42	204.78

规划未来可供生活和工业清水量按照20.0亿～22.5亿 m^3 计算（如表4-9所示），则全市规划总建设用地面积为2 762～3 107 km^2。

由于区域建设用地基本不消耗水资源，因此从总建设用地中扣除区域建设用地的城乡建设用地为真实耗水用地。现状用水中扣除区域建设用地用水大户首都机场800万 m^3/a 的用水量。

2013年全市平均单位城乡建设用地面积清水量为6 886 $m^3/(hm^2·a)$（如表4-10所示），中心城为12 559 m^3/（$hm^2·a$），发展新区平均值为4 323 m^3/（$hm^2·a$），生态涵养区平均值为4 026 m^3/（$hm^2·a$）。

表 4-9　2013 年现状及规划单位用地用水指标对比结果　　单位：$m^3/(hm^2 \cdot a)$

分区		2013 年现状单位用地清水量	规划单位用地清水量
全市		5 738.88	7 241.89
中心城		11 430.90	12 847.89
发展新区	房山	4 079.12	7 369.70
	通州	3 956.77	5 213.20
	顺义	3 014.84	4 762.17
	昌平	3 915.27	5 594.23
	大兴	3 151.39	4 542.04
生态涵养区	怀柔	2 777.15	5 232.44
	平谷	4 593.72	7 642.86
	密云	1 984.00	4 610.46
	延庆	1 355.12	2 314.21
	门头沟	3 642.47	11 101.63

表 4-10　2013 年现状各区县单位城乡建设用地清水量

分区		清水量/（m^3/a）	总城乡建设用地面积/hm^2	单位城乡建设用地清水量/[$m^3/(hm^2 \cdot a)$]
全市		193 980	281 700	6 886
中心城		112 400	89 500	12 559
发展新区	房山	14 126	29 385	4 807
	通州	12 907	28 461	4 535
	顺义	9 152	27 900	3 280
	昌平	14 741	27 200	5 419
	大兴	11 761	32 900	3 575
生态涵养区	怀柔	3 427	9 200	3 725
	平谷	5 416	10 300	5 258
	密云	3 224	13 200	2 442
	延庆	2 011	8 500	2 366
	门头沟	3 362	5 300	6 343

指标增长率采用前述相同的增长率，即考虑了开发强度因素和用水效率因素。未来全市城乡建设用地规划用水指标为 8 689 $m^3/(hm^2 \cdot a)$。

表 4-11 各区县城乡建设用地清水量指标 单位：m^3/（hm^2·a）

分区		2013 年现状单位用地清水量	规划单位用地清水量
全市		6 886	8 689
中心城		12 559	14 115
发展新区	房山	4 807	8 685
	通州	4 535	5 975
	顺义	3 280	5 181
	昌平	5 419	7 743
	大兴	3 575	5 152
生态涵养区	怀柔	3 725	7 018
	平谷	5 258	8 748
	密云	2 442	5 676
	延庆	2 366	4 040
	门头沟	6 343	19 334

可供水资源量扣除区域建设用地用水大户首都机场 800 万 m^3/a，则可供城乡建设用地生活和工业规划清水量为 19.9 亿～22.4 亿 m^3。按未来全市城乡建设用地规划用水指标为 8 689 m^3/（hm^2·a）计算，则全市规划城乡建设用地面积为 2 290～2 578 km^2。

根据中国水利水电科学研究院对全市 111 家工业企业的典型调查分析，平均工业单位用地的用水量为 54.84 m^3/（hm^2·d）。根据在全市范围各区县展开的 1 934 个工业企业样本用水调查，不同工业用地类型以及不同用户的单位工业用地用水量需求差别较大，平均单位工业用地用水量约为 57 m^3/（hm^2·d）。规划未来单位工业用地用水量约为 50 m^3/（hm^2·d）。扣除再生水，按照用水量相应比例折减后，约为 35 m^3/（hm^2·d）。

由于规划工业用清水量不增加，则维持现状 3.4 亿 m^3/a，若扣除用水大户电厂等用清水量（约为 3 700 万 m^3/a）后，可供工业用清水量为 3.03 亿 m^3/a。全市规划工业用地面积约为 237.2 km^2。

4.5.3 以水定产

“以水定产”的思路是：①以万元 GDP 水耗确定规划 2020 年 GDP 总产值；②以三产单产耗水确定未来的三产产值及三产结构。

北京市万元 GDP 用水量呈现逐年下降的趋势，由 1988 年的 1 034.4 m^3/万元下降到 2012 年的 20.1 m^3/万元。用水效率不断提高，由 2004 年的 57.3%上升到 2012 年的 64.9%，用水效率居全国领先水平。与发达国家相比，万元 GDP 用水量尚有进一步减少的潜力。规划 2020 年指标减少至 14.7 m^3/万元，接近世界先进国家水平。

经近几年现状三产单产耗水及三产比例结构分析，初步判定：第三产业万元 GDP 增加值用水量低于农业万元 GDP 用水量及工业万元 GDP 增加值用水量，农业万元 GDP 增加值用水量远大于工业及第三产业，建议未来应积极发展第三产业，压缩第一产业。

表 4-12 基于三产万元 GDP 用水指标的三产产值预测结果

预测指标	总产值	第一产业	第二产业	第三产业
规划 2020 年可供水资源量/亿 m^3		7.80	5.50	7.6～9.5
单产用水指标/（m^3/元）		300	11	4
定产业规模/亿元	24 260～29 010	260	5 000	19 000～23 750
产业结构		0.89%～1.07%	17.2%～20.6%	78.3%～81.9%
产业转型/亿元	30 000	300	5 700	24 000

4.5.4 以水定城

根据水资源保护要求及水资源量空间分布引导城市空间发展方向，并结合现状用水及规划可用水源（地表水及南水北调基本维持原分水比例）判定未来的发展潜力（如表 4-13 所示）：

①确定平谷、房山规划水资源条件较好。

②顺义、大兴、怀柔、密云、延庆受水源条件限制，水资源条件一般。

③中心城、通州、昌平、门头沟水源条件较差。

表 4-13 规划可供清水量同现状清水量对比及发展潜力　　单位：亿 m^3

分区	2020 年可用清水量					现状清水量	发展潜力
	地表水可利用量		地下水可利用量	南水北调水	可用清水量		
	密云水库	官厅水库					
顺义	—	—	2.98	0.00	2.98	2.77	0.21
通州	—	—	1.35	0.97	2.32	2.53	−0.21
大兴	—	—	1.63	1.20	2.83	2.73	0.10
昌平	0.50	—	1.31	0.00	1.80	2.02	−0.22
房山	—	—	1.99	1.00	2.99	2.46	0.53
门头沟	0.24	—	0.12	0.25	0.61	0.71	−0.10
怀柔	0.29	—	0.73	0.00	1.02	0.76	0.26
平谷	—	—	1.63	0.00	1.63	0.72	0.91
密云	0.21	—	0.66	0.00	0.86	0.73	0.13
延庆	—	—	0.71	0.00	0.71	0.56	0.15
中心城	0.41	0.36	3.92	7.08	11.77	12.38	−0.61
合计	1.65	0.36	17.03	10.50	29.52	28.37	1.15

未来中心城、门头沟、通州、昌平、大兴人口应在现状基础上适当减少（如表 4-14 所示）；平谷、顺义、房山由于本地水源条件较好，未来可在现状人口基础上适当增加；怀柔、密云、延庆可在现状基础上略有增加。

表 4-14 “以水定人”及人口预测结果比较 单位：万人

分区	2013 年现状	“以水定人”		人口预测	
		规划人口	增量	规划人口	增量
中心城	1 253.4	1 077.8	−175.6	1 280.0	26.6
门头沟	30.3	24.2	−6.1	34.0	3.7
房山	101.1	218.4	117.3	125.0	23.9
通州	132.6	128.6	−4.0	170.0	37.4
顺义	98.3	160.9	62.6	145.0	46.7
昌平	188.9	137.4	−51.5	180.0	−8.9
大兴	150.7	150.2	−0.5	165.0	14.3
怀柔	38.2	72.0	33.8	49.0	10.8
平谷	42.2	210.2	168.0	54.0	11.8
密云	47.6	64.5	16.9	60.0	12.4
延庆	31.6	61.1	29.5	38.0	6.4
合计	2 114.9	2 305.3	190.4	2 300.0	185.1

由表 4-15 可见，与规划人口结果相比，中心城、房山、通州、昌平、平谷有较大差距。总体情况：总建设用地将在现状基础上减少 263 km^2；未来中心城、通州、房山、怀柔、密云、大兴建设用地在现状基础上略有减少；昌平、门头沟建设用地需在现状基础上大幅减少；顺义将在现状基础上略有增加；平谷、延庆可在现状基础上适当增加。

表 4-15 “以水定地”与现状对比增量

各区县	2013 年现状		“以水定地”	
	现状单位用地清水量/[m^3/（hm^2·a）]	总城乡建设用地面积/hm^2	规划单位用地清水量/[m^3/（hm^2·a）]	规划城乡总建设用地/hm^2
全市	6 886	281 700	8 771	255 387
中心城	12 559	89 500	14 115	76 222
房山	4 807	29 385	8 685	25 842
通州	4 535	28 461	5 975	22 623
顺义	3 280	27 900	5 181	33 374
昌平	5 419	27 200	7 743	17 767
大兴	3 575	32 900	5 152	29 751
怀柔	3 725	9 200	7 018	8 021
平谷	5 258	10 300	8 748	18 601
密云	2 442	13 200	5 676	9 394
延庆	2 366	8 500	4 040	11 581
门头沟	6 343	5 300	19 334	1 115

综合水源保护、规划水资源供给条件以及人口和建设用地规模空间分布结果（如表4-16所示），可知：①怀柔、密云、延庆应控制建设；②中心城、门头沟、通州、昌平未来水资源承载面临较大压力，应控制建设；③顺义、大兴可在控制开发强度的基础上，适当发展；④房山、平谷在控制开发强度的基础上，有较大发展潜力。

表4-16　各区县综合空间引导结论

区县	水源保护条件	水资源潜力	人口规模控制	城乡建设用地控制	总体评价
中心城	无	控制建设	控制建设	控制建设	控制建设
房山	无	有较大发展潜力	可适当发展	控制建设	控制建设用地开发强度，有较大发展潜力
通州	无	控制建设	控制建设	控制建设	控制建设
顺义	无	可适当发展	可适当发展	可适当发展	控制建设用地开发强度，可适当发展
昌平	无	控制建设	控制建设	控制建设	控制建设
大兴	无	可适当发展	控制建设	控制建设	控制建设用地开发强度，可适当发展
怀柔	控制建设	可适当发展	可适当发展	控制建设	控制建设
平谷	无	有较大发展潜力	可适当发展	可适当发展	控制建设用地开发强度，有较大发展潜力
密云	控制建设	可适当发展	可适当发展	控制建设	控制建设
延庆	控制建设	可适当发展	可适当发展	可适当发展	控制建设
门头沟	无	控制建设	控制建设	控制建设	控制建设

4.6　本章小结

本研究主要以北京市的生活类用水终端调查为目的，在服务业（如餐饮业、旅店、公共设施）以及居民区用水终端上，选取典型的店面、居民点等调查点，通过问卷调查的方式，收集数据，进行数据分析与模型模拟，反映北京市的终端用水数据特征。在具体的操作上，收集的数据包括两个大的方面：用水行为的调查和用水器具的调查；从这两个方面出发，通过获得的数据得出北京市的终端用水量以及特点，预测北京市未来的用水趋势，为北京市的用水规划提供一定的数据支持。通过用水模型以及所获取的不同指标对北京市未来发展的需求进行分析，再根据调研所得的总体水源量的合理供给，对比找到可持续发展的平衡点，从而将不平衡引向平衡的发展模式，有针对性地提出相关人口规模以及典型服务行业发展的合理政策以及水资源的合理分配，进而对北京市的“以水四定”方案提出相关建议。

第 5 章　城市自然保护区生物保护网络分析及优化

5.1　城市自然保护区的生物保护网络研究背景

5.1.1　背景与意义

生物多样性是可持续发展的支柱之一，也是人类赖以生存和发展的最重要的物质基础。然而，日益增加的人类活动和化石能源消耗，引起区域乃至全球气候和生态系统的巨变，直接或间接破坏了生物的天然群落组成和分布结构，造成生物多样性以前所未有的速度递减，物种灭绝速率增至自然灭绝的 1 000 倍（陈灵芝，1993），严重削弱了地球维持生命的能力。从 1600—2000 年这 400 年中，全世界共灭绝了 50 种哺乳动物，这个速率较化石纪录高 7～70 倍。20 世纪内已经灭绝了 23 种哺乳动物，灭绝速率较正常的化石纪录高 13～135 倍（蒋志刚等，1997）。在我国，经济发展和生物多样性保护之间的矛盾尤为突出，在取得令世人瞩目的经济成就的同时，自然生态系统遭到大面积破坏和退化，许多物种变成了濒危种和受威胁种。在《濒危野生动植物种国际贸易公约》（*CITES*）列出的 640 个世界性濒危物种中，我国就有 154 种，约为其总数的 1/4，2015 年完成的《中国生物多样性红色名录——脊椎动物卷》共评估了中国 4 357 种脊椎动物，596 种近危，受威胁的物种共 934 种，其中，易危 459 种，濒危 289 种，极度濒危 186 种，形势十分严峻（环境保护部等，2015）。因此，保护生物多样性成为人类进一步发展的唯一选择，也是当今世界环境保护的热点问题。1992 年 6 月，在巴西里约热内卢召开的联合国环境与发展大会上，包括我国在内的 150 多个国家共同签署了《生物多样性公约》（*Convention on Biological Diversity*）；同年，欧洲经济共同体（EEC）颁布《生境指令》（*The Habitats Directive 92/43/EEC*），旨在保护欧洲大陆数百种有灭绝危险的、脆弱的、稀有以及本地特色物种，并指导欧洲自然保护区网络建设（Lund，2002）。我国于 1994 年制定了《中国生物多样性保护行动计划》（“中国生物多样性保护行动计划”总报告编写组，1994）。

1996 年 10 月，世界自然保护联盟（IUCN）在加拿大蒙特利尔召开了第一次“世界自然保护会议”，100 多个国家和 600 多个非政府组织共同讨论了“全球性生物多样性保护与持续利用”的重要议题（中国濒危物种科学委员会，1997）。2001 年，第 55 届联合国大会通过决议将每年 5 月 22 日改为国际生物多样性日。

就地建立自然保护区是减缓物种灭绝速率、保护生物多样性的主要形式之一，也是最为有效和经济的途径，它不仅可以为人类保留自然“本底”，保护、改善环境，维持生态平衡，而且更重要的是为各种珍稀濒危物种提供避难所。我国作为世界生物多样性最为丰富的国家之一，物种数约占世界总数的 10%，截至 2019 年已建立各级各类自然保护区 1.18 万处，约占陆地国土面积的 18%，其中国家公园体制试点 10 处，国家级自然保护区 474 处，国家级风景名胜区 244 处，初步形成了类型比较齐全、布局比较合理、功能比较健全的全国自然保护区网络，涵盖了全国 85%的野生动植物种群，特别是国家重点保护的珍稀濒危物种（国家林业和草原局政府网，2020）。

此外，由于原始自然资源保护相对完好的地区基本上都分布在经济十分落后的地区，因此自然保护区在保护与发展之间常常存在一定的冲突。生态旅游被认为是协调保护与发展间矛盾、实现自然保护区可持续发展的必然途径，然而由于缺少科学管理经验和认识不足等，也给保护区的生物多样性带来不利影响，如墨西哥太平洋月夜沙滩观龟旅游、西班牙外海加纳利群岛的赏鲸旅游活动、欧洲东海岸的海豚观赏以及肯尼亚的猎豹观赏旅游活动等，都对当地野生动物的正常生长、发育、繁殖甚至生存产生严重负面影响。我国已有 22%的自然保护区因开展生态旅游造成保护对象的破坏（中国人与生物圈国家委员会，1998），如四川卧龙自然保护区河漫滩灌丛植被中生存着十余种两栖爬行动物、鸟类和兽类，未开展旅游活动前，沿河两旁随时可以见到野生动物的活动（肖扬，2008）。此外，由于保护区内蕴含着丰富的自然资源或具有重要的地理位置，不少开发建设活动也已经逐步扩展到了自然保护区内。如壶瓶山国家级自然保护区石家河电站工程，四川长宁竹海国家级自然保护区内的宜宾市蜀南竹海三江湖基础设施建设，重庆大巴山国家级自然保护区内的黄安河李家坝电站建设，江苏盐城国家级自然保护区内风力发电场建设工程，长庆—蒙西输气管道工程穿越西鄂尔多斯国家级自然保护区，鄂豫第四回 500 kV 联络线工程穿越河南董寨国家级自然保护区，新建铁路穿越锡林郭勒草原国家级自然保护区，盐池至中宁高速公路穿越哈巴湖国家级自然保护区等。这些开发建设项目必然会对自然保护区内的生物多样性造成一定的损害。

这些问题的出现，归根结底是自然保护区内生物保护地段的划分不合理引起的，也就是没有把人类活动限制在合理范围内。各种人类活动使自然保护区内的纯自然景观向自然-人工复合景观改变，人工要素的建设分割了保护区内许多自然生物群落，降低了连通性，造成生物栖息地破碎化，导致野生生物种类和数量减少，对依赖于廊道生活、繁殖的野生动物造成基因交流的障碍和生存能力及活动领域的限制。另外，在未来相当长的一段时期内，我国人口仍将保持持续增长，经济发展的步伐将不断加快，对自然保护区资源及环境的利用强度和保护物种及其生境的压力也将越来越大，如果继续沿用现行自然保护区中生物保护地段的分区模式，毫无疑问将更加强烈地影响我们赖以生存的自然生态基础，最终导致自然保护区生物多样性的锐减甚至整个生态系统崩溃。在这种背景下，合理确定自然保护区内生物保护地段的理论方法和实证研究就有其重要性和必要性。只有科学合理地辨识生物保护地段，才能严格控制人类活动范围，才能避免生态旅游等经济活动危害自然栖息地、敏感生物以及不同种群之间的基因交流，从而降低物种退化和灭绝的风险。

自 20 世纪 90 年代起，以维护生物持续生存发展为最终目标，在人类社会经济高速发展导致生物资源不断丧失的现实下，选取一系列保护性斑块，构成生物保护网络成为国际上保护区域生物多样性的主要手段（Sabbadin et al.，2007）。生物保护网络的辨识方法及其应用因而得到了广泛关注，成为保护生物学研究领域的一大热点。然而，在为我国自然保护区内生物多样性保护提供新思路的同时，当前有关生物保护网络的辨识方法尚不足以提供相应的技术支持。这是因为当前关于自然保护区生物保护网络辨识的研究很少，且仅是对已有辨识方法的直接套用，未能充分考虑自然保护区自身的发展特点以及区内已存在的人类干扰。

基于对上述问题的考虑，本研究在现有城市生物保护网络辨识研究的基础上，融合自然保护区的发展特点，在充分考虑区内人为干扰的前提下，构建一套能够指导自然保护区生物保护网络辨识的方法体系。本研究有利于解决城市自然保护区可持续发展进程中经济发展与生物多样性保护之间的种种矛盾，使决策者能够对什么地段严禁开发做出判断，从而将人类活动对自然保护区内生物生存发展的影响降至最小，因此可以完善自然保护区生物保护领域研究，丰富自然保护区规划学的理论方法体系。

5.1.2 研究进展

5.1.2.1 生物保护网络辨识方法

在近 30 年的发展历程中，伴随人们认识水平、科学技术和实践的不断进步，对于生物保护网络辨识的理解也不断深化，无论是研究内容，还是研究手段，都发生了较大的变化。按照研究出发点和侧重点的不同，可将当前的生物保护网络辨识方法归为四类：物种代表、空间布局优化、适宜生境丧失可能分析以及其他辨识方法。以下对这些方法的研究情况逐一进行回顾。

（1）物种代表

在野生动植物生境不断丧失和人类社会发展的双重压力背景下，自生物保护网络辨识研究诞生以来，一直贯穿该领域的首要原则即是以最小土地投入换取最大生物保护效益，也就是效率原则（efficiency）。在这一重要前提下，生物保护网络的辨识问题首先被看作是简单的物种代表程度的最大化问题，也就是在识别过程中要求选取的所有保护单元涵盖（cover）的物种越多越好，使其最大程度代表规划区的物种多样性。一个物种被“代表”意味着所选取的保护网络包含足够多的、适于该物种存活的高质量生境。在这种理念的指导下，最小面积（成本）（minimum set covering problem，MSCP）和最大物种覆盖（maximal coverage location problem，MCLP）成为生物保护网络辨识的两个最基本问题。前者是指如何选取保护单元使其在达到所有物种代表目标的同时满足保护单元数量、面积和、边界长度等成本最小；后者则是在给定成本或面积的前提下，选取一系列保护单元，使其代表的物种多样性最大。两者都体现了效率原则，针对这两个基本问题的方法探讨为生物保护网络辨识领域研究打下了坚实的基础。

最早提出并用于辨识生物保护网络的系统定量分析方法是计分法，它通过对所有备选单元依其“保护价值”进行打分，自高向低依次选取，从而确定实现保护目标的“最优”组合。这里的“保护价值”可以是各单元中物种的丰富度、稀有性以及其他可度量的重要属性。然而，各备选单元打分过程的相互独立会导致最终结果中保护物种的大量重复和遗漏，使计分法无法有效率地获得具有代表性的生物保护网络（Church et al.，1996；Wilhere et al.，2008）。

为了追求生物保护网络辨识结果的效率性，将备选单元选取看作优化问题的两类系统辨识方法迅速取代了计分法。第一类系统方法称为迭代算法或启发式算法，是一种逐步递进式方法。它通过设置辨识的起点，再根据一系列选取准则，逐一增加保护单元直至达成预先设定目标来获取生物保护网络的辨识结果，具有简单、直观的特点。补充原则（complementarity）是应用迭代算法识别生物保护网络的一项基本准则，已被各国学者认可，它是指以新增单元最大限度补充已选单元所不涵盖的属性为依据，在备选单元中进行取舍，而不重复选择现有单元已包含的属性。应用基于补充原则的迭代算法进行生物保护网络辨识的同时，还可以明确各单元的保护先后次序，便于实际工作的开展。迭代算法中的辨识起点与选取准则是相互对应的，并且可以根据不同问题具体制定，现有研究中使用最多的选取准则主要有物种丰富度（richness）、物种稀有性（rarity）和物种脆弱性（vulnerability）。此外，通过与迭代算法结合，用于生物保护网络辨识的准则还包括系统发育多样性准则（phylogenetic diversity，PD）（Woinarski et al.，1996；Polasky and

Csuti et al.，2001；Rodrigues et al.，2002a）、综合稀有性准则（Freitag et al.，1997）、稀有性与丰富度综合准则（Önal et al.，2003）、单位面积物种丰富度准则（Pain et al.，2005）、费效比准则（Siitonen et al.，2003）、不可替代性或总不可替代性（Kerley et al.，2003；Das et al.，2006；Vanderkam et al.，2007）等。

已有不同国家和地区针对不同保护对象，采用迭代算法对其生物保护网络进行识别，如澳大利亚（Price et al.，1995；Pressey et al.，1997）、美国（俄勒冈州、加利福尼亚州、佛罗里达州）（Church et al.，1996；Csuti et al.，1997；Oetting et al.，2006）、非洲（Willis et al.，1996；Freitag et al.，1997；Rondinini et al.，2006）、挪威西部（Myklestad et al.，2004）、美加廊道（Pearce et al.，2008）、加拿大（Wiersma et al.，2009）和中国甘肃省、海南岛（汤萃文等，2005；余文刚等，2006）。除此之外，Nantel 等（1998）在纽芬兰西海岸使用迭代算法的过程中考虑备选单元的土地使用矛盾，结果表明与常规迭代算法相比，增加这一限制因素会导致辨识结果效率的降低。Polasky 等（2000）对分别利用物种存在可能性数据和二元存缺数据得出的结果进行比较，发现将物种存在可能性数据转化为二元存缺数据使最终选取的保护网络发生变化，尤其是当某些物种的存在可能性不接近 0 或 1 时。Lund（2002）验证丹麦生物保护网络建设中《生境指令》II 类物种对剩余物种的指示能力。De Klerk 等（2004）对撒哈拉以南非洲已有保护区覆盖鸟类危险物种的情况进行了评价。Pain 等（2005）考察乌干达内重要森林型鸟类保护区对其他生物类型的保护现状。Wilson 等（2005）以澳大利亚维多利亚为例，分析生物保护网络辨识结果对不同类型物种分布数据的敏感性，研究发现不仅最终选择的保护网络不同，而且各物种的代表情况也有所区别。Poulin 等（2006）在考虑备选单元内部生境构造的基础上，通过设置不同的生境大小限制条件，识别加拿大魁北克省泥炭地保护网络，并分析不同辨识结果对一种鸟类分布的影响。Pawar 等（2007）以印度东南部和缅甸地区两个生物类型为例，评价生物保护网络对其代表水平，并填补其代表空缺。

20 世纪 80 年代晚期，一些学者开始将运筹学，主要是整数线性规划引入生物保护网络辨识方法的探讨中（Kingsland，2002）。不同于迭代算法逐一选择保护单元，整数线性规划一次确定所有需保护单元，形成最优规划结果，因此也可称其为最优算法，它是可用于生物保护网络辨识的第二类系统方法。针对前述两个基本问题，不同学者分别给出了最优算法的计算公式（Camm et al.，1996；Church et al.，1996）。

国际上直接应用最优算法辨识生物保护网络的有美国（Ando et al.，1998；Snyder et al.，1999；Polasky and Camm et al.，2001）、墨西哥（Fuller et al.，2007）、芬兰（Juutinen et al.，2004）以及哥伦比亚亚马孙河地区（Tole，2006）。同时，一些学者在生物保护网络辨识过程中对最优算法进行了改进，Church 等（1996）将最小非覆盖问题等同于最大覆盖问题进行计算发现，前者在计算方面更具优越性。Clemens 等（1999）提出物种覆盖最大和成本最小的双目标优化模型。Rodrigues 等（2002a）将系统发育多样性最大作为目标函数确定南非西北地区鸟类的保护网络。Memtsas（2003）将多目标线性规划方法用于辨识希腊克利特岛的生物保护网络，并指出该方法是存在多种生态标准时进行备选单元选取的有效工具。Snyder 等（2004）将常规最优算法中的约束条件变为第二规划目标，经同一案例验证发现其运算时间大为减少。Arthur 等（2004）将美国俄勒冈州物种代表数最大和一组危险物种存活可能性最大为双重目标进行生物保护网络辨识研究，并对两个目标的交易关系进行了定量分析，结果表明物种代表数目标的减小可在初期很大程度上提高危险物种的生存可能性，但随着代表数的继续降低，可能性增长幅度迅速下降。Brandon 等（2005）在第一次运用整数规划取得墨西哥生物保护网络备选最优方案后，将农业适宜性最小作为目标函数进行第二次整数规划，从而实现墨西哥生物保护与农业发展相协调。Hamaide 等（2006）综合考虑美国俄勒冈州物种丰富度和物种稀有性保护最大化，构建多目标优化目标函数，并在资源限制条件下建立两者之间的权衡关系曲线，研究表明该方法便于决策者在多个规划目标情况下做出合理判断。Önal 等（2007）将居民可达性最大作为美国伊利诺伊州生物保护网络辨识的一项附加条件进行研究，结果表明在常规整数规划得出结论的基础上，通过替换相同数量的保护单元即可大大提高居民可达性，保护网络规模的增大则可使居民可达性进一步提升。

自 20 世纪 90 年代起，关于上述生物保护网络辨识方法的比较研究成为该领域的一个重要内容，其中又以迭代算法与最优算法之间的争论最为激烈。以南非、澳大利亚新南威尔士州、美国等地的生物保护网络辨识为案例（Pressey et al.，1996；Willis et al.，1996；Church et al.，1996；Csuti et al.，1997；Pressey et al.，1997；Zielinski et al.，2006），学者们虽然都认同“迭代算法无法保证得到问题的最理想解，最优算法则相反”的研究结论，但仍存在些许差异。Pressey 等（1996）指出迭代算法便于进行不同情景之间的比较分析，同时相对于迭代算法，最优算法所需运算时间较长，无法解决包含大量数据或复杂非线性变量的问题。而迭代算法的这种辨识结果非最优性在很大程度上取决于基础数据的质量，若数据质量有所保证，则其辨识结果与最优算法极为相近（Pressey et al.，1999）。因此，整数规划多用于数据规模较小的研究中，而一旦需要与决策者有较好互动或有时间限制时，则更倾向于使用迭代算法（Margules et al.，2000）。Willis 等（1996）指出迭代算法具有辨识过程清晰、高效和灵活的优点。Rodrigues 等（2002b）和 Önal（2003）就 Pressey 等以往对最优算法的部分观点提出反驳，指出运算时间和数据量问题已不复存在。Moilanen（2008）指出使用最优算法取得最佳辨识结果是不现实的，因为在解决复杂问题时伴随模型的简化，必然导致结果的非最优。此外，Nantel 等（1998）比较了多指标分类计分法与迭代算法的效率，研究结果表明后者优于前者。Simaika 等（2009）综合考虑物种分布、受危等级和对生境改变的敏感性构建 DBI 指数，以此为依据选取的生物保护网络较迭代算法能够更有效地保护全球性受危物种，而迭代算法在选择物种互补斑块方面更具优越性。

为探讨迭代算法选取准则对辨识结果的影响，Pressey 等（1997）将 30 种基于不同选取准则的迭代算法与最优算法进行了系统比较，结果表明设计不同的迭代算法具有不同的次优结果，设计良好的迭代算法的效率与最优算法差别很小。Polasky 和 Csuti 等（2001）在为北美鸟类设计生物保护网络时使用系统发育多样性为选取准则，与物种丰富度准则相比，两者获得的结果极为接近。Csuti 等（1997）和 Vanderkam 等（2007）发现，对于 MCLP 问题，基于物种丰富度比基于其他选取准则的迭代算法更具效率，而对于集合覆盖（location set covering problem，LSCP）问题时，Csuti 等（1997）指出基于稀有性准则的迭代算法更具效率，且辨识结果趋近最优；Vanderkam 等（2007）则得出相反结论，同时指出基于不可替代性或总不可替代性准则较基于物种丰富度和稀有性的迭代算法更接近最优。

（2）空间布局优化

随着生物保护网络辨识方法的不断进步和计算硬件的飞速发展，方法有效性及其解的最优性不再受到一如既往的关注，一些学者开始强调以往的物种代表类研究并不能满足建立生物保护网络的最终目标，因此对生物保护网络辨识提出了更进一步的要求：辨识确定的生物保护网络不仅需要有效地代表所有物种，并且应该确保物种的长期生存与发展（Pimm et al.，1998；Virolainen et al.，1999；Rodrigues et al.，2000；Fairbanks et al.，2000）。这一理念的提出是基于对保护网络内物种迁移生态过程的考虑，自此生物保护网络的空间布局优化问题被提上了研究日程。

为了保证物种在生物保护网络中迁移扩散、定居的生态学过程，学者们分别从单个保护单元和网络整体两个层次提出了生物保护网络的空间设计理念。在单个保护单元层次上，只选择大于物种活动范围的单元（Kiester et al.，1996），优先选择物种丰富度和数量最多的单元，或将物种密度作为衡量单元价值的一个标准（Winston et al.，1995；Rodrigues et al.，2000；Lopez et al.，2001）。在整体层次上，保持斑块集聚不仅能够节约管理成本，而且有利于生物迁移扩散和定居的种群动态过程（Hanski，1998），因此成为生物保护网络空间设计的重要准则。为获得空间布局紧凑的生物保护网络，在辨识过程中使用的优化准则主要有如下。

①相邻性（adjacency）和邻近性（proximity）：指在备选保护单元中进行选择时，优先选择已选单元的相邻或较近保护单元。Lombard 等（1997）、Briers（2002）、Fuller 等（2006）和 Zafra-Calvo 等（2010）分别将迭代算法与保护单元相邻性准则结合，在选择

过程中利用该准则进行同等价值单元之间的取舍。Lee 等（2001）以英国 Chiltern Hills 地区为例，使用 GIS 解译空间信息，将斑块分别按物种丰富度和斑块大小、形状、邻近程度以及周边土地利用类型进行分级排列，以此确定重点保护与具有保护潜在恢复价值的斑块。

②边界长度（boundary length）：也可以用边界面积加权和或边界面积比代替，将其作为空间限制条件进行生物保护网络辨识，不仅能够形成相对紧凑的空间格局，而且可通过减小边缘效应来增强各保护斑块的物种保护持续性。Nalle 等（2002）以俄勒冈州西南部和加利福尼亚州西北部为例，将加权边界长度指数与迭代算法结合。McDonnell 等（2002）以保护网络边界长度、面积的加权和最小为目标，采用迭代算法对澳大利亚北部地区进行研究。Önal 等（2003）和 Fischer 等（2003）分别将斑块边界周长最小作为约束条件与最优算法相结合。Cabeza 和 Araújo 等（2004）将边界长度与面积比作为成本约束条件建立目标函数，得出相对紧凑的生物保护网络。Moilanen（2005）认为通过最大成本已知、新增保护单元的大概数量已知和每个单元间要求空间邻近这三个合理假设，并且允许在已指定单元周边进行选取的条件下，可以将澳大利亚新南威尔士州的生物保护网络辨识问题简化为单个内部点的定位及其保护范围的确定问题。与迭代算法相比，该方法在处理各保护斑块的边界长度问题上具有较大优越性。

③距离（distance）：指保护单元之间的欧氏距离。Önal 等（2002）分别将两两保护单元间距离和最小及单元间最大距离最小作为限制条件，与最优算法结合，对牛津郡一种无脊椎生物的保护网络进行辨识。Briers（2002）在使用迭代算法辨识生物保护网络的过程中，仅选取位于已选单元一定距离范围内的保护单元。Van Langevelde 等（2002）和 Cerdeira 等（2010）则以所关注物种的迁移距离为准，限定可选择的保护单元。Önal 等（2005）和 Önal 等（2008）引用图论观点，将保护单元看作节点，并以相邻单元间距离和最小及最相近单元间距离和最小作为空间优化准则，结合最优算法辨识生物保护网络。Alagador 等（2007）以英国两个郡为例，通过改进整数线性规划，提出一套考虑强制保护单元及空间集聚性的生物保护网络辨识方法，即将强制单元想象成引力点，并以所选单元到强制单元的距离和最小作为约束条件。Williams（2008）指出保护单元之间的距离通常代表其连通性，对物种持续保护有一定的影响，因此采用整数规划专门对保护单元之间的距离进行模拟控制研究。

④连通性（connectivity/connectedness）：通常表示为保护单元间距离或单元数量的函数。Rothley（1999）分别将稀有物种代表、连通性（距离倒数和）以及保护网络面积最大作为目标，使用多目标规划方法构建加拿大新斯科舍的生物保护网络。Briers（2002）以英国牛津郡为例，将迭代算法与平均连通性（距离）以及物种连通性增加量综合指数

分别结合，比较结果表明采用综合指数的迭代算法能获得具有较高连通性的保护网络，但需要更多保护单元代表全部物种，连通性的提高导致效率的降低。Siitonen 等（2003）以费效比为准则，结合迭代算法，辨识芬兰东部地区森林保护网络，其中效益是指增加某一备选单元使网络整体在面积、特征数量的非空间属性以及邻近单元面积和、连通性（限制距离内单元数）的空间属性两个方面的提高。除此之外，一些学者尝试引入图论中的理论方法构建全面连通的生物保护网络。Cerdeira 等（2005）和 Fuller 等（2006）分别在使用迭代算法进行网络保护斑块初步选择的基础上，选取额外的保护单元来连通已选斑块。值得注意的是，后者使用了最小耗费距离来表示斑块间连通性。Önal 等（2006）则首先应用最优算法确定保护斑块，然后在所选各斑块中进行空间连通的优化选取。

虽然上述方法在一定程度上实现了生物保护持续性，然而由于它们都立足于静态的空间优化准则，没有针对特定物种进行空间过程和保护持续性分析，因此其辨识结果的有效性遭到当时少数学者的质疑（Cabeza et al.，2001；Moilanen et al.，2002；Cabeza and Moilanen et al.，2004）。此外，Willis 等（1996）认为使用迭代算法进行空间优化，其有效性的关键在极大程度上取决于何时对集聚准则进行考量。Cabeza 和 Araújo 等（2004）也指出选取过程中将空间集聚准则置于次要地位必然导致辨识结果的不合理。因此，为了更好地实现物种保护的持续性，少数学者开始将生物保护网络辨识与物种的空间动态模拟结合起来，也就是在选取生物保护网络时对物种的迁移特征和能力进行具体分析。Araújo 等（2000）以生物迁移过程表征保护单元间的空间关系，使用基于生境的回归模型估算物种存在可能性，再将其与威胁因子及物种敏感度结合，得出物种在每个单元中的持续性，以此为基础并结合空间集聚准则进行生物保护网络辨识。Moilanen 等（2002）以芬兰一个危险物种为例，开发了一套结合遗传算法和局部搜索的优化辨识方法，并利用空间现实集合种群模型（spatially realistic metapopulation models）中的关联函数模型（incidence function model）对各保护网络方案进行空间布局的比选，以获取最佳网络。此后，Moilanen（2004）将这种辨识方法编入 SPOMSIM 软件中。Cabeza 等（2003）通过模拟特定物种在以代表目标识别的生物保护网络中的空间过程，发现以往的代表类辨识方法倾向于选取小且过度分散的斑块，导致大量的物种灭绝，特别是当保护斑块周边适宜生境消失的时候。然而一旦选择的保护斑块相互靠近，因适宜生境消失引起的物种灭绝率就会大为降低。同年，Cabeza（2003）在此基础上建立单元物种存在可能性与周边生境丢失以及单元空间布局之间的关系函数，以此辨识生物保护网络。Moilanen 等（2005）以英国和澳大利亚东部 Hunter Valley Central Coast 地区为例，模拟物种的空间迁移过程，形成连通表面，在此基础上辨识大景观尺度上的生物保护网络。Jiang 等（2007）以美国罗得岛与普罗维登斯庄园州 Wood-Pawcatuck 河流域为例，将物种本地灭绝可能性等同于该物种无法迁至周边斑块，并将此可能性最小作为目标函数，采用整数规划方法，针对不同战略情景进行生物保护网络辨识，同时指出考虑斑块分布格局具有的生态功能比简单应用空间集聚准则更能保证物种的持续生存与发展。Rayfield 等（2009）将空间上消费者与资源之间的交互作用引入加拿大魁北克一个物种的保护网络辨识过程中，以保持该物种所在单元与其猎物所在单元之间的连通性。Bauer 等（2010）针对城市远郊地区土地利用矛盾，在模拟物种空间迁移过程的基础上，提出一种具有成本效益的生物保护网络选取方法。

（3）适宜生境丧失可能分析

由于实际工作中生物保护网络建设不能一蹴而就，需要在一段较长时间内完成，而备选的所有保护单元在这期间可能会发生变化，必然导致以往辨识方法有效性的降低。因此在生物保护网络辨识过程中考虑保护单元的发展风险或适宜生境丧失的可能性就有其重要的实际意义。

随机动态规划方法（stochastic dynamic programming，SDP）不仅考虑某项决策产生的直接结果，而且能够对随后发生的所有可能性事件进行充分的连带分析（Harrison et al.，2008）。因此，将该方法用于生物保护网络辨识，可以在不确定规划区内外未来发展状态的情况下，依照当前决策和随机影响分析来确定备选单元的最佳保护次序（Strange et al.，2006）。Costello 等（2004）认为生物保护网络建设过程中，暂时未保护单元受到城市发展的胁迫，选取时应同时考虑备选单元的生物多样性价值、土地利用转换风险以及分阶段投资的影响。通过建立随机动态整数规划模型进行研究，发现该方法与传统方法确定的保护网络存在显著差异。Strange 等（2006）将已选保护单元内外物种丧失的可能性一并考虑，并且将保护单元交换作为决策者可选择的一种手段，经随机动态整数规划研究，发现单元交换措施可大大提高整体效率。Sabbadin 等（2007）指出随机动态规划方法考虑的是一种“随意”的发展模式，即任一备选单元的发展可能不受其他单元发展状况的影响，然而发展往往带有一种“传染”特性，也就是说某一单元通常向其周边已发展单元的方向演变。为了在生物保护网络辨识过程中考虑单元这个变化属性，他们结合图形表示法将土地利用变化看作图形上的一种连续过程，提出了一种精确的动态辨识方法和一种改进的启发式算法，前者在处理的备选单元数量方面有很大的局限性，后者基于参数化的强化学习算法提出，应用结果表明该方法可处理较大规模的生物保护网络辨识问题。O'Hanley 等（2007a）为将生境丧失的可能性纳入考虑，建立了不仅满足补充性原则且具有高稳定性的保护网络辨识模型，将其用于北美鸟类保护网络辨识，发现伴随稳定性的显著提高，保护网络代表性呈现边际递减的变化特征。同年，他们指出代表性辨识方法通常假定选择的保护单元可以保证物种的长期生存，而未选单元则必然面临土地利用转换等破坏性活动，使其中生物走向灭绝。然而实际上，未保护单元的发展呈一种不确定特征，其中的物种有可能生存繁衍下去。基于上述考虑，以物种丧失最小为目标，提出两个考虑生境丧失可能的生物保护网络辨识模型，将其用于芬兰南部，研究发现与常规代表性辨识方法相比，两个模型都可以大大降低物种减少的可能性（O'Hanley et al., 2007b）。Moilanen 等（2007）提出了一套综合考虑土地获取、资金限制以及生境丧失的生物保护网络分阶段有序动态辨识方法（site-ordering algorithm），研究表明该方法有利于物种长期保护，在物种代表方面优于常规迭代算法，并且应用范围较随机动态规划方法广，运算时间更短。Harrison 等（2008）指出随机动态规划方法无法兼顾保护单元之间连通性等空间关联特征，并且计算时间过长，无法用于包含大量单元的案例。因此他们利用 Union-find 算法开发了一个新的动态辨识模型，考虑生境丧失和破碎的风险，将生物的持续保护等同于多个连通单元的获得，并将延迟保护成本作为确定优先保护单元的依据。

（4）其他辨识方法

少数学者还从其他不同角度对生物保护网络辨识方法进行了探讨，提出了各自的观点。Kerley 等（2003）指出要实现物种的长期生存与保护，必须在辨识过程中考虑每个物种所需的最小种群数量，因此他们通过分析南非 Cape Floristic 地区生境转变情况，结合最小种群目标，以不可替代性为选取准则进行生物保护网络辨识研究。Moore 等（2004）使用经验成本数据估算非洲生物保护网络建设所需的管理成本，发现管理成本与网络所包含的物种丰富度及本地物种数量成正相关关系，并且结合管理成本的选取方法能够显著提高效率。Moilanen 等（2006）指出以往生物保护网络辨识在使用物种存缺数据或模拟生境分布过程中都忽略了对不确定性因素的分析，输入数据的不准确将直接导致辨识结果的不合理。因此他们引用信息差决策理论，将不确定性分析与选取过程相结合，使辨识结果具有一定的稳定性。Strange 等（2007）将柬埔寨各种人类活动作为当地物种长期生存的胁迫因素，通过专家法给各种威胁因子赋值，建立目标函数识别生物保护网络，结果表明该方法较常用代表类方法更有效。Marianov 等（2008）指出以往大多数模型都没有考虑不同生物对紧凑生境大小要求的不同，为此他们建立了一个线性优化模型，将物种代表目标等同于其所需最小连通生境得以满足。然而，该模型只关注各物种所需单元的邻近特征，并没有实现生物保护网络整体的紧凑格局。Tóth 等（2009）则在确定满足大小要求的连续生境斑块基础上进行生物保护网络构建。Drechsler 等（2009）通过结合干扰-景观演替模型，提出了综合考虑干扰强度、干扰率和干扰空间相关性的生物保护网络辨识方法。

5.1.2.2 自然保护区生物保护网络辨识

国际上专门针对自然保护区生物保护网络辨识的研究并不多。一些学者将基于效率原则的代表类迭代算法直接用于自然保护区生物保护网络的辨识研究。Wessels 等（1999）在辨识威尼斯林波波河自然保护区的生物保护网络过程中发现，迭代算法的效率受代理数据种类、备选单元大小以及代表目标水平的影响。Lombard 等（2001）使用迭代算法辨识阿多象国家公园的生物保护网络。Kati 等（2004）以希腊北部 Dadia 保护区为例，验证物种丰富度迭代算法、基于补充原则的物种丰富度迭代算法以及随机选取方法在效率上的差异。比较结果表明，与以往生物保护网络辨识研究得出的结论相同，基于补充原则的迭代算法最优，并且当物种分布数据无法获得时，生境代表方法较植被代表方法更具效率。此外，Zafra-Calvo 等（2010）在使用迭代算法辨识赤道几内亚比奥科岛生物保护网络过程中，利用保护单元相邻性准则进行同等价值单元之间的取舍。

5.1.2.3 值得进一步研究的问题

（1）基于自然保护区发展特点的生物保护网络辨识方法

在生物保护网络辨识过程中，保护目标的正确与否直接关系到生物多样性保护效果的好坏。为了在维持物种多样性的同时保障人类社会经济的发展进步，生物保护网络的辨识无法以最大限度保护物种为目标依据，因此当前研究多通过人为设定物种保护目标在备选单元间依其涵盖的生物保护价值进行选取，并假设该目标已足以满足物种持续生存发展的需要。

可以看到，以往针对自然保护区生物保护网络辨识的研究，多是对已有代表类辨识方法的直接套用和分析。然而，毕竟是为了实现对生态系统和物种资源等的保护而建立自然保护区的，区内生物保护网络的建设不必再去关注将对人类社会经济造成的影响和限制，在辨识过程中以最大限度保障物种的生存发展为依归正是对自然保护区“以保护为根本”的指导思想的贯彻。因此，在已有生物保护网络辨识研究的基础上，构建一种辨识方法，以反映自然保护区“保护优先”的发展特点，是摆在我们面前的首要问题。

（2）基于自然保护区内人类干扰需探讨的新方法

在我国，很多自然保护区内生态旅游以及当地居民的社会经济活动已经对物种的持续生存造成较大威胁，应客观承认这种负面影响，在此基础上开展生物保护网络的辨识构建工作。然而，现有的针对自然保护区生物保护网络辨识的研究并未涉及对区内人类干扰因素的考虑。因此，如何引入人类干扰因素到自然保护区生物保护网络辨识过程中，是我们面临的另一项重要考验。

5.1.3 研究内容

在现有生物保护网络辨识研究的基础上，从自然保护区发展特点出发，充分考虑人类干扰因素，构建能够用于识别自然保护区生物保护网络的方法体系，并以武夷山国家级自然保护区中两个物种的保护为案例进行实证研究。具体研究内容如下：

①立足于自然保护区“保护优先”的发展特点，考虑人类活动对物种生境选择和迁移生态过程两方面的影响，构建自然保护区生物保护网络辨识的方法框架。

②针对特定物种，通过选取与其生存相关的自然环境变量，结合人为干扰变量，利用最大熵模型模拟物种在自然保护区中的可能性分布，在此基础上，确定生物保护网络中能够较好地代表物种的斑块。

③借鉴环境元理论观点，对自然保护区生物保护网络中的物种空间迁移生态过程进行解析。采用最小耗费距离模型和 GIS 技术，模拟特定物种在已选代表斑块之间的迁移，并通过与人类干扰障碍影响不存在情况下的物种迁移进行对比，明确自然保护区中阻断特定物种迁移定居生态过程的人为障碍。针对已识别的人为障碍，通过增加跳板斑块消除其负面影响。

④提出针对多物种的自然保护区生物保护网络辨识的分步叠加方法，并从实际操作角度考虑，探讨判断网络各斑块保护优先顺序的合理方法。

⑤以福建武夷山国家级自然保护区中短尾猴和白鹇为研究对象，分别开展针对单物种和多物种的自然保护区生物保护网络辨识的实证研究，并将辨识结果与现行功能分区进行比较。

5.2 城市自然保护区生物保护网络辨识方法框架

自然保护区是生物多样性保护的重要基地，有效保护物种生存发展在自然保护区诸多功能中占据绝对支配地位。因此，在开展自然保护区生物保护网络辨识研究时，要立足于物种的生存需求。结合我国自然保护区内人类干扰普遍存在的实际情况，根据生物保护网络辨识的基本理念，提出下述自然保护区生物保护网络辨识方法框架（如图 5-1 所示）。

（1）选取单元划分

从现有研究中可以看出，生物保护网络的辨识是一种在备选单元中依照一定准则进行选取的过程，因此需首先对自然保护区进行单元划分。

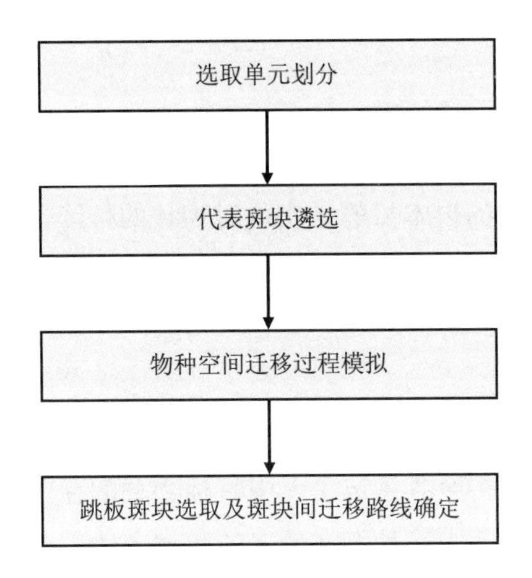

图 5-1 自然保护区生物保护网络辨识方法框架

（2）代表斑块遴选

物种代表是生物保护网络保证目标物种持续生存发展的首要前提。一个物种被“代表”指其被“覆盖”在所要构建的保护网络中。鉴于生物保护网络辨识过程是一种单元选取过程，通常需要对各个单元中目标物种的存在情况进行模拟。并且由于自然保护区中的人类活动影响物种对生境的选择，因而在模拟物种存在情况时，需充分考虑人类活动的这种干扰。代表斑块是能够较好地代表目标物种的斑块，也就是物种在该类斑块中的存在情况较佳。本研究以物种存在可能性来衡量其在备选单元中的存在情况，根据自然保护区“保护优先”的发展特点，遴选代表斑块时考虑所有物种存在可能性较高的单元。

（3）物种空间迁移过程模拟

对物种空间迁移过程的保护是构建自然保护区生物保护网络时需关注的另一重要内容。本研究通过模拟解析目标物种在代表斑块之间的迁移活动，将其与不存在人类干扰情况下的物种迁移进行对比，明确自然保护区中阻断物种空间迁移生态过程的人为障碍。

（4）跳板斑块选取及斑块间迁移路线确定

针对已识别的阻断物种空间迁移生态过程的人为障碍，选取跳板斑块消除其影响，从而提高自然保护区生物保护网络的空间结构对目标物种持续生存发展的支持能力。同时，确定特定物种在各代表斑块和跳板斑块之间的迁移路线，达成对物种空间迁移生态过程的保护。

根据上述框架，自然保护区生物保护网络以维护物种持续生存发展为目标，目标的实现从物种代表（代表斑块）以及空间迁移过程保护（跳板斑块与迁移路线）两方面加以考察和满足。

5.3 代表斑块遴选

辨识构建生物保护网络的根本目的是实现对物种的持续保护，若识别出的网络无法涵盖所要保护的物种，那么这个网络就是无意义的，因此自然保护区生物保护网络辨识的第一步就是有效地代表物种。

5.3.1 物种分布模拟

物种的代表需以自然保护区各备选单元中目标物种的存在情况为依据。目前，生物保护网络辨识研究中对于单元中物种存在情况的数学表达主要有两种形式：一是二元存缺表达，即若单元中存在目标物种就表示为1，不存在则为0；二是可能性表达。由于完整的物种存缺数据通常很难收集获得，现有生物保护网络辨识研究中使用的二元存缺数据，大多是在计算物种存在可能性的基础上，以设定阈值的方式获取（Polasky and Camm et al.，2000；Pawar et al.，2007）。物种存在可能性的模拟则通常使用生态位模型，通过获取物种存在资料，确定适合的环境变量，预测物种在各单元中的潜在分布。本研究选用最大熵模型（Maximum Entropy Algorithm，MaxEnt）模拟物种在各单元中存在的可能性，并以得到的可能性值为依据对自然保护区生物保护网络中的代表斑块进行选取。

熵是信息论中的一个基本概念。信息论的开创者 Shannon（1948）认为，信息是人们对事物了解的不确定性的消除或减少，他把不确定的程度称为信息熵。日常生活中，很多事件的发生表现出一定的随机性，试验的结果往往是不确定的，而且也不知道这个随机现象所服从的概率分布，能获取的只有一些试验样本或样本特征，在这种情况下如何对分布做出合理的推断？Jaynes（1957）首次提出最大熵原理，指出在未掌握分布信息时，应该选取符合这些信息且熵值最大的概率分布。其实质就是在已知部分信息的前提下，认为关于未知分布最合理的推断就是符合已知信息且最不确定或最随机的推断，即在承认已知信息的同时，不对未知情况做任何假设。

基于最大熵原理，Phillips 等（2006）构建了用于模拟物种潜在地理分布的 MaxEnt 模型。将特定物种在目标地区中的分布记为 π，π 是未知的，设 $\pi(x)$为 π 分布赋予各单元的概率，则：

$$\sum \pi(x) = 1 \tag{5-1}$$

对 π 的估计分布 $\hat{\pi}$ 的熵记为：

$$H(\hat{\pi}) = -\sum_{x \in X} \hat{\pi}(x) \ln \hat{\pi}(x) \tag{5-2}$$

限定条件即为已知的物种分布信息，而满足这些限定条件的分布会有很多，MaxEnt模型就是选择熵最大的分布作为最优分布。其预测结果不仅可以表示特定物种在各单元中的存在可能性，还能用于衡量在给定环境变量条件下，各单元对物种生存发展的生境适宜程度（Phillips，2005）。

应用 MaxEnt 模型模拟特定物种在自然保护区中的存在可能性分布包括以下步骤。

（1）确定模拟单元

对自然保护区中特定物种的存在可能性进行模拟时，不需要考虑表征人类干扰的单元。并且对于陆生生物而言，其在水体中不可能存在，因此当保护对象是该类生物时，则不需对保护区水体单元中物种的存在可能性进行考察。

（2）获取物种存在数据

根据以往调查记录或者长期积累的标本记录确定物种在自然保护区中的存在样点。

（3）选择适合的环境变量

环境变量选择的好坏直接关系着模拟结果的准确与否。首先，环境变量应与物种存在样点数据保持时间尺度上的一致。其次，为合理预测自然保护区中特定物种的可能性分布，环境变量应包括自然环境变量和人为干扰变量两个部分。其中，需根据物种对生存环境的特殊要求选择自然环境变量，选择过程中应着重关注能够在自然保护区这一小尺度研究范围内影响物种分布的环境变量，如海拔、坡向、植被覆盖类型等（Mackey et al.，2001；Pearson et al.，2004）。人为干扰变量则需反映自然保护区中各种人类活动对物种生存的干扰强度。

（4）创建模型并预测得到物种潜在地理分布

将物种现存点数据和环境变量代入模型，得到模拟结果。

5.3.2 单元分类

MaxEnt 模型对自然保护区中物种存在可能性预测结果的取值介于 0 和 1 之间，数值越大表示单元拥有更加适合物种生存的环境条件。根据物种存在可能性值大小，将自然保护区中所有备选单元分为三类，分别具有高物种存在可能性、中物种存在可能性和低物种存在可能性。表 5-1 给出了自然保护区单元的分类标准。其中的 3 类单元还包括模拟物种可能性分布时排除在考虑之外的所有单元，其存在可能性记为 0。

表 5-1 自然保护区单元分类标准

单元类别	1	2	3
物种存在可能性	0.67～1.00	0.34～0.66	0～0.33

5.3.3 代表斑块遴选原则

从自然保护区“保护优先”的发展特点出发，自然保护区生物保护网络代表斑块的遴选考虑所有 1 类单元和 2 类单元，因为这两类单元中物种存在可能性相对较高，由它们构成的代表斑块能够较好地代表目标物种。

目标物种对生存空间的需求是遴选代表斑块过程中需考虑的又一重要因素。当由 1 类单元和 2 类单元构成的斑块不能满足物种对生存空间的要求时，则认为其不能实现对物种的有效代表，也就不能作为自然保护区生物保护网络中的代表斑块。

此外，若斑块间的分离是由人类干扰的切割造成的，则将这些斑块合并为一个满足规模要求的代表斑块。并且，对于能够穿越水体的陆生生物，还应合并自然水体造成的斑块分离进行处理。而对于不具备穿越水体能力的陆生生物，则可将满足物种生存空间需求的、被自然水体隔离的斑块分别加以考虑。

5.3.4 自然保护区生物保护网络代表斑块遴选的案例研究

5.3.4.1 福建武夷山国家级自然保护区概况

福建武夷山国家级自然保护区位于福建省北部、武夷山脉北段，武夷山市、建阳市[①]、光泽县和邵武市四市（县）交界处（如图 5-2 所示）。全区南北长达 52 km，东西最宽处相距 22 km，总面积 565.27 km^2。

图 5-2 福建武夷山国家级自然保护区

① 2014 年 5 月 27 日，撤销建阳市，设立南平市建阳区。

保护区呈现地势高、起伏大、多垭口的地貌特征。区内平均海拔 1 200 m，最高处达 2 158 m，最低处仅 300 m，相对高差达 1 858 m，高差极为悬殊。坡度一般为 30°～40°，最陡为 80°，河流侵蚀切割深度达 500～1 000 m，沟谷相间。

保护区属于典型的中亚热带季风气候，区内年平均气温为 8.5～18℃，1 月平均气温为-1～6℃，7 月平均气温为 8.5～18℃。年平均降水量 1 486～2 150 mm，年平均相对湿度 78%～84%，无霜期 253～273 d，年平均雾天达 120 d。气候上具有气温低、降雨量多、湿度大、雾日长、垂直变化显著等特点。

自武夷山最高峰黄岗山山顶向下，土壤垂直分布明显，分别有山地草甸土带、黄壤带、黄红壤带和红壤带。并且，随着海拔高度的下降，土壤有机质、全氮含量减少，pH 值为 4.0～7.0，土壤黏粒含量逐渐增加，砂粒含量相对减少。

武夷山脉在自然保护区内地段是福建省闽江水系与江西省赣江水系的天然分水岭。区内有各种溪流 150 多条，水系呈放射状，河流面窄、河床中多砾石，是典型的山地型河流，其特点是坡降大、水流急、水量充沛、水力资源颇为丰富。

区内植被类型多样，除了地带性植被——常绿阔叶林外，还分布有针叶林、针阔混交林、落叶阔叶林、中山苔藓矮曲林和中山草甸等 11 个植被类型、15 个植被亚型、25 个群系组、57 个群系、170 个群丛组，包含了我国中亚热带地区所有的植被类型，具有中亚热带地区植被类型的典型性、多样性和系统性。植被类型具有明显的垂直结构。

福建武夷山国家级自然保护区是中国东南部现存面积最大、保存最完整的中亚热带森林生态系统，森林覆盖率达 96.3%。由于地形复杂、高低悬殊，气候、土壤呈明显的垂直变化，形成了区内多种多样的独特生态小环境，为各种生物的繁衍提供了良好的生存条件和理想的栖息场所。区内物种资源极其丰富，具有一定特有成分物种，珍稀特有种多，是中国东南部生物多样性最丰富的地区。区内已定名的高等植物种类有 267 科 1 028 属 2 466 种，低等植物 840 种，已知脊椎动物 475 种，已定名昆虫 31 目 341 科 4 635 种。其中，列入《中国植物红皮书》（第一册）中，具有较高科学价值、经济价值的珍稀濒危、渐危植物 28 种；列入《中华人民共和国野生植物保护条例》附录中，属国家重点保护野生植物名录的有 20 种；属国家重点保护野生动物的有 57 种，特有野生动物 48 种。

截至 2001 年，保护区内共有人口 2 508 人，主要从事种植毛竹、茶叶等经营活动。区内竹林面积 80.17 km^2，占有林地面积的 15.5%，主要竹种为毛竹；经济林面积 5.98 km^2，占 1.1%，主要树种为茶叶。建有干线公路 3 条 47 km，支线公路 10 条 82 km，小路 23 条 185 km，以及检查卡、瞭望台、转讯台等工程项目共计 20 个。此外，根据《福建武夷山国家级自然保护区总体规划（2001—2010）》，区内设有 3 个旅游景区。各种人为活动已严重影响保护区内野生生物的基因交流。图 5-3 给出了福建武夷山国家级自然保护区内道路、工程建设以及旅游景区分布。

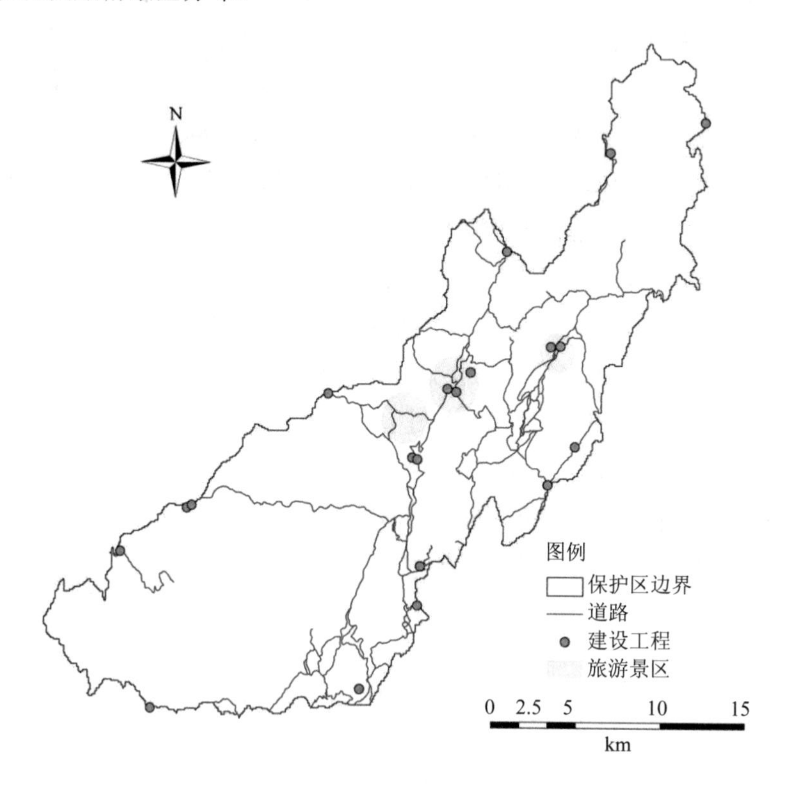

图 5-3 福建武夷山国家级自然保护区内道路、工程建设以及旅游景区分布

5.3.4.2 短尾猴保护网络代表斑块选取

（1）短尾猴介绍

短尾猴是我国的特有种，仅分布在我国中部和东部，属国家二级重点保护野生动物，被列入《濒危野生动植物种国际贸易公约》（*CITES*）附录Ⅱ中，并在《世界自然保护联盟濒危物种红色名录》中被划为近危物种。短尾猴主要栖息于海拔 570～1 600 m 的亚热带常绿阔叶林、常绿落叶阔叶混交林和落叶阔叶林（熊成培等，1988），且其栖息地通常位于山溪水源附近，巢区面积为 6 km^2（王岐山等，1989）。对于栖息地的坡向，短尾猴的选择随季节气候变化而有所不同。夏季，气候炎热，栖息于阴凉北坡，而在寒冷的冬季，则迁至向阳坡（熊成培，1984）。此外，短尾猴对环境的适应性较差，其栖息地一旦受到人为破坏，将对它们的生存造成严重威胁（王岐山等，1989）。

（2）短尾猴分布

根据《福建武夷山国家级自然保护区总体规划（2001—2010）》，短尾猴的存在样点共有18个。鉴于前述短尾猴对栖息地自然环境条件的偏好，为模拟其在保护区的可能性分布，选取植被类型、海拔、坡度、坡向以及与水源间距离5个自然环境变量。其中海拔、坡度、坡向等地形变量的采用可间接衡量各单元内降雨、光照等气候条件对短尾猴分布的影响。除此之外，运用各单元与道路间距离、与建设工程间距离以及与旅游景区间距离来表征保护区内人类活动在各单元中的干扰强度。

按照获取的DEM数据，以87.23 m×87.23 m为1个单元，对福建武夷山国家级自然保护区进行划分。

在不考虑表征人类干扰和自然水体的单元的前提下，利用MaxEnt模型，基于其中的线性（linear）、二次型（quadratic）、乘积型（product）和片段化（hinge）4种特征（Phillips et al.，2006），随机选取14个和4个存在样点分别作为训练样本和测试样本，模拟短尾猴在保护区中的分布，然后进行单元分类，分类结果表明：具有短尾猴高存在可能性的单元（1类）仅占总数的3.49%，中存在可能性单元（2类）占24.76%，低存在可能性单元（3类，包括人类干扰和自然水体单元）则占大部分，为71.75%。并且，通过图5-3可以发现，保护区中人类活动（道路、工程、旅游景区建设）密集地区表现为短尾猴存在的低可能性区域。

（3）短尾猴保护网络代表斑块

以短尾猴的巢区面积为准，对由1类单元、2类单元构成的斑块进行筛选、合并，得到短尾猴在福建武夷山国家级自然保护区中保护网络的4个代表斑块（如图5-4和图5-5所示），分别位于保护区的北部（斑块1）和南部（斑块2、斑块3、斑块4）。表5-2给出了各代表斑块的面积、生境适宜性以及所包含1类单元、2类单元的数量。其中，各代表斑块的生境适宜性为所含单元的适宜性平均值。

表5-2 短尾猴各代表斑块的面积、生境适宜性以及包含1类单元、2类单元数量

代表斑块	面积/km^2	1类单元	2类单元	生境适宜性
1	54.91	784	5 992	0.48
2	31.45	935	3 119	0.55
3	9.21	226	984	0.50
4	16.45	16	2 109	0.49

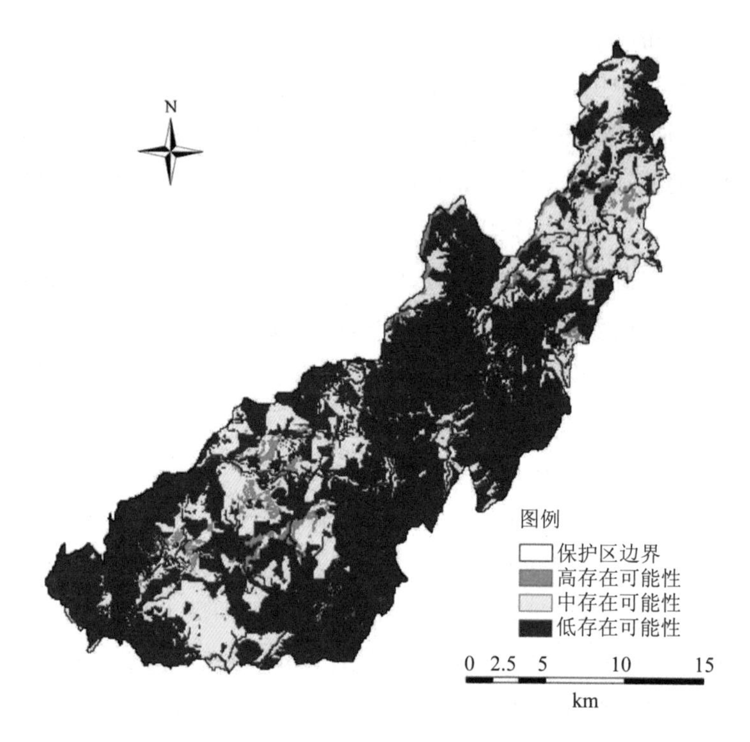

图 5-4 短尾猴存在可能性单元分类

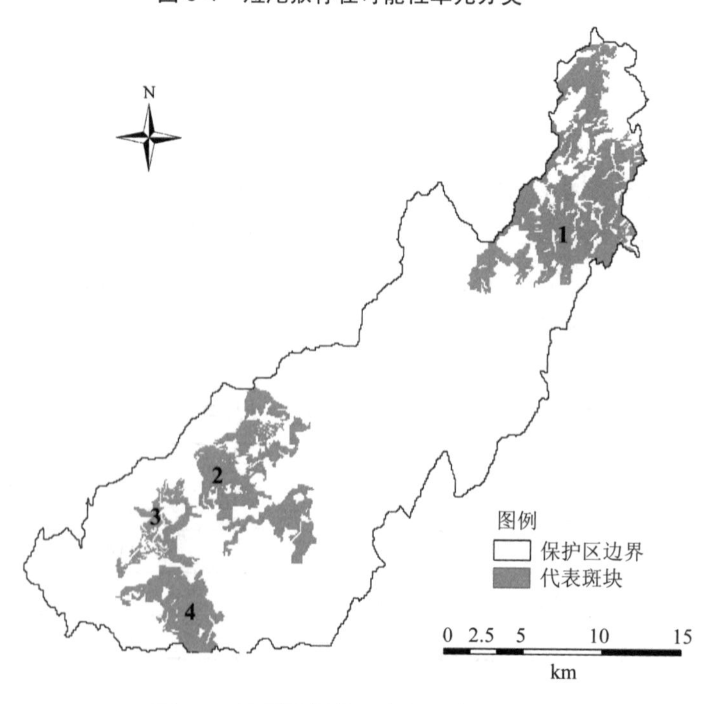

图 5-5 短尾猴保护网络的代表斑块

5.4 物种空间迁移模拟

纵观生物保护网络辨识研究的发展脉络，关于物种保护的理念经历了由最初将网络中各单元、斑块所处位置关系完全割裂的单纯代表物种，向随后认识到网络空间布局对物种持续繁衍发展的重要影响，从而综合考虑代表物种和物种空间迁移生态过程保护两方面的重要转变。保护物种空间迁移的生态过程成为攸关物种持续生存发展最终目标能否实现的关键性内容。本研究引入环境元（environ）理论，解析物种在自然保护区生物保护网络中进行空间迁移的生态过程，并选用最小耗费距离模型和 GIS 中的 Cost Weighted、Shortest Path 模块对特定物种在保护网络代表斑块间的迁移活动进行模拟。此外，由于在自然保护区中，物种的空间迁移主要受到区内人类活动的干扰和阻碍，因而本研究通过对比有人类干扰障碍影响和无人类干扰障碍影响两个情景下物种在代表斑块间的迁移情况来识别自然保护区中阻断物种空间迁移生态过程的人为障碍。

5.4.1 环境元理论概述

网络理论的观点认为系统由相互作用的内部组分构成，而各组分之间的相互作用则通过物质、能量等的传递或交易得以实现（Fath，2004a）。系统的这种相互联系的网络结构通常可以借助有向图来表示（Borrett et al.，2003）（如图 5-6 所示）。图 5-6 中，节点表示系统的各个组成部分，有向线则代表系统组分间物质、能量等的直接流动。在此基础上，路径是物质、能量等自系统中一节点到达另一节点所经过的一系列节点和有向线，路径长度则指路径中有向线的总长度。若物质、能量等在两节点间流动所经过的路径只包含 1 条有向线，则该路径为直接路径，相应地，物质、能量等沿直接路径的流动就是直接流动。而当物质、能量等在两节点间流动所经过的路径包含至少 2 条有向线，则该路径是间接路径，对应的物质、能量流动就是间接流动。循环路径是网络结构中的一种特殊路径类型，指起止节点相同的路径。

关于环境元的理论观点是 1978 年由 Patten 率先提出的，他指出在一个特定的网络系统内部，某一组分的环境包括与其存在直接或间接物质、能量等流动、交换的所有系统内其他组分，将其界定为“环境元”，则可按与该组分的输入和输出关系分成两个部分，输入环境元（Input Environ）以该组分为终点，输出环境元（Output Environ）则以该组分为起点。同时，系统中的每个组分都被一分为二，分别看作其他组分输入环境元和输出环境元的一部分。各组分的环境元具有唯一性，系统由所有环境元构成（Fath et al.，2006）。此外，由于系统外环境可能与系统内某些组分间存在物质、能量等的交换。因此，一旦确定系统边界，用来表征系统内某组分所有作用关系的输入环境元、输出环境元应不仅涵盖系统中其他作用组分，还要对系统外环境给予充分考虑（Fath et al.，1999a）。图 5-7 给出了网络系统中各组分环境元的示意。

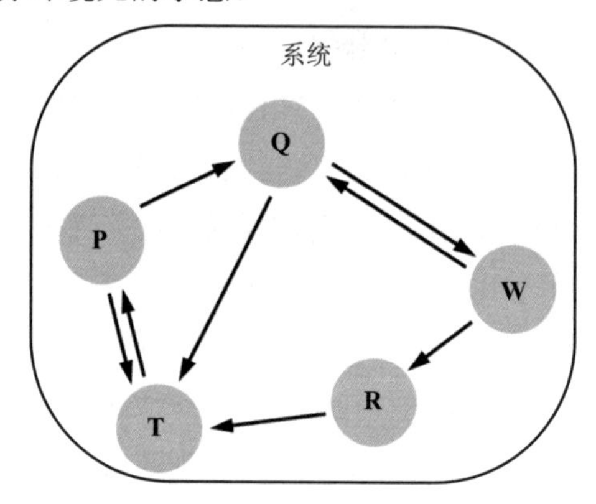

图 5-6 网络系统结构示意

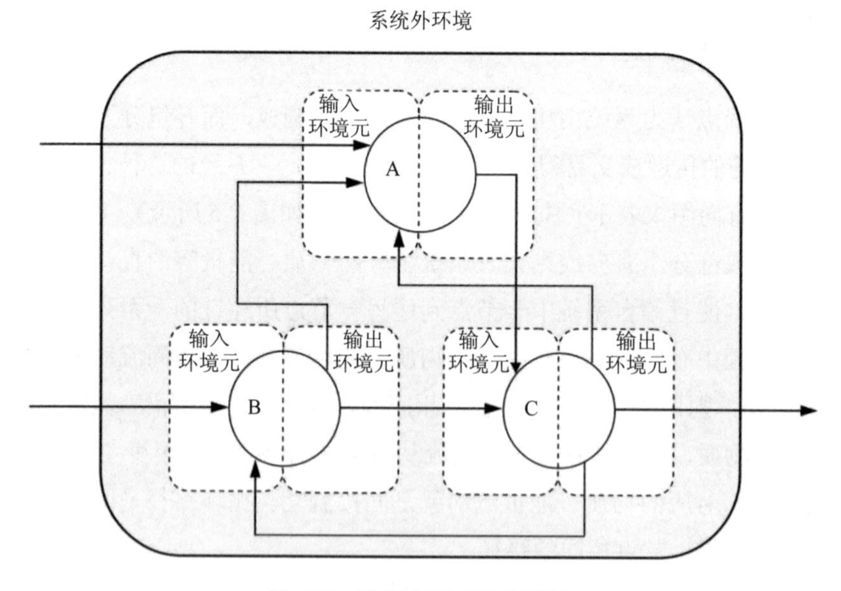

图 5-7 网络系统环境元示意

环境元的提出无疑为系统模拟分析提供了一个新的视角，以环境元理论观点为依托，对网络系统一系列结构（Borrett et al.，2003；Borrett and Fath et al.，2007；Borrett and Osidele，2007；Fath and Halnes，2007；Fath and Killian，2007）、功能（Fath et al.，1999a；Fath et al.，2006）、特征（Fath et al.，1998；Fath et al.，1999b；Fath，2004b；Fath，2004c；Fath，2007a；Lobanova et al.，2009）进行的分析研究统称为网络环境元分析（Network

Environ Analysis，NEA）。作为从系统整体角度出发，基于投入产出分析（I/O）的网络分析方法（Bata et al.，2007），网络环境元分析已在区域营养元素交换系统（Gattie et al.，2006；Gattie and Schramski et al.，2006；Schramski et al.，2006；Schramski et al.，2007；Borrett et al.，2006；Whipple et al.，2007；Borrett and Fath et al.，2007）、食物网营养级（Fath and Halnes，2007；Fath and Killian，2007）、城市代谢系统（Zhang et al.，2009）等方面得到了应用。

5.4.2 物种空间迁移生态过程的环境元解析

从生物保护网络辨识研究的发展历程来看，早期的物种代表类研究并没有对各斑块之间的物种迁移生态过程给予考虑，因此，该阶段的生物保护网络仅仅是一系列独立斑块的集合。伴随人们对物种空间迁移过程保护重要性的认识，斑块与斑块之间不再毫无关系，而是通过物种在其间的迁移过程联系在一起，生物保护网络此时才成为实质意义上的“网络”。在这个网络系统中，斑块是其组成部分，即有向图中的节点，斑块间的相互作用通过物种的迁移活动得以实现，也就是将物种看作是节点间传送的流。并且，网络中的各斑块具备与物种迁移生态过程相关的 3 个空间属性：首先，每个斑块都是物种空间迁移的“源”；其次，它们都是物种流的“汇”，承接自其他斑块迁移出的特定物种；最后，各斑块还作为物种空间迁移过程中的“跳板”，起连接“源”和“汇”的作用。基于斑块的这些空间属性，物种在斑块间既可以沿直接路径进行直接迁移，还可以沿间接路径进行间接迁移。与有关物种空间迁移生态过程保护的研究仅仅关注物种在两两斑块或相邻斑块之间的直接迁移过程相比，对物种直接迁移过程和间接迁移过程两方面进行探讨更加贴近实际情况，特别是对于保护网络中不相邻或相隔较远的斑块而言，有必要对物种在其间的间接迁移过程加以考虑。

基于环境元理论观点，可以进一步将生物保护网络中与各斑块有关的物种空间迁移生态过程分成两个部分：一是以各斑块为终点的直接、间接输入迁移过程，二是以各斑块为起点的直接、间接输出迁移过程。

需要强调的是，本研究将自然保护区所在城市的行政边界视为其中生物保护网络的系统边界，并且仅关注物种在网络系统内部各斑块之间的空间迁移生态过程，不考虑自然保护区生物保护网络与保护区外界物种流的交换。

5.4.3 代表斑块间物种空间迁移模拟

5.4.3.1 最小耗费距离模型

通常认为，物种需要克服空间阻力来实现其迁移过程（Bunn et al.，2000；Driezen et al.，2007；孔繁花等，2008），因此，模拟物种在自然保护区生物保护网络代表斑块之间空间迁移的关键，在于确定物种迁移过程中可能遇到的空间阻力。在计算空间阻力方面，最小耗费距离模型是一种常用且有力的工具。

最小耗费距离（Least Cost Distance）是指从“源”经过不同阻力的景观所耗费的费用或者克服阻力所做的功，它反映的是一种可达性，还可以用最小累积阻力（Minimum Cumulative Resistance）、可穿越性及隔离程度等概念来表示（Knaapen et al.，1992；Adriaensen et al.，2003）。最小耗费距离是从欧式距离（Euclidean Distance）演化而来的，如果“源”及四周用斑块模型来表示，欧式距离代表的是目标斑块距离最近源斑块的距离。而最小耗费距离计算的是一种加权距离，是从目标斑块到最近源斑块的累积耗费距离，强调景观阻力在一定空间距离上的累积效应，而非实际的空间距离。在生物保护方面，最小耗费距离即为物种在穿越异质景观时所克服的累积阻力（李纪宏等，2006）。

该模型综合考虑 3 个方面的因素，即源、距离和基面特征。基本公式如下：

$$\mathrm{MCR} = f \min \sum_{y=b}^{x=a} h_{xy} \times R_x \tag{5-3}$$

式中：f—— 一个未知的正函数，反映空间中任一点的最小阻力与其到所有源的距离和基面特征的相关关系；

h_{xy}—— 物种从源 y 到空间某一点所穿越的空间单元 x 的距离；

R_x—— 空间单元 x 对物种运动的耗费系数。

尽管函数 f 通常是未知的，但 $h_{xy}\times R_x$ 的积累值可以被认为是物种从源到空间某一点的某一路径的相对易达性的衡量。其中，从所有源到该点阻力的最小值被用来衡量该点的易达性。如果用栅格形式来表示，所有栅格的 MCR 值构成了物种迁移运动的趋势面，即阻力面，它反映了物种运动的潜在可能性及趋势。

计算最小耗费距离时通常利用节点/链的表示方式（如图 5-8 所示）。在这种表示方式中，每个空间单元的中心被看作节点，每个节点被多条链连接，每条链表示一定大小的耗费距离，其大小与链所连接的空间单元对物种运动的耗费系数和运动的方向有关。

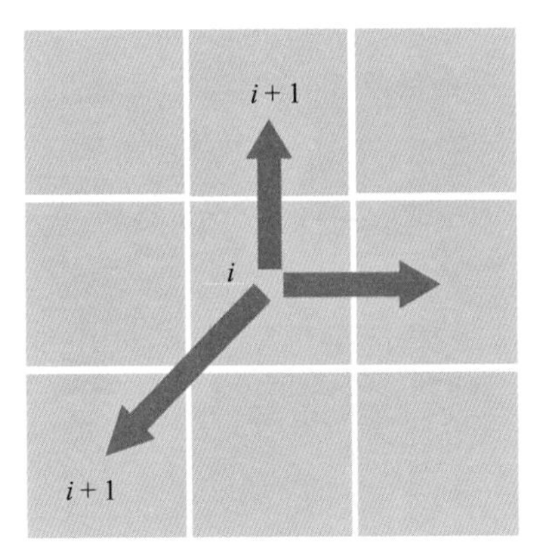

图 5-8 最小耗费距离模型算法示意

如果从单元 x 前往 4 个直接相邻的单元 $x+1$，那么耗费距离将是所在单元与前往单元耗费系数总和的一半，即：

$$N_{x+1} = N_x + (R_x + R_{x+1}) / 2 \quad (5\text{-}4)$$

式中：N_x、R_x —— 所在单元 i 的累积耗费距离与耗费系数；

N_{x+1}、R_{x+1} —— 前往单元 $x+1$ 的累积耗费距离与耗费系数。

如果从单元前往 4 个对角相邻的单元，那么耗费距离计算公式则为：

$$N_{x+1} = N_x + \sqrt{2} \times (R_x + R_{x+1}) / 2 \quad (5\text{-}5)$$

5.4.3.2 耗费系数表面的建立

耗费系数表征物种通过空间单元时的难易程度，在实践中获取其绝对值是十分困难的（Sutcliffe et al.，2003），现有的关于耗费系数界定的方法主要有两种。一种方法是根据物种对景观类型等影响因子的适宜程度的有关经验积累，人为地设定耗费系数，这种耗费系数以相对概念的形式确立，该方法认为只要能够相对地反映影响因子的差异性，就可以用来进行耗费距离的计算（Ray et al.，2002；Liu et al.，2008；Rabinowitz et al.，2010；Perović et al.，2010；刘孝富等，2010）。另一种方法则以各空间单元对物种的生境适宜性值为依据界定其耗费系数（Ray et al.，2006；LaRue et al.，2008；Li et al.，2010），即认为物种在不适宜生境迁移时比较困难，相反地，在穿越适宜生境时则较为容易。该方法避免了计算最小耗费距离过程中的人为主观影响。本研究基于物种在自然保护区各单元中的存在可能性（即生境适宜性），运用式（5-6）获取各单元对于物种迁移的耗费系数。

$$R_x = 1 - S_x \quad (5\text{-}6)$$

式中：S_x —— 自然保护区中单元 x 对于特定物种的生境适宜性值。

特别地，自然保护区中水体对陆生生物空间迁移生态过程的影响需要根据物种的迁移能力加以特殊考虑。对于能够穿越水体的物种，将水体对其迁移的耗费系数计为 0，反之，则认为水体阻碍物种的迁移。此外，自然保护区中存在的人类干扰对物种空间迁移的生态过程构成障碍影响。

5.4.3.3 代表斑块间物种直接迁移过程的确定

根据建立的耗费系数表面，针对已识别的每个自然保护区生物保护网络代表斑块，通过 GIS 中的 Cost Weighted 模块，基于最小耗费距离模型进行循环计算，可得到以各代表斑块为源的物种迁移累积阻力面。这时，物种从每个代表斑块出发，到达其他任一代表斑块有多条路线可以选择，并且沿不同路线进行迁移时所遇到的空间阻力不尽相同。本研究以两两代表斑块间具有最小空间阻力的迁移路线表征它们之间的物种空间迁移生态过程，其实现借助于 GIS 中的 Shortest Path 模块。并且，若模拟出的物种迁移路线不经过其他代表斑块，则认为两代表斑块间存在直接迁移过程，反之，则不存在直接迁移过程。

5.4.3.4 人为障碍的识别

人为障碍的识别是为了明确自然保护区中存在哪些人类干扰阻碍了代表斑块间特定物种迁移的生态过程。通过建立两种情景并进行对比是最为直接且行之有效的方法。

情景一：考虑人类干扰对物种空间迁移生态过程障碍影响的前提下，确定代表斑块之间物种的直接迁移过程。

情景二：不考虑人类干扰对物种空间迁移生态过程障碍影响的情况下，确定代表斑块之间特定物种的直接迁移过程。

当不考虑人类干扰对物种空间迁移过程的障碍影响时，对表征人类干扰的单元的耗费系数赋值 1。这样一来，对于在情景一中无法实现，而在情景二中可以完成的直接迁移过程，物种沿相应的最小空间阻力路线迁移经过的人类干扰即为阻断其空间迁移生态过程的人为障碍。

5.4.4 代表斑块间物种空间迁移分析

一旦确定了代表斑块之间物种的直接空间迁移过程，就可以进一步明确代表斑块之间存在的所有的物种空间迁移过程。如前所述，物种在自然保护区生物保护网络的斑块间既可以进行直接迁移，也可以进行间接迁移，而迁移过程与迁移路径相对应。因此，只要了解代表斑块之间有哪些迁移路径，也就掌握了它们之间存在的物种空间迁移生态过程。

在网络环境元分析中，结构分析即是对网络系统中直接路径和间接路径的分析，两两系统组分之间物质、能量等传输的所有长度和路径数量的计算是其关注的焦点之一。该项计算需要首先建立能够表征网络系统结构的邻接矩阵。图 5-9 给出了图 5-6 所示网络系统的同构邻接矩阵 $A_{n\times n}=(a_{ij})_{n\times n}$。

A	P	Q	W	R	T
P	0	0	0	0	1
Q	1	0	1	0	0
W	0	1	0	0	0
R	0	0	1	0	0
T	1	1	0	1	0

图 5-9　网络系统同构邻接矩阵示意

如图 5-9 所示，同构邻接矩阵的行和列分别代表网络系统的各个组分（$i, j=1, 2, \cdots, n$）。$a_{ij}=1$ 表示由组分 j 到组分 i 存在物质、能量等的直接流动，$a_{ij}=0$ 则表示由组分 j 到组分 i 不存在物质、能量等的直接流动。邻接矩阵中的每一列表示网络系统中组分 j 的直接输出环境元，包含以组分 j 为起点的所有直接作用关系。邻接矩阵中的每一行则代表网络系统中组分 i 的直接输入环境元，包含以组分 i 为终点的所有直接作用关系。

基于同构邻接矩阵，网络系统中所有不同长度的路径总数可通过式（5-7）得出：

$$\boldsymbol{L}=\boldsymbol{I}+\boldsymbol{A}+\boldsymbol{A}^2+\boldsymbol{A}^3+\cdots+\boldsymbol{A}^m+\cdots \quad (5\text{-}7)$$

式中：$\boldsymbol{L}$ —— 网络系统中所有不同长度的路径总数；

$\boldsymbol{I}$ —— 物质、能量等在各系统组分中的自循环，$\boldsymbol{I}=\boldsymbol{I}_{n\times n}=\boldsymbol{A}^0$；

$\boldsymbol{A}$ —— 组分间的直接路径数量；

$\boldsymbol{A}^m$ —— 组分间间接的、长度为 m 的路径数量。

为了分析自然保护区代表斑块之间的物种空间迁移生态过程，需将式（5-7）改写为式（5-8）：

$$\boldsymbol{L}=\boldsymbol{A}+\boldsymbol{A}^2+\boldsymbol{A}^3+\cdots+\boldsymbol{A}^m+\cdots \quad (5\text{-}8)$$

利用式（5-8），即可对代表斑块之间存在的物种空间迁移生态过程的总数进行计算，并且根据路径数量矩阵 $\boldsymbol{A}^m$，可以明确路径长度为 m 时，各代表斑块的输出环境元、输入环境元以及它们之间的物种空间迁移过程数量。

自然保护区生物保护网络两代表斑块之间的物种直接迁移过程由具有最小空间阻力的直接迁移路线表征，对于任一对代表斑块，无论物种从哪一个代表斑块出发，其直接迁移路线都是不变的，因此一旦确定两代表斑块之间的直接迁移路线，即可认为它们之间存在物种往、返两个直接迁移过程，从而使得两代表斑块之间强连通，并形成物种空间迁移的循环路径。已有研究表明，在一个存在循环路径的网络系统中，强连通分支中的两组分之间所有不同长度的路径总数随路径长度的增大而增加（Borrett and Osidele，2007；Fath，2007b）。因此，在计算自然保护区生物保护网络代表斑块之间存在的物种空间迁移生态过程数量之前，需首先对路径长度 m 设一限值。

在明确不同路径长度对应的各代表斑块之间物种空间迁移生态过程数量的基础上，通过绘制网络结构有向图，一一找出物种在代表斑块之间的各种迁移路径，从而最终确定代表斑块间存在的各个物种空间迁移生态过程。

5.4.5 短尾猴保护网络代表斑块间迁移过程模拟与分析

针对福建武夷山国家级自然保护区中的短尾猴，设立两个模拟分析情景，其一将保护区内水体和存在的人类干扰一并视为短尾猴空间迁移的障碍，其二只考虑保护区内水体的障碍影响。基于模拟出的短尾猴在其他所有单元内的存在可能性，建立耗费系数表面，并采用最小耗费距离模型分别构建短尾猴保护网络 4 个代表斑块的累积阻力表面，结果如图 5-10～图 5-13（情景一）和图 5-14～图 5-17（情景二）所示。

从图 5-10～图 5-13 中可以发现，考虑保护区内人类干扰对短尾猴空间迁移的障碍影响时，以各代表斑块为源得到的累积阻力面没有覆盖整个自然保护区。相对地，当不考虑人类干扰对短尾猴空间迁移的障碍影响时，各累积阻力面基本上覆盖全区（如图 5-14～图 5-17 所示）。因此，可以认为保护区内人类干扰的障碍影响导致了情景间这种累积阻力面的差别。在这种情况下，通过对比两个情景中各代表斑块的累积阻力面，可以初步了解保护区内人类干扰对短尾猴在代表斑块之间空间迁移生态过程的影响。并且，根据情景一中建立的累积阻力面，可以直观地对代表斑块之间短尾猴空间迁移生态过程的存在与否进行初步判断。很明显，代表斑块 1 与其他代表斑块间不存在短尾猴的空间迁移生态过程，而短尾猴在代表斑块 2、代表斑块 3、代表斑块 4 之间可实现迁移过程。

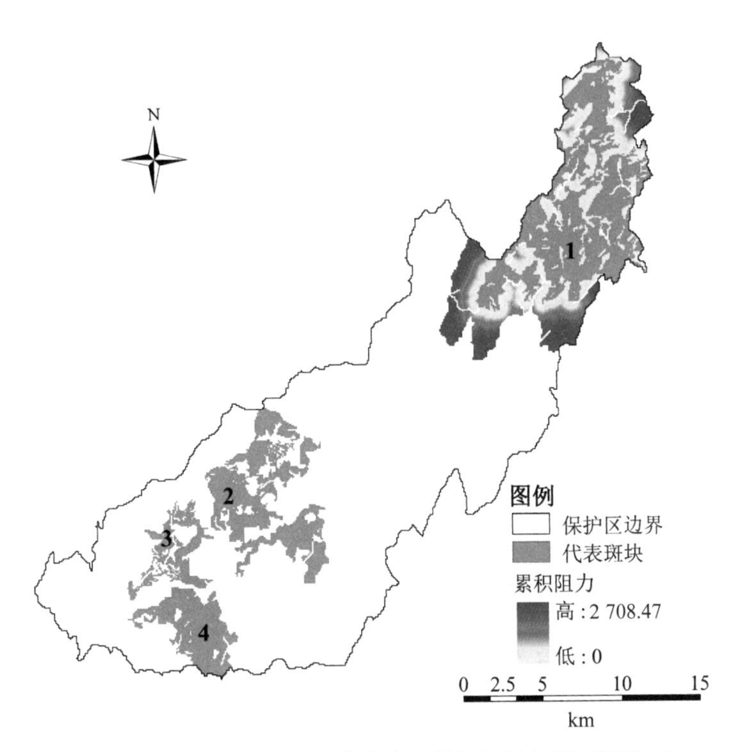

图 5-10 短尾猴保护网络代表斑块 1 的累积阻力面（情景一）

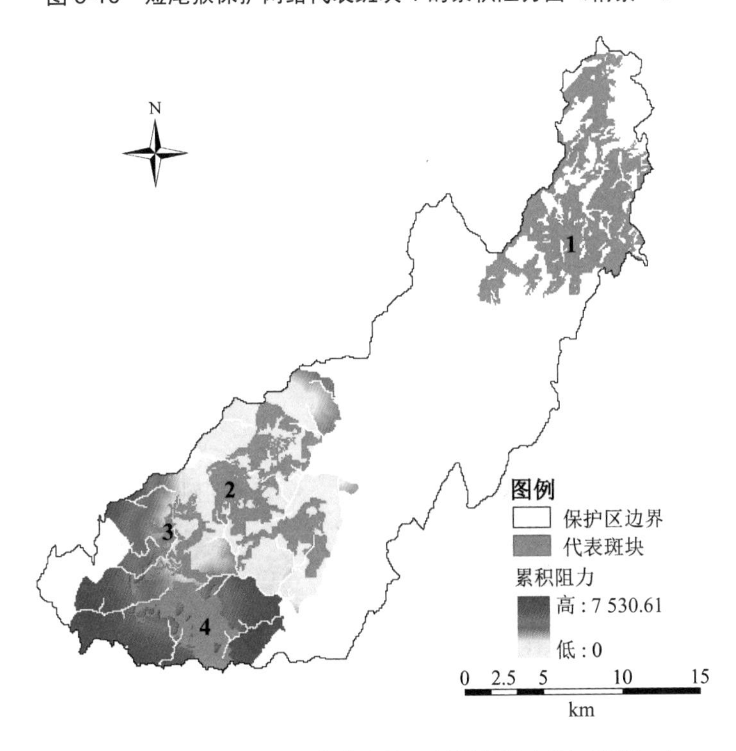

图 5-11 短尾猴保护网络代表斑块 2 的累积阻力面（情景一）

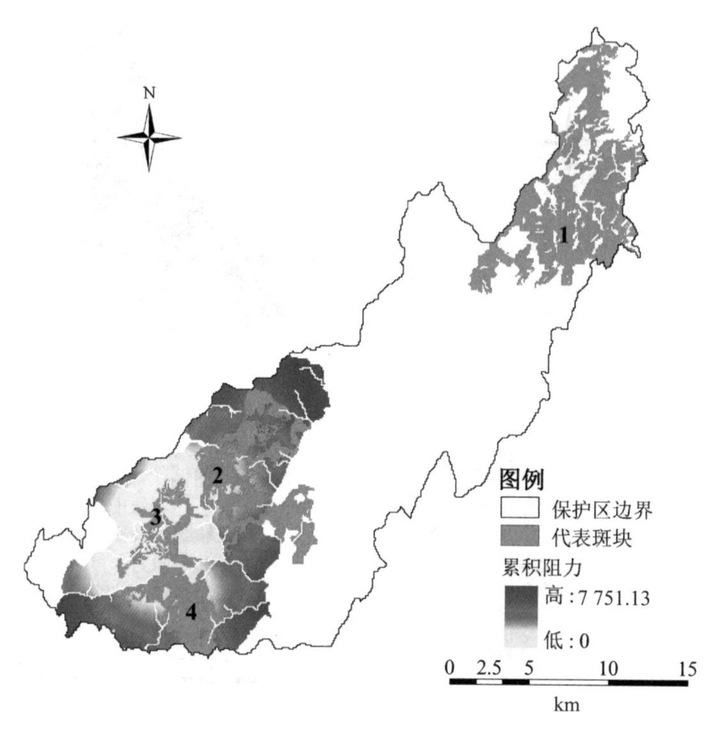

图 5-12　短尾猴保护网络代表斑块 3 的累积阻力面（情景一）

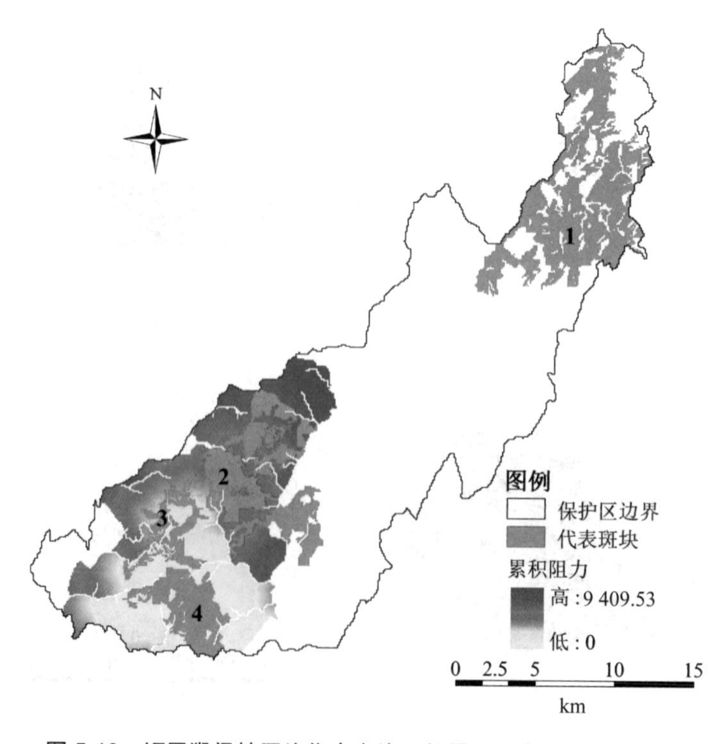

图 5-13　短尾猴保护网络代表斑块 4 的累积阻力面（情景一）

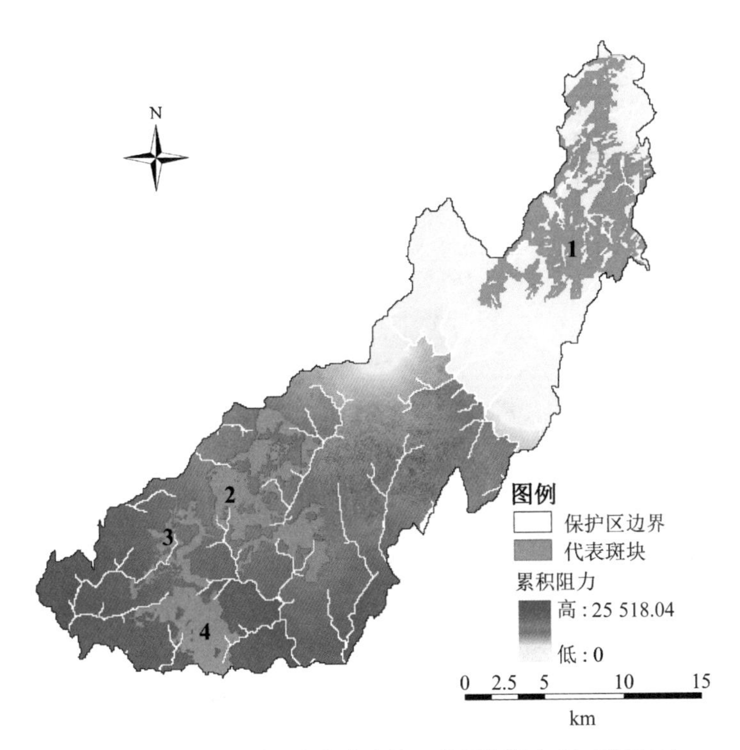

图 5-14　短尾猴保护网络代表斑块 1 的累积阻力面（情景二）

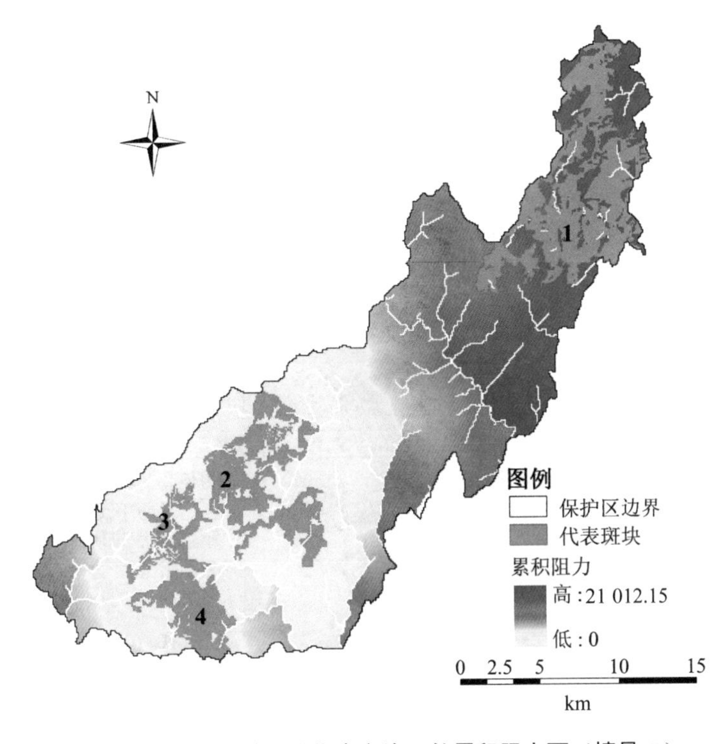

图 5-15　短尾猴保护网络代表斑块 2 的累积阻力面（情景二）

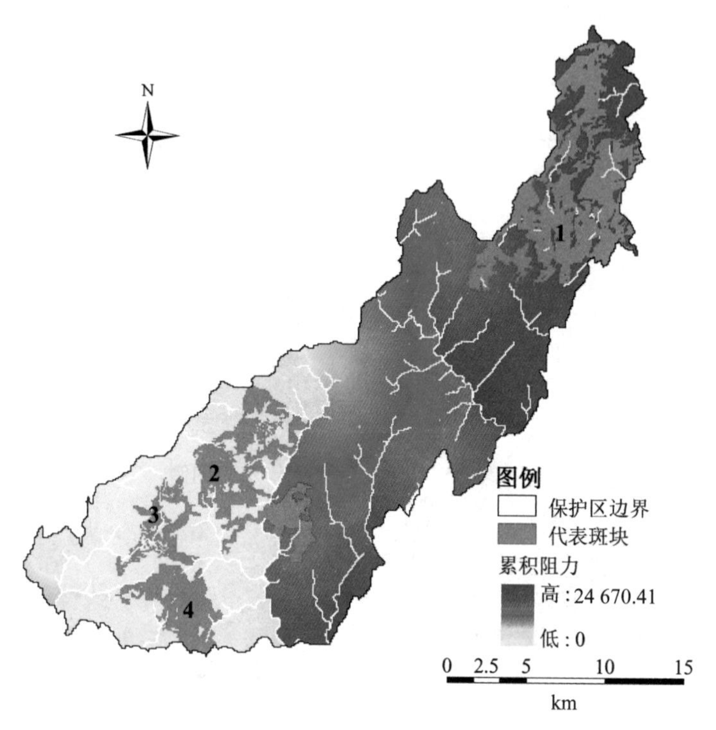

图 5-16 短尾猴保护网络代表斑块 3 的累积阻力面（情景二）

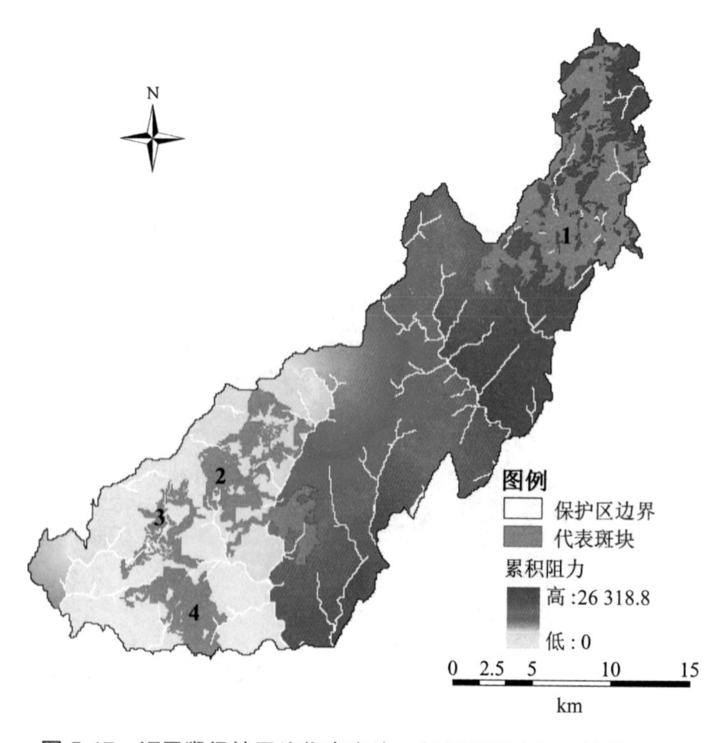

图 5-17 短尾猴保护网络代表斑块 4 的累积阻力面（情景二）

以累积阻力面为基础，通过模拟短尾猴在其保护网络代表斑块之间迁移的最小空间阻力路线，分别识别出短尾猴在两个情景下能够实现的直接迁移过程。当一并考虑保护区内水体和人类干扰的障碍影响时，短尾猴可在代表斑块2和代表斑块3之间以及代表斑块3和代表斑块4之间进行直接迁移（如图5-18所示）。而当只考虑水体的障碍影响时，短尾猴在代表斑块1和代表斑块2之间也可以完成直接迁移（如图5-19所示）。由此可以断定，情景二中短尾猴在代表斑块1和代表斑块2之间的迁移路线所经的4条道路是保护区中影响短尾猴在其保护网络代表斑块之间迁移生态过程的人为障碍（如图5-20所示）。

按照识别出的直接迁移过程，分别建立与两个情景相对应的同构邻接矩阵，利用式（5-7），计算代表斑块之间存在的短尾猴空间迁移生态过程数量。计算过程中，对路径长度 m 取值3。计算结果以矩阵形式给出（如图5-21和图5-22所示）。

由图5-21可知，情景一中短尾猴在代表斑块之间可以实现18个空间迁移过程，其中直接迁移过程4个，间接迁移过程14个。参照图5-21中的各短尾猴空间迁移生态过程数量矩阵，结合图5-18，进一步识别短尾猴保护网络各代表斑块的输入环境元、输出环境元所包含的直接、间接空间迁移过程，结果如表5-3所示。

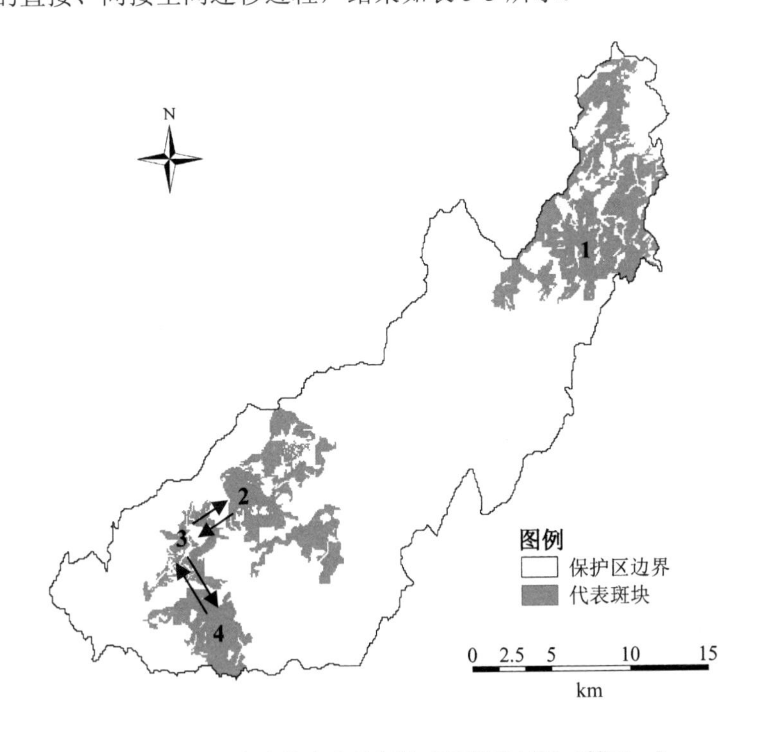

图5-18 短尾猴在代表斑块间的直接迁移过程（情景一）

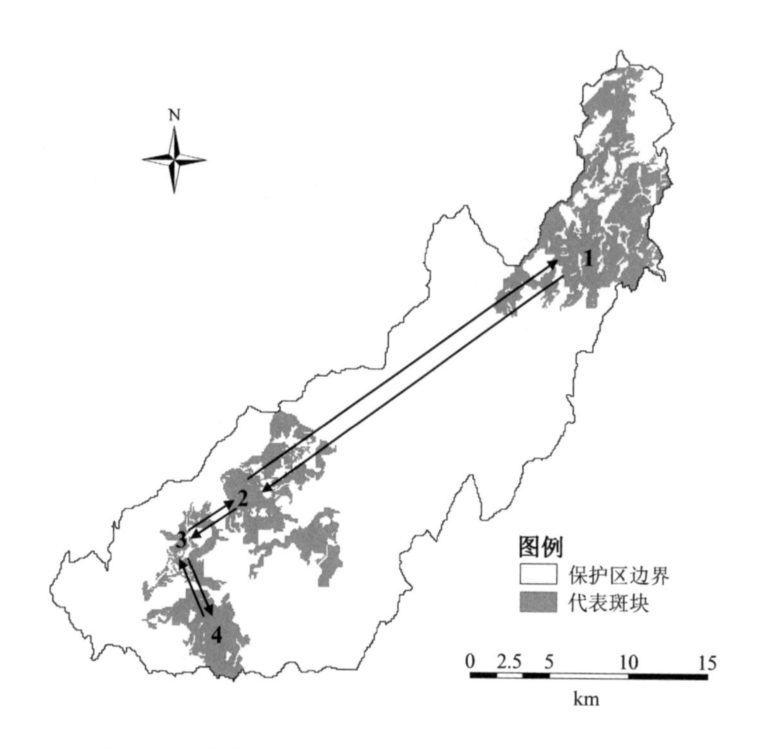

图 5-19　短尾猴在代表斑块间的直接迁移过程（情景二）

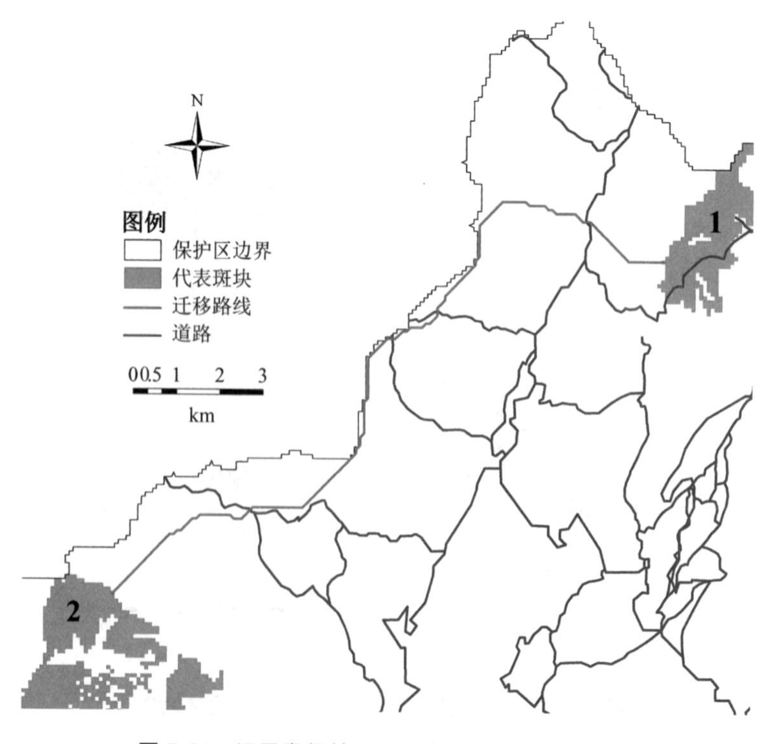

图 5-20　短尾猴保护网络代表斑块间的人为障碍

$$A=\begin{bmatrix}0&0&0&0\\0&0&1&0\\0&1&0&1\\0&0&1&0\end{bmatrix}\qquad A^2=\begin{bmatrix}0&0&0&0\\0&1&0&1\\0&0&2&0\\0&1&0&1\end{bmatrix}$$

$$A^3=\begin{bmatrix}0&0&0&0\\0&0&2&0\\0&2&0&2\\0&0&2&0\end{bmatrix}\qquad L=\begin{bmatrix}0&0&0&0\\0&1&3&1\\0&3&2&3\\0&1&3&1\end{bmatrix}$$

图 5-21　短尾猴空间迁移生态过程数量（情景一）

$$A=\begin{bmatrix}0&1&0&0\\1&0&1&0\\0&1&0&1\\0&0&1&0\end{bmatrix}\qquad A^2=\begin{bmatrix}1&0&1&0\\0&2&0&1\\1&0&2&0\\0&1&0&1\end{bmatrix}$$

$$A^3=\begin{bmatrix}0&2&0&1\\2&0&3&0\\0&3&0&2\\1&0&2&0\end{bmatrix}\qquad L=\begin{bmatrix}1&3&1&1\\3&2&4&1\\1&4&2&3\\1&1&3&1\end{bmatrix}$$

图 5-22　短尾猴空间迁移生态过程数量（情景二）

表 5-3　短尾猴保护网络各代表斑块的输入、输出迁移过程

代表斑块	环境元类型	迁移过程类型	空间迁移过程（l_{ij}）
1	输入	直接	—
		间接	—
	输出	直接	—
		间接	—
2	输入	直接	l_{23}
		间接	l_{232}
			l_{234}
			l_{2323}
			l_{2343}
	输出	直接	l_{32}
		间接	l_{232}
			l_{432}
			l_{3232}
			l_{3432}

代表斑块	环境元类型	迁移过程类型	空间迁移过程（l_{ij}）
3	输入	直接	l_{32}
			l_{34}
		间接	l_{323}
			l_{343}
			l_{3232}
			l_{3432}
			l_{3434}
			l_{3234}
	输出	直接	l_{23}
			l_{43}
		间接	l_{323}
			l_{343}
			l_{2323}
			l_{2343}
			l_{4343}
			l_{4323}
4	输入	直接	l_{43}
		间接	l_{432}
			l_{434}
			l_{4343}
			l_{4323}
	输出	直接	l_{34}
		间接	l_{234}
			l_{434}
			l_{3434}
			l_{3234}

对比两情景可以发现，代表斑块 1 和代表斑块 2 之间的人为障碍阻断了 14 个短尾猴空间迁移生态过程，包括直接迁移过程 2 个、二段间接迁移生态过程 4 个以及三段间接迁移生态过程 8 个。其中的直接迁移过程，通过比较两个直接路径数量矩阵 $\boldsymbol{A}$ 可直接加以判断。同时，通过对比二段间接路径数量矩阵和三段间接路径数量矩阵，可以确定失去的短尾猴间接空间迁移生态过程的起止代表斑块。结合图 5-19 和表 5-3，对各代表斑块的输入环境元、输出环境元中丧失的短尾猴空间迁移生态过程进行识别，结果如表 5-4 所示。

表 5-4 人为障碍阻断的短尾猴空间迁移过程

代表斑块	环境元类型	迁移过程类型	空间迁移过程（l_{ij}）
1	输入	直接	l_{12}
		间接	l_{121}
			l_{123}
			l_{1232}
			l_{1212}
			l_{1234}
	输出	直接	l_{21}
		间接	l_{121}
			l_{321}
			l_{2321}
			l_{2121}
			l_{4321}
2	输入	直接	l_{21}
		间接	l_{212}
			l_{2121}
			l_{2321}
			l_{2123}
	输出	直接	l_{12}
		间接	l_{212}
			l_{1212}
			l_{1232}
			l_{3212}
3	输入	直接	—
		间接	l_{321}
			l_{3212}
	输出	直接	—
		间接	l_{123}
			l_{2123}
4	输入	直接	—
		间接	l_{4321}
	输出	直接	—
		间接	l_{1234}

5.5 跳板斑块选取与斑块间迁移路线确定

前文通过模拟特定物种在保护网络代表斑块之间的空间迁移生态过程，明确了自然保护区中存在的人为障碍。为了保证物种在自然保护区生物保护网络中的持续生存和发展，立足于自然保护区“保护优先”的发展特点，本研究针对识别出的人为障碍，采用增加跳板斑块的方式重新恢复被其阻断的物种空间迁移生态过程。在此基础上，确定各代表斑块和跳板斑块间特定物种的迁移路线，完成自然保护区生物保护网络的辨识。

5.5.1 跳板斑块选取原则

增加跳板斑块的实质就是在两代表斑块之间设计一个“跳板”，使原本被自然保护区中人为障碍阻断的、无法实现的物种空间迁移过程得以完成。因此，选取跳板斑块时主要应遵循以下几个原则。

（1）易于为目标物种利用

针对特定物种，优先考虑具有宜于其生存的环境条件的单元，使跳板斑块易于被目标物种利用，这是选取跳板斑块时应遵守的首要原则。

（2）满足目标物种生存空间需求

与代表斑块相同，最终确定的跳板斑块需满足目标物种对连续单元构成的斑块的规模要求。

（3）有利于目标物种在自然保护区生物保护网络中的持续生存发展

增加跳板斑块的根本目的就是保护目标物种在自然保护区生物保护网络中的空间迁移生态过程，从而促进物种在网络中的持续生存发展，因此应将提高物种空间迁移过程对特定物种在整个网络中持续生存发展的支持水平作为选取的准则。

5.5.2 生态斑块网络分析方法

为考察自然保护区生物保护网络斑块间特定物种的空间迁移生态过程对其在网络中持续生存发展的支持水平，本研究提出生态斑块网络分析方法，该方法基于如下假设：假设特定物种在自然保护区生物保护网络各斑块间的迁移过程是相互独立的，对于任一斑块，其中特定物种的灭绝在没有其他斑块中的该物种向该斑块迁移时发生，换言之，只要存在其他斑块中该物种向该斑块的迁移过程，该斑块中该物种就可以持续存在和发展；另外，一旦自然保护区生物保护网络中某斑块由于自然灾害等不再适合特定物种生存，此时只要该斑块中该物种能够迁移至网络中其他斑块，就可以继续生存和发展，否则就会灭绝。这样一来，特定物种在自然保护区生物保护网络任一斑块中的灭绝概率取决于该物种与网络中其他斑块之间通过物种空间迁移过程表征的作用关系。这种作用关系越差，则斑块间该物种的空间迁移生态过程对其在该斑块中持续生存发展的支持水平越低。

基于前文对自然保护区生物保护网络斑块间物种空间迁移生态过程的环境元解析，本研究在探讨斑块间特定物种的空间迁移生态过程对其在网络中持续生存发展的支持水平时，综合考虑两两斑块间特定物种的直接迁移生态过程和间接迁移生态过程，这是本研究与其他研究之间的一个主要差别，后者仅仅关注两两斑块或相邻斑块之间物种的直接迁移过程。此外，根据上述假设，本研究与其他研究的另外一个不同之处在于本研究从输入、输出两个方面对两两斑块间特定物种的空间迁移生态过程对其在网络中持续生存发展的支持水平进行分析，而其他研究仅以物种的输入迁移过程加以衡量。相比来看，本研究将自然灾害等发生时特定物种的空间迁移过程对其的保护能力纳入考量，能够更全面地反映两两斑块间特定物种的空间迁移生态过程对其在网络中持续生存发展的作用水平。

本研究采用概率论来描述特定物种在自然保护区生物保护网络两两斑块间的迁移生态过程。根据环境元理论，如果斑块间的物种迁移过程是相互独立的，那么特定物种在斑块 i 中的灭绝可能性可用式（5-9）表示：

$$p_i = \prod_{j \in E_i^{\text{in}}} \left(1 - p_{ij}\right) \times \prod_{k \in E_i^{\text{out}}} \left(1 - p_{ki}\right) \tag{5-9}$$

式中：p_i —— 特定物种在斑块 i 中的灭绝可能性；

E_i^{in}、E_i^{out} —— 斑块 i 在自然保护区生物保护网络系统中的输入环境元和输出环境元；

j、k —— 斑块 i 输入环境元和输出环境元中的斑块；

p_{ij} —— 特定物种由斑块 j 向斑块 i 成功迁移的可能性；

p_{ki} —— 斑块 i 中特定物种成功迁至斑块 k 的可能性。

相应地，$1\text{-}p_{ij}$ 和 $1\text{-}p_{ki}$ 分别表示特定物种在斑块 j 和斑块 i 以及斑块 i 和斑块 k 之间无法实现迁移过程的可能性。对于斑块 j 和斑块 k，特定物种可以沿多条不同长度的路径在它们与斑块 i 之间进行迁移，因此可将式（5-9）改写如下：

$$\begin{aligned} p_i = & \prod_{j \in E_i^{\text{in}}} \left[\left(1 - p_{ij}\right) \times \prod\left(1 - p_{ij}^{\ 2}\right) \times \prod\left(1 - p_{ij}^{\ 3}\right) \times \cdots \times \prod\left(1 - p_{ij}^{\ m}\right) \times \cdots\right] \times \\ & \prod_{k \in E_i^{\text{out}}} \left[\left(1 - p_{ki}\right) \times \prod\left(1 - p_{ki}^{\ 2}\right) \times \prod\left(1 - p_{ki}^{\ 3}\right) \times \cdots \times \prod\left(1 - p_{ki}^{\ m}\right) \times \cdots\right] \end{aligned} \tag{5-10}$$

式中：m —— 特定物种空间迁移过程所沿迁移路径的长度。

当 m=1 时，p_{ij} 和 p_{ki} 表示特定物种在斑块 j 和斑块 i 以及斑块 i 和斑块 k 之间直接迁移的可能性。当 $m>1$ 时，p_{ij}^{m} 和 p_{ki}^{m} 则代表特定物种在它们之间沿长度为 m 的间接迁移路径进行成功迁移的可能性。需要注意的是，按照前述关于斑块 i 不再适合特定物种生存的假设，沿以斑块 i 为"跳板"的间接迁移路径的物种迁移生态过程在计算 p_{ki}^{m} 时不予考虑。

考虑特定物种在自然保护区生物保护网络所有斑块中的灭绝可能性，两两斑块间特定物种的空间迁移生态过程对其在整个网络中持续生存发展的支持水平可以用式（5-11）进行衡量：

$$\mathrm{EPN}=\prod_{i\in n}p_{i} \tag{5-11}$$

式中：EPN —— 特定物种在整个自然保护区生物保护网络中的灭绝可能性，其值越高，表示两两斑块间特定物种的空间迁移生态过程对其在整个网络中持续生存发展的支持水平越低，反之则越高。

从式（5-9）和式（5-10）可以看出，EPN 与自然保护区生物保护网络两两斑块间存在的物种空间迁移生态过程（不包括同时以各斑块为起点和"跳板"的间接迁移过程，以下皆是）的数量以及特定物种沿各直接迁移路径、间接迁移路径实现成功迁移的可能性有负相关关系。

关于特定物种在生物保护网络斑块间直接迁移的可能性，已有研究大多通过建立"迁移成本"的函数对其进行计算，并且皆以迁移距离来考量特定物种在斑块间迁移的成本。一部分学者直接构建迁移距离的指数函数探讨特定物种在斑块间的直接迁移可能性（Bunn et al.，2000；Urban et al.，2001；Saura et al.，2007），其他学者则将迁移距离与源斑块有效面积、源斑块单元中物种存在状态（Vos et al.，2001；Moilanen et al.，2002；Cabeza，2003）以及物种迁出比例（Moilanen et al.，2002；Moilanen et al.，2005；Jiang et al.，2007）综合起来，对物种的直接迁移进行模拟。本研究以特定物种迁移过程中遭遇的空间阻力表征其迁移成本，使用式（5-12）计算特定物种在自然保护区生物保护网络两两斑块间成功地实现直接迁移的可能性：

$$p_{ij}=\exp(-C_{ij}/C_{s}) \tag{5-12}$$

式中：C_{ij} —— 特定物种自斑块 j 向斑块 i 直接迁移时遇到的空间阻力，即模拟出的斑块 j 和斑块 i 之间的物种直接迁移最小空间阻力路线在斑块 i 中覆盖单元的累积阻力值；

C_{s} —— 特定物种在存在样点间进行直接迁移时面临的空间阻力平均值，可通过将各存在样点作为源，构建相应累积阻力面，进而识别源间特定物种直接迁移最小空间阻力路线的方法进行计算。

由式（5-12）可以看出，物种在直接迁移过程中遇到的空间阻力越大，它成功迁至目标斑块的可能性就越小。

在直接迁移可能性计算的基础上，特定物种经长度为 m 的间接路径在自然保护区生物保护网络两两斑块间成功迁移的可能性等于该路径包含的 m 段直接迁移过程的成功可能性的乘积，如式（5-13）所示：

$$p_{ij}^{m} = p_{t_1 j} \times p_{t_2 t_1} \times p_{t_3 t_2} \times \cdots \times p_{i t_{m-1}} \tag{5-13}$$

式中：t_1，t_2，t_3，…，t_{m-1} —— 特定物种在斑块 i 和斑块 j 之间迁移过程中途经的“跳板”。

5.5.3 跳板斑块选取方法

如上所述，自然保护区生物保护网络两两斑块间存在的特定物种空间迁移生态过程越多，对其在网络中持续生存发展的支持水平就越高。然而，保护区中的人为障碍阻断了代表斑块间原本可以实现的物种空间迁移生态过程，导致特定物种数量减少，从而降低了特定物种在自然保护区生物保护网络中持续生存发展的可能。为了消除人为障碍的这种负面影响，本研究通过增加跳板斑块的方式对代表斑块之间的物种空间迁移生态过程加以修复。鉴于代表斑块之间的物种间接迁移过程由若干个直接迁移过程组成，因此自然保护区生物保护网络中跳板斑块的选取以每个被人为障碍阻断的物种直接迁移过程为恢复对象，力求将原本被隔离的代表斑块重新连接起来。

关于跳板斑块的选取方法，参照跳板斑块选取的原则，首先以两代表斑块之间人为障碍与不考虑人类干扰障碍影响时特定物种在代表斑块之间进行直接迁移的最小空间阻力路线的重合单元作为跳板斑块辨识的起点。若两代表斑块之间存在多个人为障碍，则将所有人为障碍对无人类干扰障碍影响情景下物种直接迁移最小空间阻力路线的截取部分的单元作为辨识的起点。其次，找出辨识起点所包含各单元的所有相邻单元，并从中选取生境适宜性最优的单元加入跳板斑块。如果存在多个生境适宜性值相同的单元，则优先选择被无人类干扰障碍影响情景下两代表斑块之间的物种直接迁移最小空间阻力路线覆盖的单元，这样可以减小特定物种在跳板斑块与两代表斑块之间进行直接迁移的阻力，从而降低其在整个保护网络中灭绝的可能性。假如仍存在多个单元可以选择，则进行随机选取。最后，确定已选单元的所有相邻单元，选出生境适宜性最高的单元。此时，如果有多个单元可供选择，则需要先使用 GIS 中的 Cost Weighted 和 Shortest Path 模块模拟特定物种在已选单元组成的斑块与两代表斑块之间进行直接迁移的最小空间阻力路线，再优先选择被其覆盖的单元，再随机选取。重复第三个选取步骤，直到已选单元组成的斑块满足特定物种对空间规模的需求，则两代表斑块之间跳板斑块的选取过程结束。

特别地，若相同的人为障碍阻断了若干对代表斑块之间特定物种的直接迁移生态过程，则只需选取 1 个跳板斑块消除这些人为障碍的影响。此时，跳板斑块辨识的起点还应包括不考虑人类干扰障碍影响时特定物种在这些代表斑块之间进行直接迁移的最小空间阻力路线对这些人为障碍的截取部分的单元。此外，一旦选取出的单元与两代表斑块相接，则不再继续进行跳板斑块的选取。

使用上述方法就特定物种在两两代表斑块间直接迁移过程的修复逐个选取跳板斑块之后，合并具有共有单元的跳板斑块。

5.5.4 斑块间迁移路线的确定

跳板斑块的选取消除了自然保护区中已有的人为障碍对代表斑块间特定物种空间迁移过程的不利影响，为了进一步确保物种空间迁移生态过程得到切实的保护，依次利用 GIS 中的 Cost Weighted 和 Shortest Path 模块模拟各代表斑块和跳板斑块之间特定物种进行直接迁移的最小空间阻力路线，并确定被这些路线覆盖的单元。

至此，由代表斑块、跳板斑块（网络节点）以及斑块间迁移路线（节点间功能连接）共同组成的自然保护区生物保护网络的辨识过程结束。

5.5.5 短尾猴保护网络跳板斑块选取与斑块间迁移路线确定

5.5.5.1 短尾猴保护网络跳板斑块选取

对于福建武夷山国家级自然保护区中的短尾猴，人为障碍阻断了其在保护网络代表斑块 1 和代表斑块 2 之间的直接迁移过程，因此，需增加 1 个跳板斑块进行修复。前面已识别出，代表斑块 1 和代表斑块 2 之间的人为障碍共包括 4 条道路，以它们对只考虑保护区内水体障碍影响情景下得到的短尾猴在代表斑块 1 和代表斑块 2 之间直接迁移的最小空间阻力路线的截取部分单元为起点对跳板斑块进行辨识，如图 5-23 所示。

图 5-23 中所示的跳板斑块辨识起点单元共计 122 个，依照短尾猴巢区面积，跳板斑块需包含 789 个单元才能满足短尾猴对生存空间的要求，因此，以辨识起点单元为基础，根据跳板斑块选取方法，逐一选择 667 个单元，最终形成的跳板斑块如图 5-24 所示。经计算，该跳板斑块的生境适宜性为 0.49。

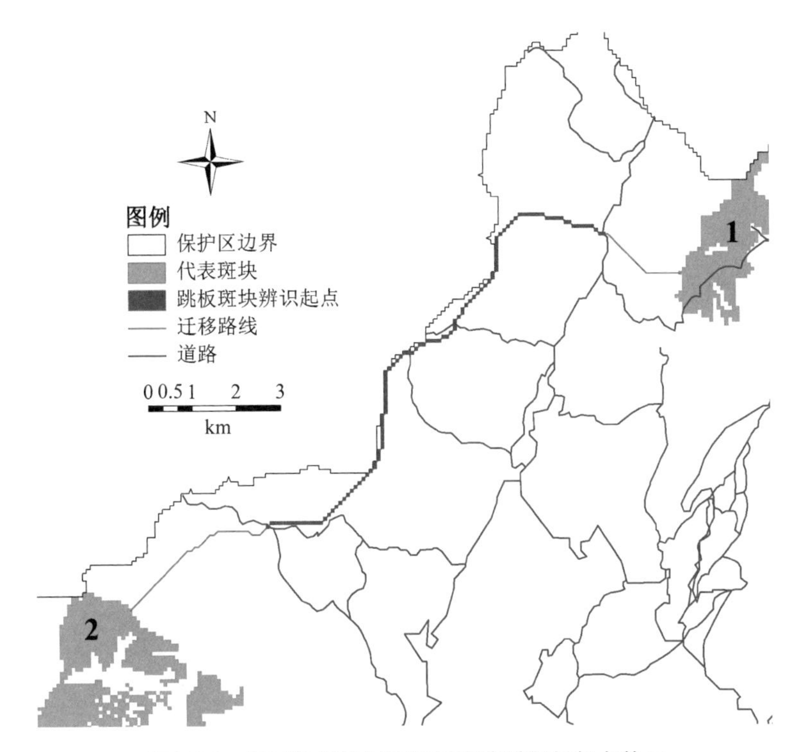

图 5-23 短尾猴保护网络跳板斑块辨识的起点单元

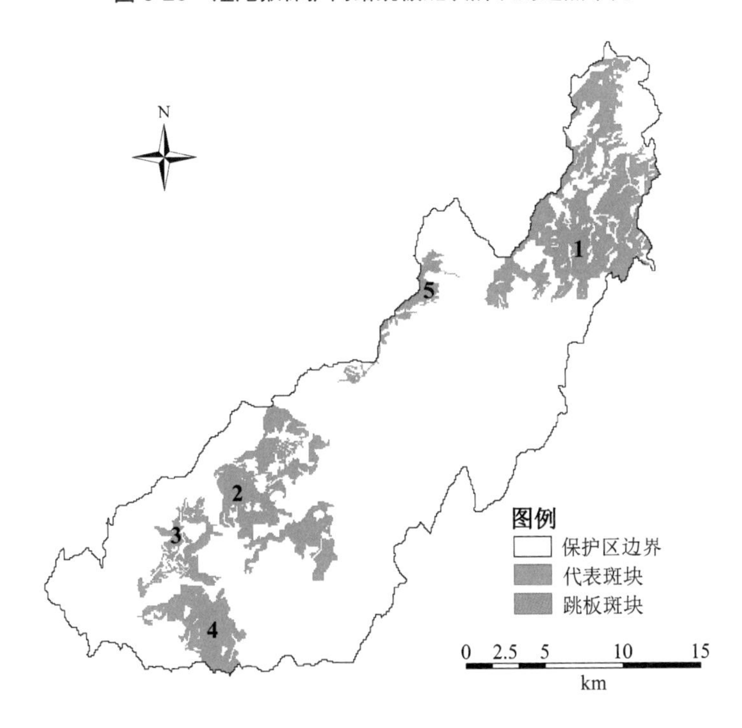

图 5-24 短尾猴保护网络跳板斑块

5.5.5.2 短尾猴保护网络斑块间迁移路线的确定

按照 5.4.5 中模拟代表斑块间物种直接迁移过程的方法，在同时考虑福建武夷山国家级自然保护区内水体和人类干扰对短尾猴空间迁移生态过程障碍影响的情况下，建立跳板斑块增加之后，以短尾猴保护网络中各斑块为源的累积阻力面，如图 5-25～图 5-29 所示。以这些累积阻力面为基础，确定短尾猴在斑块之间进行直接迁移的最小空间阻力路线，最终形成的完整的短尾猴保护网络如图 5-30 所示。

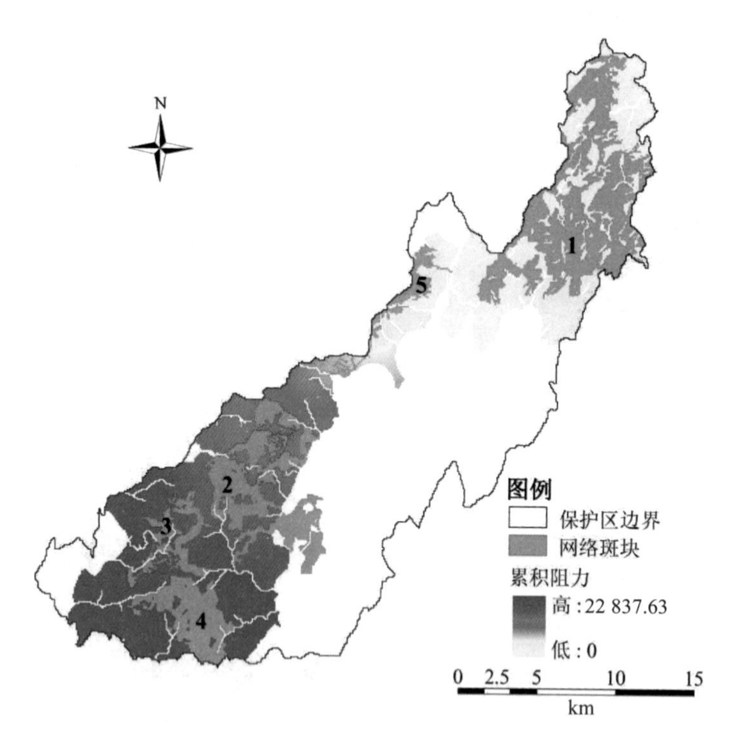

图 5-25 短尾猴保护网络代表斑块 1 的累积阻力面（跳板斑块增加后）

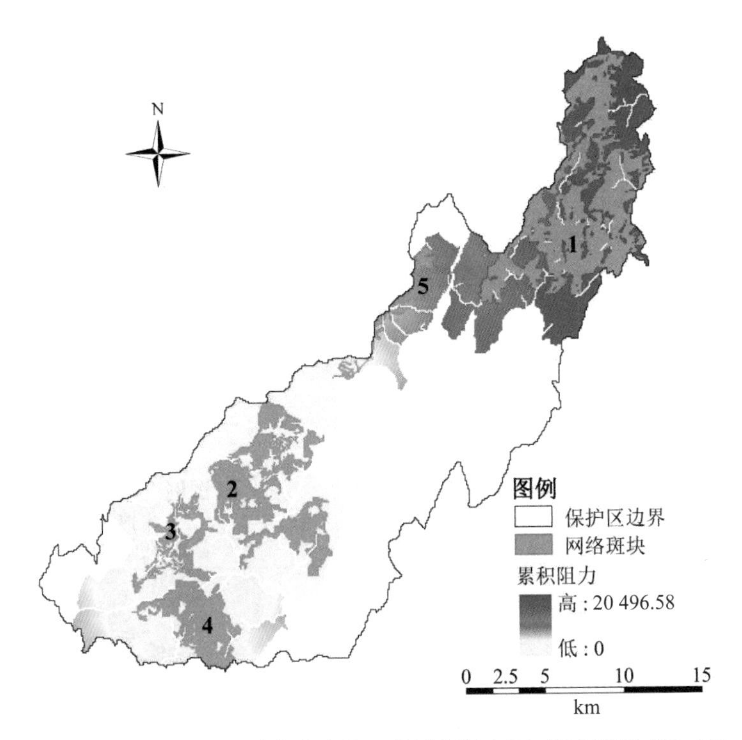

图 5-26 短尾猴保护网络代表斑块 2 的累积阻力面（跳板斑块增加后）

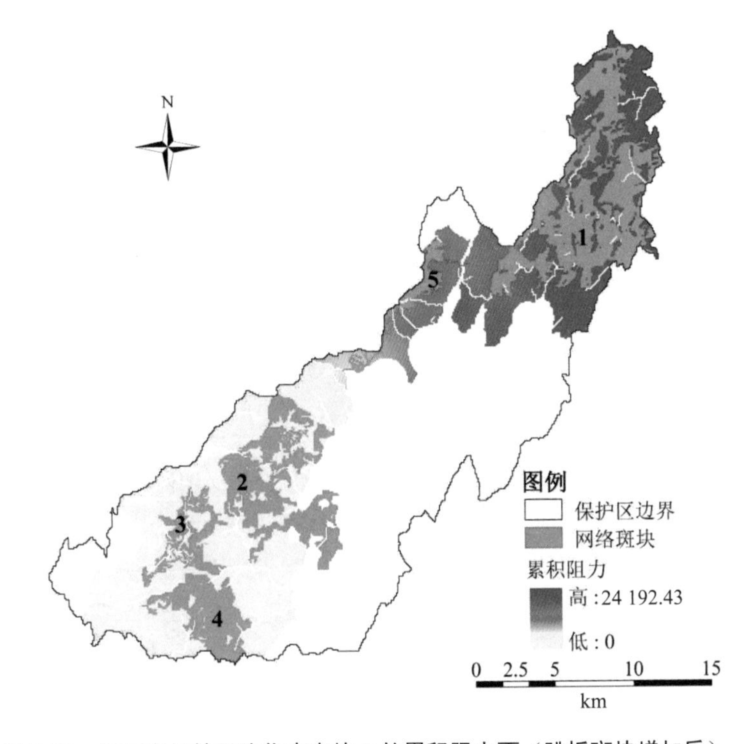

图 5-27 短尾猴保护网络代表斑块 3 的累积阻力面（跳板斑块增加后）

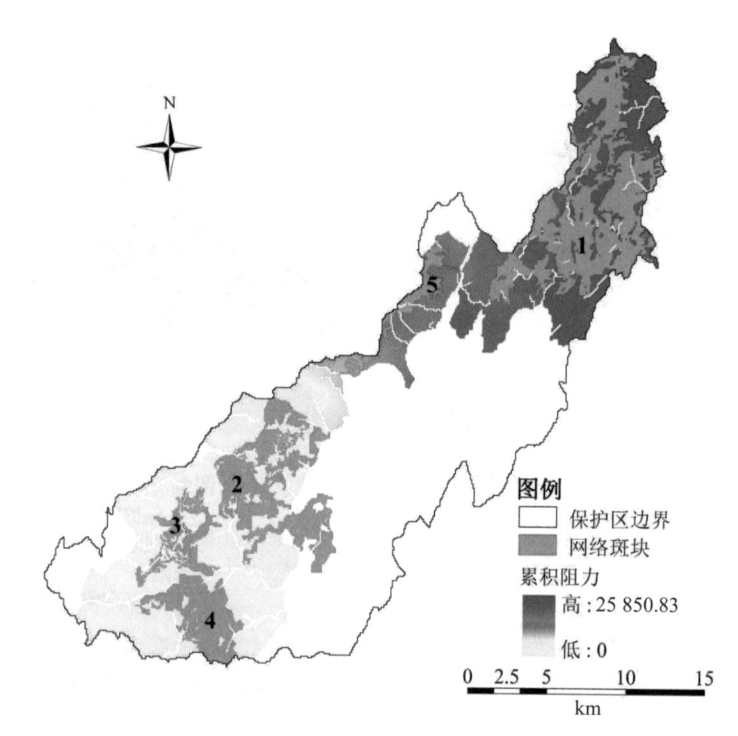

图 5-28　短尾猴保护网络代表斑块 4 的累积阻力面（跳板斑块增加后）

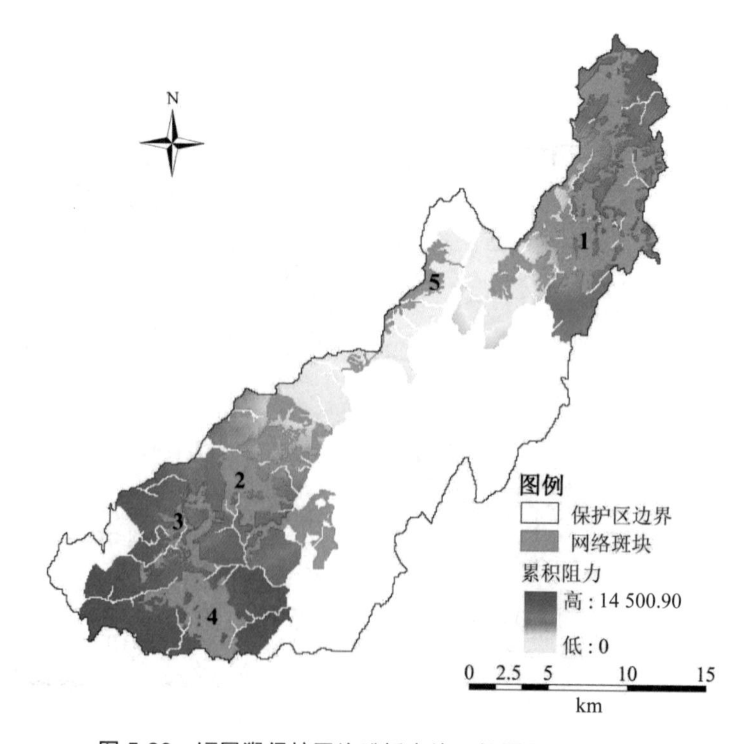

图 5-29　短尾猴保护网络跳板斑块 5 的累积阻力面

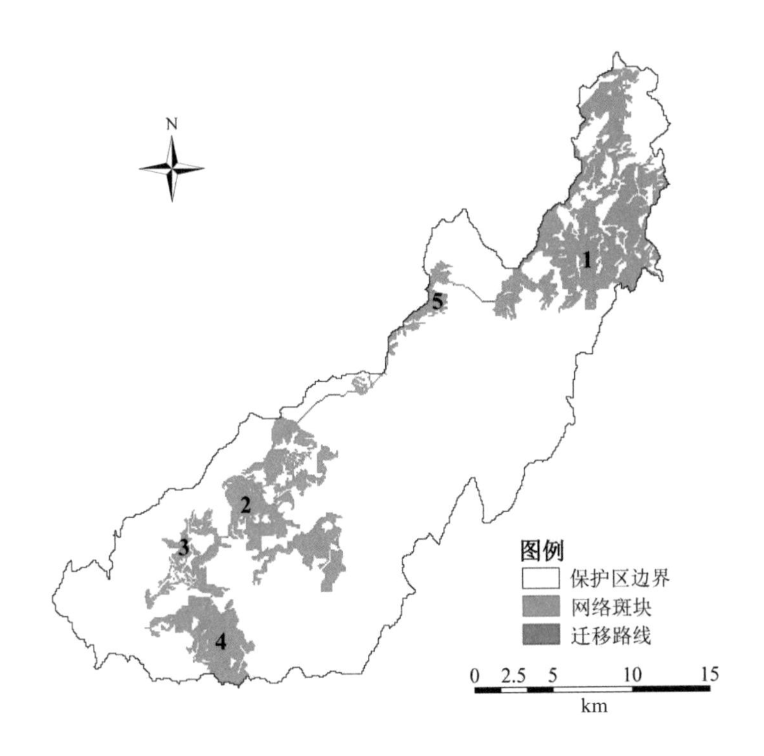

图 5-30 短尾猴保护网络

5.5.5.3 短尾猴保护网络跳板斑块的作用分析

为了解跳板斑块对短尾猴在保护网络中持续生存发展的影响，将它增加前后两两斑块之间短尾猴的空间迁移生态过程对其在各斑块以及整个网络中持续生存发展的支持水平加以对比。

在对比之前，首先需要明确跳板斑块增加前后短尾猴保护网络两两斑块之间存在的空间迁移生态过程。基于表 5-3，可将跳板斑块增加之前两两代表斑块间的短尾猴迁移生态过程整理如表 5-5 所示。

表 5-5 短尾猴保护网络两两代表斑块间的迁移生态过程（跳板斑块增加前）

斑块	环境元类型	迁移过程类型	空间迁移过程（l_{ij}）
1	输入	直接	—
		间接	—
	输出	直接	—
		间接	—

斑块	环境元类型	迁移过程类型	空间迁移过程（l_{ij}）
2	输入	直接	l_{23}
		间接	l_{234}
			l_{2323}
			l_{2343}
	输出	直接	l_{32}
		间接	l_{432}
			l_{3432}
3	输入	直接	l_{32}
			l_{34}
		间接	l_{3232}
			l_{3432}
			l_{3434}
			l_{3234}
	输出	直接	l_{23}
			l_{43}
		间接	—
4	输入	直接	l_{43}
		间接	l_{432}
			l_{4343}
			l_{4323}
	输出	直接	l_{34}
		间接	l_{234}
			l_{3234}

同时，参照图 5-30，以有向图形式表示跳板斑块增加之后，短尾猴在其保护网络各斑块之间能够实现的直接迁移过程（如图 5-31 所示）。

然后，构建跳板斑块增加之后短尾猴保护网络的同构邻接矩阵，利用网络环境元分析中路径计算方法，仍以 3 为路径长度 m 的限值，得到两两斑块间存在的直接空间迁移生态过程、间接空间迁移生态过程的数量。需注意的是，在计算任一斑块的输出间接迁移过程数量时，应将保护网络同构邻接矩阵中表征该斑块输入直接迁移过程项的数值由 1 改为 0，这样就可以排除掉同时以该斑块为起点和“跳板”的短尾猴间接迁移过程。图 5-32 以矩阵形式分别给出各斑块（输入环境元、输出环境元）自身的以及整个网络中的两两斑块之间的短尾猴迁移生态过程数量。

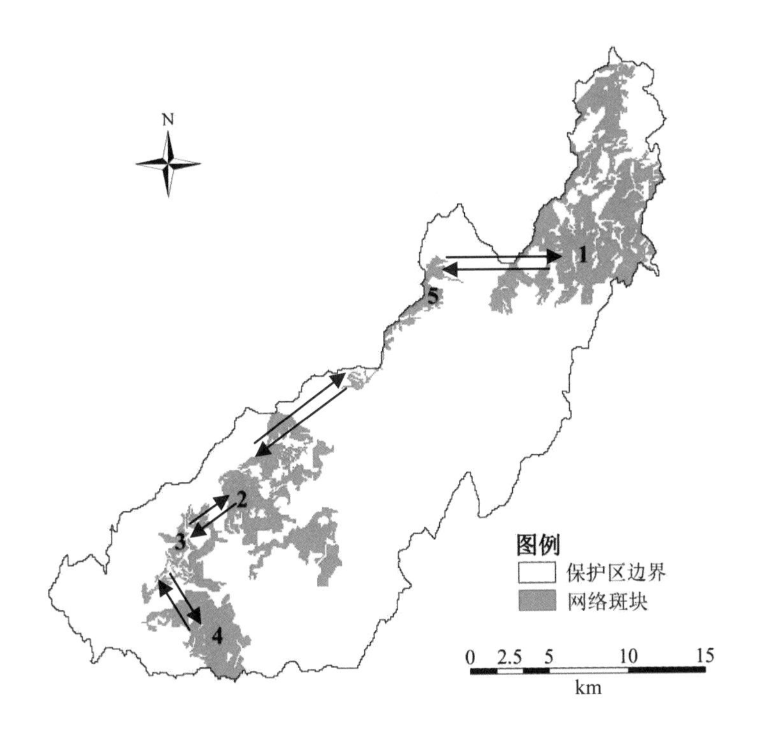

图 5-31 短尾猴保护网络中的直接迁移过程

$$A=\begin{bmatrix}0&0&0&0&1\\0&0&1&0&1\\0&1&0&1&0\\0&0&1&0&0\\1&1&0&0&0\end{bmatrix}\qquad A_{in}^{2}=\begin{bmatrix}0&1&0&0&0\\1&0&0&1&0\\0&0&0&0&1\\0&1&0&0&0\\0&0&1&0&0\end{bmatrix}$$

$$A_{in}^{3}=\begin{bmatrix}0&0&1&0&2\\0&0&3&0&3\\1&3&0&2&0\\0&0&2&0&1\\2&3&0&1&0\end{bmatrix}\qquad A_{out}^{2}=\begin{bmatrix}0&1&0&0&0\\1&0&0&1&0\\0&0&0&0&1\\0&1&0&0&0\\0&0&1&0&0\end{bmatrix}$$

$$A_{out}^{3}=\begin{bmatrix}0&0&1&0&0\\0&0&1&0&1\\1&1&0&1&0\\0&0&0&0&1\\1&1&0&1&0\end{bmatrix}\qquad L_{in}=\begin{bmatrix}0&1&1&0&3\\1&0&4&1&4\\1&4&0&3&1\\0&1&3&0&1\\3&4&1&1&0\end{bmatrix}$$

$$
\boldsymbol{L}_{\text{out}}=\begin{bmatrix}0&1&1&0&1\\1&0&2&1&2\\1&2&0&2&1\\0&1&1&0&1\\2&2&1&1&0\end{bmatrix}
$$

图 5-32 短尾猴保护网络两两斑块间迁移生态过程数量（跳板斑块增加后）

根据表 5-3 和图 5-32，可对跳板斑块增加前后各代表斑块自身的以及整个保护网络中的两两斑块之间的短尾猴空间迁移生态过程数量进行比较。对比结果显示：增加跳板斑块之后，与各代表斑块有关的两两斑块间短尾猴迁移生态过程数量皆有所增加，其中以代表斑块 1 和代表斑块 2 增加最多，均为 9 个，其次是代表斑块 3，增加 6 个，代表斑块 4 增加最少，为 2 个。此外，整个保护网络两两斑块间的短尾猴空间迁移生态过程由 22 个增至 62 个。

结合图 5-31 和图 5-32，分析跳板斑块增加之后短尾猴保护网络两两斑块间存在的直接空间迁移生态过程、间接空间迁移生态过程，如表 5-6 所示。

表 5-6 短尾猴保护网络两两斑块间的迁移生态过程（跳板斑块增加后）

斑块	环境元类型	迁移过程类型	空间迁移过程（l_{ij}）
1	输入	直接	l_{15}
		间接	l_{152}
			l_{1523}
			l_{1525}
			l_{1515}
	输出	直接	l_{51}
		间接	l_{251}
			l_{3251}
			l_{5251}
2	输入	直接	l_{23}
			l_{25}
		间接	l_{251}
			l_{234}
			l_{2323}
			l_{2343}
			l_{2523}
			l_{2525}
			l_{2325}
			l_{2515}

斑块	环境元类型	迁移过程类型	空间迁移过程（l_{ij}）
2	输出	直接	l_{32}
			l_{52}
		间接	l_{152}
			l_{432}
			l_{3432}
			l_{5152}
3	输入	直接	l_{32}
			l_{34}
		间接	l_{325}
			l_{3251}
			l_{3232}
			l_{3252}
			l_{3432}
			l_{3434}
			l_{3234}
	输出	直接	l_{23}
			l_{43}
		间接	l_{523}
			l_{1523}
			l_{2523}
4	输入	直接	l_{43}
		间接	l_{432}
			l_{4343}
			l_{4323}
			l_{4325}
	输出	直接	l_{34}
		间接	l_{234}
			l_{3234}
			l_{5234}
5	输入	直接	l_{51}
			l_{52}
		间接	l_{523}
			l_{5151}
			l_{5251}
			l_{5252}
			l_{5232}
			l_{5152}
			l_{5234}
	输出	直接	l_{15}
			l_{25}
		间接	l_{325}
			l_{2325}
			l_{4325}

以各斑块的累积阻力面以及短尾猴由相应斑块向外进行直接迁移的最小空间阻力路线为依据，利用式（5-12），对跳板斑块增加前后短尾猴在各斑块之间的直接迁移可能性进行计算，结果以矩阵形式表述，如图 5-33 所示。

$$\boldsymbol{p}_{ij}^{\text{before}}=\begin{bmatrix}0&0&0&0\\0&0&0.94&0\\0&0.94&0&0.95\\0&0&0.95&0\end{bmatrix}$$

$$\boldsymbol{p}_{ij}^{\text{after}}=\begin{bmatrix}0&0&0&0&0.53\\0&0&0.94&0&0.3\\0&0.94&0&0.95&0\\0&0&0.95&0&0\\0.53&0.3&0&0&0\end{bmatrix}$$

图 5-33　跳板斑块增加前后斑块间直接迁移可能性

参照表 5-5 和表 5-6 所示的跳板斑块增加前后短尾猴的各个直接迁移过程、间接迁移过程（如附录 2 所示），将斑块间的直接迁移可能性值依次代入式（5-13）、式（5-9）和式（5-10），计算短尾猴在各斑块以及整个保护网络中的灭绝可能性，结果如表 5-7 所示。

表 5-7　跳板斑块增加前后短尾猴的灭绝可能性

斑块	灭绝可能性	
	跳板斑块增加前	跳板斑块增加后
1	1	8.44×10^{-2}
2	2.18×10^{-7}	4.01×10^{-8}
3	7.66×10^{-9}	2.35×10^{-9}
4	1.47×10^{-7}	7.85×10^{-8}
5	—	1.10×10^{-2}
保护网络	2.46×10^{-22}	6.89×10^{-27}

从表 5-7 中可以发现，在代表斑块 1 和代表斑块 2 之间增加跳板斑块后，各代表斑块以及整个保护网络中短尾猴的灭绝可能性都有所降低。其中，代表斑块 1 中的短尾猴灭绝可能性下降幅度最大，为 0.916，而短尾猴在代表斑块 3 中的灭绝可能性减小得最少，为 5.31×10^{-9}。同时，跳板斑块增加之前短尾猴在整个保护网络中的灭绝可能性值是增加后的 2.80×10^{-5}，说明伴随两两斑块间短尾猴空间迁移生态过程的增多，它们对短尾猴在其保护网络中持续生存发展的支持水平大幅提高。

5.6 城市自然保护区多物种保护网络辨识

5.6.1 自然保护区多物种保护网络辨识方法

前文基于自然保护区生物保护网络辨识方法框架，针对单个物种的保护，分别提出了代表斑块遴选、空间迁移过程模拟以及跳板斑块选取的方法，这些方法衔接在一起，能够有效地服务于自然保护区中单个物种保护网络的辨识。鉴于自然保护区可以对多个物种起保护作用，同样在自然保护区生物保护网络辨识的方法框架下，考虑到不同物种在生存环境条件要求和空间迁移特征等方面的差异性，本研究提出针对多物种的自然保护区生物保护网络辨识的分步叠加方法，具体如下。

（1）代表斑块遴选——第一步叠加

针对需保护的每个目标物种，分别对其在自然保护区各单元中的存在可能性进行模拟，进而确定能够较好地代表它们的斑块。然后，对各目标物种的代表斑块遴选结果进行叠加，得到自然保护区多物种保护网络的代表斑块。

（2）空间迁移过程模拟及人为障碍的识别

针对每个目标物种，在已确定的代表斑块中，分别选出满足它们对生存空间需求的斑块。然后，以这些斑块为源，建立累积阻力面，模拟这些斑块间目标物种的直接迁移生态过程，并识别自然保护区中存在的人为障碍。

（3）跳板斑块选取——第二步叠加

在自然保护区中，针对阻断每个目标物种在满足其生存空间要求的代表斑块间直接迁移生态过程的人为障碍，分别进行跳板斑块选取。然后，将用于修复各目标物种空间迁移生态过程的跳板斑块叠加起来，得到自然保护区多物种保护网络的跳板斑块。

（4）斑块间迁移路线确定

针对每个目标物种，分别模拟该目标物种在满足其生存空间需求的各代表斑块及保护这些代表斑块间物种空间迁移生态过程的各跳板斑块之间进行直接迁移的最小空间阻力路线，并识别出相应的单元。

可以看到，本研究构建的自然保护区多物种保护网络辨识方法，以前述单物种保护网络辨识方法为基础，主要表现为单物种保护网络辨识过程中代表斑块和跳板斑块的二次叠加。

5.6.2 城市自然保护区多物种保护网络辨识的案例研究

仍以福建武夷山国家级自然保护区为案例研究地区，增加一个物种——白鹇，辨识它和短尾猴在保护区中的多物种保护网络。

5.6.2.1 短尾猴、白鹇保护网络代表斑块遴选

对于短尾猴在福建武夷山国家级自然保护区中的存在可能性分布和代表斑块选取，已在上一节中进行了相关探讨。因此，本部分首先针对白鹇遴选其在保护区内的代表斑块，然后将两物种的代表斑块加以叠加。

（1）白鹇介绍

白鹇是主产于我国的珍稀野生雉类，属国家二级重点保护野生动物，在我国浙江、江西、福建、安徽、广东、广西、海南及西南地区分布较为广泛（邵晨等，2005）。它是以地面活动为主的山地森林栖息鸟类。据野外调查，白鹇对海拔 380～1 850 m、坡度小于 30°、与水源较近的生境具有较为明显的倾向性。栖息地植被主要有常绿阔叶林、沟谷雨林、针阔混交林、竹林、落叶阔叶混交林和灌木林。除此之外，白鹇在冬季喜栖息于光照较好的阳坡，并且对人类干扰较为敏感，如在道路两侧 1 km 的范围内，很少见到其活动踪迹（高育仁，1996；熊志斌等，2003；程松林等，2009）。

（2）白鹇分布

由《福建武夷山国家级自然保护区总体规划（2001—2010）》，可获取白鹇在保护区中的 9 个存在样点。根据白鹇对前述栖息地自然环境条件的需要，与模拟短尾猴可能性分布时相同，选取植被类型、海拔、坡度、坡向以及与水源间距离 5 个自然环境变量。同时，将各单元与道路间距离、与建设工程间距离以及与旅游景区间距离作为考察保护区内人类活动在各单元中干扰强度的变量。

利用 MaxEnt 模型，在不考虑自然保护区中表征人类干扰和自然水体的单元的前提下，基于其中的线性（linear）和乘积型（product）两种特征（Phillips et al.，2006），随机选取 7 个和 2 个存在样点分别作为训练样本和测试样本，对白鹇的可能性分布进行模拟，进而参照表 5-1 中单元分类标准，将所有单元分成三类，如图 5-34 所示。结果表明：在福建武夷山国家级自然保护区中，白鹇在其中具有高存在可能性的单元（1 类）占总数的 3.53%，中存在可能性的单元（2 类）占 30.04%，低存在可能性的单元（3 类）则占 66.43%。与短尾猴分布相类似，在保护区人类活动较为密集的地区，白鹇的存在可能性也比较低。

（3）白鹇的代表斑块遴选

按照白鹇的巢区面积，在由 1 类单元、2 类单元组成的斑块中进行筛选、合并，最终得到白鹇在福建武夷山国家级自然保护区中的 18 个代表斑块（如图 5-35 所示）。

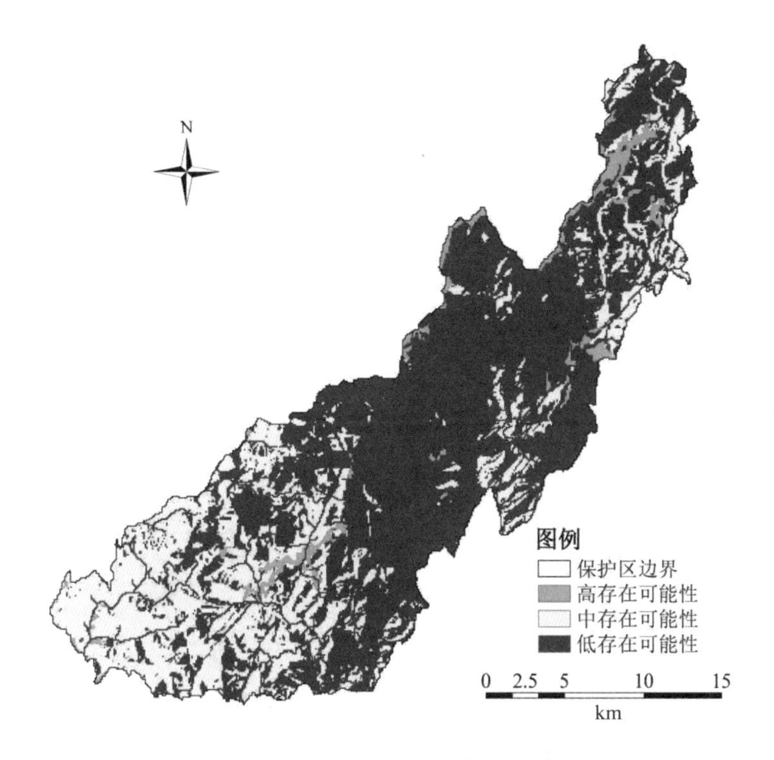

图 5-34　白鹇存在可能性单元分类

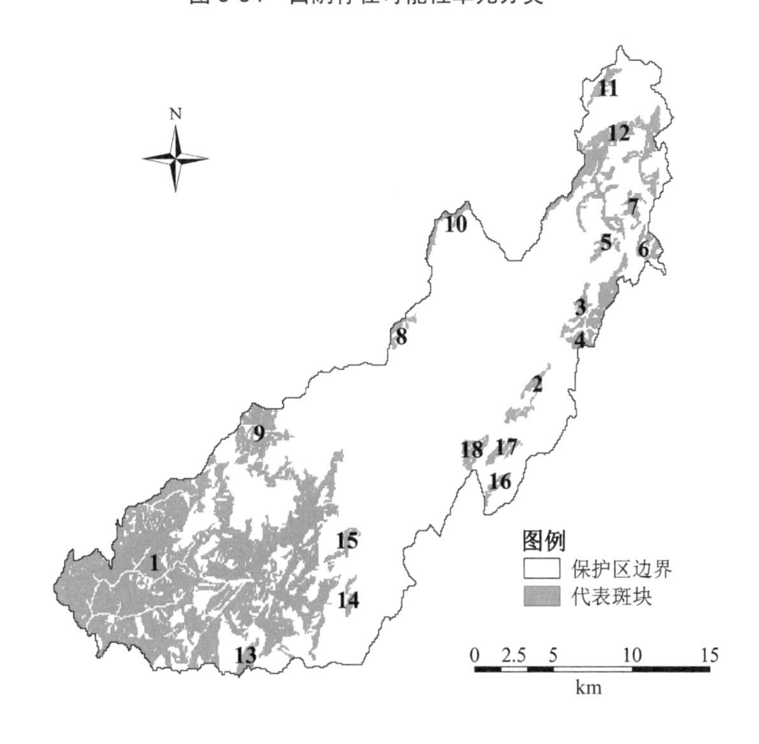

图 5-35　白鹇的代表斑块

（4）短尾猴、白鹇保护网络代表斑块

将图 5-5 中所示短尾猴在福建武夷山国家级自然保护区中的 4 个代表斑块与白鹇的 18 个代表斑块叠加起来，并对具有共同单元的斑块进行合并，得到短尾猴、白鹇保护网络的代表斑块，共计 10 个（如图 5-36 所示）。

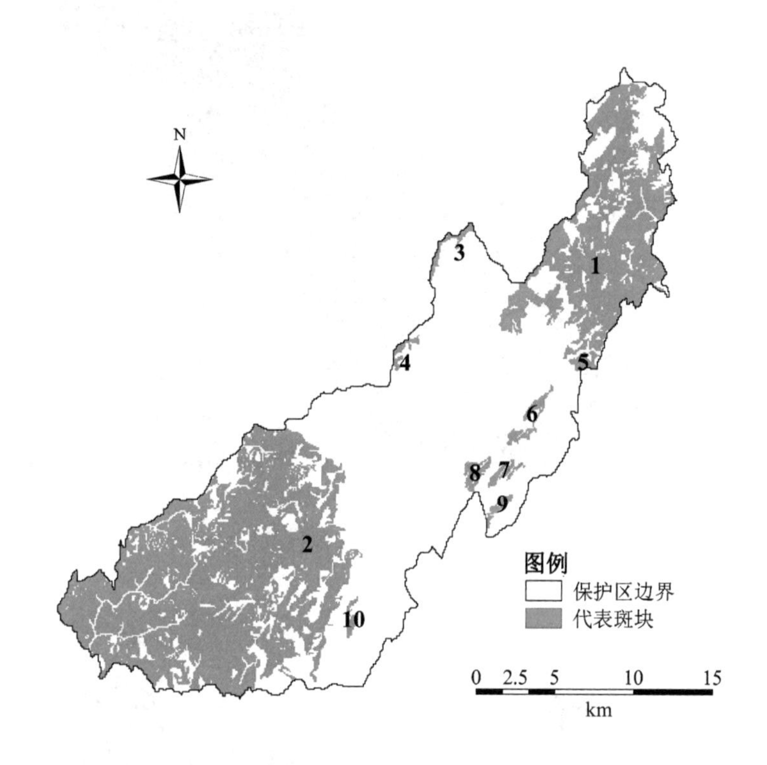

图 5-36　短尾猴、白鹇保护网络的代表斑块

从选出的代表斑块中，以生存空间需求（巢区面积）为准，分别提取能够有效代表短尾猴和白鹇的斑块。对于白鹇而言，图 5-36 中所示的所有代表斑块皆为有效。而对于短尾猴而言，则只有代表斑块 1 和代表斑块 2 满足要求（如图 5-37 所示）。表 5-8 和表 5-9 分别给出了能够有效代表短尾猴和白鹇的各斑块的面积、生境适宜性以及所包含 1 类单元、2 类单元的数量。

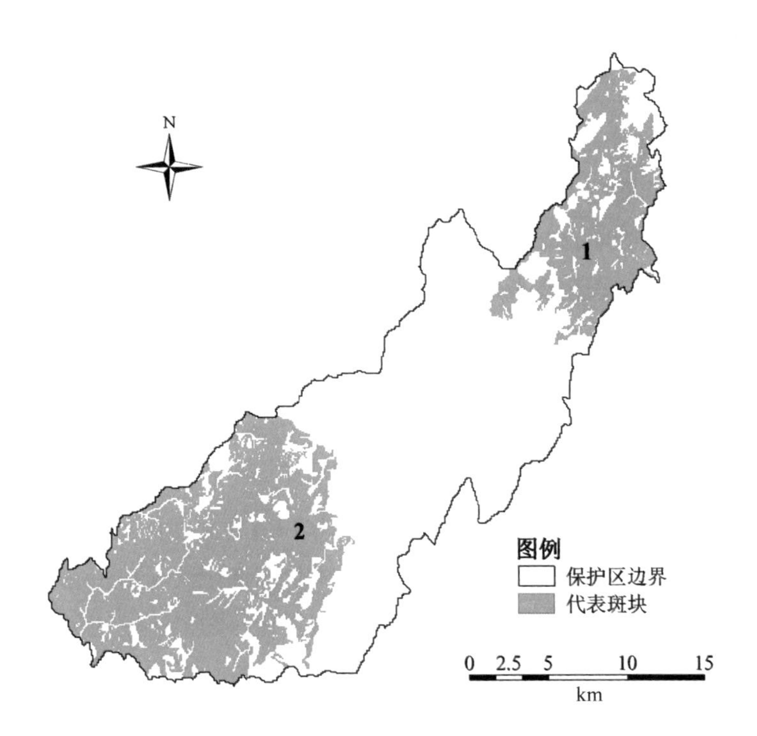

图 5-37　有效代表短尾猴的斑块

表 5-8　有效代表短尾猴的各斑块面积、生境适宜性以及包含 1 类单元、2 类单元数量

代表斑块	面积/km^2	1 类单元	2 类单元	生境适宜性
1	66.74	791	7 505	0.43
2	155.59	1 251	18 585	0.29

表 5-9　有效代表白鹇的各斑块面积、生境适宜性以及包含 1 类单元、2 类单元数量

代表斑块	面积/km^2	1 类单元	2 类单元	生境适宜性
1	66.74	1 052	7 244	0.35
2	155.59	739	19 097	0.40
3	1.52	182	8	0.75
4	1.01	124	4	0.74
5	1.31	135	37	0.69
6	2.05	9	234	0.34
7	1.26	0	152	0.34
8	1.70	0	223	0.38
9	0.94	0	100	0.28
10	0.88	0	94	0.30

5.6.2.2 代表斑块间迁移过程模拟及人为障碍的识别

针对短尾猴和白鹇，分别建立两个模拟分析情景：情景一，将保护区内水体和存在的人类干扰一并作为短尾猴或白鹇在代表斑块间进行空间迁移的障碍；情景二，只考虑保护区内水体的障碍影响。

（1）短尾猴迁移过程模拟及人为障碍识别

在两个情景下，以短尾猴在保护区除障碍物以外所有单元中的耗费系数为基础，利用最小耗费距离模型，分别将代表斑块 1 和代表斑块 2 作为短尾猴向外进行空间迁移的源，建立累积阻力面，结果如图 5-38 和图 5-39（情景一）、图 5-40 和图 5-41（情景二）所示。

对比两情景下代表斑块 1 和代表斑块 2 的累积阻力面，可断定福建武夷山国家级自然保护区中存在的人类干扰阻断了短尾猴在两斑块间的空间迁移生态过程。进一步地，通过辨识情景二中短尾猴在两代表斑块间进行直接迁移的最小空间阻力路线，明确人为障碍包括 5 条道路和 1 个旅游景区（如图 5-42 所示）。

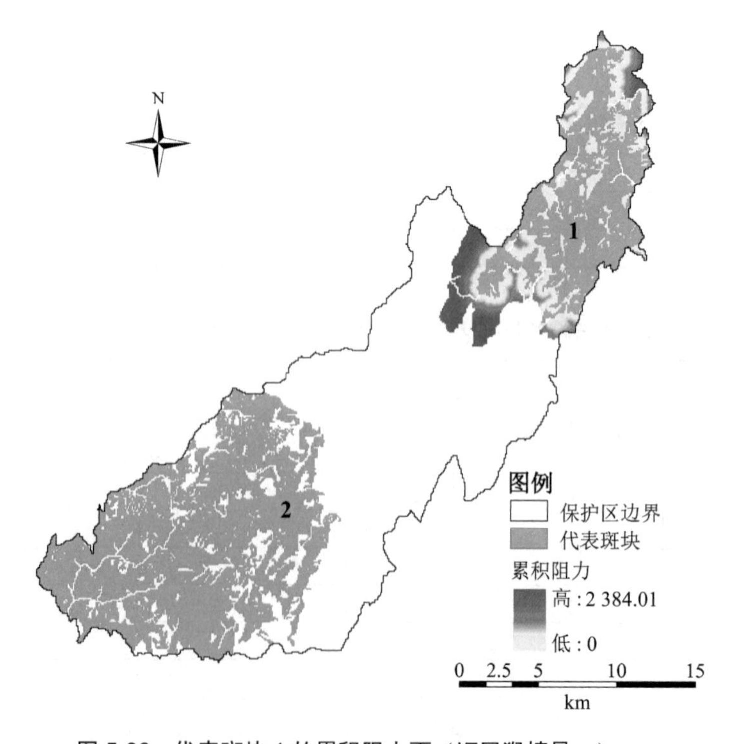

图 5-38 代表斑块 1 的累积阻力面（短尾猴情景一）

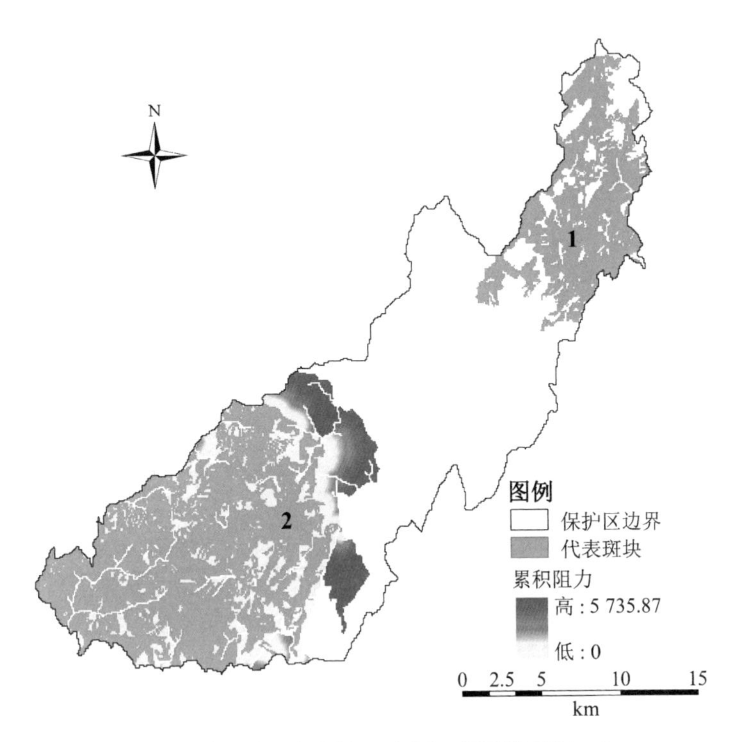

图 5-39 代表斑块 2 的累积阻力面（短尾猴情景一）

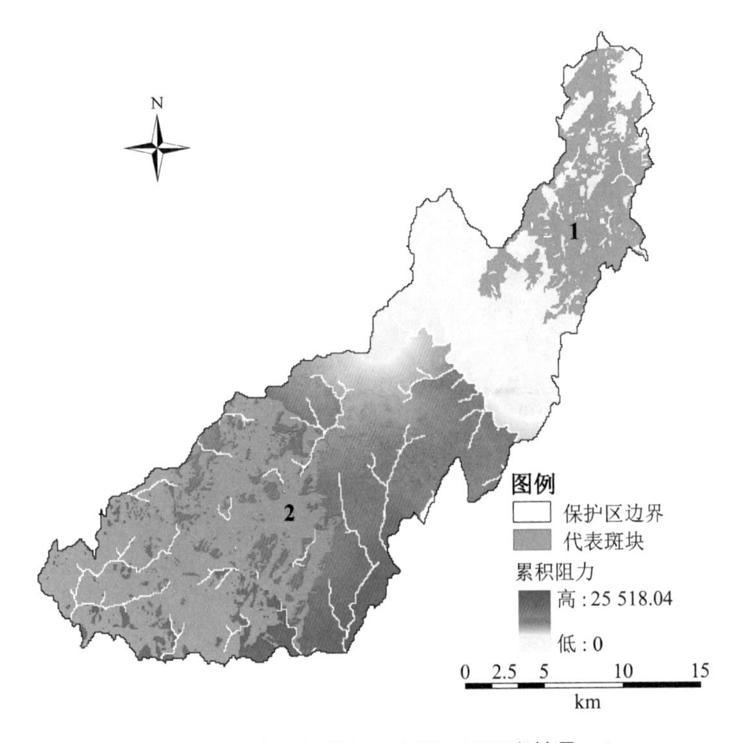

图 5-40 代表斑块 1 的累积阻力面（短尾猴情景二）

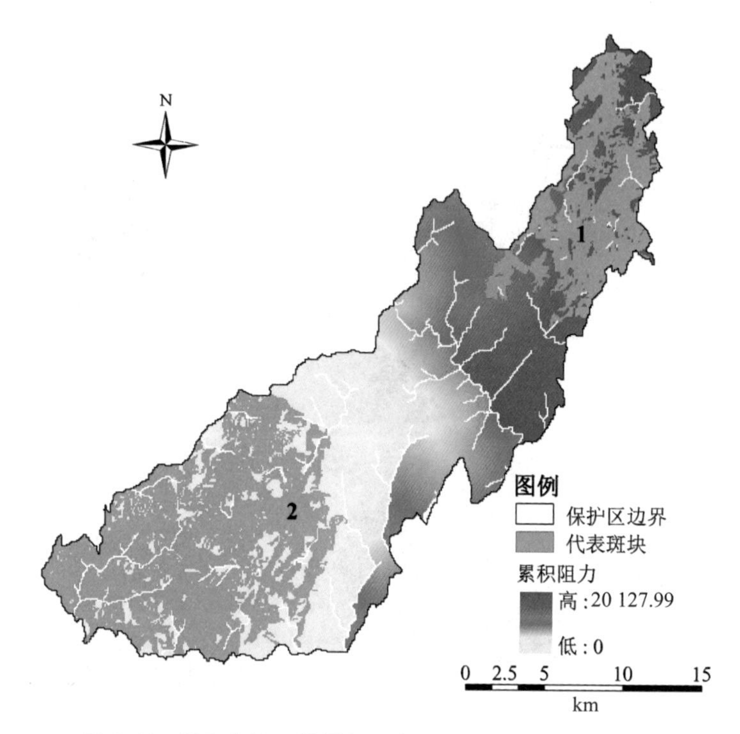

图 5-41 代表斑块 2 的累积阻力面（短尾猴情景二）

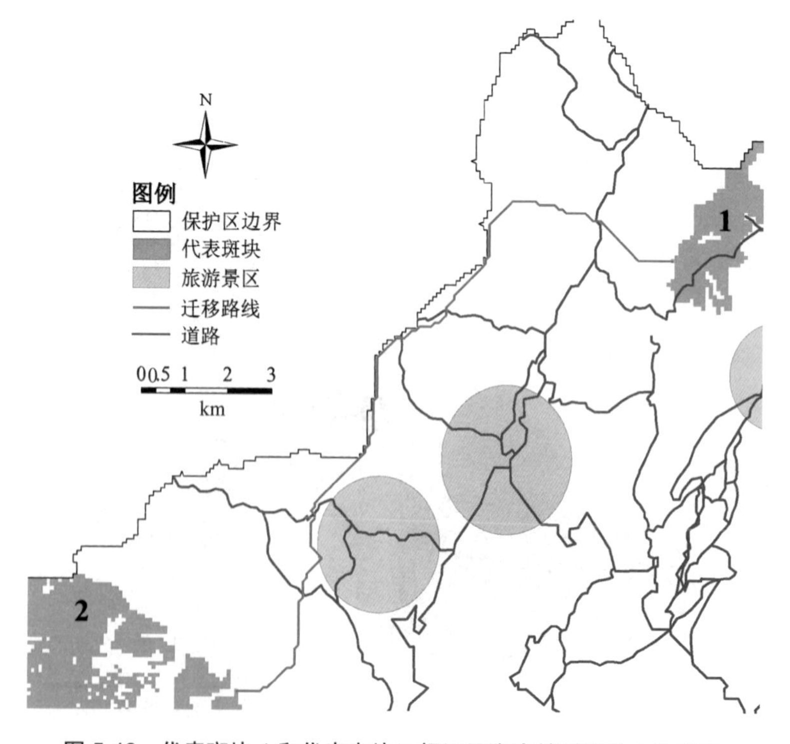

图 5-42 代表斑块 1 和代表斑块 2 间短尾猴直接迁移的人为障碍

（2）白鹇迁移过程模拟及人为障碍识别

以遴选出的短尾猴、白鹇保护网络中的所有代表斑块为白鹇空间迁移过程的源，在两个情景下，分别采用最小耗费距离模型构建各代表斑块的累积阻力面，结果如图5-43～图5-52（情景一）和图5-53～图5-62（情景二）所示。

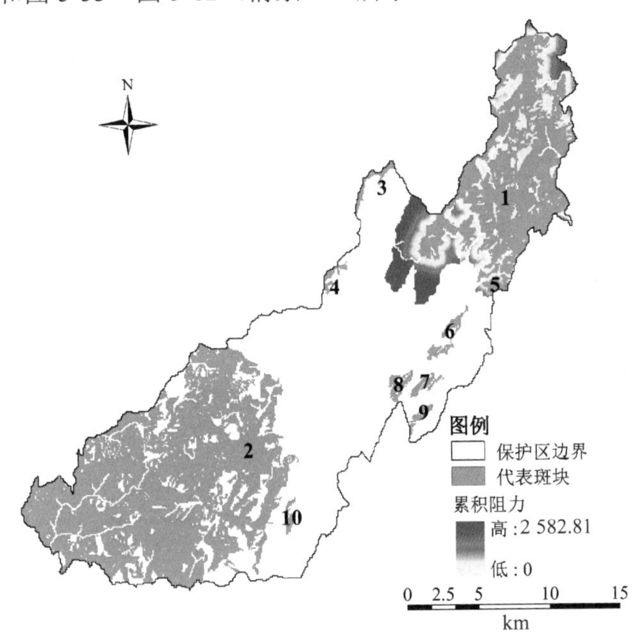

图5-43　代表斑块1的累积阻力面（白鹇情景一）

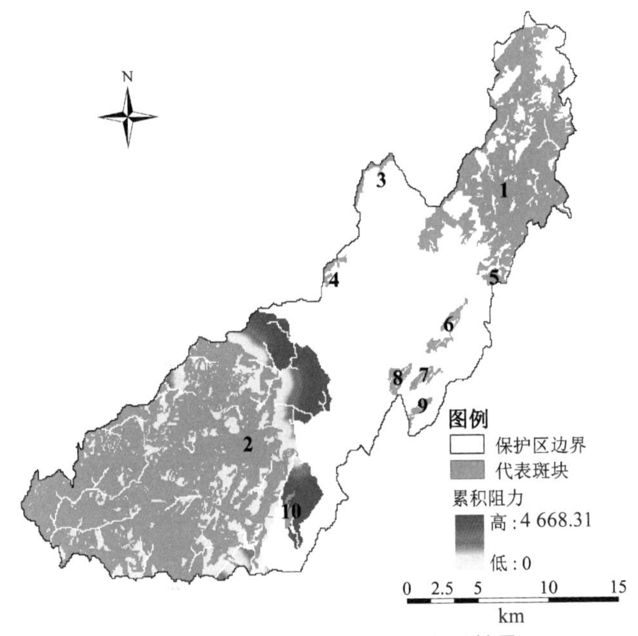

图5-44　代表斑块2的累积阻力面（白鹇情景一）

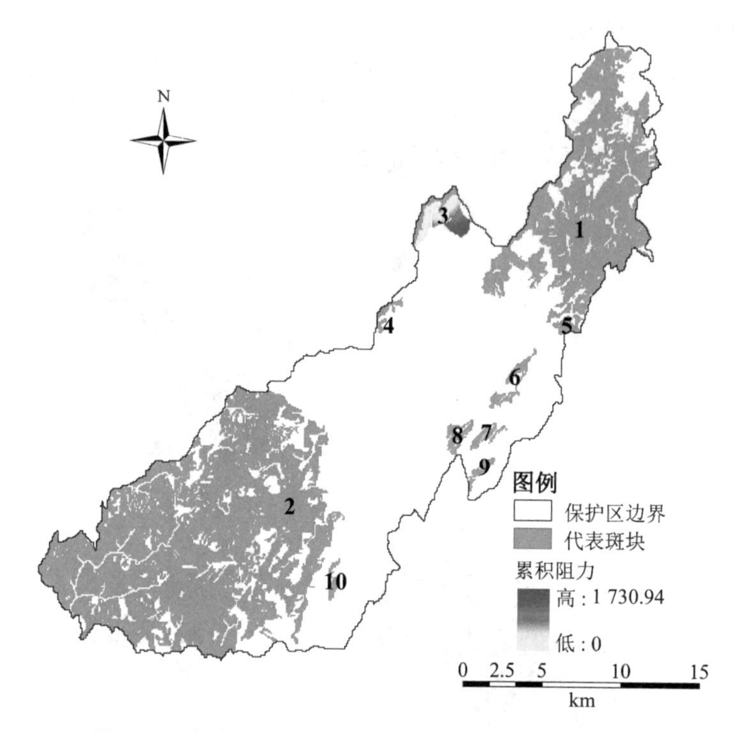

图 5-45　代表斑块 3 的累积阻力面（白鹇情景一）

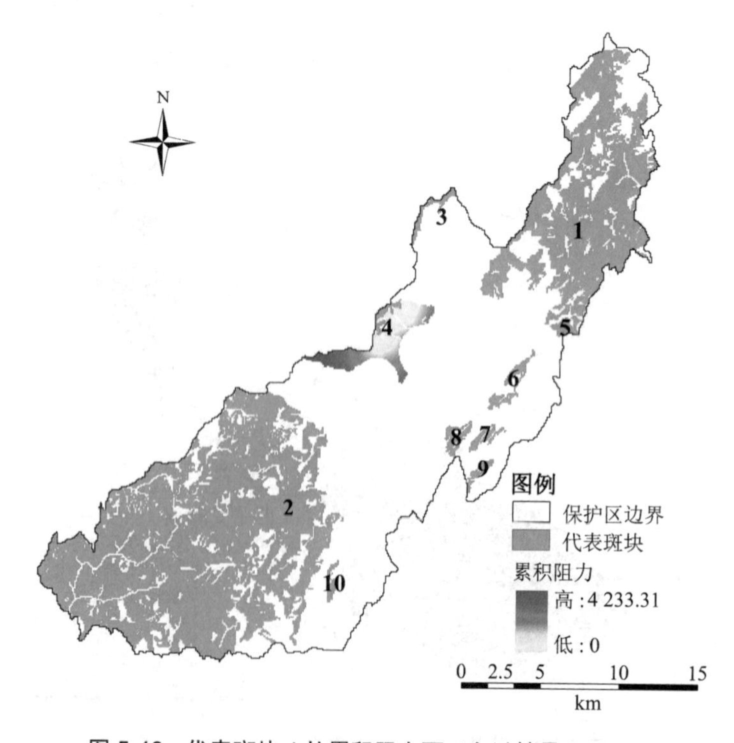

图 5-46　代表斑块 4 的累积阻力面（白鹇情景一）

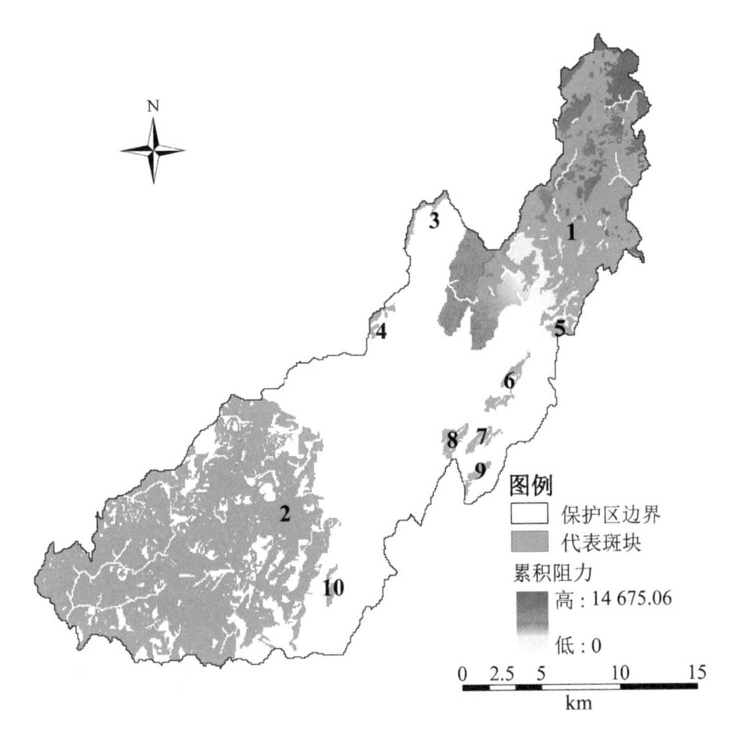

图5-47　代表斑块5的累积阻力面（白鹇情景一）

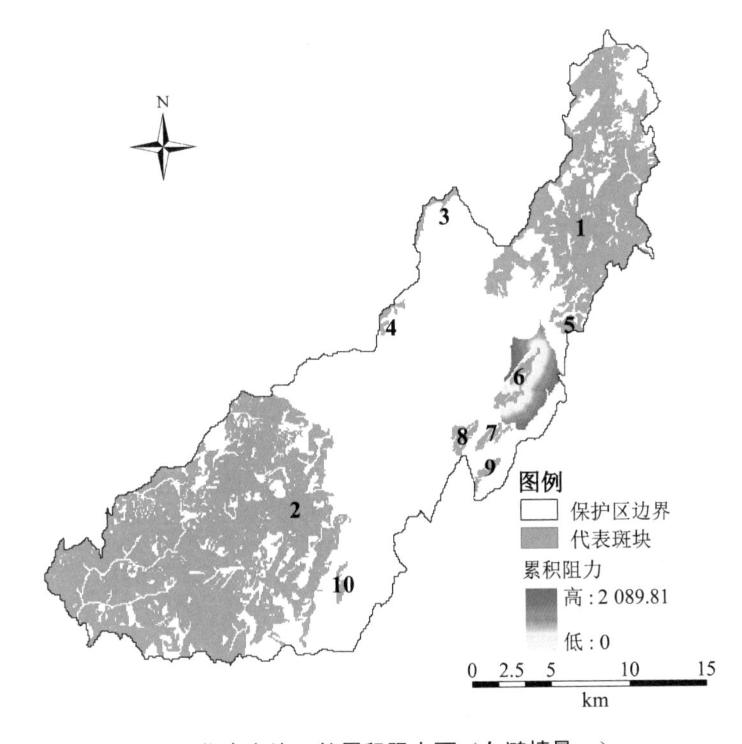

图5-48　代表斑块6的累积阻力面（白鹇情景一）

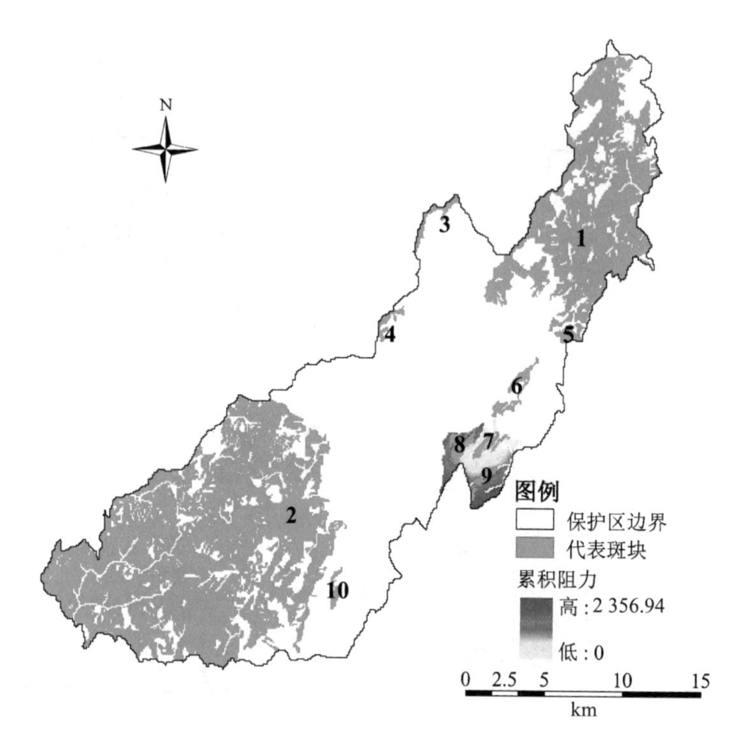

图 5-49 代表斑块 7 的累积阻力面（白鹇情景一）

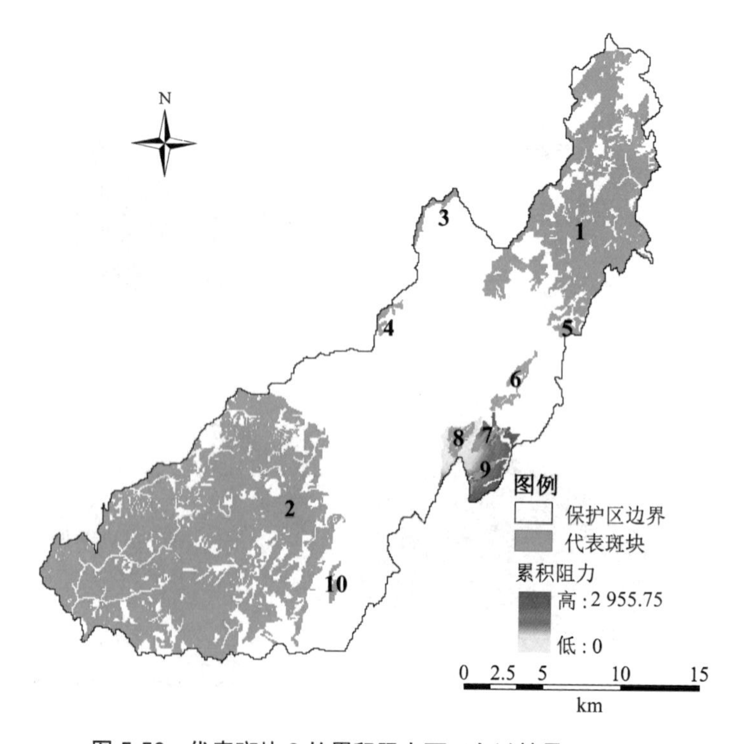

图 5-50 代表斑块 8 的累积阻力面（白鹇情景一）

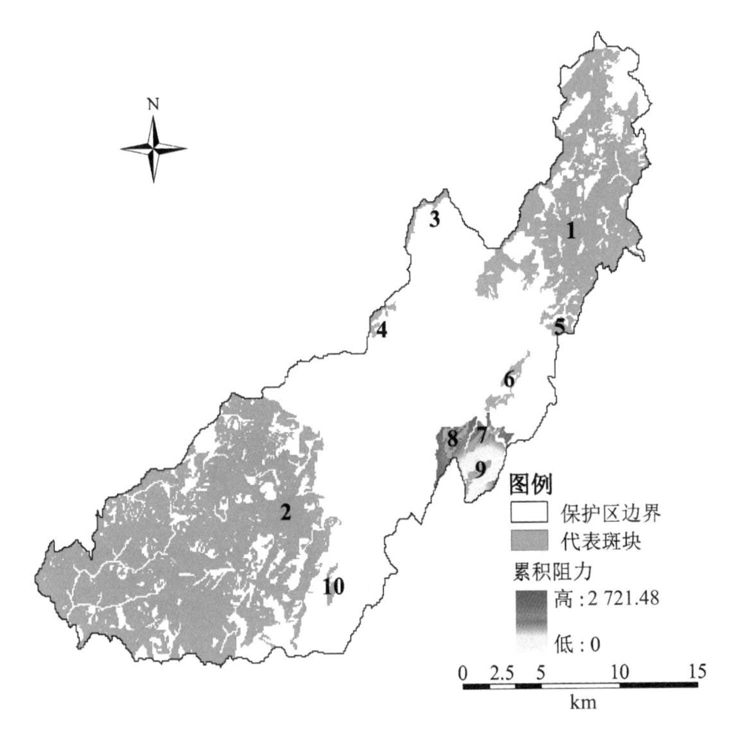

图 5-51　代表斑块 9 的累积阻力面（白鹇情景一）

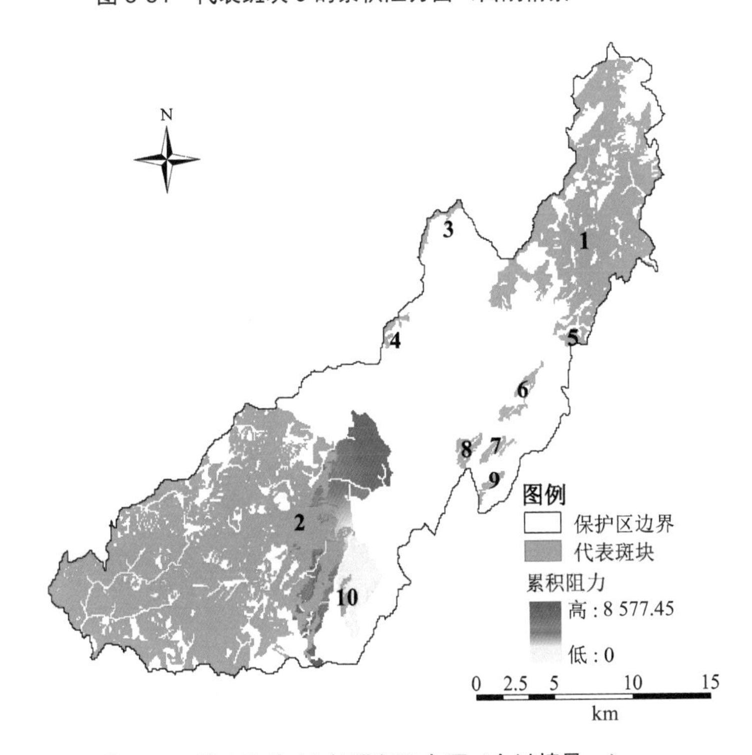

图 5-52　代表斑块 10 的累积阻力面（白鹇情景一）

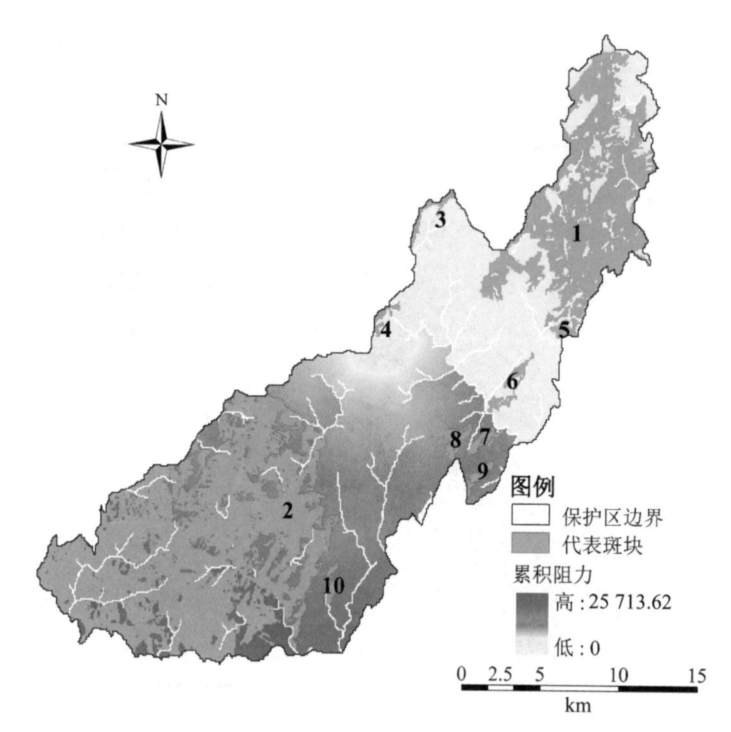

图 5-53 代表斑块 1 的累积阻力面（白鹇情景二）

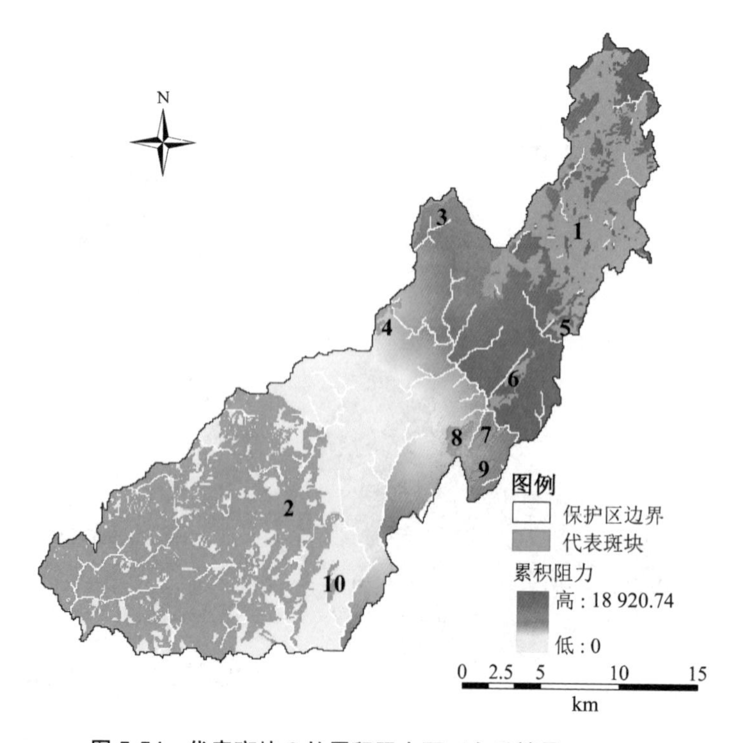

图 5-54 代表斑块 2 的累积阻力面（白鹇情景二）

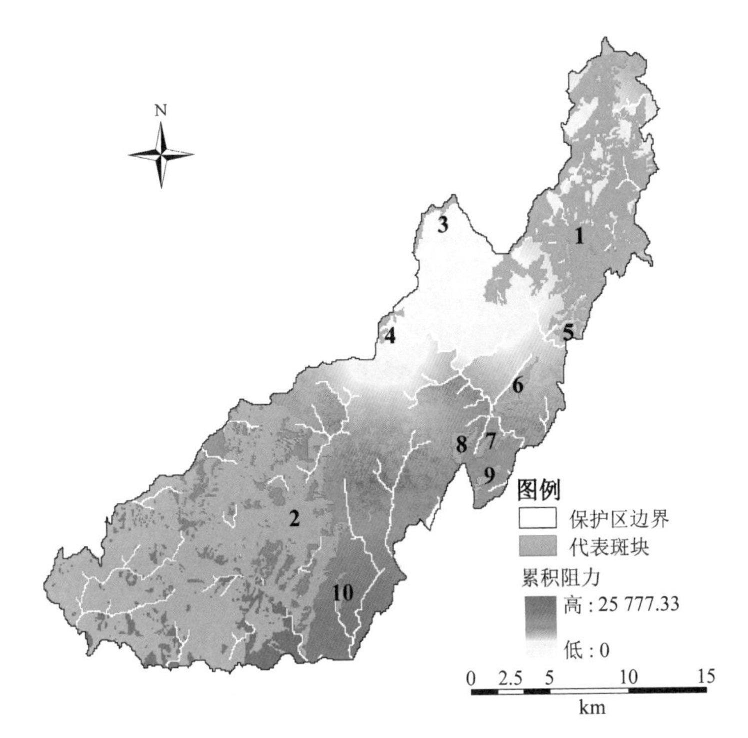

图 5-55　代表斑块 3 的累积阻力面（白鹇情景二）

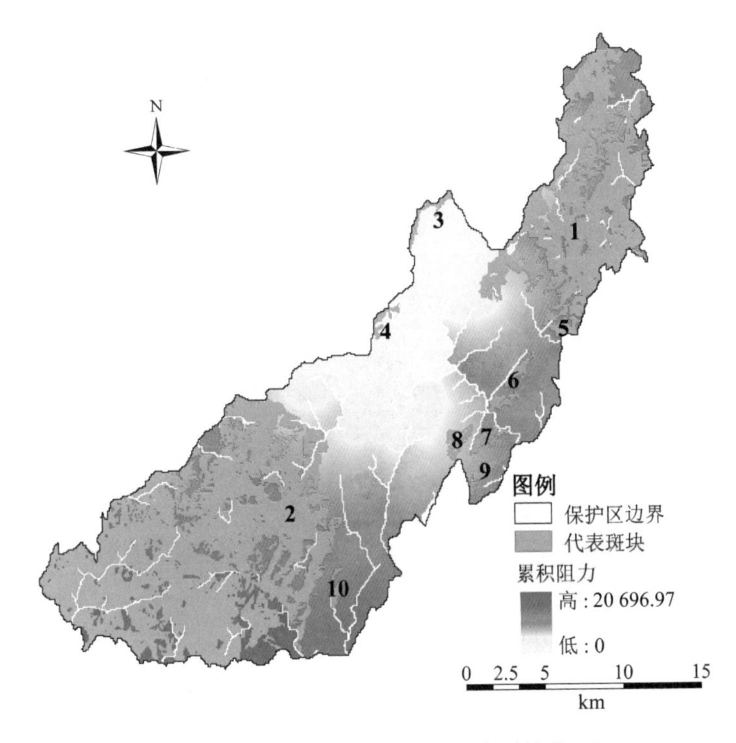

图 5-56　代表斑块 4 的累积阻力面（白鹇情景二）

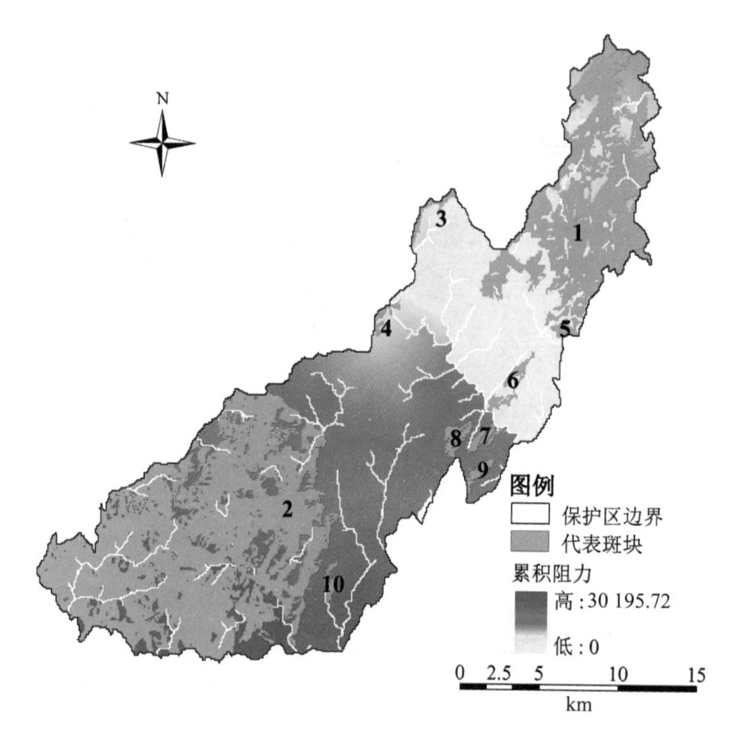

图 5-57 代表斑块 5 的累积阻力面（白鹇情景二）

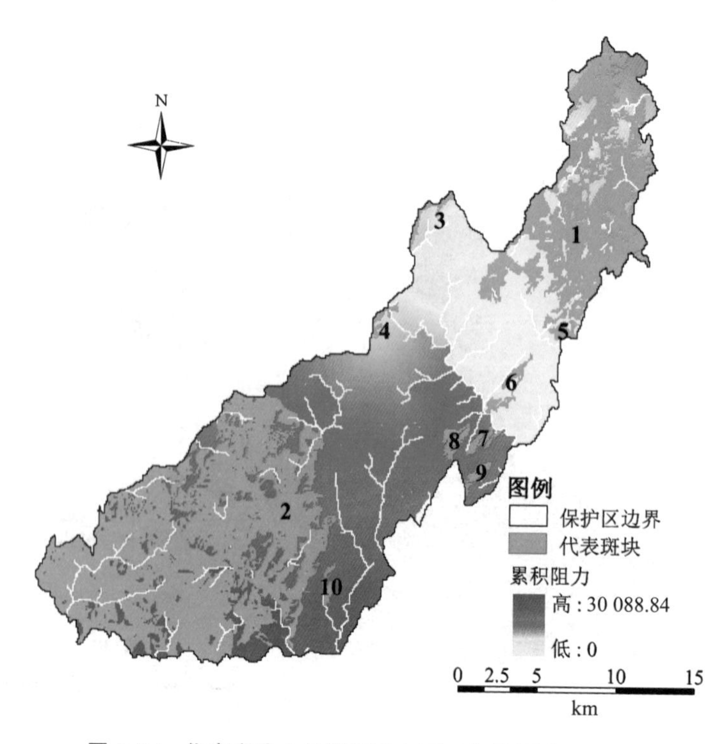

图 5-58 代表斑块 6 的累积阻力面（白鹇情景二）

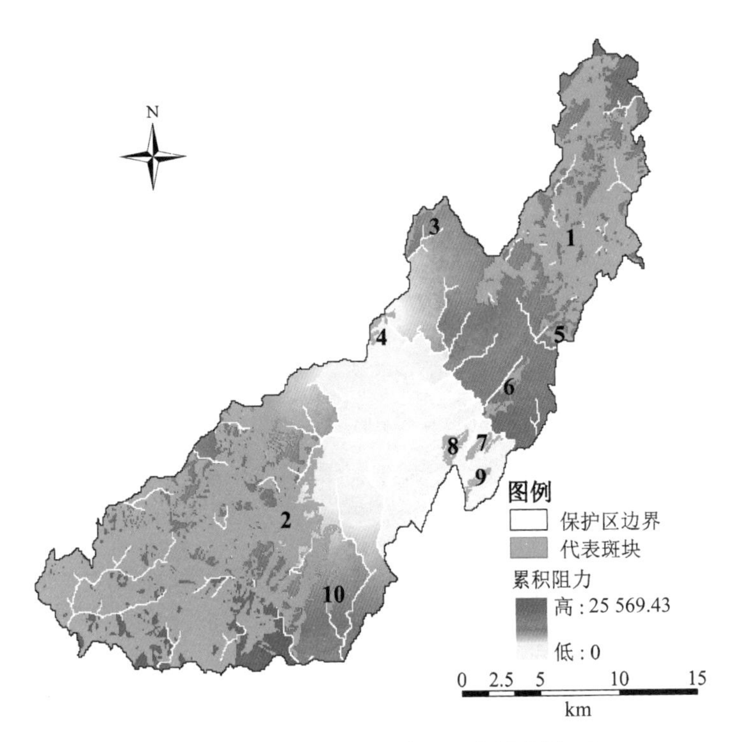

图 5-59　代表斑块 7 的累积阻力面（白鹇情景二）

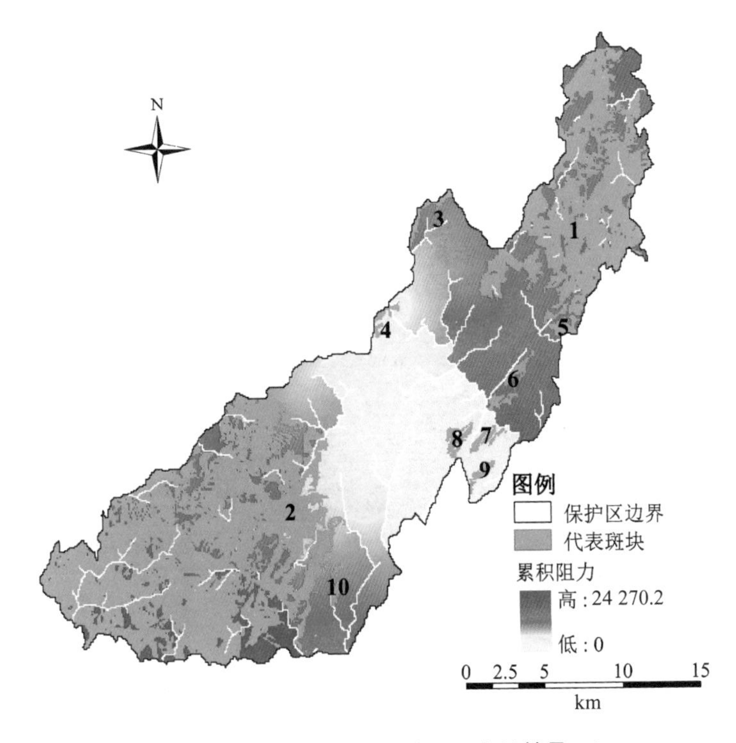

图 5-60　代表斑块 8 的累积阻力面（白鹇情景二）

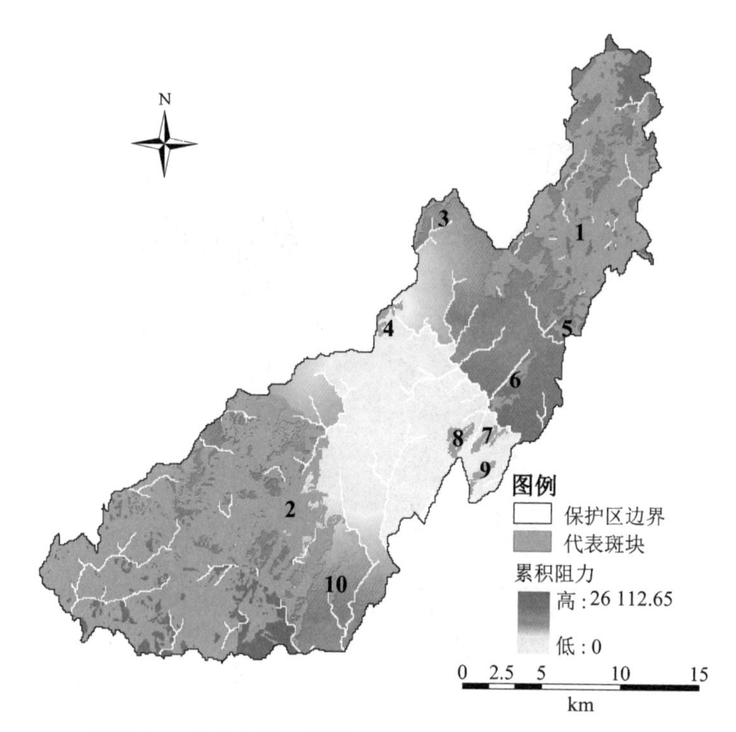

图 5-61　代表斑块 9 的累积阻力面（白鹇情景二）

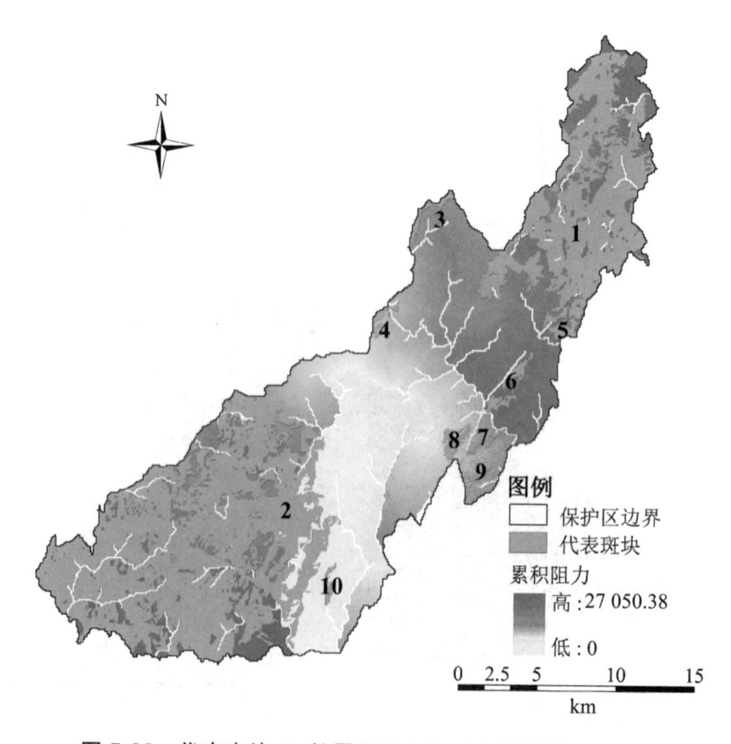

图 5-62　代表斑块 10 的累积阻力面（白鹇情景二）

通过对比两情景下各代表斑块的累积阻力面可以发现，福建武夷山国家级自然保护区中人类干扰的存在将白鹇在保护区中的空间迁移生态过程限制于代表斑块 1 和代表斑块 5、代表斑块 2 和代表斑块 10 以及代表斑块 7、代表斑块 8 和代表斑块 9 之间。以得到的累积阻力面为基础，分别模拟白鹇在情景一中上述代表斑块之间以及情景二中所有代表斑块之间进行迁移的最小空间阻力路线，从而识别出两情景中能够完成的直接迁移过程。结果表明，考虑保护区内人类干扰的障碍影响时，白鹇的直接迁移过程共有 10 个，分别在代表斑块 1 和代表斑块 5、代表斑块 2 和代表斑块 10、代表斑块 7 和代表斑块 8、代表斑块 7 和代表斑块 9 以及代表斑块 8 和代表斑块 9 之间（如图 5-63 所示）。当不考虑人类干扰的障碍影响时，与情景一相比，白鹇在代表斑块间可以实现的直接迁移过程增加了 16 个，分别位于代表斑块 1 和代表斑块 3、代表斑块 1 和代表斑块 4、代表斑块 1 和代表斑块 6、代表斑块 2 和代表斑块 4、代表斑块 2 和代表斑块 8、代表斑块 3 和代表斑块 4、代表斑块 4 和代表斑块 6 以及代表斑块 4 和代表斑块 8 之间（如图 5-64 所示）。根据这些直接迁移过程所经的最小空间阻力路线，对相应的人为障碍加以确定（如图 5-65、图 5-66、表 5-10 所示）。

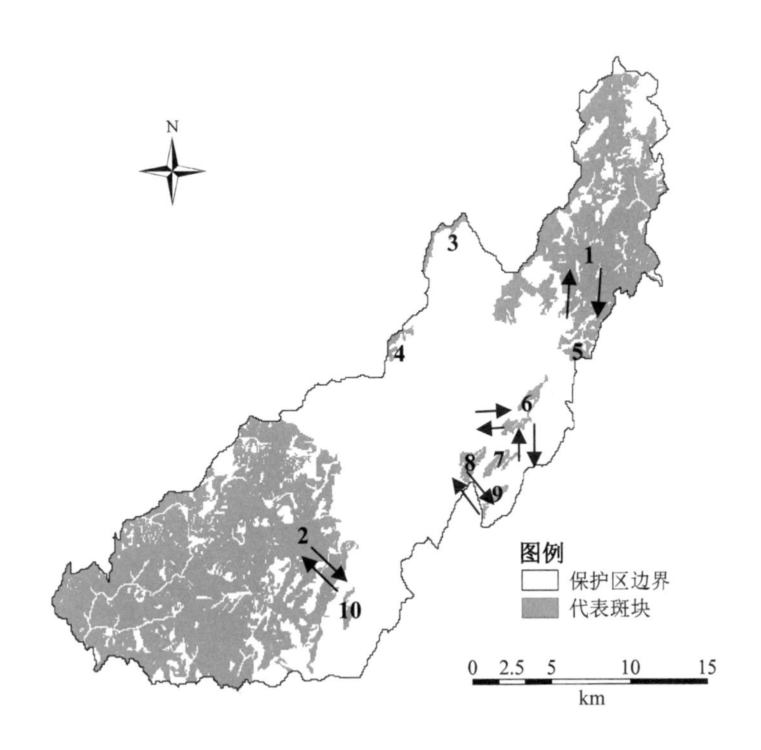

图 5-63 白鹇在代表斑块间的直接迁移过程（情景一）

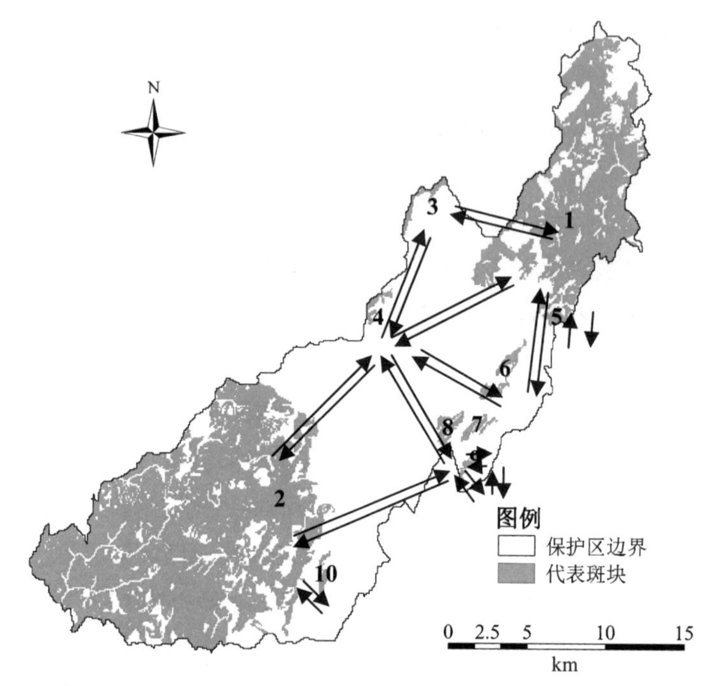

图 5-64　白鹇在代表斑块间的直接迁移过程（情景二）

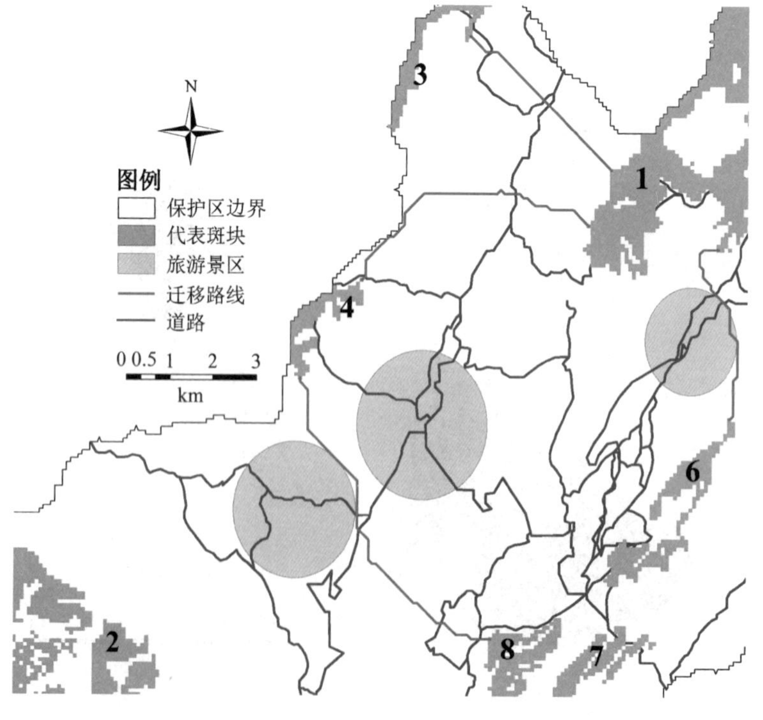

图 5-65　代表斑块 1 和代表斑块 3、代表斑块 1 和代表斑块 4、代表斑块 1 和代表斑块 6 及代表斑块 4 和代表斑块 8 间白鹇直接迁移的人为障碍

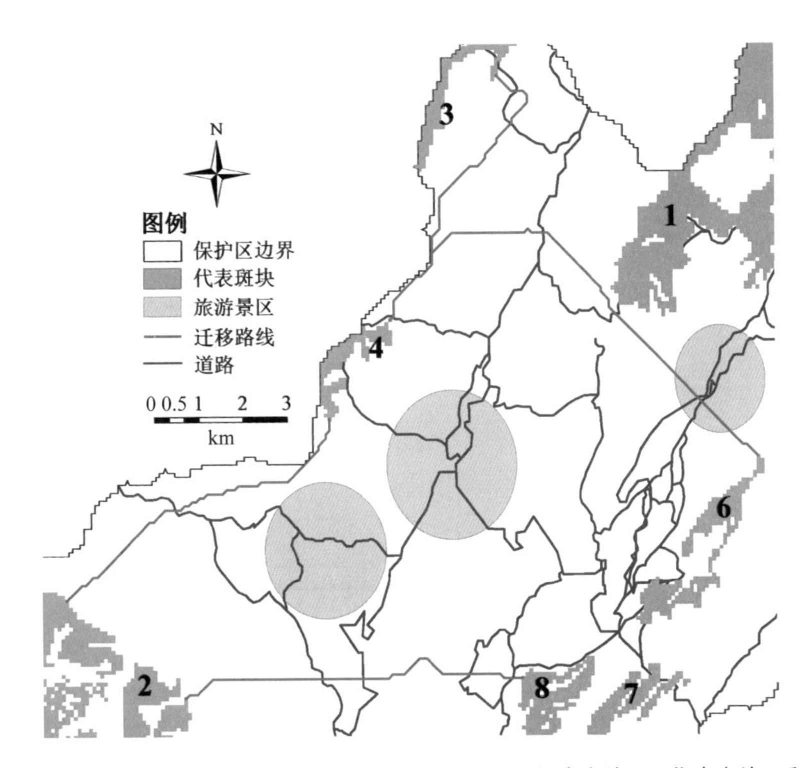

图 5-66 代表斑块 2 和代表斑块 4、代表斑块 2 和代表斑块 8、代表斑块 3 和代表斑块 4 及代表斑块 4 和代表斑块 6 间白鹇直接迁移的人为障碍

表 5-10 代表斑块间白鹇直接迁移的人为障碍

代表斑块	人为障碍	
	道路/条	旅游景区/个
1 和 3	2	—
1 和 4	2	—
1 和 6	2	1
2 和 4	1	—
2 和 8	4	—
3 和 4	2	—
4 和 6	5	1
4 和 8	4	—

5.6.2.3 短尾猴、白鹇保护网络跳板斑块选取

（1）短尾猴的跳板斑块选取

参照跳板斑块选取的原则和方法，针对识别出的代表斑块 1 和代表斑块 2 间短尾猴进行直接迁移的人为障碍，选取 1 个跳板斑块，用以保护短尾猴的空间迁移生态过程（如

图 5-67 所示）。

对比图 5-67 与图 5-36 所示短尾猴、白鹇保护网络的代表斑块可以看到，所选的短尾猴跳板斑块包含代表斑块 4 中的部分单元，将该部分单元加以剔除，则最终确定的短尾猴跳板斑块如图 5-68 所示。

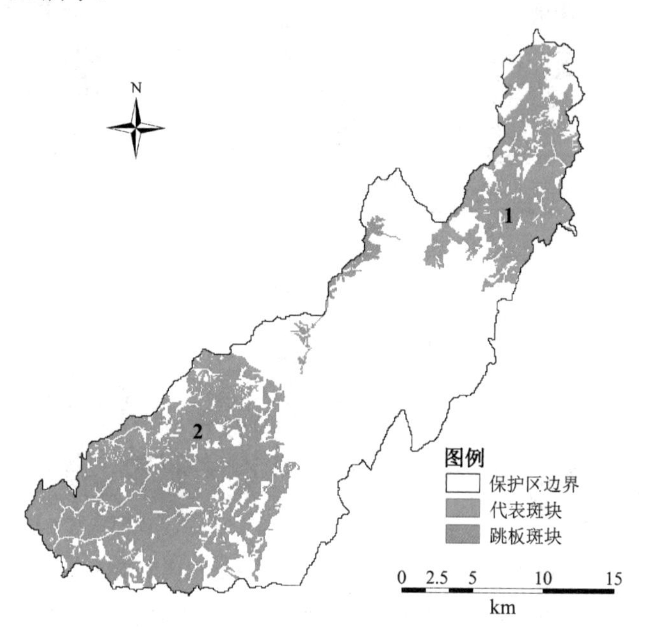

图 5-67 短尾猴的跳板斑块

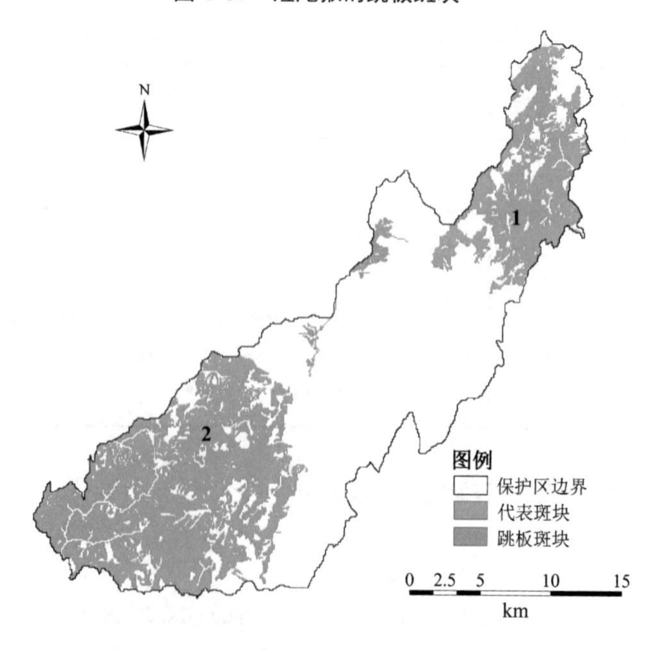

图 5-68 短尾猴的跳板斑块（剔除与代表斑块共有单元后）

（2）白鹇的跳板斑块选取

关于白鹇的跳板斑块，首先针对已明确的阻断每个代表斑块间白鹇直接迁移过程的人为障碍，分别进行跳板斑块选取。然后，对存在共有单元的跳板斑块进行合并。结果显示，用于修复白鹇在代表斑块间空间迁移生态过程的跳板斑块共有 4 个，如图 5-69 中斑块 11～14 所示。

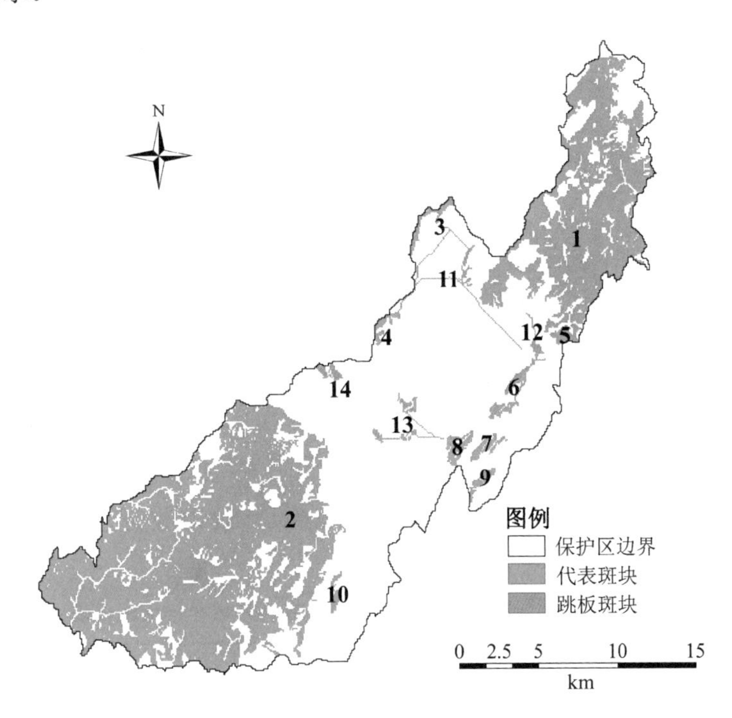

图 5-69 白鹇的跳板斑块

（3）短尾猴、白鹇保护网络跳板斑块

叠加图 5-68 中所示短尾猴在福建武夷山国家级自然保护区中的 1 个跳板斑块与图 5-69 中白鹇的 4 个跳板斑块，可以发现，短尾猴的跳板斑块与白鹇的跳板斑块 11、跳板斑块 14 存在共有单元，对它们进行合并，最终得到短尾猴、白鹇保护网络的 3 个跳板斑块（如图 5-70 所示）。其中，跳板斑块 11 与代表斑块 4、跳板斑块 12 与代表斑块 6 分别相接。各跳板斑块的面积、对短尾猴和白鹇的生境适宜性及恢复连接的代表斑块如表 5-11 所示。

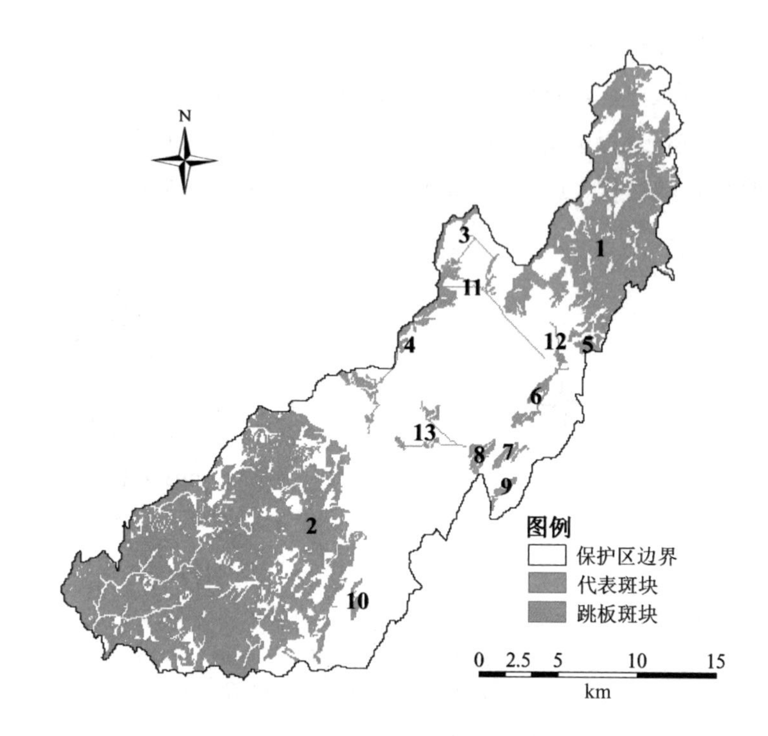

图 5-70 短尾猴、白鹇保护网络的跳板斑块

表 5-11 各跳板斑块的面积、生境适宜性及恢复连接的代表斑块

跳板斑块	面积/km^2	生境适宜性		恢复连接的代表斑块	
		短尾猴	白鹇	短尾猴	白鹇
11	7.41	0.35	0.28	1 和 2	1 和 3、1 和 4、2 和 4、3 和 4、4 和 6
12	0.71	—	0.45	—	1 和 6
13	1.64	—	0.36	—	2 和 8、4 和 8

5.6.2.4 斑块间短尾猴、白鹇迁移路线的确定

（1）短尾猴迁移路线模拟

在同时考虑福建武夷山国家级自然保护区内水体和人类干扰对短尾猴空间迁移生态过程障碍影响的情况下，分别建立以代表斑块 1（如图 5-71 所示）、代表斑块 2（如图 5-72 所示）及代表斑块 4 与跳板斑块 11 的结合体（如图 5-73 所示）为源的累积阻力面，进而确定表征短尾猴在这些斑块间进行直接迁移的最小空间阻力路线的单元，结果如图 5-74 所示。

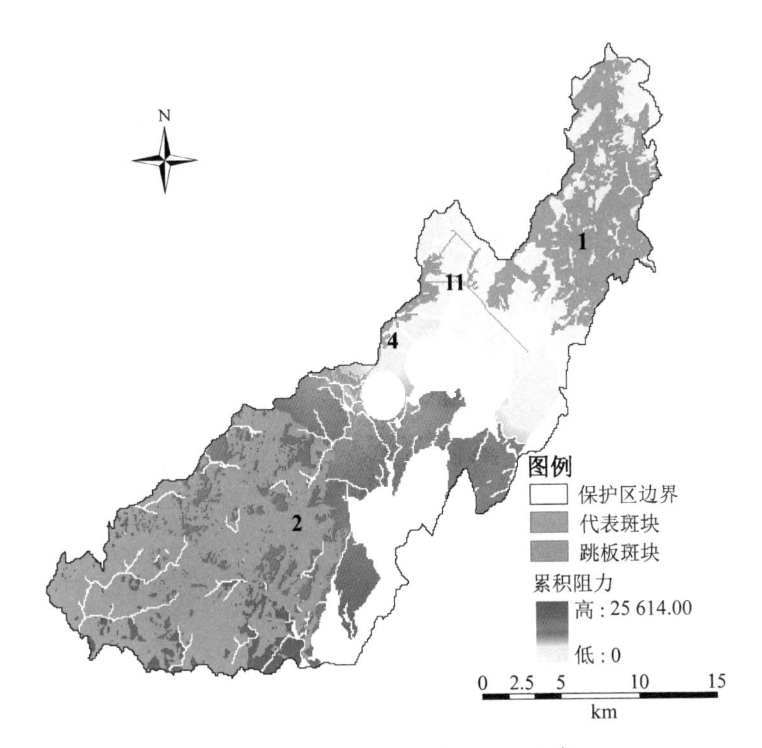

图 5-71 代表斑块 1 的累积阻力面（短尾猴）

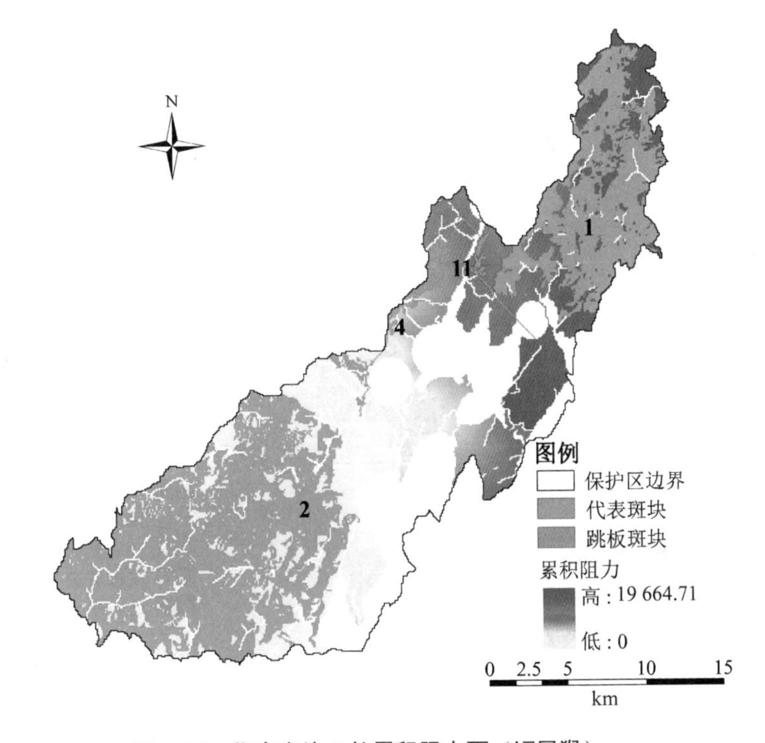

图 5-72 代表斑块 2 的累积阻力面（短尾猴）

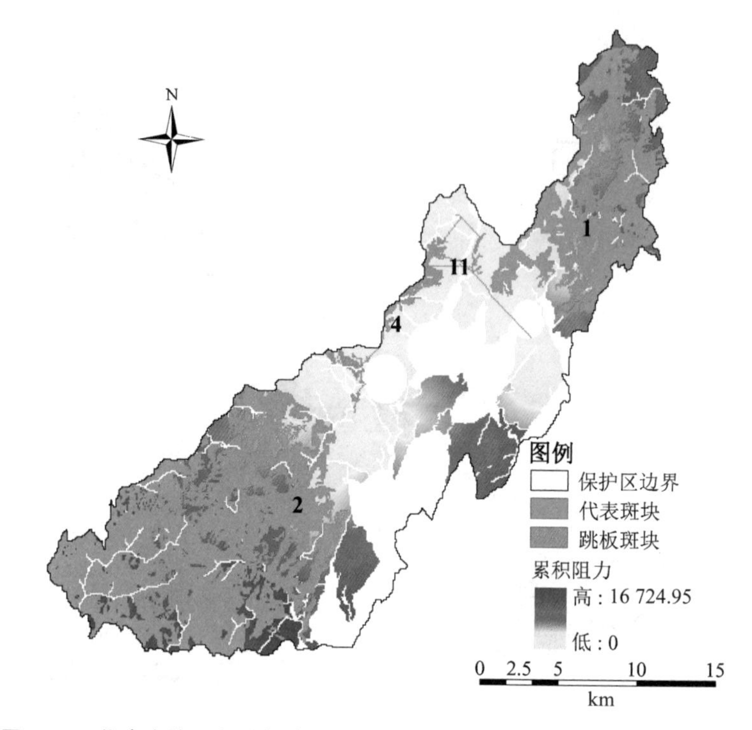

图 5-73 代表斑块 4 与跳板斑块 11 的结合体的累积阻力面（短尾猴）

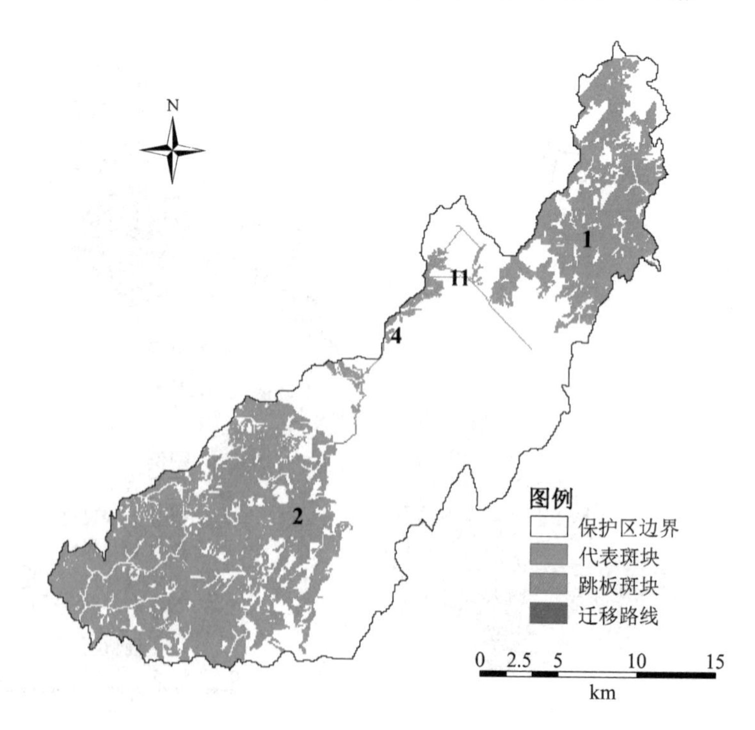

图 5-74 短尾猴的迁移路线

（2）白鹇迁移路线模拟

同样地，将保护区内水体和人类干扰一并作为白鹇进行空间迁移的障碍，分别以代表斑块4与跳板斑块11的结合体（结合斑块1）、代表斑块6与跳板斑块12的结合体（结合斑块2）以及其他代表斑块和跳板斑块的累积阻力面为依托（如图5-75～图5-85所示），模拟白鹇在各斑块间进行直接迁移的最小空间阻力路线，并识别出相应单元。结果表明：白鹇在斑块间的迁移路线共有13条，分别位于代表斑块1与结合斑块1、结合斑块2以及代表斑块5之间，代表斑块2与结合斑块1、代表斑块10以及跳板斑块13之间，代表斑块3与结合斑块1之间，结合斑块1与结合斑块2以及跳板斑块13之间，代表斑块7与代表斑块8、代表斑块9之间，代表斑块8与代表斑块9、跳板斑块13之间，具体如图5-86所示。

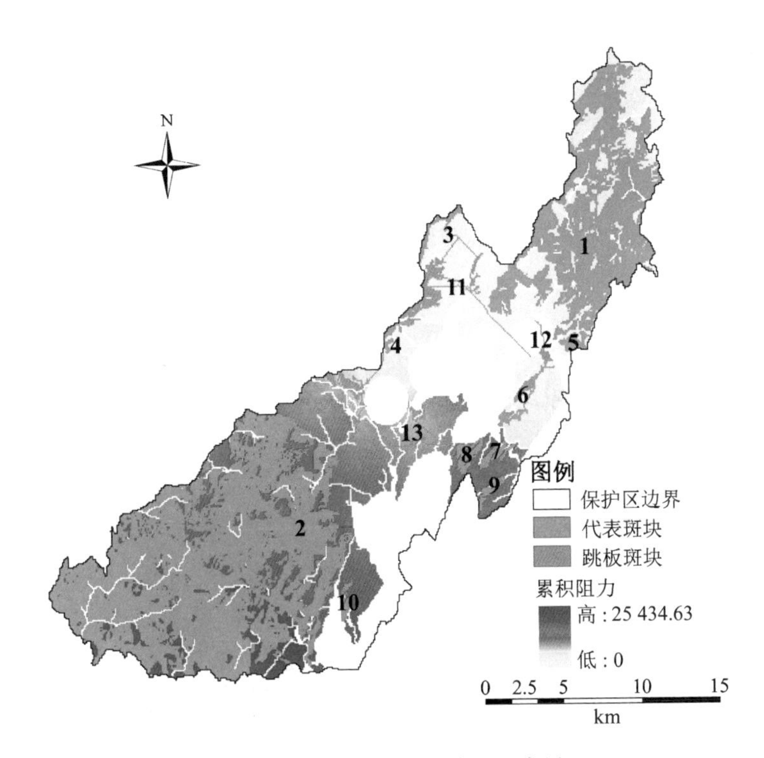

图5-75 代表斑块1的累积阻力面（白鹇）

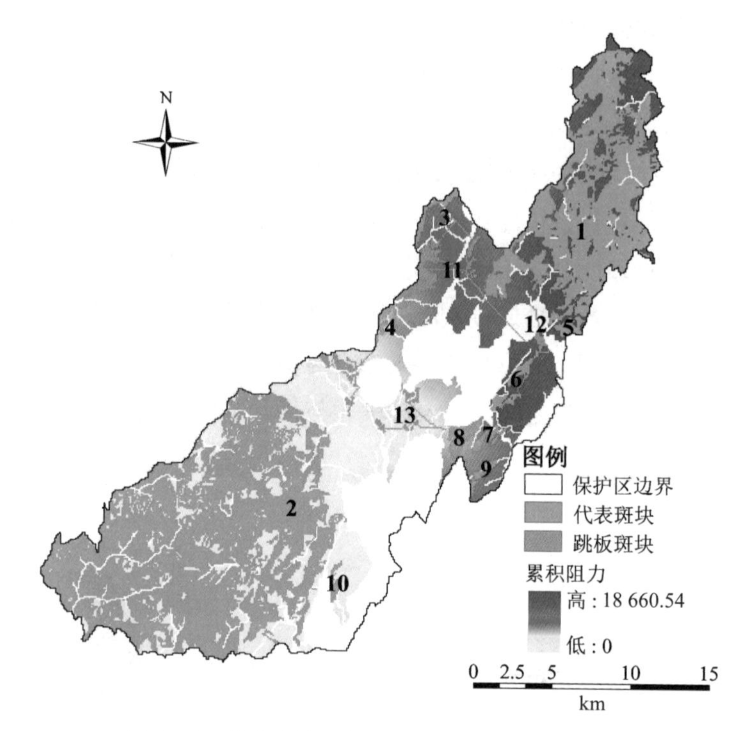

图 5-76 代表斑块 2 的累积阻力面（白鹇）

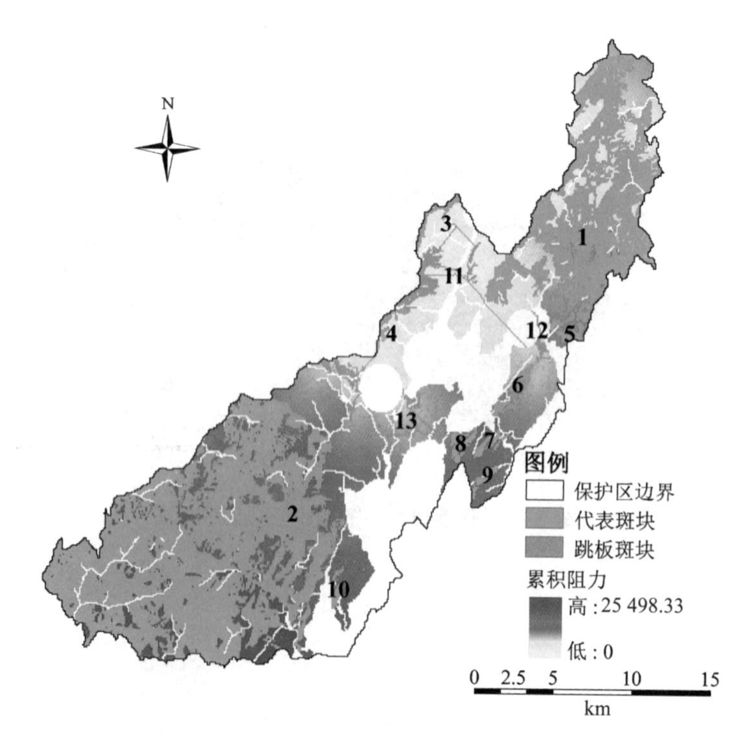

图 5-77 代表斑块 3 的累积阻力面（白鹇）

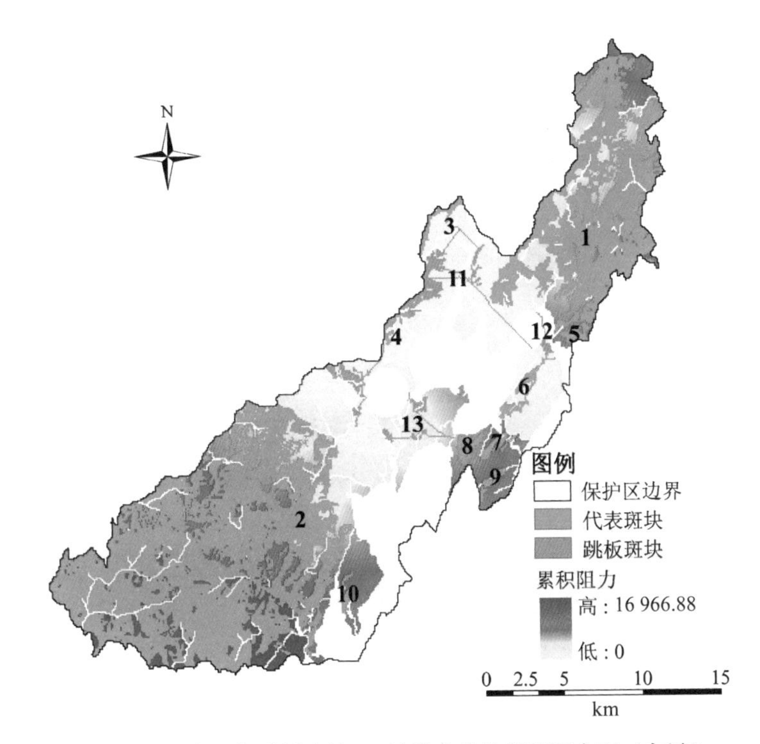

图 5-78　代表斑块 4 与跳板斑块 11 的结合体的累积阻力面（白鹇）

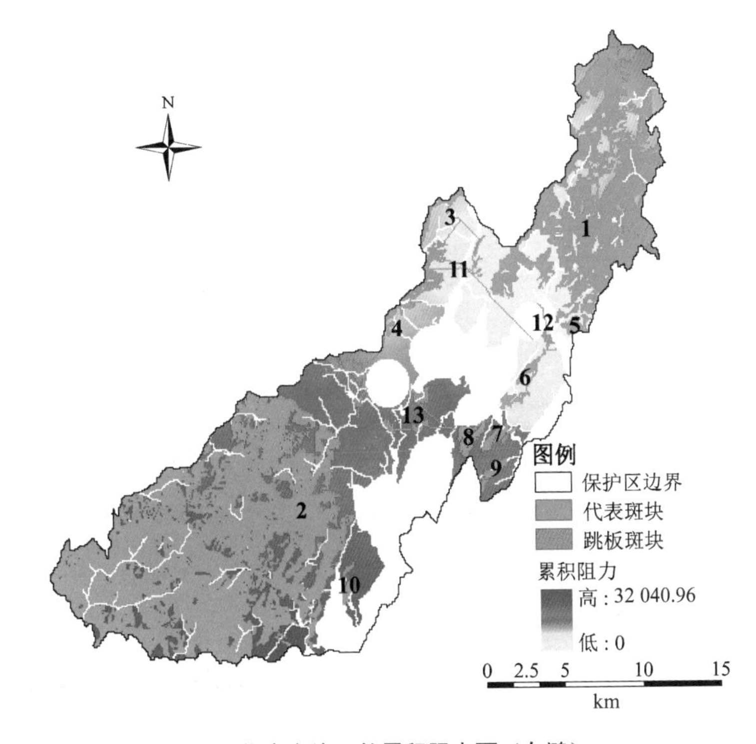

图 5-79　代表斑块 5 的累积阻力面（白鹇）

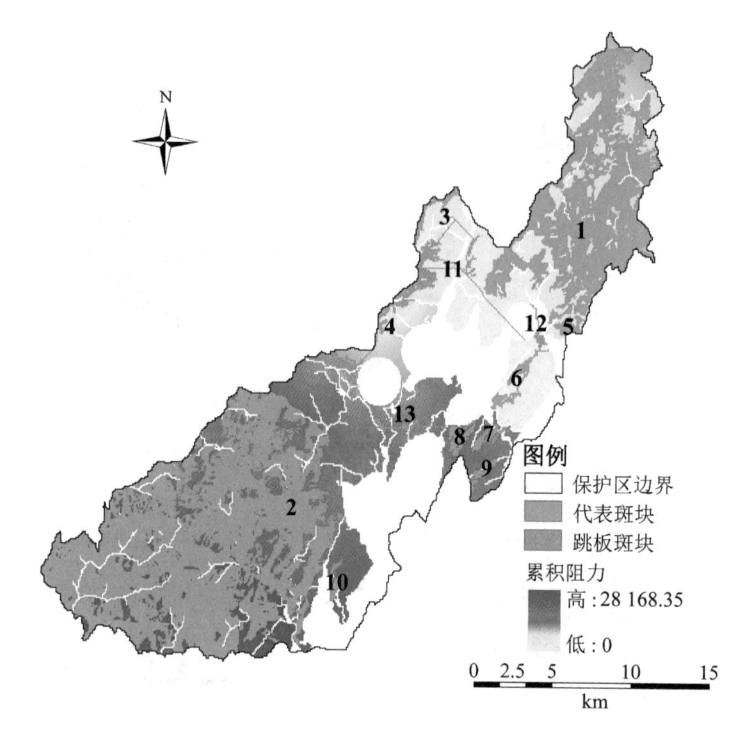

图 5-80 代表斑块 6 与跳板斑块 12 的结合体的累积阻力面（白鹇）

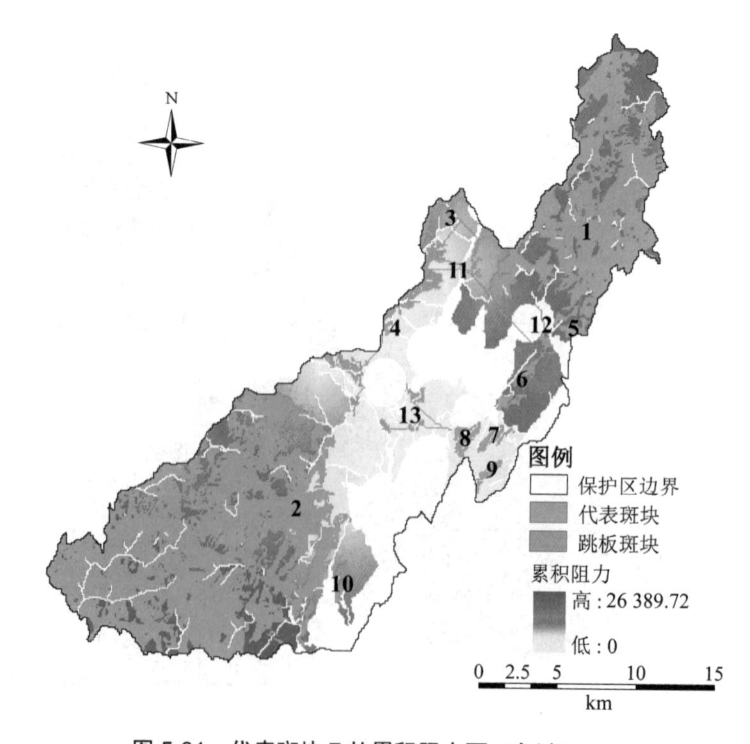

图 5-81 代表斑块 7 的累积阻力面（白鹇）

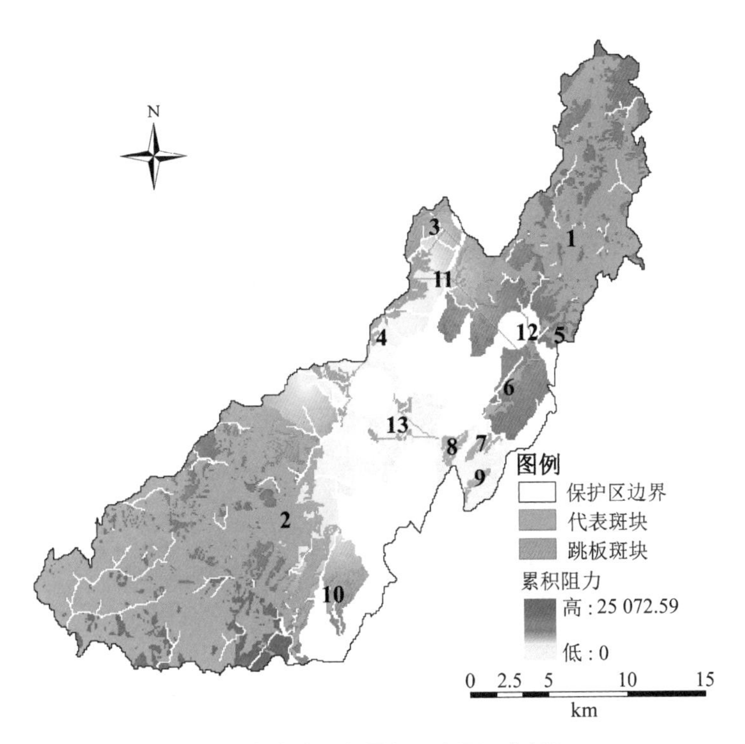

图 5-82 代表斑块 8 的累积阻力面（白鹇）

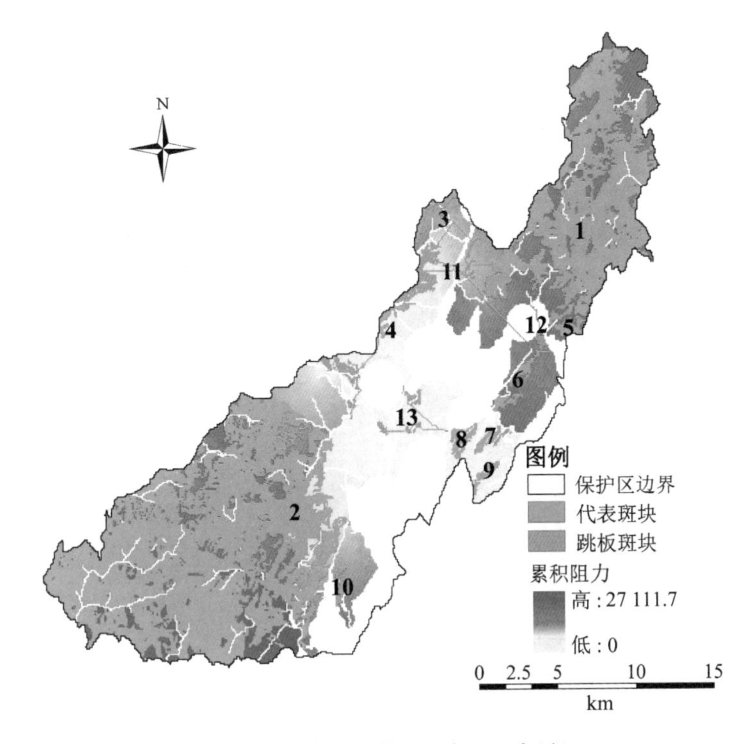

图 5-83 代表斑块 9 的累积阻力面（白鹇）

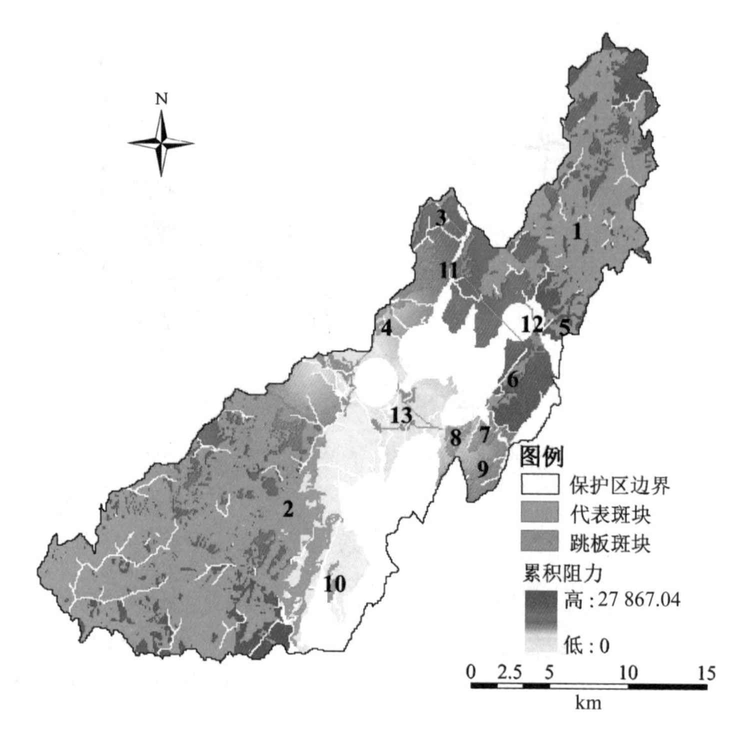

图 5-84　代表斑块 10 的累积阻力面（白鹇）

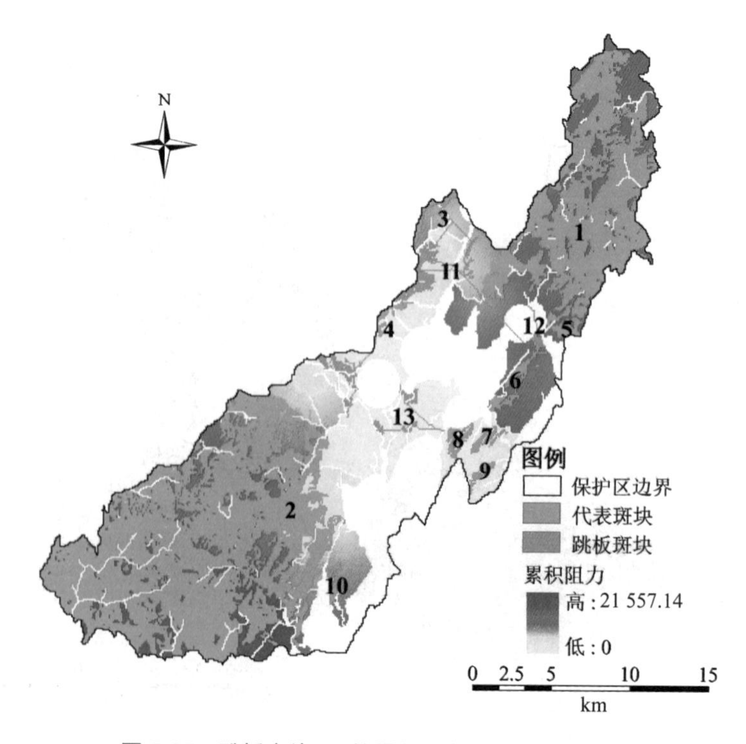

图 5-85　跳板斑块 13 的累积阻力面（白鹇）

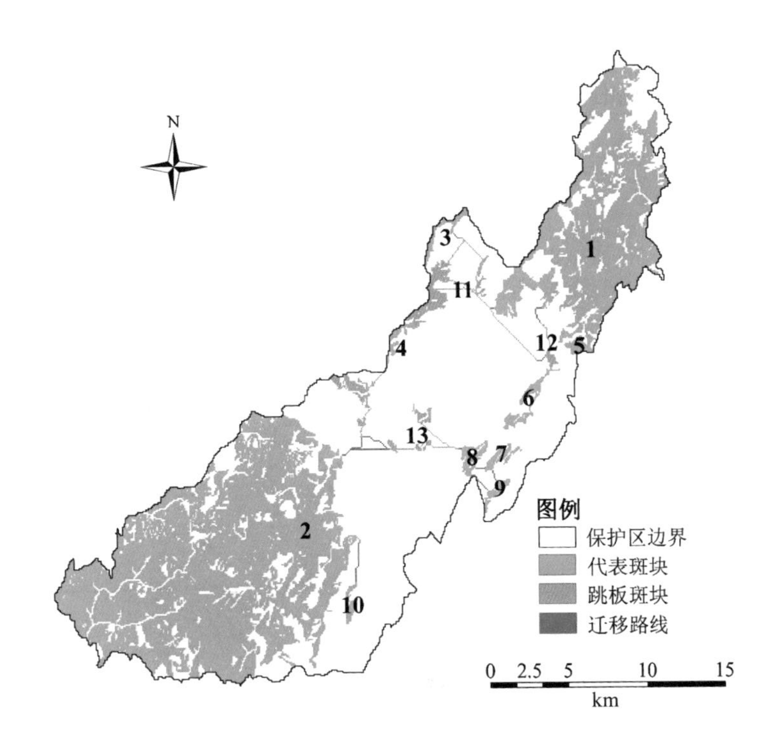

图 5-86　白鹇的迁移路线

最后，完整的短尾猴、白鹇保护网络如图 5-87 所示。结合表 5-8 和表 5-11，对辨识出的各代表斑块、跳板斑块以及表征两物种在斑块间迁移路线的单元的面积进行求和，算出短尾猴、白鹇保护网络总面积为 244 km^2，占福建武夷山国家级自然保护区总面积的 43.17%。此外，保护网络中表征人类干扰的单元面积共计 4.72 km^2，占保护网络总面积的 1.93%。

5.6.2.5　短尾猴、白鹇保护网络与功能分区

根据我国 1994 年颁布的《中华人民共和国自然保护区条例》(以下简称《条例》)，自然保护区通常被划分为核心区、缓冲区和实验区等 3 个功能区，并实行分区管理。《条例》中规定：自然保护区内珍稀、濒危动植物的集中分布地应当划为核心区，缓冲区设在核心区外围，除科学研究观测、调查活动外，任何单位和个人不得进入核心区和缓冲区；缓冲区外围则划为实验区，可以从事科学试验、教学实习、参观考察、旅游以及驯化、繁殖珍稀、濒危野生动植物等活动。将本研究构建的自然保护区生物保护网络与《条例》中的 3 个功能区相对照，表征斑块用来模拟特定物种分布，目的是保护物种资源相对丰富的地区，这与核心区的功能目标相一致。而跳板斑块和斑块间的迁移路线力求保

证代表斑块间特定物种的空间迁移生态过程，对促进物种的持续生存发展起重要作用，因此，也应一并归入核心区的保护范畴。

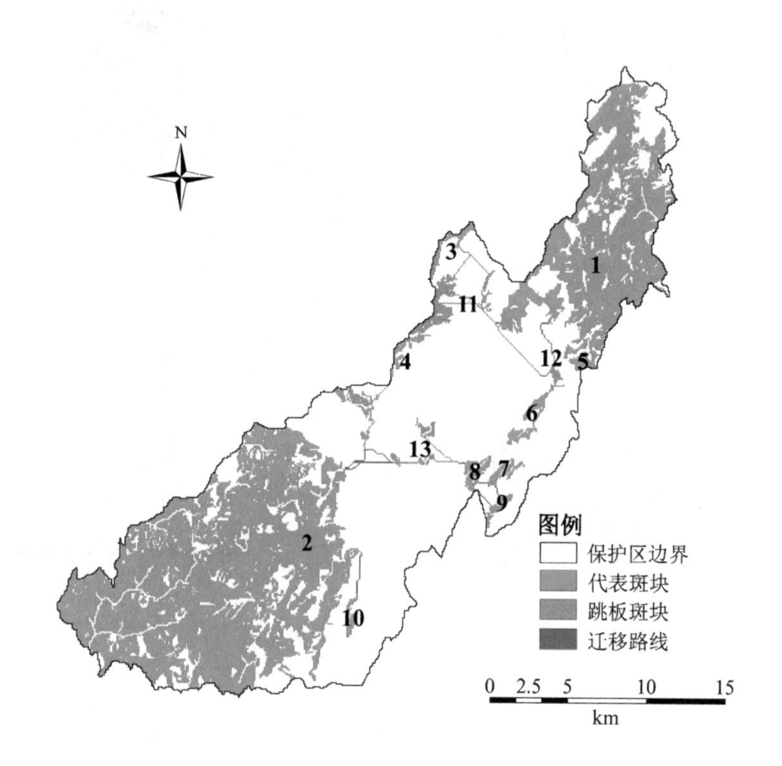

图 5-87 短尾猴、白鹇保护网络

有关福建武夷山国家级自然保护区的功能分区方案，在《福建武夷山国家级自然保护区总体规划（2001—2010）》中有所阐述。将前文确定的短尾猴、白鹇保护网络与 1994 年版本的功能分区进行叠加对比分析，结果如图 5-88 所示。很明显，现行功能分区中的核心区未能完全包含短尾猴、白鹇保护网络的所有斑块及迁移路线。经计算，保护网络总面积的 83.00%被核心区所覆盖，即 202.51 km^2，另有 27.52 km^2 和 13.97 km^2 分别位于缓冲区和实验区内，各占保护网络总面积的 11.28%和 5.72%。基于此，为了有效地保证短尾猴和白鹇在福建武夷山国家级自然保护区中的持续生存发展，建议根据已确定的保护网络对现行核心区进行扩充。

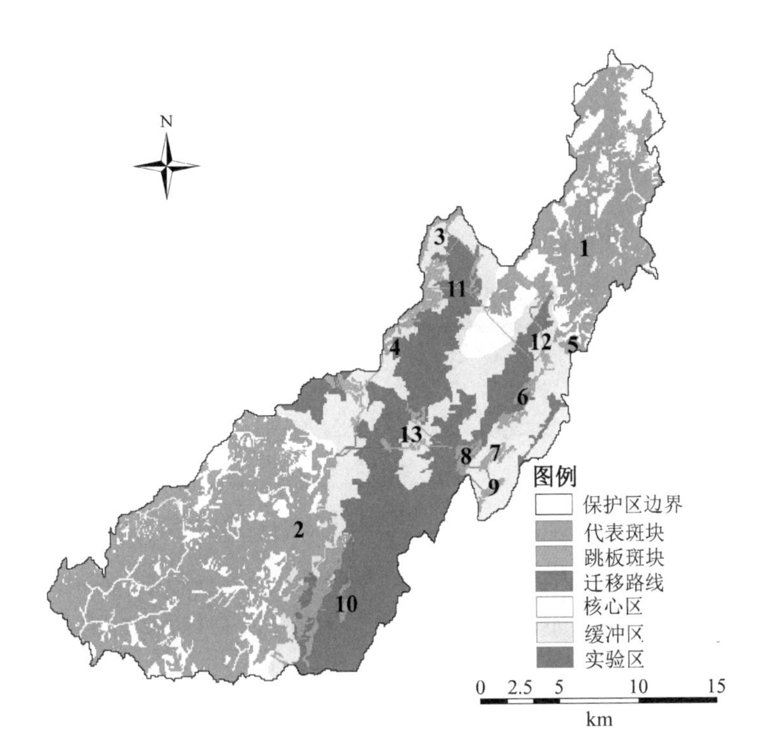

图 5-88 短尾猴、白鹇保护网络与功能分区

5.7 斑块保护优先度判断

通常情况下，在以辨识出的生物保护网络为依据开展实际建设的过程中，由于受到经济预算等方面条件的限制，生物保护网络中包含的斑块无法全部一次性得到保护（Costello et al.，2004；Drechsler，2005；Strange et al.，2006）。反观本研究所构建的自然保护区生物保护网络，无论是在代表斑块的遴选过程中将隔断物种存在可能性较高单元的人类干扰一并囊括在内，还是针对阻断代表斑块间物种空间迁移生态过程的人为障碍选取跳板斑块，网络中各斑块的保护都将造成保护区内的人类生产生活发生相应的改变，这无疑更增加了自然保护区生物保护网络的建设难度。本研究提出自然保护区生物保护网络斑块保护优先度的判断方法，使实际操作者能够合理地在各斑块间进行取舍。

5.7.1 斑块保护优先度判断方法

由于跳板斑块是在代表斑块间特定物种的空间迁移过程被人为障碍阻断的前提下产生的，因此，对于自然保护区生物保护网络中斑块的保护，代表斑块应先于跳板斑块。

5.7.1.1 代表斑块的保护优先度

当自然保护区生物保护网络中包含多个代表斑块，使用如下方法对各代表斑块进行保护优先度的排序。

①根据物种对生存空间的需求，按各代表斑块能够有效代表的目标物种的数量，由大到小确定保护次序；

②若存在多个有效代表同等数量目标物种的代表斑块，则采用式（5-14）进一步加以区分：

$$Y_q = \sum_{z \in w} \frac{Q_z}{Q_{\min}} \times \frac{D_{zq}}{D_z} \tag{5-14}$$

式中：Y_q —— 有效代表 w 个目标物种的任一代表斑块 q 的保护优先度，Y_q 的值越大，代表斑块 q 越具有保护优先权；

D_{zq}、D_z —— 反映代表斑块 q 和整个保护网络对物种 z 的代表水平；

Q_z —— 物种 z 在保护网络中的稀有程度；

$Q_{\min}$ —— 保护网络中最稀有目标物种的稀有程度。

关于代表斑块 q 对物种 z 的代表水平 D_{zq}，可用式（5-15）进行计算：

$$D_{zq} = \sum_{x \in q} S_{zx} \tag{5-15}$$

式中：S_{zx} —— 物种 z 在代表斑块 q 包含的单元 x 中的存在可能性值。

同时，整个自然保护区生物保护网络对物种 z 的代表水平等于网络中所有有效代表物种 z 的代表斑块及保护其间物种 z 空间迁移生态过程的跳板斑块对物种 z 的代表水平之和，如式（5-16）所示：

$$D_z = \sum D_{zq} + \sum D_{ze} \tag{5-16}$$

式中：D_{ze} —— 跳板斑块 e 对物种 z 的代表水平，计算方法同式（5-15）。

由于考虑物种 z 在保护网络所有有效单元中的存在可能性，因此式（5-16）还可用于计算物种 z 在保护网络中的稀有程度 Q_z。鉴于此，式（5-14）可简化如下：

$$Y_q = \sum_{z \in w} \frac{D_{zq}}{Q_{\min}} \tag{5-17}$$

5.7.1.2 跳板斑块的保护优先度

与代表斑块相同，跳板斑块保护优先度的判断也可分为两个层次，具体如下：

①按照各跳板斑块通过恢复代表斑块间空间迁移生态过程而有益于保护的目标物种

的数量，由大到小进行排序；

②当存在多个利于保护同等数量目标物种的跳板斑块时，则利用式（5-18）进一步地区分：

$$Y_e = \sum_{z \in v} \frac{Q_z}{Q_{\min}} \times \frac{\mathrm{EPN}_z}{\mathrm{EPN}_{ze}} \tag{5-18}$$

式中：Y_e——能够通过修复代表斑块间空间迁移过程以促进 v 个目标物种在保护网络中持续生存发展的跳板斑块 e 的保护优先度；

EPN_z、EPN_{ze}——跳板斑块 e 增加前后，目标物种 z 在整个保护网络中的灭绝可能性。

需要指出的是，在依照上述方法逐步确定代表斑块和跳板斑块保护次序的过程中，可连带对自然保护区生物保护网络斑块间各目标物种的迁移路线的保护次序加以判断。

5.7.2 短尾猴、白鹇保护网络斑块的保护优先度

利用式（5-16）分别对短尾猴和白鹇在已辨识保护网络中的稀有程度进行计算，其中度量短尾猴稀有程度时，考虑它在代表斑块 1、代表斑块 2 以及跳板斑块 11 各单元中的存在可能性，白鹇的稀有程度则为保护网络所有斑块组成单元中白鹇的存在可能性值之和。结果表明，短尾猴和白鹇的稀有程度分别是 10 058.4 和 12 272.92，也就是说短尾猴较白鹇更为稀有。

由前可知，在短尾猴、白鹇保护网络中，代表斑块 1 和代表斑块 2 能够同时有效代表两个目标物种，其他代表斑块则只对白鹇有效。因此，首先可以确定对代表斑块 1 和代表斑块 2 的保护应先于其他代表斑块。使用式（5-17）求取各代表斑块的保护优先度，结果如表 5-12 所示。

表 5-12 短尾猴、白鹇保护网络各代表斑块的保护优先度

代表斑块	保护优先度	代表斑块	保护优先度
1	0.678 3	6	0.009 1
2	1.401 7	7	0.005 6
3	0.014 9	8	0.008 3
4	0.009 8	9	0.003 5
5	0.011 8	10	0.003 4

按保护优先度大小对各代表斑块进行排序，可明确代表斑块 2 应先于代表斑块 1 保护，代表斑块 3 则尾随代表斑块 1，其后分别为代表斑块 5、代表斑块 4、代表斑块 6、

代表斑块 8、代表斑块 7、代表斑块 9，最后得到保护的是代表斑块 10。

代表斑块保护优先次序确定之后，对已选取出的短尾猴、白鹇保护网络 3 个跳板斑块进行排序分析。同样地，首先可以判定因跳板斑块 11 能同时恢复短尾猴和白鹇两个目标物种在代表斑块间的空间迁移生态过程，其应具有优先保护权。表 5-13 和表 5-14 分别给出了跳板斑块 11 增加前后与各斑块有关的短尾猴、白鹇的空间迁移生态过程数量（以 3 为路径长度阈值）以及两目标物种在各斑块和保护网络中的灭绝可能性值。

表 5-13　跳板斑块 11 增加前后短尾猴的空间迁移过程数量及灭绝可能性

斑块	空间迁移过程数量		灭绝可能性	
	跳板斑块 11 增加前	跳板斑块 11 增加后	跳板斑块 11 增加前	跳板斑块 11 增加后
1	0	7	1	4.09×10^{-5}
2	0	7	1	2.27×10^{-3}
4 和 11	—	8	—	1.65×10^{-5}
保护网络	0	22	1	1.54×10^{-12}

注：“4 和 11”指跳板斑块 11 增加后，其与代表斑块 4 结合形成的斑块。

表 5-14　跳板斑块 11 增加前后白鹇的空间迁移过程数量及灭绝可能性

斑块	空间迁移过程数量		灭绝可能性	
	跳板斑块 11 增加前	跳板斑块 11 增加后	跳板斑块 11 增加前	跳板斑块 11 增加后
1	3	22	4.56×10^{-5}	5.86×10^{-19}
2	3	22	6.95×10^{-2}	1.46×10^{-9}
3	0	19	1	8.33×10^{-13}
4 和 11	0	32	1	6.10×10^{-22}
5	3	13	4.56×10^{-5}	1.31×10^{-13}
6	0	19	1	2.34×10^{-11}
7	16	16	5.23×10^{-10}	5.23×10^{-10}
8	16	16	8.04×10^{-10}	8.04×10^{-10}
9	16	16	1.06×10^{-9}	1.06×10^{-9}
10	3	13	6.95×10^{-2}	2.39×10^{-4}
保护网络	60	188	4.48×10^{-39}	1.42×10^{-115}

注：“4 和 11”指跳板斑块 11 增加后，其与代表斑块 4 结合形成的斑块。

不同于跳板斑块 11 有利于保护两个目标物种在代表斑块间的空间迁移生态过程，跳板斑块 12 和跳板斑块 13 只能促进白鹇在保护网络中的持续生存发展。表 5-15 给出了分别增加这两个跳板斑块后与各斑块有关的白鹇的空间迁移生态过程数量以及白鹇在各斑块和保护网络中的灭绝可能性值。

表 5-15　跳板斑块 12 和跳板斑块 13 分别增加后白鹇的空间迁移过程数量及灭绝可能性

斑块	空间迁移过程数量		灭绝可能性	
	增加跳板斑块 12	增加跳板斑块 13	增加跳板斑块 12	增加跳板斑块 13
1	37	32	5.57×10^{-26}	2.54×10^{-22}
2	26	53	6.49×10^{-11}	4.70×10^{-17}
3	23	29	6.99×10^{-15}	6.94×10^{-16}
4 和 11	42	63	4.58×10^{-27}	4.88×10^{-31}
5	19	15	1.08×10^{-16}	1.49×10^{-14}
6 和 12	36	29	6.27×10^{-21}	3.61×10^{-14}
7	16	26	5.23×10^{-10}	1.57×10^{-15}
8	16	43	8.04×10^{-10}	2.20×10^{-22}
9	16	26	1.06×10^{-9}	1.94×10^{-14}
10	13	23	2.28×10^{-4}	4.21×10^{-6}
13	—	61	—	2.58×10^{-25}
保护网络	244	400	8.01×10^{-144}	1.59×10^{-191}

注："4 和 11"指跳板斑块 11 增加后，其与代表斑块 4 结合形成的斑块；"6 和 12"指跳板斑块 12 增加后，其与代表斑块 6 结合形成的斑块。

然后，利用式（5-18）分别计算跳板斑块 12 和跳板斑块 13 对白鹇的保护优先度。结果表明，跳板斑块 12 的保护优先度为 2.16×10^{28}，小于跳板斑块 13 的保护优先度（1.09×10^{76}），因此，对跳板斑块 13 的保护应先于跳板斑块 12。至此，可明确短尾猴、白鹇保护网络各跳板斑块的保护次序为跳板斑块 11、跳板斑块 13 和跳板斑块 12。表 5-16 给出增加所有跳板斑块后与各斑块有关的白鹇的空间迁移生态过程数量以及白鹇在各斑块和保护网络中的灭绝可能性值。

表 5-16　白鹇的空间迁移过程数量及灭绝可能性

斑块	空间迁移过程数量	灭绝可能性
1	49	6.42×10^{-30}
2	57	2.02×10^{-18}
3	33	5.83×10^{-18}
4 和 11	73	3.33×10^{-36}
5	21	1.23×10^{-17}
6 和 12	48	1.58×10^{-24}
7	26	1.48×10^{-15}
8	43	2.01×10^{-22}
9	26	1.94×10^{-14}
10	23	4.02×10^{-6}
13	65	1.39×10^{-26}
保护网络	464	1.59×10^{-222}

注："4 和 11"指跳板斑块 11 增加后，其与代表斑块 4 结合形成的斑块；"6 和 12"指跳板斑块 12 增加后，其与代表斑块 6 结合形成的斑块。

5.8 本章小结

为了避免自然保护区中的资源开发与经济发展对区内生物的生存造成不利影响，本研究试探性地将生物保护网络理念引入城市（武夷山市）自然保护区生物保护地段的合理划分中。通过在现有生物保护网络辨识研究的基础上，融合自然保护区“保护优先”的发展特点，并考虑我国自然保护区内人类干扰普遍存在的实际情况，构建了一套能够指导自然保护区生物保护网络辨识的理论方法体系。主要研究结论如下。

①首次提出了适合自然保护区发展特点的生物保护网络辨识方法框架。以维护物种持续生存发展为根本目标，该框架包括选取单元划分、代表斑块遴选、物种空间迁移过程模拟和跳板斑块选取及斑块间迁移路线确定 4 个部分，从代表物种（代表斑块）以及空间迁移过程保护（跳板斑块与迁移路线）两方面来辨识自然保护区生物保护网络。

②立足于自然保护区的发展特点，认为代表物种的选择应考虑所有具有较高物种存在可能性的单元。利用 MaxEnt 模型，在同时考虑自然环境变量和人为干扰变量的前提下，模拟了特定物种在自然保护区各单元内的存在可能性，并以得到的存在可能性值为依据将自然保护区中所有单元划分为物种高存在可能性、中存在可能性和低存在可能性三类，使用前两类单元构建满足物种生存空间要求的自然保护区生物保护网络代表斑块，在构建过程中将隔离物种存在可能性较高单元的人类干扰一同囊括在内。

③首次引用环境元理论实现对自然保护区生物保护网络斑块间物种迁移过程的解析，将斑块视为自然保护区生物保护网络系统的组成部分，对应有向图中的节点，将物种看作是节点间传送的流，从而认为斑块间的相互作用通过物种的迁移活动得以实现。进一步将保护网络中与各斑块有关的物种空间迁移生态过程分成两个部分：一是以各斑块为终点的直接、间接输入迁移过程，二是以各斑块为起点的直接、间接输出迁移过程。

基于特定物种在各单元中的存在可能性值，进一步给出了计算物种穿越各单元的耗费系数的方法，并选用最小耗费距离模型以及 GIS 中的 Cost Weighted、Shortest Path 模块模拟斑块间物种空间迁移的最小空间阻力路线，用以表征相应的空间迁移生态过程。通过建立有人类干扰障碍影响和无人类干扰障碍影响两个分析情景，并对比两情景下特定物种在保护网络代表斑块间的直接迁移生态过程，识别自然保护区中存在的人为障碍。此外，运用了环境元分析中的路径分析方法对代表斑块间物种空间迁移过程的数量进行计算，结合代表斑块间直接迁移过程有向图的构建，进一步识别两两代表斑块间所有的物种直接、间接迁移过程。

④针对识别出的阻挡代表斑块间物种空间迁移生态过程的人为障碍，提出以增加跳

板斑块形式消除其影响。建立了跳板斑块选取的原则，即易于为目标物种利用、满足目标物种生存空间需求、有利于目标物种在自然保护区生物保护网络中的持续生存发展。基于对各斑块两个环境元中直接、间接物种迁移过程的分析，提出了生态斑块网络分析方法，用于衡量自然保护区生物保护网络斑块间特定物种的空间迁移生态过程对其在网络中持续生存发展的支持水平，并进一步给出跳板斑块的量化选取方法。在确定所有代表斑块和跳板斑块之后，模拟斑块间特定物种的迁移路线。

⑤提出针对多物种的自然保护区生物保护网络辨识的分步叠加方法，该方法主要表现为单物种保护网络辨识过程中代表斑块和跳板斑块的二次叠加。并且从实际操作角度考虑，给出自然保护区生物保护网络斑块保护优先度的判断方法。

⑥以福建武夷山国家级自然保护区中短尾猴的保护为例，开展了单物种保护网络辨识的案例研究。研究结果表明，福建武夷山国家级自然保护区中具有短尾猴高存在可能性的单元仅占总数的 3.49%，中存在可能性单元占 24.76%，低存在可能性单元（包括人类干扰和自然水体单元）则占大部分，为 71.75%。并且保护区中人类活动密集地区表现为短尾猴存在的低可能性区域。以各单元存在可能性为基础，遴选了短尾猴保护网络的 4 个代表斑块，其中代表斑块 1 位于保护区的北部，其他分布在南部。设立两个模拟分析情景，其一将保护区内水体和人类干扰一并视为短尾猴在代表斑块间进行空间迁移的障碍，其二只考虑保护区内水体的障碍影响。对比短尾猴在两个情景中能够完成的代表斑块间直接迁移过程，明确了代表斑块 1 和代表斑块 2 之间的 4 条道路是保护区中阻挡短尾猴空间迁移生态过程的人为障碍，导致了短尾猴在其保护网络代表斑块之间可以实现的以 3 为路径长度阈值的空间迁移生态过程由 32 个减至 18 个，其中包括 2 个直接迁移过程、4 个二段间接迁移生态过程以及 8 个三段间接迁移生态过程。然后，通过选取跳板斑块重新连接代表斑块 1 和代表斑块 2，并模拟它们之间的迁移路线，形成了完整的短尾猴保护网络。值得一提的是，跳板斑块增加之前短尾猴在保护网络中的灭绝可能性是增加后的 2.80×10^{-5}。

⑦以福建武夷山国家级自然保护区中短尾猴和白鹇的保护为例，开展了多物种保护网络辨识的案例研究。研究结果显示，通过叠加短尾猴的 4 个代表斑块和白鹇的 18 个代表斑块，短尾猴、白鹇保护网络的代表斑块共计 10 个，依照两物种各自对生存空间的需求，仅代表斑块 1 和代表斑块 2 对短尾猴有效，而对于白鹇而言，则所有代表斑块均能对其进行有效代表。同样地，设立两个模拟分析情景，其一将保护区内水体和人类干扰一并视为两物种在代表斑块间进行空间迁移的障碍，其二只考虑保护区内水体的障碍影响。对比两物种在两个情景中能够完成的代表斑块间直接迁移过程，发现短尾猴在代表斑块 1 和代表斑块 2 间的直接迁移过程被保护区内人为障碍所阻挡，而白鹇在各代表斑

块间的直接迁移过程数量则因人为障碍的影响由 26 个降至 10 个。分别针对两物种进行跳板斑块的选取，得到短尾猴的 1 个跳板斑块和白鹇的 4 个跳板斑块，对这些跳板斑块进行叠加，最终确定的短尾猴、白鹇保护网络的跳板斑块共有 3 个。在有效代表各物种的代表斑块和恢复这些代表斑块间物种迁移生态过程的跳板斑块之间进行迁移路线的模拟，获得短尾猴、白鹇保护网络的 15 条迁移路线，其中短尾猴 2 条、白鹇 13 条。经计算，短尾猴、白鹇保护网络总面积为 244 km^2，占福建武夷山国家级自然保护区总面积的 43.17%。此外，保护网络中表征人类干扰的单元面积共计 4.72 km^2，占保护网络总面积的 1.93%。通过与 1994 年版本的福建武夷山国家级自然保护区功能分区进行叠加对比分析，发现保护网络总面积的 83.00%被核心区所覆盖，另有 11.28%和 5.72%分别位于缓冲区和实验区内。鉴于此，建议对核心区进行扩充。

⑧以辨识出的短尾猴、白鹇保护网络为例，进行了斑块保护优先度排序的案例研究。研究结果表明，代表斑块的保护顺序应为代表斑块 2、代表斑块 1、代表斑块 3、代表斑块 5、代表斑块 4、代表斑块 6、代表斑块 8、代表斑块 7、代表斑块 9 和代表斑块 10，跳板斑块的保护次序则为跳板斑块 11、跳板斑块 13 和跳板斑块 12。

第 6 章　流域内城市经济互动行为演化仿真研究

6.1　流域内城市间的经济互动

在研究城市经济-污染关系的基础之上，城市之间经济互动的演化过程也是当前所关注的焦点之一，城市自身的发展也越来越需要与其他城市进行经济互动来实现。那么，城市之间的经济互动行为经历了怎样的演化和变化过程？到底是城市之间的合作关系、城市之间的互惠关系，还是都为了自身的利益而损害对方的利益？即城市之间所存在的投机型关系。这是当前对城市经济研究的一个重点方向。在城市经济互动过程中，某些城市会大量接收其他城市分享的经济资本，但不会向其他城市输送自身所拥有的相关资源或资本，这种城市之间所存在的关系即为投机型关系。而这种投机行为的防范与治理问题是当前研究城市间经济互动行为演化过程所不容忽视的一个重要问题。因此基于以上背景，本研究将基于多主体模拟方法和强互惠原则，对城市间经济互动行为在不同阶段的演化过程进行模拟研究，为相关的政策和规划制定提供一定的参考和方向。

本研究主要提出并回答以下问题：如果城市在经济互动过程中存在相应的惩罚措施，那么流域内城市会如何进一步发展？

6.2　基于 NetLogo 的建模基础

6.2.1　NetLogo 概述

NetLogo 是一个用来模拟自然和社会现象的多主体编程语言和建模环境。该软件特别适合用于模拟复杂系统随着时间推移而产生的变化。建模者可以向成百上千个同时运行的独立主体发出指示。这就使得探索个体的微观行为与个体间相互作用中涌现出的宏观行为之间的联系成为可能。另外，NetLogo 可以让用户进行模拟并且与主体进行互动，在各种条件下探索主体的行为（Wilensky，1999）。

从 NetLogo 发展情况来看，NetLogo 是包括 StarLogo 在内的多主体建模工具系列的下一代产品。NetLogo 是一个用 Java 语言编写的独立应用程序，因此它可以在所有主要的计算平台上运行。经过多年的发展，NetLogo 已经成为一种稳定、快速并且可靠的成熟产品。首先，它是免费的——任何人都可以免费下载并免费建立模型。另外，它还附带有大量的文档和教程以及大量的示例模型，以便初学者进行学习和建模者进行参考（Tisue et al.，2004）。

作为一种建模语言，NetLogo 是支持主体并发性的 Lisp 家族的成员。被称为“海龟”的移动主体在由“瓦片”组成的网格上自由移动，这些移动主体是可以进行编程的主体。所有的主体之间可以交互并且同时执行多个任务，通过微观主体的互动来显示出宏观系统的整体特性。

NetLogo 平台主要包括三个部分：操作界面、信息界面以及程序界面。其中，操作界面为进行模型模拟的界面，在操作界面中可以看到设置的相关指标、模型运行画面以及相关的结果输出（如图 6-1 所示）。另外，建模者也可以在操作界面中对各个主体下达指令。信息界面主要是对所建立的模型进行介绍，如参数设置、如何运行模型以及模型的应用等。程序界面主要是进行编程的地方，建模者在程序界面输入代码，对操作界面中主体的特征和行为进行控制（Sklar，2007）。

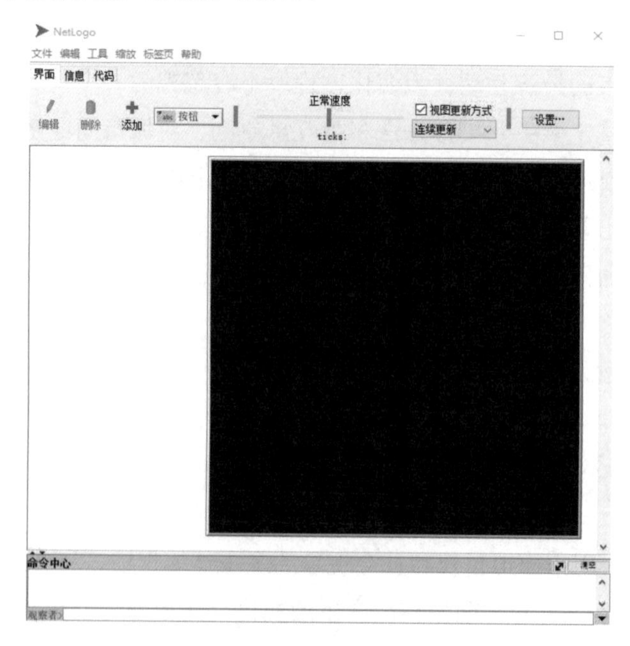

图 6-1　NetLogo 软件界面

NetLogo 的仿真过程可以从三个方面来理解：主体、空间表达以及仿真过程。首先，NetLogo 的虚拟世界由各个具有各自特征的主体（“海龟”）组成，主体通过接受一些规则来执行相关指令。在这个虚拟世界上的各个主体之间，通过其互动过程相互联系、相互影响。其次，空间表达是指在 NetLogo 空间中“瓦片”和“海龟”的虚拟坐标，每个主体的属性包括其在这个虚拟世界中的特定位置。最后，仿真过程是循环过程，具体的仿真进程包括初始程序和运行程序。初始程序可以生成多个主体，并为各主体设定不同的初始状态。在初始过程的基础上，执行过程实现主体的指令，并重复执行，直到模拟过程停止（张婧，2015）。

6.2.2 与本研究相关的模型综述

本研究主要基于网络建模的方法，通过构建不同的网络模型，对流域尺度下经济-污染关联程度、经济互动行为演化以及环境风险传递及政策影响进行分析研究。其中，网络分析方法是一种研究网络中各个组成要素之间相互作用关系的分析方法。生态网络分析方法是网络分析方法在生态环境方面的应用。生态网络分析方法初期主要应用于生态系统（Hannon，1973；Christian et al.，1999；Gattie，Schramski and Bata，2006；Gattie，Schramski and Borret，2006；Chen et al.，2015；Mao et al.，2012）。近年来，生态网络分析方法越来越多地应用于社会经济系统之中，相关研究主要集中在经济系统（Huang et al.，2009）和城市代谢系统（Liu et al.，2011；Zhang，Yang and Fath et al.，2010；Zhang，Yang and Fath，2010；Zhang et al.，2016；Shaikh et al.，2016）。当前生态网络的研究主要集中在城市产业部门之间，而忽视了要素在区域尺度上的转移，空间分析模型则忽略了空间依赖性和空间关系结构的一致性。因此，运用网络分析方法研究区域内污染物迁移过程与经济发展之间的关系是当前急需解决的关键问题。

本研究中所用到的网络建模方法选用由美国西北大学研发的 NetLogo 软件，在复杂网络理论指标的基础上进行模型建立，建模过程为：通过计算机系统营造一个虚拟的网络环境并设置一定数量的主体，为所有主体设置其本身特有的属性，通过控制主体在不同情境下进行交互作用，产生整体上宏观的系统特性，同时建立一定的指标体系来分析宏观复杂系统所具有的规律。NetLogo 软件自研发以来，因其简单、易操作的特点在不同的方面都得到了较为广泛的应用（Balev et al.，2017；Benoit et al.，2017；Frédéric et al.，2015）。如 Banitz 等（2015）在考虑土壤微生物的互动过程时，通过建立 NetLogo 模型，模拟了土壤中碳元素和氮元素的矿化过程。Karsai 等（2016）利用 NetLogo 软件模拟了森林火灾的发生与森林中生物分布状态之间的关系，研究表明造成森林火灾的主要原因是至少两种不同生物的叠加作用，而不是单一生物的作用。刘德海等（2014）运用 NetLogo

软件构建了环境污染群体性突发事件的协同演化博弈模型，并进行了基于多主体的社会仿真分析。仇蕾等（2016）基于复杂适应系统（CAS）和多主体系统（MAS）构建排污权交易系统的多主体仿真模型，模拟排污权交易系统中的主体行为，并在 NetLogo 平台进行仿真。结果表明，随着交易量的上升，交易成本逐渐下降，政府监管可以有效减少合谋行为的产生，但当监管程度达到一定水平后，随着监管投入的增加，效果提升缓慢。Zhang Z H（2016）利用 NetLogo 软件建立了一个合作行为模拟模型，并增加了一个第三方监督者，在参与者之间重新进行资源的分配。研究结果表明，在系统中增加第三方监督以及重新分配机制之后，可以扩大合作者的生存空间，并进一步增加系统的稳健性。Chiacchio 等（2014）对 NetLogo 在免疫学方面的应用进行了回顾，并提出了一些对未来发展有建设性意义的观点。Anderson 等（2017）利用 NetLogo 软件模拟了社区内的个体动物行为并设定了 4 种情景。模拟结果表明，这个框架可以提供一个有效的替代传统的动物行为模拟方法。王艳妮等（2016）使用 NetLogo 软件验证了 CR-BDI 模型的有效性。通过比较 CR-BDI 和 BDI 建模的结果，评价出 CR-BDI 是其中更好的选择。Bezzout 等（2017）利用 NetLogo 软件模拟自由空间中电磁波的传播过程。另外对多主体建模方法与传统建模方法进行了比较，提出基于主体的建模方法提供了理解系统动态性的思路，有助于相关研究的进行。所得到的描述电场空间变化的结果与理论值之间的吻合程度较高。Gao 等（2016）采用 NetLogo 软件对京沪高速铁路的承载能力进行了核算和模拟，研究结果表明文章所提出的多主体建模方法对此目的是可行的。上述相关文献的综述表明，NetLogo 不仅在生态环境研究方面得到了广泛的应用，而且更加广泛地应用于社会经济系统之中。因此，本研究选取 NetLogo 软件作为相关模型构建的主要工具。

6.3 基于 NetLogo 的城市间经济互动行为演化模型构建

6.3.1 流域内城市间经济互动行为演化模型构建思路

假设一个区域的经济互动网络由多个城市组成，城市两两之间开展合作互动。每个城市的发展水平由其所拥有的资产总量表示，城市通过将所拥有的物质资产转化为相关的经济资本，通过经济资本的交流互动，开展城市之间的经济互动合作行为。通过这种互动合作行为，不仅获得城市相关的市场力和市场份额，而且最终获得相关收益。城市将自身的经济资本分享给其他城市并不会减少其本身所拥有的经济资本，当城市接收到其他城市的经济资本时则会提高自身的经济资本。本研究所假设的是城市之间两两进行合作互动，但同时也面临着相互之间的竞争。

在这里，假设城市每次进行经济互动所投入的相关资产在 0～1 范围内（即 $a\in[0,1]$，0 投入到 100%投入），这种合作所产生的市场力由式（6-1）表示：

$$f(x)=\frac{x^2}{4a^2},x\in[0,2a] \tag{6-1}$$

式中：x —— 两个城市所各自拥有的经济资本。

城市之间通过经济互动所产生的市场份额均为其市场力与总市场力之间的比值。即

$$\delta(x_1)=\frac{f(x_1)}{f(x_1)+f(x_2)} \tag{6-2}$$

$$\delta(x_2)=\frac{f(x_2)}{f(x_1)+f(x_2)} \tag{6-3}$$

当两个城市表现为纯合作关系时，双方都将自身所拥有的经济资本分享给对方，此时双方的经济资本均提高到 $2a$；当一个城市在这种合作过程中产生投机行为，即不分享经济资本时，此时该城市的经济资本提高到 $2a$，而另一个城市的经济资本保持不变。当两个城市在合作过程中均存在投机行为时，双方都不进行经济资本分享，此时双方的经济资本均保持不变。

每个城市以原料拥有量所衡量的潜在开发价值均为 $w>0$，令 $v(x)$ 代表城市所获得的实际价值，则有：

$$v(x)=f(x)\delta(x)w \tag{6-4}$$

城市在经济交流互动过程中的实际收益为其获得的价值减去自己所消耗的资产，令 $\pi(x)$ 代表城市在经济交流互动过程中的实际收益，则有：

$$\pi(x)=v(x)-a \tag{6-5}$$

另外，通过考虑每个城市以原料拥有量所衡量的潜在开发价值、每个城市的市场力以及市场份额得到每个城市经济互动合作下所产生的实际价值，同时城市通过经济互动合作所产生的收益为其获得的实际价值减去其消耗的原材料。

本研究将城市之间的关系分为三种类型：投机型关系、纯合作型关系以及强互惠型关系。三种关系所对应的城市类型分别为投机型城市、合作型城市以及互惠型城市。投机型城市与其他城市进行经济合作时会进行投机行为，即只接受对方的经济资本，而不向对方分享自身所拥有的资本。合作型城市在合作过程中始终向对方分享经济资本，而如果发现对方采取相关投机行为，即没有向自己分享经济资本，合作型城市也不会向对方采取任何惩罚措施。互惠型城市在合作过程中也始终向对方分享自身的经济资本，而如果发现对方采取相关投机行为，即没有向自己分享经济资本，互惠型城市则会向对方采取一定的惩罚措施。

在此也对城市在经济互动过程中的期望收益进行相关的界定。分别令 x、y、z 代表合作型城市、互惠型城市以及投机型城市数量占城市总数量的比例，X、Y、Z 分别代表合作型城市、互惠型城市以及投机型城市在经济互动过程中的期望收益，则可以得到以下经验公式。

$$X = x\left(\frac{w}{2} - c\right) + y\left(\frac{w}{2} - c\right) + z\left(\frac{w}{20} - c\right) \tag{6-6}$$

$$Y = x\left(\frac{w}{2} - c\right) + y\left(\frac{w}{2} - c\right) + z\left(\frac{w}{20} - c - c_{\mathrm{p}}\right) \tag{6-7}$$

$$Z = x\left(\frac{4w}{5} - c\right) + y\left(\frac{4w}{5} - c - s\right) + z\left(\frac{w}{8} - c\right) \tag{6-8}$$

式中：w —— 开发价值；

c —— 开发成本；

c_{p} —— 惩罚机制下的成本；

s —— 惩罚机制下的投入。

在这里 $x+y+z=1$，则可以给出以下公式：

$$y = yz\left[\frac{9w}{40}Z + \left(c_{\mathrm{p}} + s\right)Y - \frac{3w}{10} - c_{\mathrm{p}}\right] \tag{6-9}$$

$$z = z\left[c_{\mathrm{p}}\left(y + z - 1\right)\right] \tag{6-10}$$

这里令 $y=z=0$，则可得出整个系统的均衡解为：

$$z = 0, x + y = 1$$

$$z = 1, x = 0, y = 0$$

本研究首先考虑一种极端特殊的情况，即互惠型企业的比例趋近于 1 时，城市间进行经济互动时投机性行为被惩罚的概率很大，此时投机型企业的比例较小。而随着互惠型企业的比例进一步降低，投机性行为受到惩罚的概率也随之降低，在经济互动过程中进行投机行为而产生的期望收益也进一步趋近于城市间真诚合作所产生的收益，此时投机型城市的数量进一步增加。

6.3.2 惩罚机制和政府策略

惩罚机制主要发生在强互惠型互动关系之中。如果发现对方采取相关投机行为，即不仅没有向自己分享经济资本，反而会传递污染，互惠型城市则会向对方采取一定的惩罚措施。在此设定惩罚敏感度这一概念。惩罚敏感度主要是指投机型城市由于自身行为受到惩罚而产生的损失与相关潜在市场开发价值的比值，用于衡量系统当前的惩罚力度。

式（6-1）～式（6-10）以及所得出的均衡解均为后面的模型建立以及模型运行结果的分析研究奠定了基础。

下面给出了模型的操作界面以及相关的指标设置情况（如图 6-2 和表 6-1 所示）。

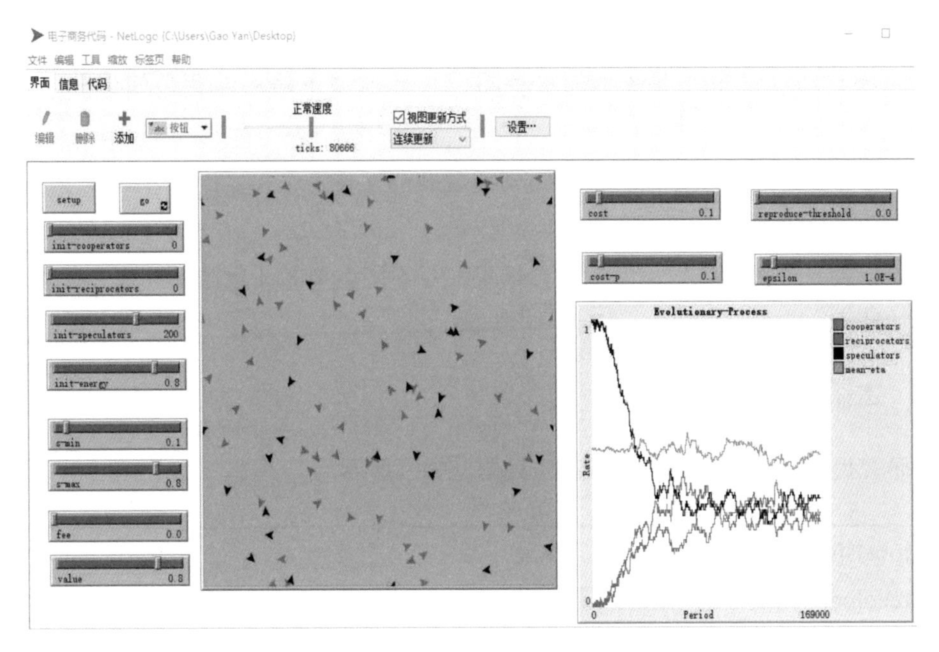

图 6-2　模型操作界面

表 6-1　模型相关指标设置

指标名称	指标含义	指标设定值
Init-speculators	初始状态下投机型城市数量	300
Init-cooperators	初始状态下合作型城市数量	0
Init-reciprocators	初始状态下互惠型城市数量	0
Value	细分市场的潜在开发价值	0.8
Init-energy	初始状态下城市所拥有的经济资本	0.8
Cost	城市合作所投入的资本	0.1
Cost-p	互惠型城市对投机行为的惩罚成本	0.1
s-min	投机型城市被惩罚导致的最小损失	0.1
s-max	投机型城市被惩罚导致的最大损失	0.1
epsilon	城市基因变化概率	0.000 1

6.3.3 指标设置

基于 NetLogo 仿真软件，城市间经济互动行为演化模型仿真主要按照以下步骤进行。

①系统初始化：首先设定不同类型的城市数量，并根据不同的情形对相关的指标进行初始化赋值。

②系统启动：城市在系统中随机分布，与其他城市随机两两之间展开经济合作互动。

③城市收益计算：根据前文中的不同类型城市收益表达式，计算各城市在经济互动过程中所产生的收益。

④演化关系分析：根据模型的运行结果，对不同类型的演化结果进行分析，并最终得出相关结论。

6.3.4 本研究模型程序代码

本研究提供所开发的 NetLogo 程序代码（如下所示）。

```
globals[cycles]
breed[cooperators cooperator]
breed[reciprocators reciprocator]
breed[speculators speculator]
turtles-own[turtle-energy turtle-s turtle-reproduce xhere yhere trys]
patches-own[energy energy-time]

to setup
ca
set cycles 0
ask patches [set pcolor green]
create-cooperators init-cooperators
create-reciprocators init-reciprocators
create-speculators init-speculators

ask cooperators
```

```
[set color red]
ask reciprocators
[set color blue]
ask speculators
[set color black]
ask turtles
  [
    set xy random world-width random world-height
    set turtle-energy init-energy
    set turtle-s (s-min + (random-float (s-max - s-min)))
    set turtle-reproduce 0
 ]
  do-plot
  reset-ticks
end

to go
  ask turtles
  [move]
  get-energy
  ask turtles
  [reproduce
    perish]
  if not any? turtles
  [do-plot-zero
    stop]
  do-plot
  set cycles cycles + 1
  tick
end

to get-energy
```

```
ask patches with [count turtles-here = 2]
[without-interruption
      [ask one-of turtles-here
         [if breed = speculators
         [ask other turtles-here
         [if breed = speculators
         [
            set turtle-energy（turtle-energy + 0.125 * value - cost）
            ask myself [set turtle-energy（turtle-energy + 0.125 * value - cost） ]
      ]
      if breed = reciprocators
      [
         set turtle-energy（turtle-energy + 0.05 * value - cost - cost-p）
         ask myself [set turtle-energy（turtle-energy + 0.8 * value - cost - turtle-s）
            ]
     ]
      if breed = cooperators
      [
         set turtle-energy（turtle-energy + 0.05 * value - cost）
         ask myself [set turtle-energy（turtle-energy + 0.8 * value - cost）]
     ]
   ]
]
 if breed = cooperators
 [
   ask other turtles-here
   [
      if breed = reciprocators
      [set turtle-energy（turtle-energy + 0.5 * value - cost）
      ask myself [set turtle-energy（turtle-energy + 0.5 * value - cost）]
  ]
   if breed = cooperators
```

```
[
  set turtle-energy (turtle-energy + 0.5 * value - cost)
  ask myself [set turtle-energy (turtle-energy + 0.5 * value - cost) ]
]
if breed = speculators
[
  set turtle-energy (turtle-energy + 0.8 * value - cost)
  ask myself [set turtle-energy (turtle-energy + 0.05 * value - cost)
 ]
]
]
if breed = reciprocators
[
  ask other turtles-here
  [
    if breed = reciprocators
    [
      set turtle-energy (turtle-energy + 0.5 * value - cost)
      ask myself[set turtle-energy (turtle-energy + 0.5 - cost) ]
    ]
    if breed = cooperators
    [
      set turtle-energy (turtle-energy + 0.5 * value - cost) ]
  ]
  if breed = speculators
  [
    set turtle-energy (turtle-energy + 0.8 * value - cost - turtle-s)
    ask myself [set turtle-energy (turtle-energy + 0.05 * value - cost - cost-p) ]
  ]
]
]
   ]
```

```
      ]
    ]
  end

  to reproduce
    if turtle-energy > cost
    [
      if breed = speculators
      [
        set turtle-reproduce 1
        ifelse（random-float 1.0 - 0.9999 > 0）
        [
          ifelse random 2 = 1
          [hatch-cooperators 1
            [set turtle-energy turtle-energy
              set turtle-s turtle-s
              set turtle-reproduce 0]]
          [hatch-reciprocators 1
  [set turtle-energy turtle-energy
              set turtle-s turtle-s
              set turtle-reproduce 0]]]
        [hatch 1
  [set turtle-energy turtle-energy
            set turtle-s turtle-s
            set turtle-reproduce 0]]
      ]
      if breed = cooperators
      [set turtle-reproduce 1
        ifelse（random-float 1.0 - 0.9999 > 0）
        [
          ifelse random 2 = 1
          [hatch-speculators 1
```

```
              [set turtle-energy turtle-energy
                set turtle-s turtle-s
                set turtle-reproduce 0]]
            [hatch-reciprocators 1
    [set turtle-energy turtle-energy
                set turtle-s turtle-s
                set turtle-reproduce 0]]]
          [hatch 1
    [set turtle-energy turtle-energy
              set turtle-s turtle-s
              set turtle-reproduce 0]]
      ]
       if breed = reciprocators
       [
         set turtle-reproduce 1
         ifelse (random-float 1.0 - 0.9999 > 0)
         [
           ifelse random 2 = 1
           [hatch-cooperators 1
             [set turtle-energy turtle-energy
               set turtle-s turtle-s
               set turtle-reproduce 0]]
           [hatch-speculators 1
           [set turtle-energy turtle-energy
             set turtle-s turtle-s
             set turtle-reproduce 0]]]
       [hatch 1
         [set turtle-energy turtle-energy
           set turtle-s turtle-s
           set turtle-reproduce 0]]
     ]
     ask cooperators
```

```
    [set color red]
    ask reciprocators
    [set color blue]
    ask speculators
    [set color black]
    rt random 360
    move
]
end

to perish
    if turtle-energy < cost
    [die]
    if turtle-reproduce = 1
    [die]
end

to do-plot
    set-current-plot "Evolutionary-Process"
    set-current-plot-pen "cooperators"
    plot count cooperators / count turtles
    set-current-plot-pen "reciprocators"
    plot count reciprocators / count turtles
    set-current-plot-pen "speculators"
    plot count speculators / count turtles
    set-current-plot-pen "mean-eta"
    plot mean [turtle-s] of speculators / value
end

to do-plot-zero
    set-current-plot "Evolutionary-Process"
    set-current-plot-pen "cooperators"
```

```
        plot 0
        set-current-plot-pen "reciprocators"
        plot 0
        set-current-plot-pen "speculators"
        set-current-plot-pen "mean-eta"
        plot mean [turtle-s] of speculators / value
        plot 0
    end
```

6.4 流域内城市经济互动行为演化模型模拟结果

根据前文对仿真模型的设计以及相关指标的设定，以 NetLogo 软件为建模平台，对设计的模型进行仿真模拟（如图 6-3 所示）。从结果中可以看到，仿真过程开始时，系统中的 300 个城市均为投机型城市。经过大约 8 000 步之后，随着城市之间经济互动过程的进一步深入，城市发现自身的投机行为已经不能促进自身的进一步发展，进而城市开始向合作型开始转化。之后为了促进经济互动的进一步进行，城市又不得不将自己的行为转化为互惠行为，此时互惠型城市的数量进一步增长并逐渐占据主导地位。此后整个系统进入稳定状态，三种类型的城市数量基本处于相等的状态，而相应的惩罚敏感度也有所降低。

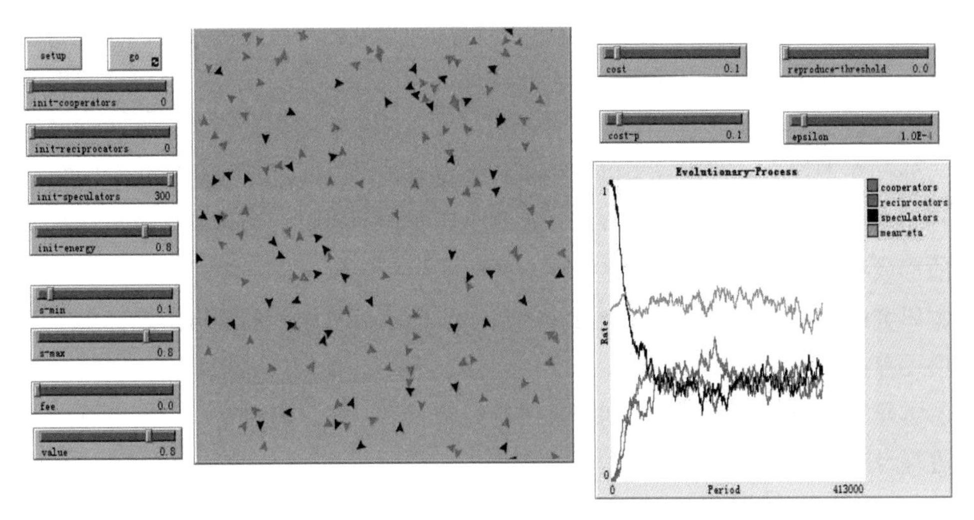

图 6-3　模型运行结果

综上所述，通过运行模型，可以得到以下结论：

①城市经济交流互动过程中的互惠行为可以通过系统演化生成并在系统内部稳定发展。

②互惠行为、合作行为以及投机行为在城市经济互动系统的演化中同时存在，互惠行为可以有效地抑制城市经济互动过程中所存在的投机行为，对城市经济互动合作系统的形成和发展起到一定的关键作用。因此，惩罚措施可以在一定程度上抑制投机行为的发展，但并不能完全将投机行为消灭，而是在抑制其发展的基础上实现三种经济互动行为的稳定、均衡发展。除了相应的惩罚措施外，也应该考虑相应的奖励措施，以更好地促进城市之间的经济交流与互动。

6.5 本章小结

本研究基于互惠理论，对互惠原则下城市间经济互动行为演化过程进行了仿真研究，首先构建了城市经济互动行为演化模型，在假设投机型城市由于投机行为受到惩罚所导致的损失均相等的情况下，利用软件中动态方程方法求解出模型的两个演化稳定均衡解。从分析结果可以看出，只有当投机型城市由于投机行为受到惩罚导致的损失足够多时，城市间才有可能采取合作态度形成演化均衡状态，否则演化的均衡结果就是城市在经济互动过程中都采取投机型行为，导致城市间的经济互动合作失去了其原本应有的意义。同时，还应该保证系统内部存在足够多的互惠型城市，这样才能对投机型城市存在的投机型行为保持足够的威慑力，将投机型城市挡在系统外，否则投机型城市仍然有机可乘并进入系统中。然后，在投机型城市由于投机性行为受到惩罚所导致的损失不相等的情况下，利用仿真方法对城市经济互动合作演化过程进行了分析研究。从仿真结果中可以看到，城市经济交流互动过程中的互惠行为可以通过系统演化生成并在系统内部稳定发展。另外，互惠行为、合作行为以及投机行为在城市经济互动系统的演化中同时存在，互惠行为可以有效地抑制城市经济互动过程中所存在的投机行为，对城市经济互动合作系统的形成和发展起到一定的关键作用。

本研究的结果为城市经济互动过程的进一步演化以及相关的城市管理提供了一定参考。但还存在以下几个问题：

①本研究中的假设是城市之间两两进行经济互动，实际情况是一个城市可能和多个城市进行经济互动，这方面需要进一步考虑；

②本研究并没有讨论投机型城市在受到惩罚后，是否会对互惠型城市采取一定的“报复”行为，这也是需要进一步考虑的地方。

第 7 章　流域环境热点区域与周边大城市的经济与污染网络关联分析

7.1　淮河流域生态环境状况与环境热点区域

淮河流域地处我国东部，介于黄河流域与长江流域之间，位于东经 111°55′～121°45′、北纬 30°55′～36°20′。淮河是我国南北气候的自然地理分界线，淮河流域也是我国南北气候的过渡地带，属于北亚热带至暖温带湿润、半湿润季风气候区，四季分明。淮河流域包括湖北、河南、安徽、江苏、山东 5 省 35 个地（市），222 个县（县级市、区），总人口约为 1.8 亿人，平均人口密度为 592 人/km^2，是全国平均人口密度的 4.2 倍（颜俊，2014），居国内流域人口密度之首。淮河全长 1 000 km，总落差 200 m。淮河上中游支流众多，流域面积大于 2 000 km^2 的一级支流有 16 条，其中南岸支流有史灌河、淠河、东淝河、池河等 9 条，都发源于大别山区及江淮丘陵区，为山丘区河流，源短流急；北岸支流有洪汝河、沙颍河、涡河、奎濉河等 7 条，除洪汝河、沙颍河、奎濉河上游有部分山丘区外，其余都是平原河道，流域面积以沙颍河最大，近 4 万 km^2。淮河下游里运河以东，有射阳河、黄沙港、新洋港、斗龙港等滨海河道，承泄里下河及滨海地区的来水，流域面积为 2.5 万 km^2。沂沭泗水系主要跨鲁、苏两省，由沂河、沭河、泗河组成，主要发源于山东省沂蒙山区，流域面积约 1.6 万 km^2。

20 世纪 90 年代以来，淮河沿岸的人口剧增，工农业生产快速发展，乡镇企业迅速增加。随着城市经济的发展，城市污染问题也日益严重。生活污水、工业废水、城镇垃圾、厂矿废渣、医疗废弃物以及农田施用的农药和化肥，大多随着大雨从地沟泻入河道，给淮河流域的生态环境带来极大破坏。数据显示，颍河、沙河接纳河南省上自郑州、下至项城共 30 多座城市的废污水，其日平均量高达 166.2 万 t；安徽省阜阳地区 5 个市（县）日排废污水 13.8 万 t（陶庄，2010），奎河、新汴河、濉河支流等均受到严重污染，从而导致淮河流域污染日趋严重。淮河流域水环境污染成了社会各界关注的重大问题。

根据水利部淮河水利委员会公布的2006年淮河流域化学需氧量（COD）入河排放量及超标情况、流域省界断面水污染情况以及2007年排污监测结果，淮河流域水污染相当严重。据统计，截至1998年年底，淮河流域发生较大水污染事故近200起，仅干流就发生10多起，其中1989年2月、1992年2月、1994年7月的污染事故尤为严重，给淮河沿岸城镇的工农业生产和居民生活带来严重影响（丁文峰等，2006）。1986—1995年，淮河干流部分水质波动明显，上游的息县大埠口、淮滨水文站等断面均出现了水质超标（Ⅴ类～劣Ⅴ类）现象。而到了1995—2005年，淮河流域水质超标（Ⅴ类～劣Ⅴ类）断面明显增加，除息县大埠口、淮滨水文站等断面外，还增加了王家坝、石头埠等断面。1995—2005年，BOD质量浓度超标（＞6 mg/L）的断面主要有息县大埠口、王家坝、新铁桥下、小柳巷等断面，但这些断面在其余年份以及其余断面在1995—2009年的BOD质量浓度等级均在Ⅳ类及以下水平；COD质量浓度超标（＞10 mg/L）的断面主要有息县大埠口、淮滨水文站、涡河入淮口、蚌埠闸下、新铁桥下、沫河口等断面；氨氮质量浓度超标（＞1.5 mg/L）的断面主要有息县大埠口、淮滨水文站、峡山口、石头埠、大涧沟、新城口、新铁桥下、沫河口、小柳巷等断面，由此可见淮河干流水质污染严重。

2004年起，媒体开始不断揭露淮河流域内的“癌症村”现象，这引起了广大群众对“癌症村”的关注与恐慌。2013年6月，《淮河流域水环境与消化道肿瘤死亡图集》正式出版，首次证实了癌症高发与水污染的直接关系。2015年，《中国环境管理》网站上又对此进行了系统报道。以此为契机，开展本研究。

媒体报道的“癌症村”是生态环境地质病的一种代表案例。生态环境地质病是由环境恶化，造成人体元素平衡失调而激发的疾病（Mantajit，2000）。顾名思义，“癌症村”是癌症高发现象在村级空间尺度上的反映。美国疾病预防控制中心将“癌集群”定义为“一个地理区域在一定时期内，人群中出现比期望数多得多的癌症患者”（杨功焕等，2013）。参考这个定义，将“癌症村”定义为“癌症发病率或死亡率显著高于同期全国平均水平的村落”，在此，以全国平均水平代替正常期望水平。村落则包括行政村、社区、村级管理区、厂矿等（龚胜生等，2013）。因此，本研究将使用“癌症高发区”代替“癌症村”的说法。20世纪70年代，第一次全国人口死亡原因调查初步掌握了当时我国肿瘤死亡水平和分布规律，摸清了我国常见恶性肿瘤（如胃癌、食道癌、肝癌、宫颈癌、肺癌、结肠癌、直肠癌、鼻咽癌等）的流行特征，绘制了恶性肿瘤死亡率分布图集，并组织专家开展统计分析，定义出我国恶性肿瘤死亡的高水平地区，简称“高发区”（如表7-1所示）。

表 7-1 我国恶性肿瘤高发的部位及定义（中华人民共和国恶性肿瘤地图集编委会，1979）

部 位	死亡率高水平
胃癌	高于全国平均水平 2.4 倍以上
食道癌	高于全国平均水平 3.0 倍以上
肝癌	高于全国平均水平 2.0 倍以上
女性宫颈癌	高于全国平均水平 5.0 倍以上
肺癌	高于全国平均水平 2.2 倍以上
大肠癌	高于全国平均水平 1.8 倍以上
鼻咽癌	高于全国平均水平 1.6 倍以上

在我国，“高发区”分布的东部、中部、西部差异大，在东部经济较发达地区，“高发区”数量较多，西部经济欠发达地区“高发区”数量较少。这种分布经向地带性差异实际折射出了改革开放以来我国东部、中部、西部经济发展和环境污染的差异。位于中国东部的淮河流域，工业化速度很快，而河流消纳能力有限，淮河干流和支流上的“高发区”被媒体频频曝光。豫皖交界处的河南省沈丘县曾经是全国农田水利灌溉工程示范区，人们没有想到，这灌溉网也成了淮河水污染全面扩散渗透到每个村庄的网络（殷俊，2007）。此外，研究表明，“高发区”的介水分布明显，这说明水污染与癌症的高发密切相关（曹烁玮，2010）。总体来讲，我国的“高发区”主要分布在海河流域、黄河中下游流域、淮河流域、长江中下游流域和珠江三角洲等地区的河流沿岸，而我国经济发展较快的几个城市都集中在这些区域内。由此可见，城市快速发展会给流域带来污染，同时流域污染又会给城市生态与人群健康带来威胁，二者相互交织、互相影响。

7.2 国内外研究进展

7.2.1 城市污染与区域生态环境关系研究

国外自 19 世纪末期开始城市化与城市生态环境关系的研究，经历了起源阶段、延伸阶段和多元化阶段，主要从环境经济学、环境科学和卫生科学、可持续和生态学角度展开研究。国内的研究从 20 世纪 70 年代开始，进展较快，主要研究内容包括城市化引起的城市生态环境效应，城市社会、经济、环境的协调发展，可持续城市、生态城市和健康城市等（刘耀彬等，2005）。

城市化引发的水资源与水环境问题包括水资源绝对缺乏或相对缺乏、水污染、地下水开采过度等问题。利用先进的 GIS 与 RS、数值模拟等方法，国外学者在此方面做过大量的长期定位研究，如 Al-Kharabsheh 等（2003）就对城市化与地表水质量做过定位跟踪研究。《2007 年中国环境状况公报》显示，由于城市工业污染，我国地表水污染依然严重。长江、黄河、珠江、松花江、淮河、海河和辽河七大水系总体水质与上年持平。200 条河流 409 个断面中，Ⅰ～Ⅲ类、Ⅳ～Ⅴ类和劣Ⅴ类水质的断面比例分别为 55.0%、24.2%和 20.8%。珠江、长江总体水质良好，松花江为轻度污染，黄河、淮河、辽河为中度污染，海河为重度污染。在监测营养状态的 26 个湖泊及水库中，呈富营养状态的占 46.2%（中国环境监测总站，2008）。张一平（1998）在《城市化与城市水环境》一文中提出，城市的扩大给人类带来了良好的生活工作环境。但工厂、生活所排放的污染物也给城市区域的环境造成了相当大的危害。在降雨的影响下，污染物质将发生扩散、迁移和淤积。大气中的污染物质大多可溶于水或被水所携带。通过降雨将空气中的污染物带到地上、地下，并可携带到较远地区，影响下风或下游地区。工业废水还会通过下水道流入河流、湖泊，污染地表水，或进入土壤中污染地下水。高明娟等（2011）也提出，随着我国城市化步伐的加快，工业化迅速发展，人口增加，人民生活水平逐步提高，用水量急剧增加，工业废水和城市生活污水排放量也迅速增加。水资源短缺与经济社会发展的矛盾充分暴露。王学渊等（2012）在研究工业污染对农村可持续发展的影响时提出，源源不断涌向农村的大量工业污染物直接带来了农村水体、土壤、大气环境的恶化，广大乡村农民的生计、健康遭受损害，甚至生命被剥夺，广大农村为浙江经济的高速增长付出了巨大的代价与成本。许申来（2011）在研究滇池流域生态系统健康问题时发现，污染控制在流域环境承载范围内是实现流域水环境功能达标的关键。城市污染物的排放量在数量上和空间上都要控制在流域的承载范围之内。在控制流域的污染物排放量的同时，应注意污染源在空间上不能过于集中，否则存在水环境质量超标的风险。综上所述，流域环境承载力兼具数量和空间两方面内涵，除污染物排放量的控制外，污染源的布局对流域水环境功能达标也是至关重要的。

针对城市污染迁移与区域生态影响间的关系有以下研究。在污染企业迁移问题中通常采用地理方法分析，包括 Burgess（1925）的城市土地利用模型、Myrdal（1957）提出的扩散-反拨作用的概念以及 Hirschman（1958）的核心-边缘理论。这些传统的方法在当今的资源管理和分配问题中依旧起到重要的作用。例如，Ahlfeldt（2011）发现单中心模型在特定条件下是有用的。Arauzo-Carod 等（2010）指出，在重新安置污染企业时，计量经济学方法与相关区位理论的关系是相对薄弱的。他们预见到有了新的数据收集策略并解决数据来源问题之后，会有越来越多学者参与到污染企业重新安置的研究中。Xing 等（2008）在中国长沙、株洲、湘潭地区发现扩散（spread）和反拨作用（backwash）的影响，而 Forrer 等（2010）发现，中国的中心城市对附近的农村县有反拨效应，但对其他城市有扩散效应。然而，这些地理方法尚未被广泛应用在可持续发展路径的研究中。

7.2.2 人群健康空间分布研究——以“高发区”为例

研究表明，“高发区”在空间上不是任意分布的，而是与和大城市的距离、方向、经济、人口及环境污染情况等地理因素之间存在着相关性。另外，淮河流域的“高发区”有一特点，即并不分布在干流两侧，而在一级、二级甚至更小的支流流经之地，且污染支流两侧 2.5 km 内的村庄，消化道肿瘤尤其严重。

学术界对“高发区”的研究，主要集中在两个方面：一是对“高发区”病因的调查（陈竺，2008；全国肿瘤防治研究办公室等，2010；王绍芳等，2001；林亚森，2006；王黎君等，2009）；二是对“高发区”时空分布的分析（卢楚雍等，2009；孙月飞，2009；Liu，2010）。

王绍芳等（2001）在《环境保护》上发表的《生态环境地质病：陕西一癌症村实例分析》一文，主要研究陕西范围内的“癌症村”，对取自陕西省华县“癌症村”的饮用水、面粉、豆角、土豆、柿子、土壤、岩石等 7 类样品进行地球化学元素分析和评价，以及人群头发样品微量元素分析，得出初步结论：砷、铅、镉的污染是“癌症村”致癌的主要原因。林亚森（2006）在《东山县康美村地下水污染与村民癌症高发原因初探》一文中指出，受生活污染的影响，该村地下水总大肠菌群和细菌总数分别超标 100%、41.2%；硝酸盐氮含量平均为 15.2 mg/L，并得出村民饮用受污染的地下水似与癌症高发有一定关系的结论。另外，余嘉玲等（2009）在《中国癌症村现象及折射出的环境污染健康相关问题分析》中通过搜集整理学术文章及网络媒体中对“癌症村”现象的报道新闻，对我国“高发区”现状进行了梳理，并且分析了“高发区”的出现及发展状况和污染（尤其是水污染）以及宏观的社会经济环境之间的关系，得出“高发区”作为典型的环境健康的热点区域和环境污染有着密切的关系，尤其受到水污染影响最大的结论。

关于“高发区”时空分布的分析研究不多，在龚胜生等（2013）的《中国癌症村时空分布变迁研究》一文中得到如下结论：①我国从 1954 年开始出现“高发区”，到 2011 年年底，全国共有 351 个“高发区”见诸报道，平均每年新增“高发区”6 个。1988 年以前，“高发区”增长缓慢，2000—2009 年是我国的“高发区群发年代”，全国 53%的“高发区”是在这 10 年中新增的。这可能与 20 世纪 80 年代乡镇企业大规模发展、乡村遭到严重污染有关。②我国“高发区”的分布类型为典型的集聚型分布，但具有明显的区域差异，总体上是东部多于中部，中部多于西部。根据“高发区”的密度，又可进一步划分为 4 个层次：一是“高发区稠密区”，包括津、冀、鲁、豫、苏、沪、浙、琼 8 省区；二是“高发区较密区”，包括京、晋、皖、鄂、湘、渝、赣、粤、闽 9 省区；三是“高发区稀疏区”，包括黑、吉、辽、蒙、陕、川、滇、黔、桂 9 省区；四是“高发区空白区”，包括新、甘、宁、青、藏 5 省区。③我国“高发区”的重心位置一直在鄂、豫两省交界地区移动，总体上具有自西向东移动的趋势。每 5 年间新增“高发区”的重心也始终在鄂、豫、皖三省交界处移动，总体上存在自东北向西南移动的趋势（该研究不含香港特别行政区、澳门特别行政区和台湾地区）。

我们认为，“高发区”的出现是人地关系演变的结果，其时空分布及变迁是一个健康地理学问题。但是，迄今为止，从地理学角度探讨“高发区”时空分布以及其与周边城市关系的研究还十分薄弱，因此加强这部分的研究是十分有必要的。

7.2.3 “高发区”研究方法学进展说明

龚胜生等（2013）在研究中国“高发区”时空分布及变迁时将“高发区”的研究方法分为 4 个部分，分别为“高发区”出现时间的判定、“高发区”分布类型的判定、“高发区”分布重心的判定以及“高发区”与河流关系的判定。

Chen 等（2013）在研究空气污染对中国南北方居民寿命影响时，使用间断点回归方法估计污染对健康的影响，且数据分析支持了间断点回归方法的有效性。在数据获得方法上，该研究通过中国疾病监控系统（DSP）数据计算了 1991—2000 年城市级别的各年龄死亡率、预期寿命和死于心肺疾病的状况，此外研究者的数据集还包含了相应城市的纬度位置、气温、城市设施、居民收入、教育水平等变量。除了创新地使用了计量经济学方法外，该研究还利用了可得的最全面、最大规模的数据。

在分析城市间经济联系势能时常用到重力模型方法，也称引力模型方法。西方区域经济学家和地理学家很早就将物理学中牛顿的重力假设运用于经济空间的研究。万有引力定律指出，两个物体间的吸引力与其质量的乘积成正比，而与两者之间距离的平方成反比。1880 年，英国人口统计学家雷文茨坦在人口分析中使用引力模型，首次将牛顿引力模型用于社会科学的研究。20 世纪 30 年代，赖利提出著名的赖利公式，将引力模型真正推广到整个社会经济研究中，赖利公式在经济社会中的广泛应用，以至于被经典教科书称为定律，即零售引力的赖利定律（朱道才等，2008）。美国地理学家 Tobler（1970）根据万有引力模型发展出测算不同城市之间的经济联系势能的引力模型（也叫重力模型），认为不同城市间的相互作用（即经济联系势能）与两城市的社会经济规模的乘积成正比，与城市间距离的平方成反比。此后，许多学者依据现实问题对模型中的各参数进行修正，使这一模型得以不断地完善和应用。我国相关学者也利用该模型对区域城市之间的相互作用力进行过大量实证分析，验证了城市之间的经济联系强度受城市的经济规模、距离等因素的影响。顾朝林等（2008）运用重力模型方法对中国城市间的空间联系强度进行定量计算，据此刻画中国城市体系的空间联系状态和结节区结构。唐娟等（2009）运用重力模型和综合客运模型，对淮海经济区城市间的经济联系势能及经济联系流强度进行测度，据此分析该区的城市经济辐射与经济隶属情况。薛美云（2008）运用势能模型划分我国31个省会城市（不含香港、澳门、台北）的经济影响区，并概括它们的总体分布特征，研究各省区的经济影响区构成情况和各经济影响区的跨省区分布情况，将省会城市经济影响区与省级行政范围进行叠合分析，得出两者间的4种空间关系。吴明等（2010）基于经济联系势能模型对沪宁综合运输通道规划进行研究，为其他类似的城镇和经济走廊运输通道研究提供了参考。

7.3 流域环境热点区域与周边大城市的经济与污染网络关联分析方法

7.3.1 数据来源及处理

对于“高发区”的数量、位置等具体情况，目前尚没有官方的统计数据。来源大多是纸质媒体报道和网络媒体报道。但这些报道来源的数据较少且数据质量良莠不齐，需要仔细甄别。但2013年6月出版的《淮河流域水环境与消化道肿瘤死亡图集》一书，对淮河流域内的癌症高发区县有详尽的阐述，包括发病原因、死亡人数等，都能与具体区县相对应。因此，根据环境监测资料中水质监测断面的位置、结果，以及网络中出现过的癌症高发区患病资料，在淮河流域4个省区选择12个县作为研究区，包括江苏省射阳县和盱眙县，安徽省灵璧县、寿县和蒙城县，山东省汶上县、兖州县和巨野县，河南省西平县、扶沟县、沈丘县和罗山县。并且选取与监测县距离150 km以内的大城市作为邻近城市进行分析，包括济宁市、曲阜市、菏泽市、枣庄市、许昌市、周口市、平顶山市、开封市、郑州市、漯河市、驻马店市、亳州市、阜阳市、信阳市、宿州市、蚌埠市、淮北市、徐州市、宿迁市、六安市、扬州市、淮安市、泰州市、盐城市、淮南市、连云港市。研究对象跨越4个省，共38个城市和县（埇桥区、颍东区缺乏数据）。

7.3.1.1 人口、经济数据来源

根据淮河流域水质等级图及污染图，选取2005年作为研究节点。12个监测县的人口与经济数据来源于《江苏省2005年市（县）社会经济主要指标统计》《安徽省2005年市（县）社会经济主要指标统计》《河南省2005年市（县）社会经济主要指标统计》《山东省2005年市（县）社会经济主要指标统计》。邻近城市人口与经济数据来源于《2005年江苏省统计年鉴》《2005年安徽省统计年鉴》《2005年河南省统计年鉴》《2005年山东省统计年鉴》。

7.3.1.2 污染数据来源

由于污染原始数据难以获得，因此本研究所用污染数据只能通过《淮河流域水环境与消化道肿瘤死亡图集》解译得到。污染频度从 0 到 100%，以 10%为间距等距划分为 10 个等级，将每一等级权重分别定义为 0.1，0.2，0.3，…，1。再利用区县在不同污染频度下面积占该区县总面积的百分比与权重的乘积来计算区县的整体污染程度。公式如下：

$$y = 0.1\sum_{i=1}^{10} i \cdot \frac{x_i}{\sum_{i=1}^{10} x_i} \tag{7-1}$$

式中：i —— 不同污染频度；

x —— 不同污染频度下区县所占面积；

y —— 该区县整体污染程度。

根据《淮河流域水环境与消化道肿瘤死亡图集》中水质污染频度图进行解译分析，得到淮河流域内各区县及城市污染数据。一共得到 208 个区县及城市的污染数据，根据研究需要，重点选取 38 个数据进行分析，包括 12 个“高发区”和 26 个周边城市，具体数据如附录 3 附表 3-1 所示。

7.3.2 “高发区”与周边大城市关系的判定

“高发区”是一定历史阶段经济社会发展的产物，因此“高发区”的出现与城市的经济发展密不可分。又因为癌症高发已被证实与环境污染关系紧密，因此本研究的“高发区”与周边大城市关系主要是经济联系及污染联系。

经济联系是城市间空间相互作用的表现之一。理论上认为城市间相互作用与城市规模呈正相关而与城市间距离呈负相关关系（引力模型）。本研究选取引力模型计算 12 个“高发区”与周边大城市间的经济联系强度。

引力模型通常表示为：

$$I_{ij} = GP_iP_j / d_{ij}^r \tag{7-2}$$

式中：I_{ij} —— i、j 两城市间的引力；

P_i、P_j —— i、j 两城市的“城市质量”；

d_{ij} —— i、j 两城市间的距离；

G —— 引力系数；

r —— 引力衰减系数（大多数情况下取值为 2）（金贵等，2009）。

在实际应用中，由于引力系数 G 和城市经济引力的测度没有相关性，同时由于 P 和

d 的含义重新界定，会影响到整个公式的内涵变化。因此，将式（7-2）重新调整为：

$$I_{ij} = P_i P_j / d_{ij}^2 \tag{7-3}$$

其中，P_i、P_j 作为“城市质量”，有不同方法进行测度，本研究选用单项指标测度法来衡量“城市质量”，如城市 GDP、总人口 N、污染程度 V 等。其中，$P = \sqrt{\text{GDP} \times N}$ 来测算“城市质量”是比较常用的方法（陆大道，1988）。

具体到经济联系及污染联系的计算，本研究利用式（7-4）进行：

$$R_{ij} = \left(\sqrt{N_i E_i} \times \sqrt{N_j E_j}\right) / {D_{ij}}^2 \tag{7-4}$$

式中：i —— 城市 1；

j —— 城市 2；

R —— 两城市间的经济联系强度；

N —— 城市的人口，万人；

E —— 城市年生产总值，亿元；

D —— 城市 i、j 间距离，km。

经济联系强度的意思是，城市 1 与城市 2 之间存在经济联系，经济状况互相影响，用经济联系强度表示二者之间这种关系的强度。根据公式计算得到研究区域内 12 个“高发区”与周边大城市间的经济联系强度的具体数值后，可用于制作经济联系强度矩阵，并运用 GIS 技术生成研究区域内目标城市间经济联系强度分异图。

“高发区”与周边大城市的污染联系，同样借助引力模型进行判定。利用解译出来的城市污染数据、人口数据及“高发区”与周边大城市距离，代入引力模型进行计算，公式如下：

$$S_{ij} = \left(\sqrt{N_i V_i} \times \sqrt{N_j V_j}\right) / {D_{ij}}^2 \tag{7-5}$$

式中：i —— 城市 1；

j —— 城市 2；

S —— 两城市间的污染联系强度；

N —— 城市的人口，万人；

V —— 污染强度；

D —— 城市 i、j 间距离，km。

7.3.3 “高发区”与周边大城市距离的判定

判定“高发区”与周边大城市的距离，首先需要找到“高发区”及周边各大城市的城市重心。重心是物体各部分所受重力的合力的作用点，物体的重心会随物体质量分布的变化而变化。如果把每个城市都看作一个质地均匀的平面，那么在这个平面上便存在一个支点，使得这个城市的平面保持水平的平衡状态，这个支点即为该城市或地区的重心。

引力模型中使用的 D 为两城市间直线距离（km），计算时使用城市重心经纬度，利用“知经纬度计算两点精确距离”程序计算两城市间的直线距离。

求解欧氏距离工具：Arctoolbox＞Analysis Tools＞Proximity＞Near Point Distance（生成一个统计属性表）。

注：当“Distance”为 0 时，表示实际距离可能确实为 0 或者超出搜索半径。

求解曼哈顿距离工具：*.shp：Data Management Tools＞Features＞Add XY Coordinates Coverage：Coverage Tools＞Data Management＞Tables＞Add XY Coordinates

Manhdist（km）＝abs（x-coord－point-x）/1 000 + abs（y-coord－point-y）/1 000

7.3.4 “高发区”与河流关系的判定

地理学第一定律认为，任何事物都与其他事物相联系，距离近的事物之间的联系更为紧密（Tobler，1970）。已有研究表明，“高发区”与河流污染的关系非常密切。本研究试图通过分析“高发区”距离河流的远近以及河流污染对周边区县患病影响来揭示这种关系。选取淮河流域内 12 个“高发区”为研究对象，研究其与周边河流的关系。具体做法是：根据国家基础地理信息系统 1∶400 万地形数据库中的全国五级以上的河流数据，在 ArcGIS 10 中利用缓冲区分析工具，分别以 3 km、5 km、10 km 为缓冲半径做缓冲区，然后用相交工具计算落在缓冲区内的“高发区”的面积及其占该区县总面积的比例，以此判定“高发区”的分布是否与河流有一定关系。

7.3.5 效用分析方法

生态网络分析方法是一种对环境的投入产出应用分析方法。最早 Léontief 发展了投入产出方法（Léontief，1951；Léontief，1966），并赢得了诺贝尔经济学奖，后人借此分析了经济系统各个产业节点之间的相互依存关系（Miller et al.，1985）。首次将网络分析应用到生态系统的是 Hannon（1973）研究生态系统中生态流的分布。生态网络分析（ENA）是一种系统导向的建模技术，用于研究生态系统的结构与流量（在模型中表述为节点和连接）（Patten et al.，1976；Wulff et al.，1989；Christensen et al.，1993；Fath et al.，1999a；Fath，2007b；Borrett and Fath et al.，2007）。

自从 Patten 等发表了一系列生态网络分析的文章后，后续生态网络分析成为研究热点。其中，Ulanowicz（1986；1997）根据物质或能量流之间相互作用的特点以及信息理论特点，提出了势分析方法，他也将生态网络分析用于探讨节点直接混合的营养等级和互相关联性。Patten（1992）进一步发展了环境元网络分析方法（Network Environ Analysis），分析间接流影响（Higashi et al.，1989）、网络放大效应（Patten et al.，1990）、网络同质化因素（Patten et al.，1990）、网络的协同作用（Patten，1991），以及两个同源岔生生态网络的环境元分析及势分析（Scharler et al.，2009），对其内部的直接流和间接流都进行了量化。

上述方法构建了现今生态网络分析的框架基础，并已发展了相关的分析方法和指标体系（Ulanowicz，1983；Ulanowicz，1986；Fath，2004b；Ulanowicz，2004；Fath，2006；Scharler et al.，2009），主要的分析方法和指标列于表 7-2。

表 7-2　生态网络分析主要方法与指标

分析方法	目标与应用	指标
通量分析	计算每个节点内/间的生态系统物质和能量的流动参数	TST、APL、FCI 等
结构分析	通过向量矩阵及邻接矩阵分析节点间的互联模式	通路数、通路长度
存量分析	确定沿间接途径非空间储存强度	存储质量、保留时间
效能分析	分析每个节点和它们共生节点之间的直接和间接的关系	共生综合指数、协同率
控制分析	分析每个节点在整个系统配置中发挥的控制能力	流的依赖程度、控制分布
（食物网的）营养级分析	分析计算物种的营养水平，找出生态系统内存在的循环	综合营养水平、营养链
信息理论分析	量化分析系统的整体性能（包括发展现状、多样性和成熟），而系统考虑为一个物质、能量流的整体过程	发展能力、势、超载、冗余

生态网络分析的这些方法和概念不仅已经被广泛地应用于特定的生态系统研究之中，也扩展到了其他领域，如社会经济系统（Fath，2006）。生态网络分析方法已被证明是一个可以反映系统结构与功能的分析方法（Borrett and Fath et al.，2007；Dunne，2006），并可以反映人类干扰情况下的环境改变。

网络效用分析方法（Fath et al.，1998）是将一个网络模型中的流用总系统通量（TST）标准化$\left[d_{ij}=\dfrac{f_{ij}-f_{ji}}{T_i}(i,j=1,\cdots,n)\right]$后而生成直接流矩阵 $\boldsymbol{D}=\boldsymbol{D}(F)$，然后考察矩阵中各节点两两之间的关系。效用矩阵 $\boldsymbol{U}$ 描述了所有直接和间接的关系，$\boldsymbol{D}$ 矩阵为贡献权重：

$$U(F)=\sum_{m=0}^{\infty}\left[D(F)\right]^{m}=\left[I-D(F)\right]^{-1} \tag{7-6}$$

由于 **sgn**（U）可以提供网络节点间的交互关系（可能会变化为直接关系）和可以根据节点间“共生”关系的多少将网络进行分类，我们计算一个效用函数 J（F）作为 **sgn**（U）中正负号的比例。

$$J(F)=\frac{S_{+}(F)}{S_{-}(F)} \tag{7-7}$$

式中：$S_{+}(F)$ —— 在矩阵 U（F）中所有的正号数目；

$S_{-}(F)$ —— 在矩阵 U（F）中所有的负号数目（Lobanova et al.，2008）。

因此，J（F）就是矩阵中所有正号和负号总数之商。我们认为 J（F）可以作为网络系统的目标函数（Fath et al.，1998）。当 J（F）>1 时，表明系统整体的积极共生性要大于消极竞争性。

7.4 结果分析

7.4.1 “高发区”与周边大城市关系

7.4.1.1 “高发区”与周边大城市经济关系

应用上述引力模型的方法，计算得到 2005 年淮河流域 12 个“高发区”之间，以及 12 个“高发区”与淮河流域内大城市之间的经济联系强度，从而得到 2005 年经济联系强度矩阵 R_{ij}（如附录 3 中附表 3-2 所示）。虽然淮河流域内研究的“高发区”数量为 15 个，但由于埇桥区、颍东区缺乏经济数据，金湖县缺乏污染数据，因此，在分析“高发区”与周边大城市经济关系时，只讨论另外 12 个县。运用 GIS 可视化技术生成淮河流域 12 个“高发区”与周边大城市经济联系强度分异图（如图 7-1～图 7-3 所示）。定义两地区间经济联系强度 $R_{ij}\geqslant 10$ 为经济联系强度“极强”，$5\leqslant R_{ij}\leqslant 10$ 的为“强”，$0.5\leqslant R_{ij}\leqslant 5$ 的为“弱”，而 $R_{ij}<0.5$ 的则忽略不计。分级采用自定义分级法，使得每一级别内包含的城市间联系数值的数量总体上尽量呈“极强最少、强适中、弱最多”的分布态势。

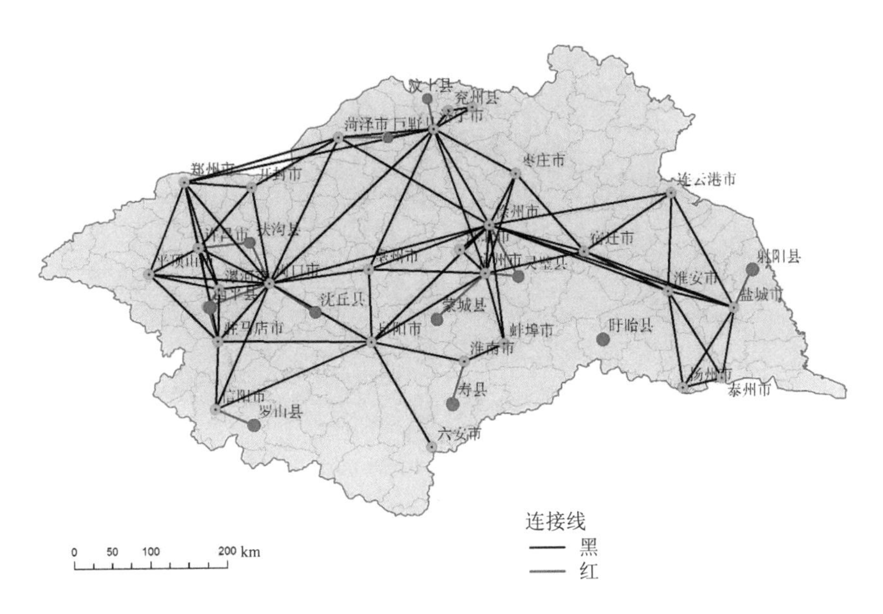

图 7-1 淮河流域内“高发区”与周边城市经济联系强度分异图（极强）

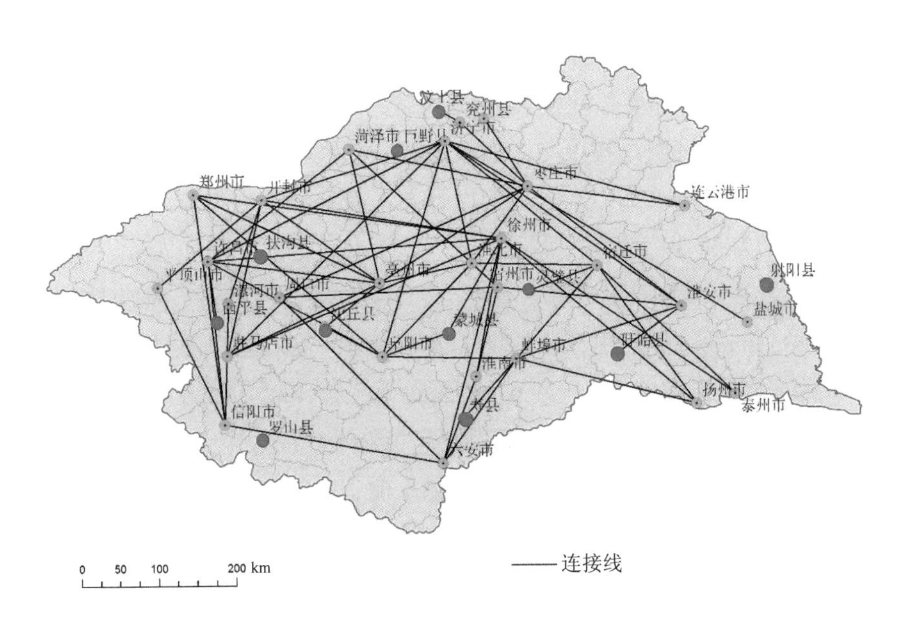

图 7-2 淮河流域内“高发区”与周边城市经济联系强度分异图（强）

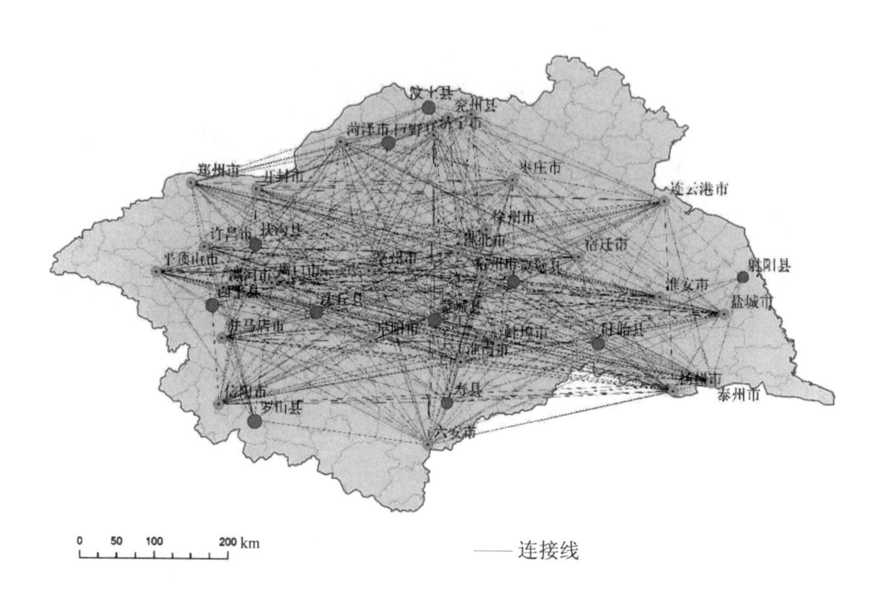

图 7-3 淮河流域内“高发区”与周边城市经济联系强度分异图（弱）

从图 7-1～图 7-3 中可以看出，城市的经济联系强度总量在区域内的空间分异十分明显，区域内城市经济联系强度差异较大。“高发区”周边大城市对其辐射强度与二者距离及周边大城市规模（经济发达程度与人口数量）联系紧密。一个“高发区”可能受到周边多个大城市的辐射影响，如山东省内的巨野县，受到济宁市和菏泽市两个大城市的经济辐射较强，分别为 32.39（亿元·万人）/km^2 和 11.45（亿元·万人）/km^2。更典型的例子为河南省内的西平县，从图 7-1 中可以看出，西平县周边有漯河市、周口市、驻马店市三个大城市，其受到的经济辐射也充分体现了大城市对“高发区”的影响，西平县与这三个大城市的经济联系强度分别为 39.61（亿元·万人）/km^2、12.49（亿元·万人）/km^2 与 26.33（亿元·万人）/km^2。除一个“高发区”可能受到周边多个大城市的辐射影响外，一个大城市也可能同时辐射多个“高发区”。如安徽省内的宿州市，其经济影响同时辐射到周边两个“高发区”——灵璧县和蒙城县。同样，山东省内的济宁市也同时辐射到了汶上县和巨野县两个“高发区”。通过经济联系强度分异图可以清晰看出，济宁市与汶上县和巨野县的距离大体一致，而宿州市与灵璧县和蒙城县的距离也是相当。通过具体数据比较，济宁市与汶上县和巨野县的距离分别为 36.48 km、44.73 km，宿州市与灵璧县和蒙城县的距离分别为 56.25 km、56.35 km。由此可以进一步分析，大城市对周边小城市甚至区县的经济影响是否可以以一定的距离长度为半径作圆，确定大城市对圆内小城市或区县的经济影响甚至是污染影响。本研究中，有一案例能够佐证这一观点，即河南省周口市经济辐射区域内的“高发区”数量有三个之多，分别为扶沟县、西平县和沈丘县。

其中沈丘县是各大媒体争相报道的“高发区”重要案例。已有诸多文章揭露了该地癌症高发的怪象及水污染现象。周口市与扶沟县、西平县、沈丘县间的距离分别为 55.78 km、68.08 km、44.41 km，平均距离为 56.09 km；经济联系强度分别为 13.22（亿元·万人）/km^2、12.49（亿元·万人）/km^2、34.13（亿元·万人）/km^2，属于本研究定义中的经济联系“极强”范围。

根据上述猜想，计算研究区域内“高发区”与周边大城市间经济联系强度在“极强”范围内的县与城市距离的最大值、最小值、平均值（如表 7-3 所示）。

表 7-3 经济联系强度在“极强”范围内的县与城市距离最大值、最小值、平均值 单位：km

距离关系	距离数值
最大值	78.10
最小值	20.79
平均值	48.24

为验证本猜想，在淮河流域地图上，以 48.24 km 为半径，以几个大城市为圆心作圆（如图 7-4 所示）。发现几乎所有“高发区”均在圆内。由此可见，大城市 48.24 km 范围内的区县受大城市经济影响较大。

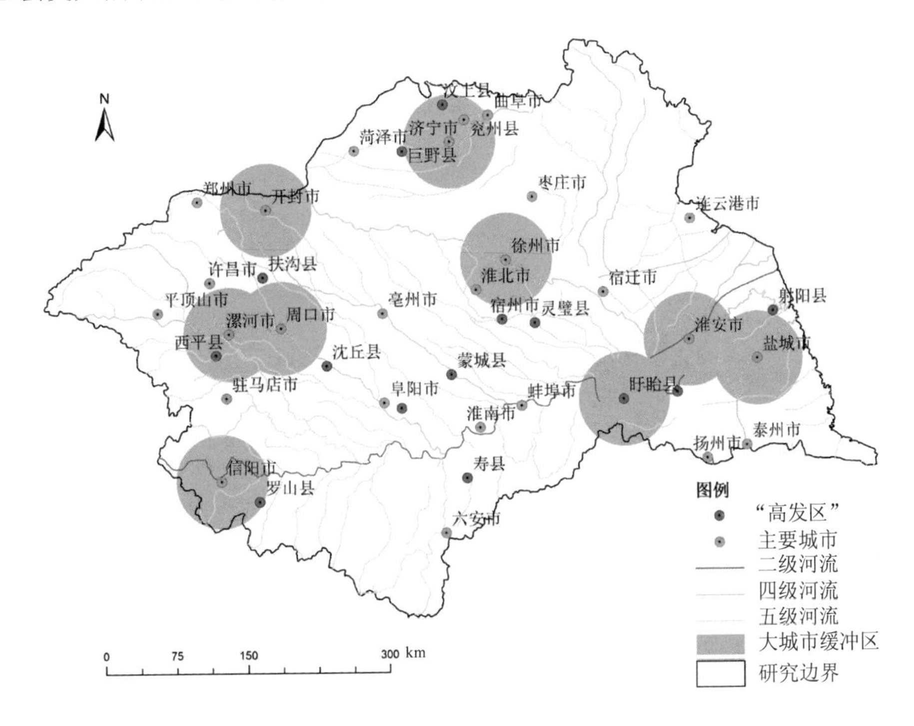

图 7-4 淮河流域内以 48.24 km 为半径、大城市为圆心作圆

从每两个城市之间的经济联系强度来看，城市间距离越小，城市经济数值越大、人口越多，两城市间的经济联系强度越大，经济联系越紧密。例如，在山东省内，济宁市人口数与经济数据较大，对两“高发区”经济影响最大。而曲阜市和兖州县虽然与汶上县距离和济宁市与汶上县距离相差无几，但因这两个城市自身经济发达程度与人口数量不及济宁市，故其对周边小城市或区县的经济辐射便没有济宁市强烈。另外，菏泽市对汶上县和巨野县经济联系差异较大则体现在两“高发区”与菏泽市距离的不同上，菏泽市与巨野县的距离是其与汶上县距离的一半，而菏泽市对巨野县的经济辐射强度达到本研究定义的“极强”范围，而对汶上县的辐射强度仅为“弱”，二者经济联系强度数值相差 3 倍。

通过分析附录 3 中附表 3-4 及附表 3-5 数据发现，研究区域内 15 个“高发区”，除颍东区和埇桥区缺乏经济和人口数据及盱眙县和金湖县周边无大城市外，其余 11 个“高发区”与周边 50 km 内大城市的经济联系强度 81.8%可以达到“极强”程度。

7.4.1.2 “高发区”与周边大城市污染关系

基于对“高发区”与周边大城市经济联系的研究，进而猜想“高发区”之所以频发、高发恶性肿瘤疾病，除本底发病率较高及自身环境受到污染外，还可能与周边大城市污染密切相关，即周边大城市的环境污染通过大气、土壤、水等方式扩散到这些区县，造成污染物积聚，从而导致这些区县恶性肿瘤发病率升高。

通过引力模型得到的 38 个城市及县间污染联系强度矩阵如附录 3 中附表 3-3 所示。根据污染联系强度矩阵，通过 GIS 可视化工具作图得到图 7-5～图 7-7，分别表示污染联系强度为“极强”“强”“弱”。定义两地区间污染联系强度 $S_{ij}\geqslant 0.05$ 为污染联系强度“极强”，$0.01\leqslant S_{ij}<0.05$ 的为“强”，$0.005\leqslant S_{ij}<0.01$ 的为“弱”，而 $S_{ij}<0.005$ 的则忽略不计。分级采用自定义分级法，使得每一级别内包含的城市间联系数值的数量总体上尽量呈“极强最少、强适中、弱最多”的分布态势。

从图 7-5～图 7-7 中可以看出，淮河流域内 12 个“高发区”与周边大城市的污染联系差异较大。距离近的市县之间，污染联系紧密。如许昌市和扶沟县，两市县距离约为 50 km，污染联系大于 0.05，联系强度为“极强”；而许昌市与巨野县距离约为 250 km，两者间的污染联系仅为 0.002，联系强度为“弱”。由此可见，距离的远近对污染联系强度有重要影响，只有互相离得较近的市县间直接的污染联系才较为紧密。污染程度高的市县对周边市县污染影响较大，如许昌市与周口市分别对扶沟县的污染影响较大。许昌市污染强度为 0.61，周口市污染强度为 1.00，二者与扶沟县距离相当，但许昌市对扶沟县的污染辐射为 0.05，周口市对扶沟县污染辐射为 0.08。由此可见，污染强度大的城市对周边市县污染辐射强度也大。

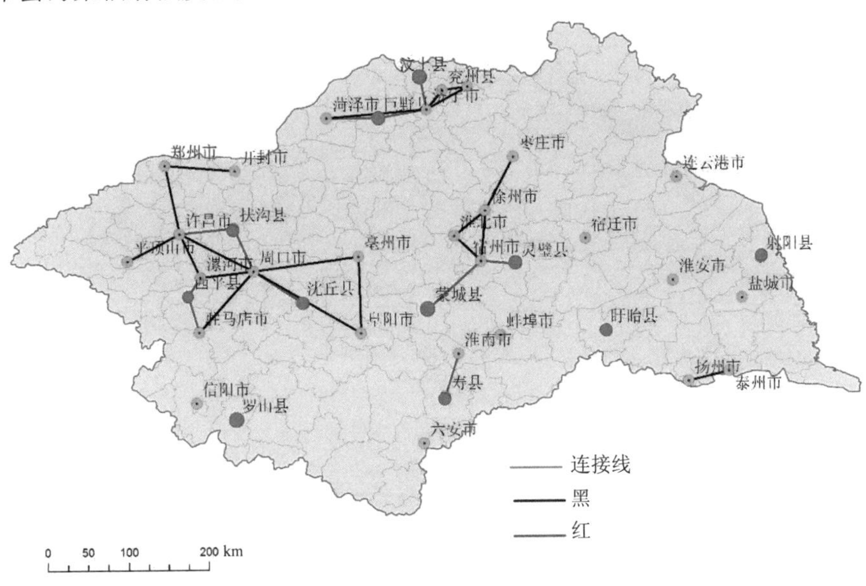

图 7-5 淮河流域内“高发区”与周边大城市污染联系强度分异图（极强）

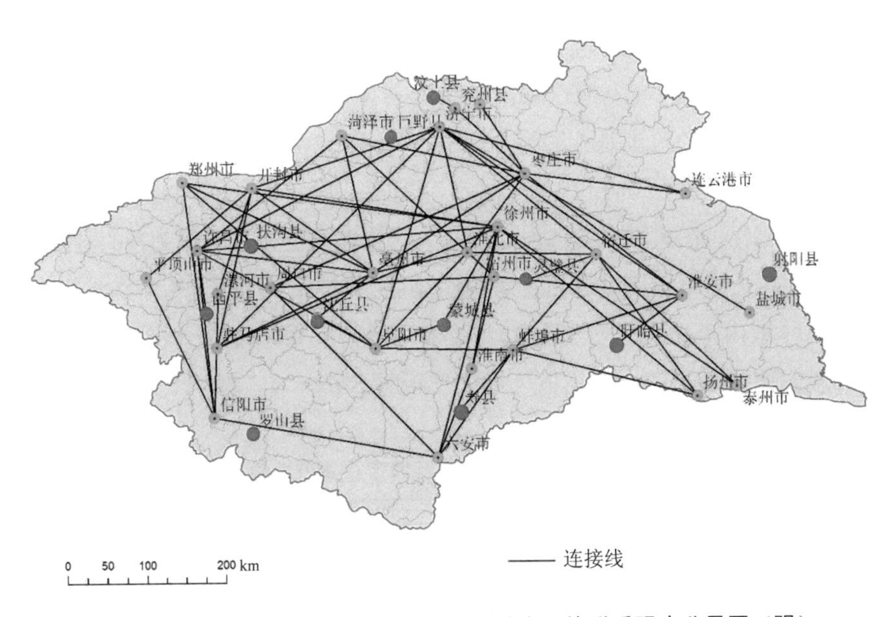

图 7-6 淮河流域内“高发区”与周边大城市污染联系强度分异图（强）

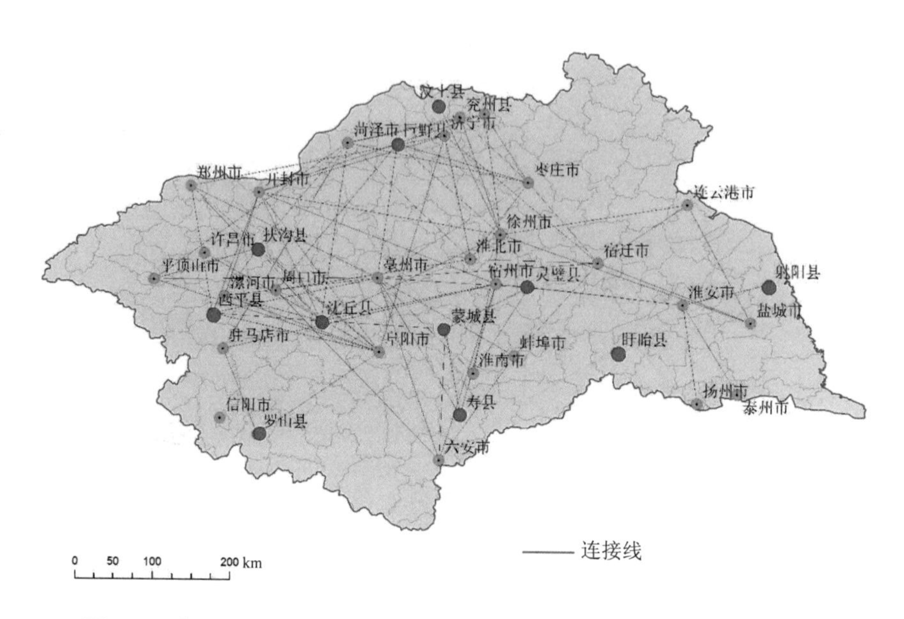

图 7-7 淮河流域内“高发区”与周边大城市污染联系强度分异图（弱）

据前文分析得出，距大城市 50 km 左右范围内的县受大城市经济影响较大。将此结论应用于污染联系强度，即对比“高发区”与周边大城市距离（如附录 3 附表 3-4 所示）以及污染联系强度为“极强”的数据（如附录 3 附表 3-6 所示），判断“高发区”与周边大城市间存在极强污染联系的范围是否同为 50 km。对比表 7-2 与表 7-4，发现 12 个“高发区”中 10 个“高发区”与周边 50 km 内的大城市污染联系强度 63.6%可以达到“极强”程度。

与经济联系相比，在大城市 50 km 范围内，污染联系强度为“极强”的县减少了 2 个。因此，适当扩大距大城市范围，分析在考虑污染联系时应当选用距离为多少最为适宜。

计算研究区域内“高发区”与周边大城市间污染联系强度在“极强”范围内的县与城市距离的最大值、最小值、平均值（如表 7-4 所示）。

表 7-4 污染联系强度为“极强”范围内的县与城市距离最大值、最小值、平均值 单位：km

距离关系	距离数值
最大值	58.63
最小值	20.79
平均值	44.27

与表 7-2 对比发现，污染联系强度为“极强”范围的县、城市间距离最大值与最小值差异较经济联系强度为“极强”范围的距离差异小，但平均值也较小。可能是由于污染强度数值自身与经济强度数值相比就小很多，因此计算成污染联系时，污染联系强度

数值也远远小于经济联系强度数值。因此同一距离范围内，经济联系强度为“极强”的“高发区”数量多于污染联系强度为“极强”的“高发区”数量。

另外，由图 7-8 可以看出，金湖县和盱眙县周边无大城市。尤其是盱眙县，距盱眙县最近的大城市为淮安市，二者距离为 72.73 km，淮安市与金湖县距离为 65.12 km。而淮安市自身经济规模及人口数量并不算大，污染情况也并不严重，水质污染水平为 0.39。但从图 7-9 中可知，金湖县与盱眙县周围水系分布广泛。金湖县境内有白马湖、宝应湖、高邮湖三湖环绕，且淮河入江水道自西向东贯穿腹地。盱眙县东、北部濒临洪泽湖，淮河流经境内。因此分析金湖县与盱眙县的癌症高发除与自身本底癌症发病率较高和环境污染问题相关外，极有可能是由于区域内水系发达、水污染较其他区县更为严重有关。尤其是淮河及其支流一旦受到污染，对两县的饮用水威胁极大，故恶性肿瘤发病率较高。

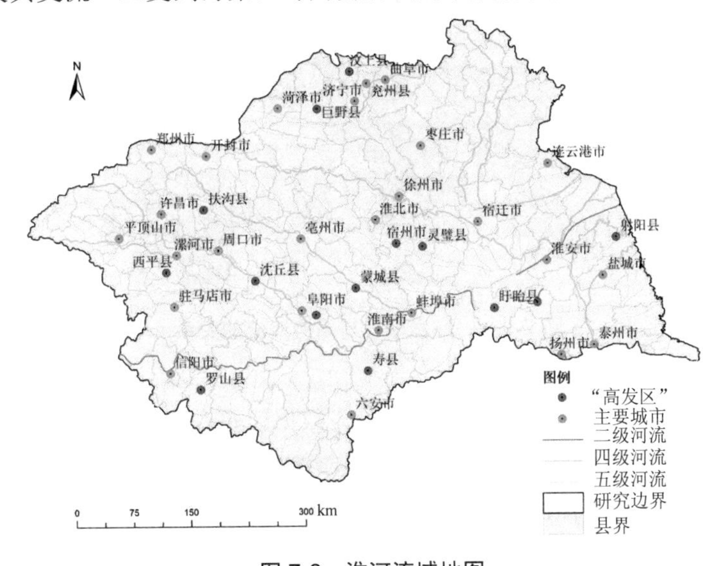

图 7-8 淮河流域地图

7.4.2 “高发区”与河流关系

在淮河流域内全国五级以上河流处，分别以 3 km、5 km、10 km 为缓冲半径做缓冲区，得到图 7-9。利用相交工具计算 14 个“高发区”落在缓冲区内的面积，并计算其占各区县总面积的比例。结果表明，14 个“高发区”落在河流 3 km 缓冲区范围内的面积占各区县总面积的 20%左右，落在 5 km 缓冲区范围内的面积占各区县总面积的 50%左右，落在 10 km 缓冲区范围内的面积占各区县总面积的比例几乎全部高于 80%，汶上县周边分布五级以上河流较少，因此其落在缓冲区内的面积较少，但亦达到 30%的比例。在河流 10 km 缓冲区内，盱眙县和金湖县所占面积比例最高，分别为 95.8%和 89.9%，这与其所处地理位置有关。盱眙县和金湖县周边水系众多，因此其出现在河流 10 km 缓冲区内的面积比例也相对较大。

各“高发区”面积的 80%及以上均出现在距离河流 10 km 的范围内，说明“高发区”的分布与河流分布密切相关。

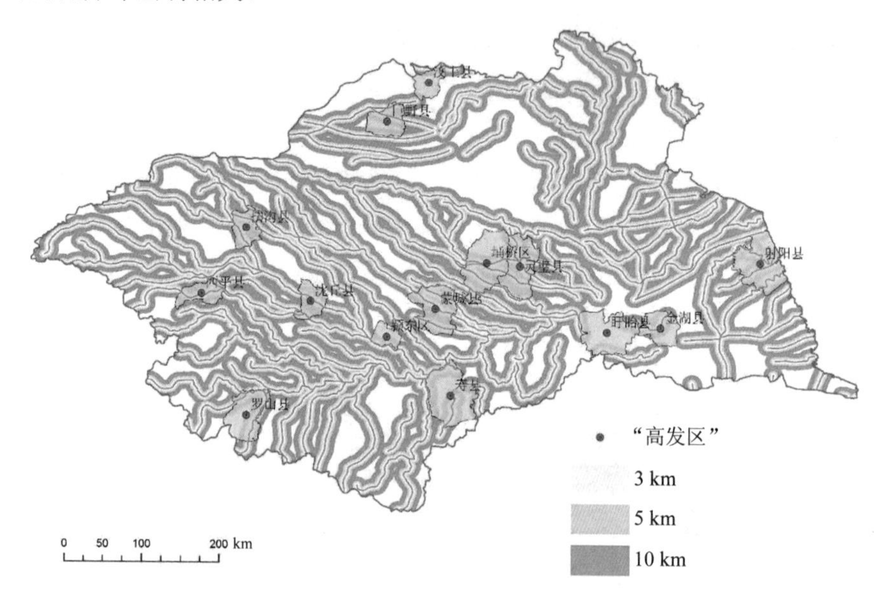

图 7-9 “高发区”与周边河流的关系

另外，结合图 7-9 和淮河流域内各市县污染数据（如附录 3 附表 3-1 所示）发现，淮河流域内中下游城市污染明显比上游城市污染严重，且中下游“高发区”数量多于上游“高发区”数量。由此分析，可能是由于随着城市的发展，污染排放加剧，对河流造成了污染，生态环境遭到破坏。而污染物随着河流的流动，不断向地势较低的地方汇集，产生富集效应，从而导致河流中下游区域内的污染更加严重，使得中下游地区的居民健康受到较大危害。分布在淮河流域中下游的“高发区”有汶上县、巨野县、蒙城县、寿县、灵璧县、埇桥区、衮州县、盱眙县、射阳县和金湖县 10 个，分布在淮河流域上游的“高发区”有扶沟县、西平县、沈丘县和罗山县 4 个。由此可见，河流与“高发区”的分布联系紧密，且在河流中下游处的区县或城市出现恶性肿瘤疾病高发的可能性会更大。

7.4.3 效用分析结果

7.4.3.1 经济效用分析结果

这里借助效用关系表分析“高发区”和周边大城市之间的直接关联和间接关联。生物学中，两种生物的相互作用通常通过三种途径：互利共生、偏利共生和寄生（如表7-5所示）。共生是一方从与另一方的关系中获益，而另一方既不获益也不蒙受损失。而在寄生状态下，双方处在一个零和博弈中，即一方的所得以另一方的损失为代价。虽然该定义主要用于物种之间，但我们也可以把它用在城市与城市之间的关系上。个体与群体间的政治、社会或经济往来也可以用互利共生、偏利共生和寄生三种状态来形容。所以，只要有互相关联这个前提存在，就有相关参与者的利益得失。

表7-5　效用关系表

理论上讲，任何物种对其他物种的影响只可能有三种形式，即有利、有害或无利无害的中间态，可用+、–、○表示

相互作用型	物种1	物种2	相关作用的一般特征
中性作用	○	○	两个种群彼此不受影响
竞争：直接干扰型	–	–	一个种群直接抑制另一个
竞争：资源利用型	–	–	资源缺乏时的间接抑制
偏害作用	–	○	种群1受抑制，种群2无影响
寄生作用	+	–	种群1为寄生者，通常较宿主2的个体小
捕食作用	+	–	种群1为捕食者，通常较猎物2的个体大
偏利作用	+	○	种群1为偏利者，而宿主2无影响
原始合作	+	+	相互作用对两种都有利，但不是必然的
互利共生	+	+	相互作用对两种都必然有利

使用通量矩阵 $\boldsymbol{F}$，我们建立了直接的流矩阵 $\boldsymbol{D}$（如附录3附表3-7所示）和 **sgn**（$\boldsymbol{D}$）矩阵（如附录3附表3-8所示）。跨矩阵对角线比较任意两个节点的直接关系。例如，[sd（12，1），sd（1，12）] =（–，+）说明这两个节点之间的关系是“依附关系”，即汶上县的经济依附于济宁市。另外，通过图7-10可以看出，“高发区”和周边大城市的经济联系均为大城市影响“高发区”，而“高发区”对大城市的经济没有输出作用。不光是城市与“高发区”间存在直接经济联系，“高发区”与“高发区”间也存在直接经济联系。如（sd61，sd16）=（+，–）表明，罗山县与汶上县存在直接经济联系且关系为罗山县“捕食”汶上县的经济。**sgn**（$\boldsymbol{D}$）矩阵拥有相同数目的正负号，因为所有的节点都是输入输出守恒或者是0。

由附录3附表3-9分析得到附录3附表3-10中的 **sgn**（$\boldsymbol{U}$），并通过综合效用矩阵 **sgn**（$\boldsymbol{U}$）计算得出：

$$J(F)=\frac{S_+(F)}{S_-(F)}=\frac{463}{685}=0.676 \tag{7-8}$$

图7-10表示的是综合效用矩阵 **sgn**（$\boldsymbol{U}$），其中深红色区域是“+”关系，浅红色区

域是"–"关系。结果发现效用矩阵 ***U*** 有几处不同。首先，所有的 ***U*** 矩阵元素除因通量矩阵加和为零的几个区县外，其余位置都非零，这说明所有的节点都直接或间接地与对方产生关系。其次，当一些节点的关系已经改变时，需要考虑整个网络的变化。例如，[su（17，1），su（1，17）] =（+，–）说明二者存在"依附关系"，即许昌市在间接关系中需要从汶上县获得经济支撑，但在 **sgn**（***D***）矩阵中，[sd（17，1），sd（1，17）] =（0，0），表明许昌市和汶上县的关系为"中性"，即二者在经济方面不存在直接联系；[su（18，4），su（4，18）] =（+，+）说明周口市和西平县的间接经济联系是"互利共生关系"，即周口市和西平县的经济互相促进、共同发展，而其在 **sgn**（***D***）中表现出的直接联系则为 [sd（18，4），sd（4，18）] =（–，+）"依附关系"——周口市经济输出到西平县。这说明在淮河流域整个网络系统内，城市和区县间的经济联系不仅局限于一维关系，还可以通过网络间的联系构成二维网络，产生次生关系。最后，效用函数也不再是零和。在效用矩阵 **sgn**（***U***）中，有 463 个正符号和 685 个负符号，所以在此淮河流域经济关系网络中，"高发区"和周边大城市组成的是一个竞争程度相对较高的城市代谢网络，即区域间各城市与区县经济相互交织，不仅仅是大城市影响小城市或区县的经济，而是各元素之间互相影响。

7.4.3.2 污染效用分析结果

与经济效用分析相类似，使用通量矩阵 ***F***，我们建立了直接的流矩阵 ***D***（如附录 3 附表 3-11 所示）和 **sgn**（***D***）矩阵（如附录 3 附表 3-12 所示）。跨矩阵对角线比较任意两个节点的直接关系。与经济联系不同的是，"高发区"和周边大城市间的污染直接联系存在互相影响关系，而非单一地由大城市影响"高发区"（如图 7-12 所示）。例如，[sd（12，1），sd（1，12）] =（–，+）说明这两个节点之间的关系是"依附关系"；[sd（22，5），sd（5，22）] =（+，–）说明这两个节点之间的关系依然是"依附关系"；而（sd64，sd46）=（0，0）则说明这两个节点之间是"中性关系"。换句话说，污染的直接流动是汶上县受到济宁市污染的影响，漯河市受到沈丘县污染的影响，而西平县和罗山县间则没有直接的污染交换。如表 7-6 所示，汶上县、巨野县、扶沟县、蒙城县都能作为污染源向其他区县或城市大量输出污染，从而降低自身污染程度。由此可以看出，与经济直接联系不同，污染的直接联系表明，不仅仅是城市能够影响"高发区"，"高发区"也能影响城市。另外通过分析"高发区"和周边大城市间的 **sgn**（***D***）矩阵发现，淮河流域内已知的"高发区"均受其周边大城市污染的输出影响（如表 7-6 所示）。同样，在污染效用分析中，**sgn**（***D***）矩阵拥有相同数目的正负号，因为所有的节点都是输入/输出守恒或者是 0。

表 7-6 直接污染联系中“高发区”为污染源列表

污染源	污染汇	直接污染联系
汶上县	兖州县	(+，-)
巨野县	曲阜市	(+，-)
巨野县	兖州县	(+，-)
扶沟县	西平县	(+，-)
蒙城县	灵璧县	(+，-)
蒙城县	寿县	(+，-)
蒙城县	淮北市	(+，-)
蒙城县	淮南市	(+，-)

由附录 3 附表 3-13 分析得到附录 3 附表 3-14 中的 **sgn**（***U***），并通过综合效用矩阵 **sgn**（***U***）计算得出：

$$J(F)=\frac{S_{+}(F)}{S_{-}(F)}=\frac{640}{730}=0.877 \tag{7-9}$$

图 7-11 表示的是综合效用矩阵 **sgn**（***U***），其中深蓝色区域是“+”关系，浅蓝色区域是“-”关系。同样发现效用矩阵 ***U*** 有几处不同。首先，所有的 ***U*** 矩阵元素都非零，这说明所有的节点都直接或间接地与对方产生关系。其次，当一些节点的关系已经改变时，需要考虑整个网络的变化。例如，[su（22，5），su（5，22）] =（-，-）说明“竞争关系”，即漯河市和沈丘县之间考虑了间接关系后，两个城市的关系是竞争，二者均受其他城市或“高发区”的污染影响，而且污染如果更多地影响了漯河市，那么就会更少地影响沈丘县，二者之间存在着对污染接受的竞争关系，漯河市与沈丘县竞争接受其他地区的污染。由此也可以看出“高发区”和大城市的关系并非都是大城市影响“高发区”，像沈丘县这样的污染严重县，同样会影响漯河市这样的大城市；[su（18，7），su（7，18）] =（+，+）说明“共生关系”，即周口市和蒙城县在考虑了间接影响下，其间的污染迁移实际上加重了彼此之间的污染程度，二者互有影响。所以这二者间很有可能存在相互关联的产业链，这些产业链的衔接也造成了污染排放的关联。而 [sd（18，7），sd（7，18）] =（-，+），说明周口市和蒙城县的直接污染联系为“依附关系”，即蒙城县从周口市获得污染，受周口市污染影响，周口市通过对蒙城县的污染转移，降低了自身的污染程度。若只关注直接联系，则会忽略网络中二者“源”和“汇”的关系。如表 7-7 所示，考虑间接污染后，“高发区”作为污染源的情况有所增加。更多的“高发区”成为污染输出方，且受到“高发区”污染影响的城市和区县明显增多。同样，在 **sgn**（***D***）中，（sd31，sd13）=（0，0），表明扶沟县和汶上县不存在直接污染联系。但在 **sgn**（***U***）中，（su31，su13）=（+，-），表明扶沟县和汶上县存在间接污染联系，且关系为扶沟县从汶上县处获得污染，扶沟县受汶上县影响。这说明污染较为严重的“高发区”也可以对周边大城市或区县带来污染

影响，而非单纯的污染“受体”，“高发区”也可以是“施力方”，不一定仅为“受体”。再次，效用函数也不再是零和。在效用矩阵 **sgn**（***U***）中，有 640 个正符号和 730 个负符号，因此从污染联系的角度上讲，淮河流域“高发区”和周边大城市之间组成的实际上是一个高度竞争的城市代谢网络，即区域间各城市与区县污染互相影响、互有联系。最后，在考虑间接影响关系后，网络中出现更多的“互利共生”和“竞争”关系（如表 7-8、表 7-9、表 7-10 所示）。间接污染联系中共有 63 对（+，+）互利共生型关系，这意味着每一对中的两个城市（“高发区”）都通过污染转移使自己城市（“高发区”）的污染变得更加严重；有 98 对（−，−）竞争型关系，这意味着每一对中的两个城市（“高发区”）由于污染的转移而使自身污染物浓度下降。因此对 63 对互利共生关系的城市（“高发区”）来说，在其转移自身污染物的同时很可能会“引火烧身”，造成更大的污染问题。

表 7-7 “高发区”是否受流域内大城市污染影响

是否受大城市污染影响	济宁市	曲阜市	菏泽市	许昌市	周口市	平顶山市	开封市	郑州市	漯河市	驻马店市	亳州市
汶上县	√	√	√								
巨野县	√		√		√		√				√
扶沟县			√	√	√	√	√	√	√	√	√
西平县				√	√	√	√	√	√	√	√
沈丘县			√	√	√		√	√		√	√
蒙城县					√						√
灵璧县											√
寿县											
盱眙县											

是否受大城市污染影响	阜阳市	宿州市	蚌埠市	徐州市	宿迁市	六安市	淮安市	盐城市	淮南市
汶上县				√					
巨野县				√					
扶沟县	√								
西平县	√								
沈丘县	√	√		√					
蒙城县	√	√	√	√					
灵璧县	√	√	√	√		√			√
寿县					√		√		
盱眙县							√	√	

表 7-8 间接污染联系中“高发区”为污染源列表

污染源	污染汇
汶上县	扶沟县、沈丘县、寿县、周口市、开封市、亳州市、宿州市、扬州市
巨野县	寿县、许昌市、周口市、驻马店市、阜阳市、宿州市
扶沟县	盱眙县、济宁市、驻马店市、宿州市、徐州市、泰州市

污染源	污染汇
西平县	蒙城县、射阳县、菏泽市、枣庄市、蚌埠市、六安市、泰州市、淮南市
沈丘县	济宁市、宿州市、徐州市、宿迁市、扬州市、淮南市
蒙城县	灵璧县、寿县、济宁市、菏泽市、许昌市、开封市、郑州市、驻马店市、徐州市
灵璧县	射阳县、济宁市、菏泽市、周口市、六安市、泰州市、淮南市
寿县	淮北市、宿迁市、淮安市
盱眙县	亳州市、阜阳市、宿州市、蚌埠市、扬州市、泰州市
射阳县	济宁市、曲阜市、兖州县、许昌市、平顶山市、开封市、郑州市、驻马店市、亳州市、信阳市、徐州市、扬州市、泰州市、淮南市

表 7-9 间接污染联系中“互利共生”型关系

	互利共生关系（+，+），污染更严重
汶上县	西平县、射阳县、阜阳市、信阳市、蚌埠市、六安市、淮安市、淮南市
巨野县	蒙城县、灵璧县、射阳县、漯河市、信阳市、蚌埠市、六安市、淮南市
扶沟县	灵璧县、寿县、兖州县、阜阳市、宿迁市
西平县	汶上县、灵璧县、寿县、曲阜市、许昌市、周口市、开封市、郑州市、亳州市、阜阳市、淮北市
沈丘县	兖州县、淮安市、盐城市
蒙城县	巨野县、曲阜市、兖州县、周口市、泰州市
灵璧县	巨野县、扶沟县、西平县、兖州县、漯河市、亳州市
寿县	扶沟县、西平县、漯河市、亳州市、宿州市、扬州市、盐城市
盱眙县	济宁市、曲阜市、兖州县、许昌市、平顶山市、开封市、郑州市、驻马店市、信阳市、淮北市、徐州市、盐城市、淮南市
射阳县	汶上县、巨野县、阜阳市、宿州市、蚌埠市、淮北市

表 7-10 间接污染联系中“竞争”型关系

	竞争关系（−，−），污染减轻
汶上县	巨野县、曲阜市、兖州县、枣庄市、许昌市、平顶山市、郑州市、驻马店市、徐州市、宿迁市、泰州市
巨野县	汶上县、扶沟县、沈丘县、曲阜市、兖州县、枣庄市、平顶山市、淮北市、徐州市、宿迁市、扬州市、泰州市、盐城市
扶沟县	巨野县、西平县、沈丘县、蒙城县、射阳县、枣庄市、漯河市、信阳市、蚌埠市、淮北市、六安市、扬州市、淮南市
西平县	扶沟县、沈丘县、盱眙县、济宁市、信阳市、宿州市、徐州市、扬州市、盐城市
沈丘县	巨野县、扶沟县、西平县、蒙城县、灵璧县、菏泽市、枣庄市、许昌市、平顶山市、开封市、郑州市、漯河市、驻马店市、信阳市、蚌埠市、淮北市、六安市、泰州市、淮南市
蒙城县	扶沟县、沈丘县、枣庄市、平顶山市、信阳市、蚌埠市、淮北市、宿迁市、六安市、淮安市、淮南市
灵璧县	沈丘县、寿县、盱眙县、枣庄市、平顶山市、开封市、郑州市、驻马店市、信阳市、蚌埠市、淮北市、扬州市、盐城市
寿县	灵璧县、济宁市、菏泽市、枣庄市、许昌市、平顶山市、开封市、郑州市、驻马店市、信阳市、徐州市
盱眙县	西平县、灵璧县、菏泽市、枣庄市、漯河市
射阳县	扶沟县、亳州市、宿迁市、六安市、扬州市、淮安市

sgn（*D*）		汶上县	巨野县	扶沟县	西平县	沈丘县	罗山县	蒙城县	灵璧县	寿县	盱眙县	射阳县	济宁市	曲阜市	兖州县	菏泽市	枣庄市	许昌市	周口市	平顶山市	开封市	郑州市	漯河市	驻马店市	亳州市
		1	2	3	4	5	6	7	8	9	10	11	12	13	14	15	16	17	18	19	20	21	22	23	24
汶上县	1	0	+	+	-	-	+	-	-	-	-	+	-	-	-	-	-	-	-	-	-	-	-	-	-
巨野县	2	-	0	+	-	-	+	-	-	-	-	+	-	-	-	-	-	-	-	-	-	-	-	-	-
扶沟县	3	-	-	0	-	-	-	-	-	-	-	+	-	-	-	-	-	-	-	-	-	-	-	-	-
西平县	4	+	+	+	0	-	+	-	-	-	-	+	-	-	-	-	-	-	-	-	-	-	-	-	-
沈丘县	5	+	+	+	+	0	+	-	+	+	+	+	-	-	-	-	-	-	-	-	-	-	-	-	-
罗山县	6	-	-	+	-	-	0	-	-	-	-	+	-	-	-	-	-	-	-	-	-	-	-	-	-
蒙城县	7	+	+	+	+	+	+	0	+	+	+	+	-	-	-	-	-	-	-	-	-	-	-	-	-
灵璧县	8	+	+	+	+	-	+	-	0	+	+	+	-	-	-	-	-	-	-	-	-	-	-	-	-
寿县	9	+	+	+	+	-	+	-	-	0	+	+	-	-	-	-	-	-	-	-	-	-	-	-	-
盱眙县	10	+	+	+	+	-	+	-	-	-	0	+	-	-	-	-	-	-	-	-	-	-	-	-	-
射阳县	11	-	-	-	-	-	-	-	-	-	-	0	-	-	-	-	-	-	-	-	-	-	-	-	-
济宁市	12	+	+	+	+	+	+	+	+	+	+	+	0	+	+	+	+	+	+	+	+	+	+	+	+
曲阜市	13	+	+	+	+	+	+	+	+	+	+	+	-	0	-	-	-	-	-	-	-	-	-	-	-
兖州县	14	+	+	+	+	+	+	+	+	+	+	+	-	+	0	-	-	-	-	-	-	-	-	-	-
菏泽市	15	+	+	+	+	+	+	+	+	+	+	+	-	+	+	0	+	+	-	+	+	-	+	-	+
枣庄市	16	+	+	+	+	+	+	+	+	+	+	+	-	+	+	-	0	-	-	+	+	-	+	-	+
许昌市	17	+	+	+	+	+	+	+	+	+	+	+	-	+	+	-	+	0	-	+	+	-	+	-	+
周口市	18	+	+	+	+	+	+	+	+	+	+	+	-	+	+	+	+	+	0	+	+	-	+	+	+
平顶山市	19	+	+	+	+	+	+	+	+	+	+	+	-	+	+	-	-	-	-	0	+	-	+	-	+
开封市	20	+	+	+	+	+	+	+	+	+	+	+	-	+	+	-	-	-	-	-	0	-	+	-	+
郑州市	21	+	+	+	+	+	+	+	+	+	+	+	-	+	+	+	+	+	+	+	+	0	+	+	+
漯河市	22	+	+	+	+	+	+	+	+	+	+	+	-	+	+	-	-	-	-	-	-	-	0	-	-
驻马店市	23	+	+	+	+	+	+	+	+	+	+	+	-	+	+	+	+	+	-	+	+	-	+	0	+
亳州市	24	+	+	+	+	+	+	+	+	+	+	+	-	+	+	-	-	-	-	-	-	-	+	-	0
阜阳市	25	+	+	+	+	+	+	+	+	+	+	+	-	+	+	-	+	+	-	+	+	-	+	-	+
信阳市	26	+	+	+	+	+	+	+	+	+	+	+	-	+	+	+	+	+	-	+	+	-	+	-	+
宿州市	27	+	+	+	+	+	+	+	+	+	+	+	-	+	+	-	-	-	-	-	+	-	+	-	+
蚌埠市	28	+	+	+	+	+	+	+	+	+	+	+	-	+	+	-	-	-	-	-	-	-	+	-	-
淮北市	29	+	+	+	+	+	+	+	+	+	+	+	-	+	+	-	-	-	-	-	-	-	-	-	-
徐州市	30	+	+	+	+	+	+	+	+	+	+	+	+	+	+	+	+	+	+	+	+	+	+	+	+
宿迁市	31	+	+	+	+	+	+	+	+	+	+	+	-	+	+	-	-	-	-	-	+	-	+	-	+
六安市	32	+	+	+	+	+	+	+	+	+	+	+	-	+	+	-	-	-	-	+	+	-	+	-	+
扬州市	33	+	+	+	+	+	+	+	+	+	+	+	-	+	+	+	+	+	-	+	+	-	+	+	+
淮安市	34	+	+	+	+	+	+	+	+	+	+	+	-	+	+	-	+	+	-	+	+	-	+	-	+
泰州市	35	+	+	+	+	+	+	+	+	+	+	+	-	+	+	+	+	+	-	+	+	-	+	-	+
盐城市	36	+	+	+	+	+	+	+	+	+	+	+	-	+	+	+	+	+	+	+	+	+	+	+	+

sgn（*D*）		阜阳市	信阳市	宿州市	蚌埠市	淮北市	徐州市	宿迁市	六安市	扬州市	淮安市	泰州市	盐城市	淮南市	连云港市
		25	26	27	28	29	30	31	32	33	34	35	36	37	38
汶上县	1	-	-	-	-	-	-	-	-	-	-	-	-	-	-
巨野县	2	-	-	-	-	-	-	-	-	-	-	-	-	-	-
扶沟县	3	-	-	-	-	-	-	-	-	-	-	-	-	-	-
西平县	4	-	-	-	-	-	-	-	-	-	-	-	-	-	-
沈丘县	5	-	-	-	-	-	-	-	-	-	-	-	-	-	-
罗山县	6	-	-	-	-	-	-	-	-	-	-	-	-	-	-
蒙城县	7	-	-	-	-	-	-	-	-	-	-	-	-	-	-
灵璧县	8	-	-	-	-	-	-	-	-	-	-	-	-	-	-
寿县	9	-	-	-	-	-	-	-	-	-	-	-	-	-	-
盱眙县	10	-	-	-	-	-	-	-	-	-	-	-	-	-	-
射阳县	11	-	-	-	-	-	-	-	-	-	-	-	-	-	-
济宁市	12	+	+	+	+	+	-	+	+	+	+	+	+	+	+
曲阜市	13	-	-	-	-	-	-	-	-	-	-	-	-	-	-
兖州县	14	-	-	-	-	-	-	-	-	-	-	-	-	-	-
菏泽市	15	+	-	+	+	+	-	+	+	-	+	-	-	+	+
枣庄市	16	-	-	+	+	+	-	+	+	-	-	-	-	+	+
许昌市	17	-	-	+	+	+	-	+	+	-	-	-	-	+	+
周口市	18	+	+	+	+	+	-	+	+	+	+	+	-	+	+
平顶山市	19	-	-	+	+	+	-	+	-	-	-	-	-	+	-
开封市	20	-	-	-	+	+	-	-	-	-	-	-	-	+	-
郑州市	21	+	+	+	+	+	-	+	+	+	+	+	-	+	+
漯河市	22	-	-	-	-	+	-	-	-	-	-	-	-	+	-
驻马店市	23	+	+	+	+	+	-	+	+	-	+	+	-	+	+
亳州市	24	-	-	-	+	+	-	-	-	-	-	-	-	+	-
阜阳市	25	0	-	+	+	+	-	+	+	-	+	-	-	+	+
信阳市	26	+	0	+	+	+	-	+	+	-	+	+	-	+	+
宿州市	27	-	-	0	+	+	-	-	-	-	-	-	-	+	-
蚌埠市	28	-	-	-	0	+	-	-	-	-	-	-	-	+	-
淮北市	29	-	-	-	-	0	-	-	-	-	-	-	-	-	-
徐州市	30	+	+	+	+	+	0	+	+	+	+	+	+	+	+
宿迁市	31	-	-	+	+	+	-	0	-	-	-	-	-	+	-
六安市	32	-	-	+	+	+	-	+	0	-	-	-	-	+	-
扬州市	33	+	+	+	+	+	-	+	+	0	+	+	-	+	+
淮安市	34	-	-	+	+	+	-	+	+	-	0	-	-	+	+
泰州市	35	+	-	+	+	+	-	+	+	-	+	0	-	+	+
盐城市	36	+	+	+	+	+	-	+	+	+	+	+	0	+	+

图 7-10　直接经济联系矩阵 sgn（*D*）

sgn（U）		汶上县	巨野县	扶沟县	西平县	沈丘县	罗山县	蒙城县	灵璧县	寿县	盱眙县	射阳县	济宁市	曲阜市	兖州县	菏泽市	枣庄市	许昌市	周口市	平顶山市	开封市	郑州市	漯河市	驻马店市	亳州市
		1	2	3	4	5	6	7	8	9	10	11	12	13	14	15	16	17	18	19	20	21	22	23	24
汶上县	1	+	-	-	-	-	-	-	-	-	-	-	-	-	-	-	-	+	+	-	-	+	+	-	-
巨野县	2	-	+	-	+	-	-	-	-	-	-	-	-	-	-	-	-	+	+	-	-	+	+	+	-
扶沟县	3	-	-	+	-	-	-	-	-	-	-	-	+	-	+	-	-	-	-	-	-	+	-	+	-
西平县	4	-	+	-	+	+	-	-	-	-	-	+	+	-	-	+	+	+	+	+	+	+	-	-	+
沈丘县	5	-	-	-	-	+	-	-	-	-	-	-	+	-	+	+	+	+	-	-	+	+	+	-	-
罗山县	6	-	-	-	-	-	+	-	-	-	-	-	+	-	+	+	+	+	+	-	-	+	+	-	-
蒙城县	7	-	-	+	-	-	-	+	-	-	-	-	+	-	+	+	+	-	+	-	-	+	-	+	-
灵璧县	8	-	-	+	+	-	-	-	+	-	-	-	+	-	+	+	-	+	+	+	-	+	+	+	+
寿县	9	-	+	+	+	-	-	-	-	+	-	-	+	-	+	+	+	+	+	+	+	+	+	+	+
盱眙县	10	-	-	-	-	-	-	-	-	-	+	+	+	-	+	+	-	+	+	-	-	+	+	+	-
射阳县	11	-	-	-	+	-	-	-	-	+	-	+	+	-	+	+	+	+	+	-	+	+	+	+	+
济宁市	12	+	+	-	-	-	-	-	-	-	-	-	+	+	+	-	-	+	+	-	-	+	+	-	-
曲阜市	13	-	-	-	-	-	-	-	-	-	-	-	-	+	-	-	-	+	+	-	-	+	-	-	-
兖州县	14	-	-	+	+	+	-	-	-	-	-	-	-	-	+	+	-	-	-	+	+	-	-	+	+
菏泽市	15	-	+	+	-	-	-	+	-	+	+	-	-	-	-	+	-	-	-	-	+	-	-	-	+
枣庄市	16	-	-	-	-	-	-	-	-	+	+	-	-	+	-	-	+	-	-	-	-	-	+	-	-
许昌市	17	-	-	+	+	-	-	-	-	-	-	-	+	-	+	-	-	+	-	-	-	-	-	-	-
周口市	18	-	-	+	-	+	-	-	-	-	-	-	+	-	+	-	-	-	+	-	-	-	-	-	-
平顶山市	19	+	-	+	+	-	-	+	-	+	+	-	-	+	-	-	-	-	-	+	-	-	-	-	-
开封市	20	+	-	+	-	-	-	-	-	-	-	-	-	+	+	-	-	-	-	-	+	-	-	+	-
郑州市	21	+	+	+	-	-	+	+	+	+	+	+	-	-	-	-	-	-	-	+	+	+	-	-	+
漯河市	22	-	-	-	+	-	-	-	-	-	-	-	+	-	+	+	-	-	-	-	-	+	+	-	-
驻马店市	23	+	+	+	+	+	+	+	+	+	+	+	-	-	-	-	-	+	-	+	-	-	-	+	-
亳州市	24	-	-	-	-	+	-	+	-	-	-	-	-	-	-	-	-	-	-	-	-	-	+	-	+
阜阳市	25	-	-	-	-	+	+	+	+	+	+	-	-	-	-	-	-	+	-	-	-	-	+	-	-
信阳市	26	-	-	-	-	-	+	-	-	-	-	-	+	-	+	-	-	-	+	-	-	-	+	-	-
宿州市	27	-	-	-	-	-	-	+	+	-	-	-	+	-	+	-	-	-	+	-	-	+	+	-	-
蚌埠市	28	-	-	-	-	-	-	+	+	+	+	+	+	-	+	-	-	-	+	-	-	-	+	-	-
淮北市	29	-	-	-	-	-	-	-	-	-	-	-	+	-	+	-	-	+	+	-	-	+	+	+	-
徐州市	30	+	+	+	-	+	+	+	+	-	+	+	-	+	-	-	+	-	-	-	-	-	-	-	-
宿迁市	31	-	-	-	-	-	-	-	+	-	+	+	-	-	-	-	-	-	+	-	-	-	+	-	-
六安市	32	+	-	-	-	+	+	+	+	+	+	+	-	-	-	-	-	-	-	-	-	-	+	-	-
扬州市	33	+	+	+	-	-	+	+	+	+	+	+	-	-	-	-	-	-	-	-	-	-	-	-	-
淮安市	34	-	-	-	-	-	-	-	+	-	+	+	-	-	-	-	-	-	-	-	-	-	+	-	-
泰州市	35	+	+	+	-	+	+	+	+	+	+	-	-	+	-	-	-	-	-	-	-	-	-	-	-
盐城市	36	-	+	+	-	-	+	+	+	+	-	+	-	+	-	-	-	-	-	+	-	-	+	-	+

sgn（*U*）		阜阳市	信阳市	宿州市	蚌埠市	淮北市	徐州市	宿迁市	六安市	扬州市	淮安市	泰州市	盐城市	淮南市	连云港市
		25	26	27	28	29	30	31	32	33	34	35	36	37	38
汶上县	1	+	+	+	+	-	+	-	-	-	-	-	+	+	-
巨野县	2	+	+	+	+	-	+	-	-	+	+	+	+	+	-
扶沟县	3	+	+	+	+	-	+	+	+	+	+	+	+	+	-
西平县	4	+	+	+	+	+	-	+	+	+	+	+	+	+	+
沈丘县	5	-	+	+	+	-	+	+	-	+	+	+	+	+	-
罗山县	6	-	-	+	-	+	+	+	-	+	+	+	+	+	-
蒙城县	7	-	+	-	-	-	+	+	-	+	+	+	+	-	+
灵璧县	8	-	+	-	-	+	-	-	-	+	-	+	+	+	-
寿县	9	+	+	+	+	+	+	+	-	+	+	+	+	-	+
盱眙县	10	+	+	+	-	+	+	-	-	-	-	-	-	+	-
射阳县	11	+	+	+	+	+	+	+	+	+	-	-	-	+	-
济宁市	12	-	+	+	-	-	-	-	-	-	-	-	+	+	-
曲阜市	13	+	+	+	-	-	+	-	-	-	-	-	+	+	-
兖州县	14	+	+	+	+	+	+	-	+	+	+	+	+	+	-
菏泽市	15	-	-	-	-	-	-	-	-	-	-	-	-	-	-
枣庄市	16	-	-	-	+	-	-	-	-	-	-	-	-	-	-
许昌市	17	+	+	+	+	-	+	-	-	-	-	-	+	+	-
周口市	18	-	-	+	-	-	+	-	-	-	-	-	+	+	-
平顶山市	19	-	-	-	-	-	-	-	-	-	-	-	-	-	-
开封市	20	-	+	-	-	-	-	-	-	-	-	-	+	+	-
郑州市	21	+	-	-	-	-	-	-	+	-	-	-	-	-	-
漯河市	22	+	+	+	-	+	+	+	-	+	+	+	+	+	-
驻马店市	23	-	-	-	-	-	-	-	-	-	-	-	-	-	-
亳州市	24	-	-	-	-	+	-	-	-	-	-	-	-	-	-
阜阳市	25	+	-	-	-	-	-	-	-	-	-	-	-	-	-
信阳市	26	-	+	+	-	-	+	-	-	-	-	-	+	+	-
宿州市	27	-	+	+	-	+	-	-	-	-	-	-	+	-	-
蚌埠市	28	-	-	-	+	-	-	-	-	-	-	-	-	-	-
淮北市	29	+	+	-	+	+	-	-	-	+	+	+	+	+	-
徐州市	30	-	-	-	-	+	+	+	-	-	-	-	-	-	+
宿迁市	31	-	-	-	-	-	-	+	-	-	-	-	-	-	-
六安市	32	-	-	-	+	-	-	-	+	-	-	-	-	-	-
扬州市	33	-	-	-	-	-	-	-	+	+	-	-	-	-	-
淮安市	34	-	-	-	-	-	-	-	-	-	+	-	-	-	-
泰州市	35	-	-	-	-	-	-	-	+	-	-	+	-	-	-
盐城市	36	-	-	-	+	+	-	+	+	+	+	+	+	+	-

图 7-11　经济综合效用矩阵 sgn（*U*）

sgn（D）		汶上县	巨野县	扶沟县	西平县	沈丘县	罗山县	蒙城县	灵璧县	寿县	盱眙县	射阳县	济宁市	曲阜市	兖州县	菏泽市	枣庄市	许昌市	周口市	平顶山市	开封市	郑州市	漯河市	驻马店市	亳州市
		1	2	3	4	5	6	7	8	9	10	11	12	13	14	15	16	17	18	19	20	21	22	23	24
汶上县	1	0	-	0	0	0	0	0	0	0	0	0	-	-	+	-	0	0	0	0	0	0	0	0	0
巨野县	2	+	0	0	0	0	0	0	0	0	0	0	-	+	+	-	0	0	-	0	-	0	0	0	-
扶沟县	3	0	0	0	+	-	0	0	0	0	0	0	0	0	0	-	0	-	-	-	-	-	-	-	-
西平县	4	0	0	-	0	-	0	0	0	0	0	0	0	0	0	0	0	-	-	-	-	-	-	-	-
沈丘县	5	0	0	+	+	0	0	0	0	0	0	0	0	0	0	-	0	-	-	0	-	-	+	-	-
罗山县	6	0	0	0	0	0	0	0	0	0	0	0	0	0	0	0	0	0	0	0	0	0	0	0	0
蒙城县	7	0	0	0	0	0	0	0	+	+	0	0	0	0	0	0	0	0	-	0	0	0	0	0	-
灵璧县	8	0	0	0	0	0	0	-	0	0	0	0	0	0	0	0	0	0	0	0	0	0	0	0	-
寿县	9	0	0	0	0	0	0	-	0	0	0	0	0	0	0	0	0	0	0	0	0	0	0	0	-
盱眙县	10	0	0	0	0	0	0	0	0	0	0	-	0	0	0	0	0	0	0	0	0	0	0	0	0
射阳县	11	0	0	0	0	0	0	0	0	0	+	0	0	0	0	0	0	0	0	0	0	0	0	0	0
济宁市	12	+	+	0	0	0	0	0	0	0	0	0	0	+	+	-	+	0	-	0	+	0	0	0	-
曲阜市	13	+	-	0	0	0	0	0	0	0	0	0	-	0	+	-	-	0	0	0	0	0	0	0	0
兖州县	14	-	-	0	0	0	0	0	0	0	0	0	-	-	0	-	-	0	0	0	0	0	0	0	0
菏泽市	15	+	+	+	0	+	0	0	0	0	0	0	+	+	+	0	+	+	-	+	+	+	0	+	+
枣庄市	16	0	0	0	0	0	0	0	0	0	0	0	-	+	+	-	0	0	-	0	0	0	0	0	-
许昌市	17	0	0	+	+	+	0	0	0	0	0	0	0	0	0	-	0	0	-	+	-	-	+	-	-
周口市	18	0	+	+	+	+	+	+	0	0	0	0	+	0	0	+	+	+	0	+	+	+	+	+	+
平顶山市	19	0	0	+	+	0	0	0	0	0	0	0	0	0	0	-	0	-	-	0	-	-	+	-	-
开封市	20	0	+	+	+	+	0	0	0	0	0	0	-	0	0	-	0	+	-	+	0	-	+	-	-
郑州市	21	0	0	+	+	+	0	0	0	0	0	0	0	0	0	-	0	+	-	+	+	0	+	+	-
漯河市	22	0	0	+	+	-	0	0	0	0	0	0	0	0	0	0	0	-	-	-	-	-	0	-	-
驻马店市	23	0	0	+	+	+	+	0	0	0	0	0	0	0	0	-	0	+	-	+	+	-	+	0	-
亳州市	24	0	+	+	+	+	0	+	+	+	0	0	+	0	0	-	+	+	-	+	+	+	+	+	0
阜阳市	25	0	0	+	+	+	+	+	+	+	0	0	+	0	0	+	+	+	-	+	+	+	+	+	+
信阳市	26	0	0	0	0	0	+	0	0	0	0	0	0	0	0	0	0	0	-	0	0	0	0	-	0
宿州市	27	0	0	0	0	+	0	+	+	+	0	0	-	0	0	-	+	0	-	0	0	0	0	0	-
蚌埠市	28	0	0	0	0	0	0	+	+	+	0	0	0	0	0	0	0	0	-	0	0	0	0	0	-
淮北市	29	0	0	0	0	0	0	-	+	0	0	0	-	0	0	-	-	0	-	0	0	0	0	0	-
徐州市	30	+	+	0	0	+	0	+	+	+	0	0	+	+	+	-	+	0	-	0	0	0	0	0	+
宿迁市	31	0	0	0	0	0	0	0	+	0	+	0	-	0	0	0	+	0	0	0	0	0	0	0	-
六安市	32	0	0	0	0	0	0	0	0	+	0	0	0	0	0	0	0	0	-	0	0	0	0	0	-
扬州市	33	0	0	0	0	0	0	0	0	0	0	0	0	0	0	0	0	0	0	0	0	0	0	0	0
淮安市	34	0	0	0	0	0	0	0	+	0	+	+	0	0	0	0	0	0	0	0	0	0	0	0	0
泰州市	35	0	0	0	0	0	0	0	0	0	0	0	0	0	0	0	0	0	0	0	0	0	0	0	0
盐城市	36	0	0	0	0	0	0	0	0	0	0	+	0	0	0	0	0	0	0	0	0	0	0	0	0

sgn（*D*）		阜阳市	信阳市	宿州市	蚌埠市	淮北市	徐州市	宿迁市	六安市	扬州市	淮安市	泰州市	盐城市	淮南市	连云港市
		25	26	27	28	29	30	31	32	33	34	35	36	37	38
汶上县	1	0	0	0	0	0	-	0	0	0	0	0	0	0	0
巨野县	2	0	0	0	0	0	-	0	0	0	0	0	0	0	0
扶沟县	3	-	0	0	0	0	0	0	0	0	0	0	0	0	0
西平县	4	-	0	0	0	0	0	0	0	0	0	0	0	0	0
沈丘县	5	-	0	-	0	0	-	0	0	0	0	0	0	0	0
罗山县	6	0	0	0	0	0	0	0	0	0	0	0	0	0	0
蒙城县	7	-	0	-	-	+	-	0	0	0	0	0	0	+	0
灵璧县	8	-	0	-	-	-	-	-	0	0	-	0	0	0	0
寿县	9	-	0	-	-	0	-	0	-	0	0	0	0	-	0
盱眙县	10	0	0	0	0	0	0	-	0	0	-	0	0	0	0
射阳县	11	0	0	0	0	0	0	0	0	0	-	0	-	0	0
济宁市	12	-	0	+	0	+	-	+	0	0	0	0	0	0	0
曲阜市	13	0	0	0	0	0	-	0	0	0	0	0	0	0	0
兖州县	14	0	0	0	0	0	-	0	0	0	0	0	0	0	0
菏泽市	15	-	0	+	0	+	+	0	0	0	0	0	0	0	0
枣庄市	16	-	0	-	0	+	-	-	0	0	0	0	0	0	0
许昌市	17	-	0	0	0	0	0	0	0	0	0	0	0	0	0
周口市	18	+	+	+	+	+	+	0	+	0	0	0	0	+	0
平顶山市	19	-	0	0	0	0	0	0	0	0	0	0	0	0	0
开封市	20	-	0	0	0	0	0	0	0	0	0	0	0	0	0
郑州市	21	-	0	0	0	0	0	0	0	0	0	0	0	0	0
漯河市	22	-	0	0	0	0	0	0	0	0	0	0	0	0	0
驻马店市	23	-	+	0	0	0	0	0	0	0	0	0	0	0	0
亳州市	24	-	0	+	+	+	-	+	+	0	0	0	0	+	0
阜阳市	25	0	+	+	+	+	+	+	+	0	0	0	0	+	0
信阳市	26	-	0	0	0	0	0	0	0	0	0	0	0	0	0
宿州市	27	-	0	0	+	+	-	+	+	0	+	0	0	+	0
蚌埠市	28	-	0	-	0	0	-	0	-	0	0	0	0	+	0
淮北市	29	-	0	-	0	0	-	0	0	0	0	0	0	0	0
徐州市	30	-	0	+	+	+	0	+	0	0	+	0	0	+	+
宿迁市	31	-	0	-	0	0	-	0	0	0	-	0	-	0	+
六安市	32	-	0	-	+	0	0	0	0	0	0	0	0	+	0
扬州市	33	0	0	0	0	0	0	0	0	0	-	-	-	0	0
淮安市	34	0	0	-	0	0	-	+	0	+	0	+	-	0	+
泰州市	35	0	0	0	0	0	0	0	0	+	-	0	-	0	0
盐城市	36	0	0	0	0	0	0	+	0	+	+	+	0	0	+

图 7-12　直接污染联系矩阵 sgn（*D*）

sgn（*U*）		汶上县	巨野县	扶沟县	西平县	沈丘县	罗山县	蒙城县	灵璧县	寿县	盱眙县	射阳县	济宁市	曲阜市	兖州县	菏泽市	枣庄市	许昌市	周口市	平顶山市	开封市	郑州市	漯河市	驻马店市	亳州市
		1	2	3	4	5	6	7	8	9	10	11	12	13	14	15	16	17	18	19	20	21	22	23	24
汶上县	1	+	-	+	+	+	+	+	-	+	-	+	-	-	-	-	-	-	+	-	+	-	+	-	+
巨野县	2	-	+	-	-	-	+	+	+	+	-	+	-	-	-	-	-	+	+	-	-	+	+	+	-
扶沟县	3	-	-	+	-	-	-	-	+	+	+	-	+	-	+	-	-	-	-	-	-	-	-	+	-
西平县	4	+	+	-	+	-	-	+	+	+	-	+	-	+	-	+	+	+	+	-	+	+	-	-	+
沈丘县	5	-	-	-	-	+	-	-	-	-	+	-	+	-	+	-	-	-	-	-	-	-	-	-	-
罗山县	6	0	0	0	0	0	+	0	0	0	0	0	0	0	0	0	0	0	0	0	0	0	0	0	0
蒙城县	7	+	+	-	-	-	-	+	+	+	-	+	+	+	+	+	-	+	+	-	+	+	-	+	-
灵璧县	8	+	+	+	+	-	-	-	+	-	-	+	+	-	+	+	-	-	+	-	-	-	+	-	+
寿县	9	-	-	+	+	+	-	-	-	+	+	-	-	-	-	-	-	-	+	-	-	-	+	-	+
盱眙县	10	+	+	-	-	+	+	+	-	+	+	-	+	+	+	-	-	+	-	+	+	+	-	+	+
射阳县	11	+	+	-	-	+	+	+	-	+	+	+	+	+	+	-	-	+	-	+	+	+	-	+	-
济宁市	12	+	+	-	-	-	+	-	-	-	+	-	+	+	+	-	-	+	+	-	-	+	+	+	-
曲阜市	13	-	-	+	+	+	-	+	+	+	+	-	-	+	-	+	-	-	+	+	+	-	+	-	+
兖州县	14	-	-	+	+	+	-	+	+	+	+	-	-	-	+	+	-	-	-	+	+	-	-	-	+
菏泽市	15	+	+	+	-	-	-	-	-	-	-	+	-	+	-	+	+	+	-	+	+	+	-	+	-
枣庄市	16	-	-	-	-	-	+	-	-	-	-	+	-	+	+	-	+	+	-	-	+	+	-	+	-
许昌市	17	-	-	+	+	-	-	-	+	-	+	-	+	-	+	-	-	+	-	-	-	-	+	-	-
周口市	18	-	-	+	+	+	+	+	-	-	+	+	+	+	+	-	+	-	+	-	-	-	+	-	-
平顶山市	19	-	-	+	+	-	-	-	-	-	+	-	+	-	+	-	-	-	-	+	-	-	+	-	-
开封市	20	-	+	+	+	-	-	-	-	-	+	-	-	-	-	-	-	-	-	-	+	-	-	-	-
郑州市	21	-	-	+	+	-	-	-	-	-	+	-	+	-	+	-	-	-	-	+	-	+	+	-	-
漯河市	22	+	+	-	+	-	-	+	+	+	-	+	-	+	-	+	+	-	-	-	-	-	+	-	+
驻马店市	23	-	-	-	+	-	+	-	-	-	+	-	+	-	+	-	-	-	-	-	-	-	-	+	-
亳州市	24	-	+	+	+	+	-	+	+	+	-	-	-	-	-	-	+	-	-	+	-	-	-	-	+
阜阳市	25	+	-	+	+	+	+	+	+	+	-	+	+	+	+	+	+	-	-	+	+	+	+	-	-
信阳市	26	+	+	-	-	-	+	-	-	-	+	-	-	+	-	+	-	+	-	+	+	+	-	-	+
宿州市	27	-	-	-	-	-	-	+	+	+	-	+	+	-	-	-	-	+	+	-	+	+	-	+	-
蚌埠市	28	+	+	-	-	-	-	-	-	+	-	+	+	-	+	+	-	+	+	-	+	+	-	+	-
淮北市	29	+	-	-	+	-	+	-	-	-	+	+	+	-	-	-	-	+	+	+	+	+	+	+	-
徐州市	30	-	-	-	-	-	-	-	+	-	+	-	-	+	+	-	+	+	-	-	+	+	-	+	-
宿迁市	31	-	-	+	+	-	-	-	+	-	+	-	-	+	-	+	+	-	+	-	+	-	+	+	-
六安市	32	+	+	-	-	-	-	-	-	+	+	-	-	+	+	+	+	+	-	-	+	+	-	+	-
扬州市	33	-	-	-	-	-	-	+	-	+	-	-	-	+	-	-	+	+	-	-	+	+	-	+	-
淮安市	34	+	+	+	+	+	+	-	+	-	+	-	+	-	+	+	-	-	+	+	-	-	+	-	+
泰州市	35	-	-	-	-	-	-	+	-	+	-	-	-	+	-	-	+	+	-	-	+	+	-	+	-
盐城市	36	+	-	-	-	+	+	+	-	+	+	+	-	+	+	-	+	+	-	+	+	+	-	+	-

sgn（U）		阜阳市	信阳市	宿州市	蚌埠市	淮北市	徐州市	宿迁市	六安市	扬州市	淮安市	泰州市	盐城市	淮南市	连云港市
		25	26	27	28	29	30	31	32	33	34	35	36	37	38
汶上县	1	+	+	+	+	-	-	-	+	+	+	-	-	+	-
巨野县	2	+	+	+	+	-	-	-	+	-	+	-	-	+	-
扶沟县	3	+	-	+	-	-	+	+	-	-	-	+	+	-	+
西平县	4	+	-	-	+	+	-	-	+	-	-	+	-	+	-
沈丘县	5	-	-	+	-	-	+	+	-	+	+	-	+	-	+
罗山县	6	0	0	0	0	0	0	0	0	0	0	0	0	0	0
蒙城县	7	-	-	-	-	-	+	-	-	-	-	+	-	-	-
灵璧县	8	-	-	-	-	-	-	-	+	-	-	+	-	+	-
寿县	9	-	-	+	-	+	-	+	-	+	+	-	+	-	+
盱眙县	10	+	+	+	+	+	+	-	-	+	-	+	+	+	-
射阳县	11	+	+	+	+	+	+	-	-	-	-	+	-	+	-
济宁市	12	-	+	+	-	-	-	+	+	-	-	+	+	-	-
曲阜市	13	+	-	+	+	-	+	+	-	-	-	+	+	+	+
兖州县	14	+	-	+	+	-	+	+	-	-	-	+	+	+	+
菏泽市	15	-	-	+	-	+	-	-	-	+	+	-	-	-	-
枣庄市	16	+	+	-	-	-	-	-	+	+	+	-	-	-	+
许昌市	17	-	-	+	-	-	+	+	-	+	+	-	+	-	+
周口市	18	-	+	-	+	+	-	-	+	+	+	-	-	+	-
平顶山市	19	-	-	+	-	-	+	+	-	+	+	-	+	-	+
开封市	20	-	-	+	-	-	+	+	-	+	+	-	+	-	+
郑州市	21	-	-	+	-	-	+	+	-	+	+	-	+	-	+
漯河市	22	+	-	+	+	+	+	+	-	-	-	+	+	-	-
驻马店市	23	-	+	+	-	-	+	+	-	+	+	-	+	-	+
亳州市	24	-	-	-	+	+	-	+	+	-	-	+	+	+	-
阜阳市	25	+	+	-	+	-	-	-	+	-	-	+	-	+	-
信阳市	26	-	+	+	-	+	+	+	-	+	+	-	+	-	+
宿州市	27	-	-	+	+	+	-	-	-	-	-	+	-	+	-
蚌埠市	28	-	-	-	+	-	-	-	-	+	+	-	-	-	-
淮北市	29	+	+	-	-	+	-	-	+	+	+	-	-	-	-
徐州市	30	-	-	-	+	+	+	+	-	+	+	-	+	+	+
宿迁市	31	-	-	-	-	-	-	+	+	-	-	+	+	-	+
六安市	32	-	-	-	+	-	+	-	+	+	+	-	+	+	+
扬州市	33	-	-	+	+	+	+	+	-	+	-	-	-	-	-
淮安市	34	+	+	-	-	-	-	-	+	+	+	-	+	-	+
泰州市	35	-	-	+	+	+	+	+	-	+	-	+	-	-	-
盐城市	36	+	+	+	+	+	+	-	-	+	-	-	+	+	+

图 7-13 污染综合效用矩阵 sgn（U）

7.5 本章小结

本研究基于《淮河流域水环境与消化道肿瘤死亡图集》中的数据，利用引力模型方法，研究了 2005 年淮河流域内 12 个“高发区”与周边大城市的经济联系和污染联系；借助 ArcGIS 10 软件，探讨了淮河流域内 12 个“高发区”与河流的关系；利用网络分析中的效用分析方法，通过分别计算城市（“高发区”）之间经济和污染的直接联系矩阵与间接联系矩阵，分析淮河流域内城市（“高发区”）间经济的直接联系与间接联系和污染的直接联系与间接联系。研究分析了淮河流域内“高发区”的时空分布，探讨了大城市污染迁移对区域内生态的影响。

分析得到：①流域内癌症“高发区”从经济的依附方面和受污染物的影响方面，都与周边的核心城市关系紧密。通过建立“高发区”与大城市区域特征（与大城市距离、人口、经济强度及污染强度）的引力模型，发现“高发区”的经济与污染均受周边大城市的影响，且该影响与区域特征密切相关。在研究“高发区”问题时应重视周边大城市，尤其是与“高发区”地理距离约 50 km 范围内的大城市。在本案例中，对 81.8%的“高发区”的经济联系强度为“极强”，对 63.6%的“高发区”的污染联系强度也为“极强”。这说明，这些“高发区”在经济上不仅直接依赖于周边 50 km 范围内的大城市，而且在污染方面多受到其直接而强烈的影响。但 50 km 只是我们通过分析已有数据估算取整得出的距离值，在考虑实际问题时，不应忽略极值的影响。对“高发区”的经济和污染辐射在“极强”范围内的大城市，距离最大可达 78.10 km，因此在筛查或调研“高发区”时，应当给予这个范围内区县较多的关注。②流域内河流作为污染传递的载体，对“高发区”的分布有重要影响。分析得出，12 个“高发区”落在河流 3 km 缓冲区范围内的面积占各“高发区”总面积的 20%左右，落在 5 km 缓冲区范围内的面积占各“高发区”总面积的 50%左右，最值得关注的是各“高发区”都有超过 80%的区域出现在距河流 10 km 范围内，因此可以认为河流与癌症病发率较高关系密切。而且淮河流域内中下游城市污染明显比上游城市污染严重，中下游“高发区”数量明显多于上游“高发区”数量，由此分析在河流中下游处的区县或城市出现恶性肿瘤疾病高发的可能性会更大。③通过分别对经济和污染进行网络效用分析，发现距离“高发区”较远的城市也会通过网络间接影响到“高发区”，“高发区”和流域中各城市之间也存在相互影响、相互制衡等关系。在研究污染关系时发现，“高发区”既受到周边大城市的直接影响，也能在间接关系中影响到周边大城市，而非仅作为“受体”出现。因此我们认为，“高发区”之所以恶性肿瘤疾病高发，不仅仅是由于其周边大城市污染导致，也可能是由于距离“高发区”较远的城市通过网络联系对其输出污染，从而加剧“高发区”的污染问题，导致其人群健康受到影响，而且污染程度较高的“高发区”也可以对其他城市造成污染影响。另外考虑间接污染联系后发现，并非所有“高发区”都能通过污染转移而使自身污染程度下降，通过网络进行自身污染物转移时，“高发区”的污染程度可能会被提高，从而造成更大的污染问题。

通过对“高发区”与周边大城市及河流关系的分析可以看出，我国“高发区”的生成与大城市污染及河流污染密切相关。今后在对“高发区”的排查及预防工作中，可以着重研究大城市 50 km 内及距五级以上河流 10 km 内的区县，同时兼顾流域（区域）内城市、区县间的间接联系，给予这些城市和区县的污染情况及人群健康问题更多的关注。

第 8 章　流域环境热点区域与周边大城市的污染与经济空间计量分析

8.1　淮河流域环境污染空间分布特点

引发社会热议的污染事件频频发生，从空气污染到水污染等，人们的生存条件受到了前所未有的挑战，这也令人不得不对环境问题与人群健康进行深入思考。有学者据此提出“生态环境地质病”的概念（Mantajit，2000）。“高发区”则是生态环境地质病的代表案例。顾名思义，“高发区”是癌症高发现象在村级空间尺度上的反映。美国疾病预防控制中心将“癌集群”定义为“一个地理区域在一定时期内，人群中出现比期望数多得多的癌症患者”（杨功焕等，2013）。自 20 世纪 60 年代以来，“高发区”已经成为一种全球性现象，美国、德国、以色列、意大利等发达国家和土耳其、越南等发展中国家均有“高发区”“癌症集群”的报道（Gawande，1999；Allen，2010；Seewer，2012；Goodman et al.，2012）。癌症是许多富裕国家的主要死因，但其在贫困地区的影响也在逐渐上升。2012 年，一项研究在《柳叶刀・肿瘤学》上预测：“从 2008 年到 2030 年，全球癌症发病率将增加 75%，在不发达国家将增加两倍。”同年，美国国际公共广播电台（Public Radio International，PRI）的 Cancer’s Global Footprint 这一普查全球癌症发病率和死亡率的大型调研项目得出癌症发病率和癌症死亡率全球分布图，形象地用颜色的深浅标注出可能的患病概率。

其中，中国地区每年每 10 万人中就有 181 个癌症发病案例、124.6 个癌症死亡案例。其中，每 10 万人中有 25.7 个肝癌发病案例、23.7 个肝癌死亡案例，33.5 个肺癌发病案例、28.7 个肺癌死亡案例，29.9 个胃癌发病案例、22.3 个胃癌死亡案例；每 10 万名女性中有 21.6 个乳腺癌发病案例、5.7 个乳腺癌死亡案例以及 9.6 个子宫颈癌发病案例、4.2 个子宫颈癌死亡案例，每 10 万名男性中有 4.3 个前列腺癌发病案例、1.8 个前列腺死亡案例。[①]

而近年来，“癌症村”或“高发区”频繁出现于各大媒体的报道中。例如：1972 年，河南省周口市沈丘县的癌症发病率只有 1/10 万，而 2007 年已经达到了 320/10 万，这个数字高居全国前列，比世界上发病率最高的国家还要高。孙月飞（2009）在题为《中国癌症村的地理分布研究》的论文中指出——“据资料显示，有 197 个癌症村记录了村名或得以确认，有 2 处分别描述为 10 多个村庄和 20 多个村庄，还有 9 处区域不能确认癌症村数量，这样，中国癌症村的数量应该超过 247 个，涵盖中国大陆的 27 个省份。”

对于癌症高发现象的机理研究，在 20 世纪 80 年代已有学者关注（刘佩莉等，1985），但对于其他方面，学术界并没有给予持续足够的重视。随着媒体 2003 年之后的大量报道，才开始被人们认识到。目前医学上尚难认定“高发区”中的“癌症-污染”关系。但在现实中，“高发区”作为社会事实已经存在并持续影响了人民的生活。“高发区”地区多因为生活环境遭到污染，污染物通过呼吸、饮食、接触等方式影响到当地居民的健康状况。在中国以及其他国家的研究都证实了饮用水污染与癌症患病率及死亡率都有很强的相关关系（Boyle，2007）。已有实证研究证明，在我国南方地区，农村地区居民依靠池塘、湖泊等地表水作为饮用水水源，消化道系统癌症案例比平均水平高出很多，胃癌、食道癌以及肝癌在所有癌症案例中占到 80%以上（WHO et al.，2001）。同时在学者的研究报告中显示，环境污染（尤其是水体污染）是导致癌症村的罪魁祸首（余嘉玲等，2009）。

流域是社会经济和自然生态系统共同作用的复杂统一体，淮河流域更是地跨四省、上中下游隶属不同行政区的大尺度流域。淮河流域地处我国东部，介于长江和黄河之间，西起桐柏山、伏牛山，东临黄海，南以大别山、江淮丘陵、通扬运河及如泰运河南堤与长江流域分界，北以黄河南堤和沂蒙山与黄河流域、山东半岛毗邻（宁远等，2003）。淮河流域分为淮河和沂沭泗河两大水系，两者之间有中运河、淮沭河及徐洪河相通。主要支流为泉河、沙颍河、涡河、奎濉河、沂河和沭河，流经豫、鄂、皖、鲁、苏 5 省，涉及 35 个地（市）的 222 个县（县级市、区），流域面积达 27 万 km^2，总人口约为 1.8 亿人。

---

① 中国区域的癌症发病率数据是通过以下三个方面综合所获得。中国大陆（不包括香港特别行政区、澳门特别行政区和台湾地区）：从 23 个癌症登记点（覆盖了总人口的 3%）获得数据（考虑年龄、性别、特定场合死亡发病比例），将估计的死亡率通过模型转换成癌症发病率。香港特别行政区：根据 2000—2009 年的香港癌症登记处统计数据和 2012 年香港人口估算 2012 年的癌症发病率。澳门特别行政区：根据 2003—2009 年的澳门癌症登记处统计数据和 2012 年澳门人口估算 2012 年的癌症发病率。

癌症死亡率数据是根据以下三个方面综合得到。中国大陆（不包括香港特别行政区、澳门特别行政区和台湾地区）：通过 2004—2010 年的代表性样本的癌症死亡率和 2012 年中国大陆的人口来估算 2012 年的癌症死亡率。香港特别行政区：通过以前的癌症死亡率（2001—2009 年，源自 WHO）和 2012 年香港人口数据来估算 2012 年的癌症死亡率。澳门特别行政区：通过 2003—2009 年的澳门癌症死亡率等基础数据和 2012 年澳门人口数来估算 2012 年的癌症死亡率。

整个淮河流域人均生产总值与全国相比处于低水平，属于相对贫困地区（陈湘满等，2001）。淮河流域多年平均水资源总量约 800 亿 m^3，其中地表水资源量占 74%。人均水资源总量仅 484 m^3，每公顷平均水资源量仅 5 325 m^3，约占全国人均、每公顷平均水资源总量的 1/5，属严重缺水地区之一（谭炳卿等，2005）。然而，20 世纪 90 年代以来，沿淮各地出于发展经济的迫切愿望，建设了一批技术含量低、能耗物耗高、环境污染严重的企业，致使大量污水排入淮河，导致水质急剧恶化，水污染事故频发，且突发性特大水污染事件的暴发时隔越来越短，持续时间越来越长，程度越发严重。颍河、沙河仅接纳河南省上自郑州、下至项城的 30 多座城市的废污水，日均量就达到了 166.2 万 t；安徽省阜阳地区 5 个市（县）日排废污水量就达 13.8 万 t（陶庄，2010）。截至 1995 年年底，全流域 80%以上的河流和水域已受到污染（水利部淮河水利委员会，2001）。根据 1995—2004 年全流域 149 个国家基本站水质监测资料，按照《地表水环境质量标准》（GB 3838—88）进行综合评价，淮河流域水质的综合评价结果如图 8-1 所示。可见，尽管淮河流域的水质总体上确实有改善，但水污染依然严重（谭炳卿等，2005）。严重的水污染使沿淮人民付出了惨重的健康代价，沿淮地区由水污染引起的癌症发病率比全国平均发病率高出 10 倍以上（王艳芳，2007）。2004 年，国内媒体多次出现淮河流域环境污染和当地“癌症村”或“高发区”报道，公众对地方经济发展带来的健康危害十分关注。

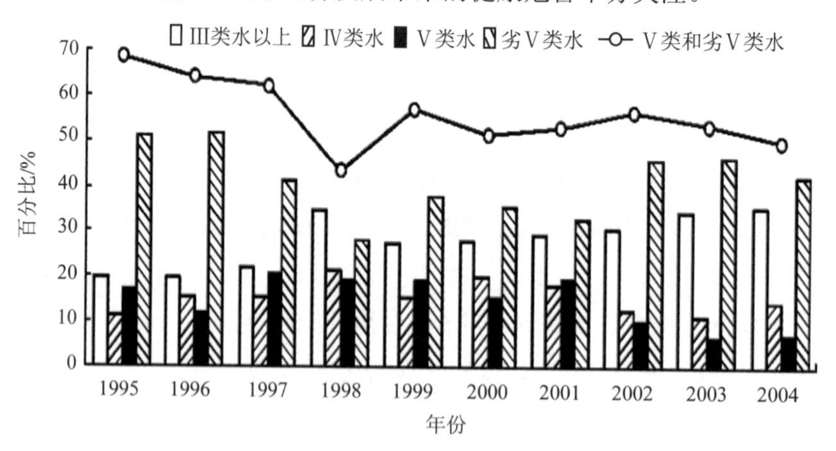

图 8-1 淮河流域 1995—2004 年水质综合评价结果（谭炳卿等，2005）

基于以上背景与研究，环境污染与“高发区”的关系已经成为当前研究热点，严重的环境污染长期通过不同途径影响人群健康，从而产生“高发区”。水污染为重点研究点，而经济发展与水污染之间有着密切的联系。自改革开放以来，我国的经济保持了高速的增长，综合国力大大增加。随着人口的增长、工业化进程的加快及人们生活水平的提高，1978—1999 年，我国国内生产总值平均每年增长 9.6%，大大高于世界 3.2%的年平均增长率。然而在经济持续增长的过程中，环境问题也日益突出。根据环境经济的观点，污染和经济发展之间存在一定的关联性，因此找出它们之间的相互联系和制约因素对今后的发展是极为重要的（徐玉升，2009）。

城市经济的快速发展、人口剧增以及城市郊区农业的发展使得污染物排放量大大超过了城市河流的环境容量（吴林林等，2006）。随着经济的发展，沿岸工业企业对河流的污染日趋加重，直接影响到了流域内的生态环境（刘继文等，2012）。主要表现为河流生态系统功能退化、水体污染、水资源供需矛盾和洪涝灾害频繁（冀健等，2011）。《2013年中国环境状况公报》（环境保护部，2014）显示，全国环境质量状况有所改善，但水环境质量不容乐观。十大水系国控断面中，Ⅰ～Ⅲ类、Ⅳ～Ⅴ类和劣Ⅴ类水质的断面比例分别为71.7%、19.3%、9.0%。近岸海域水质总体一般，一类、二类海水点位比例为66.4%，三类、四类海水点位比例为15.0%，劣四类海水点位比例为18.6%。珠江、长江总体水质良好，松花江为轻度污染，黄河、淮河、辽河为中度污染，海河为重度污染。由此可见，流域的污染问题十分突出，同时伴随流域水体对污染物的迁移与转化，造成了全流域的生活环境损害。环境污染对健康的影响，是长期污染、小剂量暴露累积的结果，因此对人群健康产生的负面影响经过长时间的累积，已经在逐渐显现。

因此，本研究拟采用空间计量学的方法，通过建立空间面板回归模型和截面分析模型，研究淮河流域“高发区”与周边大城市经济发展与污染排放（以工业污水排放量、COD污染频度、BOD污染频度、氨氮污染频度作为衡量污染水平的指标）之间的计量联系，分析大城市可能对“高发区”形成的溢出效应及影响参数。

8.2 国内外研究进展

8.2.1 “高发区”病因调查与时空模式分析

学术界对“高发区”的研究主要集中在两个方面，一是对“高发区”病因的探查，二是对“高发区”分布的时空模式分析。

对病因的探查这方面，大多数的研究属于定性研究。余嘉玲等（2009）在《中国癌症村现象及折射出的环境健康相关问题分析》中得出结论，“癌症村”的出现多因为生活环境遭到污染，污染物通过呼吸、饮食、接触等方式影响到当地居民的健康状况。工业污染是很重要的原因之一，截至2009年，大约有2.1万个化工厂坐落在中国的河流和沿海地区，其中超过一半集中在黄河流域和长江流域。并且随着化工业的发展，其产生的污染物无论数量还是种类都越来越多，给污染治理等都带来了更大的难度。同时，农业生产过程中的污染是另一个原因，研究表明，我国是农药和化肥的最大使用国。在农药使用过程中，仅有 1/3 被农作物吸收，余下的直接进入土壤和空气，成为农村环境的重要污染源。过度施用的化肥、农药等在水土流失的作用下，通过农田径流等不仅造成土壤的严重污染，而且造成地下水和大气污染。由此可见，水污染很可能是和癌症高发现象相关的最主要的污染原因。通过对比“高发区”的分布图和水污染状况的分布图，可发现惊人的相似。陈阿江等（2011）在《“癌症-污染”的认知与风险应对——基于若干“高发区”的经验研究》中，从社会学的角度研究在污染发生、疾病发病以及死亡出现异常以后，村民是如何认识以及应对的。对所选浙江、江西、广东 4 个“高发区”进行实地调查，并结合自然科学的研究成果，讨论村民对癌症、污染及“癌症-污染”关系的认识及健康风险应对。虽然村民对外源性污染敏锐感知、对癌症高发极度担忧和敏感，但村民对“癌症-污染”关系的认识受外部认识的影响比较大，处于认知“连续谱”的两极之间。政府及相关部门难以在短期内消除因污染而致的健康风险，所以应对健康风险已是村民日常生活中的紧迫实践。他们尝试通过消除污染源、迁离污染源、改变水源、改变食物来源等办法规避健康风险。在风险应对过程中，经济因素影响其环境行动的强度及策略，也衍生出其他社会行动。

而少部分的研究是针对个别“高发区”进行小范围的定量研究，得出一定的结论。如王绍芳等（2001）在《生态环境地质病：陕西一癌症村实例分析》中，通过对取自陕西省华县“高发区”的饮用水、面粉、豆角、土豆、柿子、土壤、岩石 7 类样品进行地球化学元素分析和评价，以及人群头发样品微量元素分析，得出初步结论：砷、铅、镉的污染是“高发区”致癌的主要原因。林亚森（2006）在《东山县康美村地下水污染与村民癌症高发原因初探》中，通过了解康美村地下水水质状况，探讨村民癌症高发原因，在全村均匀布点，监测水井 66 口，得出结果：受生活污染的影响，该村地下水总大肠菌群和细菌总数分别超标 100%、41.2%，硝酸盐氮含量平均为 15.2 mg/L，村民饮用受污染的地下水似与癌症高发有一定关系。魏振林等（2008）应用 X 射线荧光光谱法测定了 1 个较典型的“高发区”土壤中主量元素的含量。陶庄（2010）在《淮河流域癌症村归因于水的疾病负担研究——对归因于环境污染物的疾病负担方法的探讨》中，选择河南省沈丘县、安徽省埇桥区和江苏省盱眙县作为研究现场，将其中有媒体报道的“高发区”及其周边村落作为研究区，而将远离河水、地势高的村落作为对照区，进行死亡、患病的调查，死亡调查使用了当时国际上比较先进的死因推断（VA）工具。在这些工作的同时，还进行恶性肿瘤相关危险因素的调查，以广泛查找发病原因。

针对“高发区”的时空分布研究主要可从以下几个文献中了解到。龚胜生等（2013）在《中国癌症村时空分布变迁研究》中，从健康地理学角度出发，在判定“高发区”概念和标准的基础上，通过建立“1980—2011年中国‘高发区’数据库”，运用ArcGIS时空分析方法，对我国1980—2011年“高发区”的时空分布变迁规律进行分析。研究表明：我国从1954年开始出现“高发区”，到2011年年底，全国累计发现351个“高发区”；1988年前“高发区”增长缓慢，1988年之后呈加速增长趋势，2000—2009年我国累计新增“高发区”186个，占全部“高发区”的53%，这一时期是我国的“高发区”群发年代；我国“高发区”为集聚型分布，但区域差异明显，总体上是东部多于中部、中部多于西部；根据“高发区”密度，全国可分为“高发区稠密区”“高发区较密区”“高发区稀疏区”“高发区空白区”4个层次；近30年来，我国“高发区”重心位置一直在鄂、豫两省交界地区移动，总体上具有自西向东移动的趋势，而每5年间新增“高发区”的重心也始终在鄂、豫、皖三省交界处移动，总体上存在自东北向西南移动的趋势。董丞妍等（2014）在《中国“癌症村”的聚集格局》中，基于地理空间统计分析的局部自相关、点距离关联维及核密度等方法，从不同空间尺度分析了“高发区”的分布状况。结果表明：“高发区”聚集分布但区域差异显著，总体上自东向西梯度递减，局部自相关分析表明川、陕、晋、冀、津构成西部与东部之间低-高集聚分布的分界线；距离关联无标度区间为120～180 km，核密度分析显示“高发区”集中于河流下游地区，以及中部、沿海部分地区，多中心、集中分布格局明显。研究突出了“高发区”地理多尺度分布特征的探索。

综上所述，对“高发区”的研究越来越多，但是局限于对病因的探究以及分布的变迁，归因于水污染的研究也仅仅只是停留在水污染本身带来的危害，很少有研究将水污染与经济联系起来作为一个整体对“高发区”的形成进行探究。

8.2.2 经济与污染的空间计量

1974年5月2日，Paelinck在荷兰统计协会年会（Tilburg，蒂尔堡）大会致辞时提出“空间经济计量学”（Spatial Econometrics）这一名词。空间计量经济学是利用经济理论、数学、空间统计推断等工具对空间经济现象进行分析的一门社会科学，是空间经济理论、空间统计学与数学三者的有机结合，与这些学科既有交叉和关联，又各有侧重。但正如弗里希在《计量经济学》的创刊词中说道：“用数学方法探讨经济学可以从好几个方面着手，但任何一方面都不能与计量经济学混为一谈。计量经济学与经济统计学绝非一码事；它也不同于我们所说的一般经济理论，尽管经济理论大部分都具有一定的数量特征；计量经济学也不应被视为数学应用于经济学的同义词。”一般认为，与空间计量经济学具有密切关系的学科主要有空间统计学（Spatial Statistics）、计算经济学（Computational Economics）和地理信息系统（GIS）。

空间计量经济学的研究方法是通过设定一系列前提假设，建立描述空间经济现象的数学模型，再针对这些模型求解最优路径问题，以得到系统的均衡条件等特征，最后再通过实证检验得出结论。从逻辑基础的角度来说，这种研究方法属于自上而下的演绎推理的范畴。

近二三十年，通过 Anselin、Brueckner、Kelejian、Haining、Case 等的不懈努力，以及计算技术、计算机模拟技术的发展，特别是随着地理信息系统和空间数据分析软件的发展，经济计量研究的重心正逐步从时间序列分析转向空间特性分析。空间计量经济学无论是在理论方法，还是在应用方面，都取得了突飞猛进的发展，特别是截面数据和面板数据（panel data）回归模型中复杂的空间相互作用与空间依存性结构分析日趋成熟。空间计量经济学的应用领域日趋广泛：一方面，在一些专门化的领域中出现了一些明确结合了空间因素的模型以及相应的空间计量经济学应用，如区域科学、城市和房地产经济、经济地理；另一方面，在更多的经济学传统领域的各种经验调查研究中，也越来越多地采用空间计量经济学方法，如国际经济学、农业和环境经济学等研究领域。

空间计量模型在外国社会科学很多领域呈现热度极高的态势，是经济计量学理论中的一个亮点。Coughlin 等（2000）用该模型分析了中国外商直接投资（FDI）区域分布影响因素的空间经济。近年来，国内学者就空间计量经济模型和应用也进行了大量的研究和分析。吴玉鸣（2007）证实了中国县域经济增长具有明显的空间依赖性。姚德龙（2008）运用空间计量经济学证实了中国省域的工业分布存在空间相关性，人力资本水平、基础设施等因素对中国省域的工业聚集水平有重要的影响。阚大学等（2013）指出我国城市化水平具有显著的空间溢出效应。

8.2.3 污染损害与经济的相关性分析

我国有关水污染经济的相关研究始于 20 世纪 80 年代。刘晨等（1998）讨论了水资源的价值及其计量，利用珠江流域的有关资料，计算了 1993 年流域水污染经济损失。进入 2000 年后，我国由于经济发展而引发的水污染不断加剧，有关水污染经济损失的研究内容有所增加，特别是对损失的评价方法、计量模型以及实证研究更加系统和具有针对性。胡廷兰等（2000）以内蒙古自治区呼和浩特市 1993 年的数据为例，进行了水污染损失计算，在回顾和总结已有研究的基础上，提出了针对区域一级水污染损失的经济计量分析方法，建立了相关的损失计量模式。程红光等（2001）利用计量经济学方法，通过对城市水污染损失影响因素的分析，建立水污染损害函数，进而建立城市水污染损失的经济计量模型，以黄河流域呼和浩特市为例，分析了该市水环境状况，并计算了该市水污染损失，得到一些有益的结论。由此可见，大多数对水污染和经济的研究都是运用计量经济学的方法。

20世纪90年代，美国经济学家格鲁斯曼等通过对42个国家横截面数据的分析，发现部分环境污染物（如颗粒物、二氧化硫等）排放总量与经济增长的长期关系也呈现倒"U"形曲线关系。这表明，当一个国家经济发展水平较低的时候，环境污染的程度较轻，但是随着人均收入的增加，环境污染程度由低升高，环境恶化程度随经济的增长而加剧；当经济发展达到一定水平后，也就是说，到达某个临界点以后，随着人均收入的增加，环境污染程度又由高降低，这种现象被称为环境库兹涅茨曲线。关于环境库兹涅茨曲线的研究，我国主要是从2002年之后开始的，绝大多数研究是从不同地域尺度对其进行实证研究，例如张晓（1999）用计量回归的方法对我国环境库兹涅茨曲线的存在性进行了检验，通过对废水、废气和固体废物等污染排放指标进行检验，发现我国经济与环境之间的环境库兹涅茨曲线呈现出较弱的倒"U"形关系。高宏霞等（2012）运用空间计量方法对中国31个省（自治区、直辖市）进行了研究，发现废气和二氧化硫的排放量数据均与环境库兹涅茨曲线模式吻合。左丹（2013）测算了全国30个省（自治区、直辖市）2000—2010年的二氧化碳排放量，考虑了空间相关性，建立了空间面板模型来对全国及东、中、西部地区二氧化碳库兹涅茨曲线进行研究。李刚（2007）采用空间误差模型（SEM），对6种工业污染物排放量的库兹涅茨曲线进行了研究。黄莹等（2009）通过建立固定效应的空间误差模型（SEM）和空间自回归模型（SAR），分析了我国工业"三废"的库兹涅茨曲线。袁加军（2010）采用了空间固定效应模型，在SEM和SAR的基础上研究了人均生活二氧化硫排放量、人均生活污水排放量和人均生活烟尘排放量与人均GDP之间的关系。朱平辉等（2010）也选择了同样的模型，对7种工业排放污染物进行了环境库兹涅茨曲线分析。

由此可见，大部分对污染和经济的研究都选择的是计量经济以及空间计量经济的方式。在以往的研究中，很少有对"高发区"及周边大城市关系进行探索的研究，几乎没有通过运用空间计量方法来进行研究的项目。同时，很显然，污染排放物可能存在空间相关性或空间依赖性。其原因为，首先，几乎所有的空间数据都可能有这样的特征（Anselin，1992）。其次，不同国家或地区具有不同的环境政策，这也会使污染物排放数据产生一定的空间相关性（Maddison，2006）。再次，我国的工业分布、能源消费结构以及环境污染治理能力都存在一定强度的空间相关性，这意味着污染物的排放也会存在一定的空间相关性。最后，我国地域辽阔，地区间存在显著的空间差异，因此考虑空间相关性是十分必要的。因此本研究尝试运用空间计量的方式探讨"高发区"及其周边大城市的"污染-经济"联系。

本研究通过建立空间面板模型，对淮河流域的41个城市或县区进行经济与污染的联系分析。在此基础上，本研究选择分两个步骤对其进行分析：一是将研究点以省份作为划分点，分为江苏省、安徽省、河南省、山东省这 4 个研究区域，分别对数据进行建模分析；二是将所有研究点作为淮河流域这一个研究片区，对 41 个地区的数据进行建模分析。将两者进行分析探讨，以得到更加贴合实际的淮河流域“高发区”以及其周边重点城市的“污染-经济”关系。

8.3 淮河流域四省[①]空间计量模型的构建与步骤

8.3.1 空间效应

空间经济计量学主要研究存在空间效应的问题。空间效应是指各地区的经济地理行为之间都存在一定程度的空间相互作用，分为空间依赖性［spatial dependence，也叫空间自相关性（spatial autocorrelation）］和空间异质性（spatial heterogeneity）。空间依赖（其较弱形式是空间关联）是事物和现象在空间上的相互依赖、相互制约、相互影响和相互作用，是事物本身所固有的属性，是地理空间现象和空间过程的本质特征。空间依赖可以定义为观测值及区位之间的一致性（Anselin，2001）。当相邻地区随机变量的高值或低值在空间上出现集聚倾向时为正的空间自相关，而当地理区域倾向于被相异值的邻区所包围时则为负的空间自相关。所谓空间异质性，即空间差异性，是指每一个空间区位上的事物和现象都具有区别于其他区位上的事物和现象的特点（Anselin，1988）。

8.3.2 空间数据分析

空间数据分析起源于 20 世纪 60 年代的地理计量革命，是一种研究地理对象空间效应的数据分析技术，用来发现隐藏在数据背后的重要信息或规律。空间数据分析可以分为两类：探索性空间数据分析（Exploratory Spatial Data Analysis，ESDA）和确认性空间数据分析。其中，确认性空间数据分析在经济学领域又称为空间计量经济学。空间数据分析的一般程序是：首先运用探索性空间数据分析直观地描述空间数据，主要目的是发现问题；然后运用空间计量经济方法更深入地研究所发现的问题，并为相关理论提供经验证据。探索性空间数据分析一般应用空间统计方法。探索性空间数据分析主要使用两类工具：第一类用来分析空间数据在整个系统内表现出的分布特征，通常将这种整体分布特征称为全局空间自相关性，一般用 Moran's I 指数、Geary's C 指数测度；第二类用来

① 四省：淮河流域内所选的研究区域按照省份划分为江苏省研究区、安徽省研究区、河南省研究区、山东省研究区，仅包含地处淮河流域的城市，并未包含省内全部城市。

分析局部子系统所表现出的分布特征，又称为局部空间自相关性，具体表现形式包括空间集聚区、非典型的局部区域、异常值或空间政区（spatial regimes）等，一般用 G 统计量、Moran 散点图和 LISA 来测度。

8.3.2.1 全域空间相关性检验与分析

空间统计和空间计量经济学的方法中，常用 Moran's I 指数（Moran，1950）、Geary's C 指数和 Getis 指数（Ord et al.，1995）检验空间相关。从功用上可将其分为全域空间自相关和局域空间自相关。Moran's I 指数和 Geary's C 指数在研究中应用最为广泛，Geary's C 指数适用于局域空间关联分析，而 Moran's I 指数主要针对全域空间相关性分析。全域 Moran's I 指数的定义是：

$$\text{Moran's } I=\frac{\sum_{i=j}^{n}\sum_{j=1}^{n}w_{ij}\left(Y_i-\overline{Y}\right)\left(Y_j-\overline{Y}\right)}{S^2\sum_{i=j}^{n}\sum_{j=1}^{n}w_{ij}} \tag{8-1}$$

式中：$S^2=\frac{1}{n}\sum_{i=1}^{n}\left(Y_i-\overline{Y}\right)$；

$\overline{Y}=\frac{1}{n}\sum_{i=1}^{n}Y_i$；

Y_i —— 所选研究区域中第 i 地区的观测值；

n —— 研究地区总数；

w_{ij} —— 二进制的邻近空间权值矩阵中的值，用以定义空间对象的相互邻近关系。

全域 Moran's I 的取值范围介于−1 与 1，如果其数值大于 0，说明空间存在正自相关，数字越大说明空间分布的正自相关性越强；如果其数值小于 0，说明空间相邻的单位之间不具有相似的属性，数值越小则说明各空间单元的差异性越大；若数值为 0，则说明该空间服从随机分布。散点图中各数据之间的关系可以被用于确定每个区域及其相邻区域的空间相关系数，散点图可分为 4 个象限。第一象限、第三象限为正的空间自相关关系，而第二象限、第四象限为负的空间自相关关系，如果数据均匀地分布于 4 个象限之间，则说明不存在空间相关关系。

8.3.2.2 局域空间相关性检验

局域空间相关性又称为空间关联局域指标（Local Indicators of Spatial Association，LISA），它是探索性空间数据分析的重要组成部分。LISA 分析应该满足两个条件：每个空间单元的 LISA 描述了在一定显著性条件下，围绕该空间单元的其他相似空间单元之间所具有的空间集群程度；所有空间单元的 LISA 之和与对应的全域空间相关性指标成比例。对局域空间相关性的分析主要采用局域 Moran's I 指数和局域 Geary's C 指数，定义为：

$$\text{Moran's } I_i = Z_i \sum_{j=1}^{n} w_{ij} Z_j \left(i \neq j\right) \quad (8\text{-}2)$$

式中：$Z_i = x_i - \bar{x}$，$Z_j = x_j - \bar{x}$ —— 观测值与均值的离差；

x_i —— 空间单元 i 的观测值；

w_{ij} —— 空间权值矩阵中的值。

因此 Moran's I 就可以表示为空间单元 i 的观测值的离差 Z_i 与其相邻近的空间单元 j 的观测值离差的加权平均值的乘积。

局域 Moran's I 指数还可以定义为：

$$\text{Moran's } I_i = \left(\frac{z_i}{m}\right) \sum_{j=1}^{n} w_{ij} Z_j \ (i \neq j) \quad (8\text{-}3)$$

式中：m —— 空间观测单元的数量。

若 Moran's I_i 值为正，则说明该空间单元周围存在相似的空间集群；若 Moran's I_i 值为负，则说明该空间单元周围存在非相似的空间集群。

$$Z(\text{Moran's } I_i) = \frac{\text{Moran's } I_i - E(\text{Moran's } I_i)}{\sqrt{\text{VAR}(\text{Moran's } I_i)}} \quad (8\text{-}4)$$

式中：E（Moran's I_i） —— 局域 Moran's I_i 值的期望值；

VAR（Moran's I_i） —— 局域 Moran's I_i 值的方差。

利用上述公式就可以对局域空间相关性进行显著性检验。

8.3.3 空间权重矩阵的确定

空间面板模型中，还需要确定空间权重矩阵 $\boldsymbol{W}$。以下确定的 w_{ij} 为二进制的邻近空间权值矩阵中的值，用矩阵表示如下：

$$\boldsymbol{w} = \begin{bmatrix} w_{11} & w_{12} & \cdots & w_{1n} \\ w_{21} & w_{22} & \cdots & w_{2n} \\ \vdots & \vdots & \ddots & \vdots \\ w_{m1} & w_{m2} & \cdots & w_{mn} \end{bmatrix}$$

根据相邻标准，w_{ij} 为：

$$w_{ij}=\begin{cases}1,当区域i和区域j相邻\\0,当区域i和区域j不相邻\end{cases} \tag{8-5}$$

式中：$i=1,2,\cdots,n$；

$j=1,2,\cdots,m$。

本研究选取的是根据地理位置确定的0-1矩阵（也称为二元邻接矩阵）。分4个省分别建立4个空间权重矩阵，其主对角线上的元素全部为0。同时，在进行之后的分析时，通常要将权重矩阵进行标准化处理，用每个元素分别除以所在行元素的和，这样就会使得每行的元素之和变成1，一般称为行标准化。

8.3.4 空间面板数据模型设定

在经典线性回归模型中加入被解释变量的空间滞后项 $\boldsymbol{Wy}$，就称为空间滞后回归模型（SLM）或者空间自回归模型（SAR），回归方程如下：

$$\boldsymbol{Y}=\rho\boldsymbol{Wy}+\alpha\boldsymbol{I}_n+\boldsymbol{X}\beta+\varepsilon \tag{8-6}$$

$$\varepsilon\sim N\left(0,\sigma^2\boldsymbol{I}_n\right)$$

式中：$\boldsymbol{Y}$—— n 维被解释变量列向量；

$\boldsymbol{X}$—— n 的解释变量矩阵；

$\boldsymbol{I}_n$—— 元素为1的 n 维列向量；

ρ—— 空间自相关系数（标量），它反映了空间单元之间的相互关系，即相邻空间单元对本空间单元的影响程度；

α、β—— 模型的参数向量，β 主要反映了自变量 $\boldsymbol{X}$ 对因变量 $\boldsymbol{Y}$ 的影响；

ε—— 随机扰动项；

$\boldsymbol{W}$—— $n\times n$ 阶空间权重矩阵。

若在空间滞后回归模型中加入解释变量的空间滞后项 $\boldsymbol{Wx}$，则称为空间杜宾模型（SDM），回归方程如下：

$$\boldsymbol{Y}=\rho\boldsymbol{Wy}+\alpha\boldsymbol{I}_n+\boldsymbol{X}\beta+\boldsymbol{Wx}\gamma+\varepsilon \tag{8-7}$$

式中：ρ—— 空间自回归系数；

γ—— 外生交互系数。

若在经典线性回归模型中加入考虑的随机扰动的空间滞后项，便成为空间误差模型（SEM），其回归方程为：

$$\boldsymbol{Y}=\alpha\boldsymbol{I}_n+\boldsymbol{X}\beta+u \tag{8-8}$$

$$\boldsymbol{U}=\lambda\boldsymbol{Wu}+\varepsilon$$

$$\varepsilon : N\left(0,\sigma^2 \boldsymbol{I}_n\right)$$

式中：λ—— 空间自相关系数。

若是既包含随机扰动项，又包含被解释变量的空间滞后项的模型，称为 SAC 模型，其回归方程如下：

$$\boldsymbol{Y} = \rho \boldsymbol{W}_1 \boldsymbol{y} + \alpha \boldsymbol{I}_n + \varepsilon \tag{8-9}$$

$$\boldsymbol{U} = \lambda \boldsymbol{W}_2 \boldsymbol{u} + \varepsilon$$

$$\varepsilon : N\left(0,\sigma^2 \boldsymbol{I}_n\right)$$

8.3.5 固定效应和随机效应的选择

空间面板模型分为空间随机效应模型和空间固定效应模型。给定一组相邻的空间个体，如果样本数据是总体的随机样本，个体效应有确定的方差和均值，应采用随机效应模型；如果以样本自身效应来进行推论，样本几乎全是母体，这时应使用固定效应模型。固定效应模型中，对每个空间单元使用 1 个虚拟变量表示空间个体（测量可变截距）；在随机效应模型中，μ_i 被看成是均值为 0、方差为$\sigma\mu^2$，并且独立同分布的随机变量，且μ_i与ε_{it} 相互独立。通常研究者对总体的无条件推断感兴趣，且固定效应会损失大量的自由度。若总体是有限的，就该设定固定效应，是因为每个空间单元都是代表自身。因此本研究所选的效应是固定效应。

8.3.6 模型参数的估计

Anselin（1988；1992）均建议使用极大似然估计法（ML）对空间模型进行估计。这也是现阶段对空间面板模型进行估计的常用方法。对于空间回归模型来说，最小二乘法会导致空间滞后模型参数的非一致性估计，也会导致空间系数以及标准误差的非一致估计，相比而言，基于极大似然估计方法的参数估计可以得到一致性结果（Lee，2004）。除此之外，常用的估计方法就是矩估计，包括工具变量法（Ⅳ）、广义矩估计（GMM）等，这种方法不需要正态性假定，这是与极大似然估计截然不同的地方。

本研究采用极大似然估计法对参数进行估计。

8.3.7 模型选择和变量设定

8.3.7.1 模型的选择

国内文献对空间面板误差和滞后模型的选择存在以下几种情况：①直接采用其中一种模型或同时估计两种模型，并比较二者的检验结果；②根据横截面数据的 LM-Lag、LM-Err 检验，或者是 Anselin 提出的空间面板的 LM 检验，直接采用分块对角矩阵代替 LM-Lag、LM-Err 等传统统计公式中的空间权重矩阵***W***，将这些检验扩展到空间面板数据分析。空间依赖的检验主要是围绕零假设展开的。常用的统计量有 LM-Err、LM-Lag、Robust LM-Err、Robust LM-Lag 等。Robust LM-Err 和 Robust LM-Lag 是 LM-Err 和 LM-Lag 的稳健形式，它们是两个拉格朗日乘数检验。其中，滞后模型的空间相关性检验通常采用 LM-Lag，误差模型的空间相关性检验通常采用 LM-Err。Anselin 提出了如下判别准则：如果在空间效应的检验中发现 LM-Lag 较 LM-Err 在统计上更加显著，且 Robust LM-Lag 显著而 Robust LM-Err 不显著，则可以断定适合的模型是空间滞后模型；相反，如果 LM-Err 比 LM-Lag 在统计上更加显著，且 Robust LM-Err 显著而 Robust LM-Lag 不显著，则可以断定空间误差模型更加恰当。

8.3.7.2 变量的设定

本研究旨在分析淮河流域内“高发区”以及周边大城市的空间经济以及污染联系，因此选择淮河流域内 14 个县以及周边 27 个大城市进行建模分析，以省份为划分单位，分为江苏省、安徽省、河南省和山东省 4 个研究片区，分 4 次进行建模分析，并且选取 2005—2009 年作为研究节点。人均 GDP 是因变量，工业污水排放量数据为解释变量。

8.4 全淮河流域整体空间计量模型

此方法在空间数据分析、空间面板模型的设定、效应的选择、参数的估计、模型的选择以及变量的设定等方面都与上一种方法完全一致，只是在空间权重矩阵的设定上不一样，即选择了距离指数而建立的空间权重矩阵，距离矩阵的设定使得我们可以将淮河流域内所有研究区域作为一个整体，对其进行实证研究。理论上此种距离矩阵的设定比上一种邻近指标建立的空间权重矩阵更加符合实际，因为所选研究地区有市级、县级、区级，其地理尺度不一样，因而对其进行邻近与否判别时，会出现标准混乱的情况，比如 1 个研究市包含几个研究县或者区级。本方法所使用的是距离指标的空间权值矩阵。

矩阵表示如下：

$$\boldsymbol{w}=\begin{bmatrix} w_{11} & w_{12} & \cdots & w_{1n} \\ w_{21} & w_{22} & \cdots & w_{2n} \\ \vdots & \vdots & \ddots & \vdots \\ w_{m1} & w_{m2} & \cdots & w_{mn} \end{bmatrix}$$

根据距离标准，w_{ij} 为：

$$w_{ij}=\begin{cases} 1, & \text{当区域}i\text{和区域}j\text{在距离}d\text{之内（即区域}i\text{和区域}j\text{相邻）} \\ 0, & \text{当区域}i\text{和区域}j\text{在距离}d\text{之外（即区域}i\text{和区域}j\text{不相邻）} \end{cases} \quad (8\text{-}10)$$

式中：$i=1, 2, \cdots, n$；

$j=1, 2, \cdots, m$。

d 值的确定目前没有统一的标准，一般都是研究者根据研究的实际情况而定。

淮河流域内各县以及大城市选择如下。

县（“高发区”）：江苏省射阳县、金湖县和盱眙县；安徽省灵璧县、埇桥区、颍东区、寿县和蒙城县；山东省汶上县和巨野县；河南省西平县、扶沟县、沈丘县和罗山县。

大城市：济宁市、曲阜市、兖州县、菏泽市、枣庄市、许昌市、周口市、平顶山市、开封市、郑州市、漯河市、驻马店市、亳州市、阜阳市、信阳市、宿州市、蚌埠市、淮北市、徐州市、宿迁市、六安市、扬州市、淮安市、泰州市、盐城市、淮南市、连云港市。

14 个监测县（区）的经济数据分别来源于江苏省 2005—2009 年市（县）社会经济主要指标统计、安徽省 2005—2009 年市（县）社会经济主要指标统计、河南省 2005—2009 年市（县）社会经济主要指标统计、山东省 2005—2009 年市（县）社会经济主要指标统计。邻近城市经济数据分别来源于《2005—2009 年江苏省统计年鉴》《2005—2009 年安徽省统计年鉴》《2005—2009 年河南省统计年鉴》《2005—2009 年山东省统计年鉴》。工业废水排放量数据来源于各省 2005—2009 年的统计年鉴，个别县（区）未能查到工业废水排放量，本研究按照此县（区）当年的生产总值占上属市级地区当年的生产总值的比例来折算当年的污水排放量。公式如下：

$$\text{全县（区）当年污水排放量}=\frac{\text{全县（区）当年生产总值}}{\text{上属市级地区当年生产总值}}\times\text{上属市级地区当年污水排放量} \quad (8\text{-}11)$$

本研究所用的COD、BOD、氨氮等污染频度数据是通过《淮河流域水环境与消化道肿瘤死亡图集》中相关底图解译得到。污染频度从0到100%，以10%为间距等距划分为10个等级，将每一等级权重分别定义为0.1，0.2，0.3，…，1。再利用区县在不同污染频度下面积占该区县总面积的百分比与权重的乘积来计算区县的整体污染程度。公式如下：

$$y = 0.1\sum_{i=1}^{10} i \cdot \frac{x_i}{\sum_{i=1}^{10} x_i} \tag{8-12}$$

式中：i —— 不同污染频度；

x —— 不同污染频度下区县所占面积；

y —— 该区县整体污染程度。

根据《淮河流域水环境与消化道肿瘤死亡图集》中水质污染频度图进行解译分析，得到淮河流域内各区县及城市污染数据。一共得到14个“高发区”和27个周边城市的数据。

此外，为了得到更平稳的数据和显著的变量变化趋势，本研究在数据处理上使用了对数化后的数据，在实证分析时用各指标的自然对数值。经过对数化后的数据，不会影响原有数据的特征。即各变量分别为lnGDP（人均国内生产总值）、lnemission（工业污水排放总量）、$\text{lnfre}_{\text{total}}$（总污染频度）、$\text{lnfre}_{\text{COD}}$（COD污染频度）、$\text{lnfre}_{\text{NH}_3\text{-N}}$（氨氮污染频度）、$\text{lnfre}_{\text{BOD}}$（BOD污染频度）。

8.5 空间面板模型实证研究

8.5.1 淮河流域四省空间计量分析

本小节分析采用了8.3.2小节的方法，实证淮河流域四省的污染与经济的空间联系。本研究运用Matlab® 2012a（7.14.0.739），采用空间计量软件包中PANEL软件的SAR模型程序（编译程序代码如下）。

```
function results = sar_panel_FE(y,x,W,T,info)
% PURPOSE: computes spatial lag model estimates for spatial panels
%           (N regions*T time periods) with spatial fixed effects (u)
%           and/or time period fixed effects (v)
%           y = p*W*y + X*b + u (optional) + v(optional) + e, using sparse matrix
```

```
algorithms
    % Supply data sorted first by time and then by spatial units, so first region 1,
    % region 2, et cetera, in the first year, then region 1, region 2, et
    % cetera in the second year, and so on
    % sar_panel_FE computes y and x in deviation of the spatial and/or time means
    % ---------------------------------------------------
    %   USAGE: results = sar_panel_FE(y,x,W,T,info)
    %   where:   y = dependent variable vector
    %             x = independent variables matrix
    %             W = spatial weights matrix (standardized)
    %             T = number of points in time
    %          info = an (optional) structure variable with input options:
    %          info.model = 0 pooled model without fixed effects (default, x may contain an
intercept)
    %                     = 1 spatial fixed effects (x may not contain an intercept)
    %                     = 2 time period fixed effects (x may not contain an intercept)
    %                     = 3 spatial and time period fixed effects (x may not contain an
intercept)
    %          info.fe     = report fixed effects and their t-values in prt_sp (default=0=not
reported; info.fe=1=report)
    %          info.Nhes   = N =< Nhes asymptotic variance matrix is computed using
analytical formulas,
    %                        N > Nhes asymptotic variance matrix is computed using
numerical formulas
    %                        (Default NHes=500)
    %          info.rmin   = (optional) minimum value of rho to use in search
    %          info.rmax   = (optional) maximum value of rho to use in search
    %          info.convg = (optional) convergence criterion (default = 1e-8)
    %          info.maxit = (optional) maximum # of iterations (default = 500)
    %          info.lflag = 0 for full lndet computation (default = 1, fastest)
    %                     = 1 for MC lndet approximation (fast for very large problems)
    %                     = 2 for Spline lndet approximation (medium speed)
```

```
%          info.order = order to use with info.lflag = 1 option (default = 50)
%          info.iter   = iterations to use with info.lflag = 1 option (default = 30)
%          info.lndet = a matrix returned by sar containing log-determinant information
to save time
% -------------------------------------------------
%   RETURNS: a structure
%          results.meth   = 'psar' if infomodel=0
%                         = 'sarsfe' if info.model=1
%                         = 'sartfe' if info.model=2
%                         = 'sarstfe' if info.model=3
%          results.beta   = bhat
%          results.rho    = rho (p above)
%          results.cov    = asymptotic variance-covariance matrix of the parameters
b(eta) and rho
%          results.tstat = asymp t-stat (last entry is rho=spatial autoregressive
coefficient)
%          results.yhat   = [inv(y-p*W)]*[x*b+fixed effects] (according to prediction
formula)
%          results.resid = y-p*W*y-x*b
%          results.sige   = (y-p*W*y-x*b)'*(y-p*W*y-x*b)/n
%          results.rsqr   = rsquared
%          results.corr2 = goodness-of-fit between actual and fitted values
%          results.sfe    = spatial fixed effects (if info.model=1 or 3)
%          results.tfe    = time period fixed effects (if info.model=2 or 3)
%          results.tsfe   = t-values spatial fixed effects (if info.model=1 or 3)
%          results.ttfe   = t-values time period fixed effects (if info.model=2 or 3)
%          results.con    = intercept
%          results.con    = t-value intercept
%          results.lik    = log likelihood
%          results.nobs   = # of observations
%          results.nvar   = # of explanatory variables in x
%          results.tnvar = nvar + W*y + # fixed effects
```

```
%            results.iter   = # of iterations taken
%            results.rmax   = 1/max eigenvalue of W (or rmax if input)
%            results.rmin   = 1/min eigenvalue of W (or rmin if input)
%            results.lflag = lflag from input
%            results.fe     = fe from input
%            results.liter = info.iter option from input
%            results.order = info.order option from input
%            results.limit = matrix of [rho lower95,logdet approx, upper95] intervals
%                                for the case of lflag = 1
%            results.time1 = time for log determinant calculation
%            results.time2 = time for eigenvalue calculation
%            results.time3 = time for hessian or information matrix calculation
%            results.time4 = time for optimization
%            results.time   = total time taken
%            results.lndet = a matrix containing log-determinant information
%                                (for use in later function calls to save time)
% ------------------------------------------------
%  NOTES: if you use lflag = 1 or 2, info.rmin will be set = -1
%                                          info.rmax will be set = 1
%            For number of spatial units < 500 you should use lflag = 0 to get
%            exact results,
%            Fixed effects and their t-values are calculated as the deviation
%            from the mean intercept
% ------------------------------------------------
%
% Updated by: J.Paul Elhorst summer 2008
% University of Groningen
% Department of Economics
% 9700AV Groningen
% the Netherlands
% j.p.elhorst@rug.nl
%
```

```
% REFERENCES:
% Elhorst JP (2003) Specification and Estimation of Spatial Panel Data Models,
% International Regional Science Review 26: 244-268.
% Elhorst JP (2009) Spatial Panel Data Models. In Fischer MM, Getis A (Eds.)
% Handbook of Applied Spatial Analysis, Ch. C.2. Springer: Berlin Heidelberg New
York.

% This function is partly based on James. P LeSage's function SAR

time1 = 0;
time2 = 0;
time3 = 0;
time4 = 0;

timet = clock; % start the clock for overall timing

W=sparse(W);

% if we have no options, invoke defaults
if nargin == 4
    info.lflag = 1;
    info.model=0;
    info.Nhes=500;
    fprintf(1,'default: pooled model without fixed effects \n');
end;

fe=0;
model=0;
Nhes=500;

fields = fieldnames(info);
nf = length(fields);
```

```
if nf > 0
    for i=1:nf
        if strcmp(fields{i},'model') model = info.model;
        elseif strcmp(fields{i},'fe') fe = info.fe;
        elseif strcmp(fields{i},'Nhes') Nhes = info.Nhes;
        end
    end
end
if model==0
    results.meth='psar';
elseif model==1
    results.meth='sarsfe';
elseif model==2
    results.meth='sartfe';
elseif model==3
    results.meth='sarstfe';
else
    error('sar_panel: wrong input number of info.model');
end

% check size of user inputs for conformability
[nobs nvar] = size(x);
[N Ncol] = size(W);
if N -= Ncol
error('sar: wrong size weight matrix W');
elseif N -= nobs/T
error('sar: wrong size weight matrix W or matrix x');
end;
[nchk junk] = size(y);
if nchk -= nobs
error('sar: wrong size vector y or matrix x');
end;
```

```
    if (fe==1 & model==0 ) error('info.fe=1, but cannot compute fixed effects if info.model
is set to 0 or not specified'); end

    % parse input options
    %[rmin,rmax,convg,maxit,detval,ldetflag,eflag,order,miter,options] = sar_parse(info);
% function of LeSage
    [rmin,rmax,convg,maxit,detval,ldetflag,eflag,order,miter,options,ndraw,sflag,p,cflag] =
sar_parse(info);

    % compute eigenvalues or limits
    [rmin,rmax,time2] = sar_eigs(eflag,W,rmin,rmax,N); % function of LeSage

    % do log-det calculations
    [detval,time1] = sar_lndet(ldetflag,W,rmin,rmax,detval,order,miter); % function of
LeSage

    for t=1:T
        t1=1+(t-1)*N;t2=t*N;
        Wy(t1:t2,1)=W*y(t1:t2,1);
    end

    % demeaning of the y and x variables, depending on (info.)model

    if (model==1 | model==3);
    meanny=zeros(N,1);
    meannwy=zeros(N,1);
    meannx=zeros(N,nvar);
    for i=1:N
        ym=zeros(T,1);
        wym=zeros(T,1);
        xm=zeros(T,nvar);
```

```
        for t=1:T
            ym(t)=y(i+(t-1)*N,1);
            wym(t)=Wy(i+(t-1)*N,1);
            xm(t,:)=x(i+(t-1)*N,:);
        end
        meanny(i)=mean(ym);
        meannwy(i)=mean(wym);
        meannx(i,:)=mean(xm);
    end
    clear ym wym xm;
    end % if statement

    if ( model==2 | model==3)
    meanty=zeros(T,1);
    meantwy=zeros(T,1);
    meantx=zeros(T,nvar);
    for i=1:T
        t1=1+(i-1)*N;t2=i*N;
        ym=y([t1:t2],1);
        wym=Wy([t1:t2],1);
        xm=x([t1:t2],:);
        meanty(i)=mean(ym);
        meantwy(i)=mean(wym);
        meantx(i,:)=mean(xm);
    end
    clear ym wym xm;
    end % if statement

    en=ones(T,1);
    et=ones(N,1);
    ent=ones(nobs,1);
```

```
if model==1
      ywith=y-kron(en,meanny);
      wywith=Wy-kron(en,meannwy);
      xwith=x-kron(en,meannx);
elseif model==2
      ywith=y-kron(meanty,et);
      wywith=Wy-kron(meantwy,et);
      xwith=x-kron(meantx,et);
elseif model==3
      ywith=y-kron(en,meanny)-kron(meanty,et)+kron(ent,mean(y));
      wywith=Wy-kron(en,meannwy)-kron(meantwy,et)+kron(ent,mean(Wy));
      xwith=x-kron(en,meannx)-kron(meantx,et)+kron(ent,mean(x));
else
      ywith=y;
      wywith=Wy;
      xwith=x;
end % if statement

% step 1) do regressions
t0 = clock;
            AI = xwith'*xwith;
            b0 = AI\(xwith'*ywith);
            bd = AI\(xwith'*wywith);
            e0 = ywith - xwith*b0;
            ed = wywith - xwith*bd;
            epe0 = e0'*e0;
            eped = ed'*ed;
            epe0d = ed'*e0;

% step 2) maximize concentrated likelihood function;
    options = optimset('fminbnd');
    [p,liktmp,exitflag,output] =
```

```
fminbnd('f_sarpanel',rmin,rmax,options,detval,epe0,eped,epe0d,N,T);


    time4 = etime(clock,t0);


    if exitflag == 0
    fprintf(1,'sar: convergence concentrated likelihood function not obtained in %4d
iterations \n',output.iterations);
    end;
    results.iter = 1;


    % step 3) find b,sige maximum likelihood estimates
    results.beta = b0 - p*bd;
    results.rho = p;
    bhat = results.beta;
    results.sige = (1/nobs)*(e0-p*ed)'*(e0-p*ed);
    sige = results.sige;


    % step 4) find fixed effects and their t-values
    if model==1
        intercept=mean(y)-mean(Wy)*results.rho-mean(x)*results.beta;
        results.con=intercept;
        results.sfe=meanny-meannwy*results.rho-meannx*results.beta-kron(et,intercept);
        xhat=x*results.beta+kron(en,results.sfe)+kron(ent,intercept);

results.tsfe=results.sfe./sqrt(sige/T*ones(N,1)+diag(sige*meannx*(xwith'*xwith)*meannx'));
        results.tcon=results.con/sqrt(sige/nobs+sige*mean(x)*(xwith'*xwith)*mean(x)');
        tnvar=nvar+N;
    elseif model==2
        intercept=mean(y)-mean(Wy)*results.rho-mean(x)*results.beta;
        results.con=intercept;
        results.tfe=meanty-meantwy*results.rho-meantx*results.beta-kron(en,intercept);
        xhat=x*results.beta+kron(results.tfe,et)+kron(ent,intercept);
```

```
results.ttfe=results.tfe./sqrt(sige/N*ones(T,1)+diag(sige*meantx*(xwith'*xwith)*meantx'));
        results.tcon=results.con/sqrt(sige/nobs+sige*mean(x)*(xwith'*xwith)*mean(x)');
        tnvar=nvar+T;
    elseif model==3
        intercept=mean(y)-mean(Wy)*results.rho-mean(x)*results.beta;
        results.con=intercept;
        results.sfe=meanny-meannwy*results.rho-meannx*results.beta-kron(et,intercept);
        results.tfe=meanty-meantwy*results.rho-meantx*results.beta-kron(en,intercept);

results.tsfe=results.sfe./sqrt(sige/T*ones(N,1)+diag(sige*meannx*(xwith'*xwith)*meannx'));

results.ttfe=results.tfe./sqrt(sige/N*ones(T,1)+diag(sige*meantx*(xwith'*xwith)*meantx'));
        results.tcon=results.con/sqrt(sige/nobs+sige*mean(x)*(xwith'*xwith)*mean(x)');
        xhat=x*results.beta+kron(en,results.sfe)+kron(results.tfe,et)+kron(ent,intercept);
        tnvar=nvar+T;
    else
        xhat=x*results.beta;
        tnvar=nvar;
    end

    % r-squared and corr-squared between actual and fitted values
    results.tnvar=tnvar;
    results.resid = y - p*Wy - xhat;
    yme=y-mean(y);
    rsqr2=yme'*yme;
    rsqr1 = results.resid'*results.resid;
    results.rsqr=1.0-rsqr1/rsqr2; %rsquared

    yhat=zeros(nobs,1);
    ywithhat=zeros(nobs,1);
    for t=1:T
```

```
        t1=1+(t-1)*N;t2=t*N;
        ywithhat(t1:t2,1)=(speye(N) - p*W)\xwith(t1:t2,:)*results.beta;
        yhat(t1:t2,1)=(speye(N) - p*W)\xhat(t1:t2,1);
    end
    res1=ywith-mean(ywith);
    res2=ywithhat-mean(ywith);
    rsq1=res1'*res2;
    rsq2=res1'*res1;
    rsq3=res2'*res2;
    results.corr2=rsq1^2/(rsq2*rsq3); %corr2
    results.yhat=yhat;

    parm = [results.beta
                results.rho
                results.sige];

    results.lik = f2_sarpanel(parm,ywith,xwith,W,detval,T); %Elhorst

    % Determination variance-covariance matrix
    if N <= Nhes % Analytically
    t0 = clock;
    B = speye(N) - p*W;
    BI = inv(B); WB = W*BI;
    pterm = trace(WB*WB + WB'*WB);
    xpx = zeros(nvar+2,nvar+2);
    % bhat,bhat
    xpx(1:nvar,1:nvar) = (1/sige)*(xwith'*xwith);
    % bhat,rho
    ysum=zeros(nvar,1);
    for t=1:T
        t1=1+(t-1)*N;t2=t*N;
        ysum=ysum+(1/sige)*xwith(t1:t2,:)'*WB*xwith(t1:t2,:)*bhat;
```

```
end
xpx(1:nvar,nvar+1) = ysum;
xpx(nvar+1,1:nvar) = xpx(1:nvar,nvar+1)';
% rho,rho
ysom=0;
for t=1:T
    t1=1+(t-1)*N;t2=t*N;
    ysom=ysom+(1/sige)*bhat'*xwith(t1:t2,:)'*WB'*WB*xwith(t1:t2,:)*bhat + pterm;
end
xpx(nvar+1,nvar+1) = ysom;
% sige, sige
xpx(nvar+2,nvar+2) = nobs/(2*sige*sige);
% rho,sige
xpx(nvar+1,nvar+2) = (T/sige)*trace(WB);
xpx(nvar+2,nvar+1) = xpx(nvar+1,nvar+2);
xpxi = xpx\eye(size(xpx));
results.cov=xpxi(1:nvar+1,1:nvar+1);
tmp = diag(xpxi(1:nvar+1,1:nvar+1));
bvec = [results.beta
        results.rho];
tmp = bvec./(sqrt(tmp));
results.tstat = tmp;
time3 = etime(clock,t0);

else   % asymptotic t-stats using numerical hessian
t0 = clock;
dhessn = hessian('f2_sarpanel',parm,ywith,xwith,W,detval,T); %Elhorst
hessi = invpd(-dhessn);
results.cov=hessi(1:nvar+1,1:nvar+1);
tvar = abs(diag(hessi));
tmp = [results.beta
       results.rho];
```

```
results.tstat = tmp./sqrt(tvar(1:end-1,1));
time3 = etime(clock,t0);

end; % end of t-stat calculations

% return stuff
results.nobs    = nobs;
results.nvar    = nvar;
results.rmax    = rmax;
results.rmin    = rmin;
results.lflag = ldetflag;
results.order = order;
results.miter = miter;
results.fe      = fe;
results.time    = etime(clock,timet);
results.time1 = time1;
results.time2 = time2;
results.time3 = time3;
results.time4 = time4;
results.lndet = detval;
results.N       = N;
results.T       = T;
results.model = model;


function
[rmin,rmax,convg,maxit,detval,ldetflag,eflag,order,iter,options,ndraw,sflag,p,cflag] =
sar_parse(info)
% PURPOSE: parses input arguments for sar model
% ---------------------------------------------------
%   USAGE: [rmin,rmax,convg,maxit,detval,ldetflag,eflag,order,iter,options] =
sar_parse(info)
```

```
% where info contains the structure variable with inputs
% and the outputs are either user-inputs or default values
% --------------------------------------------------

% set defaults
options = zeros(1,18); % optimization options for fminbnd
options(1) = 0;
options(2) = 1.e-6;
options(14) = 500;

eflag = 0;        % default to not computing eigenvalues
ldetflag = 1;   % default to 1999 Pace and Barry MC determinant approx
order = 50;       % there are parameters used by the MC det approx
iter = 30;        % defaults based on Pace and Barry recommendation
rmin = -1;        % use -1,1 rho interval as default
rmax = 1;
detval = 0;       % just a flag
convg = 0.0001;
maxit = 500;
ndraw = 1000;
sflag = 0;
p = 0;
cflag = 0;

fields = fieldnames(info);
nf = length(fields);
if nf > 0

  for i=1:nf
      if strcmp(fields{i},'rmin')
          rmin = info.rmin;   eflag = 0;
      elseif strcmp(fields{i},'rmax')
```

```
        rmax = info.rmax; eflag = 0;
    elseif strcmp(fields{i},'p')
        p = info.p;
    elseif strcmp(fields{i},'cflag')
        cflag = info.cflag;
    elseif strcmp(fields{i},'convg')
        options(2) = info.convg;
    elseif strcmp(fields{i},'maxit')
        options(14) = info.maxit;
    elseif strcmp(fields{i},'lndet')
    detval = info.lndet;
    ldetflag = -1;
    eflag = 0;
    rmin = detval(1,1);
    nr = length(detval);
    rmax = detval(nr,1);
    elseif strcmp(fields{i},'lflag')
        tst = info.lflag;
        if tst == 0,
        ldetflag = 0; % compute full lndet, no approximation
        elseif tst == 1,
        ldetflag = 1; % use Pace-Barry approximation
        elseif tst == 2,
        ldetflag = 2; % use spline interpolation approximation
        else
        error('sar: unrecognizable lflag value on input');
        end;
    elseif strcmp(fields{i},'order')
        order = info.order;
    elseif strcmp(fields{i},'eig')
        eflag = info.eig;
    elseif strcmp(fields{i},'iter')
```

```
            iter = info.iter;
        elseif strcmp(fields{i},'ndraw')
            ndraw = info.ndraw;
        elseif strcmp(fields{i},'sflag')
            sflag = info.sflag;
        end;
    end;

else, % the user has input a blank info structure
        % so we use the defaults
end;

function [rmin,rmax,time2] = sar_eigs(eflag,W,rmin,rmax,n);
% PURPOSE: compute the eigenvalues for the weight matrix
% ---------------------------------------------------
%    USAGE: [rmin,rmax,time2] = far_eigs(eflag,W,rmin,rmax,W)
% where eflag is an input flag, W is the weight matrix
%            rmin,rmax may be used as default outputs
% and the outputs are either user-inputs or default values
% ---------------------------------------------------



if eflag == 1 % do eigenvalue calculations
t0 = clock;
opt.tol = 1e-3; opt.disp = 0;
lambda = eigs(sparse(W),speye(n),1,'SR',opt);
rmin = real(1/lambda);
rmax = 1.0;
time2 = etime(clock,t0);
else % use rmin,rmax arguments from input or defaults -1,1
time2 = 0;
end;
```

```
function [detval,time1] = sar_lndet(ldetflag,W,rmin,rmax,detval,order,iter);
% PURPOSE: compute the log determinant |I_n - rho*W|
% using the user-selected (or default) method
% ---------------------------------------------------
%   USAGE: detval = far_lndet(lflag,W,rmin,rmax)
% where eflag,rmin,rmax,W contains input flags
% and the outputs are either user-inputs or default values
% ---------------------------------------------------


% do lndet approximation calculations if needed
if ldetflag == 0 % no approximation
t0 = clock;
out = lndetfull(W,rmin,rmax);
time1 = etime(clock,t0);
tt=rmin:.001:rmax; % interpolate a finer grid
outi = interp1(out.rho,out.lndet,tt','spline');
detval = [tt' outi];

elseif ldetflag == 1 % use Pace and Barry, 1999 MC approximation

t0 = clock;
out = lndetmc(order,iter,W,rmin,rmax);
time1 = etime(clock,t0);
results.limit = [out.rho out.lo95 out.lndet out.up95];
tt=rmin:.001:rmax; % interpolate a finer grid
outi = interp1(out.rho,out.lndet,tt','spline');
detval = [tt' outi];

elseif ldetflag == 2 % use Pace and Barry, 1998 spline interpolation
```

```
t0 = clock;
out = lndetint(W,rmin,rmax);
time1 = etime(clock,t0);
tt=rmin:.001:rmax; % interpolate a finer grid
outi = interp1(out.rho,out.lndet,tt','spline');
detval = [tt' outi];

elseif ldetflag == -1 % the user fed down a detval matrix
      time1 = 0;
           % check to see if this is right
           if detval == 0
                error('sar: wrong lndet input argument');
           end;
           [n1,n2] = size(detval);
           if n2 ~= 2
                error('sar: wrong sized lndet input argument');
           elseif n1 == 1
                error('sar: wrong sized lndet input argument');
           end;
end;



function H = hessian(f,x,varargin)
% PURPOSE: Computes finite difference Hessian
% -------------------------------------------------------
% Usage:    H = hessian(func,x,varargin)
% Where: func = function name, fval = func(x,varargin)
%                x = vector of parameters (n x 1)
%       varargin = optional arguments passed to the function
% -------------------------------------------------------
```

```
% RETURNS:
%                   H = finite differnce hessian
% -----------------------------------------------------

% Code from:
% COMPECON toolbox [www4.ncsu.edu/-pfackler]
% documentation modified to fit the format of the Ecometrics Toolbox
% by James P. LeSage, Dept of Economics
% University of Toledo
% 2801 W. Bancroft St,
% Toledo, OH 43606
% jlesage@spatial-econometrics.com

eps = 1e-6;

n = size(x,1);
fx = feval(f,x,varargin{:});

% Compute the stepsize (h)
h = eps.^(1/3)*max(abs(x),1e-2);
xh = x+h;
h = xh-x;
ee = sparse(1:n,1:n,h,n,n);

% Compute forward step
g = zeros(n,1);
for i=1:n
   g(i) = feval(f,x+ee(:,i),varargin{:});
end

H=h*h';
% Compute "double" forward step
```

```
for i=1:n
for j=i:n
   H(i,j) = (feval(f,x+ee(:,i)+ee(:,j),varargin{:})-g(i)-g(j)+fx)/H(i,j);
   H(j,i) = H(i,j);
end
end
```

基于以上分析，本研究在建立普通面板模型的基础上，利用 LM-Lag、Robust LM-Lag、LM-Err 以及 Robust LM-Err 检验统计量对所研究的 4 省 14 个“高发区”和 27 个周边大城市的空间自相关性进行了检验。4 个省份的 LM 检验结果如表 8-1～表 8-4 所示。

表 8-1　江苏省 LM 检验及 Robust LM 检验结果

LM-Lag	Robust LM-Lag	LM-Err	Robust LM-Err
27.408 7 （0.000）	28.105 9 （0.000）	0.023 5 （0.878）	0.720 2 （0.396）

表 8-2　安徽省 LM 检验及 Robust LM 检验结果

LM-Lag	Robust LM-Lag	LM-Err	Robust LM-Err
23.313 5 （0.000）	24.543 3 （0.000）	0.072 3 （0.788）	1.302 1 （0.254）

表 8-3　河南省 LM 检验及 Robust LM 检验结果

LM-Lag	Robust LM-Lag	LM-Err	Robust LM-Err
17.112 3 （0.000）	18.372 9 （0.000）	0.039 3 （0.843）	1.299 9 （0.254）

表 8-4　山东省 LM 检验及 Robust LM 检验结果

LM-Lag	Robust LM-Lag	LM-Err	Robust LM-Err
20.866 1 （0.000）	29.393 9 （0.000）	2.596 3 （0.107）	11.124 1 （0.001）

以上4个表的结果显示，LM-Lag和Robust LM-Lag统计上都是高度显著的，而LM-Err和 Robust LM-Err 相比之下是不显著的，所以选择空间自回归模型（SAR），而不是空间误差模型（SEM）。

同时给出 SAR 面板模型的所有时间或空间固定效应的参数结果，如表 8-5 所示。

表 8-5 江苏省 SAR 模型全部效应参数估计结果

Info.model	0	1	2	3
ln（ind-sewage a）	0.895 2	−0.162 7	0.115 5	0.021 8
t	（24.5）	（−1.73）	（3.76）	（0.66）
ρ	0.039 9	0.146 0	−0.001 3	−0.002 3
con		2.857 9	8.828 3	9.657 2
σ	0.692 3	0.007 1	0.059 2	$9.012\ 7\times10^{-4}$
R^2	−3.579 9	0.953 1	0.608 2	0.994 0
最大似然值	−62.007 1	44.759 3	−0.567 1	104.303 8

其中 Info.model=0 表示混合模型，即没有固定效应；Info.model=1 表示地区固定效应；Info.model=2 表示时间固定效应；Info.model=3 表示时间、地区双向固定效应。

通过比较研究可以发现，上述 4 种情况中的回归，只有 Info.model=3 时，即时间和地区双向固定效应时，t 统计量没有通过检验，其他 3 种情况都通过 t 检验。进一步比较，Info.model=1 的最大似然值最大，此时，Info.model=2 的最大似然值为−0.567 1，Info.model=0 时为−62.007 1，并且 Info.model=1 时的 R^2=0.953 1，相关系数远大于其他两种情况。但是在自变量的选择只有 1 个时，R^2 的值过高反而与实际情况不符。同时，在与普通面板模型（OLS）的回归后参数估计对比后（如表 8-9 所示），可以发现系数估计值为 0.127 1，与 Info.model=2 时的系数估计值（0.115 5）最为接近。尽管 Info.model=2 时的最大似然值小于 Info.model=1 时的最大似然值，但是最大似然值更多作为比较模型与模型之间优劣的指标，在同一模型之中的效应选择应考虑是否更加符合具体情况。综上所述，应是 Info.model=2，即是选择时间固定效应时，参数回归为最优解。

表 8-6 安徽省 SAR 模型全部效应参数估计结果

Info.model	0	1	2	3
ln（ind-sewage b）	0.808 4	−0.113 5	0.197 7	−0.057 2
t	（16.35）	（−3.79）	（5.26）	（−1.96）
ρ	0.060 0	0.138 0	−0.007 6	−0.062 0
con		3.398 5	7.735 6	12.120 3
σ	0.887 5	0.008 0	0.113 1	0.005 3
R^2	−3.309 9	0.961 2	0.450 7	0.974 4
最大似然值	−82.212 4	54.386 9	−21.360 5	70.101 9

对安徽省的参数估计结果对比后，可以发现 4 种效应均通过了 t 检验，其他情况和江苏省的参数情况比较类似，同上，我们认为 R^2 和最大似然值并不能作为在本研究模型条件下的比较指标，在与 OLS 回归参数对比后发现，同样是 Info.model=2 时的系数值最为接近，因此认为时间固定效应为最优条件。

表 8-7　河南省 SAR 模型全部效应参数估计结果

Info.model	0	1	2	3
ln（ind-sewage c）	0.977 1	−0.023 7	0.284 2	−0.280 0
t	（19.42）	（−0.19）	（9.32）	（−3.18）
ρ	0.033 0	0.115 0	−0.006 7	−0.085 0
con		3.302 0	7.559 3	16.076 4
σ	1.317 7	0.023 9	0.110 1	0.009 8
R^2	−2.853 0	0.930 2	0.678 1	0.971 2
最大似然值	−93.605 4	22.559 5	−23.013 4	48.867 4

根据参数结果，发现只有 Info.model=1 时没有通过 t 检验，依据上述分析，我们认为与 OLS 参数回归最为接近的系数值为最优参数估计，即时间固定效应下的系数值 0.284 2。

表 8-8　山东省 SAR 模型全部效应参数估计结果

Info.model	0	1	2	3
ln（ind-sewage d）	0.533 9	0.132 5	0.215 8	0.042 0
t	（9.55）	（2.35）	（3.24）	（0.82）
ρ	0.105 0	0.142 0	−0.037 9	−0.093 0
con		1.191 3	6.060 5	14.353 5
σ	0.454 2	0.008 9	0.255 9	0.003 1
R^2	−0.125 3	0.978 0	0.366 1	0.992 4
最大似然值	−37.451 5	29.186 1	−1.751 9	49.191 3

上述 4 种情况都通过了 t 检验，对比可发现，山东省的结果与其他三省略有不同，主要体现在有两种效应设定的参数回归都与 OLS 结果相似，分别为 Info.model=1 的 0.132 5 和 Info.model=2 的 0.215 8，对比两种情况，可发现地区固定时的 R^2 值为 0.978 0，明显高于时间固定效应下的 0.366 1，但是在变量只有 1 种的情况下，R^2 值过高不符合实际情况，因此同样还是时间固定效应下的参数回归为最优解。

OLS 线性回归的参数估计结果如表 8-9 所示。

表 8-9 OLS 线性回归的参数估计结果

	lnGDP1	lnGDP2	lnGDP3	lnGDP4
ln（ind-emi）	0.127 1 （2.730 6）**	0.183 1 （4.148 1）***	0.301 6 （8.032 3）***	0.159 3 （1.996 0）**
cons	8.658 5 （22.297 5）**	7.496 1 （22.506 6）*	7.064 3 （24.403 0）*	8.512 1 （13.542 9）*
R^2	0.13	0.23	0.53	0.11
N	50	60	60	35

注：*表示 10%的显著性下；**表示 5%的显著性下；***表示 1%的显著性下。

综合对比 4 个省的 SAR 模型与 OLS 回归模型，可以发现，OLS 模型不如空间面板模型的估计效果好，其 OLS 相应的 R^2 值都不如相应的 SAR 的 R^2 值。为了进行对比分析，表 8-10 中同时给出了 OLS 模型和 SAR 模型的参数估计结果。其中“ind-emi[①] JS”表示江苏省的工业污水排放量变量，“ind-emi AH”表示安徽省的工业污水排放量变量；“ind-emi HN”表示河南省的工业污水排放量变量；“ind-emi SD”表示山东省的工业污水排放量变量。

表 8-10 模型结果对比

变量	OLS 模型			SAR 模型		
	系数	t	R^2	系数	t	R^2
ln（ind-emi JS）	0.127 1	2.730 0	0.13	0.115 5	3.76	0.608 2
ln（ind-emi AH）	0.183 1	4.148 1*	0.23	0.197 7	5.26	0.450 7
ln（ind-emi HN）	0.301 6	8.032 3*	0.53	0.284 2	9.32	0.766 1
ln（ind-emi SD）	0.159 3	1.996 0	0.11	0.215 8	3.24	0.366 1

注：*表示 10%的显著性下。

从表 8-10 可以看出，为了进一步显示 SAR 模型在此处的优越性，表 8-10 对 SAR 和 OLS 进行了比较，可以看出，SAR 模型的最大似然函数值（LogL）比 OLS 模型大，因此空间滞后变量的引入使模型的解释力明显增强，SAR 模型更优于 OLS 模型。因此，OLS 模型得到的变量系数是有偏的估计值，必须引入 SAR 模型对估计结果进行校正。说明传统的 OLS 模型在处理数据时存在较大的局限性，引入空间计量方法是非常必要的。

8.5.2 污染物频度与经济的回归分析

由于根据图集所解译出来的各污染物的污染频度只是一个变动平均值，可用其推算

① “ind-emi”为 industrial emission 的简略书写，指工业污水。

污染频度从 2005—2009 年的变动情况，这里，我们用推算结果来表示 2009 年的污染程度，因此本节运用 Stata®SE Win32（2009）软件，通过各区县以及大城市的 2009 年人均 GDP 的数据来与其进行回归分析。回归结果如表 8-11 所示。

表 8-11 回归结果

	lnGDP		lnGDP
$\ln fre_{BOD}$	−0.163 8 （1.938 9）**	$\ln fre_{NH_3\text{-}N}$	−0.163 8 （1.939 0）**
_cons	10.749 1 （18.710 6）**	_cons	10.749 1 （18.710 8）**
R^2	0.09	R^2	0.09
N	41	N	41
	lnGDP		lnGDP
$\ln fre_{COD}$	−0.163 8 （1.938 8）**	$\ln fre_{Total}$	−0.163 9 （1.941 0）**
_cons	10.749 0 （18.710 2）**	_cons	10.749 7 （18.720 4）**
R^2	0.09	R^2	0.09
N	41	N	41

注：**表示 5%的显著性下。

由表 8-11 可以看出，$\ln fre_{BOD}$、$\ln fre_{COD}$、$\ln fre_{NH_3\text{-}N}$ 的回归系数都为−0.163 8，只有 $\ln fre_{total}$（总污染频度）的回归系数稍微小一点，为−0.163 9。说明 3 种污染物的相关性很强，这也是为什么只能单独回归，而没有选择 4 种变量一起模拟回归，因为 4 种一起回归会出现 t 统计量全部不能通过的情况。

8.5.3 基于距离矩阵的全流域空间计量分析

本小节运用 8.4 节所述的全流域距离空间权重矩阵，对全流域所选全部区域进行实证研究。在具体研究时，由于距离矩阵中的 d 值没有统一的标准，因此本研究根据实际的研究情况，首先通过地理坐标获得 41 个研究区域的两两地理直线距离［组成 C_{41}^2 （820）个距离值的 41×41 矩阵］，然后求得其平均值为 335 km，再结合具体的距离值的分布，将 d 值定为 300 km，即距离大于 300 km 时，认定两地不相邻，矩阵值取为 0，距离小于 300 km 时认定其相邻，矩阵值取为 1。由此可以获得 41×41 的“0-1”空间权值矩阵（详见附录 4）。再将此空间权值矩阵代入模型中，进行 LM 检验以及 OLS 模型、SAR 模型验证。本小节所运用的污染数据以及经济数据均与 8.5.1 中的数据一致（2005—2009 年）。

全流域的 LM 检验结果如表 8-12 所示。

表 8-12　全流域 LM 检验结果

LM-Lag	Robust LM-Lag	LM-Err	Robust LM-Err
35.707 5 （0.000）	35.115 8 （0.000）	0.592 8 （0.441）	0.001 1 （0.973）

从表 8-12 可以看出，LM-Lag 和 Robust LM-Lag 在统计上都是高度显著的，而 LM-Err 和 Robust LM-Err 统计量相比之下是不显著的，所以选择空间自回归模型（SAR），而不是空间误差模型（SEM）。

OLS 模型参数回归结果如表 8-13 所示。

表 8-13　OLS 模型参数回归结果

Info.model	lnGDP
ln（ind-sewage）	0.251 3 （8.670 8）***
_cons	7.417 3 （32.603 3）**
R^2	0.27
N	205

注：**表示 5%的显著性下；***表示 1%的显著性下。

SAR 模型参数回归结果如表 8-14 所示。其中 Info.model=0 表示混合模型，即没有固定效应；Info.model=1 表示地区固定效应；Info.model=2 表示时间固定效应；Info.model=3 表示时间、地区双向固定效应。

表 8-14　全流域 SAR 模型回归结果

Info.model	0	1	2	3
ln（ind-sewage）	1.301 9	−0.023 3	0.211 0	−0.014 0
t	（34.30）	（−0.35）	（8.98）	（−0.55）
ρ	−0.006 0	−0.006 1	−0.006 0	−0.006 0
con		10.506 1	8.686 8	10.428 5
σ	2.318 6	0.064 4	0.191 3	0.009 5
R^2	−4.872 6	0.836 9	0.515 5	0.975 8
最大似然值	$5.183\ 9\times10^5$	$7.010\ 3\times10^5$	$4.000\ 3\times10^5$	$4.852\ 7\times10^5$

根据以上回归结果，可以看出，Info.model=1 和 Info.model=3 都没有通过 t 检验，说明其不可取，Info.model=0 和 Info.model=2 都通过了 t 检验。对比这两种情况可以发现，其空间自回归系数都是−0.006 0，而 R^2 的值却相差甚大，显然 Info.model=2 的 R^2 值（0.515 5）更优于 Info.model=0 时的 R^2 值（−4.872 6）。因此，最优回归条件应是时间固定效应下的 SAR 模型。再将结果与 OLS 模型的回归系数对比可发现，OLS 模型的系数为 0.251 3，略高于 SAR 模型 Info.model=2 时的参数估计结果 0.211 0。但是 OLS 模型的 R^2 值只为 0.27，明显低于 SAR 模型的 0.515 5。说明 OLS 模型不如考虑了空间效应的空间面板 SAR 模型。

8.5.4 实证结果分析

从 8.5.1 小节的四省空间模型回归结果可以发现：首先，OLS 模型的拟合优度均比 SAR 模型的拟合优度低，进一步证实了 OLS 模型没有考虑空间自相关性的劣势。其次，参数估计结果显示，在江苏省、安徽省、河南省、山东省，工业污水排放量每提高 1%，对本地区的人均 GDP 的变化的影响大小分别为 0.115 5%、0.197 7%、0.284 2%、0.215 8%。

“高发区”与周边大城市整体分布是较为均匀的，但分省后在河南省的分布较为紧密，而安徽省和山东省次之，分布最为松散的为江苏省。这也从一定程度上解释了参数回归的大小差异。大城市与“高发区”相对紧密分布的地区，其污染对经济的影响相对较大，而大城市与“高发区”分布较为松散的地区，其污染对经济的影响相对较小。

从 8.5.2 小节的 OLS 模型回归结果可看出，由于 BOD、COD 及 NH_3-N 等常见断面监控污染物的污染频度相关性很高，其回归系数均为−0.163 8，所以可以用总的污染频度代替单独的污染物实际浓度进行分析。总体来讲，总污染频度变化 1%，对人均 GDP 的影响大小为 0.163 9%，方向为负向影响，即总污染频度升高 1%，人均 GDP 就降低 0.163 9%。

从 8.5.3 小节的全流域计量分析结果可看出，基于距离指标空间权重条件下的全流域研究结果与单独分省回归的结果有一定的差异。从系数可以看出，工业污水排放每升高 1%，对人均 GDP 的影响大小为 0.211 0%。将此结果与 8.5.1 小节的分省回归系数相对比，可以看出，与山东省的回归系数最为接近，只相差了 0.004 8%，说明全流域的“高发区”和周边大城市的经济及污染的联系与山东省的情况最为接近；与江苏省和河南省的情况差别最大，分别相差 0.095 5%和 0.073 2%，对比水质污染频度分布图，可发现淮河流域中最严重的区域大部分在河南省与江苏省内，说明河南省与江苏省的污染频度最高，其污染对经济的影响也相对最大，与模型回归的结果相符。

在与第 7 章的结果比较中得到淮河流域“高发区”与周边大城市之间的经济联系强

度和污染联系强度矩阵，通过 GIS 可视化工具作图得到图 8-2 和图 8-3（只取了经济联系强度和污染联系强度为“极强”的图）。

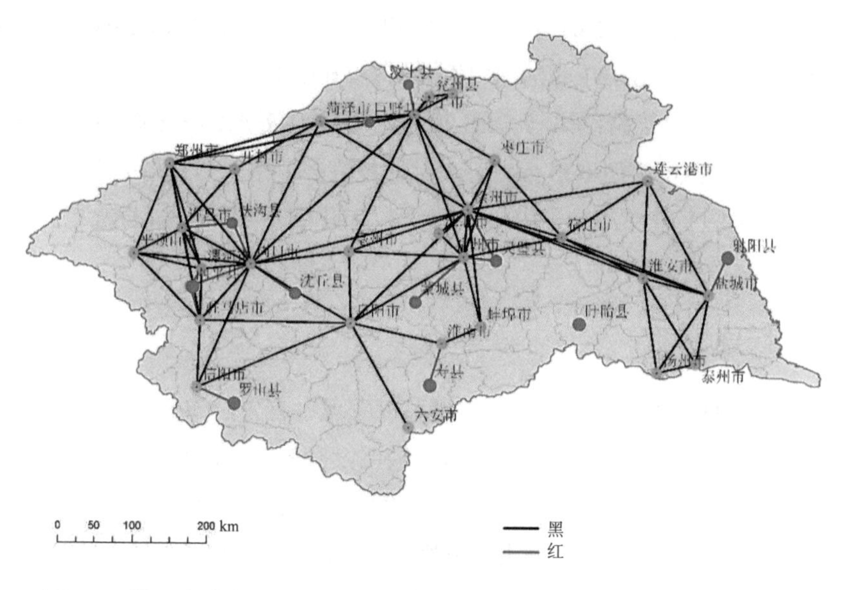

图 8-2 淮河流域内“高发区”与周边大城市经济联系强度分异图（极强）

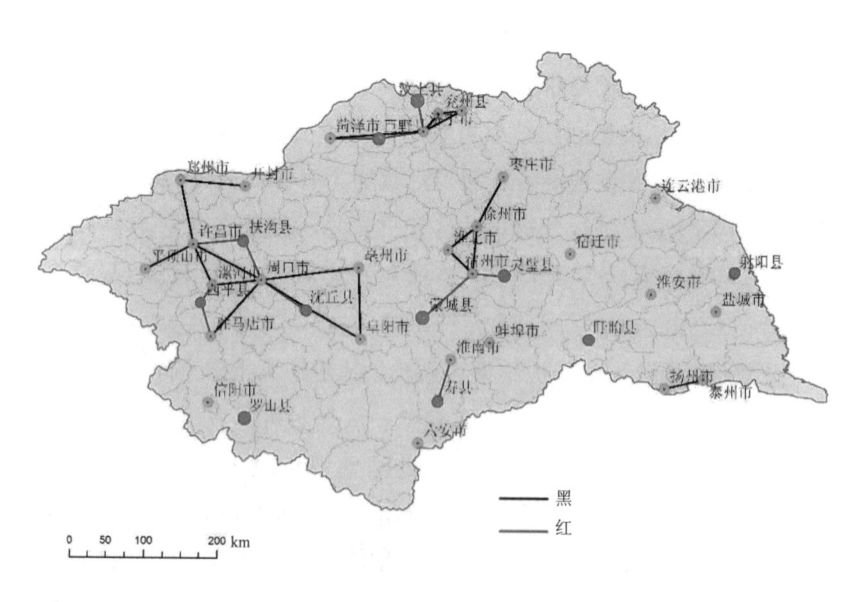

图 8-3 淮河流域内“高发区”与周边大城市污染联系强度分异图（极强）

从图 8-2 和图 8-3 可以看出城市的经济联系强度总量在区域内的空间分异十分明显，区域内城市经济联系强度差异较大。“高发区”周边大城市对其辐射强度与二者距离及周边大城市规模（经济发达程度与人口数量）联系紧密。一个“高发区”可能受到周边多个大城市的辐射影响，如山东省内的巨野县，受到济宁市和菏泽市两个大城市的经济辐射较强。而淮河流域内 14 个“高发区”与周边城市的污染联系差异较大。距离近的城市和“高发区”之间的污染联系紧密。如许昌市和扶沟县，二者距离约为 50 km，污染联系大于 0.05，联系强度为“极强”。污染程度高的大城市对周边市县污染影响较大，如许昌市与周口市分别对扶沟县的污染影响。由此可见，距离的远近对污染联系强度有重要影响，只有互相离得较近的大城市和“高发区”间，直接的污染联系才较为紧密。其研究得到了“高发区”与周边大城市之间的经济和污染的相关性验证。

本研究得到的全流域计量分析试图进一步说明这种相关性的可能的数量关系的多少。本研究可以建立淮河流域“高发区”及周边大城市经济与污染数据的数量关系，结果整理如下，其中 $\boldsymbol{Y}$ 为人均 GDP 列向量，$\boldsymbol{X}$ 为各自工业污水排放列向量，$\boldsymbol{I}_n$ 为元素为 1 的列向量，$\boldsymbol{W}_i$ 为各自的空间权重矩阵。

①江苏省的回归函数表达式为：

$$\boldsymbol{Y}=-0.001\,3\boldsymbol{W}_1\boldsymbol{y}+8.828\,3\boldsymbol{I}_n+0.115\,5\boldsymbol{X}$$

②安徽省的回归函数表达式为：

$$\boldsymbol{Y}=-0.007\,6\boldsymbol{W}_2\boldsymbol{y}+7.735\,6\boldsymbol{I}_n+0.197\,7\boldsymbol{X}$$

③河南省的回归函数表达式为：

$$\boldsymbol{Y}=-0.006\,7\boldsymbol{W}_3\boldsymbol{y}+7.559\,3\boldsymbol{I}_n+0.284\,2\boldsymbol{X}$$

④山东省的回归函数表达式为：

$$\boldsymbol{Y}=-0.037\,9\boldsymbol{W}_4\boldsymbol{y}+6.060\,5\boldsymbol{I}_n+0.215\,8\boldsymbol{X}$$

⑤全流域的污染与经济的回归函数表达式为：

$$\boldsymbol{Y}=-0.006\,0\boldsymbol{W}_5\boldsymbol{y}+8.686\,8\boldsymbol{I}_n+0.211\,0\boldsymbol{X}$$

从 $\boldsymbol{y}$ 的系数的绝对值大小上分析，山东省的最大，江苏省的最小，安徽省和河南省的居中，此情况也与第 7 章的“高发区”与周边大城市的经济联系强度分异图情况一致（如图 7-3 所示）。

8.6 本章小结

本研究是基于我国流域区域“高发区”频发的现象展开的，而如何通过空间计量经济学，量化流域区域周边大城市对“高发区”潜在的影响是本研究的重点与难点。而且，区县尺度的污染数据缺失及河流对污染物的迁移转化机理不明也为本研究增加了一定的难度。本研究借用空间计量经济学中的面板数据分析，采用普通计量经济模型与空间计量模型，比较分析了我国流域区域“高发区”受周边大城市经济和污染影响的成因，并对其空间依赖性和经济污染计量关系进行量化，尝试对这样的敏感事件做初步的量化研究，给予这些区县的污染情况及人群健康问题更多的关注。

本研究基于淮河流域所选 41 个研究地点（包括 14 个“高发区”和 27 个周边大城市）2005—2009 年的人均 GDP 数据及工业污水排放数据，以及《淮河流域水环境与消化道肿瘤死亡图集》中 2005—2009 年的 COD 污染频度、BOD 污染频度、氨氮污染频度，分别运用空间面板模型和普通截面模型对统计数据进行回归分析，借助 Matlab®2012a、Stata® 及 ArcGIS® 10 软件探讨了淮河流域内 14 个“高发区”及周边大城市的考虑空间自相关性的经济和污染的关系。分析结果如下。

①无论是按照省级划分还是整体回归分析，污染对经济的影响程度相近，回归系数值在 0.115 5～0.284 2 之间。由于自变量只有 1 个，因此模型的拟合系数较低，但是也能从一定程度上说明污染物的排放对经济的影响作用未脱钩，这与我国的实际情况也比较符合。同时，比较各省的系数值，发现河南省的系数最高（0.284 2），江苏省的系数最低（0.115 5），山东省为 0.215 8，安徽省为 0.197 7。对比研究区域的分布图，可得出：大城市与“高发区”相对紧密分布的地区，其污染对经济的影响相对较大，而大城市与“高发区”分布较为松散的地区，其污染对经济的影响相对较小。

②污染频度与经济的计量结果显示，3 种污染物的相关性很强，其回归结果一致，因此可以用总污染频度代替它们进行分析。总污染频度变化 1%，对人均 GDP 的影响大小为 0.163 9%，方向为负向影响，即总污染频度升高 1%，人均 GDP 就降低 0.163 9%。

③本研究建立了淮河流域“高发区”及周边大城市经济与污染数据的数量关系，结果整理如下，其中 $\boldsymbol{Y}$ 为人均 GDP 列向量，$\boldsymbol{X}$ 为各自工业污水排放列向量，$\boldsymbol{I}_n$ 是元素为 1 的列向量，$\boldsymbol{W}_i$ 为各自的空间权重矩阵。

江苏省的回归函数表达式为：

$$\boldsymbol{Y} = -0.001\,3\boldsymbol{W}_1\boldsymbol{y} + 8.828\,3\boldsymbol{I}_n + 0.115\,5\boldsymbol{X}$$

安徽省的回归函数表达式为：

$$\boldsymbol{Y} = -0.007\,6\boldsymbol{W}_2\boldsymbol{y} + 7.735\,6\boldsymbol{I}_n + 0.197\,7\boldsymbol{X}$$

河南省的回归函数表达式为：

$$\boldsymbol{Y} = -0.006\,7\boldsymbol{W}_3\boldsymbol{y} + 7.559\,3\boldsymbol{I}_n + 0.284\,2\boldsymbol{X}$$

山东省的回归函数表达式为：

$$\boldsymbol{Y} = -0.037\,9\boldsymbol{W}_4\boldsymbol{y} + 6.060\,5\boldsymbol{I}_n + 0.215\,8\boldsymbol{X}$$

全流域的污染与经济的回归函数表达式为：

$$\boldsymbol{Y} = -0.006\,0\boldsymbol{W}_5\boldsymbol{y} + 8.686\,8\boldsymbol{I}_n + 0.211\,0\boldsymbol{X}$$

以上 5 个函数表达式可以定量衡量经济与污染的关系，可为今后“高发区”相关的研究提供一定的帮助。

本研究的自变量设定只为工业污水，而污染来源却是多方面的，仅由工业污水来衡量污染水平不够全面，同时由于区县污染数据统计有限，污染频度分析只有 2005—2009 年的数据。今后的研究可以通过考虑更多的变量以及更多年的数据来进行相关分析。

第 9 章　考虑流域内环境风险传递的多城市经济-污染关联关系研究

9.1　流域内多城市环境风险传递可建模基础

河流沿岸城市的社会经济近年来得到了极大程度的发展，但同时也带来了不同程度的环境污染问题。在快速发展经济的同时忽略了对流域环境的保护，这是导致社会经济与环境质量之间不协调发展的主要原因。因此，流域内城市间的经济发展和环境质量之间存在怎样的关系一直以来是学术界所关注的焦点问题之一。以淮河流域为例，流域内城市间不仅存在着经济的互动过程，同时也存在着污染的转移过程，两者之间到底存在着怎样的关联关系？有哪些因素可能会对这种关联关系产生影响？另外，这种关联关系会对相关政策的制定产生怎样的影响？当前关于经济-污染关联关系的研究主要集中的空间面板数据研究方面，是否能有一种方法能够更加动态地展现出这种关联关系？基于以上问题，本研究通过 NetLogo 建模的方法对流域城市经济-污染关联关系进行研究。

本研究提出并尝试回答以下问题：为什么流域内不少城市已在治理污染上做了很大努力，仍然还会在流域内出现严重污染的“热点区域”？

9.1.1　流域内多城市系统的复杂性

流域内部存在着数量繁多的城市，各城市在经济社会发展方面存在着巨大的差异。有的城市经济发展水平高，同时在生产生活活动中就会产生源源不断的废弃物或副产品，在这种情况下，城市为了自身社会经济环境的可持续发展，就会将自身产生的废弃物或副产品向外界转移；而有的城市经济发展水平相对落后，为了自身社会经济的发展，就会从外界大量吸收不同的产业，这种情况下相应的污染就会转移到这些经济发展相对落后的城市。流域内部由于同时存在经济发达城市和经济落后城市，这就导致了流域内多城市系统具有复杂性。因此，如果将这些城市比作各主体，将流域环境比作建模环境，这样就可以将复杂的多城市系统简化，以进行进一步的研究。下面将对与本研究有关的复杂系统理论进行简单的介绍。

复杂系统是由大量具有异质性的主体组成的系统。复杂系统理论主要运用整体论和还原论两者相结合的方法来分析复杂系统中各主体通过其相互作用而表现出的特性。一般认为对复杂系统理论的研究开始于19世纪初，当时系统科学的主要研究对象是简单系统，所以可以被认为是复杂系统理论的研究基础。此后，贝塔朗非于20世纪40年代提出"一般系统理论"，这一理论被认为是复杂系统理论出现的标志。20世纪70年代之后，比利时学者普利高津所提出的耗散结构概念、德国学者哈肯所提出的协同学以及艾根所提出的超循环理论在更大程度上丰富了贝塔朗非的"一般系统理论"，并使复杂系统理论提升到一个新的台阶。后来，许多学者在此基础上对复杂系统理论展开了深入的研究，并进一步产生了运筹学、系统论以及20世纪80年代由霍兰所提出的复杂适应系统理论（CAS），非线性科学也成为国际学术界所研究的热点之一。复杂系统理论在几十年来的逐渐成熟和不断深化，对通过构建复杂网络模型研究各种社会经济与生态环境问题产生了很大的推动作用。

关于复杂系统的内涵，本研究认为复杂系统是由众多主体组成的、这些主体具有异质性的、主体之间的交互作用可以反映出整体的行为特征的、具有智能性和自适应性的系统。

根据对复杂系统的描述性定义，本研究总结出复杂系统所具有的特征如下。

（1）具有众多的异质性主体

复杂系统由大量主体（流域中的城市）组成，且主体之间存在异质性以及强烈的耦合作用。这类系统的行为很难用传统的统计学方法（经济与污染的回归）来进行有效的解释。这类系统引发诸多复杂性研究者的兴趣和关注。

（2）智能性和自适应性

组成复杂系统的各主体具有一定程度的智能性（各城市能够自发地与其他城市经济互动并传递和接收环境污染），这些城市主体的行为遵循一定的规则，能够根据周围流域环境的变化而调整城市自身的状态和行为，进而产生以前从未有过的新规则。

（3）涌现性

在复杂系统演化的过程中，当演化过程超出某一个条件"阈值"时（例如城市间经济互动所交换的经济流以及货币流超出城市之间的经济发展水平差异时），整个多城市系统将产生新的性质和行为，而这种新的性质和行为是原来的系统所不具备的。

（4）不稳定性

由于复杂系统的局部结构通常是不稳定的，因此复杂系统在内外机制的共同作用下，会产生多种演化趋势，同时存在对初始条件的敏感性和依赖性。

（5）非线性

复杂系统都具有非线性的结构，即组成系统的要素之间、各子系统之间、不同层次之间及系统与外部环境之间均普遍存在非线性的交互作用。

（6）不确定性

在复杂系统中，不同质的微观要素或主体在变化的环境中，由于随机因素的影响，其各自独立的行为决策和适应性调整能力不同，会导致整个系统在宏观尺度上的不确定性。

复杂系统网络模型是对现实复杂巨系统的简单抽象，为了使模型更加真实地反映现实情况，专家、学者从不同角度提出了多种网络模型，这些模型主要有：规则网络模型、小世界网络模型、无标度网络模型以及随机网络模型。以下是对这 4 种网络模型的简单介绍。

（1）规则网络模型

规则网络是节点按照确定的规则连线所组成的网络。规则网络主要包括全连接网络、最近邻网络以及星型网络。规则网络的特点是具有规则的网络结构，平均聚类系数较大，平均路径长度增加最快，连接鲁棒性较好但恢复鲁棒性最差。

（2）小世界网络模型

小世界网络是一个高度集聚的、包含了“局部连接”节点的子网，连同一些随机的、有助于产生短路径但在长距离中无规则连接的网络（周力全，2008）。这种类型的网络平均聚类系数较大，平均路径长度增长较快，鲁棒性一般。

（3）无标度网络模型

无标度网络是指标度分布符合幂律分布的复杂网络，这类网络中少数节点拥有大量的连接，而大部分节点的连接却很少（Barabási et al.，1999）。这类网络的特点是平均聚类系数较大，平均路径长度增长较慢，回复鲁棒性较好。

（4）随机网络模型

随机网络是各节点按照一定的概率与其他任意节点相连接所形成的网络（杜巍等，2010）。这类网络的特征是平均聚类系数最小，平均路径长度增长最慢，但是鲁棒性要强于其他三种网络。

9.1.2 流域内多城市系统之间环境风险的网络传递性

由于流域内城市自身的发展已经无法满足城市内部人们的生活物质需要，这就需要城市进一步加强与周边城市的经济互动或贸易。而由于城市间的这种经济互动的方向的不确定性，就会产生城市间经济互动网络。同时，由于城市在经济发展过程中会产生各种废弃物或副产品等，因此在城市间进行经济互动贸易的过程中，不仅会进行经济流动或货币流动，同时也会产生相关污染的转移，在这里我们称之为环境风险传递。由于城市之间存在着经济互动网络，因此相应地也会产生环境风险传递网络。下面将对环境风险传递的相关理论进行简单的介绍。

污染转移是发生在两个或两个以上主体之间的。由于经济流或货币流一般由经济发展水平高的地区向经济发展水平低的地区流动，因此污染转移也相应地由经济发达的区域或城市向经济落后的区域或城市转移。同时，污染转移也是转移主体为了逃避相应的高标准、高成本的污染治理责任而进行的有意识的、有目的的主动行为。在复杂系统中，污染转移是指各城市主体在交互过程中所产生的污染物转移过程。在这一过程中，主要考虑城市的污染排放强度、城市之间的空间邻近效应以及经济影响强度。系统中污染转移主要是由污染排放强度大的城市向污染排放强度小的城市进行转移。

风险传播过程（如图 9-1 所示）都有 1 个风险传播源，有了风险传播源以后，风险才能开始向外进行传播。在传播过程中，需要有 1 个传导载体，这个传导载体在风险传播过程中，可能是空气，也可能是水流，而这些传播载体在风险传播过程中既可以减小风险，也可以放大风险。在风险传播的环境内，存在大量的节点，这些节点与外界存在较频繁的联系，呈现出开放的状态，风险在此积聚或释放。风险的积聚是外界的风险进入系统中，风险的释放是系统内的风险向外界放出，或部分风险转嫁出去，而没有释放出去的那部分风险则仍然在整个环境内积聚，最终传播到风险接受者。当风险的接受者无法承受或化解风险时，风险就变成巨大的损失释放出来。风险又可以通过其接受者进一步向其他接受者进行传导，从而引起更广泛的、强度更大的环境风险。

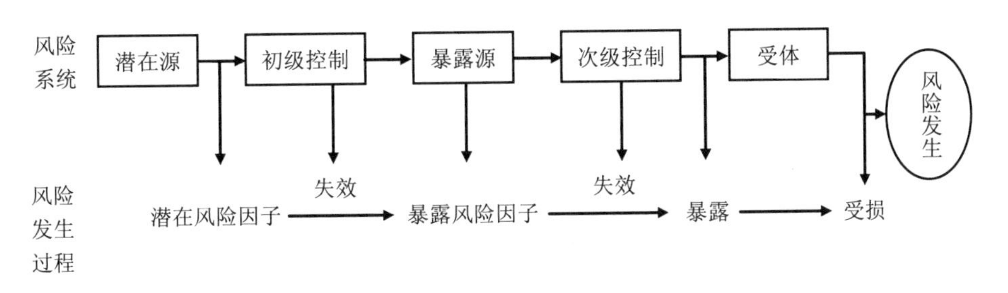

图 9-1 风险传播过程（郭书海等，2018）

环境风险传播过程一共包含 4 个要素，分别是风险源、传播载体、传播节点以及风险接受者。其中，风险源是风险传递的源头和动力，有效控制风险源的风险强度是控制风险放大的重要途径。环境风险的传播载体既包括大气、水以及固体废物等（直接风险传播载体），也包括由于城市经济发展所产生的货币流动等（间接风险传播载体）。传播节点是指风险传播过程中系统内部与外部风险以及各种风险流的交叉点，对于风险节点需要加强监控，如果对其处理得当，则会减少系统风险，反之会导致风险在系统内部的积聚。风险接受者在环境风险传播过程中既可以是城市本身，也可以是其他城市。当环境风险达到一定等级，风险接受者无法承担这部分风险，风险就会造成风险接受者的巨大损失，不仅造成其环境状况的下降，也会间接阻碍城市经济社会的健康发展。

另外，环境风险的主要转移途径包括以下几个方面。

（1）污染物的直接转移

污染物的直接转移是一种较为普遍、直接且简易的转移途径，表现为如下方式：

①通过运输以及直接排放的方式将有毒有害的污染物直接排放到本区域之外的其他国家或地区。②通过合法的形式将污染物掩盖或将污染物直接排放到其他国家或地区、公海以及大气层中。③外层空间的污染转移。指地球和外层空间之间的污染转移。人类可以通过不同的方式（如外空核爆炸等）将污染转移到外层空间。

（2）污染行业、项目、设备和工艺的转移以及治污责任的转移

污染行业、项目、设备和工艺的转移是指发达国家或地区将资源浪费、成本较高以及污染后果严重的行业、项目、设备以及相关工艺转移至发展中国家、农村或小城镇的过程。治污责任转移的主要表现是一国国内排污收费制度不合理，排污收费低于治污成本，导致一些企业宁愿缴纳一定的排污费而不愿进行环保投资，从而人为地将环境污染的大部分治理责任转嫁给社会。当然所有的污染转嫁都是一种治污责任的转嫁，但这里特指企业向社会转嫁治污责任的特殊转嫁形式（孙昌兴等，2003）。

（3）环境污染后果的转移

环境污染后果转移的形式表现有以下几点（孙昌兴等，2003）：

①发达国家在发展中国家乃至全球造成环境污染后，消极乃至拒绝给予发展中国家环境治理技术或资金帮助，以致发展中国家环境污染日趋严重。②大量进口别国资源，导致出口国的环境污染和生态破坏。③向别国输入新的生活方式。

9.1.3 流域复杂系统经济–污染的涌现性

在流域内城市间经济互动过程中会产生相应的污染转移现象，将其定义为对这个流域环境可能产生一定程度危害的环境风险传递过程。这种环境风险在流域内城市之间的传递并不是突然间对流域环境产生影响，而是一个循序渐进的过程，也就是涌现过程。即在微观上每个城市主体所进行的环境风险传递行为会在一定时期积累之后，在一定程度上对流域整体环境产生影响。下面将对复杂系统涌现性进行简单的介绍。

涌现性是复杂系统研究的重要内容之一。要认识复杂系统，首先需要对复杂系统涌现现象有一个深入的理解。

在复杂性科学研究中，涌现通常是指“因局部组分之间的交互而产生系统全局行为”或“缘起于微观的宏观效应”（DeWolf et al.，2005；Abbott，2006）。当前对涌现性的理解大都和层级观念相联系，一般都是从高层特征与低层特征之间的关系来界定涌现性。另外，也可从系统演化的视角上，从系统特征的可预测性方面来理解涌现。Fromm（2005）就是从层次之间不同的反馈类型和因果关系来对涌现进行分类的，并解释了涌现的可预测性。Stephan（1999）为区分不同涌现观而给出的各种论题，也都是从层次关系和可预测性出发来论述的。

多主体涌现方法最早由圣塔菲研究所提出，是其进行复杂系统研究的主要方法。这种方法主要是利用计算机主体建模技术，构建多个可以相互作用、相互影响的主体，在特定的计算机环境中进行演化，从而最终体现出系统整体的复杂性行为。在整个模拟过程中，通过控制个体属性、主体交互规则以及周围环境属性来改变最终整体系统的涌现结果（邱作舟，2016）。

9.1.4 环境风险综合防控的原则

流域环境管理是一门涉及多学科理论指导以及多技术实践运用的综合科学，需要相关的原理和技术进行指导。流域环境管理所依托的相关原则主要包括极限性原则、区域性原则和网络治理原则。

9.1.4.1 极限性原则——水环境容量

水环境容量是指在一定的水域，水体能够被继续使用并保持良好生态系统时，所能容纳污水及污染物的最大能力。水体的自净能力越强，污染物的自然本底值越低，水体环境容量越大。在水体整体功能不受影响的前提下，水体均允许接纳一定量的污染物。水环境容量主要用于水质控制，并为区域经济发展规划提供依据（杨志峰等，2003）。对流域的管理也应该以流域水环境容量为依据，控制污水及其他污染物的排放量，更加经济合理地处理污水排放。

9.1.4.2 区域性原则——水环境功能区划

地理位置的差异导致各种自然因素存在一定程度的差异，并进而导致经济与环境等的差异。因此，在同一流域的不同区域之间，水环境特征及相关问题也是存在差异的，对其的管理政策与手段也存在差异。在流域水环境管理过程中，要根据流域不同区域的具体情况，分别采取不同的管理对策。流域水环境功能区划就是流域水环境管理的重要依据。但当前，流域水环境管理存在不同区域、不同管理部门职权分割等问题，导致不同流域管理部门因为相关利益的不同，无法在流域管理方面达成一致。因此，区域性原则在本研究中只能作为参考。

9.1.4.3 网络治理原则

网络治理理论是由 Eggers 和 Smith 首先提出的，他们认为网络治理是一种全新的治理模式，讲究各方之间的相互合作，参与主体是多元的，包括社会普通大众、社会组织以及非营利组织（Eggers et al.，2008）。此后，又有不同的专家、学者给出了网络治理的不同定义（刘波等，2011；姚引良等，2009）。根据以上的相关文献以及本研究的目标，本研究认为网络治理是由多个主体所组成的一种合作机制，同时也是一种治理方式，以实现整个网络目标为导向，网络主体遵循网络组织中的相关规则和程序，相互协调，自愿通过各自行动共同解决复杂系统环境问题。

网络治理具有以下几点特征。

①多元主体参与：各城市主体之间的联系是密不可分、相互作用、相互影响的。网络治理不只是依靠政府的单一治理，更强调的是各政府部门之间的通力合作，形成多元主体治理方式，才能够进一步加强治理效果。

②合作关系网络：网络治理机制是各地政府与政府之间能够平等、互信以及合作互动的桥梁。当前，通过网络治理这个平台，各主体能够相互交流治理经验，并能发挥各自优势，共同提高治理的效果。

③动态治理过程：流域环境瞬息万变，而网络治理也处于不断变化的环境之中，网络治理过程也是动态的，以面对错综复杂的流域环境变化。网络治理要求参与者能够不断革新自己的思维，适应新的政策变化，形成上下联动、互相提高的协作行为模式（林璐，2015）。

9.2 基于 NetLogo 的流域城市经济-污染关联模型构建

9.2.1 构建思路

基于相关的参考文献（张婧，2015），本研究主要选择联系强度、网络规模和网络集中度 3 个因素为自变量，并从这 3 个自变量出发，分析网络中城市经济规模与污染转移现状之间存在的关系。

（1）联系强度

联系强度是指网络组织中节点间互动的频率，常分为强联结和弱联结。其中，强联结是建立在一定程度的合作基础上的，互动双方已经建立了高度的信任，这种联结多出现于具有相似社会经济活动的主体当中，由于其经济活动的相似性或互补性，使得其间互动的概率增大。在本研究的模型建立过程中，主要考虑城市倾向于与经济规模较高的城市建立连接。而弱联结是网络组织中异质性信息的来源，是网络组织中互动范围扩大的基础。本研究主要考虑由城市间经济贸易活动所产生的城市间污染转移现象。假设城市间的污染转移是由于经济贸易所产生的，这种互动方式相对于经济联系会产生相应的影响。

本研究中的联系强度主要通过量化联系的互动频率来表示，其公式为

$$L = l / N \tag{9-1}$$

式中：L —— 网络中的联系强度；

l —— 网络中节点建立联系的次数；

N —— 网络中的全部节点数。

（2）网络规模

网络规模是指网络中的节点数量，较大的网络规模会使得城市间经济互动的次数更多，也会大大提高整个网络的经济发展水平。然而，城市规模的增大在促进区域经济发展水平提高的同时，也增加了各种环境生态问题产生的可能，增加了城市间污染传递的概率，即城市间污染风险大大提高。因此，协调网络规模与污染转移之间的关系也是本研究的一个重点。

本研究中假定城市网络规模在一次仿真过程中保持相对稳定，即在研究其他变量的仿真过程中作为一个固定的量，从而简化研究过程。

（3）网络集中度

网络集中度体现了网络中的集权程度以及经济发展的分布状况，从而间接体现污染转移的状况和程度。本研究主要运用集中度（CR 指数）来衡量区域中城市经济发展的集中程度。集中度定义为区域中各大城市的相关数据占整个区域所有城市的占比。其计算公式为：

$$\mathrm{CR}_n = \sum_{i=1}^{n} X_i / \sum_{i=1}^{N} X_i \tag{9-2}$$

式中：CR_n —— 网络中的 n 个大城市的集中度；

X_i —— 网络中第 i 个城市的 GDP；

N —— 网络中的城市总数量。

（4）城市节点的连接设定

网络中节点的污染转移活动与选择经济联系对象同时完成。仿真模拟的过程是不断重复步长为 1 的过程，因此，节点在完成互动城市的选择后，将同时开始相应的污染转移。

9.2.2 中介变量：经济吸收能力和污染转移能力

网络组织中存在着复杂的社会和生态关系，城市则位于这种复杂关系所形成的网络的节点处。网络中城市间进行经济互动的驱动力是城市之间的经济发展水平存在差异，需要通过经济贸易的方式实现经济互补。这种情况下，经济发展水平较弱的城市对水平相对较高的城市所传递的经济流的吸收能力就成为影响网络组织特征的一个重要因素。然而，在经济贸易的同时，也会产生相应的污染转移现象。这种污染转移现象可能会存在溢出效应，即小城市在接受大城市经济流后，会产生一定的污染，并通过污染转移对大城市产生影响。因此，如何量化经济贸易与污染转移之间的关系是本研究重点考虑的方向。

因此，在网络中城市间存在的经济-污染关联关系的模拟过程中，将考虑节点的经济吸收能力和污染转移能力。以城市现有 GDP 为基础，赋予城市吸收能力 1 个吸收系数，用关于现有 GDP 水平以及吸收系数的函数来表示。在这里，设节点 i 的吸收系数为 C_i，C 随着节点 GDP 的变化而变化，是 1 个随机变化的数值。与此同时，设置参数 α_i 控制 C_i 随 GDP 水平 X_i 增长的速度。在此基础上，得到吸收系数的公式为：

$$C_i = \frac{1}{1+\mathrm{e}^{-\alpha_i X_i}} \tag{9-3}$$

网络中经济贸易进行的同时，主体还进行着相应的污染转移活动，因此本研究赋予每个节点 1 个污染转移系数 Ω_i，即节点在经济互动过程中的污染转移系数，并赋予其 1 个控制增长上限的系数γ_i，β_i 控制 Ω_i 随 X_i 增长的速度，由此形成以下公式：

$$\Omega_i = \frac{\gamma_i}{1+\mathrm{e}^{-\beta_i X_i}} \tag{9-4}$$

网络中城市间在进行经济互动的同时，也存在污染的传递，结合上文中的污染转移系数和城市的经济发展水平来量化城市间所存在的污染转移关系，具体公式如下：

$$W_i = \frac{\sum_{i=1}^{n} \Omega X}{n} \tag{9-5}$$

式中：W_i—— 两城市间传递的污染量；

X—— 城市的经济发展水平；

Ω—— 城市的污染转移系数；

n—— 城市数量。

最终根据以上分析，得到流域内城市污染转移模型：

$$y = C_i / \left(1-\Omega_i\right) r_i + S \quad (9\text{-}6)$$

式中：y—— 流域总污染转移量；

r_i—— 两城市间的经济差；

S—— 任意常数。

9.2.3 模型参数选取

9.2.3.1 仿真参数设定

通过对模型中参数的调节模拟不同的仿真情景，具体的参数名称及其属性设定如表 9-1 所示。

表 9-1 相关参数设定

参数名称	设定值及说明	符号	基本属性
节点数目	40	n	可调
吸收系数调节参数	0.02	α	固定
污染转移系数调节参数	0.02	β	固定
污染转移系数增长上限	0.5	γ_i	固定
节点 i 经济发展水平	[0，100]	X	可调
网络集中度	[0.1，0.8]	C	可调
联系强度	[0.5，3]	L	可调
网络规模	[40，200]	S	可调
经济转移阈值	T_1=经济差/3，T_2=经济差/5	T	可调

9.2.3.2 仿真流程

本研究的仿真流程如下：

①判断仿真运行次数是否已经达到最大，若是，则结束这一步仿真过程，若否，则继续进行下一步仿真过程。本研究将最大次数设置为 100 步。

②判断节点的已有连接情况，若已存在连接，则进行污染转移，若没有连接，则进行第四步互动城市的选择并建立连接。

③根据城市经济规模来选择互动对象，城市倾向于与经济规模较高的城市节点进行

连接，污染转移与该城市节点的吸收能力、污染转移能力以及经济规模有关，完成一次转移后，进入第四步。

④城市间建立新连接，城市建立连接的概率与城市经济规模有关。

仿真流程如图 9-2 所示。

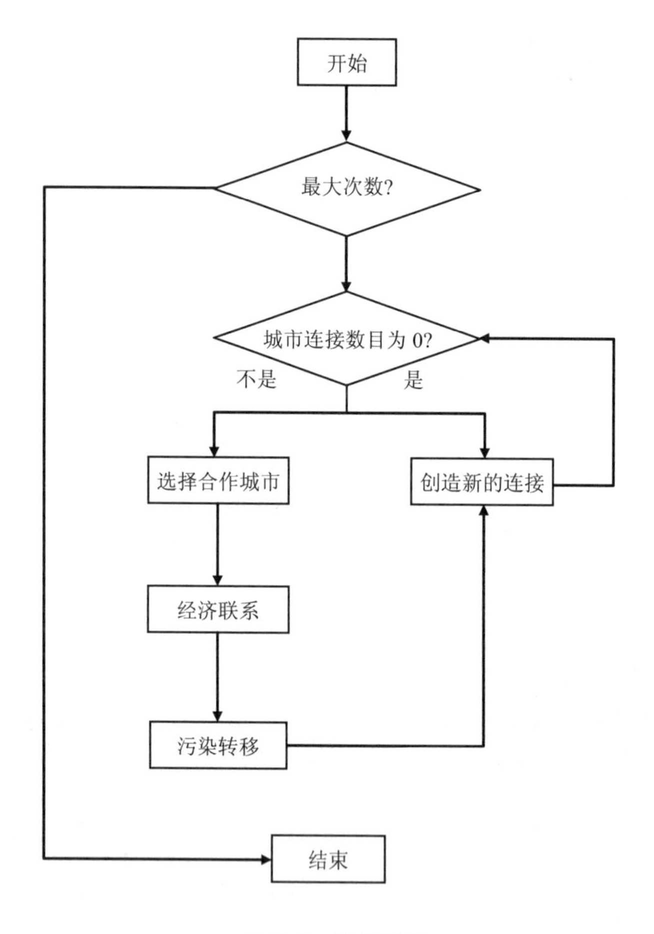

图 9-2　仿真流程

9.2.3.3　仿真方案设计

考虑网络集中度的经济-污染关联关系研究情景：主要仿真随着网络的演化推进，改变网络初始集中度，固定其他参数，分析整个网络系统中城市的经济发展水平和污染转移情况。本情景中对参数作如下设定：节点数目为 40，即网络中有 40 个城市；联系强度为 1，即网络中城市间互动的频率为 1；经济转移阈值为经济差的 1/5；吸收系数调节参数α为 0.02，污染转移系数调节参数β为 0.02，污染转移系数增长上限γ为 0.5，通过改变网络初始集中度（CR）来分析整个网络中城市经济发展水平和污染转移情况，CR 值在 0.1～0.8 之间。

考虑网络规模的经济-污染关联关系研究：主要仿真随着网络的演化推进，改变规模，固定其他参数，分析整个网络系统中城市的经济发展水平和污染转移情况。本情景中对参数作如下设定：网络初始集中度、联系强度一定，网络初始集中度为 0.1，联系强度为 1，即网络中城市间互动的频率为 1；经济转移阈值为经济差的 1/5；吸收系数调节参数α为 0.02，污染转移系数调节参数β为 0.02，污染转移系数增长上限γ为 0.5，通过改变网络规模来分析整个网络中城市经济发展水平和污染转移情况，网络规模值在 40～200 之间。

考虑网络联系强度的经济-污染关联关系研究：主要仿真随着网络的演化推进，改变网络联系强度，固定其他参数，分析整个网络系统中城市的经济发展水平和污染转移情况。本情景中对参数作如下设定：网络初始集中度、网络规模一定，网络初始集中度为 0.2；节点数目为 40；经济转移阈值为经济差的 1/5；吸收系数调节参数α为 0.02，污染转移系数调节参数β为 0.02，污染转移系数增长上限γ为 0.5，通过改变联系强度来分析整个网络中城市经济发展水平和污染转移情况，联系强度在 0.5～3 之间取值。

考虑经济转移阈值的经济-污染关联关系研究：研究在不同经济转移阈值的情况下，网络初始集中度的变化对经济规模和污染转移效应的影响。本情景中对参数作如下设定：网络初始集中度、网络规模一定，网络初始集中度为 0.3；节点数目为 40；吸收系数调节参数α为 0.02，污染转移系数调节参数β为 0.02，污染转移系数增长上限γ为 0.5，通过考虑经济转移阈值分别为经济差的 1/3 和 1/5 来分析整个网络中城市经济发展水平和污染转移情况。在此，经济转移阈值表示两个建立联系的城市之间的经济差的 1/2、1/3 和 1/4，主要控制经济贸易量的增长。本情景主要分析经济转移阈值不同的情况下整个网络中城市经济发展水平和污染转移情况（如图 9-3 所示）。

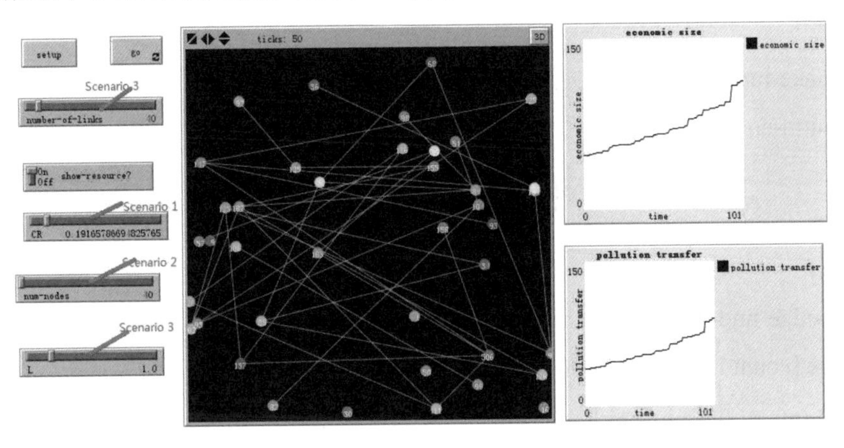

图 9-3　模型运行界面

9.2.4 本研究模型程序代码

```
turtles-own [resource
n
m]
to setup
clear-all
set-default-shape turtles "circle"
make-turtles
ask turtles
[ setxy random-xcor random-ycor
set resource random 100
set n random 0
set m random 0.5
]
set CR sum [resource] of max-n-of turtles [resource] / sum [resource] of turtles
( This is used to maintain the value of CR stable around the required value such as 0.2,
0.3, 0.4, ......0.8)
set L number-of-links / num-nodes
display-labels
reset-ticks
do-plots
end
to make-turtles
crt num-nodes
end
to go
if ticks >= 50[ stop ]
add-edge find-partner
while [count links > number-of-links]
[ ask one-of links [ die ] ]
display-labels
```

```
tick
do-plots
end
to add-edge [old-node]
let node1 one-of turtles
if old-node != node1
[ifelse [resource] of node1 < [resource] of old-node
[ if [resource] of node1 > abs y node1 old-node / 3
[ ask node1
[create-link-with old-node[ set color green ]
set resource resource + (1 / (1 + EXP (-0.02 *[resource] of node1 ))) / (1 - ( m /
(1 + EXP (-0.02 *[resource] of node1 )))) * abs y node1 old-node + 0.1
set n n + 1
]
ask old-node
[
set resource resource + (1 / (1 + EXP (-0.02 *[resource] of old-node ))) / (1 -
( m / (1 + EXP (-0.02 *[resource] of old-node )))) * abs y node1 old-node + 0.1
]
]
]
[ if [resource] of old-node > abs y node1 old-node / 3
[ ask node1
[
create-link-with old-node[ set color green ]
set resource resource + (1 / (1 + EXP (-0.02 *[resource] of node1 ))) /
(1 - ( m / (1 + EXP (-0.02 *[resource] of node1 )))) * abs y node1 old-node + 0.1
set n n + 1
]
ask old-node
[
set resource resource + (1 / (1 + EXP (-0.02 *[resource] of old-node ))) / (1 -
```

```
(m / (1 + EXP (-0.02 *[resource] of old-node )))) * abs y node1 old-node + 0.1
]
]
end
to-report find-partner
let pick random-float sum [resource] of turtles
let partner nobody
ask turtles
[ let nc sum [resource] of turtles
if partner = nobody
[ ifelse nc > pick
[ set partner self ]
[ set pick pick - nc ] ] ]
report partner
end
to-report y [node1 partner]
report [resource] of node1 - [resource] of partner
end
to-report a
report  (sum [resource] of turtles )/ 40
end
to-report b
report (sum [resource] of turtles * (1 - ( 0.2 / (1 + EXP (-0.02 * sum [resource] of
turtles))))) / num-nodes
end
to display-labels
ask turtles [ set label "" ]
if show-resource? [
ask turtles [ set label round resource ]
]
end
to do-plots
```

```
set-current-plot "economic size"
set-current-plot-pen "economic size"
end
```

9.3 考虑流域内环境风险传递的模拟结果分析

9.3.1 仿真输出

设定网络模拟过程在 100 步时停止，因为 100 步以后就可以观察出整体网络的演化规律。图 9-4 和图 9-5 给出了某一次仿真程序运行时的初始状态和完成状态。

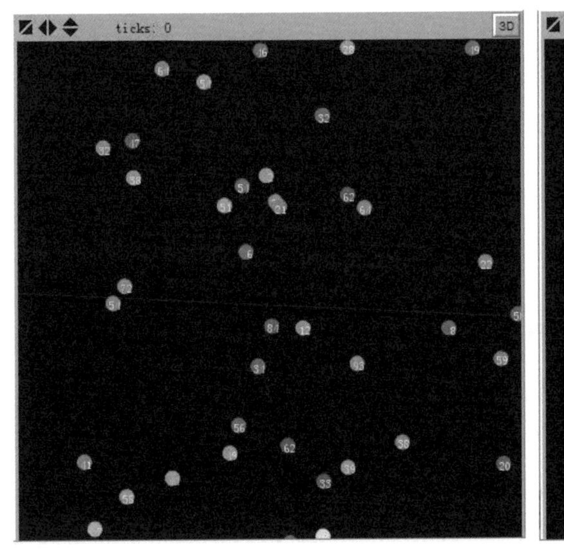

图 9-4 仿真初始状态

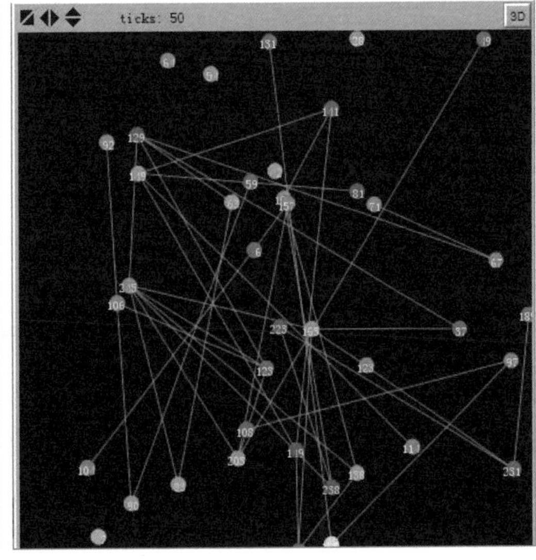

图 9-5 仿真完成状态

图 9-4 和图 9-5 中的圆点表示网络中的城市，圆点之间的连线表示城市之间存在的经济联系，圆点上面的数字表示每个城市的经济发展水平，仿真完成后可以得到图 9-5。从图 9-5 中可以看到，城市之间建立经济联系后，每个城市的经济发展水平都有所上升，同时整个网络的联结程度也大幅增加。图 9-6 和图 9-7 表示的是图 9-4 和图 9-5 的具体数值输出图像，可以更加方便地得到所要的结论。从图 9-6 和图 9-7 中可以看出，随着仿真过程的推进，无论是网络的经济规模，还是污染转移量，都有不同程度的增加。而在不同

的情境中是否也会呈现出这种变化规律，可以从研究结果中得到结论。

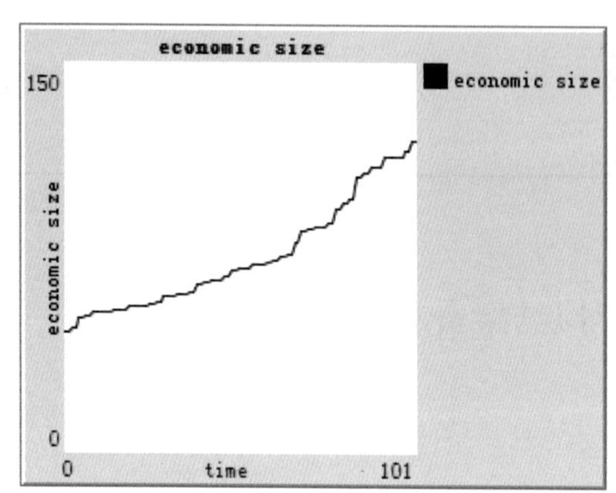

图 9-6　网络整体经济规模随时间变化曲线

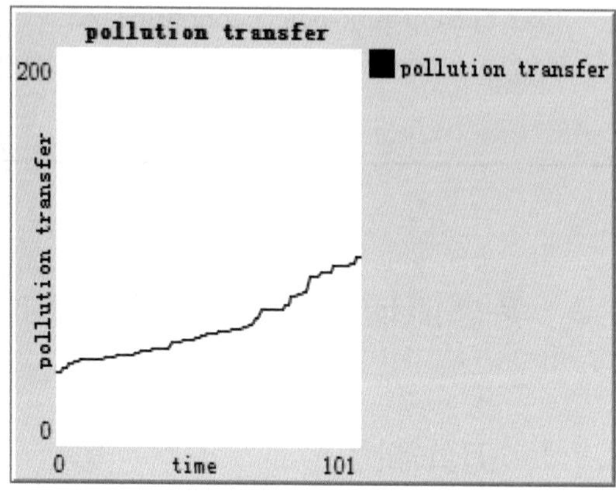

图 9-7　网络污染转移量随时间变化曲线

9.3.2　仿真实验结果及分析

9.3.2.1　考虑网络集中度的经济-污染关联关系研究情景的仿真结果分析

本情景中，保持其他变量不变，只改变网络初始集中度（CR），从 0.1 提升到 0.8，分析网络中城市经济发展水平与污染转移量随网络初始集中度的增加所产生的变化趋势。仿真数据经过分析，结果如图 9-8 所示。

从图 9-8 中可以看出，整个网络的经济发展水平与污染转移量随着网络初始集中度的升高，表现出几乎相同的波动下降的趋势。这与之前研究的常识是相符的，当网络集中度较高时，网络中存在的核心城市的地位往往较高，更容易与合作的城市进行贸易获取所需要的资源。但由于城市地位存在差异，会使经济流动效率较低，同时产生污染的效率也会变得较低，污染转移量会随之变低。而当网络集中度较低时，网络中城市地位较为平等，网络中经济流动效率较高，同时产生污染的效率也会升高，污染转移量会随之升高。因此，如果经济-污染无法脱钩，这种按照现有状态的发展只能是产生城市集中度越来越大、经济规模越来越小、污染转移越来越小的连锁反应。

本情景主要通过改变网络集中度分析区域内城市整体的经济发展水平与污染转移情况。结果表明，网络集中度越高，整体经济规模反而越小，污染转移量也越小。因此，应该适当增加中小城市的经济规模，减少大、中、小城市之间的经济差异，但不应该把中小城市经济增加到与大城市相近的程度，因为这种情况下污染产生量也会随之增加。

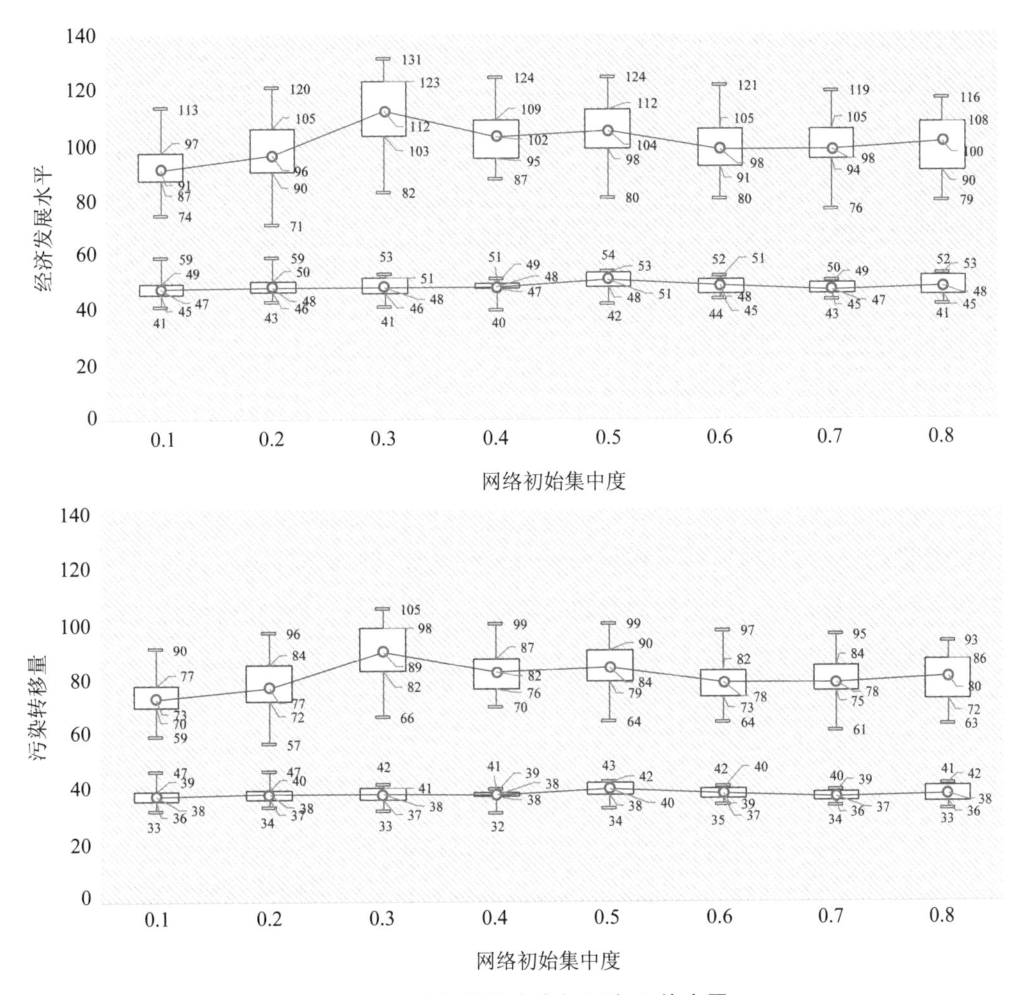

图 9-8 网络初始集中度与经济-污染水平

从误差分析结果来看（如表 9-2 所示），模型运行 10 次和 20 次的结果之间误差小于 10%，根据相关文献（Zhao and Xi et al.，2017；Sun et al.，2017；Zhao and Zhou et al.，2017），当误差小于 20%时，可以认为结果是有效的。因此，本研究的结果是有效的，并且证明了网络初始集中度对流域整体经济发展水平以及污染转移量的影响。情景 2、情景 3、情景 4 的误差分析与情景 1 相同，因此后面的情景只给出相应的误差分析表。

表 9-2 本情景误差分析

CR	0.1	0.2	0.3	0.4	0.5	0.6	0.7	0.8
eco-ave-high（10 次）	89	93	116	102	109	99	102	111
eco-ave-high（20 次）	91	96	112	102	105	98	98	101
误差/%	2.25	3.23	−3.45	0	−3.67	−1.01	−3.92	−9.01

CR	0.1	0.2	0.3	0.4	0.5	0.6	0.7	0.8
eco-ave-low（10 次）	50	49	51	48	51	49	48	51
eco-ave-low（20 次）	47	48	48	48	51	48	47	48
误差/%	−6.00	−2.04	−5.88	0	0	−2.04	−2.08	−5.88
pol-ave-high（10 次）	71	74	93	82	87	79	81	89
pol-ave-high（20 次）	73	76	90	82	84	78	78	81
误差/%	2.82	2.70	−3.23	0	−3.45	−1.27	−3.70	−8.99
pol-ave-low（10 次）	40	40	40	39	40	39	39	41
pol-ave-low（20 次）	38	39	38	38	40	39	37	38
误差/%	−5.00	−2.50	−5.00	−2.56	0	0	−5.13	−7.32

9.3.2.2 考虑网络规模的经济-污染关联关系研究情景的仿真结果分析

本情景中，保持其他变量不变，只改变网络规模，即网络中城市数量，分析网络中城市整体经济发展水平与污染转移量随网络规模的增加所产生的变化趋势。仿真数据经过分析，结果如图 9-9 所示。

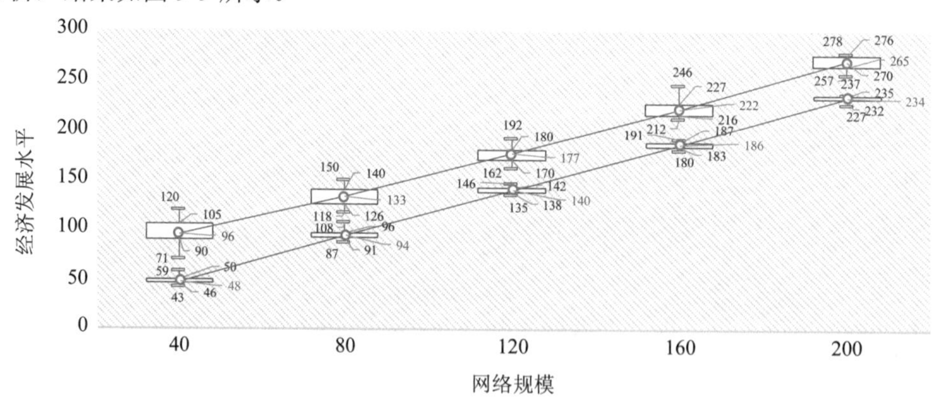

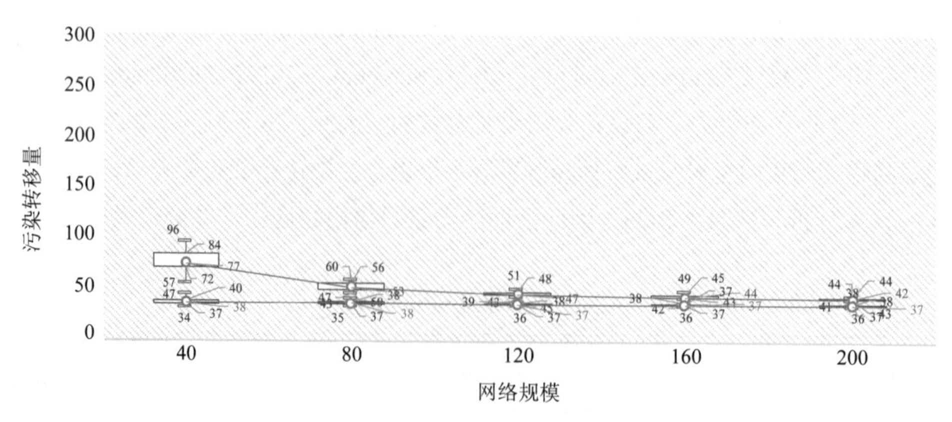

图 9-9　网络规模与经济-污染水平

从图 9-9 中可以看出，经济发展水平与污染转移量对网络规模的增加呈现出不同的变化趋势，网络中经济发展水平随着网络规模的增加而增加，主要是由于城市数量的增加提升了整个流域内部经济互动的频度和强度，使流域整体经济水平大幅提升。而污染转移量则随着网络规模的增加而保持不变，甚至微弱下降。原因可能有以下两点：

①城市数量增加稀释了污染，考虑每个城市对污染的容纳程度（即考虑每个城市对污染的处理处置），那么在节点增加后，这种处置力度随之增加，实际达到的效果就是污染物总体的转移量下降。

②贸易是实现污染转移的一种方式，通过多边贸易，可以使每个城市分摊一定量的污染，如果城市采取一定的防治措施，那么整个区域中的污染转移情况也会随之得到缓解。

本情景主要通过改变网络规模（即城市数量）分析区域内城市整体的经济发展状水平与污染转移情况。结果表明，经济发展水平随网络规模的增加而增加，而污染转移量随网络规模的增加而保持不变。主要考虑城市对污染的稀释水平以及城市之间的多边贸易对污染转移量的影响。因此，适当增加经济联系网络中的城市数量，会平衡网络中经济规模与污染转移之间的关系。本情景的误差分析如表 9-3 所示。

表 9-3 本情景误差分析

网络规模	40	80	120	160	200
eco-ave-high（10 次）	93	133	176	218	269
eco-ave-high（20 次）	96	133	177	221	270
误差/%	3.23	0.00	0.57	1.38	0.37
eco-ave-low（10 次）	49	94	140	185	232
eco-ave-low（20 次）	48	94	140	186	234
误差/%	−2.04	0.00	0.00	0.54	0.86
pol-ave-high（10 次）	74	53	47	44	43
pol-ave-high（20 次）	76	53	47	44	43
误差/%	2.70	0.00	0.00	0.00	0.00
pol-ave-low（10 次）	40	38	37	37	37
pol-ave-low（20 次）	39	38	37	37	37
误差/%	−2.50	0.00	0.00	0.00	0.00

9.3.2.3 考虑网络联系强度的经济-污染关联关系研究情景的仿真结果分析

本情景中，保持其他变量不变，只改变联系强度的大小，分析网络中城市整体经济发展水平与污染转移量随联系强度的增加所产生的变化趋势。仿真数据经过分析，结果如图 9-10 所示。

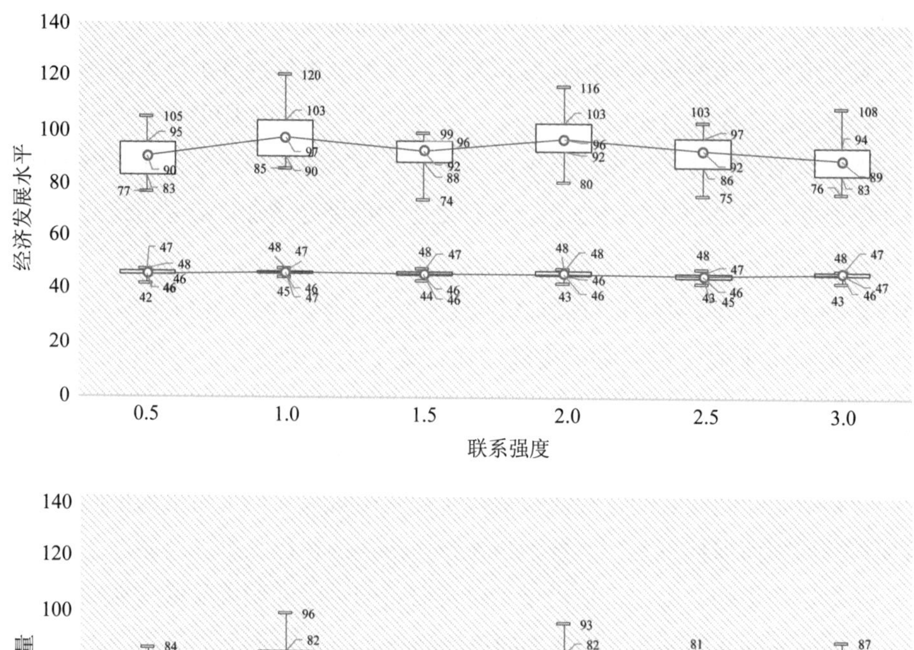

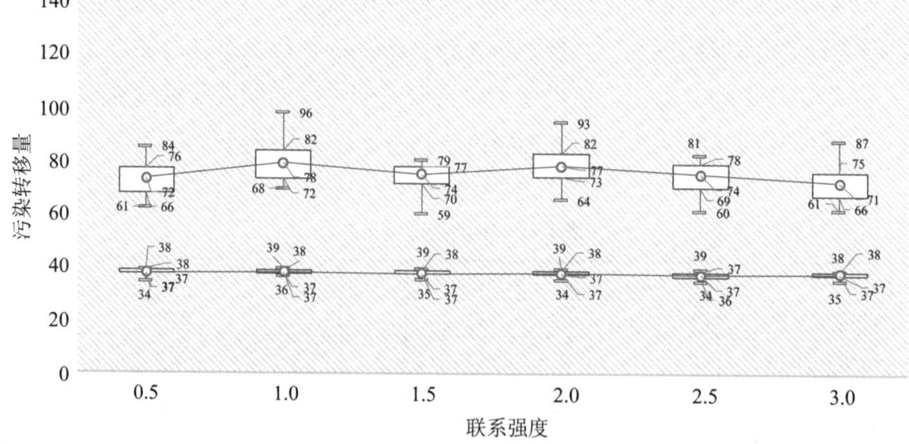

图 9-10　联系强度与经济-污染水平

从图 9-10 中可以看出，当联系强度为 1.0 时，经济发展水平和污染转移量均处于最高水平。这说明，城市之间的联系强度并不一定是越大越好或者越小越好，有一个联系的最适合区间。而联系强度达到 2.0 后，经济发展水平和污染转移量又呈现出上升的趋势，那么推测可能不只是联系强度为 1.0 时两者达到峰值，可能会呈现出周期性的变化。

本情景主要通过改变城市间联系强度分析区域内城市整体的经济发展水平与污染转移情况。结果表明，联系强度为 1.0 时，经济发展水平和污染转移量达到峰值且峰值可能不止 1 个，可能产生周期性变化。因此，适当控制城市间的联系次数，可能会增加整个网络的经济发展水平。但由于城市数量以及城市排污能力一定，联系强度也会导致区域污染排放量的增加。本情景的误差分析如表 9-4 所示。

表 9-4 本情景误差分析

联系强度	0.5	1.0	1.5	2.0	2.5	3.0
eco-ave-high（10 次）	87	95	93	98	96	91
eco-ave-high（20 次）	90	97	92	97	93	89
误差/%	3.45	2.11	−1.08	−1.02	−3.13	−2.20
eco-ave-low（10 次）	46	47	47	47	46	47
eco-ave-low（20 次）	46	47	46	47	46	47
误差/%	0.00	0.00	−2.13	0.00	0.00	0.00
pol-ave-high（10 次）	70	76	75	79	77	72
pol-ave-high（20 次）	72	78	74	77	74	71
误差/%	2.86	2.63	−1.33	−2.53	−3.90	−1.39
pol-ave-low（10 次）	37	37	37	38	37	37
pol-ave-low（20 次）	37	37	37	37	37	37
误差/%	0.00	0.00	0.00	−2.63	0.00	0.00

9.3.2.4 考虑经济转移阈值的经济-污染关联关系研究情景的仿真结果分析

本情景中，保持其他变量不变，经济转移阈值分别为经济差的 1/3（上线）和 1/5（下线），分析网络中城市整体经济发展水平与污染转移量在两种情况下随网络初始集中度的增加所产生的变化趋势。仿真数据经过分析，结果如图 9-11 所示。

从图 9-11 中可以看出，当网络初始集中度较低时，经济转移阈值变化对网络中整体经济发展水平和污染转移量的影响不大，而随着网络初始集中度的增加，经济转移阈值对经济发展水平和污染转移量的影响逐渐增加。当网络初始集中度在 0.6～0.8 时，相应的影响又减弱了，这表明城市间的经济差异过大会抑制网络中经济发展水平的增长。因此，网络中的节点都应该处于一个合理的开放状态，既与经济发展水平高的城市进行经济贸易，又能尽可能地控制污染的转移量，促进整个区域经济与环境的可持续发展。本情景的误差分析如表 9-5 所示。

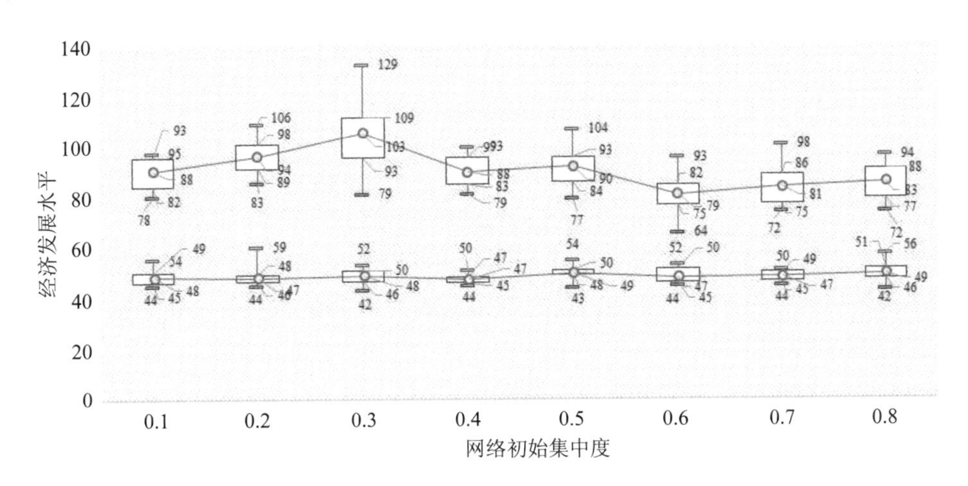

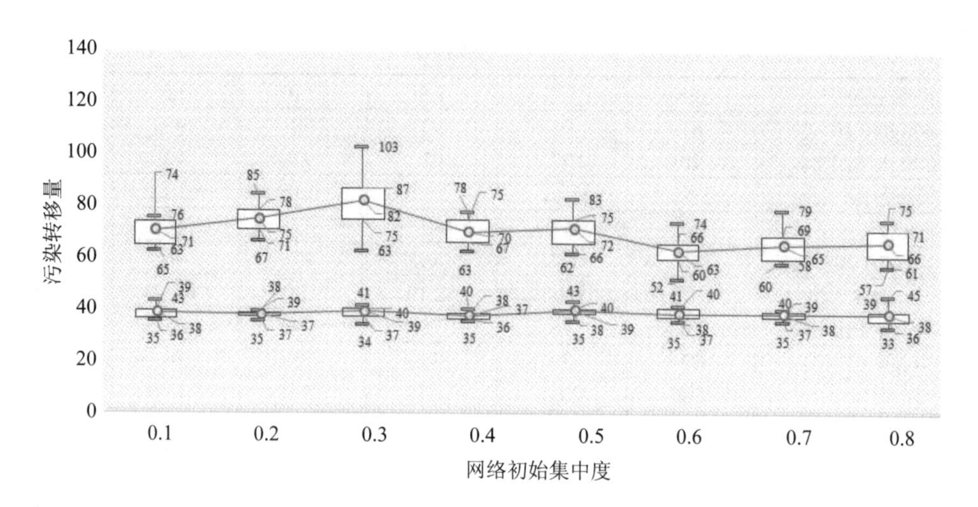

图 9-11　网络网络集中度与经济-污染水平

表 9-5　本情景误差分析

CR	0.1	0.2	0.3	0.4	0.5	0.6	0.7	0.8
eco-ave-high（10 次）	89	94	102	85	90	77	82	83
eco-ave-high（20 次）	88	94	103	87	90	79	81	83
误差/%	−1.12	0.00	0.98	2.35	0.00	2.60	−1.22	0.00
eco-ave-low（10 次）	48	46	47	47	49	47	48	49
eco-ave-low（20 次）	48	47	48	47	49	47	47	49
误差/%	0.00	2.17	2.13	0.00	0.00	0.00	−2.08	0.00
pol-ave-high（10 次）	71	76	82	68	72	61	65	66
pol-ave-high（20 次）	71	75	82	70	72	63	65	66
误差/%	0.00	−1.32	0.00	2.94	0.00	3.28	0.00	0.00
pol-ave-low（10 次）	39	37	38	38	39	38	38	38
pol-ave-low（20 次）	38	37	39	37	39	38	38	38
误差/%	−2.56	0.00	2.63	−2.63	0.00	0.00	0.00	0.00

9.4　本章小结

本研究通过设定 4 种情景来分析不同的复杂网络特征变量对区域内城市的经济发展水平和污染转移情况所产生的影响，运用 NetLogo 对 4 种情景进行了仿真模拟，得到以下结论。

①当网络中城市的集中度升高时，经济发展水平和污染转移量反而表现出波动下降的趋势，而且两者的变化趋势几乎相同。当网络集中度较高时，网络中存在的核心城市

的地位往往较高，更容易与合作的城市进行贸易获取所需要的资源。但由于城市地位存在差异，会使经济流动效率较低，同时产生污染的效率也会变得较低，污染转移量会随之变低。而当网络集中度较低时，网络中城市地位较为平等，网络中经济流动效率较高，同时产生污染的效率也会升高，污染转移量会随之升高。因此，应该适当增加中小城市的经济发展水平，减少大、中、小城市之间的经济差异，合理调控区域内经济发展水平与环境污染的关系。

②经济发展水平与污染转移量对网络规模的增加呈现出相反的变化趋势，随着网络规模（即城市数量）的增加，网络中经济发展水平增加，而污染转移量则保持不变，甚至微弱下降。可能的原因是城市数量增加稀释了污染，同时也加大了污染的处置力度。也可能是区域内城市间的多边贸易将污染转移到不同的城市，每个城市所分担的污染物量减少，也在一定程度上减少了污染物的转移总量。

③当联系强度为 1.0 时，经济发展水平和污染转移量达到了最大值，这说明并不是城市间联系强度越大或者越小就获得越好的经济发展，而在经济互动更加频繁的同时，污染转移现象也更加严重。联系强度为 1.0 时，经济发展水平和污染转移量达到峰值且峰值可能不止 1 个，可能产生周期性变化。因此，适当控制城市间的联系次数，可能会增加整个网络的经济发展水平。但由于城市数量以及城市排污能力一定，联系强度也会导致区域污染排放量的增加。

④城市经济转移阈值的不同，也会导致区域整体经济发展水平和污染转移量的变化。如果城市间建立经济联系的门槛太高，则会抑制网络中经济发展水平的增长。经济转移阈值对区域内整体经济发展水平和污染转移量的影响随着网络初始集中度的增加呈现整体波动的变化规律。因此，网络中的节点都应该处于一个合理的开放状态，既与经济发展水平高的城市进行经济贸易，又能尽可能地控制污染的转移量，促进整个区域经济与环境的可持续发展。

第 10 章　不同管理政策下流域多城市环境风险网络传递机制及效果仿真

10.1　淮河流域是环境风险点较多的区域，也是重要的环境管理示范区

淮河流域地处我国东部地区，不仅是我国南北方自然地理分界线，也是我国南北气候过渡带。淮河全长 1 000 km，跨越湖北、江苏、安徽、山东及河南 5 省 35 个地（市）222 个县（县级市、区），整个流域覆盖面积达 27 万 km^2，总人口约 1.8 亿人。平均人口密度为 592 人/km^2，是全国水平的 4.2 倍（颜俊，2014）。淮河流域水环境的状况关系着河流沿岸各市（县）1.8 亿人口的生产生活活动以及整个流域经济生态的可持续发展，并在很大程度上决定着河流沿岸居民的健康水平。因此，通过各种手段防止水污染事件的发生、提高淮河流域整体水环境质量，对河流沿岸社会经济发展、居民生活水平的改善均具有重要意义。

20 世纪 90 年代以来，随着淮河沿岸城市迅速扩张、人口急剧增长以及工业化进程的加快，河流沿岸城市的社会经济得到了迅猛发展，但随之而来的是流域环境受到大面积污染、水环境急剧恶化，并反过来制约着河流沿岸城市经济的发展，甚至对城市居民的人体健康造成严重影响，整个流域的经济与环境质量并未得到协调一致的发展。淮河流域水污染状况依旧十分严峻，截至 2010 年，淮河流域半数以上的支流水质超标，其中Ⅳ类、Ⅴ类和劣Ⅴ类水质断面占到全部断面的 68.4%（蒋艳等，2011；董秀颖等，2012；周亮等，2013），对流域污染的治理形势依旧刻不容缓。河流沿岸城市经济社会的发展对流域的整体环境质量造成了严重的干扰和破坏（许申来，2011）。尤其是城市之间越发频繁的经济贸易活动在很大程度上加重了流域整体的污染程度。根据相关研究，当城市之间的经济社会发展水平差异过大时，则更容易引起城市之间环境风险的转移（郑易生，2002），这种风险转移对流域环境所产生的影响也是不容忽视的。

截至 2012 年，淮河流域部分支流水质持续恶化，各大支流的水质均劣于Ⅴ类，主要

超标因子为氨氮、总磷、高锰酸盐等，南四湖入湖支流水体污染物中氨氮超标严重，高达30多倍。另外，淮河流域跨界水污染事故频发，各市县交界处河流跨界污染事故每年发生近上百起，这些污染事故的发生对流域环境以及河流沿岸居民的健康产生严重的影响（张雪泽，2014）。

基于淮河流域严峻的水污染形势，国家及地方政府采取各种措施，投入大量人力、物力对淮河水环境进行治理。根据《淮河流域“十一五”水污染防治规划研究报告》（2008年）以及环境保护部《重点流域水污染防治规划（2011—2015年）》，“九五”时期到“十一五”时期这15年间，国家在淮河流域治理方面累计投入资金728.5亿元，完成相关流域污染防治项目1 447个。

本研究根据上述文件，整理出我国“十三五”时期在流域综合治理方面所投资的项目以及具体的投资金额，汇总内容如表10-1所示。

表10-1 “十三五”时期我国流域综合管理项目情况及投入金额总结 单位：亿元

治理项目	投资金额
城镇污水处理与配套设施建设项目	377.8
工业污染防治项目	60.4
饮用水水源地污染防治项目	20.1
农业农村污染防治项目	55.3
水环境综合治理项目	323.3

数据来源：环境保护部，2015。

尽管淮河流域水环境管理工作取得了一些进展，但由于长期以来的累积，淮河流域水环境状况依然没有得到有效的改善（王亚华等，2012），再加上媒体、公众以及政府相关部门对流域环境问题重视程度的进一步加强，流域管理机构对流域水环境的综合治理已经成为当今社会以及学术界所关注和探讨的热点问题之一。

流域管理机构对流域内城市采取怎样的环境管理政策以及实施这种政策的效果如何将会在不同程度上影响流域整体的环境状况，并间接地影响流域的社会经济发展水平以及沿岸城市的健康水平。环境风险在整个流域内城市间的传递过程会对流域的环境质量造成严重的影响。由于流域是一个复杂的巨系统，因此环境风险在流域内的传递过程中会随着时间的推移慢慢累积，并最终导致流域环境污染事件的爆发，这一过程正是环境风险的涌现性过程。流域内环境风险传递过程会产生怎样的影响？另外，流域管理机构应该采取怎样的环境保护措施才能最大限度地改善流域整体环境？这是当前研究的一个重点方向。

本研究主要基于多主体建模方法，以 NetLogo 建模软件为平台，将所选取的淮河流域 40 个城市作为模拟的主体，通过设置主体属性以及主体之间的交互规则，对环境风险在整个流域各城市间的传递情况进行模拟，根据涌现方法得到整个流域在这个过程中的环境状况变化。然后考虑相关政策因素，加入流域管理机构这一特殊主体，对流域管理机构的属性进行设置，分别模拟流域管理机构环境风险治理能力不同、响应态度不同以及实行政策强度不同的情况下流域整体环境风险的传递情况。最后，考虑改变初始条件下传递环境风险的潜在源城市数量，分析这一过程会出现怎样的变化。

本研究提出并回答以下问题：通过不同政策手段的“惩罚”和“激励”，是否都能产生正向效应？

10.2 不同管理政策下的流域城市环境风险传递模型构建

10.2.1 流域环境风险传递网络模型中环境风险主体属性设定

本研究所构建的流域环境风险传递复杂网络模型中，每个节点代表 1 个城市主体（agent）（具体的城市如表 10-2 所示），每 1 个城市主体在网络中主要通过城市之间连接的“边”进行环境风险的传递，每个主体都具有不同的属性设置。本研究选取淮河流域 35 个地级市以及 5 个地级市以下的城市作为研究对象，模拟流域内城市环境风险传递过程及流域管理者政策实施环境风险对传递过程的影响。

表 10-2 模型所选取的城市

编号	城市	编号	城市	编号	城市	编号	城市
1	济宁	11	驻马店	21	宿州	31	淄博
2	菏泽	12	周口	22	徐州	32	泰安
3	枣庄	13	信阳	23	宿迁	33	洛阳
4	临沂	14	商丘	24	连云港	34	南阳
5	日照	15	亳州	25	淮安	35	滁州
6	郑州	16	淮北	26	盐城	36	兖州
7	开封	17	阜阳	27	扬州	37	曲阜
8	许昌	18	蚌埠	28	泰州	38	淮阴
9	平顶山	19	淮南	29	南通	39	新乡
10	漯河	20	六安	30	合肥	40	巢湖

作为流域内传递环境风险的主体，所选取的这40个城市被设定了相关的模型属性，主要包括以下4个方面。

10.2.1.1 城市污染排放强度（Intensity-value）

城市污染排放强度代表单位GDP所排放的污染物的总量，即某年城市污染物的排放总量与当年该城市GDP之间的比值。在此提出相关假设：城市污染排放强度值越大，传递污染的风险也会越大，同时当地政府也会越主动采取控制污染的相关技术措施；反之，城市的污染排放强度越小，则传递的环境风险也会越小，当地政府采取相关控制污染的技术措施的主动性也会越低。本研究通过对40个城市2015年COD排放量以及当年城市GDP的统计，核算出每个城市的污染物排放强度，在此基础上对所有城市行为主体进行角色划分。本研究用[0，1]表示城市的污染排放强度归一化值。其中，[0，0.33）表示城市主体的污染排放强度未达到可造成环境风险传递的临界程度（如表10-3所示）。[0.33，0.66）表示城市主体的污染排放已经超标并且会主动传递环境风险，这类城市已经意识到污染排放所带来的环境风险，但并未采取污染治理行动来控制污染排放以抵御环境风险事件的发生；在本模型初始设置中，初始条件为已存在5个该类型城市。[0.66，1）表示城市主体的污染排放强度已经完全超过环境风险传递临界且会主动传递环境风险，与前一种类型不同的是，这里的污染排放强度是1个阈值，表明该城市主体已经意识到污染排放所带来的环境风险，并且主动采取污染治理行动来控制污染排放。该范围的上限是1，当1个城市主体的污染排放强度达到1，表明该城市主体已经采取强制性污染治理行动来控制其污染排放。

表10-3 环境风险传递网络模型中城市主体角色划分

城市污染排放强度取值范围	含义
[0，0.33）	城市主体的污染排放强度未达到可造成环境风险传递的临界程度
[0.33，0.66）	城市主体的污染排放强度达到环境风险传递临界，主动传递环境风险，但并没有采取污染治理行动控制污染排放
[0.66，1）	城市主体的污染排放强度已经完全超标，主动传递环境风险，且主动采取污染治理行动
1	城市主体已经采取强制性污染治理行动来控制其污染排放行为

10.2.1.2 城市空间邻近效应（Proximity-effect）

城市空间邻近效应是指各城市之间的空间位置关系对其相互作用所产生的影响，空间邻近效应主要基于空间距离衰减原理，即各城市的影响力随空间距离的增大而呈现出减小的趋势。在此做出如下假设：当某城市与环境风险传递源城市的距离越近，则越容易受到环境风险源城市传递过来的风险的影响，进而对环境风险的放大效应就越强。这里的放大效应是指：城市在接受源城市所传递来的环境风险之后，由于其自身的污染排放以及外界传递来的环境风险的共同影响，使该城市的污染排放强度进一步增加，从而导致该城市的环境风险进一步累积，该城市最终也成为环境风险传递城市。根据以上假设，城市空间邻近效应可以由如下公式表示：

$$\mathrm{Pe}=\left(1-\frac{D_i}{D_{\max}}\right)\times 1.41 \tag{10-1}$$

式中：Pe —— 城市空间邻近效应；

D_i —— 城市 i 与多个环境风险传递源城市距离的最小值；

$D_{\max}$ —— 所有城市与多个环境风险传递源城市距离的最大值；

1.41 —— 取值依据是：城市的污染放大机制有两个决定性因素，分别为城市空间邻近效应 Pe 以及城市自身所能抵抗环境风险的强度（Risk-level）。

本研究假设当两者取极值时，城市会从不主动传递环境风险的状态［即 IV∈[0, 0.33)］，在环境风险传递源城市［即 IV∈[0.33，0.66)］的影响下，立即成为采取相关环保措施控制环境风险的环境风险传递城市［即 IV∈[0.66，1)］，此时取两者的极大值，即为 $\sqrt{2}=1.41$。Pe 越大，则城市空间邻近效应越强，在环境风险传递时越容易受到环境风险的影响，进而对环境风险的放大效果越大，越容易向外传递环境风险。

10.2.1.3 城市经济影响强度（Economic-influence）

城市经济影响强度是指流域内城市对与其相连的城市的经济影响强度，以及该城市在流域内部的经济影响范围。根据相关参考文献（宋锋华，2017；徐小杰等，2016；李龚，2016；董晓松等，2016），中国当前的污染与城市经济仍处于非脱钩状态，所以经济的转移会伴随着环境风险的转移。由于城市间的经济发展水平存在差异，因此经济发展水平更高的城市经济影响强度和范围会更大，也可能会造成更大的环境风险传递。在此提出的假设是：城市经济影响强度越大，其污染排放强度就越大，也就越容易向外传递环境风险。在此用空间网络中与某城市相连的城市数量与所有城市中与其相连城市数量最大的城市的相连城市数量的比值表示该城市的经济影响强度。影响强度的取值为[0, 1]，数值越大，表明该城市对其他城市的经济影响强度越大，从而该城市的污染排放强度就越大，同时也越容易向其他城市传递环境风险。城市经济影响强度由以下公式表示：

$$E_i = \frac{d_i}{d_{\max}} \qquad (10\text{-}2)$$

式中：E_i —— 城市经济影响强度；

d_i —— 与城市 i 相连的城市数量；

$d_{\max}$ —— 所有城市中与其相连城市数量最大的城市的相连城市数量。

10.2.1.4 城市风险脆弱性（Risk-level）

城市风险脆弱性指环境风险对某城市所产生的影响大小，即城市自身能抵御污染的强度。在此提出的假设是：城市自身对风险的抵御性越低，则环境风险对该城市主体所产生的影响越大，城市对环境风险的放大程度也会越大，进而城市采取污染控制行为的意愿也会越强烈。在本研究中城市风险脆弱性由以下公式表示：

$$R = 1 + \frac{1.41 - 1}{5} \times r \qquad (10\text{-}3)$$

式中：R —— 城市环境风险；

r —— 城市风险脆弱性（如表 10-4 所示）。

在此，1.41 的取值原理与空间邻近效应中的取值原理相同。当城市风险脆弱性值越大时，表明环境风险对城市的影响程度越大，城市更愿意采取相关污染控制行动控制污染的产生和转移。

表 10-4 环境风险等级划分

环境风险等级	R	含义
1	1.082	城市风险脆弱性低，环境风险对城市所产生的影响极小，城市对环境风险的放大程度为 1.082 倍，城市采取污染治理行动的愿望极低
2	1.164	城市风险脆弱性较低，环境风险对城市所产生的影响较小，城市对环境风险的放大程度为 1.164 倍，城市采取污染治理行动的愿望较低
3	1.246	环境风险对城市所产生的影响适中，城市对环境风险的放大程度为 1.246 倍，城市采取污染治理行动的愿望一般
4	1.328	城市较脆弱，环境风险对城市所产生的影响较大，城市对环境风险的放大程度为 1.328 倍，城市采取污染治理行动的愿望较高
5	1.410	城市很脆弱，环境风险对城市所产生的影响极大，城市对环境风险的放大程度为 1.410 倍，城市采取污染治理行动的愿望极高

10.2.2 环境风险传递规则设定

在设定与环境风险传递过程相关的各城市主体属性之后，接下来设定模型中环境风险的传递规则，即环境风险会以怎样的形式在流域内各城市之间进行传递。本研究中，建立了流域环境风险传递的网络关联模型，该模型以淮河流域为研究范围，选取35个地级市以及5个地级市以下的城市为研究对象，以城市污染排放强度作为划分城市类型的依据，环境风险的产生主要是基于城市的污染排放强度超过了城市对污染的承受能力。研究在流域管理机构不同环境管理政策以及城市主体的环境管理相关行动下环境风险在城市之间的传递情况，即流域管理者采取怎样的管理措施才会使城市积极控制自身的污染排放行为，最大限度地减小环境风险所带来的影响，从风险传递城市转变为不主动传递环境风险的城市，从而进一步改善流域整体环境，促进流域环境与社会经济的协调发展。

本研究中与环境风险传递规则相关的因素有主体、风险定值、环境风险传递路径以及环境风险传递强度。

在此假设传递分为两个部分：一部分为风险传递城市自身情况。传递城市（风险源）主要分为环境风险强度大的风险传递城市、环境风险强度适中的风险接受城市、环境风险强度弱的风险传递无关城市。另一部分为被影响城市的情况，主要分为受到影响强度大、强度适中以及强度弱的城市。

模型根据环境风险在城市中的累积程度而改变城市对环境风险采取相关污染治理行动的意愿。当环境风险大时，则城市及整个流域会更加积极地采取相关措施控制污染物向流域中的排放，从而减少环境风险的累积和传递，进而改善流域的总体环境质量；反之，环境风险小时，则城市不会积极地采取相关措施控制污染物排放，导致环境风险传递现象在流域中更加频繁。本研究中，主要考虑流域内部城市之间的环境风险传递以及城市与流域管理者之间的信息交互过程。

城市间环境风险传递交互函数的设置中，主要考虑城市在地理位置上的空间邻近效应Pe、城市经济影响强度 E_i 以及城市风险脆弱性 R 这3个变量以及与主体相关的个体属性。城市在 t 时段的污染排放强度可由以下公式表示：

$$\mathrm{IV}_{i(t)}=\mathrm{IV}_{i(t-1)}+\frac{\sum b_{ij}\left(\mathrm{IV}_j-\mathrm{IV}_i\right)\times R-\mathrm{Pe}}{b_{ij}} \tag{10-4}$$

式中：$\mathrm{IV}_{i(t)}$ —— t 时段城市 i 的污染排放强度；

$\mathrm{IV}_{i(t-1)}$ —— t-1 时段城市 i 的污染排放强度；

b_{ij} —— 对城市 i 产生风险影响的城市数量；

$\mathrm{IV}_j-\mathrm{IV}_i$ —— 与城市 i 相连的城市 j 与城市 i 污染排放强度的差异；

R —— 城市所接受的环境风险强度；

Pe —— 城市在地理位置上的空间邻近效应。

在此对流域管理机构做出如下定义：流域管理机构是指水利部按照河流或湖泊的流域范围设置的水行政管理部门，其代表水利部在所辖流域内行使水行政管理权，为水利部直属派出机构。由于本研究的研究区范围为淮河流域，因此本研究中的流域管理机构代表为淮河水利委员会。

在城市与流域管理机构的交互过程中，主要考虑流域管理者的环境管理能力，即流域管理机构进行一定程度的环境风险抵御的能力，主要通过集中行动来降低环境风险（IA_1）；并考虑流域管理者对环境风险的监督力度［即流域管理机构对环境风险事件的响应时间（IA_2）］以及流域管理者环境管理政策的强制程度［即流域管理的集中管理程度（IA_3）］。以2005年因吉林石化公司双苯厂车间爆炸所导致的松花江水污染事件为例，根据事故的相关调查，发生水污染事件的原因不仅包括吉林石化公司双苯厂自身对生产过程监管的失职以及自身发生的事故造成松花江的直接水污染，还包括松花江流域管理机构没有及时对污染事故做出响应以及吉林省环境保护局对水污染问题监督力度不足，没有及时提出妥善的污染处理相关意见及措施。流域管理者在环境风险出现前期都处于一种潜伏的状态，只有当环境风险传递的城市数量达到一定程度时，流域管理者才会介入并发挥自己的监督、调控、治理等功能。在此，主要研究流域管理者不同环境风险管理能力、不同环境风险响应态度以及不同政策强制程度的情况下流域整体环境风险的传递情况。

10.2.3 流域中城市环境风险网络管理机制设定

10.2.3.1 流域管理者环境风险管理能力

流域管理者的环境风险管理能力体现在流域内政府相关部门处理环境风险时所采取的行动的有效性，环境风险管理的能力较强，则城市的污染排放强度会一定程度地减弱，从而降低环境风险传递的可能性；如果流域内政府相关部门的环境风险管理能力较弱，则会导致流域内部城市间的环境风险传递过程更加频繁，会进一步影响流域内部城市的经济发展以及人群健康。本研究用Abi表示流域管理者的环境风险管理能力，数值在[0，80%]，0表示流域管理者处理环境风险的能力极差，不能降低流域内的环境风险，处理环境风险传递的有效性为零；80%表示流域管理者的环境风险管理能力极强，可以降低流域内部80%的环境风险，处理环境风险的有效性极高。据此，将流域管理者环境风险管理能力分为五级，一级表示管理能力极弱，五级表示管理能力极强（如表10-5所示）。环境风险管理能力可由以下公式表示：

$$\text{Abi}=\frac{100\%}{5}\times\text{Ability-level} \tag{10-5}$$

表 10-5 流域管理者环境风险管理能力等级划分

分级	环境风险管理能力	对应值/%	含义
一级	极弱	0	流域管理者的环境风险管理能力极弱，不能降低任何环境风险，环境风险管理有效性极低
二级	较弱	20	流域管理者的环境风险管理能力较弱，只能降低 20%的环境风险，环境风险处理有效性较低
三级	中等	40	流域管理者的环境风险管理能力一般，只能降低 40%的环境风险，环境风险处理有效性一般
四级	较强	60	流域管理者的环境风险管理能力较强，可以降低 60%的环境风险，环境风险处理有效性较高
五级	极强	80	流域管理者的环境风险管理能力极强，可以降低 80%的环境风险，环境风险处理有效性极高

10.2.3.2 流域管理者对环境风险的响应态度

在本研究中，流域管理者对环境风险传递的响应态度主要指流域管理机构对环境风险事件的响应时间，即流域管理者在环境风险出现后所介入处理的时间以及流域管理者对环境风险所采取的态度等级。本研究用[0，1]表示流域管理者介入处理环境风险的时间归一值。其中，0 表示当有 0%的城市污染排放强度值大于等于 0.66，即没有 1 个城市的污染排放强度达到环境风险爆发的程度，城市不会主动采取相应的污染控制措施控制潜在的环境风险，按照前文所述，即为流域管理者在环境风险出现之前就通过各种预警机制及措施及时出面解决相关问题，流域管理者对环境风险的响应能力极强；1 表示当有 100%的城市污染排放强度值大于等于 0.66，即所有城市的污染排放强度均达到环境风险爆发的程度，城市均需要采取相关措施控制环境风险事件的发生，按照前文所述，即为流域管理者在环境风险出现之后很长时间才通过各种预警机制及措施出面解决相关问题，也就是流域管理者对环境风险的响应能力极差，容易导致环境风险事件的爆发。本研究根据赵志裕在全国社会心态调查云南站点讨论会上所提出扩散规律的相关观点，定义一个群体行为发生和爆发的临界点，在此设定为参与群体性事件或群体行为的 13%～15%（赵志裕，2016）。本研究中设定污染排放强度达到环境风险传递阈值，即网络中环境风险累积值大且采取相关污染控制措施城市的数量达到城市总数量的 15%时，流域管理者会介入并采取相关政策措施控制环境风险的放大与传递。流域管理者响应时间较早的时间节点为 5%（如表 10-6 所示），流域管理者响应时间较晚的时间节点为 25%。不同的响应能力反映了流域管理者对环境风险所采取的不同的态度等级（如表 10-7 所示）。流域管理者的态度等级大小由下式表示：

$$\mathrm{Att}=\frac{33\%}{5}\times \text{Attitude-level} \tag{10-6}$$

33%的取值主要指流域管理者处理环境风险态度良好的情况。

表 10-6　流域管理者对环境风险的响应时间

响应时间	对应值/%	含义
早	5	5%的城市发生环境风险时流域管理者对环境风险事件做出反应
中	15	15%的城市发生环境风险时流域管理者对环境风险事件做出反应
晚	25	25%的城市发生环境风险时流域管理者对环境风险事件做出反应

表 10-7　流域管理者应对环境风险的态度等级

态度等级	对应值/%	含义
一级	6.6	流域管理者处理环境风险的态度极差，只能让每个城市的环境风险降低 6.6%
二级	13.2	流域管理者处理环境风险的态度较差，只能让每个城市的环境风险降低 13.2%
三级	19.8	流域管理者处理环境风险的态度一般，能让每个城市的环境风险降低 19.8%
四级	26.4	流域管理者处理环境风险的态度较好，能让每个城市的环境风险降低 26.4%
五级	33.0	流域管理者处理环境风险的态度极好，能让每个城市的环境风险降低 33.0%

10.2.3.3　流域管理者环境风险管理的政策强制程度

结合之前参考的相关文献（赵春蓓，2010；王资峰，2010），针对淮河流域水污染治理所采取的方式为分割式管理模式，即地方政府的分割管理以及部门的分割管理。而流域作为一个整体，其水环境质量不可避免地与流域内城市的社会经济发展过程交织在一起，互相依赖、互相作用。在这个过程中所产生的流域环境污染问题不可能离开城市社会经济发展和环境管理而分割解决，需要相关政府部门的紧密合作。而这种紧密合作的程度也离不开流域管理者所制定的相关政策。模型假定流域管理者制定流域环境风险管理政策的强制程度分为不同的等级，分别为强制程度强、强制程度适中以及强制程度弱。模型将流域管理者制定流域环境风险管理政策的强制程度分为 3 个等级，即强制性、适中性以及无强制性政策制定。

在本研究中，以模型中时间步为年份，每 20 步代表 1 年，研究在 1 000 步（即 50 年）之中环境风险在整个流域内的传递情况。在此选取 20 个时间步代表 1 年是由于环境风险传递的长期性特点，这样就便于观察环境风险传递在长时间内的变化情况。本研究从淮河流域选取 35 个地级市和 5 个地级市以下的城市，根据污染排放强度的不同将这

40 个城市划分为不同类型的主体，在环境风险涌现并传递之前，设定 5 个城市的污染排放强度超过其污染排放标准（即承受能力）而成为风险传递城市，这种类型的城市已经意识到该环境风险，但是并未采取相关的污染控制行动，其余 35 个城市污染排放强度达标且在排放标准以下，属于不主动传递环境风险的城市。初始情况下，这 5 个城市开始在整个流域中传递环境风险，流域内有些城市由于与风险传递城市的空间邻近性，也成为风险传递城市，但并未采取相关防治措施，另外一些城市由于空间距离过近，环境风险在此累积而存在爆发的风险，因此这些城市也会采取相关防治措施控制污染排放行为，进而降低环境风险。在流域管理者介入的情况下，流域管理者不同的环境风险管理能力、响应态度以及制定政策的强制程度也会对环境风险的传递过程产生影响。

本模型设置的相关参数如表 10-8 所示。

表 10-8 相关参数

参数名称	含义	初始值
Int-potential	主动传递环境风险的城市	5
Int-normal	不主动传递环境风险的城市	35
Policy-intensity	流域管理者采取的政策强制程度	10
Risk-level	环境风险对城市产生的影响	三级
Attitude-level	流域管理者对环境风险的态度	三级
Ability-level	流域管理者的环境风险管理能力	三级
Intervene-step	流域管理者介入处理环境风险的时间	0.15

10.2.4 模型构建

模型基于 NetLogo 进行开发，模型界面如图 10-1 所示，参数如表 10-9 所示。

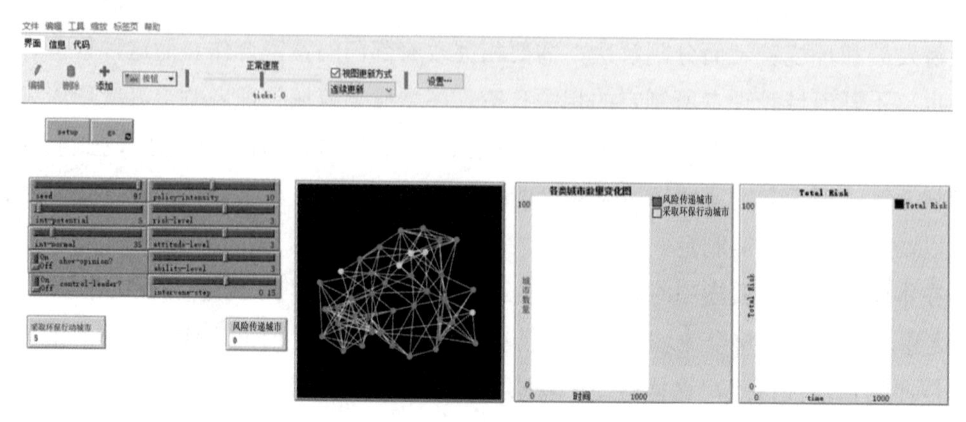

图 10-1 模型界面

表 10-9 流域环境风险传递模型界面中的图形特征及含义

节点特征	含义
笑脸形状节点	环境风险传递过程中的核心城市
灰色节点	污染排放强度还未达到环境风险传递阈值或排放达标的城市
黄色节点	污染排放强度达到风险传递临界且会主动传递环境风险，并且会主动采取相关污染治理行动的城市
红色节点	污染排放强度已经完全超标且会主动传递环境风险，但并未主动加强污染治理行动控制污染的城市
灰色方块节点	受到流域管理者相关政策措施影响不再传递环境风险的城市
红色方块节点	环境风险达到极限并采取污染治理行动的城市
连接线	城市之间存在的环境风险传递路径

10.2.5 本研究模型程序代码

```
breed [pubs pub]
breed [companies company]
pubs-own [opinion influence stakeholder]
globals [average-opinion risk i j a O1 n density centrality ce x d Dmax z step c]
to setup
  clear-all
  set n (int-potential + int-normal)
  setup-people
  setup-network
  set c 0
  set risk 1 + (risk-level / 12.19)
  set step intervene-step
  reset-ticks
end
to setup-people
  random-seed seed
  set-default-shape pubs "circle"
  create-pubs n
  [move-to one-of patches]
  set i 0
```

```
    while [i < int-potential]
    [ask pub i
      [set opinion (round((random 33) + 33)) * (0.01)
        set color yellow
        facexy 0 0]
      set i (i + 1)]
    while [i < n]
    [ask pub i
      [set opinion 0
        set color gray
        facexy 0 0]
      set i (i + 1)]
    set-default-shape companies "house"
    create-companies 1
    [setxy 0 0
      set color blue]
  end
  to go
    set i 0
    while[ i < n]
    [ tick
      set O1 0
      set a 0
      set j 0
      while [j < n]
      [ask pub j
        [if link-with pub i != nobody and random 100 < ([influence] of pub j) * 100 and
pcolor != gray and ([opinion] of pub j - [opinion] of pub i) > 0
          [set O1 O1 + ([stakeholder] of pub i) * risk * ([opinion] of pub j - [opinion]
of pub i)
          set a a + 1]
        set j j + 1]]
```

```
        ask pub i
        [ifelse a = 0 or pcolor = gray
          [set opinion opinion]
          [set opinion (opinion + O1 / a)]
          if opinion > 1
          [set opinion 1
            if random 100 < 33 [set pcolor red]]]
        set i (i + 1)
        set-judge
        if c < (count pubs with [color = red] + count pubs with [pcolor = red]) [set c count
pubs with [color = red] + count pubs with [pcolor = red]]]
      if count pubs with [color = red] >= n * step
      [set step 0
        ifelse control-leader?
        [ask pubs with [shape = "face happy"]
          [set pcolor gray
            set opinion 0.33]]
        [ask pub 99
          [set pcolor gray
            set opinion 0]]
        if count pubs with [color = red] = 0 [set-judge stop]
        ask pubs with [opinion >= 0.66 and stakeholder > step and random 100 <
ability-level * 20]
        [set opinion opinion * (1 - attitude-level / 15.15)
        set pcolor green
        ask pubs with [opinion < 0.66 and pcolor = green]
        [set pcolor gray]]
      to set-judge
        ask pubs
        [if opinion < 0.33
          [set color gray]
          if opinion >= 0.33 and opinion < 0.66
```

```
        [set color yellow]
        if opinion >= 0.66
        [set color red]
        ifelse show-opinion?
        [set label precision opinion 2]
        [set label ""]
        set average-opinion (sum [opinion] of pubs) / n]
end
to setup-network
    let num-links (average-people-degree * n) / 2
    while [count links < num-links]
    [ ask one-of pubs
        [
            let choice (min-one-of (other pubs with [not link-neighbor? myself])
                [distance myself])
            if choice != nobody [create-link-with choice]]]
    repeat 100
    [layout-spring pubs links 0.06(world-width / (sqrt n)) 1]
    ask links [set color white]
    ask pubs with [color = yellow]
    [set color blue]
    ask max-one-of pubs[count my-links]
    [set shape "face happy"
        set-judge]
    ask pubs [
        ask max-one-of pubs [distancexy 0 0]
        [set Dmax distancexy 0 0]
        set stakeholder (1 - distancexy 0 0 / Dmax) * 1.41]
    set i 0
    while [i < n]
    [ask pub i
        [set influence(count[my-links] of pub i) / count[my-links] of (max-one-of pubs
```

```
[count my-links])]set i (i + 1)]
          set density average-people-degree / (n - 1)
      set x 0
       set ce 0
       while [x < n]
       [ask pub x
         [set ce ce + (count[my-links] of (max-one-of pubs[count my-links]) -
(count[my-links] of pub x))]
         set x (x + 1)]
       set centrality ce / (n * n - 3 * n + 2)
    end
```

10.3 模型运行结果分析

10.3.1 基准情景分析

基准情景是指流域管理者不采取任何措施时环境风险在整个流域城市内部传递的情景。该情景下，初始条件设置为：流域管理者所采取的政策强制程度弱，表示流域管理者未介入城市环境风险的管理之中；城市风险脆弱性（Risk-level）、流域管理者对环境风险的态度（Att）、流域管理者环境风险管理能力（Abi）以及流域管理者介入处理环境风险的时间（Intervene-step）这 4 个参数均设置为 0，表示流域管理者未采取任何政策对环境风险传递过程进行管理。每个城市的环境风险由该城市的污染排放强度值表示，计算公式如式（10-4）所示，风险值由某一时段所有城市的污染排放强度值的平均值表示。根据对模型主体属性的假设：当城市的污染排放强度越大时，城市所传递的环境风险值越大（如表 10-10 所示）。

表 10-10　本情景相关参数设置

参数名称	对应值	含义
政策强制程度	弱	流域管理者所采取的强制性政策强度弱
城市风险脆弱性	0	城市环境风险对城市未产生任何影响
流域管理者对环境风险的态度	0	流域管理者未介入，故不涉及对环境风险的态度

参数名称	对应值	含义
流域管理者环境风险管理能力	0	流域管理者未介入，故不涉及环境风险管理能力
流域管理者介入处理环境风险的时间	0	流域管理者未介入，故不涉及介入处理环境风险的时间

模型运行结果如图 10-2 所示。

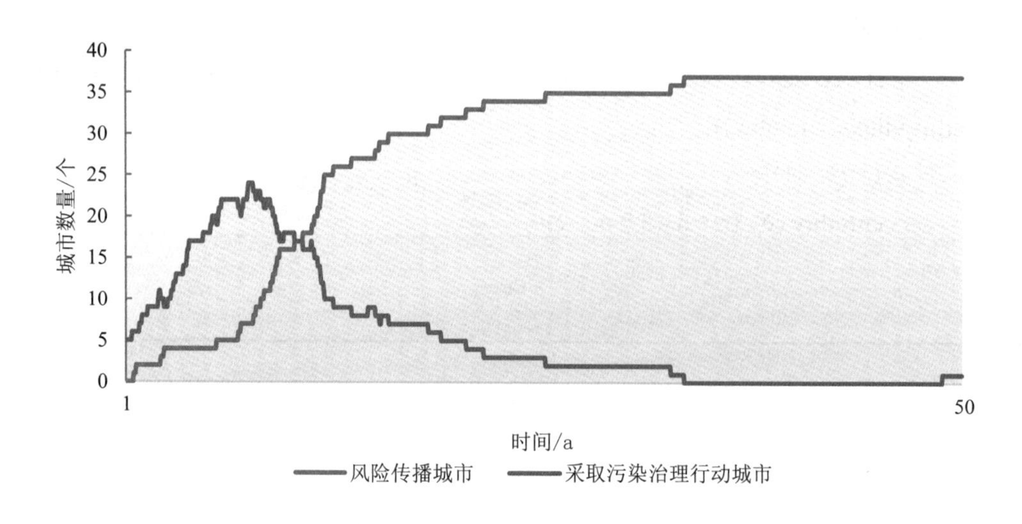

图 10-2　基准情况下模型运行结果

从图 10-2 中的运行结果可以看出，当流域管理者未采取政策措施对污染造成的环境风险进行管理的情况下，在环境风险传递过程开始后，越来越多的城市由于空间邻近性和经济相关性成为风险传递城市（从开始时的风险传递城市数量为 5 个增长到模型运行结束时的 37 个，如表 10-11 所示），进而随着城市污染排放强度的进一步增强，起初不传递环境风险的城市在周围城市的影响下转变成为采取污染治理行动城市，采取污染治理行动的城市数量也随之进一步增加，并在第 8 年达到城市数量的峰值（22 个）。但由于环境风险在整个流域内的累积，越来越多的城市成为风险传递城市，而采取相关污染治理行动的城市由于周边大城市的影响，也成为风险传递城市，最终风险传递城市的数量在流域内进一步增加，进而对流域环境造成严重的影响（如图 10-3 所示）。而流域整体的环境风险会滞后一段时间后达到 1 个峰值（28.30，如表 10-12 所示），说明流域内城市自身的污染处理能力在一定程度上滞后流域自身环境风险的过快增长。在模型运行到第 50 年时，风险传递城市数量激增到 37 个，主动采取污染治理行动的城市数量仅为 1 个，另外不主动传递风险城市的数量为 2 个。整个流域总环境风险也在大幅上升之后处于平稳的状态。主动采取污染治理行动的城市的数量先增加后减少表明，当流域管理者无作为时，流域内城市也在初期会自发主动采取相关污染治理行动进行风险应对，但在整体环境的恶化下，应对效果下降，这些城市大多也会转变为风险传递城市。

表 10-11 基准情景下模型运行结束后不同类型城市数量

城市类型	含义	城市数量/个	城市编号
风险传递城市	传递环境风险且未采取污染治理行动的城市	37	1～12、14～16、18～27、29～40
采取污染治理行动城市	传递环境风险但采取污染治理行动的城市	1	13
不传递环境风险城市	不会主动传递环境风险的城市	2	17、28

表 10-12 模型运行过程中整个流域总环境风险情况

环境风险	对应值
最大值	28.30
最小值	2.66
平均值	24.50

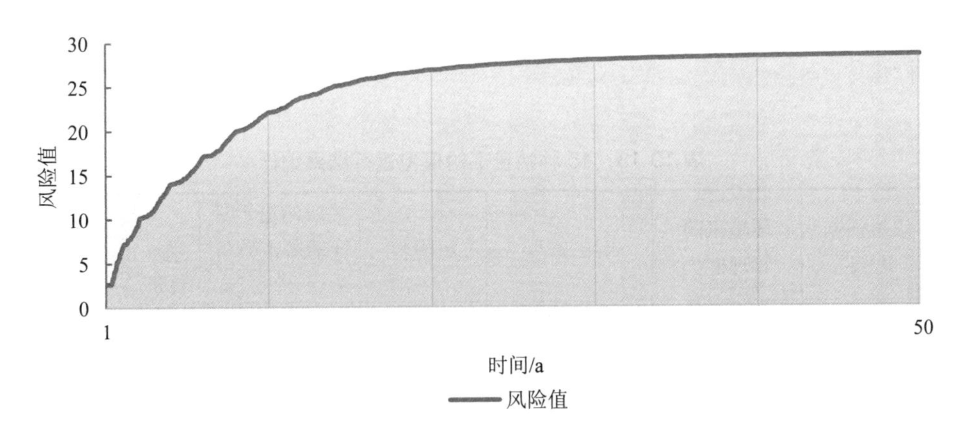

图 10-3 基准情景下流域总环境风险随时间变化的情况

将基准情景与淮河流域实际情况相对照发现，模型设定在初始条件下，5 个潜在的环境风险传递源分别为郑州市（污染排放强度为 0.63）、济宁市（污染排放强度为 0.62）、徐州市（污染排放强度为 0.57）、菏泽市（污染排放强度为 0.50）以及盐城市（污染排放强度为 0.34）。其他城市的污染排放强度均假设为 0。在模型运行结束后，这 5 个潜在的风险传递源均成为环境风险传递城市，且风险程度均大幅上升，其中郑州市的污染排放强度由 0.63 上升为 0.75，济宁市由 0.62 上升为 0.75，徐州市由 0.57 上升为 0.76，盐城市由 0.34 上升为 0.75。流域内其他 33 个城市也均成为环境风险传递城市，其中仅有信阳市（污染排放强度从 0 到 0.35）从不主动传递环境风险城市转变为潜在环境风险传递城市（即采取相关污染治理行动城市）。模型结果还表明，泰州市和阜阳市由于城市本身制定较为强制性的污染治理政策并且采取较为强制性的污染排放控制措施，在仿真结果中污染排放强度达到 0，依然不主动传递环境风险。综合以上分析，在流域管理者不介入流域水环境管理的情况下，各城市不会关注自身的污染排放是否会对流域的环境造成严重影响，而是为了城市本身的利益，将自身的环境风险转移出去，整个流域的水环境状况将呈现出持续恶化的趋势，并且城市自身也可能会因为其他城市的相似行为，城市自身环境不仅没有得到改善，反而会更加严重。这就需要流域水环境管理部门的介入，通过各种政策手段控制污染排放行为。

10.3.2 45 种情景结果综述与比较

本研究重点考虑流域管理者 5 种不同的环境管理能力、采取 3 种不同程度的强制性政策以及对环境风险的 3 种不同响应态度，一共对模型进行了 45 种情景的模拟，在此基础上对流域整体的环境风险情况、采取污染治理行动城市数量、风险传递城市数量以及模型运行时间进行分析，得到表 10-13，该表根据模拟结束后流域整体的环境风险值从小到大进行排序。

表 10-13 45 种情景下的模型运行结果统计

序号	政策强制程度	环境风险管理能力	响应态度	风险值	采取污染治理行动城市数量/个	风险传递城市数量/个	模型运行时间/a
1	弱	五级	（五级，5%）	12.31	30	0	6
2	强	四级	（五级，5%）	12.82	31	0	4
3	强	五级	（五级，5%）	12.82	31	0	4
4	中	三级	（五级，5%）	13.46	32	0	6
5	中	四级	（五级，5%）	13.46	32	0	6
6	中	五级	（五级，5%）	13.46	32	0	6
7	弱	四级	（五级，5%）	13.74	34	0	8
8	弱	三级	（五级，5%）	14.46	34	0	8
9	强	五级	（三级，15%）	15.11	33	0	6
10	中	五级	（三级，15%）	15.88	36	0	8
11	弱	五级	（三级，15%）	16.36	35	0	8
12	强	四级	（三级，15%）	17.18	36	0	10
13	强	三级	（五级，5%）	17.50	37	0	14

序号	政策强制程度	环境风险管理能力	响应态度	风险值	采取污染治理行动城市数量/个	风险传递城市数量/个	模型运行时间/a
14	中	二级	（五级，5%）	17.89	37	0	18
15	中	四级	（三级，15%）	18.14	36	0	12
16	弱	二级	（五级，5%）	18.22	37	0	22
17	强	三级	（三级，15%）	18.78	37	0	14
18	中	一级	（五级，5%）	19.27	38	0	42
19	强	二级	（五级，5%）	19.79	38	0	32
20	弱	四级	（三级，15%）	19.80	37	0	16
21	中	五级	（一级，25%）	19.90	37	0	14
22	强	五级	（一级，25%）	20.94	37	0	14
23	弱	一级	（五级，5%）	21.26	37	1	50
24	中	三级	（三级，15%）	21.65	38	0	34
25	强	一级	（五级，5%）	21.82	38	0	42
26	弱	五级	（一级，25%）	21.91	37	0	18
27	强	二级	（三级，15%）	22.02	38	0	44
28	弱	三级	（三级，15%）	22.71	37	0	36
29	中	四级	（一级，25%）	23.82	38	0	42
30	强	四级	（一级，25%）	24.16	38	0	36
31	弱	四级	（一级，25%）	24.69	37	0	42
32	中	二级	（三级，15%）	24.96	27	11	50
33	中	三级	（一级，25%）	26.02	18	20	50
34	弱	二级	（三级，15%）	27.19	19	19	50
35	中	一级	（三级，15%）	27.33	19	19	50
36	弱	三级	（一级，25%）	27.88	9	29	50
37	强	一级	（三级，15%）	27.89	18	20	50
38	强	三级	（一级，25%）	28.25	9	29	50
39	中	二级	（一级，25%）	28.71	8	30	50
40	强	二级	（一级，25%）	29.65	5	33	50
41	弱	一级	（三级，15%）	29.94	11	27	50
42	弱	二级	（一级，25%）	30.55	8	30	50
43	中	一级	（一级，25%）	30.86	3	35	50
44	强	一级	（一级，25%）	32.01	0	38	50
45	弱	一级	（一级，25%）	32.55	2	36	50

注：本研究的研究对象是40个城市主体，除去本表中采取污染治理行动城市数量和风险传递城市数量后是不传递环境风险的城市数量。

从所有 45 种情景的模拟结果综合来看（如图 10-4 所示），相比流域管理者环境风险管理能力以及响应态度，流域管理者所制定的政策的强制程度对降低流域总环境风险的影响较小。排名前十的环境风险管理效果中，有 7 种情况是“当流域管理者采取强制程度大或中等的强制性政策时流域综合管理效果较好”。风险控制水平、响应态度与环境风险管理效果呈现正相关的关系，政策强制程度不同时则呈现出不同的管理效果，当强制性越高，效果确实也越好，但是最好的效果不出现在最高的强制性下。具体来说，当流域管理者不采取任何强制性政策（政策强制程度弱）、环境风险管理能力极强（Abi=5）以及响应态度极好（Att=5，Int = 0.05）时，流域管理者对流域总体环境风险的预防和管理效果最好，此时流域整体的环境风险值在这 45 种情景中最低（12.31），并且流域中不再有环境风险传递城市存在。95%左右的城市在流域管理者介入以后，从风险传递城市转化为采取污染治理行动的城市。当流域管理者不采取任何强制性政策（政策强制程度弱）、环境风险管理能力极弱（Abi=1）以及响应态度极差（Att=1，Int = 0.25）时，流域管理者对流域总体环境风险的预防和治理效果最差，此时流域总体的环境风险值最高（32.55），并且流域中 90%以上的城市（36 个）都成为环境风险传递城市。从以上的分析中可以得到以下结论：当城市环境风险管理能力和态度提高时，流域整体的污染程度才会得到极大的缓解；反之，如果不采取任何相关的政策措施，加上流域管理者的环境风险管理能力和态度较差，则会产生较为严重的后果。

淮河流域水环境综合管理中存在的管理强度不够、政府管理部门分割管理、政府管理部门不作为等问题导致了环境管理的失效（张雪泽，2014），具体表现在“十五小”企业的死灰复燃、治污工程建设滞后、企业偷排现象严重（张玉霞等，2005）、地方保护现象严重、淮河水利委员会权威不足等（黄体乾，2006），以及经济社会发展与环境管制脱节，环境执法管制的软约束不强等（李东辉，2019）。要实现淮河流域经济社会生态协调发展，每个城市需要革新生产技术和工艺，提高应对环境风险的水平。对流域管理者来讲，不仅需要提高快速解决环境风险的能力，还需要提高快速反应的能力，可以通过加强城市间的协调，制定相关强制性政策以提升反应速度。另外，流域管理者也需要对强制性管理手段进行更深入的研究。另外，还需要加强相关生态治理机构建设，提高相关治理机构的生态治理能力。不同地区的环保部门通过生态治理机构实现部门联动，以实现监测信息共享以及监管上的协同（王家庭等，2014）。相关流域管理部门在处理污染排放的过程中，往往存在考核指标不统一、考核流于形式以及信息公开性不够等问题，这就需要相关管理部门制定强制性政策，促进跨区域管理机构在污染治理上的联系，以更加积极的态度应对环境污染行为，加强其应对环境风险的响应能力。

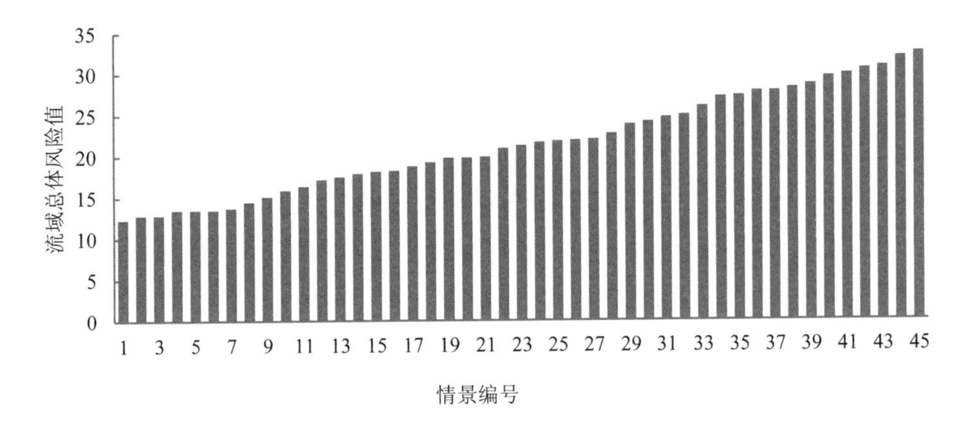

（a）45 种情景下流域整体风险值比较

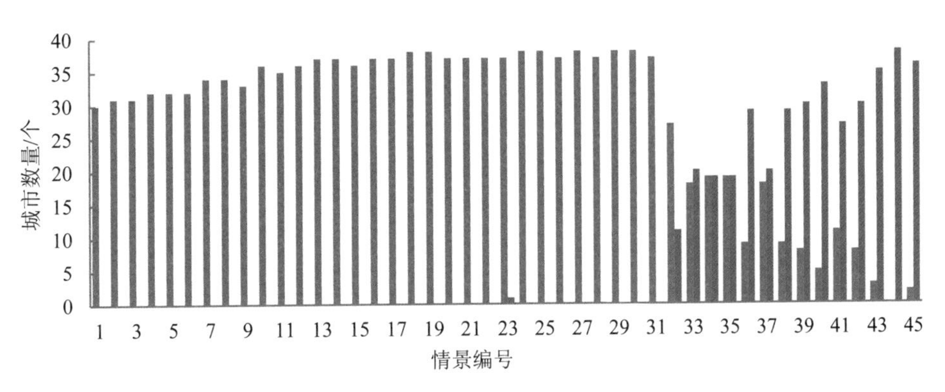

（b）45 种情景下不同类型城市数量

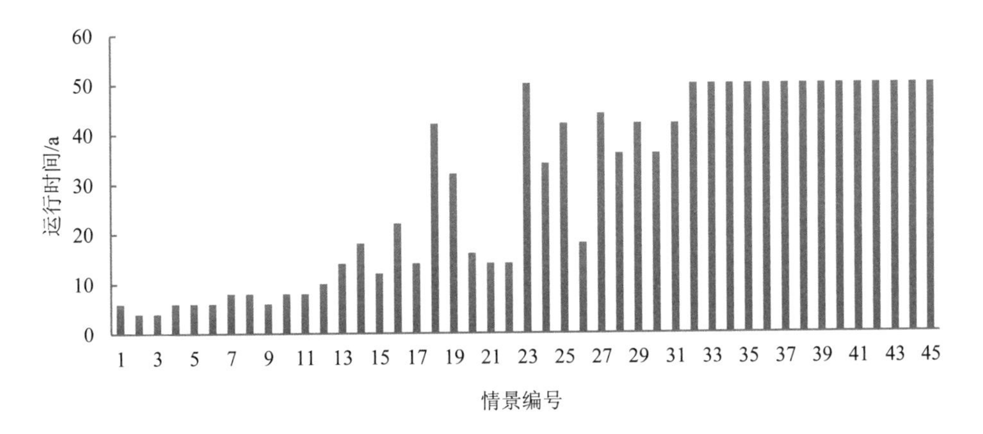

（c）45 种情景下模型停止运行时间

图 10-4　45 种情景下的模型运行结果比较

10.3.3 不同管理手段的仿真结果及敏感性分析

10.3.3.1 考虑城市风险脆弱性的仿真结果分析

本小节主要研究城市的本底情况（即城市对污染的抵抗程度）不同对流域整体的环境风险产生什么样的影响。在本研究中，控制其他变量不变，仅改变城市风险脆弱性的数值，运行模型。相关参数设置如表 10-14 所示。

表 10-14 本情景相关参数设置

参数名称	对应值	含义
流域管理者政策强制程度	适中	流域管理者采取强制程度适中的政策
流域管理者环境风险管理能力	3	流域管理者环境风险管理能力适中
流域管理者对环境风险的态度	3	流域管理者对环境风险的态度适中
流域管理者介入处理环境风险的时间	0.15	流域管理者介入处理环境风险的时间适中
城市风险脆弱性	1～5	1～5 分别代表城市风险脆弱性极低、较低、中等、较高、极高

用采取污染治理行动城市数量、风险传递城市数量和流域总体环境风险值作为因变量，对城市风险脆弱性的敏感性进行分析研究，具体模型运行结果如图 10-5 所示。

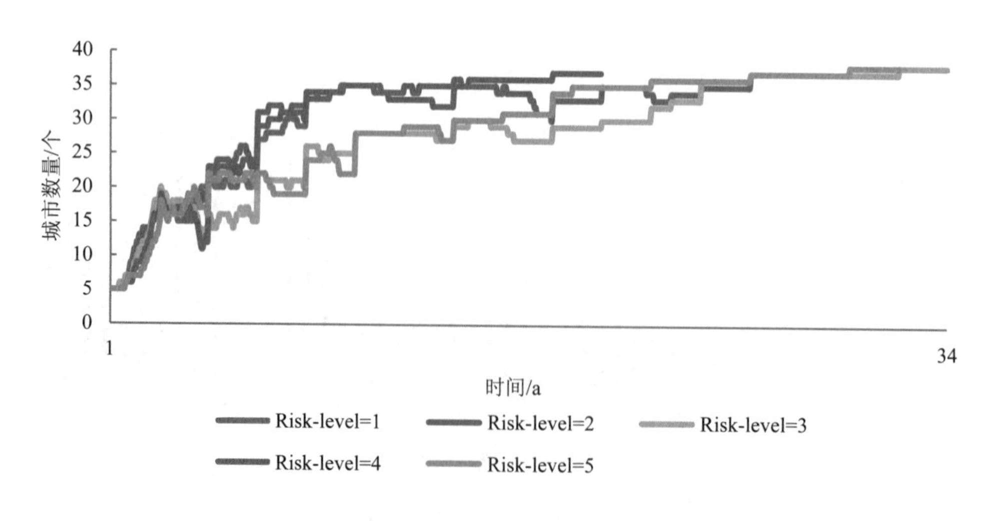

（a）城市风险脆弱性不同情景下采取污染治理行动城市数量

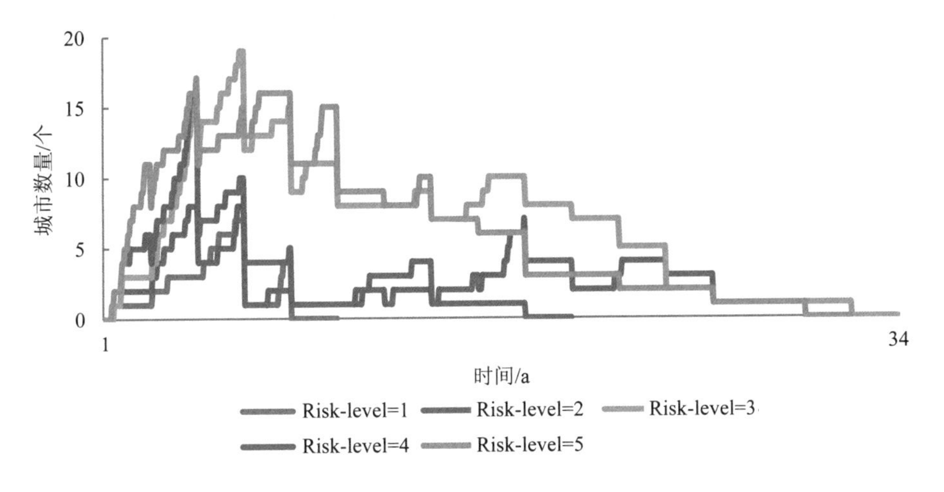

（b）城市风险脆弱性不同情景下风险传递城市数量

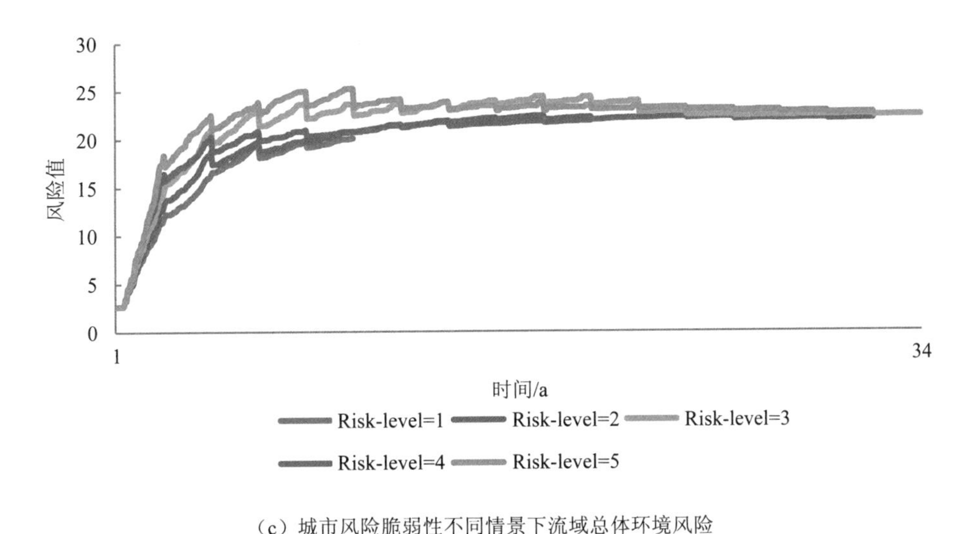

（c）城市风险脆弱性不同情景下流域总体环境风险

图 10-5　城市风险脆弱性不同时不同因变量的敏感性分析

从模型模拟结果来看，当城市风险脆弱性等级为一级时，城市脆弱程度低（即城市抵御环境风险能力强），污染对城市所产生的影响极小，在流域管理者作用恒定的情况下，模型运行时间最短（10 年），模型运行结束后流域总体的环境风险值为 15.33，处于最低水平。另外，85%的城市（34 个）转变为采取污染治理行动城市，流域内部没有风险传递城市存在。说明提高城市抵御污染造成的环境风险的能力时，能够极大限度地降低全流域的环境风险水平。当城市风险脆弱性等级为五级时，城市脆弱程度最高，这时污染对城市所产生危害的风险也最大，流域总体的环境风险值最大，为 22.13（是 15.33 的

1.44 倍)。此时由于环境风险对城市造成的危害最大，因此城市采取相关污染治理行动的愿望最高。值得注意的是，当城市风险脆弱性等级为三级时，模型运行时间最长（34 年），这表明在城市风险脆弱性处于中等水平（三级）时，流域管理者的环境管理效果最差。这可能是由于环境风险对城市所产生的影响程度处于中等水平，城市对环境风险的放大比率为 1.246 倍（总风险达 19.10），城市没有一定意愿来采取相关污染治理行动，城市没有对环境风险产生足够的重视，即使在流域管理者介入并且流域管理者的相关指标均处于较高的水平（各项指标在模型中处于中等水平），但流域管理者的环境风险管理效果仍不好，流域整体的环境污染状况仍然处于较高的水平。

因此，对于淮河流域水环境的管理，不仅需要流域管理者采取相关政策措施实施管理，还需要各城市通过各种措施加强自身抵御环境风险的能力。这就需要各城市加强环境保护设施的建设，以增强城市对环境风险的抵御能力，更大限度地改善流域的整体环境。

10.3.3.2 考虑流域管理者环境风险管理能力的仿真结果分析

本小节重点研究流域管理者在污染治理能力不同时对全流域环境风险传递的影响。相关参数设置如下（如表 10-15 所示）：政策强制程度（Policy-intensity）为适中，表明流域管理者会采取强制程度适中的政策；城市风险脆弱性（Risk-level）为 3，表明环境风险对城市的影响程度适中；流域管理者对环境风险的响应态度（Att）和介入处理环境风险的时间（Int）分别设置为 3 和 0.15，表明流域管理者对环境风险传递采取的响应态度处于中等水平，即流域管理者的响应态度能使每个城市降低 19.8%的环境风险。在控制政策强制程度、城市风险脆弱性、流域管理者的响应态度（态度和介入时间）不变的前提下，通过改变流域管理者环境风险管理能力（Abi）来分析其对整个流域环境风险传递过程的影响。

表 10-15 本情景相关参数设置

指标名称	对应值	含义
流域管理者政策强制程度	适中	流域管理者采取强制程度适中的政策
城市风险脆弱性	3	环境风险对城市的影响程度适中
流域管理者对环境风险的态度	3	流域管理者对环境风险的态度适中
流域管理者介入处理环境风险的时间	0.15	流域管理者介入处理环境风险的时间适中

用采取污染治理行动城市数量、风险传递城市数量和流域总体环境风险值作为因变量，对流域管理者环境风险管理能力的敏感性进行分析研究，具体模型运行结果如图 10-6

和表 10-16 所示。

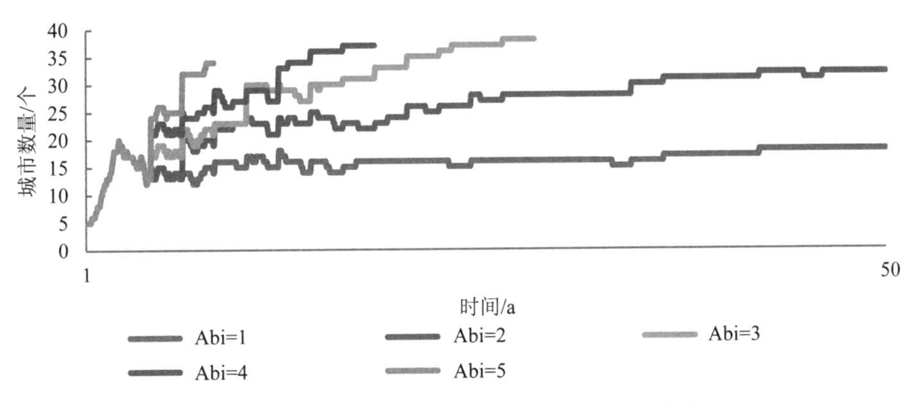

（a）流域管理者管理能力不同时采取污染治理行动城市数量

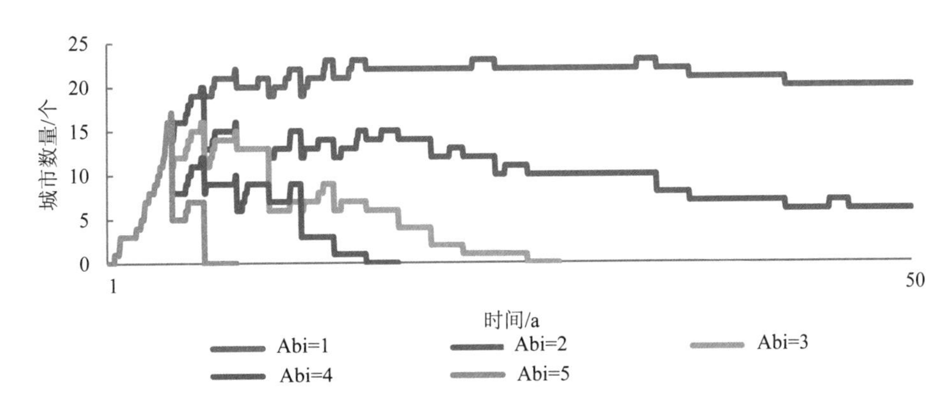

（b）流域管理者管理能力不同时风险传递城市数量

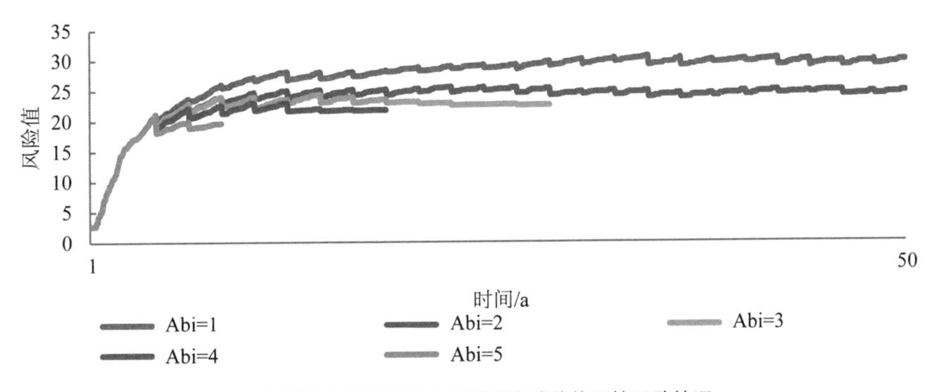

（c）流域管理者管理能力不同时流域总体环境风险情况

图 10-6　流域管理者环境风险管理能力不同时不同因变量的敏感性分析

表 10-16　流域管理者环境风险管理能力不同时相关城市数量及风险值对比

流域管理者环境风险管理能力	风险传递城市数量/个	采取污染治理行动城市数量/个	模型运行时间/a	风险值
1	20	18	50	27.13
2	6	32	50	23.46
3	0	38	28	21.41
4	0	37	18	19.70
5	0	34	8	15.99

由以上结果可知，控制其他参数不变，当流域管理者的环境风险管理能力极弱（Abi=1）时，会有一半（20 个）的城市进行环境风险传递，而采取污染治理行动的城市数量仅为 18 个，说明流域管理者缺乏集中治污的科技能力时，将无法改变环境风险在整个流域内城市间的传递和累积，因此整个流域的环境风险值将达到 27.13［基准情景下环境风险值为 28.30（这里取表 10-12 的最大值为基准情景值)，这表明虽然流域管理者的环境风险管理能力极弱，但相较于流域管理者未介入的情况，整体环境状况还是有所好转]。而当流域管理者的环境风险管理能力达到三级时，即流域管理者有很好的科技能力实现集中治污，那么模拟结果显示整个流域内不再存在环境风险传递城市，绝大部分的城市从风险传递城市转变为采取污染治理行动的城市，与风险管理能力较差时比较，流域总风险值降低了 21.1%。而通过比较流域管理者不同环境风险管理能力的效果发现，当流域管理者的环境风险管理能力提高时，整个流域中进行环境风险传递的城市数量大大减少（从 20 个降低到 0 个），并且模型停止运行时间变短，说明流域管理者的管理达标周期短。另外，从以上的结果也可以看到，随着流域管理者环境风险管理能力的进一步提高，整个流域在模型运行时间范围内的总体风险值呈现出递减的趋势，从 27.13 降低到 15.99。与基准情景比较，当环境风险管理能力达到最高水平时，流域整体的环境风险从 28.30 降低到 15.99，环境风险下降了 43.5%，流域整体环境质量有了大幅提升。综上可知，提高流域管理者的污染综合管理水平可以更加快速地大幅降低流域总体环境风险。

从现实情况来看，通过各项污染治理技术的革新，加强对污水处理厂的建设，进一步提高城市自身的污染综合管理水平，的确是进一步提高流域水环境质量的有效手段。但是值得指出的是，技术的提升是非线性的，也不是永续的。技术的提升也只是改善环境质量的一个辅助手段。要想实现流域水环境的可持续发展，归根结底还是需要各城市政府管理部门提高环境保护意识，并加强对环境保护的宣传力度，使得公众进一步加入环境保护，提高公众参与环境保护的积极性。

10.3.3.3 考虑流域管理者对环境风险响应态度的仿真结果分析

本小节重点考虑流域管理者对环境风险的响应态度，主要考虑两个方面：流域管理者对环境风险的态度以及介入处理环境风险的时间。本模型考虑了三种情况：流域管理者响应态度强，此时所对应的参数设置为 Att=5，Int=0.05；流域管理者响应态度适中，此时所对应的参数设置为 Att=3，Int=0.15；流域管理者响应态度弱，此时所对应的参数设置为 Att=1，Int=0.25。其他变量的设置如表 10-17 所示。

表 10-17 本情景相关参数设置

参数名称	对应值	含义
流域管理者政策强制程度	适中	流域管理者采取强制程度适中的政策
城市风险脆弱性	3	环境风险对城市的影响程度适中
流域管理者环境风险管理能力	3	流域管理者对环境风险的管理能力适中

用采取污染治理行动城市数量、风险传递城市数量和流域总体环境风险值作为因变量，对流域管理者环境风险响应态度的敏感性进行分析研究，具体模型运行结果如表 10-18 和图 10-7 所示。

表 10-18 流域管理者响应态度不同时相关城市数量及风险值对比

响应态度	风险传递城市数量/个	采取污染治理行动城市数量/个	模型运行时间/a	风险值
（1，0.25）	25	13	50	27.75
（3，0.15）	0	38	28	21.41
（5，0.05）	0	37	14	16.98

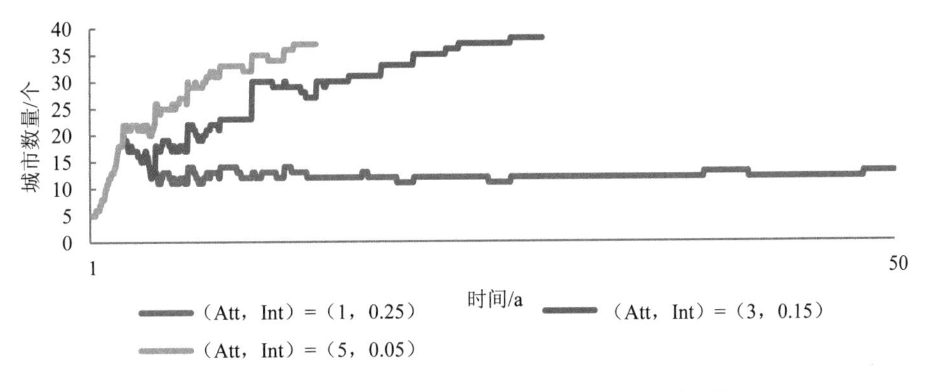

（a）流域管理者响应态度不同时采取污染治理行动城市数量

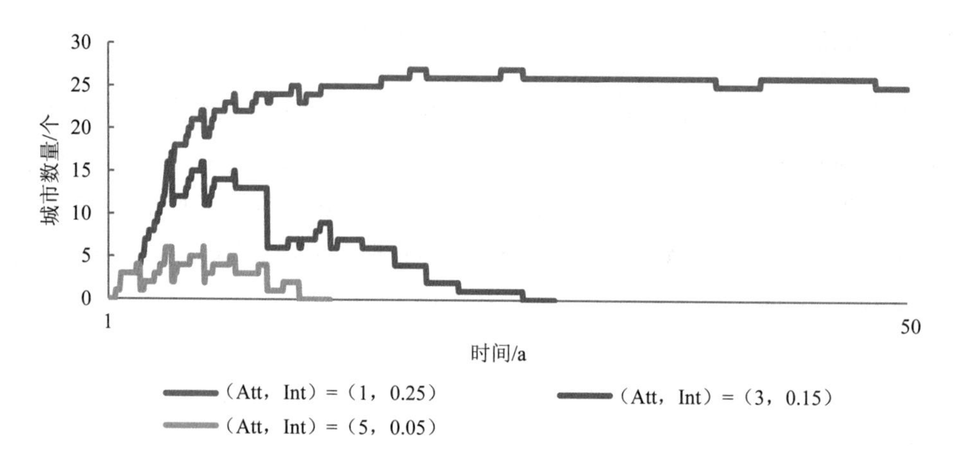

（b）流域管理者响应态度不同时风险传递城市数量

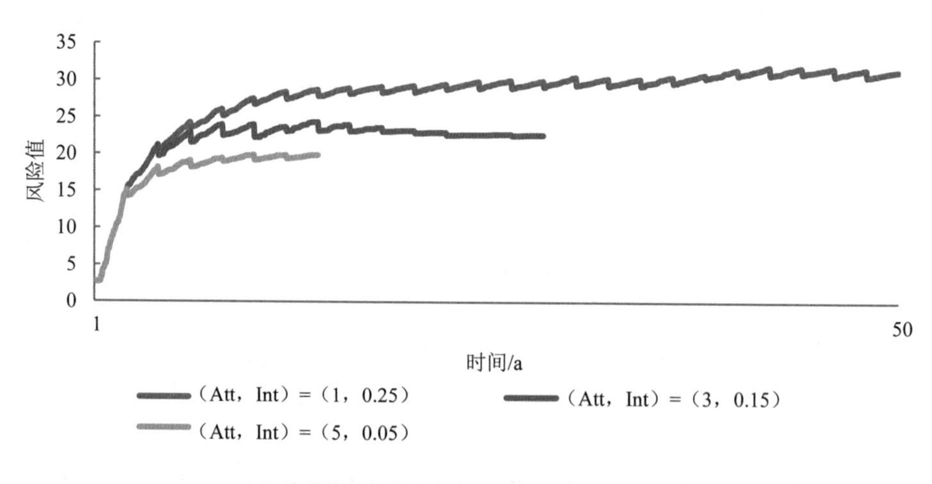

（c）流域管理者响应态度不同时流域总体风险值

图 10-7 流域管理者响应态度不同时各类型城市数量及流域整体环境风险变化曲线

从本情景模型运行结果来看，控制其他参数不变，当流域管理者对环境风险的响应态度为（1，0.25），即流域管理者介入处理环境风险的时间晚、态度差时，模型运行结束时流域内部环境风险传递城市数量（25 个）要大大高于采取污染治理行动的城市数量（13 个），并且整个流域的风险值为 27.75，比响应态度适中和响应态度好两种情况的风险值（分别为 21.41 和 16.98）高，这说明流域管理者对环境风险的防范效果极差。以发生在吉林松花江的污染事件为例，根据事后对事故发生原因的调查，主要原因在于吉林市环境保护局没有及时向事故应急救援指挥部建议采取措施，导致延长了救援时间，并最终导致事故的影响范围在整个流域进一步扩大。当流域管理者对环境风险的响应态度极好，即（Att，Int）=（5，0.05）时，流域内部不再存在风险传递城市（0个），大部分城市（37个）都会采取污染治理行动控制自身污染排放行为。在这种状态下，整个流域的风险值（16.98）与其他两种响应态度下相比，处于一种较低的状态，模型运行的时间也最短（14年），说明流域管理者的环境管理效果最好。综合来讲，流域管理者对环境风险的响应力度越大，响应时间越短，流域总体风险控制的效果越好。与基准情景比较，当环境风险响应态度达到最高水平时（五级），流域总体的环境风险从28.30降低到16.98，环境风险下降了40%，流域整体环境质量也有了大幅提升。因此，流域管理者对环境风险的态度及介入时间的大幅提高能很好地控制环境风险在流域内部的传递过程。当前国家大力推行“河长制”，提出的相关措施包括严格监督考核问责机制。加强对全面实施“河长制”工作的监督考核力度，建立科学合理的监督考核指标体系，并定期对相关工作进行监察，确保“河长制”工作的顺利推进。实施严格的考核问责制度，当发生突发性污染事件时，要问责到人。严格责任追究程序，确保各项任务得到有效落实。这种制度的目的正是在于加强流域管理者对环境风险的态度以及加快风险事件处理时间。

上述模拟表明应健全流域水环境管理的相关风险响应力度。早期流域水环境管理过程中流域管理监督机制的缺失使流域管理者不能及时对流域污染事件做出响应，进而影响风险防范效果。应进一步加大对水环境质量监测的资金和设备的投入力度，根据统一规划布局、标准方法、信息发布的要求，建成以水环境质量监测以及水环境信息支撑为核心的先进水环境监督网络系统，全面提升水环境监测预警的网络化和信息化水平。其中，流域地方政府环境保护主管部门负责本行政区域的水环境质量监测和污染源监督性监测；流域水利委员会和流域地方政府水行政主管部门负责水文水资源监测；流域水利委员会负责流域内行政区域边界水域和主要河道控制断面的水环境质量监测，以及流域重点水功能区和流域调水的水质监测（王亚华等，2012）。不同部门各司其职，做好各自的工作，才能在污染事件发生时做到有的放矢，更快地对相关污染事件做出响应，使环境污染事件得到更好的控制。在此基础上加强流域管理者的监督力度，加强流域管理者对环境风险事件的响应能力。

10.3.3.4 考虑流域管理者政策强制程度的仿真结果分析

本小节重点研究流域管理者采取不同强制程度的政策对流域环境风险传递过程的影响。参数设置如下：城市风险脆弱性（Risk-level）为3，表明环境风险对城市的影响程度适中；流域管理者的环境风险管理能力（Abi）为3，表明流域管理者对环境风险的管理能力适中；流域管理者对环境风险的态度（Att）和介入处理环境风险的时间（Int）分别为3和0.15，表明流域管理者对环境风险传递的响应态度适中。之后通过改变流域管理者制定的政策强制程度（分别为强、适中、弱）来分析其对整个流域环境风险传递过程的影响。

表 10-19　本情景相关参数设置

参数名称	对应值	含义
城市风险脆弱性	3	环境风险对城市的影响程度适中
流域管理者环境风险管理能力	3	流域管理者对环境风险的管理能力适中
流域管理者对环境风险的态度	3	流域管理者对环境风险的态度适中
流域管理者介入处理环境风险的时间	0.15	流域管理者介入处理环境风险的时间适中

用采取污染治理行动城市数量、风险传递城市数量和流域总体环境风险值作为因变量，对流域管理者政策强制程度的敏感性进行分析研究，具体模型运行结果如图 10-8 和表 10-20 所示。

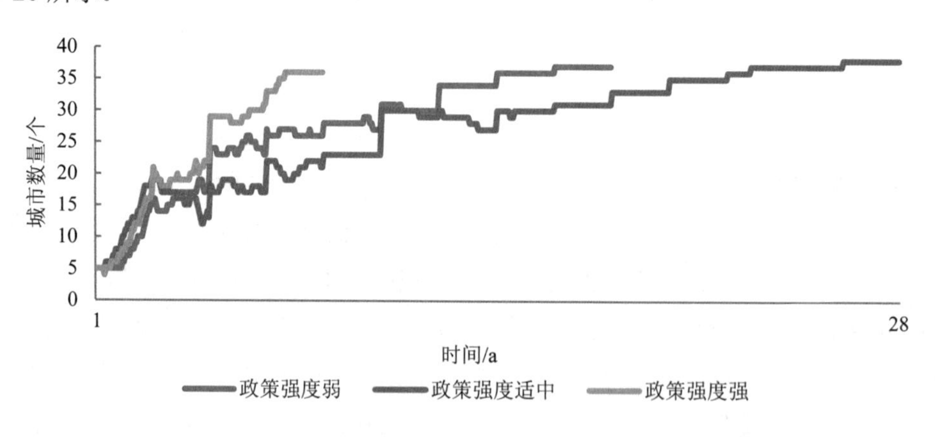

（a）流域管理者采取不同强度强制性政策时采取污染治理行动城市数量

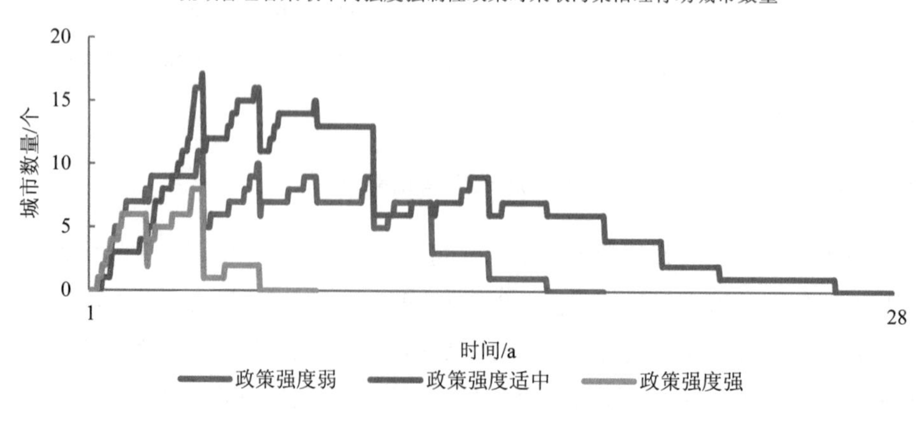

（b）流域管理者采取不同强度强制性政策时风险传递城市数量

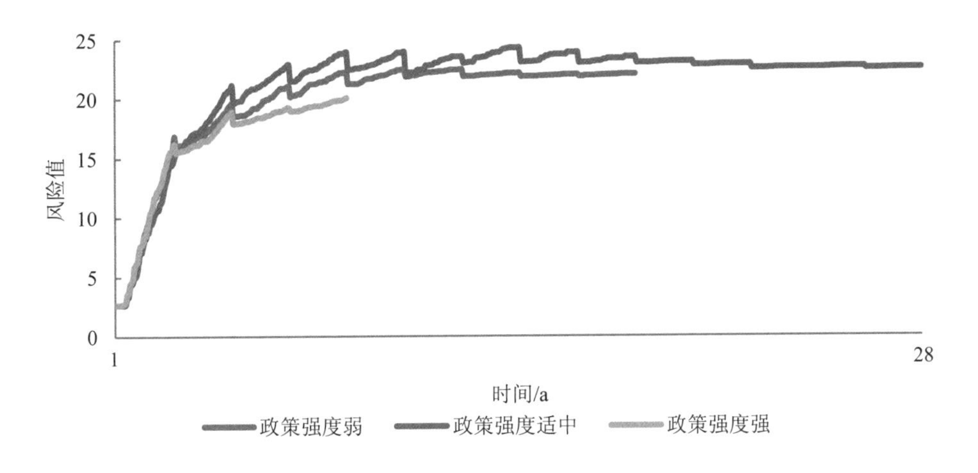

（c）流域管理者采取不同强度强制性政策时流域总体风险值

图 10-8　流域管理者政策强制程度不同时不同因变量的敏感性分析

表 10-20　流域管理者政策强制程度不同时相关城市数量及风险值对比

政策强制程度	风险传递城市数量/个	采取污染治理行动城市数量/个	模型运行时间/a	风险值
弱	0	37	18	19.62
中	0	38	28	21.41
强	0	36	8	15.78

从本情景模型运行结果来看，控制其他参数不变，当流域管理者所颁布的政策强制程度不同时，对整个流域的环境风险传递的影响不同。研究发现，当流域管理者采取强制程度强的政策时，90%的城市（36 个）最终转变为采取污染治理行动城市，流域中没有风险传递城市存在，模型运行时间最短（8 年），并且流域总体的环境风险值（15.78）与其他两种情况相比处于最低的状态，这说明强制性的环境管理政策可以降低流域总体的环境风险。当流域管理者颁布的相关政策强制程度适中时，整个流域的环境风险值反而处于最高的状态，风险值为 21.41，并且模型的运行时间最长（28 年）。而流域管理者不采取任何强制性政策时的环境风险治理效果比强制程度最高时反而要好，风险值为 19.62。与基准情景比较，当政策强制程度达到最高水平时（三级），流域总体的环境风险从 28.30 降低到 15.78，环境风险下降了 44.2%，流域整体环境质量也有了大幅提升。综上结果可以看到：在加强政策强制程度的情况下，流域总体环境风险还是可以降低的，但是流域总体环境风险最低的情况并不是政策强制程度最强的情况，反而是采取的政策强度相对弱的情况。这说明：①在流域内城市没有形成管理协同时，强制性政策会起到

令行禁止的作用，自顶向下形成强有力的约束机制，达到降低环境风险的效果；②但是过度的约束会产生对约束机制的依赖，以及限制城市进行污染治理的自发性；③在“河长制”这种自上而下的管理措施推行之后，要逐步进行生态教育，在各城市形成统一发展思路后，强制性政策可以逐步退出。

纵观各国环境治理史，环境治理单靠国家和流域管理者之力从来都是难以持续的，公众的参与至关重要。因此，国家以及地方相关环境保护部门在制定相关环境保护政策时，会存在基于城市自身“自作主张”假定了城市的风险偏好，而公众参与，正如罗尔斯所提出的“无知之幕”（veil of ignorance），则能提供流域内城市间的博弈，短期而言，通过政策手段控制流域环境风险；长期来看，还应引导各城市生态意识，帮助实现绿色持久发展。同时，根据“波特假说”（Porter Hypothesis）的经验，环境治理和经济增长并不存在必然的矛盾，通过规制或市场的倒逼，更利于激发流域内城市的自发性，从而实现更长足的改善。

10.4 讨论：流域中风险传递城市数量对模型的影响

本节保持流域管理者的相关参数处于中等状态水平，通过改变初始条件下环境风险传递城市（黄色主体）的数量，研究分析流域管理者环境风险管理能力、响应态度以及所制定的政策强制程度不同的情况下环境风险传递城市数量的改变对流域整体环境状况的影响。保持城市总量不变，控制黄色城市主体（传递环境风险但会采取相关污染治理行动）的数量分别为 5 个、10 个、15 个以及 20 个，而相应地，此时不会主动传递环境风险的城市数量分别为 35 个、30 个、25 个以及 20 个。相关参数设置情况如表 10-21 所示。

表 10-21　本情景所对应参数值

参数名称	对应值	含义
流域管理者政策强制程度	适中	流域管理者采取强制程度适中的强制性政策
城市风险脆弱性	3	环境风险对城市的影响程度适中
流域管理者对环境风险的态度	3	流域管理者对环境风险的态度适中
流域管理者环境风险管理能力	3	流域管理者环境风险管理能力适中
流域管理者介入处理环境风险的时间	0.15	流域管理者介入处理环境风险的时间适中

用采取污染治理行动城市数量、风险传递城市数量和流域总体环境风险值作为因变量，分析流域环境风险传递城市数量对模型运行结果的影响，具体模型运行结果如图 10-9 所示。

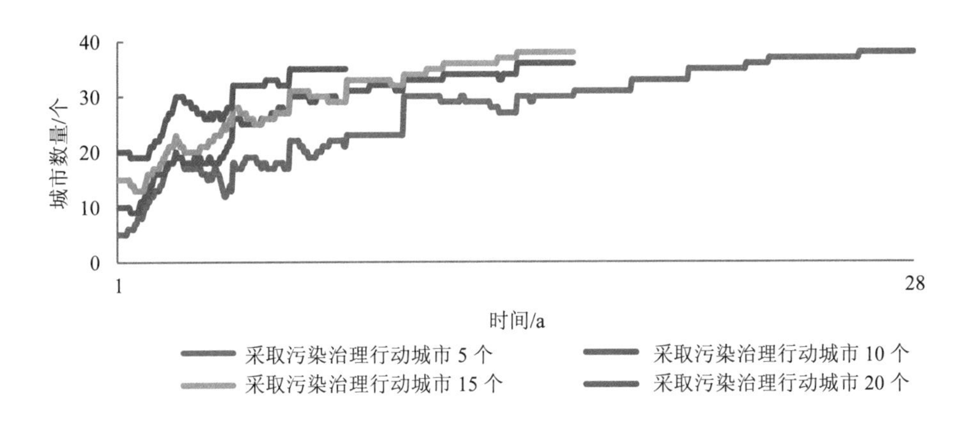

（a）初始条件下传递环境风险城市数量不同时采取污染治理行动城市数量

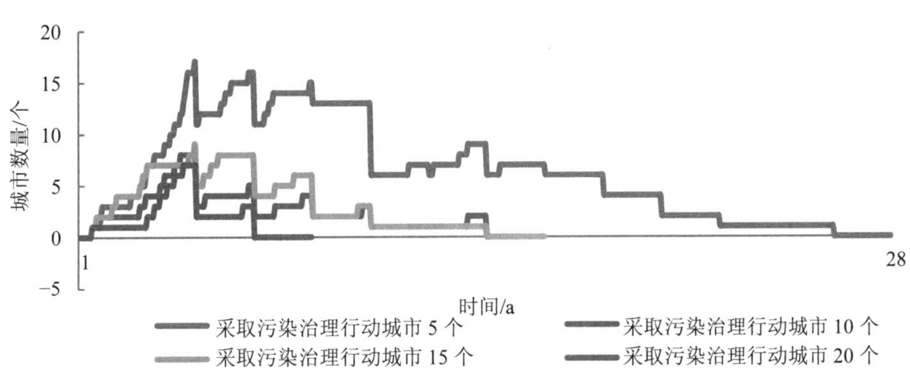

（b）初始条件下传递环境风险城市数量不同时风险传递城市数量

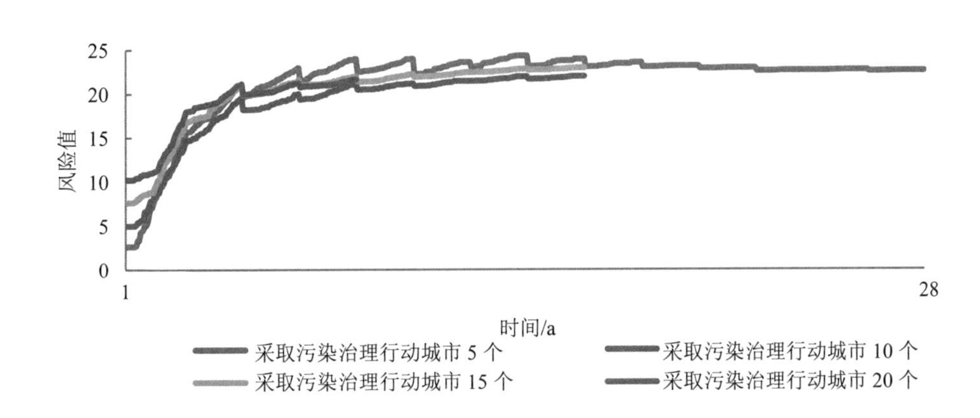

（c）初始条件下传递环境风险城市数量不同时流域总体风险值

图 10-9　初始条件下环境风险传递城市数量不同时流域总体环境风险变化曲线

从本情景的模型运行结果可以看出，当初始条件下传递环境风险但会采取相关污染治理行动的城市数量为5个时，模型运行时间最长（28年），且模型运行结束时整个流域的环境风险值最大（22.58），但最终流域内的大部分城市（38个）成为采取污染治理行动城市，而且流域总体的环境风险值在整个过程中呈现出波动降低的趋势，表明在流域管理者采取各种适中的措施和手段时，流域整体的环境质量状况还是可以得到一定程度的控制。相比而言，当初始条件下传递环境风险但会采取相关污染治理行动的城市数量增加时（从5个增加到20个），模型的运行时间变短（从28年到8年）。说明在流域管理者介入的情况下，相比初始条件而言，采取污染治理行动的城市数量增多，尽管环境风险传递过程无法避免，但是最终整个流域的环境风险值还是呈现出一种下降的趋势（从21.41下降到18.21）。这表明流域内部的传递环境风险城市数量对流域整体环境状况具有一定程度的影响。尽管相关政策的实施可能无法从根源上阻止污染排放行为的发生，但当有更多的城市采取污染治理行动控制污染排放行为时，整个流域的环境状况会得到极大程度的改善。

这种情况就需要实现区域生态治理的成本和收益共享，以增强不同地区参与流域水环境治理的积极性。第一，政府相关部门可以按照“谁污染、谁治理，谁受益、谁付费”的原则，使流域水环境治理成本得到更合理的平均分配。第二，需要建立多城市水权交易市场，探索排污权交易。淮河流域各地方政府可以进一步完善水资源交易市场，探索符合自身利益和特点的交易模式，以最大限度地提升各城市开展污染防治工作的积极性。

10.5 本章小结

10.5.1 本章结论汇总

本研究主要运用多主体建模的方法对流域环境风险传递过程以及流域管理者相关政策的影响进行研究。本研究基于NetLogo建模平台对淮河流域的环境风险传递过程进行了简化，考虑不同情景（基准情景，所有45种情景，城市风险脆弱性不同、流域管理者环境风险管理能力不同、响应态度不同以及政策强制程度不同）流域整体的环境状况以及流域管理者对环境风险传递过程的影响。相关结论如下。

①在基准情景下，由于环境风险在整个流域内的累积，越来越多的城市成为风险传递城市，而采取相关污染治理行动的城市由于周边城市的影响，也成为环境风险传递城市，最终风险传递城市在流域内聚集。而流域总体的环境风险会在一段时间后达到1个峰值（28.30），说明流域本身的污染净化能力还是可以在一定程度上滞后流域自身环境风

险的过快增长。在没有相关政策的指引下，整个流域范围内有37个城市的污染排放强度超过污染排放标准并且会主动传递环境风险，虽然已经意识到环境风险的危害，但并未自身主动采取相关措施。而环境风险传递城市数量仅为1个，这种情况下由于没有相关管理部门的介入，因此该城市会主动采取相关污染治理行动进行污染控制，但收效甚微，环境风险在整个流域中继续进行传递，使整个流域的环境质量进一步下降。

②考虑所有45种情景，排在前十的环境管理效果中，有7种情况是当流域管理者采取强制性大或中等强制性政策时流域环境管理效果较好；此外，前十种情形均为流域管理者管理能力高并且流域管理者响应态度好时，流域总体风险值处于较低水平。当流域管理者采取强制性政策、环境风险管理能力极弱以及响应态度极差时，流域管理者对流域总体环境风险的预防和管理效果最差，此时流域总体的环境风险值最高，并且流域中大部分城市都成为环境风险传递城市。当城市采取强制程度适中的政策，并且处理环境风险的能力和态度提高时，流域整体的污染程度会得到极大的缓解；反之，如果不采取任何相关政策，加上流域管理者的环境风险管理能力和态度较差，则会产生较为严重的后果。

③当仅考虑流域管理者的环境风险管理能力时，研究发现流域管理者的环境风险管理能力越高，污染治理效果越好。当流域管理者的环境风险管理能力达到三级时，则整个流域内部不再有风险传递城市存在，而基本上成为采取污染治理行动城市。同时，随着流域管理者环境风险管理能力的进一步提高，整个流域在模型运行时间范围内的总体风险值呈现出递减的趋势。因此，流域管理者环境风险管理能力的提高可以在很大程度上降低流域总体环境风险传递，提高流域综合管理的效果。

④当仅考虑流域管理者对环境风险的响应态度时，研究发现流域管理者对环境风险的响应态度越好，环境管理效果越好。在流域产生环境风险后，流域管理者如果采取更加积极的态度并在最快的时间内介入环境风险事件，则环境风险将会得到更好、更有效的处理。流域内部传递环境风险的城市数量进一步减少，同时，整个流域的环境风险值也会随着这一过程的推进而进一步减少，最终达到理想的污染治理效果。

⑤当仅考虑流域管理者的政策强制程度时，研究发现当流域管理者颁布的相关管理政策强制程度适中时，整个流域的环境风险值反而处于最高的状态，并且模型的运行时间最长。原因可能在于流域管理者采取的政策强制程度不强，因此相关地方政府可能对污染排放行为采取睁一只眼闭一只眼的态度，反而导致流域整体污染治理效果不好。当流域管理者采取强制程度更强的政策时，各地方政府才会共同应对污染排放行为，从而整个流域的污染水平达到一种符合相关标准的状态。

⑥当改变初始条件下环境风险传递城市数量时，通过分析模型运行结果发现，初始

条件下传递环境风险的城市数量为5个时，模型运行结束时整个流域的环境风险值最大，但最终流域内的大部分城市成为采取污染治理行动城市，而且流域总体的环境风险值在整个过程中呈现波动降低的趋势，表明在流域管理者采取各种适中的措施和手段时，流域整体的环境质量状况还是可以得到一定程度的控制。相比而言，当初始条件下传递环境风险但会采取相关污染治理行动的城市数量增加时，模型的运行时间变短，说明在流域管理者介入的情况下，相比初始条件而言，采取污染治理行动的城市数量增多，尽管环境风险传递过程无法避免，但是最终整个流域的环境风险值还是呈现出一种下降的趋势。

10.5.2 相关政策建议

结合本研究结果，主要提出以下几点建议。

10.5.2.1 鼓励不同城市主体参与，走生态协同治理道路

淮河流域水环境综合管理中存在的管理强度不够、政府管理部门分割管理、政府管理部门不作为等问题极大地限制了流域综合管理的效果。要实现淮河流域经济社会生态协调发展，淮河流域必须要走生态协同治理的道路，通过制定相关政策，鼓励不同的城市主体参与，实现流域生态环境的综合治理。不同地区的环保部门通过生态治理机构实现部门联动，以实现监测信息共享以及监管上的协同（王家庭等，2014），加强流域管理的效果。相关流域管理部门在处理污染排放的过程中，往往存在考核指标不统一、考核流于形式以及信息公开性不够等问题，这就需要相关管理部门制定强制性政策，促进跨区域管理机构在污染治理上的联系，以更加积极的态度应对环境污染行为，加强其应对环境风险的响应能力。

10.5.2.2 加强流域环境监察力度，建立流域信息共享平台

流域管理者对流域环境风险的管理能力对于实现流域可持续发展具有重要的影响，一旦流域管理者不具备相应的管理能力，流域的综合治理达不到相应的效果，那么整个流域的水环境将不能从本质上得到改善。因此，淮河流域水环境管理过程中，应针对流域水环境污染现状和水环境管理中存在的问题，进一步加强流域管理者对各城市流域环境保护部门的监察力度以及对流域水环境的恢复与保护能力；同时建立以提高流域管理者管理能力为目标的流域水生态管理制度，以此为手段逐步恢复水生态系统生态功能，为建成水生态系统健康的流域提供保证（仇伟光等，2013）。同时，统一的流域信息共享平台的建立也会在一定程度上加强流域管理者的污染治理能力。通过建立流域信息共享

平台，可以在最大限度上实现流域信息共享，各城市部门可以根据实时共享的流域环境信息做出有针对性的规划，提出更加科学合理的政策。

10.5.2.3 加强水环境监测资金投入，提高管理者应对风险事件的响应能力

早期流域水环境管理过程中流域管理监督机制的缺失使流域管理者不能及时对流域污染事件做出响应，进而导致流域管理达不到理想的效果，其中主要原因在于直至今日国家政府对水环境监测的相关投入不够。因此，应进一步加大对水环境质量监测的资金和设备的投入力度，根据统一规划布局、标准方法、信息发布的要求，建成以水环境质量监测以及水环境信息支撑为核心的先进水环境监督网络系统，全面提升水环境监测预警的网络化和信息化水平。其中，流域地方政府环境保护主管部门负责本行政区域的水环境质量监测和污染源监督性监测；流域水利委员会和流域地方政府水行政主管部门负责水文水资源监测；流域水利委员会负责流域内行政区域边界水域和主要河道控制断面的水环境质量监测，以及流域重点水功能区和流域调水的水质监测（王亚华等，2012）。在此基础上加强流域管理者的监督力度，加强流域管理者对污染风险事件的响应能力。

10.5.2.4 加强各城市各部门合作，共同应对流域污染问题

当前国家大力推行“河长制”，提出的相关措施包括强化部门间联动，即以往对流域的管理一般实施分割管理模式，忽视了部门之间的联动作用，导致各城市、各部门由于自身利益不同，不能对流域管理形成统一的意见，从而使流域管理处于一种相对混乱的局面。各部门之间加强合作力度，发挥各自优势，能更好地推动“河长制”的实施。在这样的情况下，部门间的合作会大大增加，对处理环境风险所带来的危害会产生更好的效果。由于当前流域水环境管理以行政区域管理为主，各行政区域单独管理使整个流域层面缺乏整体规划、协调和监管，结果就会导致流域水环境管理十分薄弱，流域机构决策和协调能力明显不足（钟玉秀等，2008）。因此需要出台相关的强制性政策，促使各政府部门积极合作以共同应对流域尺度上的各种污染问题。

第11章　结论与展望

本书主要基于复杂网络理论、互惠理论以及流域综合管理理论，借助 NetLogo 等建模平台，分别从城市代谢网络、经济-污染关联关系、城市间经济互动行为演化以及城市间环境风险传递过程研究四个方面，对流域尺度下城市间经济发展情况以及环境管理政策进行研究分析，主要研究内容及相关的结论如下。

（1）城市多尺度代谢模型构建与评估

本部分从单一城市尺度、城市内部产业尺度、城市资源尺度、城市自然保护区尺度等分别构建了代谢模型，探讨了单一城市内部资源通量、代谢结构、节点关系、代谢效率与环境影响。本部分探讨了生态网络模型在不同尺度系统中使用的共通性与差异性。节点之间的生态关系包括生态组分间的捕食、竞争和共生等关系，以及亚组分间的竞争、中性、偏利共生、无利共生等关系。利用网络路径分析方法研究代谢长度与代谢路径数量、连通性的变化关系，由代谢路径的数量分布确定不同尺度系统的基本营养结构，以及各组分间的作用途径；利用网络有效利用矩阵中正负号分布、数量比值，确定了不同尺度系统各组分间的作用方式、共生状况，最后揭示出固有网络结构中复杂的生态关系。

（2）流域尺度下城市间经济-污染关联关系的研究

本部分主要是基于复杂网络理论以及 NetLogo 软件建模平台，从多主体模拟的角度建立了流域城市间经济-污染关联模型，并从三个方面（网络集中度、网络规模以及联系强度）展开研究。从模拟的结果来看，网络集中度以及联系强度对流域整体的经济规模以及污染转移的影响是近似的，都是呈现出先升高后下降的趋势。而网络规模的影响与前两者相比则呈现出相反的趋势，即随着流域内城市数量的增加，流域整体的经济规模以及污染转移量都呈现出下降的趋势，这可能是因为随着城市数量的增加，会有更多的城市加入污染处理的队伍中来，使流域整体的环境质量有所改善。通过比较不同经济转移阈值下网络集中度对流域整体网络规模和污染转移情况的影响，研究发现随着网络集中度的增加，这种影响变得更加明显。另外，本部分运用误差分析方法对研究结果进行有效性验证。结果表明本部分的研究具有有效性。

（3）互惠原则下流域内城市经济互动行为演化仿真研究

本部分主要基于互惠理论以及 NetLogo 建模平台，并结合相应的惩罚机制，对多城市系统中城市间经济互动行为演化过程进行研究，重点对互惠行为的形成演化过程及其对城市之间经济互动合作行为的影响进行研究分析。首先基于互惠理论建立城市合作互动模型（将研究对象分为投机型城市、合作型城市以及互惠型城市）并对其进行分析，之后通过多主体建模仿真的方法对多城市系统中城市间经济互动合作行为的演化过程进行仿真研究，结果表明城市经济互动过程中的互惠行为可以通过系统演化生成并在系统内部稳定发展。另外，互惠行为、合作行为以及投机行为在城市经济互动合作网络的演化中同时存在，互惠行为可以有效地抑制城市经济互动过程中所存在的投机行为，对城市经济互动合作网络的形成和发展起到一定的关键作用。

（4）流域尺度下多城市环境风险网络传递机制及管理政策效果仿真

前一部分主要研究了经济过程。本部分则主要研究环境风险传递过程。运用多主体建模的方法，对流域环境风险传递过程以及流域管理者相关政策的影响进行研究，基于 NetLogo 建模平台对淮河流域的环境风险传递过程进行了简化，考虑不同情景(基准情景，所有 45 种情景)，城市风险脆弱性不同、流域管理者环境风险管理能力不同、响应态度不同以及政策强制程度不同）流域整体的环境状况以及流域管理者对环境风险传递过程的影响。研究发现，在不采取任何环境管理政策下，由于环境风险在整个流域内的累积，越来越多的城市成为风险传递城市，而采取相关污染治理行动的城市由于周边大城市的影响，也成为环境风险传递城市，最终风险传递城市在流域内聚集。当仅考虑流域管理者对环境风险的响应态度时，研究发现流域管理者对环境风险的响应态度越好，环境管理效果越好。在流域产生环境风险后，流域管理者如果采取更加积极的态度并在最快的时间内介入环境风险事件，则环境风险将会得到更好、更有效的处理。流域内部传递环境风险的城市数量进一步减少，同时，整个流域的环境风险值也会随着这一过程的推进而进一步减少，最终达到理想的污染治理效果。当仅考虑流域管理者的政策强制程度时，研究发现当流域管理者颁布的相关管理政策强制程度适中时，整个流域的环境风险值反而处于最高的状态，并且模型的运行时间最长。而当流域管理者不采取任何强制性政策时的环境风险治理效果相比强制程度最高时反而要好。当流域管理者采取强制程度更强的强制性政策时，各地方政府才会共同应对污染排放行为，从而整个流域的污染水平达到一种符合相关标准的状态，进而达到一种比较理想的污染治理效果。但是过度的约束会产生对约束机制的依赖，以及限制城市进行污染治理的自发性。

附　录

附录 1　北京市各部门㶲计算结果

（1）采掘部门（Ex）

附表 1-1　北京 2006 年各能载体㶲流平衡表　　单位：PJ

类别	煤		焦炭		石油		石油化工产品		天然气		电力	
	能量	㶲流	能量	㶲流	能量	㶲流	能量	㶲流	能量	㶲流	能量	㶲流
本地开采	169.0	179.1	0.0	0.0	974.4	1 032.9	0.0	0.0	0.0	0.0	0.2	0.2
进口	616.7	653.7	47.2	49.6	0.0	0.0	49.6	51.7	157.8	164.3	147.4	147.4
总投入	785.7	832.8	47.2	49.6	974.4	1 032.9	49.6	51.7	157.8	164.3	147.6	147.6
调出与出口	149.7	158.7	149.7	158.7	474.5	498.2	12.8	13.4	0.0	0.0	0.3	0.3
本地供应	701.6	1 418.4	64.4	67.6	514.4	540.1	154.7	163.8	147.1	153.1	207.1	207.1
总产品	851.3	1 577.1	214.1	226.3	988.9	1 038.3	167.5	177.2	147.1	153.1	207.4	207.4
平衡量	65.6	744.2	166.9	176.7	14.5	5.5	118.0	125.5	−10.7	−11.2	59.8	59.8

（2）转化部门（Co）

附表 1-2　2006 年转化部门的能载体投入量　　单位：PJ

能载体	能量	㶲流
煤	327.0	346.7
石油	24.8	26.0
化工产品	10.4	10.9
天然气	26.0	27.1
从采掘部门的投入量	388.3	410.7
小水电	0.2	0.2
外省调度用电	147.4	147.4
总投入	535.9	558.3

附表 1-3 2006 年能源转化行业能载体输出量

单位：PJ

项目	本地供应		出口		总量	
	能量	㶲流	能量	㶲流	能量	㶲流
电力	207.1	207.1	0.3	0.3	207.4	207.4
热	83.0	16.6	0.0	0.0	83.0	16.6
总计	290.1	223.7	0.3	0.3	290.4	224.0

（3）农业部门（Ag）

附表 1-4 向农业部门投入的能载体和化工产品

单位：PJ

项目	能量	㶲流
煤	12.0	12.7
石油	6.1	6.4
天然气	0.1	0.1
电力	4.4	4.4
肥料	19.6	13.0
总计	42.2	36.6

附表 1-5 2006 年其他省区向北京农业部门进口的农产品量

项目	单位	重量或体积	㶲流/PJ
粮食	t	1.09×10^{6}	17.3
食用油	t	2.20×10^{4}	0.8
蔬菜	t	3.94×10^{6}	13.0
水果	t	1.15×10^{6}	2.2
总农业产品			33.3
木材	m^3	6.20×10^{4}	0.5
总林业产品			0.5
肉	t	5.92×10^{5}	2.7
奶	t	6.20×10^{5}	3.0
蛋	t	1.52×10^{5}	0.9
总畜牧业产品			6.6
总渔业产品	t	6.24×10^{4}	0.4

附表 1-6　2006 年北京农业部门国外进口农产品量

项目	单位	重量或体积	㶲流/PJ
粮食	t	1.32×10^6	20.8
棉花	t	7.20×10^5	11.9
食用油	t	3.29×10^6	121.7
木材	m^3	1.89×10^5	1.5
牛奶	t	8.04×10^4	0.4
总计			156.3

附表 1-7　2006 年农业部门㶲流出口量

项目	单位	重量	㶲流/PJ
粮食	t	2.76×10^6	23.7
食用油	t	9.64×10^4	3.6
茶叶和烟草	t	5.64×10^3	0.1
蔬菜（含根茎类）	t	1.60×10^4	0.1
总计			27.5

（4）工业部门（In）

附表 1-8　2006 年工业部门能载体投入量　　单位：PJ

项目	能量	㶲流
煤	183.0	193.9
焦炭	64.4	67.6
石油	197.2	207.0
化工产品	144.3	152.9
天然气	13.9	14.5
电力	81.9	81.9
热	41.1	8.2
总计	725.8	726.0

附表 1-9 2006 年工业部门原材料投入量

进口量	项目	单位	重量	㶲流/PJ
钢铁业	铁矿	t	4.60×10^{8}	21.5
钢铁业	钢材	t	6.80×10^{9}	1.8
有色金属行业	铝	t	4.09×10^{9}	0.0
造纸行业	纸纤维	t	1.85×10^{10}	0.6
纺织行业	纱线	t	1.64×10^{10}	0.1
纺织行业	羊毛	t	1.64×10^{10}	0.1
造纸行业	纸	t	1.70×10^{10}	1.0
化工	聚乙烯	t	5.31×10^{10}	3.9
化工	聚丙烯	t	5.31×10^{10}	0.9
化工	聚丙乙烯	t	5.31×10^{10}	0.6
	其他化工产品			7.1

附表 1-10 2006 年工业部门能载体产出

产出	项目	单位	重量	㶲流/PJ
纺织行业	纱线	t	5.00×10^{3}	0.1
造纸行业	纸和纸板	t	1.40×10^{5}	2.4
钢铁业	原铁	t	8.18×10^{6}	55.7
钢铁业	钢材	t	1.02×10^{7}	69.2
化工	水泥	t	1.27×10^{7}	19.0
钢铁业	生铁	t	7.82×10^{6}	53.2
化工	化肥	t	4.60×10^{4}	1.7
化工	氢氧化钠	t	1.81×10^{5}	31.5
化工	乙烯	t	9.91×10^{5}	0.4
化工	树脂与聚合物	t	1.40×10^{6}	32.2
化工	合成橡胶	t	2.80×10^{5}	45.6
有色金属行业	铝制品	t	3.30×10^{4}	1.1

附表 1-11 2006 年家庭部门对工业产品的使用量和出口量

单位：PJ

	Ag	Ex	Co	Tr	Te	出口
造纸行业与纺织行业					2.3	0.1
钢铁业	0.0	20.3	2.9	34.8	104.4	15.5
化工	13.0				74.3	43.0
有色金属行业	0.0	0.1		0.2	0.6	0.2
其他产业					28.5	7.1

（5）交通部门（Tr）

附表 1-12 2006 年交通部门能载体投入量 单位：PJ

项目	能量	㶲流
煤	6.9	7.3
石油	160.0	168.0
天然气	5.9	6.2
电力	8.4	8.4
热	2.1	0.4
总计	180.3	190.3

附表 1-13 客运与货运流通量等价变换计算

项目	客运流通量/（10^8 人·km）	转换系数	等效货运通量/（10^8 人·km）
铁路运输	412.3	1	412.3
公路运输	524.4	0.1	52.4
航空运输	224.1	0.07	15.7
总计			480.4

附表 1-14 交通部门向其他六部门提供服务㶲流 单位：PJ

	Ag	Ex	Co	In	Te	Do
客运服务	0.2（3.91%）	0.0（0.21%）	0.0（0.59%）	0.4（9.42%）	1.6（35.87%）	2.3（50.00%）
货运服务	1.0（3.61%）	0.3（0.63%）	2.1（2.77%）	9.2（35.08%）	27.9（57.90%）	0.0
总计	1.2	0.3	2.1	9.6	29.5	2.3

（6）三产部门（Te）

附表 1-15 三产部门能载体投入量 单位：PJ

项目	能量	㶲流
煤	102.5	108.7
石油	58.6	61.6
天然气	68.5	71.3
电力	72.5	72.5
热	25.1	5.0
总计	327.2	319.1

（7）家庭部门（Do）

附表 1-16　家庭部门能载体投入量

单位：PJ

项目	能量	㶲流
煤	70.2	74.4
石油	67.7	71.1
天然气	32.7	34.0
电力	34.5	34.5
热	14.7	2.9
总计	219.8	216.9

（8）北京七部门㶲流核算表

附表 1-17　北京七部门㶲流核算表

单位：J

	1996 年	1998 年	2000 年	2002 年	2004 年	2006 年	附注
采掘部门							
总投入	1.30×10^{18}	1.19×10^{18}	1.31×10^{18}	1.33×10^{18}	1.41×10^{18}	2.18×10^{18}	
$R_{tot\text{-}ex}$	1.27×10^{18}	1.16×10^{18}	1.28×10^{18}	1.30×10^{18}	1.37×10^{18}	2.14×10^{18}	
$R_{a\text{-}ex}$	9.81×10^{17}	8.82×10^{17}	1.09×10^{18}	1.05×10^{18}	1.07×10^{18}	1.95×10^{18}	能载体
$R_{e\text{-}ex}$	2.83×10^{17}	2.79×10^{17}	1.93×10^{17}	2.46×10^{17}	2.98×10^{17}	1.79×10^{17}	能载体
$R_{co\text{-}ex}$	2.52×10^{15}	3.24×10^{15}	3.24×10^{15}	4.32×10^{15}	5.04×10^{15}	5.40×10^{15}	能载体
$P_{tot\text{-}ex}$	1.71×10^{16}	1.75×10^{16}	1.77×10^{16}	1.84×10^{16}	1.95×10^{16}	2.26×10^{16}	
$P_{in\text{-}ex}$	1.70×10^{16}	1.74×10^{16}	1.75×10^{16}	1.82×10^{16}	1.93×10^{16}	2.04×10^{16}	工业产品
$P_{tr\text{-}ex}$	1.33×10^{14}	1.33×10^{14}	1.60×10^{14}	1.79×10^{14}	1.40×10^{14}	2.14×10^{15}	服务
$W_{do\text{-}ex}$	9.49×10^{15}	7.14×10^{15}	7.37×10^{15}	7.12×10^{15}	7.05×10^{15}	9.28×10^{15}	劳力
Capital-in	3.89×10^{15}	4.01×10^{15}	5.12×10^{15}	5.06×10^{15}	7.17×10^{15}	1.33×10^{16}	资本
E	3.98×10^{14}	2.19×10^{14}	1.38×10^{14}	4.70×10^{13}	2.77×10^{13}	2.33×10^{13}	环境投入
总产出	1.21×10^{18}	1.12×10^{18}	1.24×10^{18}	1.28×10^{18}	1.35×10^{18}	2.13×10^{18}	
$R_{ex\text{-}a}$	3.40×10^{17}	2.45×10^{17}	3.41×10^{17}	3.52×10^{17}	3.04×10^{17}	6.99×10^{17}	
$R_{ex\text{-}inland}$	8.68×10^{17}	8.71×10^{17}	8.97×10^{17}	9.19×10^{17}	1.04×10^{18}	1.42×10^{18}	
$R_{ex\text{-}co}$	3.00×10^{17}	2.76×10^{17}	3.15×10^{17}	3.15×10^{17}	3.75×10^{17}	4.11×10^{17}	能载体
$R_{ex\text{-}ag}$	1.26×10^{16}	1.74×10^{16}	1.83×10^{16}	1.87×10^{16}	1.71×10^{16}	1.93×10^{16}	能载体
$R_{ex\text{-}in}$	4.09×10^{17}	5.48×10^{17}	5.47×10^{17}	5.60×10^{17}	5.15×10^{17}	6.36×10^{17}	能载体
$R_{ex\text{-}tr}$	5.11×10^{16}	5.84×10^{16}	7.69×10^{16}	1.01×10^{17}	8.09×10^{16}	1.81×10^{17}	能载体
$R_{ex\text{-}te}$	8.06×10^{16}	4.54×10^{16}	1.03×10^{17}	1.43×10^{17}	1.73×10^{17}	2.42×10^{17}	能载体
$R_{ex\text{-}do}$	1.05×10^{17}	1.03×10^{17}	1.13×10^{17}	1.11×10^{17}	1.21×10^{17}	1.80×10^{17}	能载体
$R_{ex\text{-}unacc}$	-9.00×10^{16}	-1.77×10^{17}	-2.77×10^{17}	-3.30×10^{17}	-2.40×10^{17}	-2.50×10^{17}	
Capital-out	1.94×10^{15}	3.18×10^{15}	4.83×10^{15}	4.91×10^{15}	6.77×10^{15}	1.27×10^{16}	资本

	1996年	1998年	2000年	2002年	2004年	2006年	附注
用能效率/%	93.28	93.84	94.57	95.77	96.25	97.62	

注：R——可更新投入或产出；P——产品投入；W——劳力投入；Capital——资本投入（in）或产出（out）；E——环境投入；ex——采掘部门；co——转化部门；ag——农业部门；in——工业部门；tr——交通部门；te——三产部门；do——家庭部门；ex-co——从采掘部门到转化部门的㶲流，其他类似；e——本地开采；inland——本地其他部门；unacc——㶲流平衡量。

转化部门							
总投入	4.25×10^{17}	4.04×10^{17}	4.59×10^{17}	4.68×10^{17}	5.60×10^{17}	6.94×10^{17}	
$R_{tot\text{-}co}$	3.54×10^{17}	3.40×10^{17}	3.89×10^{17}	4.08×10^{17}	4.87×10^{17}	5.58×10^{17}	
$R_{a\text{-}co}$	5.12×10^{16}	6.05×10^{16}	7.08×10^{16}	9.27×10^{16}	1.11×10^{17}	1.47×10^{17}	能载体
$R_{e\text{-}co}$	2.49×10^{15}	3.32×10^{15}	3.26×10^{15}	3.17×10^{14}	2.30×10^{14}	2.30×10^{14}	能载体
$R_{ex\text{-}co}$	3.00×10^{17}	2.76×10^{17}	3.15×10^{17}	3.15×10^{17}	3.75×10^{17}	4.11×10^{17}	能载体
$P_{tot\text{-}co}$	3.44×10^{15}	3.50×10^{15}	3.73×10^{15}	3.98×10^{15}	3.85×10^{15}	4.25×10^{15}	
$P_{in\text{-}co}$	2.43×10^{15}	2.48×10^{15}	2.50×10^{15}	2.61×10^{15}	2.76×10^{15}	2.92×10^{15}	工业产品
$P_{tr\text{-}co}$	1.01×10^{15}	1.02×10^{15}	1.23×10^{15}	1.37×10^{15}	1.09×10^{15}	1.33×10^{15}	服务
$W_{do\text{-}co}$	8.87×10^{15}	8.70×10^{15}	9.15×10^{15}	8.97×10^{15}	1.22×10^{16}	2.61×10^{16}	劳力
Capital-in	5.91×10^{16}	5.20×10^{16}	5.64×10^{16}	4.75×10^{16}	5.74×10^{16}	1.05×10^{17}	资本
E	9.16×10^{14}	4.99×10^{14}	2.81×10^{14}	1.32×10^{14}	1.12×10^{14}	8.67×10^{13}	环境投入
总产出	1.47×10^{17}	1.53×10^{17}	1.86×10^{17}	1.99×10^{17}	2.37×10^{17}	3.20×10^{17}	
$R_{co\text{-}a}$	1.93×10^{15}	1.74×10^{15}	3.31×10^{14}	4.03×10^{14}	6.12×10^{14}	2.92×10^{14}	能载体
$R_{co\text{-}inland}$	1.05×10^{17}	1.16×10^{17}	1.38×10^{17}	1.56×10^{17}	1.84×10^{17}	2.24×10^{17}	
$R_{co\text{-}ex}$	2.52×10^{15}	3.24×10^{15}	3.24×10^{15}	4.32×10^{15}	5.04×10^{15}	5.40×10^{15}	能载体
$R_{co\text{-}ag}$	5.28×10^{15}	5.09×10^{15}	5.81×10^{15}	5.75×10^{15}	3.75×10^{15}	4.41×10^{15}	能载体
$R_{co\text{-}in}$	6.35×10^{16}	6.40×10^{16}	6.55×10^{16}	6.67×10^{16}	7.79×10^{16}	9.01×10^{16}	能载体
$R_{co\text{-}tr}$	3.09×10^{15}	3.24×10^{15}	4.11×10^{15}	4.51×10^{15}	5.79×10^{15}	8.80×10^{15}	能载体
$R_{co\text{-}te}$	2.17×10^{16}	2.87×10^{16}	4.04×10^{16}	5.00×10^{16}	6.00×10^{16}	7.75×10^{16}	能载体
$R_{co\text{-}do}$	9.17×10^{15}	1.20×10^{16}	1.91×10^{16}	2.47×10^{16}	3.16×10^{16}	3.74×10^{16}	能载体
Capital-out	4.00×10^{16}	3.46×10^{16}	4.77×10^{16}	4.29×10^{16}	5.20×10^{16}	9.62×10^{16}	资本
用能效率/%	34.60	37.73	40.55	42.57	42.22	46.15	

注：co-in——从转化部门到工业部门的㶲流，其他类似。

农业部门							
总投入	2.44×10^{17}	2.27×10^{17}	2.37×10^{17}	2.32×10^{17}	3.64×10^{17}	3.98×10^{17}	
$R_{tot\text{-}ag}$	1.79×10^{16}	2.25×10^{16}	2.41×10^{16}	2.44×10^{16}	2.08×10^{16}	2.37×10^{16}	
$R_{ex\text{-}ag}$	1.26×10^{16}	1.74×10^{16}	1.83×10^{16}	1.87×10^{16}	1.71×10^{16}	1.93×10^{16}	能载体
$R_{co\text{-}ag}$	5.28×10^{15}	5.09×10^{15}	5.81×10^{15}	5.75×10^{15}	3.75×10^{15}	4.41×10^{15}	能载体
$N_{tot\text{-}ag}$	6.06×10^{16}	6.13×10^{16}	6.71×10^{16}	7.78×10^{16}	2.00×10^{17}	1.97×10^{17}	
$N_{a\text{-}ag}$	2.63×10^{15}	2.72×10^{15}	1.94×10^{16}	3.58×10^{16}	1.77×10^{17}	1.56×10^{17}	粮食、木材
$N_{e\text{-}ag}$	5.79×10^{16}	5.85×10^{16}	4.77×10^{16}	4.20×10^{16}	2.27×10^{16}	4.08×10^{16}	粮食、木材
$P_{tot\text{-}ag}$	1.00×10^{16}	9.47×10^{15}	9.51×10^{15}	1.15×10^{16}	1.33×10^{16}	1.43×10^{16}	
$P_{in\text{-}ag}$	9.15×10^{15}	8.63×10^{15}	8.63×10^{15}	1.06×10^{16}	1.25×10^{16}	1.30×10^{16}	工业产品
$P_{tr\text{-}ag}$	8.74×10^{14}	8.33×10^{14}	8.73×10^{14}	9.23×10^{14}	8.92×10^{14}	1.21×10^{15}	服务

	1996 年	1998 年	2000 年	2002 年	2004 年	2006 年	附注
$W_{do\text{-}ag}$	7.97×10^{16}	7.71×10^{16}	8.32×10^{16}	8.02×10^{16}	8.92×10^{16}	1.12×10^{17}	劳力
Capital-in	7.56×10^{16}	5.69×10^{16}	5.29×10^{16}	3.81×10^{16}	4.09×10^{16}	5.16×10^{16}	资本
E	3.67×10^{13}	3.47×10^{13}	3.47×10^{13}	4.26×10^{13}	5.02×10^{13}	5.22×10^{13}	环境投入
总产出	1.17×10^{17}	1.04×10^{17}	1.00×10^{17}	1.03×10^{17}	1.13×10^{17}	1.45×10^{17}	
$N_{ag\text{-}a}$	3.32×10^{15}	8.64×10^{15}	6.37×10^{15}	1.59×10^{16}	1.72×10^{16}	2.74×10^{16}	粮食、木材
$N_{ag\text{-}inland}$	4.27×10^{16}	4.14×10^{16}	4.27×10^{16}	4.94×10^{16}	5.56×10^{16}	6.72×10^{16}	
$N_{ag\text{-}do}$	1.69×10^{16}	1.60×10^{16}	1.65×10^{16}	1.65×10^{16}	1.72×10^{16}	2.14×10^{16}	食物等
$N_{ag\text{-}in}$	7.23×10^{14}	1.66×10^{15}	1.60×10^{15}	8.33×10^{15}	1.28×10^{16}	1.39×10^{16}	粮食、木材
$N_{ag\text{-}te}$	2.51×10^{16}	2.38×10^{16}	2.46×10^{16}	2.46×10^{16}	2.56×10^{16}	3.18×10^{16}	食物等
Capital-out	7.11×10^{16}	5.41×10^{16}	5.09×10^{16}	3.74×10^{16}	4.02×10^{16}	5.04×10^{16}	资本
用能效率/%	48.03	45.84	42.23	44.25	31.02	36.38	
注：N—— 不可更新投入或产出；ag-do —— 从农业部门到家庭部门的㶲流，其他类似。							
工业部门							
总投入	1.46×10^{18}	1.36×10^{18}	1.33×10^{18}	1.27×10^{18}	1.23×10^{18}	1.63×10^{18}	
$R_{tot\text{-}in}$	4.82×10^{17}	6.20×10^{17}	6.21×10^{17}	6.39×10^{17}	6.14×10^{17}	7.55×10^{17}	
$R_{a\text{-}in}$	1.38×10^{15}	1.38×10^{15}	3.22×10^{15}	6.44×10^{15}	1.29×10^{16}	2.15×10^{16}	矿石等
$R_{ex\text{-}in}$	4.09×10^{17}	5.48×10^{17}	5.47×10^{17}	5.60×10^{17}	5.15×10^{17}	6.36×10^{17}	能载体
$R_{e\text{-}in}$	8.74×10^{15}	6.90×10^{15}	5.45×10^{15}	5.24×10^{15}	7.63×10^{15}	7.74×10^{15}	矿石、资源
$R_{co\text{-}in}$	6.35×10^{16}	6.40×10^{16}	6.55×10^{16}	6.67×10^{16}	7.79×10^{16}	9.01×10^{16}	能载体
$N_{tot\text{-}in}$	7.23×10^{14}	1.66×10^{15}	1.60×10^{15}	8.33×10^{15}	1.28×10^{16}	1.39×10^{16}	
$N_{ag\text{-}in}$	7.23×10^{14}	1.66×10^{15}	1.60×10^{15}	8.33×10^{15}	1.28×10^{16}	1.39×10^{16}	粮食、木材
$P_{tot\text{-}in}$	1.01×10^{16}	9.42×10^{15}	1.06×10^{16}	1.44×10^{16}	1.62×10^{16}	1.69×10^{16}	
$P_{tr\text{-}in}$	7.91×10^{14}	7.91×10^{14}	7.91×10^{14}	7.91×10^{14}	7.91×10^{14}	7.91×10^{14}	服务
$P_{a\text{-}in}$	9.26×10^{15}	8.63×10^{15}	9.78×10^{15}	1.36×10^{16}	1.54×10^{16}	1.61×10^{16}	工业产品
$W_{do\text{-}in}$	4.18×10^{17}	3.33×10^{17}	3.39×10^{17}	3.63×10^{17}	3.01×10^{17}	3.86×10^{17}	劳动
Capital-in	5.47×10^{17}	3.97×10^{17}	3.56×10^{17}	2.47×10^{17}	2.89×10^{17}	4.60×10^{17}	资本
E	9.25×10^{14}	5.02×10^{14}	2.97×10^{14}	1.21×10^{14}	9.00×10^{13}	7.19×10^{13}	环境投入
总产出	7.80×10^{17}	6.45×10^{17}	6.14×10^{17}	5.37×10^{17}	6.03×10^{17}	7.91×10^{17}	
$P_{in\text{-}a}$	4.93×10^{16}	4.80×10^{16}	4.82×10^{16}	5.53×10^{16}	6.29×10^{16}	6.60×10^{16}	工业产品
$P_{in\text{-}inland}$	2.24×10^{17}	2.24×10^{17}	2.25×10^{17}	2.44×10^{17}	2.69×10^{17}	2.82×10^{17}	
$P_{in\text{-}ex}$	1.70×10^{16}	1.74×10^{16}	1.75×10^{16}	1.82×10^{16}	1.93×10^{16}	2.04×10^{16}	工业产品
$P_{in\text{-}co}$	2.43×10^{15}	2.48×10^{15}	2.50×10^{15}	2.61×10^{15}	2.76×10^{15}	2.92×10^{15}	工业产品
$P_{in\text{-}ag}$	9.15×10^{15}	8.63×10^{15}	8.63×10^{15}	1.06×10^{16}	1.25×10^{16}	1.30×10^{16}	工业产品
$P_{in\text{-}tr}$	2.91×10^{16}	2.97×10^{16}	3.00×10^{16}	3.13×10^{16}	3.31×10^{16}	3.50×10^{16}	工业产品
$P_{in\text{-}te}$	1.67×10^{17}	1.66×10^{17}	1.66×10^{17}	1.81×10^{17}	2.01×10^{17}	2.11×10^{17}	工业产品
Capital-out	5.07×10^{17}	3.73×10^{17}	3.41×10^{17}	2.37×10^{17}	2.71×10^{17}	4.43×10^{17}	资本
用能效率/%	53.50	47.39	46.20	42.20	48.91	48.44	
注：in-tr —— 从工业部门到交通部门的㶲流，其他类似。							
交通部门							
总投入	2.00×10^{17}	2.17×10^{17}	2.19×10^{17}	2.48×10^{17}	2.93×10^{17}	6.33×10^{17}	

	1996年	1998年	2000年	2002年	2004年	2006年	附注
$R_{tot\text{-}tr}$	5.42×10^{16}	6.17×10^{16}	8.10×10^{16}	1.06×10^{17}	8.67×10^{16}	1.90×10^{17}	
$R_{ex\text{-}tr}$	5.11×10^{16}	5.84×10^{16}	7.69×10^{16}	1.01×10^{17}	8.09×10^{16}	1.81×10^{17}	能载体
$R_{co\text{-}tr}$	3.09×10^{15}	3.24×10^{15}	4.11×10^{15}	4.51×10^{15}	5.79×10^{15}	8.80×10^{15}	能载体
$P_{tot\text{-}tr}$	2.90×10^{16}	2.97×10^{16}	2.99×10^{16}	3.11×10^{16}	3.31×10^{16}	3.50×10^{16}	
$P_{in\text{-}tr}$	2.90×10^{16}	2.97×10^{16}	2.99×10^{16}	3.11×10^{16}	3.31×10^{16}	3.50×10^{16}	工业产品
$W_{do\text{-}tr}$	6.90×10^{16}	7.02×10^{16}	8.01×10^{16}	8.73×10^{16}	1.12×10^{17}	1.82×10^{17}	劳力
Capital-in	4.69×10^{16}	5.50×10^{16}	2.73×10^{16}	2.37×10^{16}	6.03×10^{16}	2.26×10^{17}	资本
E	1.02×10^{15}	7.89×10^{14}	5.79×10^{14}	3.40×10^{14}	3.49×10^{14}	3.14×10^{14}	环境投入
总产出	3.01×10^{16}	3.89×10^{16}	3.07×10^{16}	3.41×10^{16}	7.28×10^{16}	2.40×10^{17}	
P_{tr}	1.66×10^{16}	1.83×10^{16}	2.22×10^{16}	2.74×10^{16}	2.40×10^{16}	4.50×10^{16}	
$P_{tr\text{-}ex}$	1.33×10^{14}	1.33×10^{14}	1.60×10^{14}	1.79×10^{14}	1.40×10^{14}	2.76×10^{14}	服务
$P_{tr\text{-}co}$	1.01×10^{15}	1.02×10^{15}	1.23×10^{15}	1.37×10^{15}	1.09×10^{15}	2.14×10^{15}	服务
$P_{tr\text{-}ag}$	8.74×10^{14}	8.33×10^{14}	8.73×10^{14}	9.23×10^{14}	8.92×10^{14}	1.21×10^{15}	服务
$P_{tr\text{-}in}$	5.29×10^{15}	5.33×10^{15}	6.39×10^{15}	7.19×10^{15}	5.67×10^{15}	9.67×10^{15}	服务
$P_{tr\text{-}te}$	8.51×10^{15}	1.00×10^{16}	1.24×10^{16}	1.63×10^{16}	1.50×10^{16}	2.95×10^{16}	服务
$P_{tr\text{-}do}$	8.32×10^{14}	9.13×10^{14}	1.11×10^{15}	1.37×10^{15}	1.20×10^{15}	2.25×10^{15}	服务
Capital-out	1.35×10^{16}	2.06×10^{16}	8.48×10^{15}	6.74×10^{15}	4.89×10^{16}	1.95×10^{17}	资本
用能效率/%	15.06	17.88	14.01	13.74	24.86	37.93	
注：tr-do —— 交通部门到家庭部门的㶲流，其他类似。							
三产部门							
总投入	1.49×10^{18}	1.47×10^{18}	1.77×10^{18}	1.8×10^{18}	2.44×10^{18}	3.80×10^{18}	
$P_{a\text{-}te}$	3.70×10^{15}	3.53×10^{15}	4.70×10^{15}	5.94×10^{15}	7.41×10^{15}	1.07×10^{16}	能载体
$R_{tot\text{-}te}$	1.02×10^{17}	7.41×10^{16}	1.44×10^{17}	1.93×10^{17}	2.33×10^{17}	3.19×10^{17}	
$R_{ex\text{-}te}$	8.06×10^{16}	4.54×10^{16}	1.03×10^{17}	1.43×10^{17}	1.73×10^{17}	2.42×10^{17}	能载体
$R_{co\text{-}te}$	2.17×10^{16}	2.87×10^{16}	4.04×10^{16}	5.00×10^{16}	6.00×10^{16}	7.75×10^{16}	能载体
$P_{tot\text{-}te}$	2.01×10^{17}	2.01×10^{17}	2.04×10^{17}	2.23×10^{17}	2.42×10^{17}	2.72×10^{17}	
$P_{in\text{-}te}$	1.67×10^{17}	1.66×10^{17}	1.66×10^{17}	1.81×10^{17}	2.01×10^{17}	2.11×10^{17}	工业产品
$P_{ag\text{-}te}$	2.56×10^{16}	2.56×10^{16}	2.56×10^{16}	2.56×10^{16}	2.56×10^{16}	3.18×10^{16}	食物等
$P_{tr\text{-}te}$	8.51×10^{15}	1.00×10^{16}	1.24×10^{16}	1.63×10^{16}	1.50×10^{16}	2.95×10^{16}	服务
$W_{do\text{-}te}$	8.17×10^{17}	8.11×10^{17}	9.25×10^{17}	9.53×10^{17}	1.20×10^{18}	1.82×10^{18}	劳力
Capital-in	3.70×10^{17}	3.82×10^{17}	4.87×10^{17}	4.82×10^{17}	7.54×10^{17}	1.39×10^{18}	资本
总产出	6.73×10^{17}	7.25×10^{17}	8.85×10^{17}	9.19×10^{17}	1.30×10^{18}	2.21×10^{18}	
$P_{te\text{-}do}$	7.83×10^{16}	7.65×10^{16}	7.75×10^{16}	8.20×10^{16}	8.91×10^{16}	9.90×10^{16}	能载体
$W_{te\text{-}do}$	4.08×10^{17}	4.05×10^{17}	4.63×10^{17}	4.77×10^{17}	6.00×10^{17}	9.08×10^{17}	劳力
Capital-out	1.87×10^{17}	2.43×10^{17}	3.45×10^{17}	3.60×10^{17}	6.08×10^{17}	1.20×10^{18}	资本
用能效率/%	45.08	49.26	50.13	49.49	53.25	57.98	
注：te-do —— 三产部门到家庭部门的㶲流，其他类似。							
家庭部门							
总投入	6.20×10^{17}	6.16×10^{17}	6.91×10^{17}	7.13×10^{17}	8.60×10^{17}	1.25×10^{18}	
$W_{a\text{-}do}$	2.43×10^{16}	2.70×10^{16}	4.09×10^{16}	4.27×10^{16}	5.99×10^{16}	8.51×10^{16}	劳力

	1996 年	1998 年	2000 年	2002 年	2004 年	2006 年	附注
$R_{tot\text{-}do}$	1.14×10^{17}	1.15×10^{17}	1.32×10^{17}	1.36×10^{17}	1.52×10^{17}	2.17×10^{17}	
$R_{ex\text{-}do}$	1.05×10^{17}	1.03×10^{17}	1.13×10^{17}	1.11×10^{17}	1.21×10^{17}	1.80×10^{17}	能载体
$R_{co\text{-}do}$	9.17×10^{15}	1.20×10^{16}	1.91×10^{16}	2.47×10^{16}	3.16×10^{16}	3.74×10^{16}	能载体
$N_{tot\text{-}do}$	1.72×10^{16}	1.72×10^{16}	1.72×10^{16}	1.72×10^{16}	1.72×10^{16}	2.14×10^{16}	
$N_{ag\text{-}do}$	1.72×10^{16}	1.72×10^{16}	1.72×10^{16}	1.72×10^{16}	1.72×10^{16}	2.14×10^{16}	食物等
$P_{tot\text{-}do}$	7.91×10^{16}	7.74×10^{16}	7.86×10^{16}	8.33×10^{16}	9.03×10^{16}	1.01×10^{17}	
$P_{tr\text{-}do}$	8.32×10^{14}	9.13×10^{14}	1.11×10^{15}	1.37×10^{15}	1.20×10^{15}	2.25×10^{15}	服务
$P_{te\text{-}do}$	7.83×10^{16}	7.65×10^{16}	7.75×10^{16}	8.20×10^{16}	8.91×10^{16}	9.90×10^{16}	劳力
$W_{te\text{-}do}$	4.08×10^{17}	4.05×10^{17}	4.63×10^{17}	4.77×10^{17}	6.00×10^{17}	9.08×10^{17}	资本
总产出	1.40×10^{18}	1.31×10^{18}	1.44×10^{18}	1.50×10^{18}	1.72×10^{18}	2.53×10^{18}	
$W_{do\text{-}a}$	9.48×10^{15}	1.24×10^{16}	1.65×10^{16}	1.10×10^{16}	1.37×10^{16}	2.64×10^{16}	劳力
$W_{do\text{-}ex}$	9.49×10^{15}	7.14×10^{15}	7.37×10^{15}	7.12×10^{15}	7.05×10^{15}	9.28×10^{15}	劳力
$W_{do\text{-}co}$	8.87×10^{15}	8.70×10^{15}	9.15×10^{15}	8.97×10^{15}	1.22×10^{16}	2.61×10^{16}	劳力
$W_{do\text{-}ag}$	7.97×10^{16}	7.71×10^{16}	8.32×10^{16}	8.02×10^{16}	8.92×10^{16}	1.12×10^{17}	劳力
$W_{do\text{-}in}$	4.18×10^{17}	3.33×10^{17}	3.39×10^{17}	3.63×10^{17}	3.01×10^{17}	3.86×10^{17}	劳力
$W_{do\text{-}tr}$	6.90×10^{16}	7.02×10^{16}	8.01×10^{16}	8.73×10^{16}	1.12×10^{17}	1.82×10^{17}	劳力
$W_{do\text{-}te}$	8.17×10^{17}	8.11×10^{17}	9.25×10^{17}	9.53×10^{17}	1.20×10^{18}	1.82×10^{18}	劳力

注：do-ex —— 家庭部门到采掘部门的㶲流，其他类似。

附录 2　短尾猴、白鹇保护网络中生物迁移过程

附表 2-1　短尾猴、白鹇保护网络两两代表斑块间白鹇的迁移生态过程

代表斑块	环境元类型	迁移类型	空间迁移过程（l_{ij}）
1	输入	直接	l_{15}
		间接	l_{1515}
	输出	直接	l_{51}
		间接	—
2	输入	直接	l_{210}
		间接	l_{210210}
	输出	直接	l_{102}
		间接	—
3	输入	直接	—
		间接	—
	输出	直接	—
		间接	—
4	输入	直接	—
		间接	—
	输出	直接	—
		间接	—
5	输入	直接	l_{51}
		间接	l_{5151}
	输出	直接	l_{15}
		间接	—
6	输入	直接	—
		间接	—
	输出	直接	—
		间接	—
7	输入	直接	l_{78}、l_{79}
		间接	l_{798}、l_{789}、l_{7878}、l_{7898}、l_{7978}、l_{7989}、l_{7879}、l_{7979}
	输出	直接	l_{87}、l_{97}
		间接	l_{897}、l_{987}、l_{8987}、l_{9897}
8	输入	直接	l_{87}、l_{89}
		间接	l_{897}、l_{879}、l_{8987}、l_{8787}、l_{8797}、l_{8989}、l_{8789}、l_{8979}
	输出	直接	l_{78}、l_{98}
		间接	l_{798}、l_{978}、l_{7978}、l_{9798}

代表斑块	环境元类型	迁移类型	空间迁移过程（l_{ij}）
9	输入	直接	l_{97}、l_{98}
		间接	l_{987}、l_{978}、l_{9797}、l_{9897}、l_{9787}、l_{9898}、l_{9798}、l_{9878}
	输出	直接	l_{79}、l_{89}
		间接	l_{789}、l_{879}、l_{7879}、l_{8789}
10	输入	直接	l_{102}
		间接	l_{102102}
	输出	直接	l_{210}
		间接	—

附表 2-2 短尾猴、白鹇保护网络两两斑块间短尾猴的迁移生态过程

（跳板斑块 11 增加后）

斑块	环境元类型	迁移类型	空间迁移过程（l_{ij}）
1	输入	直接	$l_{1(11)}$
		间接	$l_{1(11)2}$、$l_{1(11)1(11)}$、$l_{1(11)2(11)}$
	输出	直接	$l_{(11)1}$
		间接	$l_{2(11)1}$、$l_{(11)2(11)1}$
2	输入	直接	$l_{2(11)}$
		间接	$l_{2(11)1}$、$l_{2(11)2(11)}$、$l_{2(11)1(11)}$
	输出	直接	$l_{(11)2}$
		间接	$l_{1(11)2}$、$l_{(11)1(11)2}$
11	输入	直接	$l_{(11)1}$、$l_{(11)2}$
		间接	$l_{(11)1(11)1}$、$l_{(11)2(11)1}$、$l_{(11)2(11)2}$、$l_{(11)1(11)2}$
	输出	直接	$l_{1(11)}$、$l_{2(11)}$
		间接	—

注：“（11）”表示跳板斑块 11 增加后，跳板斑块 11 与代表斑块 4 结合形成的斑块。

附表 2-3 短尾猴、白鹇保护网络两两斑块间白鹇的迁移生态过程

（跳板斑块 11 增加后）

斑块	环境元类型	迁移类型	空间迁移过程（l_{ij}）
1	输入	直接	l_{14}、l_{15}
		间接	l_{142}、l_{143}、l_{146}、l_{1414}、l_{1424}、l_{1434}、l_{1464}、l_{1514}、l_{1515}、l_{1415}、l_{14210}
	输出	直接	l_{41}、l_{51}
		间接	l_{241}、l_{341}、l_{641}、l_{4241}、l_{4341}、l_{4641}、l_{10241}
2	输入	直接	l_{24}、l_{210}
		间接	l_{241}、l_{243}、l_{246}、l_{2424}、l_{2414}、l_{2434}、l_{2464}、l_{21024}、l_{2415}、l_{210210}、l_{24210}
	输出	直接	l_{42}、l_{102}
		间接	l_{142}、l_{342}、l_{642}、l_{4142}、l_{4342}、l_{4642}、l_{5142}

斑块	环境元类型	迁移类型	空间迁移过程（l_{ij}）
3	输入	直接	l_{34}
		间接	l_{341}、l_{342}、l_{346}、l_{3434}、l_{3414}、l_{3424}、l_{3464}、l_{3415}、l_{34210}
	输出	直接	l_{43}
		间接	l_{143}、l_{243}、l_{643}、l_{4143}、l_{4243}、l_{4643}、l_{5143}、l_{10243}
4	输入	直接	l_{41}、l_{42}、l_{43}、l_{46}
		间接	l_{415}、l_{4210}、l_{4141}、l_{4241}、l_{4341}、l_{4641}、l_{4151}、l_{4242}、l_{4142}、l_{4342}、l_{4642}、l_{42102}、l_{4343}、l_{4143}、l_{4243}、l_{4643}、l_{4646}、l_{4146}、l_{4246}、l_{4346}
	输出	直接	l_{14}、l_{24}、l_{34}、l_{64}
		间接	l_{514}、l_{1024}、l_{1514}、l_{21024}
5	输入	直接	l_{51}
		间接	l_{514}、l_{5151}、l_{5141}、l_{5142}、l_{5143}、l_{5146}
	输出	直接	l_{15}
		间接	l_{415}、l_{1415}、l_{2415}、l_{3415}、l_{6415}
6	输入	直接	l_{64}
		间接	l_{641}、l_{642}、l_{643}、l_{6464}、l_{6414}、l_{6424}、l_{6434}、l_{6415}、l_{64210}
	输出	直接	l_{46}
		间接	l_{146}、l_{246}、l_{346}、l_{4146}、l_{4246}、l_{4346}、l_{5146}、l_{10246}
7	输入	直接	l_{78}、l_{79}
		间接	l_{798}、l_{789}、l_{7878}、l_{7898}、l_{7978}、l_{7989}、l_{7879}、l_{7979}
	输出	直接	l_{87}、l_{97}
		间接	l_{897}、l_{987}、l_{8987}、l_{9897}
8	输入	直接	l_{87}、l_{89}
		间接	l_{897}、l_{879}、l_{8987}、l_{8787}、l_{8797}、l_{8989}、l_{8789}、l_{8979}
	输出	直接	l_{78}、l_{98}
		间接	l_{798}、l_{978}、l_{7978}、l_{9798}
9	输入	直接	l_{97}、l_{98}
		间接	l_{987}、l_{978}、l_{9797}、l_{9897}、l_{9787}、l_{9898}、l_{9798}、l_{9878}
	输出	直接	l_{79}、l_{89}
		间接	l_{789}、l_{879}、l_{7879}、l_{8789}
10	输入	直接	l_{102}
		间接	l_{1024}、l_{10241}、l_{102102}、l_{10242}、l_{10243}、l_{10246}
	输出	直接	l_{210}
		间接	l_{4210}、l_{14210}、l_{24210}、l_{34210}、l_{64210}

注：“4”表示跳板斑块 11 增加后，跳板斑块 11 与代表斑块 4 结合形成的斑块。

附表 2-4　短尾猴、白鹇保护网络两两斑块间白鹇的迁移生态过程

（跳板斑块 11 和跳板斑块 12 增加后）

斑块	环境元类型	迁移类型	空间迁移过程（l_{ij}）
1	输入	直接	l_{14}、l_{15}、l_{16}
		间接	l_{142}、l_{143}、l_{164}、l_{146}、l_{1642}、l_{1643}、l_{1414}、l_{1514}、l_{1614}、l_{1424}、l_{1434}、l_{1464}、l_{1515}、l_{1415}、l_{1615}、l_{1616}、l_{1516}、l_{1416}、l_{1646}、l_{14210}
	输出	直接	l_{41}、l_{51}、l_{61}
		间接	l_{241}、l_{341}、l_{461}、l_{641}、l_{2461}、l_{3461}、l_{4241}、l_{4341}、l_{4641}、l_{6461}、l_{10241}
2	输入	直接	l_{24}、l_{210}
		间接	l_{241}、l_{243}、l_{246}、l_{2461}、l_{2424}、l_{2414}、l_{2434}、l_{2464}、l_{21024}、l_{2415}、l_{2416}、l_{210210}、l_{24210}
	输出	直接	l_{42}、l_{102}
		间接	l_{142}、l_{342}、l_{642}、l_{1642}、l_{4142}、l_{4342}、l_{4642}、l_{5142}、l_{6142}
3	输入	直接	l_{34}
		间接	l_{341}、l_{342}、l_{346}、l_{3461}、l_{3434}、l_{3414}、l_{3424}、l_{3464}、l_{3415}、l_{3416}、l_{34210}
	输出	直接	l_{43}
		间接	l_{143}、l_{243}、l_{643}、l_{1643}、l_{4143}、l_{4243}、l_{4643}、l_{5143}、l_{6143}、l_{10243}
4	输入	直接	l_{41}、l_{42}、l_{43}、l_{46}
		间接	l_{461}、l_{415}、l_{416}、l_{4210}、l_{4141}、l_{4151}、l_{4161}、l_{4241}、l_{4341}、l_{4641}、l_{4242}、l_{42102}、l_{4142}、l_{4342}、l_{4642}、l_{4343}、l_{4143}、l_{4243}、l_{4643}、l_{4615}、l_{4646}、l_{4616}、l_{4146}、l_{4246}、l_{4346}
	输出	直接	l_{14}、l_{24}、l_{34}、l_{64}
		间接	l_{164}、l_{514}、l_{614}、l_{1024}、l_{1514}、l_{1614}、l_{21024}、l_{5164}、l_{6164}
5	输入	直接	l_{51}
		间接	l_{514}、l_{516}、l_{5151}、l_{5141}、l_{5161}、l_{5142}、l_{5143}、l_{5164}、l_{5146}
	输出	直接	l_{15}
		间接	l_{415}、l_{615}、l_{1415}、l_{1615}、l_{2415}、l_{3415}、l_{4615}、l_{6415}
6	输入	直接	l_{61}、l_{64}
		间接	l_{641}、l_{642}、l_{643}、l_{614}、l_{615}、l_{6161}、l_{6461}、l_{6151}、l_{6141}、l_{6142}、l_{6143}、l_{6464}、l_{6414}、l_{6424}、l_{6434}、l_{6164}、l_{6415}、l_{64210}
	输出	直接	l_{16}、l_{46}
		间接	l_{146}、l_{246}、l_{346}、l_{416}、l_{516}、l_{1416}、l_{1516}、l_{2416}、l_{3416}、l_{4146}、l_{4246}、l_{4346}、l_{5146}、l_{10246}
7	输入	直接	l_{78}、l_{79}
		间接	l_{798}、l_{789}、l_{7878}、l_{7898}、l_{7978}、l_{7989}、l_{7879}、l_{7979}
	输出	直接	l_{87}、l_{97}
		间接	l_{897}、l_{987}、l_{8987}、l_{9897}
8	输入	直接	l_{87}、l_{89}
		间接	l_{897}、l_{879}、l_{8987}、l_{8787}、l_{8797}、l_{8989}、l_{8789}、l_{8979}
	输出	直接	l_{78}、l_{98}
		间接	l_{798}、l_{978}、l_{7978}、l_{9798}

斑块	环境元类型	迁移类型	空间迁移过程（l_{ij}）
9	输入	直接	l_{97}、l_{98}
		间接	l_{987}、l_{978}、l_{9797}、l_{9897}、l_{9787}、l_{9898}、l_{9798}、l_{9878}
	输出	直接	l_{79}、l_{89}
		间接	l_{789}、l_{879}、l_{7879}、l_{8789}
10	输入	直接	l_{102}
		间接	l_{1024}、l_{10241}、l_{102102}、l_{10242}、l_{10243}、l_{10246}
	输出	直接	l_{210}
		间接	l_{4210}、l_{14210}、l_{24210}、l_{34210}、l_{64210}

注：“4”表示跳板斑块 11 增加后，跳板斑块 11 与代表斑块 4 结合形成的斑块；“6”表示跳板斑块 12 增加后，跳板斑块 12 与代表斑块 6 结合形成的斑块。

附表 2-5　短尾猴、白鹇保护网络两两斑块间白鹇的迁移生态过程

（跳板斑块 11 和跳板斑块 13 增加后）

斑块	环境元类型	迁移类型	空间迁移过程（l_{ij}）
1	输入	直接	l_{14}、l_{15}
		间接	l_{142}、l_{143}、l_{146}、$l_{14(13)}$、$l_{14(13)2}$、l_{1414}、l_{1424}、l_{1434}、$l_{14(13)4}$、l_{1464}、l_{1514}、l_{1515}、l_{1415}、$l_{14(13)8}$、l_{14210}、$l_{142(13)}$
	输出	直接	l_{41}、l_{51}
		间接	l_{241}、l_{341}、l_{641}、$l_{(13)41}$、$l_{2(13)41}$、l_{4241}、l_{4341}、l_{4641}、$l_{4(13)41}$、$l_{8(13)41}$、l_{10241}、$l_{(13)241}$
2	输入	直接	l_{24}、l_{210}、$l_{2(13)}$
		间接	l_{241}、l_{243}、$l_{2(13)4}$、l_{246}、$l_{2(13)8}$、$l_{24(13)}$、$l_{2(13)41}$、$l_{2(13)43}$、l_{2424}、l_{21024}、$l_{2(13)24}$、l_{2414}、l_{2434}、$l_{24(13)4}$、l_{2464}、l_{2415}、$l_{2(13)46}$、$l_{2(13)87}$、$l_{24(13)8}$、$l_{2(13)89}$、l_{210210}、l_{24210}、$l_{2(13)210}$、$l_{2(13)2(13)}$、$l_{2102(13)}$、$l_{242(13)}$、$l_{2(13)4(13)}$、$l_{2(13)8(13)}$
	输出	直接	l_{42}、l_{102}、$l_{(13)2}$
		间接	l_{142}、l_{342}、$l_{4(13)2}$、l_{642}、$l_{8(13)2}$、$l_{(13)42}$、$l_{14(13)2}$、$l_{34(13)2}$、l_{4142}、l_{4342}、l_{4642}、$l_{4(13)42}$、l_{5142}、$l_{64(13)2}$、$l_{78(13)2}$、$l_{8(13)42}$、$l_{98(13)2}$、$l_{(13)8(13)2}$、$l_{(13)4(13)2}$
3	输入	直接	l_{34}
		间接	l_{341}、l_{342}、l_{346}、$l_{34(13)}$、$l_{34(13)2}$、l_{3434}、l_{3414}、l_{3424}、l_{3464}、$l_{34(13)4}$、l_{3415}、$l_{34(13)8}$、l_{34210}、$l_{342(13)}$
	输出	直接	l_{43}
		间接	l_{143}、l_{243}、l_{643}、$l_{(13)43}$、$l_{2(13)43}$、l_{4143}、l_{4243}、l_{4643}、$l_{4(13)43}$、l_{5143}、$l_{8(13)43}$、l_{10243}、$l_{(13)243}$
4	输入	直接	l_{41}、l_{42}、l_{43}、l_{46}、$l_{4(13)}$
		间接	$l_{4(13)2}$、l_{415}、$l_{4(13)8}$、l_{4210}、$l_{42(13)}$、l_{4141}、l_{4151}、l_{4241}、l_{4341}、l_{4641}、$l_{4(13)41}$、l_{4242}、l_{4142}、l_{4342}、l_{4642}、$l_{4(13)42}$、l_{42102}、$l_{42(13)2}$、l_{4343}、l_{4143}、l_{4243}、l_{4643}、$l_{4(13)43}$、l_{4646}、l_{4146}、l_{4246}、l_{4346}、$l_{4(13)46}$、$l_{4(13)87}$、$l_{42(13)8}$、$l_{4(13)89}$、$l_{4(13)210}$、$l_{4(13)4(13)}$、$l_{414(13)}$、$l_{424(13)}$、$l_{464(13)}$、$l_{4(13)8(13)}$、$l_{4(13)2(13)}$、$l_{434(13)}$

斑块	环境元类型	迁移类型	空间迁移过程（l_{ij}）
4	输出	直接	l_{14}、l_{24}、l_{34}、l_{64}、$l_{(13)4}$
		间接	$l_{2(13)4}$、l_{514}、$l_{8(13)4}$、l_{1024}、$l_{(13)24}$、l_{1514}、l_{21024}、$l_{2(13)24}$、$l_{78(13)4}$、$l_{8(13)24}$、$l_{98(13)4}$、$l_{102(13)4}$、$l_{(13)2(13)4}$、$l_{(13)8(13)4}$
5	输入	直接	l_{51}
		间接	l_{514}、l_{5151}、l_{5141}、l_{5142}、l_{5143}、l_{5146}、$l_{514(13)}$
	输出	直接	l_{15}
		间接	l_{415}、l_{1415}、l_{2415}、l_{3415}、l_{6415}、$l_{(13)415}$
6	输入	直接	l_{64}
		间接	l_{641}、l_{642}、l_{643}、$l_{64(13)}$、$l_{64(13)2}$、l_{6464}、l_{6414}、l_{6424}、l_{6434}、$l_{64(13)4}$、l_{6415}、$l_{64(13)8}$、l_{64210}、$l_{642(13)}$
	输出	直接	l_{46}
		间接	l_{146}、l_{246}、l_{346}、$l_{(13)46}$、$l_{2(13)46}$、l_{4146}、l_{4246}、l_{4346}、$l_{4(13)46}$、l_{5146}、$l_{8(13)46}$、l_{10246}、$l_{(13)246}$
7	输入	直接	l_{78}、l_{79}
		间接	l_{798}、l_{789}、$l_{78(13)}$、$l_{78(13)2}$、$l_{78(13)4}$、l_{7878}、l_{7898}、l_{7978}、$l_{78(13)8}$、l_{7979}、l_{7989}、l_{7879}、$l_{798(13)}$
	输出	直接	l_{87}、l_{97}
		间接	l_{897}、l_{987}、$l_{(13)87}$、$l_{2(13)87}$、$l_{4(13)87}$、$l_{8(13)87}$、l_{8987}、l_{9897}、$l_{(13)897}$
8	输入	直接	l_{87}、l_{89}、$l_{8(13)}$
		间接	$l_{8(13)2}$、$l_{8(13)4}$、l_{897}、l_{879}、$l_{8(13)41}$、$l_{8(13)42}$、$l_{8(13)43}$、$l_{8(13)24}$、$l_{8(13)46}$、l_{8787}、l_{8797}、l_{8987}、$l_{8(13)87}$、l_{8989}、l_{8979}、l_{8789}、$l_{8(13)89}$、$l_{8(13)210}$、$l_{8(13)8(13)}$、$l_{8(13)2(13)}$、$l_{8(13)4(13)}$、$l_{878(13)}$、$l_{898(13)}$
	输出	直接	l_{78}、l_{98}、$l_{(13)8}$
		间接	$l_{2(13)8}$、$l_{4(13)8}$、l_{798}、l_{978}、$l_{14(13)8}$、$l_{24(13)8}$、$l_{34(13)8}$、$l_{42(13)8}$、$l_{64(13)8}$、l_{7978}、l_{9798}、$l_{102(13)8}$、$l_{(13)2(13)8}$、$l_{(13)4(13)8}$
9	输入	直接	l_{97}、l_{98}
		间接	l_{987}、l_{978}、$l_{98(13)}$、$l_{98(13)2}$、$l_{98(13)4}$、l_{9797}、l_{9897}、l_{9787}、l_{9898}、l_{9878}、l_{9798}、$l_{98(13)8}$、$l_{978(13)}$
	输出	直接	l_{79}、l_{89}
		间接	l_{789}、l_{879}、$l_{(13)89}$、$l_{2(13)89}$、$l_{4(13)89}$、l_{7879}、$l_{8(13)89}$、l_{8789}、$l_{(13)879}$
10	输入	直接	l_{102}
		间接	l_{1024}、$l_{102(13)}$、l_{10241}、l_{102102}、l_{10242}、$l_{102(13)2}$、l_{10243}、$l_{102(13)4}$、l_{10246}、$l_{102(13)8}$、$l_{1024(13)}$
	输出	直接	l_{210}
		间接	l_{4210}、$l_{(13)210}$、l_{14210}、l_{24210}、$l_{2(13)210}$、l_{34210}、$l_{4(13)210}$、l_{64210}、$l_{8(13)210}$、$l_{(13)4210}$
13	输入	直接	$l_{(13)2}$、$l_{(13)4}$、$l_{(13)8}$
		间接	$l_{(13)41}$、$l_{(13)42}$、$l_{(13)43}$、$l_{(13)24}$、$l_{(13)46}$、$l_{(13)87}$、$l_{(13)89}$、$l_{(13)210}$、$l_{(13)241}$、$l_{(13)2(13)2}$、$l_{(13)4(13)2}$、$l_{(13)8(13)2}$、$l_{(13)2102}$、$l_{(13)242}$、$l_{(13)243}$、$l_{(13)4(13)4}$、$l_{(13)414}$、$l_{(13)424}$、$l_{(13)434}$、$l_{(13)464}$、$l_{(13)2(13)4}$、$l_{(13)8(13)4}$、$l_{(13)415}$、$l_{(13)246}$、$l_{(13)897}$、$l_{(13)8(13)8}$、$l_{(13)2(13)8}$、$l_{(13)4(13)8}$、$l_{(13)878}$、$l_{(13)898}$、$l_{(13)879}$、$l_{(13)4210}$

斑块	环境元类型	迁移类型	空间迁移过程（l_{ij}）
13	输出	直接	$l_{2(13)}$、$l_{4(13)}$、$l_{8(13)}$
		间接	$l_{14(13)}$、$l_{24(13)}$、$l_{34(13)}$、$l_{42(13)}$、$l_{64(13)}$、$l_{78(13)}$、$l_{98(13)}$、$l_{102(13)}$、$l_{142(13)}$、$l_{242(13)}$、$l_{2102(13)}$、$l_{342(13)}$、$l_{414(13)}$、$l_{424(13)}$、$l_{434(13)}$、$l_{464(13)}$、$l_{514(13)}$、$l_{642(13)}$、$l_{798(13)}$、$l_{878(13)}$、$l_{898(13)}$、$l_{978(13)}$、$l_{1024(13)}$

注：“4”表示跳板斑块 11 增加后，跳板斑块 11 与代表斑块 4 结合形成的斑块；“(13)”表示跳板斑块 13。

附表 2-6　短尾猴、白鹇保护网络两两斑块间白鹇的迁移生态过程（所有跳板斑块增加后）

斑块	环境元类型	迁移类型	空间迁移过程（l_{ij}）
1	输入	直接	l_{14}、l_{15}、l_{16}
		间接	l_{142}、l_{143}、l_{164}、l_{146}、$l_{14(13)}$、l_{1642}、$l_{14(13)2}$、l_{1643}、l_{1414}、l_{1424}、l_{1434}、l_{1464}、$l_{14(13)4}$、l_{1514}、l_{1614}、l_{1515}、l_{1615}、l_{1415}、l_{1616}、l_{1516}、l_{1416}、l_{1646}、$l_{14(13)8}$、l_{14210}、$l_{142(13)}$、$l_{164(13)}$
	输出	直接	l_{41}、l_{51}、l_{61}
		间接	l_{241}、l_{341}、l_{461}、l_{641}、$l_{(13)41}$、l_{2461}、$l_{2(13)41}$、l_{3461}、l_{4241}、l_{4341}、$l_{4(13)41}$、l_{4641}、l_{6461}、$l_{8(13)41}$、l_{10241}、$l_{(13)241}$、$l_{(13)461}$
2	输入	直接	l_{24}、l_{210}、$l_{2(13)}$
		间接	l_{241}、l_{243}、$l_{2(13)4}$、l_{246}、$l_{2(13)8}$、$l_{24(13)}$、l_{2461}、$l_{2(13)41}$、$l_{2(13)43}$、l_{2424}、l_{21024}、$l_{2(13)24}$、l_{2414}、l_{2434}、$l_{24(13)4}$、l_{2464}、l_{2415}、$l_{2(13)46}$、l_{2416}、$l_{2(13)87}$、$l_{24(13)8}$、$l_{2(13)89}$、l_{210210}、l_{24210}、$l_{2(13)210}$、$l_{2(13)2(13)}$、$l_{2102(13)}$、$l_{242(13)}$、$l_{2(13)4(13)}$、$l_{2(13)8(13)}$
	输出	直接	l_{42}、l_{102}、$l_{(13)2}$
		间接	l_{142}、l_{342}、$l_{4(13)2}$、l_{642}、$l_{8(13)2}$、$l_{(13)42}$、l_{1642}、$l_{14(13)2}$、$l_{34(13)2}$、l_{4142}、l_{4342}、l_{4642}、$l_{4(13)42}$、l_{5142}、$l_{64(13)2}$、l_{6142}、$l_{78(13)2}$、$l_{8(13)42}$、$l_{98(13)2}$、$l_{(13)4(13)2}$、$l_{(13)8(13)2}$
3	输入	直接	l_{34}
		间接	l_{341}、l_{342}、l_{346}、$l_{34(13)}$、l_{3461}、$l_{34(13)2}$、l_{3434}、l_{3414}、l_{3424}、$l_{34(13)4}$、l_{3464}、l_{3415}、l_{3416}、$l_{34(13)8}$、l_{34210}、$l_{342(13)}$
	输出	直接	l_{43}
		间接	l_{143}、l_{243}、l_{643}、$l_{(13)43}$、l_{1643}、$l_{2(13)43}$、l_{4143}、l_{4243}、$l_{4(13)43}$、l_{4643}、l_{5143}、l_{6143}、$l_{8(13)43}$、l_{10243}、$l_{(13)243}$
4	输入	直接	l_{41}、l_{42}、l_{43}、l_{46}、$l_{4(13)}$
		间接	l_{461}、$l_{4(13)2}$、l_{415}、l_{416}、$l_{4(13)8}$、l_{4210}、$l_{42(13)}$、l_{4141}、l_{4241}、l_{4341}、$l_{4(13)41}$、l_{4641}、l_{4151}、l_{4161}、l_{4242}、l_{4142}、l_{4342}、$l_{4(13)42}$、l_{4642}、l_{42102}、$l_{42(13)2}$、l_{4343}、l_{4143}、l_{4243}、l_{4643}、$l_{4(13)43}$、l_{4615}、l_{4646}、l_{4146}、l_{4246}、l_{4346}、$l_{4(13)46}$、l_{4616}、$l_{4(13)87}$、$l_{42(13)8}$、$l_{4(13)89}$、$l_{4(13)210}$、$l_{4(13)4(13)}$、$l_{414(13)}$、$l_{424(13)}$、$l_{434(13)}$、$l_{464(13)}$、$l_{4(13)2(13)}$、$l_{4(13)8(13)}$
	输出	直接	l_{14}、l_{24}、l_{34}、l_{64}、$l_{(13)4}$
		间接	l_{164}、$l_{2(13)4}$、l_{514}、l_{614}、$l_{8(13)4}$、l_{1024}、$l_{(13)24}$、l_{1514}、l_{1614}、$l_{2(13)24}$、l_{21024}、l_{5164}、l_{6164}、$l_{78(13)4}$、$l_{8(13)24}$、$l_{98(13)4}$、$l_{102(13)4}$、$l_{(13)2(13)4}$、$l_{(13)8(13)4}$

斑块	环境元类型	迁移类型	空间迁移过程（l_{ij}）
5	输入	直接	l_{51}
		间接	l_{514}、l_{516}、l_{5151}、l_{5161}、l_{5141}、l_{5142}、l_{5143}、l_{5164}、l_{5146}、$l_{514(13)}$
	输出	直接	l_{15}
		间接	l_{415}、l_{615}、l_{1415}、l_{1615}、l_{2415}、l_{3415}、l_{4615}、l_{6415}、$l_{(13)415}$
6	输入	直接	l_{61}、l_{64}
		间接	l_{641}、l_{642}、l_{643}、l_{614}、l_{615}、$l_{64(13)}$、l_{6161}、l_{6151}、l_{6141}、l_{6461}、l_{6142}、$l_{64(13)2}$、l_{6143}、l_{6464}、l_{6414}、l_{6424}、l_{6434}、$l_{64(13)4}$、l_{6164}、l_{6415}、$l_{64(13)8}$、l_{64210}、$l_{642(13)}$、$l_{614(13)}$
	输出	直接	l_{16}、l_{46}
		间接	l_{146}、l_{246}、l_{346}、l_{416}、l_{516}、$l_{(13)46}$、l_{1516}、l_{1416}、$l_{2(13)46}$、l_{2416}、l_{3416}、l_{4146}、l_{4246}、l_{4346}、$l_{4(13)46}$、l_{5146}、$l_{8(13)46}$、l_{10246}、$l_{(13)246}$、$l_{(13)416}$
7	输入	直接	l_{78}、l_{79}
		间接	l_{798}、l_{789}、$l_{78(13)}$、$l_{78(13)2}$、$l_{78(13)4}$、l_{7878}、l_{7898}、l_{7978}、$l_{78(13)8}$、l_{7979}、l_{7989}、l_{7879}、$l_{798(13)}$
	输出	直接	l_{87}、l_{97}
		间接	l_{897}、l_{987}、$l_{(13)87}$、$l_{2(13)87}$、$l_{4(13)87}$、$l_{8(13)87}$、l_{8987}、l_{9897}、$l_{(13)897}$
8	输入	直接	l_{87}、l_{89}、$l_{8(13)}$
		间接	$l_{8(13)2}$、$l_{8(13)4}$、l_{897}、l_{879}、$l_{8(13)41}$、$l_{8(13)42}$、$l_{8(13)43}$、$l_{8(13)24}$、$l_{8(13)46}$、l_{8787}、l_{8797}、l_{8987}、$l_{8(13)87}$、l_{8989}、l_{8979}、l_{8789}、$l_{8(13)89}$、$l_{8(13)210}$、$l_{8(13)8(13)}$、$l_{8(13)2(13)}$、$l_{8(13)4(13)}$、$l_{878(13)}$、$l_{898(13)}$
	输出	直接	l_{78}、l_{98}、$l_{(13)8}$
		间接	$l_{2(13)8}$、$l_{4(13)8}$、l_{798}、l_{978}、$l_{14(13)8}$、$l_{24(13)8}$、$l_{34(13)8}$、$l_{42(13)8}$、$l_{64(13)8}$、l_{7978}、l_{9798}、$l_{102(13)8}$、$l_{(13)2(13)8}$、$l_{(13)4(13)8}$
9	输入	直接	l_{97}、l_{98}
		间接	l_{987}、l_{978}、$l_{98(13)}$、$l_{98(13)2}$、$l_{98(13)4}$、l_{9797}、l_{9787}、l_{9897}、l_{9898}、l_{9878}、l_{9798}、$l_{98(13)8}$、$l_{978(13)}$
	输出	直接	l_{79}、l_{89}
		间接	l_{789}、l_{879}、$l_{(13)89}$、$l_{2(13)89}$、$l_{4(13)89}$、l_{7879}、$l_{8(13)89}$、l_{8789}、$l_{(13)879}$
10	输入	直接	l_{102}
		间接	l_{1024}、$l_{102(13)}$、l_{10241}、l_{102102}、l_{10242}、$l_{102(13)2}$、l_{10243}、$l_{102(13)4}$、l_{10246}、$l_{102(13)8}$、$l_{1024(13)}$
	输出	直接	l_{210}
		间接	l_{4210}、$l_{(13)210}$、l_{14210}、l_{24210}、$l_{2(13)210}$、l_{34210}、$l_{4(13)210}$、l_{64210}、$l_{8(13)210}$、$l_{(13)4210}$
13	输入	直接	$l_{(13)2}$、$l_{(13)4}$、$l_{(13)8}$
		间接	$l_{(13)41}$、$l_{(13)42}$、$l_{(13)43}$、$l_{(13)24}$、$l_{(13)46}$、$l_{(13)87}$、$l_{(13)89}$、$l_{(13)210}$、$l_{(13)241}$、$l_{(13)461}$、$l_{(13)2(13)2}$、$l_{(13)242}$、$l_{(13)2102}$、$l_{(13)4(13)2}$、$l_{(13)8(13)2}$、$l_{(13)243}$、$l_{(13)4(13)4}$、$l_{(13)2(13)4}$、$l_{(13)8(13)4}$、$l_{(13)414}$、$l_{(13)424}$、$l_{(13)434}$、$l_{(13)464}$、$l_{(13)415}$、$l_{(13)246}$、$l_{(13)416}$、$l_{(13)897}$、$l_{(13)8(13)8}$、$l_{(13)2(13)8}$、$l_{(13)4(13)8}$、$l_{(13)878}$、$l_{(13)898}$、$l_{(13)879}$、$l_{(13)4210}$
	输出	直接	$l_{2(13)}$、$l_{4(13)}$、$l_{8(13)}$
		间接	$l_{14(13)}$、$l_{24(13)}$、$l_{34(13)}$、$l_{42(13)}$、$l_{64(13)}$、$l_{78(13)}$、$l_{98(13)}$、$l_{102(13)}$、$l_{142(13)}$、$l_{164(13)}$、$l_{242(13)}$、$l_{2102(13)}$、$l_{342(13)}$、$l_{414(13)}$、$l_{424(13)}$、$l_{434(13)}$、$l_{464(13)}$、$l_{514(13)}$、$l_{614(13)}$、$l_{642(13)}$、$l_{798(13)}$、$l_{878(13)}$、$l_{898(13)}$、$l_{978(13)}$、$l_{1024(13)}$

注：“4”表示跳板斑块 11 增加后，跳板斑块 11 与代表斑块 4 结合形成的斑块；“6”表示跳板斑块 12 增加后，跳板斑块 12 与代表斑块 6 结合形成的斑块；“(13)”表示跳板斑块 13。

附录 3 淮河流域内热点区域与周边大城市经济与污染网络计算结果

附表 3-1 2001—2009 年淮河流域各市县不同水质污染年均频度区域面积统计

单位：km^2

地名	2001—2009 年淮河流域内各市县水质污染年均频度										总计
	0～10%	10%～20%	20%～30%	30%～40%	40%～50%	50%～60%	60%～70%	70%～80%	80%～90%	90%～100%	
蚌埠市	40.88	201.14	166.98	22.99							431.99
亳州市								6.62	478.58	1 907.22	2 392.41
扶沟县								330.74	892.24	1.92	1 224.90
阜阳市				35.02	165.92	172.91	220.77	216.29	360.83	508.79	1 680.54
菏泽市								1 046.76	259.20	21.15	1 327.10
淮安市	37.79	296.53	354.15	261.84	181.96	109.86	61.52	49.01	40.67		1 393.33
淮北市		9.05	68.53	59.70	12.03						149.31
淮南市		195.81	570.39	171.05	16.99						954.25
济宁市		7.93	22.52	47.79	136.68	189.26	292.24	98.70	36.69	14.52	846.34
巨野县						14.11	221.41	376.55	349.56	251.05	1 212.68
开封市								136.22	142.40		278.61
连云港市		754.00									754.00
灵璧县				91.51	393.40	633.38	667.71	241.35	51.04		2 078.38
六安市		41.07	773.61	1 373.09	409.38						2 597.15
罗山县		1 624.55	112.59								1 737.15
漯河市			63.74	2.04							65.79
蒙城县			3.52	328.46	301.03	311.47	318.27	397.34	224.67	168.03	2 052.80

地名	2001—2009年淮河流域内各市县水质污染年均频度										总计
	0～10%	10%～20%	20%～30%	30%～40%	40%～50%	50%～60%	60%～70%	70%～80%	80%～90%	90%～100%	
平顶山市			11.11	138.86	46.59						196.56
曲阜市							125.59	411.35	310.13		847.07
射阳县			347.66	2 298.74							2 646.40
沈丘县									62.53	1 003.44	1 065.97
寿县			2 683.40	250.95	18.81						2 953.15
泰州市				62.61							62.61
汶上县							866.14				866.14
西平县			16.85	177.54	838.30	108.15					1 140.84
信阳市	967.75	2 752.92	211.58								3 932.26
宿迁市	570.24	956.35	629.90	355.89	219.90	178.53	14.82				2 925.64
宿州市			109.19	383.66	545.06	350.45	292.48	355.37	528.81	267.60	2 832.61
盱眙县	158.53	396.14	601.08	393.71	25.71						1 575.17
徐州市				6.68	34.44	50.57	48.63	36.60	6.26		183.18
许昌市						65.03	3.92				68.95
盐城市				1 648.44							1 648.44
兖州县							424.92	103.16			528.08
扬州市	251.55	157.39	86.11	64.18	40.57	2.25					602.05
枣庄市			1 334.31	650.78	266.09	6.69					2 257.86
郑州市						517.55	370.50				888.04
周口市										115.19	115.19
驻马店市					152.49	4.42					156.91
总计	2 026.74	7 392.89	8 167.22	8 825.53	3 805.36	2 714.61	3 928.93	3 806.06	3 743.59	4 258.91	48 669.85

附表 3-2　2005 年淮河流域内 38 个城市及区县间经济联系强度矩阵

地名	编号	1	2	3	4	5	6	7	8	9	10	11	12	13	14	15	16	17	18	19
汶上县	1	—	—	—	—	—	—	—	—	—	—	—	—	—	—	—	—	—	—	—
巨野县	2	1.633	—	—	—	—	—	—	—	—	—	—	—	—	—	—	—	—	—	—
扶沟县	3	—	—	—	—	—	—	—	—	—	—	—	—	—	—	—	—	—	—	—
西平县	4	—	—	0.533	—	—	—	—	—	—	—	—	—	—	—	—	—	—	—	—
沈丘县	5	—	—	—	0.591	—	—	—	—	—	—	—	—	—	—	—	—	—	—	—
罗山县	6	—	—	—	—	—	—	—	—	—	—	—	—	—	—	—	—	—	—	—
蒙城县	7	—	—	—	—	—	—	—	—	—	—	—	—	—	—	—	—	—	—	—
灵璧县	8	—	—	—	—	—	—	0.688	—	—	—	—	—	—	—	—	—	—	—	—
寿县	9	—	—	—	—	—	—	1.021	—	—	—	—	—	—	—	—	—	—	—	—
盱眙县	10	—	—	—	—	—	—	—	—	—	—	—	—	—	—	—	—	—	—	—
射阳县	11	—	—	—	—	—	—	—	—	—	1.235	—	—	—	—	—	—	—	—	—
济宁市	12	50.211	32.393	0.804	0.667	1.205	—	1.473	1.488	0.761	0.656	—	—	—	—	—	—	—	—	—
曲阜市	13	2.656	0.855	—	—	—	—	—	—	—	—	—	54.981	—	—	—	—	—	—	—
兖州县	14	6.298	1.612	—	—	—	—	—	—	—	—	—	186.873	27.438	—	—	—	—	—	—
菏泽市	15	3.548	11.449	1.137	0.716	1.181	—	0.884	0.646	—	—	—	57.227	2.737	3.122	—	—	—	—	—
枣庄市	16	1.968	1.853	—	—	0.597	—	1.174	1.799	0.569	0.620	—	52.614	5.252	5.991	9.474	—	—	—	—
许昌市	17	—	0.505	10.158	6.584	2.296	0.586	0.604	—	—	—	—	5.803	—	—	7.588	2.200	—	—	—
周口市	18	0.668	0.960	13.226	12.487	34.140	1.705	2.379	0.885	1.205	—	—	11.580	0.811	0.925	13.177	5.106	49.882	—	—
平顶山市	19	—	—	1.705	4.183	1.139	0.522	—	—	—	—	—	3.436	—	—	3.849	1.363	49.042	18.596	—
开封市	20	0.524	0.824	2.907	1.099	1.109	—	—	—	—	—	—	8.112	0.531	0.606	17.076	2.449	21.927	17.303	7.416

地名	编号	1	2	3	4	5	6	7	8	9	10	11	12	13	14	15	16	17	18	19
郑州市	21	0.726	1.006	4.020	2.531	1.756	0.524	0.723	—	—	—	—	10.914	0.768	0.876	16.449	3.586	64.893	27.556	28.681
漯河市	22	—	—	3.226	39.611	1.961	0.531	—	—	—	—	—	2.642	—	—	3.007	1.107	46.618	52.332	18.632
驻马店市	23	—	—	2.216	26.328	4.471	3.312	0.963	—	0.717	—	—	5.057	—	—	4.934	2.321	24.556	60.896	22.420
亳州市	24	0.532	0.814	1.146	0.935	5.013	—	3.421	1.038	1.017	—	—	10.540	0.703	0.802	9.356	5.744	5.979	29.167	3.003
阜阳市	25	—	—	0.813	1.358	5.862	1.445	7.020	3.045	4.428	0.579	—	6.512	—	0.565	4.818	4.030	5.592	25.459	3.594
信阳市	26	—	—	0.706	2.395	1.860	19.249	0.787	—	0.741	—	—	3.440	—	—	2.881	1.722	7.218	17.174	7.315
宿州市	27	0.525	0.642	—	—	1.177	—	11.612	10.570	2.298	1.122	—	10.831	0.856	0.977	5.281	11.609	2.582	7.990	1.604
蚌埠市	28	—	—	—	—	0.563	—	3.757	4.975	5.458	1.926	—	3.961	—	—	2.044	3.538	1.343	3.874	0.921
淮北市	29	—	—	—	—	0.611	—	2.791	2.282	0.680	—	—	7.800	0.580	0.662	3.641	8.798	1.425	4.348	0.847
徐州市	30	2.090	2.356	0.755	0.760	1.804	—	5.834	13.349	2.314	2.320	—	47.511	4.000	4.563	15.872	111.227	5.303	14.019	3.291
宿迁市	31	—	—	—	—	—	—	1.207	5.167	0.791	2.572	—	8.837	0.875	0.999	3.136	12.819	1.339	3.246	0.904
六安市	32	—	—	—	—	0.728	0.648	1.344	0.710	3.789	0.561	—	2.734	—	—	1.731	1.793	1.813	5.086	1.402
扬州市	33	—	—	—	—	—	—	0.684	1.076	0.814	3.920	0.775	3.561	—	—	1.689	2.819	1.081	2.475	0.812
淮安市	34	—	—	—	—	—	—	0.866	2.284	0.740	5.875	1.429	6.023	0.601	0.686	2.385	6.175	1.189	2.757	0.843
泰州市	35	—	—	—	—	—	—	0.509	0.778	0.568	2.146	1.014	3.138	—	—	1.467	2.416	0.920	2.043	0.696
盐城市	36	—	—	—	—	—	—	0.780	1.170	0.646	2.552	13.684	5.557	0.559	0.638	2.366	4.513	1.300	2.820	0.964
淮南市	37	—	—	—	—	0.529	—	3.136	1.461	44.327	0.752	—	2.534	—	—	1.449	1.982	1.136	3.457	0.792
连云港市	38	—	—	—	—	—	—	—	0.956	—	0.908	0.946	6.995	0.793	0.904	2.305	7.207	0.942	2.029	0.661

附表 3-2　2005 年淮河流域内 38 个城市及区县间经济联系强度矩阵（续表）

地名	编号	20	21	22	23	24	25	26	27	28	29	30	31	32	33	34	35	36	37	38
汶上县	1	—	—	—	—	—	—	—	—	—	—	—	—	—	—	—	—	—	—	—
巨野县	2	—	—	—	—	—	—	—	—	—	—	—	—	—	—	—	—	—	—	—
扶沟县	3	—	—	—	—	—	—	—	—	—	—	—	—	—	—	—	—	—	—	—
西平县	4	—	—	—	—	—	—	—	—	—	—	—	—	—	—	—	—	—	—	—
沈丘县	5	—	—	—	—	—	—	—	—	—	—	—	—	—	—	—	—	—	—	—
罗山县	6	—	—	—	—	—	—	—	—	—	—	—	—	—	—	—	—	—	—	—
蒙城县	7	—	—	—	—	—	—	—	—	—	—	—	—	—	—	—	—	—	—	—
灵璧县	8	—	—	—	—	—	—	—	—	—	—	—	—	—	—	—	—	—	—	—
寿县	9	—	—	—	—	—	—	—	—	—	—	—	—	—	—	—	—	—	—	—
盱眙县	10	—	—	—	—	—	—	—	—	—	—	—	—	—	—	—	—	—	—	—
射阳县	11	—	—	—	—	—	—	—	—	—	—	—	—	—	—	—	—	—	—	—
济宁市	12	—	—	—	—	—	—	—	—	—	—	—	—	—	—	—	—	—	—	—
曲阜市	13	—	—	—	—	—	—	—	—	—	—	—	—	—	—	—	—	—	—	—
兖州县	14	—	—	—	—	—	—	—	—	—	—	—	—	—	—	—	—	—	—	—
菏泽市	15	—	—	—	—	—	—	—	—	—	—	—	—	—	—	—	—	—	—	—
枣庄市	16	—	—	—	—	—	—	—	—	—	—	—	—	—	—	—	—	—	—	—
许昌市	17	—	—	—	—	—	—	—	—	—	—	—	—	—	—	—	—	—	—	—
周口市	18	—	—	—	—	—	—	—	—	—	—	—	—	—	—	—	—	—	—	—
平顶山市	19	—	—	—	—	—	—	—	—	—	—	—	—	—	—	—	—	—	—	—
开封市	20	—	—	—	—	—	—	—	—	—	—	—	—	—	—	—	—	—	—	—

地名	编号	20	21	22	23	24	25	26	27	28	29	30	31	32	33	34	35	36	37	38
郑州市	21	85.381	—	—	—	—	—	—	—	—	—	—	—	—	—	—	—	—	—	—
漯河市	22	5.291	12.248	—	—	—	—	—	—	—	—	—	—	—	—	—	—	—	—	—
驻马店市	23	6.275	14.384	41.532	—	—	—	—	—	—	—	—	—	—	—	—	—	—	—	—
亳州市	24	5.040	6.655	3.589	7.014	—	—	—	—	—	—	—	—	—	—	—	—	—	—	—
阜阳市	25	3.327	5.649	4.188	12.623	18.591	—	—	—	—	—	—	—	—	—	—	—	—	—	—
信阳市	26	2.862	6.442	6.491	44.646	4.049	10.702	—	—	—	—	—	—	—	—	—	—	—	—	—
宿州市	27	2.225	3.413	1.504	3.524	13.252	12.902	2.793	—	—	—	—	—	—	—	—	—	—	—	—
蚌埠市	28	1.029	1.742	0.819	2.155	3.804	8.364	2.052	17.553	—	—	—	—	—	—	—	—	—	—	—
淮北市	29	1.338	1.943	0.797	1.752	8.870	5.144	1.291	64.125	4.215	—	—	—	—	—	—	—	—	—	—
徐州市	30	5.234	7.822	2.850	6.280	19.342	14.551	4.821	96.983	16.871	79.894	—	—	—	—	—	—	—	—	—
宿迁市	31	1.224	2.006	0.730	1.719	3.176	3.671	1.475	12.111	7.196	5.008	51.798	—	—	—	—	—	—	—	—
六安市	32	1.134	2.142	1.224	3.958	2.930	12.089	5.403	4.267	6.344	1.565	6.050	2.316	—	—	—	—	—	—	—
扬州市	33	0.856	1.563	0.618	1.616	1.758	3.054	1.655	3.937	5.438	1.519	8.598	6.899	3.752	—	—	—	—	—	—
淮安市	34	1.034	1.784	0.655	1.600	2.298	3.146	1.466	6.551	6.222	2.622	19.240	38.799	2.559	17.923	—	—	—	—	—
泰州市	35	0.738	1.358	0.519	1.343	1.415	2.344	1.362	2.976	3.588	1.195	6.919	5.507	2.708	177.469	14.740	—	—	—	—
盐城市	36	1.104	1.991	0.711	1.769	2.038	2.961	1.692	4.378	4.285	1.851	11.881	11.300	2.783	36.024	40.037	55.664	—	—	—
淮南市	37	0.806	1.396	0.726	2.031	3.037	10.398	2.062	8.389	34.551	2.347	8.343	3.053	9.683	3.111	2.869	2.115	2.391	—	—
连云港市	38	0.892	1.518	—	1.144	1.649	1.883	0.987	3.706	2.401	1.777	14.642	16.415	1.299	4.981	20.349	4.877	15.501	1.277	—

附表 3-3　2005 年淮河流域内 38 个城市及区县间污染联系强度矩阵

地名	编号	1	2	3	4	5	6	7	8	9	10	11	12	13	14	15	16	17	18	19
汶上县	1	—	—	—	—	—	—	—	—	—	—	—	—	—	—	—	—	—	—	—
巨野县	2	0.024	—	—	—	—	—	—	—	—	—	—	—	—	—	—	—	—	—	—
扶沟县	3	—	—	—	—	—	—	—	—	—	—	—	—	—	—	—	—	—	—	—
西平县	4	—	—	0.008	—	—	—	—	—	—	—	—	—	—	—	—	—	—	—	—
沈丘县	5	—	—	0.009	0.007	—	—	—	—	—	—	—	—	—	—	—	—	—	—	—
罗山县	6	—	—	—	—	—	—	—	—	—	—	—	—	—	—	—	—	—	—	—
蒙城县	7	—	—	—	—	0.005	—	—	—	—	—	—	—	—	—	—	—	—	—	—
灵璧县	8	—	—	—	—	—	—	0.008	—	—	—	—	—	—	—	—	—	—	—	—
寿县	9	—	—	—	—	—	—	0.009	—	—	—	—	—	—	—	—	—	—	—	—
盱眙县	10	—	—	—	—	—	—	—	—	—	—	—	—	—	—	—	—	—	—	—
射阳县	11	—	—	—	—	—	—	—	—	—	0.015	—	—	—	—	—	—	—	—	—
济宁市	12	0.120	0.100	—	—	—	—	—	—	—	—	—	—	—	—	—	—	—	—	—
曲阜市	13	0.023	0.009	—	—	—	—	—	—	—	—	—	0.098	—	—	—	—	—	—	—
兖州县	14	0.043	0.014	—	—	—	—	—	—	—	—	—	0.267	0.139	—	—	—	—	—	—
菏泽市	15	0.016	0.067	0.008	—	0.007	—	—	—	—	—	—	0.055	0.009	0.008	—	—	—	—	—
枣庄市	16	—	0.006	—	—	—	—	—	—	—	—	—	0.028	0.010	0.009	0.010	—	—	—	—
许昌市	17	—	—	0.053	0.020	0.010	—	—	—	—	—	—	—	—	—	0.011	—	—	—	—
周口市	18	—	0.005	0.086	0.046	0.190	—	0.010	—	—	—	—	0.011	—	—	0.023	—	0.068	—	—
平顶山市	19	—	—	0.009	0.012	—	—	—	—	—	—	—	—	—	—	0.005	—	0.052	0.025	—

地名	编号	1	2	3	4	5	6	7	8	9	10	11	12	13	14	15	16	17	18	19
开封市	20	—	0.006	0.024	0.005	0.008	—	—	—	—	—	—	0.010	—	—	0.038	—	0.038	0.037	0.012
郑州市	21	—	—	0.015	0.006	0.006	—	—	—	—	—	—	0.006	—	—	0.017	—	0.052	0.028	0.022
漯河市	22	—	—	0.018	0.124	0.009	—	—	—	—	—	—	—	—	—	—	—	0.053	0.074	0.021
驻马店市	23	—	—	0.011	0.076	0.019	0.007	—	—	—	—	—	—	—	—	0.007	—	0.026	0.079	0.023
亳州市	24	—	0.007	0.011	0.005	0.041	—	0.022	0.007	0.005	—	—	0.014	—	—	0.024	0.008	0.012	0.073	0.006
阜阳市	25	—	—	0.006	0.006	0.040	0.005	0.038	0.017	0.018	—	—	0.007	—	—	0.010	—	0.009	0.052	0.006
信阳市	26	—	—	—	—	—	0.026	—	—	—	—	—	—	—	—	—	—	—	0.013	—
宿州市	27	—	—	—	—	0.007	—	0.058	0.055	0.009	—	—	0.011	—	—	0.010	0.013	—	0.015	—
蚌埠市	28	—	—	—	—	—	—	0.011	0.015	0.013	—	—	—	—	—	—	—	—	—	—
淮北市	29	—	—	—	—	—	—	0.012	0.010	—	—	—	0.007	—	—	0.006	0.009	—	0.007	—
徐州市	30	0.005	0.008	—	—	0.006	—	0.015	0.035	—	—	—	0.025	0.007	0.007	0.016	0.061	—	0.013	—
宿迁市	31	—	—	—	—	—	—	—	0.016	—	—	—	0.005	—	—	—	0.008	—	—	—
六安市	32	—	—	—	—	—	—	0.005	—	0.011	—	—	—	—	—	—	—	—	0.007	—
扬州市	33	—	—	—	—	—	—	—	—	—	—	—	—	—	—	—	—	—	—	—
淮安市	34	—	—	—	—	—	—	—	0.007	—	0.010	0.007	—	—	—	—	—	—	—	—
泰州市	35	—	—	—	—	—	—	—	—	—	—	—	—	—	—	—	—	—	—	—
盐城市	36	—	—	—	—	—	—	—	—	—	—	0.049	—	—	—	—	—	—	—	—
淮南市	37	—	—	—	—	—	—	0.011	0.006	0.125	—	—	—	—	—	—	—	—	—	—
连云港市	38	—	—	—	—	—	—	—	—	—	—	—	—	—	—	—	—	—	—	—

附表 3-3 2005 年淮河流域内 38 个城市及区县间污染联系强度矩阵（续表）

地名	编号	20	21	22	23	24	25	26	27	28	29	30	31	32	33	34	35	36	37	38
汶上县	1	—	—	—	—	—	—	—	—	—	—	—	—	—	—	—	—	—	—	—
巨野县	2	—	—	—	—	—	—	—	—	—	—	—	—	—	—	—	—	—	—	—
扶沟县	3	—	—	—	—	—	—	—	—	—	—	—	—	—	—	—	—	—	—	—
西平县	4	—	—	—	—	—	—	—	—	—	—	—	—	—	—	—	—	—	—	—
沈丘县	5	—	—	—	—	—	—	—	—	—	—	—	—	—	—	—	—	—	—	—
罗山县	6	—	—	—	—	—	—	—	—	—	—	—	—	—	—	—	—	—	—	—
蒙城县	7	—	—	—	—	—	—	—	—	—	—	—	—	—	—	—	—	—	—	—
灵璧县	8	—	—	—	—	—	—	—	—	—	—	—	—	—	—	—	—	—	—	—
寿县	9	—	—	—	—	—	—	—	—	—	—	—	—	—	—	—	—	—	—	—
盱眙县	10	—	—	—	—	—	—	—	—	—	—	—	—	—	—	—	—	—	—	—
射阳县	11	—	—	—	—	—	—	—	—	—	—	—	—	—	—	—	—	—	—	—
济宁市	12	—	—	—	—	—	—	—	—	—	—	—	—	—	—	—	—	—	—	—
曲阜市	13	—	—	—	—	—	—	—	—	—	—	—	—	—	—	—	—	—	—	—
兖州县	14	—	—	—	—	—	—	—	—	—	—	—	—	—	—	—	—	—	—	—
菏泽市	15	—	—	—	—	—	—	—	—	—	—	—	—	—	—	—	—	—	—	—
枣庄市	16	—	—	—	—	—	—	—	—	—	—	—	—	—	—	—	—	—	—	—
许昌市	17	—	—	—	—	—	—	—	—	—	—	—	—	—	—	—	—	—	—	—
周口市	18	—	—	—	—	—	—	—	—	—	—	—	—	—	—	—	—	—	—	—
平顶山市	19	—	—	—	—	—	—	—	—	—	—	—	—	—	—	—	—	—	—	—

地名	编号	20	21	22	23	24	25	26	27	28	29	30	31	32	33	34	35	36	37	38
开封市	20	—	—	—	—	—	—	—	—	—	—	—	—	—	—	—	—	—	—	—
郑州市	21	0.108	—	—	—	—	—	—	—	—	—	—	—	—	—	—	—	—	—	—
漯河市	22	0.010	0.010	—	—	—	—	—	—	—	—	—	—	—	—	—	—	—	—	—
驻马店市	23	0.010	0.011	0.045	—	—	—	—	—	—	—	—	—	—	—	—	—	—	—	—
亳州市	24	0.016	0.010	0.008	0.014	—	—	—	—	—	—	—	—	—	—	—	—	—	—	—
阜阳市	25	0.009	0.007	0.007	0.020	0.056	—	—	—	—	—	—	—	—	—	—	—	—	—	—
信阳市	26	—	—	—	0.027	—	0.010	—	—	—	—	—	—	—	—	—	—	—	—	—
宿州市	27	0.005	—	—	0.005	0.037	0.030	—	—	—	—	—	—	—	—	—	—	—	—	—
蚌埠市	28	—	—	—	—	0.006	0.012	—	0.023	—	—	—	—	—	—	—	—	—	—	—
淮北市	29	—	—	—	—	0.022	0.011	—	0.122	—	—	—	—	—	—	—	—	—	—	—
徐州市	30	0.006	—	—	—	0.027	0.017	—	0.104	0.011	0.076	—	—	—	—	—	—	—	—	—
宿迁市	31	—	—	—	—	0.005	—	—	0.015	0.005	0.006	0.033	—	—	—	—	—	—	—	—
六安市	32	—	—	—	—	0.006	0.021	—	0.007	0.006	—	—	—	—	—	—	—	—	—	—
扬州市	33	—	—	—	—	—	—	—	—	—	—	—	—	—	—	—	—	—	—	—
淮安市	34	—	—	—	—	—	—	—	0.008	—	—	0.012	0.028	—	0.007	—	—	—	—	—
泰州市	35	—	—	—	—	—	—	—	—	—	—	—	—	—	0.060	0.009	—	—	—	—
盐城市	36	—	—	—	—	—	—	—	—	—	—	0.005	0.006	—	0.011	0.021	0.024	—	—	—
淮南市	37	—	—	—	—	0.006	0.018	—	0.013	0.032	—	0.007	—	0.011	—	—	—	—	—	—
连云港市	38	—	—	—	—	—	—	—	—	—	—	0.007	0.009	—	—	0.011	—	0.006	—	—

附表 3-4 “高发区”与周边大城市的距离

单位：km

地名	汶上县	巨野县	扶沟县	西平县	沈丘县	罗山县	蒙城县	灵璧县	寿县	盱眙县	金湖县	射阳县
济宁市	36.48	44.73	250.48	326.25	261.78	404.88	239.24	226.72	316.87	322.50	347.72	382.71
曲阜市	48.06	83.42	291.14	365.53	297.39	439.08	260.63	232.96	335.34	319.86	340.46	360.70
兖州县	33.33	64.87	274.41	349.79	284.36	427.00	255.42	234.86	331.72	325.94	348.54	374.63
菏泽市	106.96	58.63	164.20	245.41	206.11	348.64	240.69	268.09	319.81	375.30	408.40	467.32
枣庄市	127.65	129.54	281.57	343.11	257.65	388.99	185.67	142.84	253.96	229.78	253.08	293.45
许昌市	305.47	254.55	50.09	73.79	134.78	213.71	265.47	347.15	317.84	450.01	492.50	592.42
周口市	285.68	234.66	55.78	68.08	44.41	159.21	170.02	265.47	227.44	364.34	407.65	515.23
平顶山市	371.89	321.37	115.76	87.65	181.14	214.43	317.81	405.22	360.26	504.38	547.79	653.67
开封市	223.56	175.58	82.48	159.11	170.84	289.61	269.06	330.34	337.68	438.94	447.93	558.92
郑州市	282.05	235.88	104.11	155.62	201.52	295.50	317.35	386.29	379.90	493.84	534.03	619.62
漯河市	328.96	277.29	63.73	21.57	104.56	160.94	239.29	328.51	281.74	425.99	469.61	578.50
驻马店市	377.63	326.32	121.71	41.87	109.59	102.04	238.62	334.28	263.28	422.09	466.50	585.66
亳州市	219.61	174.83	130.00	170.65	79.51	216.59	97.27	168.19	169.86	273.14	314.65	414.36
阜阳市	321.90	279.68	185.26	170.04	88.26	142.46	81.51	117.86	97.70	255.38	299.86	424.84
信阳市	455.62	405.69	214.81	138.27	169.22	42.16	262.99	359.45	257.89	426.30	472.52	603.69
宿州市	235.88	210.12	241.95	274.63	175.14	278.22	56.35	56.25	120.60	163.04	203.34	305.32
蚌埠市	323.70	300.20	305.78	318.25	220.44	279.47	86.26	71.39	68.13	108.37	152.79	283.32
淮北市	199.46	172.49	222.08	264.89	168.79	287.57	79.82	84.06	153.92	193.18	230.85	320.42
徐州市	184.48	171.11	266.70	315.24	220.73	339.61	124.05	78.10	187.51	176.95	207.79	278.64
宿迁市	255.33	255.06	358.20	399.20	300.62	400.20	176.59	81.28	207.66	108.80	125.25	184.47
六安市	444.39	408.90	326.44	298.19	229.39	194.86	170.60	223.50	96.74	237.49	275.41	417.05
扬州市	458.29	452.67	502.65	515.89	418.74	459.56	283.57	215.27	247.37	106.53	79.30	172.72
淮安市	330.00	333.01	430.11	464.18	364.20	447.14	230.89	135.38	237.71	79.73	65.12	116.55
泰州市	482.07	480.93	544.61	561.05	463.04	507.66	326.75	251.75	294.66	143.18	105.65	150.12
盐城市	428.18	437.10	540.00	570.96	470.83	542.04	312.61	242.99	326.91	155.41	112.35	48.38
淮南市	348.47	318.98	290.13	290.69	197.76	236.48	82.08	114.53	20.79	150.75	194.19	329.33
连云港市	278.48	298.17	447.68	498.39	402.75	510.62	286.67	193.18	318.89	187.20	175.89	132.21

附表 3-5 经济联系为“极强”范围的城市及区县间经济联系强度

地名	编号	1	2	3	4	5	6	7	8	9	10	11	12	13	14	15	16	17	18	19
汶上县	1	—	—	—	—	—	—	—	—	—	—	—	—	—	—	—	—	—	—	—
巨野县	2	—	—	—	—	—	—	—	—	—	—	—	—	—	—	—	—	—	—	—
扶沟县	3	—	—	—	—	—	—	—	—	—	—	—	—	—	—	—	—	—	—	—
西平县	4	—	—	—	—	—	—	—	—	—	—	—	—	—	—	—	—	—	—	—
沈丘县	5	—	—	—	—	—	—	—	—	—	—	—	—	—	—	—	—	—	—	—
罗山县	6	—	—	—	—	—	—	—	—	—	—	—	—	—	—	—	—	—	—	—
蒙城县	7	—	—	—	—	—	—	—	—	—	—	—	—	—	—	—	—	—	—	—
灵璧县	8	—	—	—	—	—	—	—	—	—	—	—	—	—	—	—	—	—	—	—
寿县	9	—	—	—	—	—	—	—	—	—	—	—	—	—	—	—	—	—	—	—
盱眙县	10	—	—	—	—	—	—	—	—	—	—	—	—	—	—	—	—	—	—	—
射阳县	11	—	—	—	—	—	—	—	—	—	—	—	—	—	—	—	—	—	—	—
济宁市	12	50.211	32.393	—	—	—	—	—	—	—	—	—	—	—	—	—	—	—	—	—
曲阜市	13	—	—	—	—	—	—	—	—	—	—	—	54.981	—	—	—	—	—	—	—
兖州县	14	—	—	—	—	—	—	—	—	—	—	—	186.873	27.438	—	—	—	—	—	—
菏泽市	15	—	11.449	—	—	—	—	—	—	—	—	—	57.227	—	—	—	—	—	—	—
枣庄市	16	—	—	—	—	—	—	—	—	—	—	—	52.614	—	—	—	—	—	—	—
许昌市	17	—	—	10.158	—	—	—	—	—	—	—	—	—	—	—	—	—	—	—	—
周口市	18	—	—	13.226	12.487	34.140	—	—	—	—	—	—	11.580	—	—	13.177	—	49.882	—	—
平顶山市	19	—	—	—	—	—	—	—	—	—	—	—	—	—	—	—	—	49.042	18.596	—
开封市	20	—	—	—	—	—	—	—	—	—	—	—	—	—	—	17.076	—	21.927	17.303	—

地名	编号	1	2	3	4	5	6	7	8	9	10	11	12	13	14	15	16	17	18	19
郑州市	21	—	—	—	—	—	—	—	—	—	—	—	10.914	—	—	16.449	—	64.893	27.556	28.681
漯河市	22	—	—	—	39.611	—	—	—	—	—	—	—	—	—	—	—	—	46.618	52.332	18.632
驻马店市	23	—	—	—	26.328	—	—	—	—	—	—	—	—	—	—	—	—	24.556	60.896	22.420
亳州市	24	—	—	—	—	—	—	—	—	—	—	—	10.540	—	—	—	—	—	29.167	—
阜阳市	25	—	—	—	—	—	—	—	—	—	—	—	—	—	—	—	—	—	25.459	—
信阳市	26	—	—	—	—	—	19.249	—	—	—	—	—	—	—	—	—	—	—	17.174	—
宿州市	27	—	—	—	—	—	—	11.612	10.570	—	—	—	10.831	—	—	—	11.609	—	—	—
蚌埠市	28	—	—	—	—	—	—	—	—	—	—	—	—	—	—	—	—	—	—	—
淮北市	29	—	—	—	—	—	—	—	—	—	—	—	—	—	—	—	—	—	—	—
徐州市	30	—	—	—	—	—	—	—	13.349	—	—	—	47.511	—	—	15.872	111.227	—	14.019	—
宿迁市	31	—	—	—	—	—	—	—	—	—	—	—	—	—	—	—	12.819	—	—	—
六安市	32	—	—	—	—	—	—	—	—	—	—	—	—	—	—	—	—	—	—	—
扬州市	33	—	—	—	—	—	—	—	—	—	—	—	—	—	—	—	—	—	—	—
淮安市	34	—	—	—	—	—	—	—	—	—	—	—	—	—	—	—	—	—	—	—
泰州市	35	—	—	—	—	—	—	—	—	—	—	—	—	—	—	—	—	—	—	—
盐城市	36	—	—	—	—	—	—	—	—	—	—	13.684	—	—	—	—	—	—	—	—
淮南市	37	—	—	—	—	—	—	—	—	44.327	—	—	—	—	—	—	—	—	—	—
连云港市	38	—	—	—	—	—	—	—	—	—	—	—	—	—	—	—	—	—	—	—

附表 3-5　经济联系为“极强”范围的城市及区县间经济联系强度（续表）

地名	编号	20	21	22	23	24	25	26	27	28	29	30	31	32	33	34	35	36	37	38
汶上县	1	—	—	—	—	—	—	—	—	—	—	—	—	—	—	—	—	—	—	—
巨野县	2	—	—	—	—	—	—	—	—	—	—	—	—	—	—	—	—	—	—	—
扶沟县	3	—	—	—	—	—	—	—	—	—	—	—	—	—	—	—	—	—	—	—
西平县	4	—	—	—	—	—	—	—	—	—	—	—	—	—	—	—	—	—	—	—
沈丘县	5	—	—	—	—	—	—	—	—	—	—	—	—	—	—	—	—	—	—	—
罗山县	6	—	—	—	—	—	—	—	—	—	—	—	—	—	—	—	—	—	—	—
蒙城县	7	—	—	—	—	—	—	—	—	—	—	—	—	—	—	—	—	—	—	—
灵璧县	8	—	—	—	—	—	—	—	—	—	—	—	—	—	—	—	—	—	—	—
寿县	9	—	—	—	—	—	—	—	—	—	—	—	—	—	—	—	—	—	—	—
盱眙县	10	—	—	—	—	—	—	—	—	—	—	—	—	—	—	—	—	—	—	—
射阳县	11	—	—	—	—	—	—	—	—	—	—	—	—	—	—	—	—	—	—	—
济宁市	12	—	—	—	—	—	—	—	—	—	—	—	—	—	—	—	—	—	—	—
曲阜市	13	—	—	—	—	—	—	—	—	—	—	—	—	—	—	—	—	—	—	—
兖州县	14	—	—	—	—	—	—	—	—	—	—	—	—	—	—	—	—	—	—	—
菏泽市	15	—	—	—	—	—	—	—	—	—	—	—	—	—	—	—	—	—	—	—
枣庄市	16	—	—	—	—	—	—	—	—	—	—	—	—	—	—	—	—	—	—	—
许昌市	17	—	—	—	—	—	—	—	—	—	—	—	—	—	—	—	—	—	—	—
周口市	18	—	—	—	—	—	—	—	—	—	—	—	—	—	—	—	—	—	—	—
平顶山市	19	—	—	—	—	—	—	—	—	—	—	—	—	—	—	—	—	—	—	—
开封市	20	—	—	—	—	—	—	—	—	—	—	—	—	—	—	—	—	—	—	—

地名	编号	20	21	22	23	24	25	26	27	28	29	30	31	32	33	34	35	36	37	38
郑州市	21	85.381	—	—	—	—	—	—	—	—	—	—	—	—	—	—	—	—	—	—
漯河市	22	—	12.248	—	—	—	—	—	—	—	—	—	—	—	—	—	—	—	—	—
驻马店市	23	—	14.384	41.532	—	—	—	—	—	—	—	—	—	—	—	—	—	—	—	—
亳州市	24	—	—	—	—	—	—	—	—	—	—	—	—	—	—	—	—	—	—	—
阜阳市	25	—	—	—	12.623	18.591	—	—	—	—	—	—	—	—	—	—	—	—	—	—
信阳市	26	—	—	—	44.646	—	10.702	—	—	—	—	—	—	—	—	—	—	—	—	—
宿州市	27	—	—	—	—	13.252	12.902	—	—	—	—	—	—	—	—	—	—	—	—	—
蚌埠市	28	—	—	—	—	—	—	—	17.553	—	—	—	—	—	—	—	—	—	—	—
淮北市	29	—	—	—	—	—	—	—	64.125	—	—	—	—	—	—	—	—	—	—	—
徐州市	30	—	—	—	—	19.342	14.551	—	96.983	16.871	79.894	—	—	—	—	—	—	—	—	—
宿迁市	31	—	—	—	—	—	—	—	12.111	—	—	51.798	—	—	—	—	—	—	—	—
六安市	32	—	—	—	—	—	12.089	—	—	—	—	—	—	—	—	—	—	—	—	—
扬州市	33	—	—	—	—	—	—	—	—	—	—	—	—	—	—	—	—	—	—	—
淮安市	34	—	—	—	—	—	—	—	—	—	—	19.240	38.799	—	17.923	—	—	—	—	—
泰州市	35	—	—	—	—	—	—	—	—	—	—	—	—	—	177.469	14.740	—	—	—	—
盐城市	36	—	—	—	—	—	—	—	—	—	—	11.881	11.300	—	36.024	40.037	55.664	—	—	—
淮南市	37	—	—	—	—	—	10.398	—	—	34.551	—	—	—	—	—	—	—	—	—	—
连云港市	38	—	—	—	—	—	—	—	—	—	—	14.642	16.415	—	—	20.349	—	15.501	—	—

附表 3-6　污染联系为“极强”范围的城市及区县间污染联系强度

地名	编号	1	2	3	4	5	6	7	8	9	10	11	12	13	14	15	16	17	18	19
汶上县	1	—	—	—	—	—	—	—	—	—	—	—	—	—	—	—	—	—	—	—
巨野县	2	—	—	—	—	—	—	—	—	—	—	—	—	—	—	—	—	—	—	—
扶沟县	3	—	—	—	—	—	—	—	—	—	—	—	—	—	—	—	—	—	—	—
西平县	4	—	—	—	—	—	—	—	—	—	—	—	—	—	—	—	—	—	—	—
沈丘县	5	—	—	—	—	—	—	—	—	—	—	—	—	—	—	—	—	—	—	—
罗山县	6	—	—	—	—	—	—	—	—	—	—	—	—	—	—	—	—	—	—	—
蒙城县	7	—	—	—	—	—	—	—	—	—	—	—	—	—	—	—	—	—	—	—
灵璧县	8	—	—	—	—	—	—	—	—	—	—	—	—	—	—	—	—	—	—	—
寿县	9	—	—	—	—	—	—	—	—	—	—	—	—	—	—	—	—	—	—	—
盱眙县	10	—	—	—	—	—	—	—	—	—	—	—	—	—	—	—	—	—	—	—
射阳县	11	—	—	—	—	—	—	—	—	—	—	—	—	—	—	—	—	—	—	—
济宁市	12	0.120	0.100	—	—	—	—	—	—	—	—	—	—	—	—	—	—	—	—	—
曲阜市	13	—	—	—	—	—	—	—	—	—	—	—	0.098	—	—	—	—	—	—	—
兖州县	14	—	—	—	—	—	—	—	—	—	—	—	0.267	0.139	—	—	—	—	—	—
菏泽市	15	—	0.067	—	—	—	—	—	—	—	—	—	0.055	—	—	—	—	—	—	—
枣庄市	16	—	—	—	—	—	—	—	—	—	—	—	—	—	—	—	—	—	—	—
许昌市	17	—	—	0.053	—	—	—	—	—	—	—	—	—	—	—	—	—	—	—	—
周口市	18	—	—	0.086	—	0.190	—	—	—	—	—	—	—	—	—	—	—	0.068	—	—
平顶山市	19	—	—	—	—	—	—	—	—	—	—	—	—	—	—	—	—	0.052	—	—
开封市	20	—	—	—	—	—	—	—	—	—	—	—	—	—	—	—	—	—	—	—

地名	编号	1	2	3	4	5	6	7	8	9	10	11	12	13	14	15	16	17	18	19
郑州市	21	—	—	—	—	—	—	—	—	—	—	—	—	—	—	—	—	0.052	—	—
漯河市	22	—	—	—	0.124	—	—	—	—	—	—	—	—	—	—	—	—	0.053	0.074	—
驻马店市	23	—	—	—	0.076	—	—	—	—	—	—	—	—	—	—	—	—	—	0.079	—
亳州市	24	—	—	—	—	—	—	—	—	—	—	—	—	—	—	—	—	—	0.073	—
阜阳市	25	—	—	—	—	—	—	—	—	—	—	—	—	—	—	—	—	—	0.052	—
信阳市	26	—	—	—	—	—	—	—	—	—	—	—	—	—	—	—	—	—	—	—
宿州市	27	—	—	—	—	—	—	0.058	0.055	—	—	—	—	—	—	—	—	—	—	—
蚌埠市	28	—	—	—	—	—	—	—	—	—	—	—	—	—	—	—	—	—	—	—
淮北市	29	—	—	—	—	—	—	—	—	—	—	—	—	—	—	—	—	—	—	—
徐州市	30	—	—	—	—	—	—	—	—	—	—	—	—	—	—	—	0.061	—	—	—
宿迁市	31	—	—	—	—	—	—	—	—	—	—	—	—	—	—	—	—	—	—	—
六安市	32	—	—	—	—	—	—	—	—	—	—	—	—	—	—	—	—	—	—	—
扬州市	33	—	—	—	—	—	—	—	—	—	—	—	—	—	—	—	—	—	—	—
淮安市	34	—	—	—	—	—	—	—	—	—	—	—	—	—	—	—	—	—	—	—
泰州市	35	—	—	—	—	—	—	—	—	—	—	—	—	—	—	—	—	—	—	—
盐城市	36	—	—	—	—	—	—	—	—	—	—	—	—	—	—	—	—	—	—	—
淮南市	37	—	—	—	—	—	—	—	—	0.125	—	—	—	—	—	—	—	—	—	—
连云港市	38	—	—	—	—	—	—	—	—	—	—	—	—	—	—	—	—	—	—	—

附表 3-6 污染联系为“极强”范围的城市及区县间污染联系强度（续表）

地名	编号	20	21	22	23	24	25	26	27	28	29	30	31	32	33	34	35	36	37	38
汶上县	1	—	—	—	—	—	—	—	—	—	—	—	—	—	—	—	—	—	—	—
巨野县	2	—	—	—	—	—	—	—	—	—	—	—	—	—	—	—	—	—	—	—
扶沟县	3	—	—	—	—	—	—	—	—	—	—	—	—	—	—	—	—	—	—	—
西平县	4	—	—	—	—	—	—	—	—	—	—	—	—	—	—	—	—	—	—	—
沈丘县	5	—	—	—	—	—	—	—	—	—	—	—	—	—	—	—	—	—	—	—
罗山县	6	—	—	—	—	—	—	—	—	—	—	—	—	—	—	—	—	—	—	—
蒙城县	7	—	—	—	—	—	—	—	—	—	—	—	—	—	—	—	—	—	—	—
灵璧县	8	—	—	—	—	—	—	—	—	—	—	—	—	—	—	—	—	—	—	—
寿县	9	—	—	—	—	—	—	—	—	—	—	—	—	—	—	—	—	—	—	—
盱眙县	10	—	—	—	—	—	—	—	—	—	—	—	—	—	—	—	—	—	—	—
射阳县	11	—	—	—	—	—	—	—	—	—	—	—	—	—	—	—	—	—	—	—
济宁市	12	—	—	—	—	—	—	—	—	—	—	—	—	—	—	—	—	—	—	—
曲阜市	13	—	—	—	—	—	—	—	—	—	—	—	—	—	—	—	—	—	—	—
兖州县	14	—	—	—	—	—	—	—	—	—	—	—	—	—	—	—	—	—	—	—
菏泽市	15	—	—	—	—	—	—	—	—	—	—	—	—	—	—	—	—	—	—	—
枣庄市	16	—	—	—	—	—	—	—	—	—	—	—	—	—	—	—	—	—	—	—
许昌市	17	—	—	—	—	—	—	—	—	—	—	—	—	—	—	—	—	—	—	—
周口市	18	—	—	—	—	—	—	—	—	—	—	—	—	—	—	—	—	—	—	—
平顶山市	19	—	—	—	—	—	—	—	—	—	—	—	—	—	—	—	—	—	—	—
开封市	20	—	—	—	—	—	—	—	—	—	—	—	—	—	—	—	—	—	—	—

地名	编号	20	21	22	23	24	25	26	27	28	29	30	31	32	33	34	35	36	37	38
郑州市	21	0.108	—	—	—	—	—	—	—	—	—	—	—	—	—	—	—	—	—	—
漯河市	22	—	—	—	—	—	—	—	—	—	—	—	—	—	—	—	—	—	—	—
驻马店市	23	—	—	—	—	—	—	—	—	—	—	—	—	—	—	—	—	—	—	—
亳州市	24	—	—	—	—	—	—	—	—	—	—	—	—	—	—	—	—	—	—	—
阜阳市	25	—	—	—	—	0.056	—	—	—	—	—	—	—	—	—	—	—	—	—	—
信阳市	26	—	—	—	—	—	—	—	—	—	—	—	—	—	—	—	—	—	—	—
宿州市	27	—	—	—	—	—	—	—	—	—	—	—	—	—	—	—	—	—	—	—
蚌埠市	28	—	—	—	—	—	—	—	—	—	—	—	—	—	—	—	—	—	—	—
淮北市	29	—	—	—	—	—	—	—	0.122	—	—	—	—	—	—	—	—	—	—	—
徐州市	30	—	—	—	—	—	—	—	0.104	—	0.076	—	—	—	—	—	—	—	—	—
宿迁市	31	—	—	—	—	—	—	—	—	—	—	—	—	—	—	—	—	—	—	—
六安市	32	—	—	—	—	—	—	—	—	—	—	—	—	—	—	—	—	—	—	—
扬州市	33	—	—	—	—	—	—	—	—	—	—	—	—	—	—	—	—	—	—	—
淮安市	34	—	—	—	—	—	—	—	—	—	—	—	—	—	—	—	—	—	—	—
泰州市	35	—	—	—	—	—	—	—	—	—	—	—	—	—	0.060	—	—	—	—	—
盐城市	36	—	—	—	—	—	—	—	—	—	—	—	—	—	—	—	—	—	—	—
淮南市	37	—	—	—	—	—	—	—	—	—	—	—	—	—	—	—	—	—	—	—
连云港市	38	—	—	—	—	—	—	—	—	—	—	—	—	—	—	—	—	—	—	—

附表 3-7 经济流矩阵 *D*

地名	编号	1	2	3	4	5	6	7	8	9	10	11	12	13	14	15	16	17	18	19
汶上县	1	0	0.01	0	0	0	0	0	0	0	0	0	−11.56	−0.18	−0.60	−0.80	−0.44	−0.08	−0.15	−0.05
巨野县	2	−0.02	0	0.01	0	−0.01	0	−0.01	−0.01	0	0	0	−14.07	−0.12	−0.31	-4.90	−0.78	−0.21	−0.42	−0.12
扶沟县	3	−0.01	−0.02	0	−0.19	−0.22	0	−0.05	−0.02	−0.02	−0.01	0	−0.87	−0.03	−0.05	−1.22	−0.33	−10.85	−14.30	−1.81
西平县	4	0	0	0.04	0	−0.04	0	−0.01	0	0	0	0	−0.14	0	−0.01	−0.15	−0.06	−1.38	-2.66	−0.87
沈丘县	5	0	0.01	0.07	0.06	0	0.03	0	0	0	0	0.01	−0.40	0	−0.01	−0.38	−0.19	−0.73	−11.24	−0.36
罗山县	6	−0.01	−0.01	0.01	−0.04	−0.15	0	−0.07	−0.02	−0.05	−0.01	0.01	−0.55	−0.02	−0.03	−0.45	−0.28	−0.98	−2.89	−0.87
蒙城县	7	0	0.01	0.01	0.01	0	0.01	0	0.02	0.03	0.01	0.01	−0.38	0	−0.01	−0.22	−0.29	−0.15	−0.61	−0.09
灵璧县	8	0	0	0.01	0	0	0.01	−0.02	0	0	0.02	0.03	−0.54	−0.01	−0.02	−0.23	−0.63	−0.11	−0.32	−0.07
寿县	9	0	0	0	0	0	0.01	−0.02	0	0	0	0.01	−0.13	0	0	−0.08	−0.09	−0.06	−0.20	−0.04
盱眙县	10	0	0	0	0	−0.01	0	−0.02	−0.03	−0.01	0	0.35	−0.32	−0.01	−0.01	−0.14	−0.30	−0.08	−0.21	−0.06
射阳县	11	−0.02	−0.02	−0.01	−0.01	−0.04	−0.01	−0.10	−0.21	−0.10	−1.86	0	−0.63	−0.05	−0.05	−0.26	−0.51	−0.13	−0.28	−0.10
济宁市	12	0.09	0.06	0	0	0	0	0	0	0	0	0	0	0.10	0.34	0.05	0.06	0.01	0	0
曲阜市	13	0.05	0.02	0	0	0	0	0	0	0	0	0	-3.43	0	−0.23	−0.17	−0.31	−0.02	−0.05	−0.01
兖州县	14	0.11	0.03	0	0	0	0	0	0	0	0	0	-7.41	0.15	0	−0.12	−0.22	−0.02	−0.04	−0.01
菏泽市	15	0.03	0.10	0.01	0.01	0.01	0	0.01	0.01	0	0	0	−0.23	0.02	0.03	0	0.02	0.01	−0.03	0.01
枣庄市	16	0.02	0.02	0	0	0.01	0	0.01	0.02	0.01	0.01	0	−0.33	0.05	0.05	−0.02	0	0	−0.02	0
许昌市	17	0	0	0.06	0.04	0.01	0	0	0	0	0	0	−0.02	0	0	−0.01	0	0	−0.14	0.03
周口市	18	0	0	0.04	0.04	0.10	0.01	0.01	0	0	0	0	−0.01	0	0	0.01	0.01	0.07	0	0.03
平顶山市	19	0	0	0.02	0.05	0.01	0.01	0	0	0	0	0	−0.03	0	0	−0.01	0	−0.07	−0.12	0
开封市	20	0.01	0.01	0.05	0.02	0.02	0	0.01	0	0	0	0	−0.10	0.01	0.01	−0.12	−0.01	−0.09	−0.18	−0.02

地名	编号	1	2	3	4	5	6	7	8	9	10	11	12	13	14	15	16	17	18	19
郑州市	21	0	0	0.02	0.01	0.01	0	0	0	0	0	0	−0.01	0	0	0.02	0.01	0.13	0.01	0.07
漯河市	22	0	0	0.04	0.45	0.02	0.01	0	0	0	0	0	−0.03	0	0	−0.03	−0.01	−0.34	−0.54	−0.12
驻马店市	23	0	0	0.01	0.13	0.02	0.02	0	0	0	0	0	−0.01	0	0	0	0	0.03	−0.07	0.04
亳州市	24	0.01	0.01	0.02	0.01	0.07	0.01	0.04	0.01	0.01	0	0	−0.11	0.01	0.01	−0.06	−0.02	−0.02	−0.27	−0.01
阜阳市	25	0	0	0.01	0.01	0.05	0.01	0.06	0.02	0.04	0	0	−0.03	0	0	0	0	0	−0.08	0.01
信阳市	26	0	0	0.01	0.02	0.02	0.18	0.01	0	0.01	0	0	−0.01	0	0	0	0	0.02	−0.04	0.02
宿州市	27	0	0	0	0	0.01	0	0.07	0.06	0.01	0.01	0	−0.05	0	0.01	−0.01	−0.01	0	−0.03	0
蚌埠市	28	0	0	0	0	0.01	0	0.05	0.06	0.07	0.03	0	−0.05	0	0	−0.02	−0.02	−0.01	−0.04	0
淮北市	29	0.01	0.01	0.01	0.01	0.01	0	0.06	0.05	0.02	0.01	0	−0.21	0.01	0.01	−0.08	−0.17	−0.03	−0.11	−0.02
徐州市	30	0	0	0	0	0	0	0.01	0.03	0	0	0	0.01	0.01	0.01	0.02	0.14	0.01	0.01	0
宿迁市	31	0.01	0	0	0	0	0	0.01	0.06	0.01	0.03	0.01	−0.07	0.01	0.01	−0.01	−0.01	0	−0.02	0
六安市	32	0	0	0	0.01	0.01	0.01	0.03	0.01	0.08	0.01	0	−0.04	0	0	−0.01	0	0	−0.05	0
扬州市	33	0	0	0	0	0	0	0	0.01	0.01	0.02	0	−0.01	0	0	0	0.01	0	0	0
淮安市	34	0	0	0	0	0	0	0.01	0.02	0.01	0.05	0.01	−0.03	0.01	0.01	0	0.01	0	−0.01	0
泰州市	35	0	0	0	0	0	0	0	0.01	0	0.01	0.01	−0.01	0	0	0	0	0	0	0
盐城市	36	0	0	0	0	0	0	0	0.01	0	0.01	0.08	0	0	0	0.01	0.01	0	0	0
淮南市	37	0	0	0	0	0.01	0	0.03	0.02	0.50	0.01	0	−0.03	0	0	−0.01	−0.02	−0.01	−0.04	−0.01
连云港市	38	0.01	0.01	0	0	0	0	0.01	0.02	0.01	0.02	0.02	−0.09	0.01	0.02	−0.01	0	0	−0.02	0

附表 3-7　经济流矩阵 ***D***（续表）

地名	编号	20	21	22	23	24	25	26	27	28	29	30	31	32	33	34	35	36	37	38
汶上县	1	−0.11	−0.17	−0.03	−0.07	−0.12	−0.08	−0.05	−0.12	−0.05	−0.07	−0.48	−0.10	−0.03	−0.05	−0.08	−0.04	−0.08	−0.03	−0.09
巨野县	2	−0.34	−0.44	−0.08	−0.17	−0.34	−0.20	−0.11	−0.27	−0.10	−0.17	−1.02	−0.19	−0.08	−0.09	−0.14	−0.08	−0.13	−0.06	−0.14
扶沟县	3	−3.06	−4.35	−3.25	−2.38	−1.21	−0.87	−0.76	−0.40	−0.19	−0.21	−0.82	−0.19	−0.23	−0.14	−0.16	−0.12	−0.17	−0.15	−0.12
西平县	4	−0.23	−0.54	−7.62	−5.57	−0.19	−0.29	−0.51	−0.09	−0.05	−0.04	−0.16	−0.04	−0.08	−0.04	−0.04	−0.03	−0.04	−0.04	−0.03
沈丘县	5	−0.34	−0.58	−0.54	−1.45	−1.53	−1.88	−0.60	−0.37	−0.17	−0.15	−0.60	−0.13	−0.23	−0.10	−0.11	−0.08	−0.11	−0.14	−0.07
罗山县	6	−0.41	−0.89	−0.83	−5.58	−0.71	−2.42	−32.45	−0.50	−0.37	−0.20	−0.83	−0.25	−1.08	−0.28	−0.24	−0.22	−0.28	−0.37	−0.16
蒙城县	7	−0.11	−0.19	−0.08	−0.25	−0.82	−1.76	−0.20	−2.83	−0.87	−0.53	−1.52	−0.30	−0.33	−0.17	−0.22	−0.13	−0.20	−0.65	−0.12
灵璧县	8	−0.09	−0.16	−0.06	−0.16	−0.35	−1.08	−0.14	−3.65	−1.64	−0.64	−4.85	−1.79	−0.25	−0.38	−0.81	−0.28	−0.42	−0.44	−0.33
寿县	9	−0.04	−0.08	−0.04	−0.12	−0.16	−0.73	−0.12	−0.37	−0.84	−0.09	−0.39	−0.13	−0.62	−0.14	−0.12	−0.09	−0.11	−6.30	−0.06
盱眙县	10	−0.07	−0.12	−0.04	−0.12	−0.16	−0.28	−0.12	−0.53	−0.88	−0.16	−1.15	−1.23	−0.27	−1.92	−2.84	−1.05	−1.26	−0.32	−0.43
射阳县	11	−0.11	−0.21	−0.07	−0.17	−0.20	−0.28	−0.16	−0.43	−0.37	−0.18	−1.27	−1.20	−0.24	−2.01	−3.70	−2.63	−35.64	−0.21	−2.44
济宁市	12	0.01	0	0	0	0.01	0.01	0	0.01	0.01	0.01	−0.01	0.01	0	0	0.01	0	0	0	0.01
曲阜市	13	−0.03	−0.05	−0.01	−0.02	−0.04	−0.03	−0.02	−0.05	−0.02	−0.03	−0.25	−0.05	−0.01	−0.02	−0.04	−0.02	−0.03	−0.01	−0.05
兖州县	14	−0.02	−0.03	−0.01	−0.02	−0.03	−0.02	−0.01	−0.04	−0.01	−0.02	−0.18	−0.04	−0.01	−0.01	−0.03	−0.01	−0.03	−0.01	−0.03
菏泽市	15	0.06	−0.05	0.02	0	0.04	0	0	0.01	0.01	0.03	−0.07	0.01	0	0	0	0	−0.01	0.01	0.01
枣庄市	16	0	−0.02	0.01	−0.01	0.01	−0.01	0	0.01	0.01	0.06	−0.74	0.01	0	−0.01	−0.01	−0.01	−0.03	0.01	0
许昌市	17	0.03	−0.19	0.17	−0.04	0.01	0	−0.01	0	0	0.01	−0.02	0	0	0	0	0	0	0	0
周口市	18	0.03	0	0.13	0.04	0.06	0.03	0.01	0.01	0.01	0.01	−0.01	0.01	0.01	0	0	0	0	0.01	0
平顶山市	19	0.01	−0.20	0.12	−0.10	0.01	−0.01	−0.03	0	0	0.01	−0.03	0	0	0	0	0	−0.01	0.01	0
开封市	20	0	−0.92	0.03	−0.05	0	−0.02	−0.02	0	0	0.01	−0.07	0	0	−0.01	−0.01	−0.01	−0.01	0.01	0

地名	编号	20	21	22	23	24	25	26	27	28	29	30	31	32	33	34	35	36	37	38
郑州市	21	0.23	0	0.04	0.02	0.02	0.01	0.01	0.01	0.01	0.01	−0.01	0	0	0	0	0	0	0	0
漯河市	22	−0.03	−0.13	0	−0.38	−0.02	−0.03	−0.06	−0.01	0	0	−0.03	0	−0.01	−0.01	−0.01	0	−0.01	0	0
驻马店市	23	0.01	−0.02	0.15	0	0.02	0.01	0	0.01	0.01	0.01	−0.01	0	0.01	0	0	0	0	0.01	0
亳州市	24	0	−0.06	0.02	−0.05	0	−0.09	−0.03	−0.02	0.01	0.07	−0.21	−0.01	−0.01	−0.01	−0.01	−0.01	−0.02	0.02	0
阜阳市	25	0.01	−0.02	0.02	−0.02	0.05	0	−0.01	0.02	0.03	0.03	−0.07	0.01	0.02	0	0	0	−0.01	0.06	0
信阳市	26	0.01	−0.02	0.04	0	0.02	0.02	0	0.01	0.01	0.01	−0.02	0	0.02	0	0	0	−0.01	0.01	0
宿州市	27	0	−0.01	0	−0.01	0.01	−0.02	−0.01	0	0.03	0.25	−0.43	0	0	−0.01	−0.01	−0.01	−0.02	0.03	0
蚌埠市	28	0	−0.02	0	−0.02	−0.01	−0.06	−0.02	−0.07	0	0.03	−0.20	−0.03	−0.03	−0.05	−0.04	−0.03	−0.05	0.14	−0.01
淮北市	29	−0.02	−0.05	0	−0.04	−0.14	−0.11	−0.03	−1.17	−0.05	0	−2.16	−0.09	−0.03	−0.04	−0.06	−0.03	−0.05	−0.01	−0.03
徐州市	30	0.01	0	0	0.01	0.03	0.02	0	0.13	0.03	0.14	0	0.07	0.01	0.01	0.02	0.01	0	0.01	0.02
宿迁市	31	0	−0.01	0	−0.01	0.01	−0.01	−0.01	0	0.02	0.04	−0.43	0	0	−0.03	−0.09	−0.02	−0.08	0.02	−0.01
六安市	32	0	−0.02	0.01	−0.03	0.01	−0.04	−0.04	0.01	0.04	0.02	−0.09	0	0	−0.03	−0.01	−0.02	−0.03	0.11	0
扬州市	33	0	0	0	0	0.01	0	0	0.01	0.02	0.01	−0.02	0.02	0.01	0	0.02	0.01	−0.07	0.01	0.01
淮安市	34	0	−0.01	0	0	0.01	0	0	0.01	0.03	0.02	−0.11	0.07	0	−0.03	0	−0.02	−0.18	0.02	0.03
泰州市	35	0	0	0	0	0	0	0	0.01	0.01	0.01	−0.02	0.01	0.01	−0.01	0.02	0	−0.12	0.01	0.01
盐城市	36	0	0	0	0	0.01	0.01	0	0.02	0.02	0.01	−0.01	0.04	0.01	0.07	0.11	0.11	0	0.01	0.05
淮南市	37	0	−0.02	0	−0.02	−0.02	−0.09	−0.02	−0.06	−0.13	0.01	−0.10	−0.02	−0.07	−0.03	−0.03	−0.02	−0.03	0	−0.01
连云港市	38	0	−0.02	0.01	−0.01	0.01	−0.01	−0.01	0	0.02	0.02	−0.20	0.01	0	−0.03	−0.06	−0.03	−0.18	0.01	0

附表 3-8　经济 sgn（*D*）矩阵

地名	编号	1	2	3	4	5	6	7	8	9	10	11	12	13	14	15	16	17	18	19	20	21	22	23	24	25	26	27	28	29	30	31	32	33	34	35	36	37	38
汶上县	1	0	+	+	−	−	+	−	−	−	−	+	−	−	−	−	−	−	−	−	−	−	−	−	−	−	−	−	−	−	−	−	−	−	−	−	−	−	−
巨野县	2	−	0	+	−	−	+	−	−	−	−	+	−	−	−	−	−	−	−	−	−	−	−	−	−	−	−	−	−	−	−	−	−	−	−	−	−	−	−
扶沟县	3	−	−	0	−	−	−	−	−	−	−	+	−	−	−	−	−	−	−	−	−	−	−	−	−	−	−	−	−	−	−	−	−	−	−	−	−	−	−
西平县	4	+	+	+	0	−	+	−	−	−	−	+	−	−	−	−	−	−	−	−	−	−	−	−	−	−	−	−	−	−	−	−	−	−	−	−	−	−	−
沈丘县	5	+	+	+	+	0	+	−	+	+	+	+	−	−	−	−	−	−	−	−	−	−	−	−	−	−	−	−	−	−	−	−	−	−	−	−	−	−	−
罗山县	6	−	+	+	−	−	0	−	−	−	−	+	−	−	−	−	−	−	−	−	−	−	−	−	−	−	−	−	−	−	−	−	−	−	−	−	−	−	−
蒙城县	7	+	+	+	+	+	+	0	+	+	+	+	−	−	−	−	−	−	−	−	−	−	−	−	−	−	−	−	−	−	−	−	−	−	−	−	−	−	−
灵璧县	8	+	+	+	+	−	+	−	0	+	+	+	−	−	−	−	−	−	−	−	−	−	−	−	−	−	−	−	−	−	−	−	−	−	−	−	−	−	−
寿县	9	+	+	+	+	−	+	−	−	0	+	+	−	−	−	−	−	−	−	−	−	−	−	−	−	−	−	−	−	−	−	−	−	−	−	−	−	−	−
盱眙县	10	+	+	+	+	−	+	−	−	−	0	+	−	−	−	−	−	−	−	−	−	−	−	−	−	−	−	−	−	−	−	−	−	−	−	−	−	−	−
射阳县	11	−	+	−	−	−	−	−	−	−	−	0	−	−	−	−	−	−	−	−	−	−	−	−	−	−	−	−	−	−	−	−	−	−	−	−	−	−	−
济宁市	12	+	+	+	+	+	+	+	+	+	+	+	0	+	+	+	+	+	+	+	+	+	+	+	+	+	+	+	+	+	−	+	+	+	+	+	+	+	+
曲阜市	13	+	+	+	+	+	+	+	+	+	+	+	−	0	−	−	−	−	−	−	−	−	−	−	−	−	−	−	−	−	−	−	−	−	−	−	−	−	−
兖州县	14	+	+	+	+	+	+	+	+	+	+	+	−	+	0	−	−	−	−	−	−	−	−	−	−	−	−	−	−	−	−	−	−	−	−	−	−	−	−
菏泽市	15	+	+	+	+	+	+	+	+	+	+	+	−	+	+	0	+	+	−	+	+	−	+	−	+	+	−	+	+	+	−	+	+	−	+	−	−	+	+
枣庄市	16	+	+	+	+	+	+	+	+	+	+	+	−	+	+	−	0	−	−	+	+	−	+	−	+	−	−	+	+	+	−	+	+	−	−	−	−	+	+
许昌市	17	+	+	+	+	+	+	+	+	+	+	+	−	+	+	−	+	0	−	+	+	−	+	−	+	−	−	+	+	+	−	+	+	−	−	−	−	+	+
周口市	18	+	+	+	+	+	+	+	+	+	+	+	−	+	+	+	+	+	0	+	+	−	+	+	+	+	+	+	+	+	−	+	+	+	+	+	−	+	+
平顶山市	19	+	+	+	+	+	+	+	+	+	+	+	−	+	+	−	−	−	−	0	+	−	+	−	+	−	−	+	+	+	−	+	−	−	−	−	−	+	−

地名	编号	1	2	3	4	5	6	7	8	9	10	11	12	13	14	15	16	17	18	19	20	21	22	23	24	25	26	27	28	29	30	31	32	33	34	35	36	37	38
开封市	20	+	+	+	+	+	+	+	+	+	+	+	−	+	+	−	−	−	−	−	0	−	+	−	+	−	−	−	+	+	−	−	−	−	−	−	−	+	−
郑州市	21	+	+	+	+	+	+	+	+	+	+	+	−	+	+	+	+	+	+	+	+	0	+	+	+	+	+	+	+	+	−	+	+	+	+	+	−	+	+
漯河市	22	+	+	+	+	+	+	+	+	+	+	+	−	+	+	−	−	−	−	−	−	−	0	−	−	−	−	−	−	+	−	−	−	−	−	−	−	+	−
驻马店市	23	+	+	+	+	+	+	+	+	+	+	+	−	+	+	+	+	+	−	+	+	−	+	0	+	+	+	+	+	+	−	+	+	−	+	+	−	+	+
亳州市	24	+	+	+	+	+	+	+	+	+	+	+	−	+	+	−	−	−	−	−	−	−	+	−	0	−	−	−	+	+	−	−	−	−	−	−	−	+	−
阜阳市	25	+	+	+	+	+	+	+	+	+	+	+	−	+	+	−	+	+	−	+	+	−	+	−	+	0	−	+	+	+	−	+	+	−	+	−	−	+	+
信阳市	26	+	+	+	+	+	+	+	+	+	+	+	−	+	+	+	+	+	−	+	+	−	+	−	+	+	0	+	+	+	−	+	+	−	+	+	−	+	+
宿州市	27	+	+	+	+	+	+	+	+	+	+	+	−	+	+	−	−	−	−	−	+	−	+	−	+	−	−	0	+	+	−	−	−	−	−	−	−	+	−
蚌埠市	28	+	+	+	+	+	+	+	+	+	+	+	−	+	+	−	−	−	−	−	−	−	+	−	−	−	−	−	0	+	−	−	−	−	−	−	−	+	−
淮北市	29	+	+	+	+	+	+	+	+	+	+	+	−	+	+	−	−	−	−	−	−	−	−	−	−	−	−	−	−	0	−	−	−	−	−	−	−	−	−
徐州市	30	+	+	+	+	+	+	+	+	+	+	+	+	+	+	+	+	+	+	+	+	+	+	+	+	+	+	+	+	+	0	+	+	+	+	+	+	+	+
宿迁市	31	+	+	+	+	+	+	+	+	+	+	+	−	+	+	−	−	−	−	−	+	−	+	−	+	−	−	+	+	+	−	0	−	−	−	−	−	+	−
六安市	32	+	+	+	+	+	+	+	+	+	+	+	−	+	+	−	−	−	−	+	+	−	+	−	+	−	−	+	+	+	−	+	0	−	−	−	−	+	−
扬州市	33	+	+	+	+	+	+	+	+	+	+	+	−	+	+	+	+	+	−	+	+	−	+	+	+	+	+	+	+	+	−	+	+	0	+	+	−	+	+
淮安市	34	+	+	+	+	+	+	+	+	+	+	+	−	+	+	−	+	+	−	+	+	−	+	−	+	−	−	+	+	+	−	+	+	−	0	−	−	+	+
泰州市	35	+	+	+	+	+	+	+	+	+	+	+	−	+	+	+	+	+	−	+	+	−	+	−	+	+	−	+	+	+	−	+	+	−	+	0	−	+	+
盐城市	36	+	+	+	+	+	+	+	+	+	+	+	−	+	+	+	+	+	+	+	+	+	+	+	+	+	+	+	+	+	−	+	+	+	+	+	0	+	+
淮南市	37	+	+	+	+	+	+	+	+	+	+	+	−	+	+	−	−	−	−	−	−	−	−	−	−	−	−	−	−	+	−	−	−	−	−	−	−	0	−
连云港市	38	+	+	+	+	+	+	+	+	+	+	+	−	+	+	−	−	−	−	+	+	−	+	−	+	−	−	+	+	+	−	+	+	−	−	−	−	+	0

附表 3-9　经济效用矩阵 **U**

地名	编号	1	2	3	4	5	6	7	8	9	10	11	12	13	14	15	16	17	18	19
汶上县	1	0.80	−0.09	0	0	0	0	−0.01	−0.01	0	0	0	−1.10	−0.36	−0.75	−0.08	−0.05	0.01	0.05	−0.01
巨野县	2	−0.26	0.64	−0.02	0	−0.01	0	−0.03	−0.02	−0.01	−0.01	0	−1.07	−0.27	−0.42	−2.78	−0.23	0.12	0.32	−0.01
扶沟县	3	−0.01	−0.04	0.53	−0.31	−0.35	0	−0.03	−0.01	0	−0.01	0	0.24	0	0.05	−0.04	0	−4.87	−1.89	−0.64
西平县	4	0	0	−0.01	0.23	0	0	0	0	0	0	0	0	0	0	0.01	0.01	0.41	0.43	0.03
沈丘县	5	0	−0.01	−0.10	−0.07	0.54	−0.01	−0.08	−0.02	−0.02	−0.01	0	0.08	0	0.01	0	0.01	0.57	−4.12	−0.04
罗山县	6	0	−0.01	−0.01	−0.06	−0.05	0.15	−0.04	−0.01	−0.03	−0.01	0	0.06	0	0.01	0.02	0.01	0.02	0.63	−0.15
蒙城县	7	0	0	0	0	−0.05	0	0.82	−0.10	−0.09	−0.01	0	0.03	0	0.01	0.01	0.12	0	0.40	−0.02
灵璧县	8	0	−0.01	0	0	−0.01	0	−0.21	0.75	−0.07	−0.06	0	0.19	−0.02	0.02	0.05	−0.22	0.02	0.23	0
寿县	9	0	0	0	0	0	0	−0.04	−0.01	0.25	−0.01	0	0	0	0	0.01	0.01	0	0.03	0
盱眙县	10	0	−0.01	0	0	−0.01	0	−0.05	−0.14	−0.06	0.69	0.05	0.16	−0.02	0.02	0.02	−0.05	0.02	0.12	−0.02
射阳县	11	−0.01	−0.01	0	0	0	0	−0.01	−0.04	0.01	−0.53	0.22	0.13	−0.01	0.02	0.03	0.01	0.02	0.08	0
济宁市	12	0.02	0.01	0	0	0	0	0	0	0	0	0	0.21	0.02	0.05	−0.06	−0.02	0	0	0
曲阜市	13	−0.02	−0.02	0	0	0	0	0	0	0	0	0	−0.31	0.92	−0.31	−0.02	−0.20	0	0.02	0
兖州县	14	−0.10	−0.06	0	0	0	0	0	0	0	0	0	−1.68	−0.07	0.52	0.25	−0.09	0	0	0
菏泽市	15	−0.01	0.05	0	0	0	0	0	0	0	0	0	−0.23	−0.02	−0.07	0.74	−0.02	−0.03	−0.05	−0.01
枣庄市	16	0	0	0	0	0	0	0	0	0	0	0	−0.17	0.02	−0.02	−0.03	0.92	0	−0.01	0
许昌市	17	0	0	0.03	0	−0.02	0	0	0	0	0	0	0.01	0	0	−0.01	0	0.71	−0.21	−0.03
周口市	18	0	0	0.01	0	0.04	0	0	0	0	0	0	0	0	0	−0.01	0	−0.10	0.48	−0.02
平顶山市	19	0	0	0	0.01	0	0	0	0	0	0	0	0	0	0	−0.01	0	−0.12	−0.08	0.97
开封市	20	0	0	0.01	−0.01	−0.01	0	0	0	0	0	0	0	0	0	−0.09	−0.01	−0.21	−0.08	−0.07

地名	编号	1	2	3	4	5	6	7	8	9	10	11	12	13	14	15	16	17	18	19
郑州市	21	0	0	0.01	0	−0.01	0	0	0	0	0	0	−0.02	0	0	−0.02	0	−0.04	−0.11	0.03
漯河市	22	0	0	−0.01	0.07	−0.01	0	0	0	0	0	0	0.01	0	0	0	0	−0.16	−0.07	−0.11
驻马店市	23	0	0	0	0.04	0	0	0	0	0	0	0	0	0	0	0	0	0.01	−0.10	0.01
亳州市	24	0	0	0	−0.01	0.02	0	0.02	0	0	0	0	−0.02	0	0	−0.06	−0.04	−0.02	−0.35	−0.02
阜阳市	25	0	0	0	0	0.02	0	0.04	0.01	0.01	0	0	0	0	0	−0.01	−0.01	0	−0.21	−0.01
信阳市	26	0	0	0	−0.01	0	0.03	0	0	0	0	0	0	0	0	0	0	−0.01	0.01	−0.02
宿州市	27	0	0	0	0	0	0	0.03	0.02	0	0	0	0.02	0	0	−0.01	−0.09	0	0.02	0
蚌埠市	28	0	0	0	0	0	0	0.01	0.03	0.02	0.01	0	0.01	0	0	−0.01	−0.03	0	0.02	−0.01
淮北市	29	0	0	0	0	0	0	−0.02	−0.04	0	0	0	0.04	−0.01	0	−0.02	−0.19	0	0.03	0
徐州市	30	0	0	0	0	0	0	0.01	0.02	0	0	0	−0.04	0	−0.01	−0.01	0.07	0	−0.01	0
宿迁市	31	0	0	0	0	0	0	−0.01	0.03	0	0.01	0	0	0	0	−0.01	−0.06	0	0	0
六安市	32	0	0	0	0	0	0	0.01	0	0.03	0	0	−0.01	0	0	−0.01	−0.01	−0.01	−0.05	−0.01
扬州市	33	0	0	0	0	0	0	0	0	0	0.02	0	0	0	0	0	0	0	0	0
淮安市	34	0	0	0	0	0	0	0	0.01	0	0.03	0	−0.01	0	0	−0.01	−0.02	0	0	0
泰州市	35	0	0	0	0	0	0	0	0	0	0.01	0	0	0	0	0	0	0	0	0
盐城市	36	0	0	0	0	0	0	0	0	0	−0.03	0.02	0	0	0	0	0	0	0	0
淮南市	37	0	0	0	0	0	0	−0.01	−0.01	0.11	0	0	0	0	0	0	0	0	0.02	0
连云港市	38	0	0	0	0	0	0	0	0	0	0	0	−0.04	0	−0.01	−0.01	−0.03	0	−0.01	0

附表 3-9　经济效用矩阵 U（续表）

地名	编号	20	21	22	23	24	25	26	27	28	29	30	31	32	33	34	35	36	37	38
汶上县	1	−0.04	0	0	0	−0.02	0.01	0.01	0.03	0	−0.01	0.06	−0.01	0	0	0	0	0.02	0	−0.02
巨野县	2	−0.23	0.21	0.01	0.02	−0.17	0.04	0.03	0.12	0.01	−0.08	0.30	−0.01	−0.01	0.01	0.01	0.01	0.06	0.02	−0.03
扶沟县	3	−1.50	0.53	−0.11	1.28	−0.10	0.38	0.12	0.11	0.02	−0.02	0.15	0.01	0.01	0.02	0.02	0.01	0.05	0.02	−0.01
西平县	4	0.06	0.02	−1.64	−0.60	0.02	0.01	0.07	0.01	0	0	0	0	0	0	0	0	0	0	0
沈丘县	5	0.08	0.12	0.12	−0.24	−0.85	−0.73	0.07	0.19	0	−0.03	0.25	0.02	−0.08	0.01	0.02	0.01	0.03	0.06	−0.01
罗山县	6	−0.01	0.10	0.20	−0.38	−0.02	−0.18	−4.63	0.10	−0.01	0.01	0.12	0.02	−0.18	0.01	0.03	0.01	0.06	0.06	−0.01
蒙城县	7	−0.03	0.03	0	0.02	−0.47	−0.98	0.05	−1.09	−0.44	−0.53	1.08	0.12	−0.14	0.01	0.04	0	0.01	−0.03	0
灵璧县	8	0	0.03	0	0.04	0.04	−0.17	0.05	−1.17	−0.97	−0.75	−0.22	−1.10	0	0.02	−0.14	0.01	0.17	0.09	−0.13
寿县	9	0	0	0	0.01	0.02	0.04	0.01	0.11	0.05	0.03	0	0.04	−0.03	0.03	0.04	0.02	0.02	−1.52	0.01
盱眙县	10	−0.02	0.03	0.01	0.01	−0.02	0.12	0.04	0.28	−0.44	0.04	0.61	−0.83	−0.13	−1.32	−2.09	−0.89	−1.72	0.05	−0.51
射阳县	11	0	0.02	0.01	0.01	0.01	0.07	0.04	0.16	0.31	0.10	0.36	0.16	0.02	0.11	−0.06	−0.77	−7.14	0.05	−0.69
济宁市	12	−0.01	0	0	0	0	0	0	0	0	0	0	0	0	0	0	0	0	0	0
曲阜市	13	−0.01	0	0	0	−0.02	0	0	0.01	0	−0.01	0.07	−0.02	0	0	−0.01	0	0.01	0	−0.03
兖州县	14	0.02	−0.01	0	0	0.01	0	0	0	0	0	0.09	0	0	0	0	0	0.01	0	−0.01
菏泽市	15	0.01	−0.06	0	0	0	−0.01	0	−0.01	0	0	−0.05	−0.01	0	0	0	0	0	0	0
枣庄市	16	0	−0.01	0	0	0	−0.01	0	−0.01	0	−0.03	−0.56	−0.02	0	−0.01	−0.01	−0.01	−0.01	0	−0.01
许昌市	17	−0.09	−0.15	0	−0.06	−0.01	0.01	0	0	0	0	0	0	0	0	0	0	0	0	0
周口市	18	−0.04	−0.01	−0.02	−0.04	−0.04	−0.05	−0.01	0.01	0	0	0	0	−0.01	0	0	0	0	0	0
平顶山市	19	−0.04	−0.14	−0.02	−0.13	0	−0.01	−0.01	0	0	0	−0.01	0	0	0	0	0	0	0	0
开封市	20	0.81	−0.70	0	0.01	−0.01	−0.01	0	0	0	0	0	0	0	0	0	0	0	0	0

地名	编号	20	21	22	23	24	25	26	27	28	29	30	31	32	33	34	35	36	37	38
郑州市	21	0.15	0.82	−0.01	−0.01	0	0	−0.01	0	0	0	−0.02	0	0	0	0	0	0	0	0
漯河市	22	−0.01	0.02	0.34	−0.48	0	0	0.03	0	0	0	0.01	0	0	0	0	0	0	0	0
驻马店市	23	0	−0.02	−0.16	0.85	0	−0.01	−0.06	0	0	0	−0.01	0	0	0	0	0	0	0	0
亳州市	24	−0.02	−0.02	0.01	−0.03	0.93	−0.15	−0.01	−0.09	−0.02	0	−0.11	−0.02	−0.02	−0.01	−0.01	−0.01	0	−0.01	−0.01
阜阳市	25	0	−0.01	0	−0.03	−0.02	0.90	−0.05	−0.09	−0.03	−0.03	−0.02	−0.02	−0.01	−0.01	−0.01	−0.01	−0.01	−0.04	−0.01
信阳市	26	−0.01	0	0.02	−0.11	−0.01	−0.04	0.16	0.01	0	0	0	0	−0.02	0	0	0	0	0	0
宿州市	27	−0.01	0	0	0	−0.05	−0.09	0	0.70	−0.06	0.06	−0.45	−0.08	−0.02	−0.01	−0.02	−0.01	0.01	−0.01	−0.02
蚌埠市	28	−0.01	0	0	−0.01	−0.03	−0.10	0	−0.15	0.90	−0.07	−0.04	−0.10	−0.05	−0.06	−0.08	−0.04	−0.03	−0.06	−0.03
淮北市	29	−0.01	0.01	0	0	−0.09	0.02	0	−0.74	0	0.72	−0.81	−0.04	−0.01	0.01	0.01	0.01	0.04	0.01	−0.02
徐州市	30	0	0	0	0	0	−0.02	0	−0.07	−0.02	0.07	0.73	0.01	0	−0.01	−0.01	−0.01	−0.02	0	0
宿迁市	31	0	0	0	0	−0.01	−0.02	0	−0.07	−0.04	−0.05	−0.30	0.91	−0.01	−0.05	−0.14	−0.04	−0.07	0	−0.03
六安市	32	−0.01	−0.01	0	−0.03	−0.01	−0.08	−0.06	−0.04	0	−0.01	−0.04	−0.02	0.98	−0.04	−0.03	−0.03	−0.03	−0.08	−0.01
扬州市	33	0	0	0	0	0	−0.01	0	−0.01	0	0	−0.02	−0.02	0	0.96	−0.04	−0.02	−0.11	0	−0.01
淮安市	34	0	0	0	0	0	−0.01	0	−0.02	−0.03	−0.02	−0.08	−0.01	−0.01	−0.11	0.87	−0.09	−0.25	0	−0.01
泰州市	35	0	0	0	0	0	0	0	−0.01	0	0	−0.02	−0.01	0	−0.04	−0.02	0.98	−0.12	0	0
盐城市	36	0	0	0	0	0	0	0	0	0.02	0	−0.02	0.02	0	0.03	0.04	0.01	0.35	0	−0.02
淮南市	37	0	0	0	0	−0.01	−0.07	0	0	−0.12	−0.01	0.02	0	−0.08	−0.01	0	−0.01	0	0.26	0
连云港市	38	0	−0.01	0	−0.01	0	−0.01	0	−0.02	−0.01	−0.01	−0.13	−0.02	−0.01	−0.05	−0.10	−0.06	−0.19	0	0.98

附表 3-10 经济 sgn（*U*）矩阵

地名	编号	1	2	3	4	5	6	7	8	9	10	11	12	13	14	15	16	17	18	19	20	21	22	23	24	25	26	27	28	29	30	31	32	33	34	35	36	37	38
汶上县	1	+	−	−	−	−	−	−	−	−	−	−	−	−	−	−	−	+	+	−	−	+	+	−	−	+	+	+	+	−	+	−	−	−	−	−	+	+	−
巨野县	2	−	+	−	+	−	−	−	−	−	−	−	−	−	−	−	−	+	+	−	−	+	+	+	−	+	+	+	+	−	+	−	−	+	+	+	+	+	−
扶沟县	3	−	−	+	−	−	−	−	−	−	−	−	+	−	+	−	−	−	−	−	−	+	−	+	−	+	+	+	+	−	+	+	+	+	+	+	+	+	−
西平县	4	−	+	−	+	+	−	−	−	−	−	+	+	−	−	+	+	+	+	+	+	+	−	−	+	+	+	+	+	+	−	+	+	+	+	+	+	+	+
沈丘县	5	−	−	−	−	+	−	−	−	−	−	−	+	−	+	+	+	+	−	−	+	+	+	−	−	−	+	+	+	−	+	+	−	+	+	+	+	+	−
罗山县	6	−	−	−	−	−	+	−	−	−	−	−	+	−	+	+	+	+	+	−	−	+	+	−	−	−	−	+	−	+	+	+	−	+	+	+	+	+	−
蒙城县	7	−	−	+	−	−	−	+	−	−	−	−	+	−	+	+	+	−	+	−	−	+	−	+	−	−	+	−	−	−	+	+	−	+	+	+	+	−	+
灵璧县	8	−	−	+	+	−	−	−	+	−	−	−	+	−	+	+	−	+	+	+	−	+	+	+	+	−	+	−	−	+	−	−	−	+	−	+	+	+	−
寿县	9	−	+	+	+	−	−	−	−	+	−	−	+	−	+	+	+	+	+	+	+	+	+	+	+	+	+	+	+	+	+	+	−	+	+	+	+	−	+
盱眙县	10	−	−	−	−	−	−	−	−	−	+	+	+	−	+	+	−	+	+	−	−	+	+	+	−	+	+	+	−	+	+	−	−	−	−	−	−	+	−
射阳县	11	−	−	−	+	−	−	−	−	+	−	+	+	−	+	+	+	+	+	−	+	+	+	+	+	+	+	+	+	+	+	+	+	+	−	−	−	+	−
济宁市	12	+	+	−	−	−	−	−	−	−	−	−	+	+	+	−	−	+	+	−	−	+	+	−	−	−	+	+	−	−	−	−	−	−	−	−	+	+	−
曲阜市	13	−	−	−	−	−	−	−	−	−	−	−	−	+	−	−	−	+	+	−	−	+	−	−	−	+	+	+	−	−	+	−	−	−	−	−	+	+	−
兖州县	14	−	−	+	+	+	−	−	−	−	−	−	−	−	+	+	−	−	−	+	+	−	−	+	+	+	+	+	+	+	+	−	+	+	+	+	+	+	−
菏泽市	15	−	+	+	−	−	−	+	−	+	+	−	−	−	−	+	−	−	−	−	+	−	−	−	+	−	−	−	−	−	−	−	−	−	−	−	−	−	−
枣庄市	16	−	−	−	−	−	−	−	−	+	+	−	−	+	−	−	+	−	−	−	−	−	+	−	−	−	−	−	+	−	−	−	−	−	−	−	−	−	−
许昌市	17	−	−	+	+	−	−	−	−	−	−	−	+	−	+	−	−	+	−	−	−	−	−	−	−	+	+	+	+	−	+	−	−	−	−	−	+	+	−
周口市	18	−	−	+	−	+	−	−	−	−	−	−	+	−	+	−	−	−	+	−	−	−	−	−	−	−	−	+	−	−	+	−	−	−	−	−	+	+	−

地名	编号	1	2	3	4	5	6	7	8	9	10	11	12	13	14	15	16	17	18	19	20	21	22	23	24	25	26	27	28	29	30	31	32	33	34	35	36	37	38
平顶山市	19	+	−	+	+	−	−	+	−	+	+	−	−	+	−	−	−	−	−	+	−	−	−	−	−	−	−	−	−	−	−	−	−	−	−	−	−	−	−
开封市	20	+	−	+	−	−	−	−	−	−	−	−	−	+	+	−	−	−	−	−	+	−	−	+	−	−	+	−	−	−	−	−	−	−	−	−	+	+	−
郑州市	21	+	+	+	−	−	+	+	+	+	+	+	−	−	−	−	−	−	−	+	+	+	−	−	+	+	−	−	−	−	−	−	+	−	−	−	−	−	−
漯河市	22	−	−	−	+	−	−	−	−	−	−	−	+	−	+	+	−	−	−	−	−	+	+	−	−	+	+	+	−	+	+	+	−	+	+	+	+	+	−
驻马店市	23	+	+	+	+	+	+	+	+	+	+	+	−	−	−	−	−	+	−	+	−	−	−	+	−	−	−	−	−	−	−	−	−	−	−	−	−	−	−
亳州市	24	−	−	−	−	+	−	+	−	−	−	−	−	−	−	−	−	−	−	−	−	−	+	−	+	−	−	−	−	+	−	−	−	−	−	−	−	−	−
阜阳市	25	−	−	−	−	+	+	+	+	+	+	−	−	−	−	−	−	+	−	−	−	−	+	−	−	+	−	−	−	−	−	−	−	−	−	−	−	−	−
信阳市	26	−	−	−	−	−	+	−	−	−	−	−	+	−	+	−	−	−	+	−	−	−	+	−	−	−	+	+	−	−	+	−	−	−	−	−	+	+	−
宿州市	27	−	−	−	−	−	−	+	+	−	−	−	+	−	+	−	−	−	+	−	−	+	+	−	−	−	+	+	−	+	−	−	−	−	−	−	+	−	−
蚌埠市	28	−	−	−	−	−	−	+	+	+	+	+	+	−	+	−	−	−	+	−	−	−	+	−	−	−	−	−	+	−	−	−	−	−	−	−	−	−	−
淮北市	29	−	−	−	−	−	−	−	−	−	−	−	+	−	+	−	−	+	+	−	−	+	+	+	−	+	+	−	+	+	−	−	−	+	+	+	+	+	−
徐州市	30	+	+	+	−	+	+	+	+	−	+	+	−	+	−	−	+	−	−	−	−	−	−	−	−	−	−	−	−	+	+	+	−	−	−	−	−	−	+
宿迁市	31	−	−	−	−	−	−	−	+	−	+	+	−	−	−	−	−	−	+	−	−	−	+	−	−	−	−	−	−	−	−	+	−	−	−	−	−	−	−
六安市	32	+	−	−	−	+	+	+	+	+	+	+	−	−	−	−	−	−	−	−	−	−	+	−	−	−	−	−	+	−	−	−	+	−	−	−	−	−	−
扬州市	33	+	+	+	−	−	+	+	+	+	+	+	−	−	−	−	−	−	−	−	−	−	−	−	−	−	−	−	−	−	−	−	+	+	−	−	−	−	−
淮安市	34	−	−	−	−	−	−	−	+	−	+	+	−	−	−	−	−	−	−	−	−	−	+	−	−	−	−	−	−	−	−	−	−	−	+	−	−	−	−
泰州市	35	+	+	+	−	+	+	+	+	+	+	−	−	+	−	−	−	−	−	−	−	−	−	−	−	−	−	−	−	−	−	−	+	−	−	+	−	−	−
盐城市	36	−	+	+	−	−	+	+	+	+	−	+	−	+	−	−	−	−	−	+	−	−	+	−	+	−	−	−	+	+	−	+	+	+	+	+	+	+	−
淮南市	37	−	−	−	−	−	−	−	−	+	−	−	+	−	+	−	−	−	+	−	−	+	+	−	−	−	+	−	−	−	+	+	−	−	−	−	+	+	−
连云港市	38	+	−	−	−	−	−	+	+	+	+	+	−	+	−	−	−	−	−	−	−	−	+	−	−	−	−	−	−	−	−	−	−	−	−	−	−	−	+

附表 3-11　污染流矩阵 ***D***

地名	编号	1	2	3	4	5	6	7	8	9	10	11	12	13	14	15	16	17	18	19
汶上县	1	0	−0.10	0	0	0	0	0	0	0	0	0	−1.78	0	0.06	−0.27	0	0	0	0
巨野县	2	0.10	0	0	0	0	0	0	0	0	0	0	−1.43	0.11	0.08	−1.05	0	0	−0.10	0
扶沟县	3	0	0	0	0.17	−0.23	0	0	0	0	0	0	0	0	0	−0.26	0	−1.23	−2.84	−0.25
西平县	4	0	0	−0.09	0	−0.10	0	0	0	0	0	0	0	0	0	0	0	−0.33	−0.89	−0.19
沈丘县	5	0	0	0.12	0.09	0	0	0	0	0	0	0	0	0	0	−0.11	0	−0.13	−2.81	0
罗山县	6	0	0	0	0	0	0	0	0	0	0	0	0	0	0	0	0	0	0	0
蒙城县	7	0	0	0	0	0	0	0	0.11	0.16	0	0	0	0	0	0	0	0	−0.25	0
灵璧县	8	0	0	0	0	0	0	−0.17	0	0	0	0	0	0	0	0	0	0	0	0
寿县	9	0	0	0	0	0	0	−0.12	0	0	0	0	0	0	0	0	0	0	0	0
盱眙县	10	0	0	0	0	0	0	0	0	0	0	−0.92	0	0	0	0	0	0	0	0
射阳县	11	0	0	0	0	0	0	0	0	0	0.31	0	0	0	0	0	0	0	0	0
济宁市	12	0.16	0.12	0	0	0	0	0	0	0	0	0	0	0.13	0.36	−0.01	0.03	0	−0.01	0
曲阜市	13	0	−0.06	0	0	0	0	0	0	0	0	0	−0.82	0	0.13	−0.09	−0.07	0	0	0
兖州县	14	−0.03	−0.04	0	0	0	0	0	0	0	0	0	−2.05	−0.11	0	−0.07	−0.06	0	0	0
菏泽市	15	0.06	0.22	0.03	0	0.02	0	0	0	0	0	0	0.03	0.04	0.03	0	0.03	0.03	−0.02	0.02
枣庄市	16	0	0	0	0	0	0	0	0	0	0	0	−0.47	0.20	0.19	−0.23	0	0	−0.13	0
许昌市	17	0	0	0.17	0.08	0.04	0	0	0	0	0	0	0	0	0	−0.04	0	0	−0.20	0.04
周口市	18	0	0.01	0.11	0.06	0.21	0.01	0.01	0	0	0	0	0.01	0	0	0.01	0.01	0.06	0	0.03
平顶山市	19	0	0	0.09	0.13	0	0	0	0	0	0	0	0	0	0	−0.06	0	−0.10	−0.29	0

地名	编号	1	2	3	4	5	6	7	8	9	10	11	12	13	14	15	16	17	18	19
开封市	20	0	0.03	0.12	0.03	0.04	0	0	0	0	0	0	−0.01	0	0	−0.05	0	0.04	−0.10	0.02
郑州市	21	0	0	0.08	0.03	0.03	0	0	0	0	0	0	0	0	0	−0.02	0	0.07	−0.08	0.05
漯河市	22	0	0	0.02	0.24	−0.05	0	0	0	0	0	0	0	0	0	0	0	−0.27	−0.60	−0.09
驻马店市	23	0	0	0.04	0.25	0.04	0.03	0	0	0	0	0	0	0	0	−0.02	0	0.02	−0.15	0.03
亳州市	24	0	0.02	0.04	0.02	0.09	0	0.07	0.02	0.02	0	0	0	0	0	−0.01	0.02	0.01	−0.09	0.02
阜阳市	25	0	0	0.02	0.02	0.09	0.02	0.11	0.05	0.05	0	0	0.01	0	0	0	0.01	0.02	−0.03	0.01
信阳市	26	0	0	0	0	0	0.77	0	0	0	0	0	0	0	0	0	0	0	−0.39	0
宿州市	27	0	0	0	0	0.02	0	0.11	0.11	0.02	0	0	0	0	0	−0.02	0.03	0	−0.02	0
蚌埠市	28	0	0	0	0	0	0	0	0.02	0.11	0	0	0	0	0	0	0	0	−0.10	0
淮北市	29	0	0	0	0	0	0	−0.02	0	0	0	0	−0.16	0	0	−0.15	−0.14	0	−0.18	0
徐州市	30	0.01	0.02	0	0	0.01	0	0.04	0.09	0.01	0	0	0.01	0.02	0.02	0	0.11	0	−0.01	0
宿迁市	31	0	0	0	0	0	0	0	0.12	0	0.10	0	−0.10	0	0	0	0.10	0	0	0
六安市	32	0	0	0	0	0	0	0	0	0.33	0	0	0	0	0	0	0	0	−0.21	0
扬州市	33	0	0	0	0	0	0	0	0	0	0	0	0	0	0	0	0	0	0	0
淮安市	34	0	0	0	0	0	0	0	0.08	0	0.15	0.09	0	0	0	0	0	0	0	0
泰州市	35	0	0	0	0	0	0	0	0	0	0	0	0	0	0	0	0	0	0	0
盐城市	36	0	0	0	0	0	0	0	0	0	0	0.43	0	0	0	0	0	0	0	0
淮南市	37	0	0	0	0	0	0	−0.01	0	0.34	0	0	0	0	0	0	0	0	−0.05	0
连云港市	38	0	0	0	0	0	0	0	0	0	0	0	0	0	0	0	0	0	0	0

附表 3-11 污染流矩阵 D（续表）

地名	编号	20	21	22	23	24	25	26	27	28	29	30	31	32	33	34	35	36	37	38
汶上县	1	0	0	0	0	0	0	0	0	0	0	−0.09	0	0	0	0	0	0	0	0
巨野县	2	−0.10	0	0	0	−0.12	0	0	0	0	0	−0.13	0	0	0	0	0	0	0	0
扶沟县	3	−0.77	−0.50	−0.07	−0.36	−0.36	−0.22	0	0	0	0	0	0	0	0	0	0	0	0	0
西平县	4	−0.09	−0.10	−0.53	−1.19	−0.09	−0.11	0	0	0	0	0	0	0	0	0	0	0	0	0
沈丘县	5	−0.11	−0.08	0.10	−0.19	−0.48	−0.53	0	−0.10	0	0	−0.09	0	0	0	0	0	0	0	0
罗山县	6	0	0	0	0	0	0	0	0	0	0	0	0	0	0	0	0	0	0	0
蒙城县	7	0	0	0	0	−0.50	−0.88	0	−0.99	0	0.02	−0.33	0	0	0	0	0	0	0.02	0
灵璧县	8	0	0	0	0	−0.24	−0.59	0	−1.45	−0.04	0	−1.18	−0.19	0	0	−0.19	0	0	0	0
寿县	9	0	0	0	0	−0.10	−0.35	0	−0.16	−0.09	0	−0.08	0	−0.19	0	0	0	0	−0.67	0
盱眙县	10	0	0	0	0	0	0	0	0	0	0	0	−0.81	0	0	−1.87	0	0	0	0
射阳县	11	0	0	0	0	0	0	0	0	0	0	0	0	0	0	−0.37	0	−2.49	0	0
济宁市	12	0	0	0	0	0	−0.01	0	0	0	0.01	0	0.01	0	0	0	0	0	0	0
曲阜市	13	0	0	0	0	0	0	0	0	0	0	−0.07	0	0	0	0	0	0	0	0
兖州县	14	0	0	0	0	0	0	0	0	0	0	−0.06	0	0	0	0	0	0	0	0
菏泽市	15	0.04	0.01	0	0.02	0.01	0	0	0.03	0	0.02	0	0	0	0	0	0	0	0	0
枣庄市	16	0	0	0	0	−0.19	−0.12	0	−0.27	0	0.15	−1.12	−0.12	0	0	0	0	0	0	0
许昌市	17	−0.04	−0.06	0.15	−0.03	−0.02	−0.03	0	0	0	0	0	0	0	0	0	0	0	0	0
周口市	18	0.02	0.02	0.09	0.05	0.04	0.01	0.02	0.01	0.01	0.01	0.01	0	0.01	0	0	0	0	0.01	0
平顶山市	19	−0.06	−0.11	0.13	−0.11	−0.06	−0.06	0	0	0	0	0	0	0	0	0	0	0	0	0
开封市	20	0	−0.02	0.05	0	−0.01	−0.03	0	0	0	0	0	0	0	0	0	0	0	0	0

地名	编号	20	21	22	23	24	25	26	27	28	29	30	31	32	33	34	35	36	37	38
郑州市	21	0.02	0	0.05	0	−0.01	−0.03	0	0	0	0	0	0	0	0	0	0	0	0	0
漯河市	22	−0.07	−0.08	0	−0.29	−0.06	−0.06	0	0	0	0	0	0	0	0	0	0	0	0	0
驻马店市	23	0	0	0.13	0	−0.01	−0.02	0.06	0	0	0	0	0	0	0	0	0	0	0	0
亳州市	24	0.01	0	0.02	0.01	0	−0.04	0	0.02	0.02	0.07	−0.01	0.02	0.02	0	0	0	0	0.02	0
阜阳市	25	0.02	0.01	0.02	0.02	0.03	0	0.03	0.03	0.03	0.03	0.01	0.01	0.03	0	0	0	0	0.05	0
信阳市	26	0	0	0	−0.43	0	−0.28	0	0	0	0	0	0	0	0	0	0	0	0	0
宿州市	27	0	0	0	0	−0.02	−0.03	0	0	0.05	0.24	−0.06	0.03	0.01	0	0.02	0	0	0.03	0
蚌埠市	28	0	0	0	0	−0.14	−0.26	0	−0.47	0	0	−0.24	0	−0.12	0	0	0	0	0.07	0
淮北市	29	0	0	0	0	−0.51	−0.25	0	−2.22	0	0	−1.56	0	0	0	0	0	0	0	0
徐州市	30	0	0	0	0	0	−0.01	0	0.06	0.03	0.16	0	0.06	0	0	0.02	0	0	0.02	0.02
宿迁市	31	0	0	0	0	−0.10	−0.10	0	−0.27	0	0	−0.47	0	0	0	−0.12	0	−0.10	0	0.13
六安市	32	0	0	0	0	−0.15	−0.36	0	−0.15	0.16	0	0	0	0	0	0	0	0	0.31	0
扬州市	33	0	0	0	0	0	0	0	0	0	0	0	0	0	0	−0.25	−1.04	−0.42	0	0
淮安市	34	0	0	0	0	0	0	0	−0.09	0	0	−0.14	0.08	0	0.08	0	0	−0.07	0	0.13
泰州市	35	0	0	0	0	0	0	0	0	0	0	0	0	0	0.38	0	0	−0.10	0	0
盐城市	36	0	0	0	0	0	0	0	0	0	0	0	0.05	0	0.09	0.05	0.06	0	0	0.06
淮南市	37	0	0	0	0	−0.06	−0.16	0	−0.11	−0.03	0	−0.06	0	−0.09	0	0	0	0	0	0
连云港市	38	0	0	0	0	0	0	0	0	0	0	0	0	0	0	0	0	0	0	0

附表 3-12 污染 sgn（*D*）矩阵

地名	编号	1	2	3	4	5	6	7	8	9	10	11	12	13	14	15	16	17	18	19	20	21	22	23	24	25	26	27	28	29	30	31	32	33	34	35	36	37	38
汶上县	1	0	−	0	0	0	0	0	0	0	0	0	−	−	+	−	0	0	0	0	0	0	0	0	0	0	0	0	0	0	−	0	0	0	0	0	0	0	0
巨野县	2	+	0	0	0	0	0	0	0	0	0	0	−	+	+	−	0	0	−	0	−	0	0	0	−	0	0	0	0	0	−	0	0	0	0	0	0	0	0
扶沟县	3	0	0	0	+	−	0	0	0	0	0	0	0	0	0	−	0	−	−	−	−	−	−	−	−	−	0	0	0	0	0	0	0	0	0	0	0	0	0
西平县	4	0	0	−	0	−	0	0	0	0	0	0	0	0	0	0	0	−	−	−	−	−	−	−	−	−	0	0	0	0	0	0	0	0	0	0	0	0	0
沈丘县	5	0	0	+	+	0	0	0	0	0	0	0	0	0	0	−	0	−	−	0	−	−	+	−	−	−	0	−	0	0	−	0	0	0	0	0	0	0	0
罗山县	6	0	0	0	0	0	0	0	0	0	0	0	0	0	0	0	0	0	0	0	0	0	0	0	0	0	0	0	0	0	0	0	0	0	0	0	0	0	0
蒙城县	7	0	0	0	0	0	0	0	+	+	0	0	0	0	0	0	0	0	−	0	0	0	0	0	−	−	0	−	−	+	−	0	0	0	0	0	0	+	0
灵璧县	8	0	0	0	0	0	0	−	0	0	0	0	0	0	0	0	0	0	0	0	0	0	0	0	−	−	0	−	−	−	−	−	0	0	−	0	0	0	0
寿县	9	0	0	0	0	0	0	−	0	0	0	0	0	0	0	0	0	0	0	0	0	0	0	0	−	−	0	−	−	0	−	0	−	0	0	0	0	−	0
盱眙县	10	0	0	0	0	0	0	0	0	0	0	−	0	0	0	0	0	0	0	0	0	0	0	0	0	0	0	0	0	0	0	−	0	0	−	0	0	0	0
射阳县	11	0	0	0	0	0	0	0	0	0	+	0	0	0	0	0	0	0	0	0	0	0	0	0	0	0	0	0	0	0	0	0	0	0	−	0	−	0	0
济宁市	12	+	+	0	0	0	0	0	0	0	0	0	0	+	+	−	+	0	−	0	+	0	0	0	−	−	0	+	0	+	−	+	0	0	0	0	0	0	0
曲阜市	13	+	−	0	0	0	0	0	0	0	0	0	−	0	+	−	−	0	0	0	0	0	0	0	0	0	0	0	0	0	−	0	0	0	0	0	0	0	0
兖州县	14	−	−	0	0	0	0	0	0	0	0	0	−	−	0	−	−	0	0	0	0	0	0	0	0	0	0	0	0	0	−	0	0	0	0	0	0	0	0
菏泽市	15	+	+	+	0	+	0	0	0	0	0	0	+	+	+	0	+	+	−	+	+	+	0	+	+	−	0	+	0	+	+	0	0	0	0	0	0	0	0
枣庄市	16	0	0	0	0	0	0	0	0	0	0	0	−	+	+	−	0	0	−	0	0	0	0	0	−	−	0	−	0	+	−	−	0	0	0	0	0	0	0
许昌市	17	0	0	+	+	+	0	0	0	0	0	0	0	0	0	−	0	0	−	+	−	−	+	−	−	−	0	0	0	0	0	0	0	0	0	0	0	0	0
周口市	18	0	+	+	+	+	+	+	0	0	0	0	+	0	0	+	+	+	0	+	+	+	+	+	+	+	+	+	+	+	+	0	+	0	0	0	0	+	0
平顶山市	19	0	0	+	+	0	0	0	0	0	0	0	0	0	0	−	0	−	−	0	−	−	+	−	−	−	0	0	0	0	0	0	0	0	0	0	0	0	0
开封市	20	0	+	+	+	+	0	0	0	0	0	0	−	0	0	−	0	+	−	+	0	−	+	−	−	−	0	0	0	0	0	0	0	0	0	0	0	0	0
郑州市	21	0	0	+	+	+	0	0	0	0	0	0	0	0	0	−	0	+	−	+	+	0	+	+	−	−	0	0	0	0	0	0	0	0	0	0	0	0	0

地名	编号	1	2	3	4	5	6	7	8	9	10	11	12	13	14	15	16	17	18	19	20	21	22	23	24	25	26	27	28	29	30	31	32	33	34	35	36	37	38
漯河市	22	0	0	+	+	−	0	0	0	0	0	0	0	0	0	0	0	−	−	−	−	−	0	−	−	−	0	0	0	0	0	0	0	0	0	0	0	0	0
驻马店市	23	0	0	+	+	+	+	0	0	0	0	0	0	0	0	−	0	+	−	+	+	−	+	0	−	−	+	0	0	0	0	0	0	0	0	0	0	0	0
亳州市	24	0	+	+	+	+	0	+	+	+	0	0	+	0	0	−	+	+	−	+	+	+	+	+	0	−	0	+	+	+	−	+	+	0	0	0	0	+	0
阜阳市	25	0	0	+	+	+	+	+	+	+	0	0	+	0	0	+	+	+	−	+	+	+	+	+	+	0	+	+	+	+	+	+	+	0	0	0	0	+	0
信阳市	26	0	0	0	0	0	+	0	0	0	0	0	0	0	0	0	0	0	−	0	0	0	0	−	0	−	0	0	0	0	0	0	0	0	0	0	0	0	0
宿州市	27	0	0	0	0	+	0	+	+	+	0	0	−	0	0	−	+	0	−	0	0	0	0	0	−	−	0	0	+	+	−	+	+	0	+	0	0	+	0
蚌埠市	28	0	0	0	0	0	0	+	+	+	0	0	0	0	0	0	0	0	−	0	0	0	0	0	−	−	0	−	0	0	−	0	−	0	0	0	0	+	0
淮北市	29	0	0	0	0	0	0	−	+	0	0	0	−	0	0	−	−	0	−	0	0	0	0	0	−	−	0	−	0	0	−	0	0	0	0	0	0	0	0
徐州市	30	+	+	0	0	+	0	+	+	+	0	0	+	+	+	−	+	0	−	0	0	0	0	0	+	−	0	+	+	+	0	+	0	0	+	0	0	+	+
宿迁市	31	0	0	0	0	0	0	0	+	0	+	0	−	0	0	0	+	0	0	0	0	0	0	0	−	−	0	−	0	0	−	0	0	0	−	0	−	0	+
六安市	32	0	0	0	0	0	0	0	0	+	0	0	0	0	0	0	0	0	−	0	0	0	0	0	−	−	0	−	+	0	0	0	0	0	0	0	0	+	0
扬州市	33	0	0	0	0	0	0	0	0	0	0	0	0	0	0	0	0	0	0	0	0	0	0	0	0	0	0	0	0	0	0	0	0	0	−	−	−	0	0
淮安市	34	0	0	0	0	0	0	0	+	0	+	+	0	0	0	0	0	0	0	0	0	0	0	0	0	0	0	−	0	0	−	+	0	+	0	+	−	0	+
泰州市	35	0	0	0	0	0	0	0	0	0	0	0	0	0	0	0	0	0	0	0	0	0	0	0	0	0	0	0	0	0	0	0	0	+	−	0	−	0	0
盐城市	36	0	0	0	0	0	0	0	0	0	0	+	0	0	0	0	0	0	0	0	0	0	0	0	0	0	0	0	0	0	0	+	0	+	+	+	0	0	+
淮南市	37	0	0	0	0	0	0	−	0	+	0	0	0	0	0	0	0	0	−	0	0	0	0	0	−	−	0	−	−	0	−	0	−	0	0	0	0	0	0
连云港市	38	0	0	0	0	0	0	0	0	0	0	0	0	0	0	0	0	0	0	0	0	0	0	0	0	0	0	0	0	0	0	0	0	0	0	0	0	0	0

附表 3-13　污染综合效用矩阵 U

地名	编号	1	2	3	4	5	6	7	8	9	10	11	12	13	14	15	16	17	18	19
汶上县	1	0.87	−0.16	0	0	0	0	0	0	0	0	0	−0.74	−0.09	−0.24	−0.03	0	0	0.01	0
巨野县	2	−0.06	0.77	−0.03	0	−0.01	0	0	0	0	0	0	−0.61	0	−0.19	−0.75	−0.03	0.01	0.06	−0.01
扶沟县	3	0	−0.03	0.69	−0.10	−0.31	−0.01	0	0.01	0	0	0	0.03	0	0.01	−0.05	0	−0.76	−0.58	−0.20
西平县	4	0	0.01	−0.09	0.71	−0.03	−0.05	0	0	0	0	0	−0.01	0	0	0.03	0	0.01	0.10	−0.09
沈丘县	5	0	−0.02	−0.10	−0.08	0.68	−0.04	−0.05	−0.02	−0.03	0	0	0.02	0	0	−0.03	−0.01	−0.03	−1.45	−0.01
罗山县	6	0	0	0	0	0	1.00	0	0	0	0	0	0	0	0	0	0	0	0	0
蒙城县	7	0	0	−0.01	−0.01	−0.06	−0.02	0.86	0	0.04	0	0	0.01	0	0	0.04	−0.01	0.02	0.11	0
灵璧县	8	0.01	0.01	0.01	0	0	0	−0.21	0.85	−0.06	−0.03	0.01	0.05	−0.01	0	0.04	−0.05	−0.01	0.11	0
寿县	9	0	0	0	0	0.01	0	−0.09	−0.01	0.76	0	0	0	0	0	0	0	0	0.05	0
盱眙县	10	0.01	0	0	0	0	0	0.04	−0.10	0.02	0.69	−0.33	0.02	0	0.01	−0.02	−0.03	0	−0.04	0
射阳县	11	0	0	0	0	0	0	0.01	−0.03	0	0.08	0.45	0	0	0	0	−0.01	0	−0.01	0
济宁市	12	0.07	0.02	0	0	0	0	0	0	0	0	0	0.46	0.04	0.17	−0.06	0	0	0	0
曲阜市	13	−0.07	−0.08	0	0	0	0	0	0.01	0	0	0	−0.40	0.93	−0.05	0.04	−0.07	0	0	0
兖州县	14	−0.15	−0.07	0	0	0	0	0	0.01	0	0	0	−0.81	−0.19	0.66	0.10	−0.04	0	0	0
菏泽市	15	0.03	0.15	0.02	0	0	0	0	0	0	0	0	−0.21	0.02	−0.03	0.83	0.01	0	−0.07	0.01
枣庄市	16	−0.08	−0.08	−0.01	0	−0.02	0	−0.02	−0.09	−0.02	−0.01	0.01	−0.32	0.10	0.04	−0.10	0.88	0.01	0	0
许昌市	17	0	−0.01	0.08	0.04	−0.06	−0.01	0	0	0	0	0	0.01	0	0	−0.03	0	0.86	−0.24	−0.02
周口市	18	0	0	0.05	0.03	0.09	0.01	0	0	0	0	0	0	0	0	−0.01	0	−0.06	0.59	−0.01
平顶山市	19	0	−0.01	0.01	0.06	−0.06	−0.02	0	0	0	0	0	0.01	0	0	−0.03	0	−0.15	−0.12	0.96
开封市	20	0	0.01	0.07	0.01	−0.03	−0.01	0	0	0	0	0	−0.01	0	0	−0.07	0	−0.06	−0.18	−0.01

地名	编号	1	2	3	4	5	6	7	8	9	10	11	12	13	14	15	16	17	18	19
郑州市	21	0	−0.01	0.05	0.02	−0.03	−0.01	0	0	0	0	0	0.01	0	0	−0.02	0	−0.02	−0.16	0.02
漯河市	22	0	0.01	−0.06	0.08	−0.07	−0.02	0	0	0	0	0	−0.01	0	0	0.03	0	−0.18	−0.09	−0.09
驻马店市	23	0	0	−0.01	0.18	−0.02	0.05	0	0	0	0	0	0	0	0	0	0	−0.03	−0.18	−0.01
亳州市	24	0	0.01	0.01	0	0.03	−0.01	0.04	0	0.02	0	0	−0.01	0	0	−0.03	0.01	−0.02	−0.20	0
阜阳市	25	0	0	0	0.01	0.04	0.03	0.06	0.03	0.06	0	0	0.01	0	0	0	0	0	−0.16	0.01
信阳市	26	0	0	−0.01	−0.09	−0.04	0.74	−0.02	−0.01	−0.01	0	0	0	0	0	0.01	0	0.04	−0.11	0.01
宿州市	27	0	−0.01	0	0	−0.01	0	0.03	0.05	0.01	0	0	0.02	−0.01	0	−0.01	−0.03	0	0.01	0
蚌埠市	28	0	0	0	0	−0.02	0	−0.04	−0.02	0.04	0	0	0.01	0	0	0.02	−0.01	0	0.02	0
淮北市	29	0	−0.01	0	0	−0.02	0.01	−0.11	−0.16	−0.05	0	0	0.06	−0.03	−0.02	−0.02	−0.17	0.01	0.03	0
徐州市	30	0	0	0	0	0	0	−0.01	0.04	0	0	0	−0.06	0.02	0	−0.02	0.06	0	0	0
宿迁市	31	−0.01	−0.01	0	0	−0.01	0	−0.04	0.04	−0.02	0.05	−0.04	−0.05	0	−0.01	0.02	0.06	0	0.04	0
六安市	32	0	0	−0.01	−0.01	−0.04	−0.01	−0.08	−0.03	0.30	0	0	0	0	0	0.01	0	0.01	−0.01	0
扬州市	33	0	0	0	0	0	0	0	−0.01	0	−0.03	−0.04	0	0	0	0	0	0	0	0
淮安市	34	0	0	0	0	0	0	−0.01	0.05	0	0.11	−0.03	0.01	0	0	0.01	−0.01	0	0.01	0
泰州市	35	0	0	0	0	0	0	0	0	0	−0.01	−0.03	0	0	0	0	0	0	0	0
盐城市	36	0	0	0	0	0	0	0	−0.01	0	0.04	0.18	0	0	0	0	0	0	0	0
淮南市	37	0	0	0	0	0	0	−0.04	−0.01	0.22	0	0	0	0	0	0	0	0	0.02	0
连云港市	38	0	0	0	0	0	0	0	0	0	0	0	0	0	0	0	0	0	0	0

附表 3-13　污染综合效用矩阵 ***U***（续表）

地名	编号	20	21	22	23	24	25	26	27	28	29	30	31	32	33	34	35	36	37	38
汶上县	1	0.01	0	0	0	0.02	0	0	0.01	0	−0.01	−0.02	−0.01	0	0	0	0	0	0	0
巨野县	2	−0.08	0	0	0	−0.07	0.03	0	0.04	0	−0.03	−0.02	0	0	0	0	0	0	0	0
扶沟县	3	−0.45	−0.23	−0.25	0.02	−0.06	0.09	−0.01	0.02	0	0	0.02	0	0	0	0	0	0	0	0
西平县	4	0.05	0.02	−0.45	−0.65	0.02	0.01	−0.03	0	0	0	0	0	0	0	0	0	0	0	0
沈丘县	5	−0.03	−0.02	−0.04	−0.05	−0.28	−0.24	−0.03	0.05	−0.02	−0.03	0.03	0	−0.01	0	0	0	0	−0.01	0
罗山县	6	0	0	0	0	0	0	0	0	0	0	0	0	0	0	0	0	0	0	0
蒙城县	7	0.01	0	0	0.03	−0.31	−0.63	−0.01	−0.50	−0.06	−0.14	0.01	−0.03	−0.02	0	0	0	0	−0.08	0
灵璧县	8	−0.01	0	0	0	0.05	−0.19	0	−0.49	−0.07	−0.20	−0.42	−0.18	0.01	−0.01	−0.11	0.01	−0.01	0.01	−0.05
寿县	9	0	0	0	0	0.01	−0.06	0	0.05	−0.06	0.01	0	0	−0.09	0	0	0	0	−0.55	0
盱眙县	10	0	0	0	0	0.01	0.03	0	0.14	0.02	0.09	0.37	−0.55	0	0.02	−1.03	0.04	0.94	0	−0.14
射阳县	11	0	0	0	0	0	0.01	0	0.04	0.01	0.02	0.10	−0.13	0	−0.11	−0.32	0.05	−1.05	0	−0.11
济宁市	12	0	0	0	0	0	0	0	0	0	0	−0.02	0	0	0	0	0	0	0	0
曲阜市	13	0.01	0	0	0	0.02	0	0	0.02	0	0	0.03	0.01	0	0	0	0	0	0	0
兖州县	14	0.01	0	0	0	0.01	0	0	0.01	0	0	0.04	0	0	0	0	0	0	0	0
菏泽市	15	0	0	−0.01	0.01	−0.02	0	0	0	0	0.01	−0.04	0	0	0	0	0	0	0	0
枣庄市	16	0.01	0	0	0.01	−0.09	0.02	0	−0.05	−0.02	−0.02	−0.77	−0.13	0	0	0.02	0	−0.01	0	−0.03
许昌市	17	−0.10	−0.09	0.05	−0.10	−0.02	−0.01	−0.01	0.01	0	0	0.01	0	0	0	0	0	0	0	0
周口市	18	−0.04	−0.02	0.02	−0.05	−0.04	−0.05	0.01	0	0	0	0	0	0	0	0	0	0	0	0
平顶山市	19	−0.06	−0.11	0.02	−0.17	−0.03	−0.02	−0.01	0.01	0	0	0.01	0	0	0	0	0	0	0	0
开封市	20	0.94	−0.05	0	−0.03	−0.03	−0.02	−0.01	0.01	0	0	0.01	0	0	0	0	0	0	0	0

地名	编号	20	21	22	23	24	25	26	27	28	29	30	31	32	33	34	35	36	37	38
郑州市	21	−0.03	0.97	0.01	−0.05	−0.02	−0.02	−0.01	0.01	0	0	0.01	0	0	0	0	0	0	0	0
漯河市	22	−0.01	−0.02	0.87	−0.29	0	0.01	−0.02	0	0	0	0	0	0	0	0	0	0	0	0
驻马店市	23	−0.01	−0.01	−0.01	0.78	−0.01	−0.03	0.04	0.01	0	0	0.01	0	0	0	0	0	0	0	0
亳州市	24	−0.01	−0.01	0	−0.01	0.93	−0.10	−0.01	−0.10	0.01	0.03	−0.07	0	0	0	0	0	0	0	0
阜阳市	25	0.01	0	0	−0.02	−0.04	0.87	0.02	−0.10	0.02	−0.01	−0.05	0	0.01	0	−0.01	0	0	0	0
信阳市	26	0.02	0.01	0	−0.31	0.03	−0.21	0.98	0.02	0	0	0.01	0	0	0	0	0	0	0	0
宿州市	27	0	0	0	0.01	−0.09	−0.10	0	0.65	0.02	0.10	−0.24	0	0	0	0	0	0	0	0
蚌埠市	28	0	0	0	0.01	−0.05	−0.13	0	−0.21	0.96	−0.07	−0.06	−0.01	−0.13	0	0	0	0	−0.02	0
淮北市	29	0	0	0	0	−0.16	0.12	0	−1.02	−0.05	0.64	−0.49	−0.01	0.01	0	0	0	0	−0.01	−0.01
徐州市	30	0	0	0	0	−0.05	−0.04	0	−0.21	0	0.08	0.76	0.02	0	0	0	0	0	0	0.02
宿迁市	31	0	0	0	0	−0.04	−0.05	0	−0.10	−0.02	−0.08	−0.37	0.91	0	−0.01	−0.19	0.01	0.04	0	0.09
六安市	32	0.01	0	0	0.02	−0.11	−0.35	−0.01	−0.06	0.11	−0.03	0.05	0	0.91	0	0	0	0	0.07	0
扬州市	33	0	0	0	0	0	0	0	0.01	0	0	0.01	0.01	0	0.70	−0.11	−0.74	−0.12	0	−0.02
淮安市	34	0	0	0	0	0.02	0	0	−0.05	−0.01	−0.03	−0.09	−0.04	0	0.05	0.79	−0.05	0	0	0.09
泰州市	35	0	0	0	0	0	0	0	0	0	0	0	0	0	0.26	−0.03	0.72	−0.10	0	−0.01
盐城市	36	0	0	0	0	0	0	0	0.01	0	0.01	0.02	−0.01	0	0.04	−0.12	−0.01	0.54	0	0.01
淮南市	37	0	0	0	0	−0.01	−0.10	0	−0.01	−0.06	−0.01	−0.01	0	−0.11	0	0	0	0	0.81	0
连云港市	38	0	0	0	0	0	0	0	0	0	0	0	0	0	0	0	0	0	0	1.00

附表 3-14 污染 sgn（*U*）矩阵

地名	编号	1	2	3	4	5	6	7	8	9	10	11	12	13	14	15	16	17	18	19	20	21	22	23	24	25	26	27	28	29	30	31	32	33	34	35	36	37	38
汶上县	1	+	−	+	+	+	+	+	−	+	−	+	−	−	−	−	−	−	+	−	+	−	+	−	+	+	+	+	+	−	−	−	+	+	+	−	−	+	−
巨野县	2	−	+	−	−	−	+	+	+	+	−	+	−	−	−	−	−	+	+	−	−	+	+	+	−	+	+	+	+	−	−	−	+	−	+	−	−	+	−
扶沟县	3	−	−	+	−	−	−	−	+	+	+	−	+	−	+	−	−	−	−	−	−	−	−	+	−	+	−	+	−	−	+	+	−	−	−	+	+	−	+
西平县	4	+	+	−	+	−	−	+	+	+	−	+	−	+	−	+	+	+	+	−	+	+	−	−	+	+	−	−	+	+	−	−	+	−	−	+	−	+	−
沈丘县	5	−	−	−	−	+	−	−	−	−	+	−	+	−	+	−	−	−	−	−	−	−	−	−	−	−	−	+	−	−	+	+	−	+	+	−	+	−	+
罗山县	6	0	0	0	0	0	+	0	0	0	0	0	0	0	0	0	0	0	0	0	0	0	0	0	0	0	0	0	0	0	0	0	0	0	0	0	0	0	0
蒙城县	7	+	+	−	−	−	−	+	+	+	−	+	+	+	+	+	−	+	+	−	+	+	−	+	−	−	−	−	−	−	+	−	−	−	−	+	−	−	−
灵璧县	8	+	+	+	+	−	−	−	+	−	−	+	+	−	+	+	−	−	+	−	−	−	+	−	+	−	−	−	−	−	−	−	+	−	−	+	−	+	−
寿县	9	−	−	+	+	+	−	−	−	+	+	−	−	−	−	−	−	−	+	−	−	−	+	−	+	−	−	+	−	+	−	+	−	+	+	−	+	−	+
盱眙县	10	+	+	−	−	+	+	+	−	+	+	−	+	+	+	−	−	+	−	+	+	+	−	+	+	+	+	+	+	+	+	−	−	+	−	+	+	+	−
射阳县	11	+	+	−	−	+	+	+	−	+	+	+	+	+	+	−	−	+	−	+	+	+	−	+	−	+	+	+	+	+	+	−	−	−	−	+	−	+	−
济宁市	12	+	+	−	−	−	+	−	−	−	+	−	+	+	+	−	−	+	+	−	−	+	+	+	−	−	+	+	−	−	−	+	+	−	−	+	+	−	−
曲阜市	13	−	−	+	+	+	−	+	+	+	+	−	−	+	−	+	−	−	+	+	+	−	+	−	+	+	−	+	+	−	+	+	−	−	−	+	+	+	+
兖州县	14	−	−	+	+	+	−	+	+	+	+	−	−	−	+	+	−	−	−	+	+	−	−	−	+	+	−	+	+	−	+	+	−	−	−	+	+	+	+
菏泽市	15	+	+	+	−	−	−	−	−	−	−	+	−	+	−	+	+	+	−	+	+	+	−	+	−	−	−	+	−	+	−	−	−	+	+	−	−	−	−
枣庄市	16	−	−	−	−	−	+	−	−	−	−	+	−	+	+	−	+	+	−	−	+	+	−	+	−	+	+	−	−	−	−	−	+	+	+	−	−	−	−
许昌市	17	−	−	+	+	−	−	−	+	−	+	−	+	−	+	−	−	+	−	−	−	−	+	−	−	−	−	+	−	−	+	+	−	+	+	−	+	−	+
周口市	18	−	−	+	+	+	+	+	−	−	+	+	+	+	+	−	+	−	+	−	−	−	+	−	−	−	+	−	+	+	−	−	+	+	+	−	−	+	−
平顶山市	19	−	−	+	+	−	−	−	−	−	+	−	+	−	+	−	−	−	−	+	−	−	+	−	−	−	−	+	−	−	+	+	−	+	+	−	+	−	+
开封市	20	−	+	+	+	−	−	−	−	−	+	−	−	−	−	−	−	−	−	−	+	−	−	−	−	−	−	+	−	−	+	+	−	+	+	−	+	−	+
郑州市	21	−	−	+	+	−	−	−	−	−	+	−	+	−	+	−	−	−	−	+	−	+	+	−	−	−	−	+	−	−	+	+	−	+	+	−	+	−	+

地名	编号	1	2	3	4	5	6	7	8	9	10	11	12	13	14	15	16	17	18	19	20	21	22	23	24	25	26	27	28	29	30	31	32	33	34	35	36	37	38
漯河市	22	+	+	−	+	−	−	+	+	+	−	+	−	+	−	+	+	−	−	−	−	−	+	−	+	+	−	+	+	+	+	+	−	−	−	+	+	−	−
驻马店市	23	−	−	−	+	−	+	−	−	−	+	−	+	−	+	−	−	−	−	−	−	−	−	+	−	−	+	+	−	−	+	+	−	+	+	−	+	−	+
亳州市	24	−	+	+	+	+	−	+	+	+	−	−	−	−	−	−	+	−	−	+	−	−	−	−	+	−	−	−	+	+	−	+	+	−	−	+	+	+	−
阜阳市	25	+	−	+	+	+	+	+	+	+	−	+	+	+	+	+	+	−	−	+	+	+	+	−	−	+	+	−	+	−	−	−	+	−	−	+	−	+	−
信阳市	26	+	+	−	−	−	+	−	−	−	+	−	−	+	−	+	−	+	−	+	+	+	−	−	+	−	+	+	−	+	+	+	−	+	+	−	+	−	+
宿州市	27	−	−	−	−	−	−	+	+	+	−	+	+	−	−	−	−	+	+	−	+	+	−	+	−	−	−	+	+	+	−	−	−	−	−	+	−	+	−
蚌埠市	28	+	+	−	−	−	−	−	−	+	−	+	+	−	+	+	−	+	+	−	+	+	−	+	−	−	−	−	+	−	−	−	−	+	+	−	−	−	−
淮北市	29	+	−	−	+	−	+	−	−	−	+	+	+	−	−	−	−	+	+	+	+	+	+	+	−	+	+	−	−	+	−	−	+	+	+	−	−	−	−
徐州市	30	−	−	−	−	−	−	−	+	−	+	−	−	+	+	−	+	+	−	−	+	+	−	+	−	−	−	−	+	+	+	+	−	+	+	−	+	+	+
宿迁市	31	−	−	+	+	−	−	−	+	−	+	−	−	+	−	+	+	−	+	−	+	−	+	+	−	−	−	−	−	−	−	+	+	−	−	+	+	−	+
六安市	32	+	+	−	−	−	−	−	−	+	+	−	−	+	+	+	+	+	−	−	+	+	−	+	−	−	−	−	+	−	+	−	+	+	+	−	+	+	+
扬州市	33	−	−	−	−	−	−	+	−	+	−	−	−	+	−	−	+	+	−	−	+	+	−	+	−	−	−	+	+	+	+	+	−	+	−	−	−	−	−
淮安市	34	+	+	+	+	+	+	−	+	−	+	−	+	−	+	+	−	−	+	+	−	−	+	−	+	+	+	−	−	−	−	−	+	+	+	−	+	−	+
泰州市	35	−	−	−	−	−	−	+	−	+	−	−	−	+	−	−	+	+	−	−	+	+	−	+	−	−	−	+	+	+	+	+	−	+	−	+	−	−	−
盐城市	36	+	−	−	−	+	+	+	−	+	+	+	−	+	+	−	+	+	−	+	+	+	−	+	−	+	+	+	+	+	+	−	−	+	−	−	+	+	+
淮南市	37	+	+	−	−	−	−	−	−	+	+	−	+	−	−	+	−	+	+	−	−	−	−	+	−	−	−	−	−	−	−	+	−	+	+	−	+	+	+
连云港市	38	0	0	0	0	0	0	0	0	0	0	0	0	0	0	0	0	0	0	0	0	0	0	0	0	0	0	0	0	0	0	0	0	0	0	0	0	0	+

附录 4　淮河流域距离空间权重矩阵

附表 4-1　淮河流域距离空间权重矩阵

地名	济宁市	曲阜市	兖州县	菏泽市	枣庄市	许昌市	周口市	平顶山市	开封市	郑州市	漯河市	驻马店市	亳州市	阜阳市	信阳市	宿州市	蚌埠市	淮北市	徐州市	宿迁市	六安市	扬州市	淮安市	泰州市	盐城市	淮南市	连云港市	汶上县	巨野县	扶沟县	西平县	沈丘县	罗山县	颍东区	蒙城县	埇桥区	灵璧县	寿县	盱眙县	金湖县	射阳县
济宁市	0	1	1	1	1	0	0	0	1	0	0	0	1	0	0	1	0	1	1	1	0	0	0	0	0	0	0	1	1	0	0	0	0	0	0	1	0	0	0	0	0
曲阜市	1	0	1	1	1	0	0	0	1	0	0	0	0	0	0	1	0	1	1	1	0	0	0	0	0	0	1	1	1	0	0	0	0	0	0	1	1	0	0	0	0
兖州县	1	1	0	1	1	0	0	0	1	0	0	0	1	0	0	1	0	1	1	1	0	0	0	0	0	0	0	1	1	0	0	0	0	0	0	1	1	0	0	0	0
菏泽市	1	1	1	0	1	1	1	0	1	1	1	0	1	1	0	1	0	1	1	0	0	0	0	0	0	0	0	1	1	1	0	1	0	1	1	1	0	0	0	0	0
枣庄市	1	1	1	1	0	0	0	0	0	0	0	0	1	0	0	1	1	1	1	1	0	0	1	0	0	0	1	1	1	0	0	0	0	0	1	1	1	0	1	0	0
许昌市	0	0	0	1	0	0	1	1	1	1	1	1	1	1	1	0	0	0	0	0	0	0	0	0	0	0	0	0	1	1	1	1	1	1	0	0	0	0	0	0	0
周口市	0	0	0	1	0	1	0	1	1	1	1	1	1	1	1	1	1	1	1	0	0	0	0	0	0	1	0	1	1	1	1	1	1	1	1	1	0	1	0	0	0
平顶山市	0	0	0	0	0	1	1	0	1	1	1	1	1	1	1	0	0	0	0	0	0	0	0	0	0	0	0	0	0	1	1	1	1	1	0	0	0	0	0	0	0
开封市	1	1	1	1	0	1	1	1	0	1	1	1	1	1	0	0	0	1	0	0	0	0	0	0	0	0	0	1	1	1	1	1	0	0	0	0	0	0	0	0	0
郑州市	0	0	0	1	0	1	1	1	1	0	1	1	0	0	0	0	0	0	0	0	0	0	0	0	0	0	0	0	1	1	1	1	0	0	0	0	0	0	0	0	0
漯河市	0	0	0	1	0	1	1	1	1	1	0	1	1	1	1	0	0	0	0	0	0	0	0	0	0	0	0	0	0	1	1	1	1	1	1	0	0	0	0	0	0
驻马店市	0	0	0	0	0	1	1	1	1	1	1	0	1	1	1	0	0	0	0	0	0	0	0	0	0	0	0	0	0	1	1	1	1	1	0	0	0	1	0	0	0
亳州市	1	0	1	1	1	1	1	1	1	0	1	1	0	1	0	1	1	1	1	0	1	0	0	0	0	1	0	1	1	1	1	1	0	1	1	1	1	1	0	0	0
阜阳市	0	0	0	1	0	1	1	1	1	0	1	1	1	0	1	1	1	1	0	1	1	0	0	0	0	1	0	0	0	1	1	1	1	1	1	1	0	1	0	0	0
信阳市	0	0	0	0	0	1	1	1	0	0	1	1	0	1	0	0	0	0	0	0	1	0	0	0	0	0	0	0	0	0	1	1	1	1	0	0	0	0	0	0	0
宿州市	1	1	1	1	1	0	1	0	0	0	0	0	1	1	0	0	1	1	1	1	1	0	1	0	0	1	1	0	1	1	0	1	0	1	1	1	1	1	1	1	0
蚌埠市	0	0	0	0	1	0	1	0	0	0	0	0	1	1	0	1	0	1	1	1	1	1	1	0	0	1	0	0	0	0	0	1	0	1	1	1	1	1	1	1	0
淮北市	1	1	1	1	1	0	1	0	1	0	0	0	1	1	0	1	1	0	1	1	0	0	1	0	0	1	1	1	1	1	1	1	0	1	1	1	1	1	1	1	0
徐州市	1	1	1	1	1	0	1	0	0	0	0	0	1	0	0	1	1	1	0	1	0	0	1	0	0	1	1	1	1	0	0	0	0	1	1	1	1	1	1	1	0

地名	济宁市	曲阜市	兖州县	菏泽市	枣庄市	许昌市	周口市	平顶山市	开封市	郑州市	漯河市	驻马店市	亳州市	阜阳市	信阳市	宿州市	蚌埠市	淮北市	徐州市	宿迁市	六安市	扬州市	淮安市	泰州市	盐城市	淮南市	连云港市	汶上县	巨野县	扶沟县	西平县	沈丘县	罗山县	颍东区	蒙城县	埇桥区	灵璧县	寿县	盱眙县	金湖县	射阳县
宿迁市	1	1	1	0	1	0	0	0	0	0	0	0	0	1	0	1	1	1	1	0	0	1	1	1	1	0	1	0	0	0	0	0	0	0	1	1	1	0	1	1	1
六安市	0	0	0	0	0	0	0	0	0	0	0	0	1	1	1	1	1	0	0	0	0	0	0	0	0	1	0	0	0	0	0	1	1	0	1	1	1	1	0	0	0
扬州市	0	0	0	0	0	0	0	0	0	0	0	0	0	0	0	0	1	0	0	1	0	0	1	1	1	0	1	0	0	0	0	0	0	0	0	0	1	0	1	1	1
淮安市	0	0	0	0	1	0	0	0	0	0	0	0	0	0	0	1	1	1	1	1	0	1	0	1	1	1	1	0	0	0	0	0	0	0	0	1	1	0	1	1	1
泰州市	0	0	0	0	0	0	0	0	0	0	0	0	0	0	0	0	0	0	0	1	0	1	1	0	1	0	1	0	0	0	0	0	0	0	0	0	0	0	1	1	1
盐城市	0	0	0	0	0	0	0	0	0	0	0	0	0	0	0	0	0	0	0	1	0	1	1	1	0	0	1	0	0	0	0	0	0	0	0	0	1	0	1	1	1
淮南市	0	0	0	0	0	0	1	0	0	0	0	0	1	1	0	1	1	1	1	0	1	0	1	0	0	0	0	0	0	0	0	1	0	1	1	1	1	1	1	0	0
连云港市	0	1	0	0	1	0	0	0	0	0	0	0	0	0	0	1	0	1	1	1	0	1	1	1	1	0	0	0	0	0	0	0	0	0	0	1	1	0	1	1	1
汶上县	1	1	1	1	1	0	1	0	1	0	0	0	1	0	0	0	0	1	1	0	0	0	0	0	0	0	0	0	1	0	0	0	0	0	0	0	0	0	0	0	0
巨野县	1	1	1	1	1	1	1	0	1	1	0	0	1	0	0	1	0	1	1	0	0	0	0	0	0	0	0	1	0	1	0	0	0	0	0	0	0	0	0	0	0
扶沟县	0	0	0	1	0	1	1	1	1	1	1	1	1	1	0	1	0	1	0	0	0	0	0	0	0	0	0	0	1	0	1	1	1	1	1	1	0	0	0	0	0
西平县	0	0	0	0	0	1	1	1	1	1	1	1	1	1	1	0	0	1	0	0	0	0	0	0	0	0	0	0	0	1	0	1	1	1	1	0	0	0	0	0	0
沈丘县	0	0	0	1	0	1	1	1	1	1	1	1	1	1	1	1	1	1	0	0	1	0	0	0	0	1	0	0	0	1	1	0	1	1	1	1	1	1	0	0	0
罗山县	0	0	0	0	0	1	1	1	0	0	1	1	0	1	1	0	0	0	0	0	1	0	0	0	0	0	0	0	0	1	1	1	0	1	0	0	0	0	0	0	0
颍东区	0	0	0	1	0	1	1	1	0	0	1	1	1	1	1	1	1	1	1	0	0	0	0	0	0	1	0	0	0	1	1	1	1	0	1	1	1	1	0	0	0
蒙城县	0	0	0	1	1	0	1	0	0	0	1	0	1	1	0	1	1	1	1	1	1	0	0	0	0	1	0	0	0	1	1	1	0	1	0	1	1	1	1	1	0
埇桥区	1	1	1	1	1	0	1	0	0	0	0	0	1	1	0	1	1	1	1	1	1	0	1	0	0	1	1	0	0	1	0	1	0	1	1	0	1	1	1	1	0
灵璧县	0	1	1	0	1	0	0	0	0	0	0	0	1	0	0	1	1	1	1	1	1	1	1	0	1	1	1	0	0	0	0	1	0	1	1	1	0	1	1	1	0
寿县	0	0	0	0	0	0	1	0	0	0	0	1	1	1	0	1	1	1	1	0	1	0	0	0	0	1	0	0	0	0	0	1	0	1	1	1	1	0	1	0	0
盱眙县	0	0	0	0	1	0	0	0	0	0	0	0	0	0	0	1	1	1	1	1	0	1	1	1	1	1	1	0	0	0	0	0	0	0	1	1	1	1	0	1	1
金湖县	0	0	0	0	0	0	0	0	0	0	0	0	0	0	0	1	1	1	1	1	0	1	1	1	1	0	1	0	0	0	0	0	0	0	1	1	1	0	1	0	1
射阳县	0	0	0	0	0	0	0	0	0	0	0	0	0	0	0	0	0	0	0	1	0	1	1	1	1	0	1	0	0	0	0	0	0	0	0	0	0	0	1	1	0

参考文献

北京市环境保护局，2014. 北京市 2012—2013 年度 $PM_{2.5}$ 来源综合解析结果[R]. http://www.bjepb.gov.cn/bjepb/323265/340674/396253/index.html.

北京市环境保护局，2016. 2015 年北京市环境状况公报[R]. http：//www.bjepb.gov.cn/bjepb/324122/4387663/index.html.

曹烁玮，2010. “癌症村”的困惑与出路——以浙江萧山坞里村为例[J]. 才智，19：169.

陈阿江，程鹏立，2011. “癌症-污染”的认知与风险应对——基于若干“癌症村”的经验研究[J]. 学海，(3)：30-41.

陈朝隆，陈烈，金丹华，2007. 区域产业链形成与演变的实证研究——以中山市小榄镇为例[J]. 经济地理，27（1）：64-67.

陈建铃，林伟明，刘燕娜，2016. 我国造纸产业出口贸易隐含碳研究[J]. 中国造纸，35（1）：47-51.

陈灵芝，1993. 中国的生物多样性现状及其保护对策[M]. 北京：科学出版社.

陈湘满，刘君德，2001. 论流域区与行政区的关系及其优化[J]. 人文地理，(4)：67-70.

陈竺，2008. 全国第三次死因回顾抽样调查报告[M]. 北京：中国协和医科大学出版社.

程红光，杨志峰，2001. 城市水污染损失的经济计量模型[J]. 环境科学学报，21（3）：318-322.

程松林，方毅，程林，等，2009. 江西武夷山自然保护区的雉类资源及其保护[J]. 海南师范大学学报（自然科学版），22（1）：83-85.

褚俊英，陈吉宁，王灿，2007. 城市居民家庭用水规律模拟与分析[J]. 中国环境科学，27（2）：273-278.

丹保宪仁，2002. 水文大循环和城市水环境代谢[J]. 给水排水，28（6）：1-5.

邓富亮，金陶陶，马乐宽，等，2016. 面向“十三五”流域水环境管理的控制单元划分方法[J]. 水科学进展，27（6）：909-917.

刁丽琳，2012. 合作创新中知识窃取和保护的演化博弈研究[J]. 科学学研究，30（5）：721-728.

丁文峰，张平仓，陈杰，2006. 城市化过程中的水环境问题研究综述[J]. 长江科学院院报，23（2）：21-24，49.

董丞妍，谭亚玲，罗明良，等，2014. 中国“癌症村”的聚集格局[J]. 地理研究，(11)：2115-2124.

董晓松，杨大力，2016. 中国的环境污染排放会遵循环境库兹涅茨曲线吗？[J]. 城市与环境研究，(2)：31-45.

董秀颖，王振龙，2012. 淮河流域水资源问题与建议[J]. 水文，32（4）：74-78.

杜巍，蔡萌，杜海峰，2010. 网络结构鲁棒性指标及应用研究[J]. 西安交通大学学报，44（4）：93-97.

段宁，2005. 物质代谢与循环经济[J]. 中国环境科学，25（3）：320-323.

方叠，2014. 中国主要城市空气污染对人群健康的影响研究[D]. 南京：南京大学.

高宏霞，杨林，付海东，2012. 中国各省经济增长与环境污染关系的研究与预测——基于环境库兹涅茨曲线的实证分析[J]. 经济学动态，40（1）：52-57.

高静，刘国光，2016. 全球贸易中隐含碳排放的测算、分解及权责分配——基于单区域和多区域投入产出法的比较[J]. 上海经济研究，（1）：34-43，70.

高明娟，田华峰，薛丽芳，2011. 城市化进程与水资源环境演化的关系研究[J]. 安徽农业科学，39（6）：3501-3503，3505.

高育仁，1996. 鼎湖山保护区白鹇的季节活动和结群行为[J]. 动物学报，42（S1）：74-79.

公丕芹，冯超，2013. 中国隐含能存量测算及政策启示[J]. 中国人口·资源与环境，23（9）：75-81.

龚勤林，2004. 区域产业链研究[D]. 成都：四川大学.

龚胜生，张涛，2013. 中国“癌症村”时空分布变迁研究[J]. 中国人口·资源与环境，23（9）：156-164.

龚兴涛，代佼，周国彪，2017. 攀枝花市环境质量变化与经济发展相关性分析——基于环境库兹涅茨曲线（EKC）特征[J]. 四川环境，36（3）：173-178.

顾朝林，庞海峰，2008. 基于重力模型的中国城市体系空间联系与层域划分[J]. 地理研究，27（1）：1-12.

郭书海，吴波，张玲妍，等，2018. 农产品重金属超标风险：发生过程与预警防控[J]. 农业环境科学学报，37（1）：1-8.

国家发展和改革委员会，2016. 中华人民共和国国民经济和社会发展第十三个五年规划纲要[EB/OL]. http：//ghs.ndrc.gov.cn/ghwb/gjwngh/201603/P020160318563802484164.pdf.

国家发展和改革委员会，环境保护部，2015. 京津冀协同发展生态环境保护规划[EB/OL]. http：//baike.baidu.com/item/京津冀协同发展生态环境保护规划.

国家环境保护总局，2006. 中国生态保护[EB/OL]. http：//www.zhb.gov.cn/download/200665111.pdf.

国家林业和草原局政府网，2020. 中国自然保护地[EB/OL]. http：//www.forestry.gov.cn/main/65/20200527/110735699913323.html.

国家统计局，2000. 中国2000年人口普查资料[EB/OL]. http：//www.stats.gov.cn/tjfx/fxbg/.

国家统计局，2006. 能源统计知识手册[M]. 北京：中国统计出版社.

国家统计局，2013. 中国统计年鉴2013[M]. 北京：中国统计出版社.

国家统计局能源统计司，2014.中国能源统计年鉴2013[M]. 北京：中国统计出版社.

国家质量监督检验检疫总局，2008. 综合能耗计算通则：GB/T 2589—2008[S].

国务院，2013. 大气污染防治行动计划[EB/OL]. http：//www.gov.cn/zwgk/2013-09/12/content_2486773.htm.

何振强，方诗标，陈永明，等，2017. 钱塘江感潮河段污染物迁移扩散数值分析[J]. 环境科学学报，37（5）：1668-1673.

河北省环境保护厅，2015. 河北部分省市 $PM_{2.5}$ 源解析[EB/OL]. http：//www.hb12369.net/hjzw/hbhbzxd/dq/201505/t20150515_46389.html.

河北省环境保护厅，2016. 2016 年河北省环境保护工作会议简报[R].

胡廷兰，杨志峰，程红光，等，2000. 一种水污染损失经济计量模型及其应用[J]. 北京师范大学学报（自然科学版），36（5）：706-710.

胡秀莲，2014. 中国 2012 年能流图和煤流图编制及能源系统效率研究报告[R]. 世界自然基金会.

淮洪九，2010. 中国煤炭可持续开发利用及环境对策研究[M]. 北京：中国矿业大学出版社.

环境保护部，2011. 国家环境保护“十二五”规划[R/OL]. http：//gcs.mep.gov.cn/hjgh/shierwu/.

环境保护部，2012. 环境空气质量标准：GB 3095—2012[S/OL]. http：//kjs.mep.gov.cn/hjbhbz/bzwb/dqhjbh/dqhjzlbz/201203/t20120302_224165.htm.

环境保护部，2014. 2013 年中国环境状况公报[EB/OL]. http：//mee.gov.cn/gkml/hbb/qt/201407/t20140707_278320.htm.

环境保护部，2015. 重点流域水污染防治规划（2016—2020 年）[R]. 北京：环境保护部污染防治司.

环境保护部，中国科学院，2015. 中国生物多样性红色名录——脊椎动物卷[R/OL]. http：//data.casearth.cn/sdo/detail/5c19a5680600cf2a3c557b5b.

黄国和，陈冰，秦肖生，2006. 现代城市“病”诊断、防治与生态调控的初步构想[J]. 厦门理工学院学报，14（3）：1-10.

黄体乾，2006. 淮河污染治理[J]. 合肥学院学报（自然科学版），（1）：36-39.

黄维，方俊华，2012. 河流中污染物迁移转化模型研究进展[J]. 南水北调与水利科技，10（6）：142-146，158.

黄莹，王良健，李桂峰，等，2009. 基于空间面板模型的我国环境库兹涅茨曲线的实证分析[J]. 南方经济，（10）：59-68.

冀健，宋双辉，2011. 我国城市水污染探析[C]//生态安全与环境风险防范法治建设——2011 年全国环境资源法学研讨会（年会）论文集（第二册）.

姜玲，汪峰，张伟，等，2017. 基于贸易环境成本与经济受益权衡的省际大气污染治理投入公平研究——以泛京津冀区域为例[J]. 城市发展研究，24（9）：72-80.

蒋雅真，毛显强，宋鹏，等，2015. 货物进口贸易对中国的资源环境效应研究[J]. 生态经济，31（10）：45-49，58.

蒋艳，彭期冬，骆辉煌，等，2011. 淮河流域水质污染时空变异特征分析[J]. 水利学报，42（11）：1283-1288.

蒋志刚，马克平，韩兴国，1997. 保护生物学[M]. 杭州：浙江科学技术出版社.

金贵，金磊，王占岐，等，2009. 基于引力模型的城市圈地价空间结构模型研究[J]. 安徽农业科学，(25)：12123-12124.

阚大学，罗良文，2013. 外商直接投资、人力资本与城乡收入差距——基于省级面板数据的实证研究[J]. 财经科学，(2)：110-116.

孔繁花，尹海伟，2008. 济南城市绿地生态网络构建[J]. 生态学报，28（4)：1711-1719.

雷平，高青山，赵连荣，2016. 经济发展与细颗粒物污染的关系——以中国 112 个环保重点城市为例[J]. 城市问题，(5)：56-62.

黎明，熊伟，2017. 基于环境库兹涅茨曲线的武汉市碳排放分析[J]. 湖北大学学报（哲学社会科学版)，44（1)：143-148.

李成艾，孟祥霞，2015. 水环境治理模式创新向长效机制演化的路径研究——基于“河长制”的思考[J]. 城市环境与城市生态，28（6)：34-38.

李方一，刘卫东，唐志鹏，2013. 中国区域间隐含污染转移研究[J]. 地理学报，68（6)：791-801.

李方一，肖夕，李兰兰，2017. 跨区域电力传输的隐含污染转移效应[C]//2017 年中国地理学会经济地理专业委员会学术年会论文摘要集. 中国地理学会经济地理专业委员会：1.

李刚，2007. 基于 Panel Data 和 SEA 的环境 Kuznets 曲线分析——与马树才、李国柱两位先生探讨[J]. 统计研究，(5)：54-59.

李龚，2016. 基于 $PM_{2.5}$ 指标的中国环境库兹涅茨曲线估计[J]. 统计与决策，(23)：21-25.

李纪宏，刘雪华，2006. 基于最小费用距离模型的自然保护区功能分区[J]. 自然资源学报，21(2)：217-224.

李莉娜，潘本锋，王帅，等，2017. 基于环境库兹涅茨曲线的中国城市环境空气质量主要影响因素[J]. 中国环境监测，33（5)：109-115.

李鹏涛，2017. 中国环境库兹涅茨曲线的实证分析[J]. 中国人口·资源与环境，27（5)：22-24.

李少聪，2015. 低碳经济下京津冀发展路径研究[D]. 石家庄：河北经贸大学.

李桐，李媛，2008. 流域与行政区域相结合的管理体制的探索[J]. 东北水利水电，26（7)：28-29.

李云良，姚静，李梦凡，等，2016. 鄱阳湖水流运动与污染物迁移路径的粒子示踪研究[J]. 长江流域资源与环境，25（11)：1748-1758.

林璐，2015. 西江流域水污染网络化治理研究[D]. 南宁：广西大学.

林亚森，2006. 东山县康美村地下水污染与村民癌症高发原因初探[J]. 海峡预防医学杂志，12(2)：31-32.

刘波，王力立，姚引良，2011. 整体性治理与网络治理的比较研究[J]. 经济社会体制比较，(5)：134-140.

刘晨，伍丽萍，1998. 水污染造成的经济损失分析计算[J]. 水利学报，(8)：43-46.

刘德海，陈静锋，2014. 环境群体性事件“信息-权利”协同演化的仿真分析[J]. 系统工程理论与实践，34（12)：3157-3166.

刘峰，2007. 中国进出口贸易能源消耗问题的研究[D]. 北京：清华大学.

刘继文，陈安宁，2012. 三岔河流域生态现状及污染防治的探索[J]. 城市建设理论研究（电子版），(16).

刘锦，2018. 城市人口“隐性收缩”与经济增长的交互影响研究——以广东省茂名市为例[J]. 哈尔滨工业大学学报（社会科学版），20（1）：133-140.

刘晶茹，王如松，王震，等，2003. 中国城市家庭代谢及其影响因素分析[J]. 生态学报，23(12)：2672-2676.

刘明辉，刘灿，2017. 长江流域城镇化外溢与环境库兹涅茨曲线[J]. 现代经济探讨，(6)：104-115.

刘佩莉，苏德隆，俞顺章，等，1985. 启东县不同饮水类型居民乙型肝炎血清流行病学调查——饮水与肝炎、肝癌的关系[J]. 上海第一医学院学报，(6)：427-434.

刘强，姜克隽，胡秀莲，2006. 碳税和能源税情景下的中国电力清洁技术选择[J]. 中国电力，39（9）：19-23.

刘孝富，舒俭民，张林波，2010. 最小累积阻力模型在城市土地生态适宜性评价中的应用——以厦门为例[J]. 生态学报，30（2）：421-428.

刘亚男，田义文，张明波，2013. 流域水环境管理中省际政府间协调机制的研究[J]. 西北林学院学报，28（6）：264-268.

刘耀彬，李仁东，宋学锋，2005. 城市化与城市生态环境关系研究综述与评价[J]. 中国人口·资源与环境，15（3）：55-60.

龙瀛，何永，张玉森，等，2006. 基于终端分析的北京市节约用水规划研究（上）[J]. 给水排水，32（1）：108-110.

卢楚雍，钟小辉，2009. 中国癌症村分布的时空规律分析[J]. 现代农业科学，(7)：243-244.

陆大道，1988. 区位论及区域研究方法[M]. 北京：科学出版社.

陆大道，2001a. 论区域的最佳结构与最佳发展——提出“点-轴系统”和“T”型结构以来的回顾与再分析[J]. 地理学报，56（2）：127-135.

陆大道，2001b. 城市居民住宅区位选择的因子分析[J]. 地理科学进展，20（3）：268-275.

罗思平，王灿，陈吉宁，2010. 中国国际贸易中隐含能的分析[J]. 清华大学学报（自然科学版），(3)：477-480.

马丽梅，史丹，2017. 京津冀绿色协同发展进程研究：基于空间环境库兹涅茨曲线的再检验[J]. 中国软科学，(10)：82-93.

马涛，2005. 中国对外贸易中的生态要素流分析[D]. 上海：复旦大学.

孟亚东，孙洪磊，2014. 京津冀地区“煤改气”发展探讨[J]. 国际石油经济，(11)：84-90.

宁远，钱敏，王玉太，2003. 淮河流域水利手册[M]. 北京：科学出版社.

庞洪涛，薛晓飞，翟丹丹，等，2017. 流域水环境综合治理 PPP 模式探究[J]. 环境与可持续发展，42（1）：77-80.

庞军，石媛昌，李梓瑄，等，2017. 基于 MRIO 模型的京津冀地区贸易隐含污染转移[J]. 中国环境科学，

37（8）：3190-3200.
彭本红，周叶，2008. 企业协同创新中机会主义行为的动态博弈与防范对策[J]. 管理评论，20（9）：3-8.
齐晔，李惠民，徐明，2008. 中国进出口贸易中的隐含能估算[J]. 中国人口·资源与环境，18（3）：69-75.
钱家忠，朱学愚，孙峰根，2000. 地下水代谢与水资源保护[J]. 工程勘察，（4）：26-28，43.
邱作舟，2016. PPP 项目社会风险涌现机理研究[D]. 南京：东南大学.
仇蕾，王瑜梁，陈曦，2006. 基于 Multi-agent 的排污权交易系统建模与仿真[J]. 科技管理研究，（6）：226-232.
仇伟光，李艳红，郇姗姗，2013. 辽河流域水环境管理对策研究[J]. 环境与可持续发展，38（3）：89-91.
全国肿瘤防治研究办公室，全国肿瘤登记中心，卫生部疾病预防控制局，2010. 中国肿瘤死亡报告：全国第三次死因回顾抽样调查[M]. 北京：人民卫生出版社.
全诗凡，2014. 基于区域产业链视角的区域经济一体化[D]. 天津：南开大学.
邵晨，胡一中，2005. 白鹇的夜栖息地选择及夜栖息行为[J]. 浙江林学院学报，22（5）：562-565.
沈炳珍，2014. 微观经济学[M]. 杭州：浙江大学出版社.
石秋池，2017. 加强流域管理与区域管理相结合的流域水环境管理[J]. 中华环境，（Z1）：67-69.
水利部淮河水利委员会，2001. 治淮汇刊（年鉴）[R]. 26-30.
宋锋华，2017. 经济增长、大气污染与环境库兹涅茨曲线[J]. 宏观经济研究，（2）：89-98.
宋旭，孙士宇，张伟，等，2017."水污染防治行动计划"实施背景下我国水环境管理优化对策研究[J]. 环境保护科学，43（2）：51-57.
孙昌兴，曹树青，2003. 环境污染转嫁探析——污染转嫁的内涵、途径、本质与调控[J]. 合肥工业大学学报（社会科学版），17（1）：120-127.
孙天昊，王妍，2016. "一带一路"战略下的经济互动研究——基于投入产出模型的分析[J]. 经济问题探索，（5）：114-120.
孙玮，2008. 中国能源贸易及对外贸易中的体现能分析[D]. 天津：南开大学.
孙月飞，2009. 中国癌症村的地理分布研究[D]. 武汉：华中师范大学.
谭炳卿，吴培任，宋国君，2005. 论淮河流域水污染及其防治[J]. 水资源保护，21（6）：4-10.
汤萃文，孙学刚，肖笃宁，2005. 甘肃省中国种子植物特有属物种多样性保护优先地区分析[J]. 生态学杂志，24（10）：1127-1133.
唐娟，马晓冬，朱传耿，等，2009. 淮海经济区的城市经济联系格局分析[J]. 城市发展研究，（5）：18-23.
陶庄，2010. 淮河流域"癌症村"归因于水的疾病负担研究[D]. 北京：中国疾病预防控制中心.
天津市环境保护局，2014. 天津市颗粒物源解析[R/OL]. http：//www.tjhb.gov.cn/news/news_headtitle/201410/t20141009_570.html.
天津市环境保护局，2016. 2015 年天津市环境空气质量状况报告[R/OL]. http：//www.tj.gov.cn/zwgk/

zwxx/zwdt/wbjdt/201601/t20160121_287698.htm.

田伟，谢丹，2017. 中国农业环境库兹涅茨曲线的检验与分析——基于碳排放的视角[J]. 生态经济，33（2）：37-40.

王赫，2011. 我国流域水环境管理现状与对策建议[J]. 环境保护与循环经济，31（7）：62-65.

王家庭，曹清峰，2014. 京津冀区域生态协同治理：由政府行为与市场机制引申[J]. 改革，（5）：116-123.

王黎君，胡以松，周脉耕，等，2009. 四个媒体报道"癌症高发村"所在县（区）的恶性肿瘤死亡水平和趋势分析[J]. 实用预防医学，16（6）：1740-1743.

王立平，李婷婷，胡义伟，2016. 经济增长、能源结构与工业污染——基于空间面板计量实证研究[J]. 工业技术经济，35（8）：3-11.

王岐山，熊成培，1989. 短尾猴黄山鱼鳞坑群四季巢区的研究[J]. 兽类学报，9（4）：239-246.

王绍芳，林景星，史世云，等，2001. 生态环境地质病：陕西一癌症村实例分析[J]. 环境保护，（5）：42-43，46.

王树义，2000. 流域管理体制研究[J]. 长江流域资源与环境，（4）：419-423.

王伟，张常明，陈璐，2016. 我国20个重点城市群经济发展与环境污染联动关系研究[J].城市发展研究，23（7）：70-81.

王学渊，何佩佩，王玲玲，等，2012. 工业污染对农村可持续发展的影响分析——以杭州萧山南阳镇坞里村为例[J]. 农村经济与科技，23（10）：18-21.

王亚华，吴丹，2012. 淮河流域水环境管理绩效动态评价[J]. 中国人口·资源与环境，22（12）：32-38.

王艳芳，2007. 淮河流域水污染问题及其治理[D]. 北京：对外经济贸易大学.

王艳妮，陈海，宋世雄，2016. 基于CR-BDI模型的农户作物种植行为模拟——以陕西省米脂县姜兴庄为例[J]. 地理科学进展，35（10）：1258-1268.

王勇，2016. 全行业口径下中国区域间贸易隐含虚拟水的转移测算[J].中国人口·资源与环境，26（4）：107-115.

王资峰，2010. 中国流域水环境管理体制研究[D]. 北京：中国人民大学.

韦倩，2010. 强互惠理论研究评述[J]. 经济学动态，（5）：106-111.

魏振林，李禾，芮玉奎，2008. X射线荧光光谱法分析癌症村土壤主量元素[J]. 光谱学与光谱分析，28（11）：2706-2707.

沃西里·里昂惕夫，1990. 投入产出经济学[M]. 崔书香，潘省初，谢鸿光，译. 北京：中国统计出版社.

吴林林，黄民生，邓泓，2006. 城市污染河流生物-生态治理研究与应用进展[J]. 净水技术，25（6）：11-15.

吴明，张瑗媛，李旭宏，2010. 基于经济联系势能模型的沪宁综合运输通道规划研究[J]. 公路交通科技，27（10）：153-158.

吴玉鸣，2007. 县域经济增长集聚与差异：空间计量经济实证分析[J]. 世界经济文汇，（2）：37-57.

伍大清，邵明，李俊，等，2015. 基于奖惩机制的协同多目标优化算法[J]. 计算机工程，41（10）：186-191，198.

肖俊霞，豆鹏鹏，彭惠玲，等，2017.“河长制”全面推行的实践与探索——以广东省肇庆市为例[J]. 中国资源综合利用，35（11）：106-108，111.

肖扬，2008. 生态旅游对自然保护区生物多样性保护的影响及对策[J]. 中国西部科技，7（36）：35，58-59.

熊成培，1984. 短尾猴的生态研究[J]. 兽类学报，4（1）：1-9.

熊成培，王岐山，1988. 短尾猴栖息地的季节变化[J]. 兽类学报，8（3）：176-183.

熊志斌，余登利，谭成江，等，2003. 茂兰自然保护区白鹇种群数量与栖息地保护[J]. 贵州大学学报（自然科学版），20（2）：200-204.

项春哲，2017. 中国环境污染空间转移及对策[J]. 科教导刊，（5）：153-154.

徐小杰，朱子阳，程覃思，2016. 新形势下中国环境质量与经济增长关系研究——基于环境库兹涅茨曲线的分析[J]. 中国能源，38（5）：6-11.

徐玉升，2009. 水污染与经济交互问题的研究[D]. 哈尔滨：哈尔滨理工大学.

徐志伟，2011. 海河流域水污染成因与多层次治理结构的制度选择[J]. 中国人口·资源与环境，21（S1）：431-434.

许可，陈鸿汉，2011. 地下水中三氮污染物迁移转化规律研究进展[J]. 中国人口·资源与环境，21（S2）：421-424.

许申来，2011. 城市化背景下滇池流域生态系统健康重建思考[J]. 云南地理环境研究，23（6）：70-73，85.

薛美云，2008. 基于势能模型的我国省会城市经济影响区的划分[J]. 晋阳学刊，（4）：55-58.

颜俊，2014. 淮河流域人口分布空间格局研究[J]. 信阳师范学院学报（自然科学版），（4）：525-528，533.

杨功焕，庄大方，2013. 淮河流域水环境与消化道肿瘤死亡图集[M]. 北京：中国地图出版社.

杨舒媛，魏保义，王军，等，2016.“以水四定”方法初探及在北京的应用[J]. 北京规划建设，（3）：100-103.

杨维，赵文吉，宫兆宁，等，2013. 北京城区可吸入颗粒物分布与呼吸系统疾病相关分析[J]. 环境科学，34（1）：237-243.

杨旭，王继富，万鲁河，等，2013. 大庆典型区域湿地水体污染物迁移变化特征研究[J]. 生态环境学报，22（5）：806-809.

杨阳，2018. 淮河流域水环境治理路径的整体性研究[J]. 四川环境，37（1）：72-77.

杨勇平，杨志平，徐钢，等，2013. 中国火力发电能耗状况及展望[J]. 中国电机工程学报，（23）：1-11，15.

杨志峰，刘静玲，等，2003. 环境科学概论[M]. 北京：高等教育出版社.

姚德龙，2008. 中国省域工业集聚的空间计量经济学分析[J]. 统计与决策，（3）：123-125.

姚引良，刘波，汪应洛，2009. 地方政府网络治理与和谐社会构建的理论探讨[J]. 中国行政管理，（11）：91-94.

易余胤，肖条军，盛昭瀚，2005. 合作研发中机会主义行为的演化博弈分析[J]. 管理科学学报，8（4）：80-87.

阴文杰，胡道洪，范鹏程，2017. 我国流域水环境管理存在问题分析及对策[J]. 污染防治技术，30（6）：80-83.

殷俊，2007. 淮河流域的几十个“癌症村”[J]. 乡镇论坛，（16）：22.

余嘉玲，张世秋，2009. 中国癌症村现象及折射出的环境污染健康相关问题分析[C]//中国环境科学学会2009年学术年会论文集（第三卷）. 中国环境科学学会：10.

余文刚，罗毅波，金志强，2006. 海南岛野生兰科植物多样性及其保护区域的优先性[J]. 植物生态学报，30（6）：911-918.

郁义鸿，2005. 产业链类型与产业链效率基准[J]. 中国工业经济，（11）：35-42.

袁加军，2010. 环境库兹涅茨曲线研究——基于生活污染和空间计量方法[J]. 统计与信息论坛，25（4）：9-15.

袁迎菊，2012. 煤炭产业链低碳演化机理及路径优化研究[D]. 北京：中国矿业大学.

张彩庆，龚运，2018. 基于系统动力学的京津冀沼气工程产业链协同规划模型研究[J]. 生态经济，34（1）：61-64.

张驰，2008. 淮河流域水污染防治的政府间合作管理模式构建研究[D]. 上海：同济大学.

张华，梁进社，2007. 产业空间集聚及其效应的研究进展[J]. 地理科学进展，26（2）：14-24.

张继承，2006. 我国流域水环境管理手段的发展趋势及政策建议[J]. 中国水利，（4）：14-16.

张婧，2015. 网络组织治理结构与治理绩效的关系研究——基于仿真模拟的方法[D]. 太原：山西财经大学.

张力小，冯悦怡，胡秋红，2013. 城市能源系统的体现能过程解析——以北京市为例[J]. 能源科学发展，1（3）：22-30.

张炜希，2016. 四川省对外贸易隐含碳测算及对策研究[J]. 现代经济信息，（3）：144-147.

张晓，1999. 中国环境政策的总体评价[J]. 中国社会科学，（3）：88-99.

张晓昱，晏瑜，2016. 资源枯竭型城市环境污染与经济增长关系研究——基于城际面板数据[J]. 商丘师范学院学报，32（5）：80-83.

张雪泽，2014. 淮河流域水环境政府管理主体系统研究[D]. 南京：南京工业大学.

张勋，乔坤元，2016. 中国区域间经济互动的来源：知识溢出还是技术扩散？[J]. 经济学（季刊），15（4）：1629-1652.

张一平，1998. 城市化与城市水环境[J]. 城市环境与城市生态，11（2）：20-22，27.

张玉霞，郝克宁，2005. 浅谈环境管制失效问题——以淮河治理为例[J]. 山东教育学院学报，20（2）：103-106.

赵春蓓，2010. 湘江流域水环境管理的法律机制研究[D]. 长沙：湖南大学.

赵剑峰，2011. 低碳经济视角下煤炭工业清洁利用分析及政策建议[J]. 煤炭学报，36（3）：514-518.

赵璟，党兴华，2012. 城市群空间结构演进与经济增长耦合关系系统动力学仿真[J]. 系统管理学报，21（4）：444-451.

赵祥，2016. 城市经济互动与城市群产业结构分析——基于珠三角城市群的实证研究[J]. 南方经济，（10）：109-120.

赵志裕，2016. 跨文化心理测量：文化变量的多样性与互动关系[J]. 中国社会心理学评论，11：146-161.

郑易生，2002. 环境污染转移现象对社会经济的影响[J]. 中国农村经济，（2）：68-75.

中国濒危物种科学委员会，1997. 生物多样性公约指南[M]. 北京：科学出版社.

《中国电力年鉴》编辑委员会，2013. 中国电力年鉴 2013[M]. 北京：中国电力出版社.

环境保护部，2008. 2007 年中国环境状况公报[EB/OL]. http：//www.mee.gov.cn/hjzl/zghjzkgb/lnzghjzkgb/201605/P020160526560006255479.pdf.

中国科学院生物多样性委员会，1994. 生物多样性研究的原理与方法[M]. 北京：中国科学技术出版社.

中国人与生物圈国家委员会，1998. 自然保护区与生态旅游[M]. 北京：中国科学技术出版社.

“中国生物多样性保护行动计划”总报告编写组，1994. 中国生物多样性保护行动计划[M]. 北京：中国环境科学出版社.

中华人民共和国恶性肿瘤地图集编委会，1979. 中华人民共和国恶性肿瘤地图集[M]. 北京：中华地图学社.

钟玉秀，刘宝勤，2008. 对流域水环境管理体制改革的思考[J]. 水利发展研究，（7）：10-14，31.

周力全，2008. 基于小世界网络理论的用户创新扩散研究[D]. 重庆：重庆大学.

周亮，徐建刚，2013. 大尺度流域水污染防治能力综合评估及动力因子分析——以淮河流域为例[J].地理研究，32（10）：1792-1801.

周亮，徐建刚，蒋金亮，等，2013. 淮河流域水环境污染防治能力空间差异[J]. 地理科学进展，32（4）：560-569.

周明，李科阳，李庚银，等，2009. 兼顾竞价和奖惩机制的节能发电调度方法[J]. 电网技术，33（6）：70-74.

周燕，张麒麟，付丽娜，等，2014. 信息公开机制控制搭便车行为的效果——实验证据[J]. 管理科学学报，17（4）：86-94.

周志田，杨多贵，2006. 虚拟能——解析中国能源消费超常规增长的新视角[J]. 地球科学进展，21（3）：320-323.

朱道才，吴信国，郑杰，2008. 经济研究中引力模型的应用综述[J]. 云南财经大学学报，24（5）：19-24.

朱玫，2017. 论河长制的发展实践与推进[J]. 环境保护，45（2-3）：58-61.

朱平辉，袁加军，曾五一，2010. 中国工业环境库兹涅茨曲线分析——基于空间面板模型的经验研究[J]. 中国工业经济，（6）：65-74.

左丹，2013. 基于空间面板模型的我国二氧化碳排放库兹涅茨曲线研究[D]. 成都：西南财经大学.

Abarca C，Albrecht U，Spanagel R，2002. Cocaine sensitization and reward are under the influence of circadian genes and rhythm[J]. Proceedings of the National Academy of Sciences of the United States of America，99（13）：9026-9030.

Abbott R，2006. Emergence explained：Abstractions：Getting epiphenomena to do real work[J]. Complexity，12（1）：13-26.

Aden N，Fridley D，Zheng N，2009. China's Coal：demand，constraints，and externalities[R/OL]. Lawrence Berkeley National Laboratory. http：//china.lbl.gov/publications/china%E2%80%99s-coaldemand-constraints-and-externalities.

Adriaensen F，Chardon J P，De Blust G，et al.，2003. The application of "least-cost" modeling as a functional landscape model[J]. Landscape and Urban Planning，64（4）：233-247.

Ahlfeldt G，2011. If Alonso was right：modeling accessibility and explaining the residential land gradient[J]. Journal of Regional Science，51（2）：318-338.

Alagador D，Cerdeira J O，2007. Designing spatially-explicit reserve networks in the presence of mandatory sites[J]. Biological Conservation，137（2）：254-262.

Al-Kharabsheh A，Ta'any R，2003. Influence of urbanization on water quality deterioration during drought periods at South Jordan[J]. Journal of Arid Environments，53（4）：619-630.

Allen G，2010. Cancer cluster in florida worries parents[EB/OL]. http：//www.npr.org/templates/story/story.php？storyId=125588073.

Allesina S，Bondavalli C，2003. Steady state of ecosystem flow networks：A comparison between balancing procedures[J]. Ecological Modelling，165（2-3）：221-229.

Allesina S，Bondavalli C，2004. WAND：An ecological network analysis user-friendly tool[J]. Environmental Modelling & Software，19（4）：337-340.

Anderson J H，Downs J A，Loraamm R，et al.，2017. Agent-based simulation of Muscovy duck movements using observed habitat transition and distance frequencies[J]. Computers，Environment and Urban Systems，61（Part A）：49-55.

Ando A，Camm J，Polasky S，et al.，1998. Species distribution，land values，and efficient conservation[J]. Science，279：2126-2128.

Anselin L，1988. Spatial Econometrics：Methods and Models[M]. Dordrecht：Kluwer Academic.

Anselin L，1992. Spatial data analysis with GIS：An introduction to application in the social sciences[R]. Technical Report 92-10，National Center for Geographic Information and Analysis.

Anselin L，2001. Rao's score test in spatial econometrics[J]. Journal of Statistical Planning and Inference，97（1）：113-139.

Anselin L，Hudak S，1992. Spatial econometrics in practice：A review of software options[J]. Regional Science and Urban Economics，22（3）：509-536.

Araújo M B，Williams P H，2000. Selecting areas for species persistence using occurrence data[J]. Biological Conservation，96（3）：331-345.

Arauzo-Carod J M，Liviano-Solis D，Manjón-Antolín M，2010. Empirical studies in industrial location：an assessment of their methods and results[J]. Journal of Regional Science，50（3）：685-711.

Arthur J L，Camm J D，Haight R G，et al.，2004. Weighing conservation objectives：Maximum expected converage versus endangered species protection[J]. Ecological Applications，14（6）：1936-1945.

Avgeris A，Kontogeorgos A，Sergaki P，et al.，2018. The 'reciprocity' game：A theoretical basis for measuring reciprocity in human socio-economic interactions[J]. International Journal of Social Sciences，7（1）：13-33.

Ayres R U，Schlesinger W H，Socolow R H，1994. Human impacts on the carbon and nitrogen cycles[R]//Soclow R H，Andrews C，Berkhout R，et al. Industrial Ecology and Global Change，New York：Cambridge University Press：121-155.

Baird D，Ulanowicz R E，1989. The seasonal dynamics of the Chesapeake Bay ecosystem[J]. Ecological Monographs，59（4）：329-364.

Balev S，Dutot A，Olivier D，2017. 4-Networking，networks and dynamic graphs[M]// Agent-based Spatial Simulation with NetLogo. ISTE Press：85-116.

Banitz T，Gras A，Ginovart M，2015. Individual-based modeling of soil organic matter in NetLogo：Transparent，user-friendly，and open[J]. Environmental Modelling & Software，71：39-45.

Barabási A L，Albert R，1999. Emergence of scaling in random networks[J]. Science，286：509-512.

Bata S A，Borrett S R，Patten B C，et al.，2007. Equivalence of throughflow- and storage-based environs[J]. Ecological Modelling，206（3-4）：400-406.

Bauer D M，Swallow S K，Paton P W C，2010. Cost-effective species conservation in exurban communities：A spatial analysis[J]. Resource and Energy Economics，32（2）：180-202.

Benoit G，Christophe L，Nicolas M，et al.，2017. NetLogo，an open simulation environment[R]//Banos A，Lang C，Marilleau N. Agent-based spatial simulation with NetLogo，1-36.

Bezzout H，Hsaini S，Azzouzi S，et al.，2017. Simulation of electromagnetic waves propagation in free space using Netlogo multi-agent approach[C]//International Conference on Big Data，Cloud and Applications. ACM：112.

Bodini A，Bondavalli C，2002. Towards a sustainable use of water resources：a whole-ecosystem approach using network analysis[J]. International Journal of Environment and Pollution，18：463-485.

Boongaling C G K，Faustino-Eslava D V，Lansigan F P，2018. Modeling land use change impacts on hydrology and the use of landscape metrics as tools for watershed management：the case of an ungauged catchment in the Philippines[J]. Land Use Policy，72：116-128.

Borrett S R，Fath B D，Patten B C，2007. Functional integration of ecological networks through pathway proliferation[J]. Journal of Theoretical Biology，245（1）：98-111.

Borrett S R，Osidele O O，2007. Environ indicator sensitivity to flux uncertainty in a phosphorus model of Lake Sidney Lanier，USA[J]. Ecological Modelling，200（3-4）：371-383.

Borrett S R，Patten B C，2003. Structure of pathways in ecological networks：relationships between length and number[J]. Ecological Modelling，170（2-3）：173-184.

Borrett S R，Whipple S J，Patten B C，et al.，2006. Indirect effects and distributed control in ecosystems：Temporal variation of indirect effects in a seven-compartment model of nitrogen flow in the Neuse River Estuary，USA−time series analysis[J]. Ecological Modelling，194（1-3）：178-188.

Boyle C E，2007. Water-borne illness in China. The Woodrow Wilson International Center for Scholars. A China Environmental Health Project Research Brief[R/OL]. http：//www.wilsoncenter.org/index.cfm?topic_id=1421&fuseaction=topics.item&news_id=272856.

Brandon K，Gorenflo L J，Rodrigues A S L，et al.，2005. Reconciling biodiversity conservation，people，protected areas，and agricultural suitability in Mexico[J]. World Development，33（9）：1403-1418.

Briers R A，2002. Incorporating connectivity into reserve selection procedures[J]. Biological Conservation，103（1）：77-83.

Buchberger S G，Carter J T，Lee Y H，et al.，2003. Random demands，travel times，and water quality in dead ends[R]. Denver：AWWARF.

Bunn A G，Urban D L，Keitt T H，2000. Landscape connectivity：A conservation application of graph theory[J]. Journal of Environmental Management，59（4）：265-278.

Burgess E W，1925. The growth of the city[C]//Park R E，Burgess E W，McKenzie R D. The City. Chicago：University of Chicago Press：47-62.

Cabeza M，2003. Habitat loss and connectivity of reserve networks in probability approaches to reserve design[J]. Ecology Letters，6：665-672.

Cabeza M，Araújo M B，Wilson R J，et al.，2004. Combining probabilities of occurrence with spatial reserve design[J]. Journal of Applied Ecology，41（2）：252-262.

Cabeza M，Moilanen A，2001. Design of reserve networks and the persistence of biodiversity[J]. Trends in Ecology & Evolution，16（5）：242-248.

Cabeza M，Moilanen A，2003. Site selection algorithms and habitat loss[J]. Conservation Biology，17（5）：1402-1413.

Cabeza M，Moilanen A，Possingham H P，2004. Metapopulation dynamics and reserve network design[C]//Hanski I，Gaggiotti O E. Ecology，Genetics，and Evolution of Metapopulations. Academic Press：541-564.

Cairns M R，Cox C E，Zambrana J，et al.，2017. Building multi-country collaboration on watershed management：lessons on linking environment and public health from the western balkans[J]. Reviews on Environmental Health，32（1-2）：15-22.

Camm J D，Polasky S，Solow A，et al.，1996. A note on optimal algorithms for reserve site selection[J]. Biological Conservation，78（3）：353-355.

Casler S D，1989. A theoretical context for shift and share analysis[J]. Regional Studies，23（1）：43-48.

Cerdeira J O，Gaston K J，Pinto L S，2005. Connectivity in priority area selection for conservation[J]. Environmental Modeling & Assessment，10（3）：183-192.

Cerdeira J O，Pinto L S，Cabeza M，et al.，2010. Species specific connectivity in reserve-network design using graphs[J]. Biological Conservation，143（2）：408-415.

Chavez P S，Sides S C，Anderson J A，1991. Comparison of three different methods to merge multiresolution and multispectral data：Landsat TM and SPOT panchromatic[J]. Photogrammetric Engineering & Remote Sensing，57（3）：295-303.

Chen B，Chen G Q，2006. Exergy analysis for resource conversion of the Chinese Society 1993 under the material product system[J]. Energy，31（8）：1115-1150.

Chen B，Chen G Q，Yang Z F，2006. Exergy-based resource accounting for China[J]. Ecological Modelling，196（3-4）：313-328.

Chen G Q，2005. Exergy consumption of the earth[J]. Ecological Modelling，184（2-4）：363-380.

Chen G Q，Jiang M M，Yang Z F，et al.，2009. Exergetic assessment for ecological economic system：Chinese agriculture[J]. Ecological Modelling，220（3）：397-410.

Chen G Q，Qi Z H，2007. Systems account of societal exergy utilization：China 2003[J]. Ecological Modelling，208（2-4）：102-118.

Chen G Q，Zhou J B，Jiang M M，2011. Embodied energy account of chinese economy 2002[C]//2010 International Workshop from the International Congress on Environmental Modeling and Software （iEMSs2010）. Procedia Environmental Sciences，5：184-198.

Chen S Q，Chen B，2015. Urban energy consumption：different insights from energy flow analysis，input-output analysis and ecological network analysis[J]. Applied Energy，138：99-107.

Chen Y Y，Ebenstein A，Greenstone M，et al.，2013. Evidence on the impact of sustained exposure to air pollution on life expectancy from China's Huai River policy[J]. Proceedings of the National Academy of Sciences，110（32）：12936-12941.

Chen Y，Pan J H，Xie L H，2011. Energy embodied in goods in international trade of China：Calculation and policy implications[J]. Chinese Journal of Population，Resources and Environment，9（1）：16-32.

Chen Z M，Chen G Q，Zhou J B，et al.，2010. Ecological input-output modeling for embodied resources and emissions in Chinese economy 2005[J]. Communications in Nonlinear Science and Numerical Simulation，15（7）：1942-1965.

Chiacchio F，Pennisi M，Russo G，et al.，2014. Agent-based modeling of the immune system：NetLogo，a promising framework[J]. BioMed Research International，907171.

Christensen V，Pauly D，1992. ECOPATH II—a software for balancing steady-state ecosystem models and calculating network characteristics[J]. Ecological Modelling，61（3-4）：169-185.

Christensen V，Pauly D，1993. Trophic models of aquatic ecosystems[C]. ICLARM Conference Proceedings，26：390.

Christensen V，Walters C J，2004. ECOPATH with ECOSIM：Methods，capabilities and limitations[J]. Ecological Modelling，172（2-4）：109-139.

Christian R R，Dame J K，Johnson G，et al.，2003. Monitoring and modeling of the Neuse River Estuary. Phase 2. Functional assessment of environmental phenomena through network analysis[R]. Releigh：UNC Water Resources Research Institute.

Christian R R，Luczkovich J J，1999. Organizing and understanding a winter's seagrass foodweb network through effective trophic levels[J]. Ecological Modelling，117（1）：99-124.

Church R L，Stoms D M，Davis F W，1996. Reserve selection as a maximal covering location problem[J]. Biological Conservation，76（2）：105-112.

Clarke G P，Kashti A，McDonald A，et al.，1997. Estimating small area demand for water：A new methodology[J]. Water and Environment Journal，11（3）：186-192.

Clemens M A，ReVelle C S，Williams J C，1999. Reserve design for species preservation[J]. European Journal of Operational Research，112（2）：273-283.

Cohen J E，Beaver R A，Cousins S H，et al.，1993. Improving food webs[J]. Ecology，74（1）：252-258.

Constable P，Kuasirikun N，2018. Gifting，exchange and reciprocity in Thai annual reports：Towards a Buddhist relational theory of Thai accounting practice[J]. Critical Perspectives on Accounting. 54：1-26.

Costanza R，1980. Embodied energy and economic valuation[J]. Science，210（4475）：1219-1224.

Costanza R，2002. New editor for Ecological Economics[J]. Ecological Economics，42（3）：351-352.

Costanza R，Neill C，1984. Energy intensities，interdependence，and value in ecological systems：A linear programming approach[J]. Journal of Theoretical Biology，106（1）：41-57.

Costello C，Polasky S，2004. Dynamic reserve site selection[J]. Resource and Energy Economics，26（2）：157-174.

Coughlin C C，Segev E，2000. Foreign direct investment in China：A spatial econometric study[J]. The World Economy，23（1）：1-23.

Courtesy of European Environment Agency，2013. EMEP/EEA emission inventory guidebook[R].

Csuti B，Polasky S，Williams P H，et al.，1997. A comparison of reserve selection algorithms using data on terrestrial vertebrates in Oregon[J]. Biological Conservation，80（1）：83-97.

Das A，Krishnaswamy J，Bawa K S，et al.，2006. Prioritisation of conservation areas in the Western Ghats，India[J]. Biological Conservation，133（1）：16-31.

Das S，2017. Watershed management for sustainable development[J]. Journal of the Geological Society of India，89（3）：351.

De Klerk H M，Fjeldsa J，Blyth S，et al.，2004. Gaps in the protected area network for threatened Afrotropical birds[J]. Biological Conservation，117（5）：529-537.

DeWolf T，Holvoet T，2005. Emergence versus self-organization：Different concepts but promising when combined[M]//Brueckner S，Di Marzo Serugendo G，Karageorgos A，et al. Engineering Self Organizing Systems：Methodologies and Applications. Berlin：Springer-Verlag：1-15.

Douglas I，Lawson N，2002. Material flows due to mining and urbanization[C]//Ayres R U，Ayres L W. A Handbook of Industrial Ecology. Cheltenham：Edward Elgar：351-364.

Drechsler M，2005. Probabilistic approaches to scheduling reserve selection[J]. Biological Conservation，122（2）：253-262.

Drechsler M，Lourival R，Possingham H P，2009. Conservation planning for successional landscapes[J]. Ecological Modelling，220（4）：438-450.

Driezen K，Adriaensen F，Rondinini C，et al.，2007. Evaluating least-cost model predictions with empirical dispersal data：A case-study using radiotracking data of hedgehogs（*Erinaceus europaeus*）[J]. Ecological Modelling，209（2-4）：314-322.

Dunne J A，2006. The network structure of food webs[C]//Pascual M，Dunne J A. Ecological Networks：Linking Structure to Dynamics in Food Webs. Oxford：Oxford University Press.

Dunne J A，Williams R J，Martinez N D，2002. Food-web structure and network theory：The role of connectance and size[J]. Proceedings of the National Academy of Sciences of the United States of America，99（20）：12917-12922.

Ebi K，Tol R S J，Yohe G，2017. Thoughts on the economics of secondary benefits between climate change mitigation and air pollution regulation[R]. Working Paper Series.

Eggers K，De Nil L F，van Den Bergh B R H，2008. Temperament and attentional processes in children who stutter[R]. Seminar presented at the First European Symposium on Fluency Disorders，Antwerp.

Elimam H，2017. How green economy contributes in decreasing the environment pollution and misuse of the limited resources？[J]. Environment and Pollution，6（1）：10.

Ertesvåg I S，2005. Energy，exergy，and extended-exergy analysis of the Norwegian society 2000[J]. Energy，30（5）：649-675.

Ertesvåg I S，Mielnik M，2000. Exergy analysis of the Norwegian society[J]. Energy，25（10）：957-973.

Fairbanks D H K，Benn G A，2000. Identifying regional landscapes for conservation planning：A case study from KwaZulu-Natal，South Africa[J]. Landscape and Urban Planning，50（4）：237-257.

Fankhauser S，Hepburn C，2010a. Designing carbon markets. Part I：Carbon markets in time[J]. Energy Policy，38（8）：4363-4370.

Fankhauser S，Hepburn C，2010b. Designing carbon markets. Part II：Carbon markets in space[J]. Energy Policy，38（8）：4381-4387.

Fath B D，2004a. Network analysis in perspective：comments on “WAND：an ecological network analysis user-friendly tool”[J]. Environmental Modelling & Software，19：341-343.

Fath B D，2004b. Distributed control in ecological networks[J]. Ecological Modelling，179（2）：235-245.

Fath B D，2004c. Network analysis applied to large-scale cyber-ecosystems[J]. Ecological Modelling，171（4）：329-337.

Fath B D，2006. Sustainable ecosystem patterns[C]. In：Modelling Socio-Natural Systems Symposium，Stockholm，Sweden，25 October.

Fath B D，2007a. Network mutualism：Positive community-level relations in ecosystems[J]. Ecological Modelling，208（1）：56-67.

Fath B D，2007b. Structural food web regimes[J]. Ecological Modelling，208（2-4）：391-394.

Fath B D，2007c. Community-level relations and network mutualism[J]. Ecological Modelling，208（1）：56-67.

Fath B D，2015. Quantifying economic and ecological sustainability[J]. Ocean & Coastal Management，108：13-19.

Fath B D，Borrett S R，2006. A MATLAB® function for network environ analysis[J]. Environmental Modelling

& Software，21（3）：375-405.

Fath B D，Halnes G，2007. Cyclic energy pathways in ecological food webs[J]. Ecological Modelling，208（1）：17-24.

Fath B D，Killian M C，2007. The relevance of ecological pyramids in community assemblages[J]. Ecological Modelling，208（2-4）：286-294.

Fath B D，Patten B C，1998. Network synergism：Emergence of positive relations in ecological systems[J]. Ecological Modelling，107（2-3）：127-143.

Fath B D，Patten B C，1999a. Quantifying resource homogenization using network flow analysis[J]. Ecological Modelling，123（2-3）：193-205.

Fath B D，Patten B C，1999b. Review of the foundations of network environ analysis[J]. Ecosystems，2：167-179.

Fath B D，Scharler U M，Ulanowicz R E，et al.，2009. Ecological network analysis：Network construction[J]. Ecological Modelling，208（1）：49-55.

Fehr E，Fischbacher U，Gächter S，2002. Strong reciprocity，human cooperation，and the enforcement of social norms[J]. Human Nature，13（1）：1-25.

Fehr E，Gachter S，2002. Altruistic punishment in humans[J]. Nature，415（6868）：137-140.

Finn J T，1977. Flow analysis：A method for tracing flows through ecosystem models[D]. Athens，Georgia：University of Georgia.

Fischer D T，Church R L，2003. Clustering and compactness in reserve site selection：An extension of the biodiversity management area selection model[J]. Forest Science，49（4）：555-565.

Fischer-Kowalski M，1998. Society's metabolism：The intellectual history of materials flow analysis，Part I，1860-1970[J]. Journal of Industrial Ecology，2（1）：61-78.

Forkes J，2007. Nitrogen balance for the urban food metabolism of Toronto，Canada[J]. Resources，Conservation and Recycling，52（1）：74-94.

Forrer J，Kee J E，Newcomer K E，2010. Public-private partnerships and the public accountability question[J]. Public Administration Review，70（3）：475-484.

Frédéric A，Eric D，Benoît G，et al.，2015. Introduction to NetLogo[M]//Banos A，Lang C，Marilleau N. Agent-based Spatial Simulation with NetLogo，75-123.

Freitag S，Van Jaarsveld A S，Biggs H C，1997. Ranking priority biodiversity areas：An iterative conservation value-based approach[J]. Biological Conservation，82（3）：263-272.

Fromm J，2005. Types and forms of emergence[EB/OL]. http：//arxiv.org/abs/nlin/ 0506028.

Fuller T，Munguia M，Mayfield M，et al.，2006. Incorporating connectivity into conservation planning：A multi-criteria case study from central Mexico[J]. Biological Conservation，133（2）：131-142.

Fuller T，Sánchez-Cordero V，Illoldi-Rangel P，et al.，2007. The cost of postponing biodiversity conservation in Mexico[J]. Biological Conservation，134（4）：593-600.

Gao M，Zhou L S，Chen Y J，et al.，2016. An alternative approach for high speed railway carrying capacity calculation based on multiagent simulation[J]. Discrete Dynamics in Nature and Society，4278073.

Gasparatos A，El-Haram M，Horner M，2009. Assessing the sustainability of the UK society using thermodynamic concept：Part 2[J]. Renewable and Sustainable Energy Reviews，13（5）：956-970.

Gattie D K，Schramski J R，Bata S A，2006. Analysis of microdynamic environ flows in an ecological network[J]. Ecological Engineering，28（3）：187-204.

Gattie D K，Schramski J R，Borrett S R，et al.，2006. Indirect effects and distributed control in ecosystems network environ analysis of a seven-compartment model of nitrogen flow in the Neuse River Estuary，USA—steady-state analysis[J]. Ecological Modelling，194（1-3）：162-177.

Gawande A，1999. The cancer-cluster myth[J]. The New Yorker，8：34-37.

Gbededo M A，Liyanage K，2018. Identification and alignment of the social aspects of sustainable manufacturing with the theory of motivation[J]. Sustainability，10：852.

Gerlach J，Blümel K W，Kneiphoff U，et al.，1999. Material aspects of tube-hydroforming[J]. Journal of Materials & Manufacturing：1069-1076.

Gintis，H，2000. Strong reciprocity and human sociality[J]. Journal of Theoretical Biology，206（2）：169-179.

Goodman M，Naiman J S，Goodman D，et al.，2012. Cancer clusters in the USA：What do the last twenty years of state and federal investigations tell us？[J]. Critical Reviews in Toxicology，42（6）：474-490.

Graedel T E，1996. On the concept of Industrial Ecology[J]. Annual Review of Energy and the Environment，21：69-98.

Graedel T E，Allenby B R，2013. Industrial Ecology[M]. Upper Saddle River：Prentice Hall.

Graedel T E，Allenby B R，2003. Industrial Ecology[M]. 2nd ed. Prentice Hall.

Hall C A S，2004. The continuing importance of maximum power[J]. Ecological Modelling，178（1-2）：107-113.

Hamaide B，Revelle C S，Malcolm S A，2006. Biological reserves，rare species and the trade-off between species abundance and species diversity[J]. Ecological Economics，56（4）：570-583.

Hannon B，1973. The structure of ecosystems[J]. Journal of Theoretical Biology，41（3）：535-546.

Hanski I，1998. Metapopulation dynamics[J]. Nature，396：41-49.

Hardy C，Graedel T E，2002. Industrial ecosystems as food webs[J]. Journal of Industrial Ecology，6（1）：29-38.

Harrison P，Spring D，MacKenzie M，et al.，2008. Dynamic reserve design with the union-find algorithm[J]. Ecological Modelling，215（4）：369-376.

Hellsten Y，Rufener N，Nielsen J J，et al.，2008. Passive leg movement enhances interstitial VEGF protein，endothelial cell proliferation，and eNOS mRNA content in human skeletal muscle[J]. American Journal of Physiology-Regulatory，Integrative and Comparative Physiology，294（3）：975-982.

Herczeg G，Akkerman R，Hauschild M Z，2018. Supply chain collaboration in industrial symbiosis networks[J]. Journal of Cleaner Production，171：1058-1067.

Herendeen R，1989. Energy intensity，residence time，exergy，and ascendency in dynamic ecosystems[J]. Ecological Modelling，48（1-2）：19-44.

Heymans J J，Baird D，2000. Network analysis of the northern Benguela ecosystem by means of NETWRK and ECOPATH[J]. Ecological Modelling，131（2-3）：97-119.

Heymans J J，Ulanowicz R E，Bondavalli C，2002. Network analysis of the South Florida Everglades gramminoid marshes and comparison with nearby cypress ecosystems[J]. Ecological Modelling，149（1-2）：5-23.

Higashi M，Patten B C，1989. Dominance of indirect causality in ecosystems[J]. The American Naturalist，133（2）：288-302.

Hirschman A O，1958. The Strategy of Economic Development[M]. New Haven：Yale University Press：38-41.

Huang S L，1998. Urban ecosystems，energetic hierarchies，and ecological economics of Taipei metropolis[J]. Journal of Environmental Management，52：39-51.

Huang S L，Lee C L，Chen C W，2006. Socioeconomic metabolism in Taiwan：Emergy synthesis versus material flow analysis[J]. Resources，Conservation and Recycling，48（2）：166-196.

Jacobs H E，Geustyn L C，Loubser B F，et al.，2004. Estimating residential water demand in southern Africa[J]. Journal of the South African Institution of Civil Engineers，46（4）：2-13.

Jaynes E T，1957. Information theory and statistical mechanics[J]. Physical Review，106：620-630.

Jiang Y，Swallow S K，Paton P W C，2007. Designing a spatially-explicit nature reserve network based on ecological functions：An integer programming approach[J]. Biological Conservation，140（3-4）：236-249.

Jørgensen S E，2000. Application of exergy and specific exergy as ecological indicators of coastal areas[J]. Aquatic Ecosystem Health and Management，3（3）：419-430.

Jørgensen S E，2001. Parameter estimation and calibration by use of exergy[J]. Ecological Modelling，146（1-3）：299-302.

Juutinen A，Monkkonen M，2004. Testing alternative indicators for biodiversity conservation in old-growth boreal forests：Ecology and economics[J]. Ecological Economics，50（1-2）：35-48.

Kahral F，Roland-Holst D，2008. Energy and exports in China[J]. China Economic Review，19（4）：649-658.

Kara S，Manmek S，Herrmann C，2010. Global manufacturing and the embodied energy of products[J]. CIRP Annals，59（1）：29-32.

Karsai I，Roland B，Kampis G，2016. The effect of fire on an abstract forest ecosystem：An agent based study[J]. Ecological Complexity，28：12-23.

Kati V，Devillers P，Dufrêne M，et al.，2004. Hotspots，complementarity or representativeness？ Designing optimal small-scale reserves for biodiversity conservation[J]. Biological Conservation，120（4）：471-480.

Kayvanfar V，Husseini S M M，Sajadieh M S，et al.，2018. A multi-echelon multi-product stochastic model to supply chain of small-and-medium enterprises in industrial clusters[J]. Computers & Industrial Engineering，115：69-79.

Kazanci C，2007. EcoNet：A new software for ecological modeling，simulation and network analysis[J]. Ecological Modelling，208（1）：3-8.

Kerley G I H，Pressey R L，Cowling R M，et al.，2003. Options for the conservation of large and medium-sized mammals in the Cape Floristic Region hotspot，South Africa[J]. Biological Conservation，112（1-2）：169-190.

Khan H F，Ethan Yang Y C，Xie H，et al.，2017. A coupled modeling framework for sustainable watershed management in transboundary river basins[J]. Hydrology and Earth System Sciences，21：6275-6288.

Kiester A R，Scott J M，Csuti B，et al.，1996. Conservation prioritization using GAP data[J]. Conservation Biology，10（5）：1332-1342.

Kingsland S E，2002. Creating a science of nature reserve design：Perspectives from history[J]. Environmental Modeling & Assessment，7（12）：61-69.

Knaapen J P，Scheffer M，Harms B，1992. Estimating habitat isolation in landscape planning[J]. Landscape and Urban Planning，23（1）：1-16.

Koralay N，Kara O，Kezik U，2018. Effects of run-of-the-river hydropower plants on the surface water quality in the Solakli stream watershed，Northeastern Turkey[J]. Water and Environment Journal，32（3）：412-421.

Landesmann M A，Stöllinger R，2019. Structural change，trade and global production networks：An ‘appropriate industrial policy’ for peripheral and catching-up economies[J]. Structural Change and Economic Dynamics，48：7-23.

LaRue M A，Nielsen C K，2008. Modelling potential dispersal corridors for cougars in midwestern North America using least-cost path methods[J]. Ecological Modelling，212（3-4）：372-381.

Lave L B，Cobas-Flores E，Hendrickson C T，et al.，1995. Using input-output analysis to estimate economy-wide discharges[J]. Environmental Science & Technology，29（9）：420A-426A.

Lawrence Livermore National Laboratory，2015. Energy flow charts[EB/OL]. https：//publicaffairs.llnl.gov/news/energy/energy.html.

Lee J T，Woddy S J，Thompson S，2001. Targeting sites for conservation：Using a patch-based ranking scheme to assess conservation potential[J]. Journal of Environmental Management，61（4）：367-380.

Lee L，2004. Asymptotic distributions of quasi-maximum likelihood estimators for spatial autoregressive models[J]. Econometrica，72（6）：1899-1925.

Lehtoranta V，Kosenius A-K，Seppälä E，2017. Watershed management benefits in a hypothetical，real intention and real willingness to pay approach[J]. Water Resources Management，31（13）：4117-4132.

Lenzen M，Dey C，Foran B，2004. Energy requirements of Sydney households[J]. Ecological Economics，49（3）：375-399.

Léontief W W，1941. The structure of the american economy，1919-1929：an empirical application of equilibrium analysis[M]. Cambridge：Harvard University Press.

Léontief W W，1951. The Structure of American Economy，1919-1939[M]. 2nd ed. New York：Oxford University Press.

Léontief W W，1966. Input-Output Economics[M]. New York：Oxford University Press.

Li H L，Li D H，Li T，et al.，2010. Application of least-cost path model to identify a giant panda dispersal corridor network after the Wenchuan earthquake—case study of Wolong Nature Reserve in China[J]. Ecological Modelling，221（6）：944-952.

Li H，Yang Z F，Liu G Y，et al.，2017. Analyzing virtual water pollution transfer embodied in economic activities based on gray water footprint：a case study[J]. Journal of Cleaner Production，161：1064-1073.

Li H，Zhang P D，He C Y，et al.，2007. Evaluating the effects of embodied energy in international trade on ecological footprint in China[J]. Ecological Economics，62（1）：136-148.

Li X C，Zhou Y，2013. Development policies，transfer of pollution abatement technology and trans-boundary pollution[J]. Economic Modelling，31：183-188.

Li X Y，Li G J，Wang H，et al.，2017. Empirical analysis on the relationship between industrial economy growth and environmental pollution of Sichuan Province[C]//Proceedings of the Tenth International Conference on Management Science and Engineering Management：891-900.

Lin Q Y，2017. China's pollution-intensive industry transfer path and driving factors—an empirical study based on spatial panel model[J]. iBusiness，9：13-30.

Liu G Y，Yang Z F，Chen B，et al.，2011. Ecological network determination of sectoral linkages，utility relations and structural characteristics on urban ecological economic system[J]. Ecological Modelling，222（15）：2825-2834.

Liu H T，Xi Y M，Ren B Q，et al.，2012. Embodied energy use in China's infrastructure investment from 1992 to 2007：Calculation and policy implications[J]. The Scientific World Journal：858103.

Liu L，2010. Made in China：Cancer villages[J]. Environment：Science and Policy for Sustainable Development，52（2）：8-21.

Liu X H，Li J H，2008. Scientific solutions for the functional zoning of nature reserves in China[J]. Ecological Modelling，215（1-3）：237-246.

Liu Z，Adams M，Walker T R，2018. Are exports of recyclables from developed to developing countries waste pollution transfer or part of the global circular economy？[J]. Resources Conservation and Recycling，136：22-23.

Lobanova E S，Finkelstein S，Herrmann R，et al.，2008. Transducin γ-subunit sets expression levels of α- and β-subunits and is crucial for rod viability[J]. The Journal of Neuroscience，28（13）：3510-3520.

Lobanova G，Fath B D，Rovenskaya E，2009. Exploring simple structural configurations for optimal network mutualism[J]. Communications in Nonlinear Science and Numerical Simulation，14（4）：1461-1485.

Lombard A T，Cowling R M，Pressey R L，et al.，1997. Reserve selection in a species-rich and fragmented landscape on the Agulhas Plain，South Africa[J]. Conservation Biology，11（5）：1101-1116.

Lombard A T，Johnson C F，Cowling R M，et al.，2001. Protecting plants from elephants：Botanical reserve scenarios within the Addo Elephant National Park，South Africa[J]. Biological Conservation，102（2）：191-203.

Lopez J E，Pfister C A，2001. Local population dynamics in metapopulation models：Implications for conservation[J]. Conservation Biology，15（6）：1700-1709.

Lund M P，2002. Performance of the species listed in the European Community "Habitats" Directive as indicators of species richness in Denmark[J]. Environmental Science & Policy，5（2）：105-112.

Ma K，Hu G Q，Spanos C J，2017. A cooperative demand response scheme using punishment mechanism and application to industrial refrigerated warehouses[J]. UC Berkeley：Center for Research in Energy Systems Transform-action（CREST）.

Mackey B G，Lindenmayer D B，2001. Towards a hierarchical framework for modeling the spatial distribution of animals[J]. Journal of Biogeography，28（9）：1147-1166.

Maddison D，2006. Environmental Kuznets curves：A spatial econometric approach[J]. Journal of Environmental Economics and Management，51（2）：218-230.

Mantajit N，2000. Environmental Geology in Thailand-programs and strategies[J]. Environmental Geology，39（7）：750-752.

Mao X F，Yang Z F，2012. Ecological network analysis for virtual water trade system：A case study for the

Baiyangdian Basin in Northern China[J]. Ecological Informatics，10：17-24.

Margules C R，Pressey R L，2000. Systematic conservation planning[J]. Nature，405（6783）：243-253.

Marianov V，Revelle C，Snyder S，2008. Selecting compact habitat reserves for species with differential habitat size needs[J]. Computers & Operations Research，35：475-487.

McDonnell M D，Possingham H P，Ball I R，et al.，2002. Mathematical methods for spatially cohesive reserve design[J]. Environmental Modeling & Assessment，7：107-114.

Memtsas D P，2003. Multiobjective programming methods in the reserve selection problem[J]. European Journal of Operational Research，150（3）：640-652.

Milia D，Sciubba E，2000. Exergy-based lumped simulation of complex systems：An interactive analysis tool[C]//Venere P. Proceedings of the Second International Workshop on Advanced Energy Studies：513-523.

Milia D，Sciubba E，2006. Exergy-based lumped simulation of complex systems：An interactive analysis tool[J]. Energy，31（1）：100-111.

Miller R E，Blair P D，1985. Input-Output Analysis：Foundations and Extensions[M]. Englewood Cliffs：Prentice-Hall.

Moilanen A，2004. SPOMSIM：Software for stochastic patch occupancy models of metapopulation dynamics[J]. Ecological Modelling，179（4）：533-550.

Moilanen A，2005. Methods for reserve selection：interior point search[J]. Biological Conservation，124（4）：485-492.

Moilanen A，2008. Two paths to a suboptimal solution-once more about optimality in reserve selection[J]. Biological Conservation，141（7）：1919-1923.

Moilanen A，Cabeza M，2002. Single-species dynamic site-selection[J]. Ecological Applications，12（3）：913-926.

Moilanen A，Cabeza M，2007. Accounting for habitat loss rates in sequential reserve selection：Simple methods for large problems[J]. Biological Conservation，136（3）：470-482.

Moilanen A，Franco A M A，Early R I，et al.，2005. Prioritizing multiple-use landscapes for conservation：Methods for large multi-species planning problems[J]. Proceedings of the Royal Society B：Biologica Sciences，272：1885-1891.

Moilanen A，Runge M C，Elith J，et al.，2006. Planning for robust reserve networks using uncertainty analysis[J]. Ecological Modelling，199（1）：115-124.

Moleshott J，des Lebens D K，1857. Mainz：Von Zabern，Kreislauf des Lebens（"The Circuit of Life"）[M]. Mainz，V. von Zabern.

Moore J，Balmford A，Allnutt T，et al.，2004. Integrating costs into conservation planning across Africa[J]. Biological Conservation，117（3）：343-350.

Moradi S，Limaei S M，2018. Multi-objective game theory model and fuzzy programing approach for sustainable watershed management[J]. Land Use Policy，71：363-371.

Moran P A P，1950. Notes on continuous stochastic phenomena[J]. Biometrika，37：17.

Myklestad A，Sætersdal M，2004. The importance of traditional meadow management techniques for conservation of vascular plant species richness in Norway[J]. Biological Conservation，118（2）：133-139.

Myrdal G，1957. Economic Theory and Under-developed Regions[M]. Gerald Duckworth & Co.，Ltd.

Nalle D J，Arthur J L，Sessions J，2002. Designing compact and contiguous reserve networks with a hybrid heuristic algorithm[J]. Forest Science，48（1）：59-68.

Nantel P，Bouchard A，Brouillet L，et al.，1998. Selection of areas for protecting rare plants with integration of land use conflicts：A case study for the west coast of Newfoundland，Canada[J]. Biological Conservation，84（3）：223-234.

Newbery D，2017. The economics of air pollution from fossil fuels[R]. Cambridge Working Papers in Economics.

Newman P W G，Birrell B，Holmes D，et al.，1996. Human settlements[R]//Australian State of the Environment Report. Canberra：Department of Environment，Sport and Territories.

O'Hanley J R，Church R L，Gilless J K，2007a. The importance of *in situ* site loss in nature reserve selection：Balancing notions of complementarity and robustness[J]. Biological Conservation，135（2）：170-180.

O'Hanley J R，Church R L，Gilless J K，2007b. Locating and protecting critical reserve sites to minimize expected and worst-case losses[J]. Biological Conservation，134（1）：130-141.

Oberholster P J，Botha A M，Cloete T E，2008. Biological and chemical evaluation of sewage water pollution in the Rietvlei nature reserve wetland area，South Africa[J]. Environmental Pollution，156（1）：184-192.

Odum H T，1983. Systems Ecology[M]. New York：John Wiley & Sons.

Oetting J B，Knight A L，Knight G R，2006. Systematic reserve design as a dynamic process：F-TRAC and the Florida Forever program[J]. Biological Conservation，128（1）：37-46.

Okadera T，Watanabe M，Xu K Q，2006. Analysis of water demand and water pollutant discharge using a regional input-output table：An application to the city of Chongqing，upstream of the Three Gorges Dam in China[J]. Economical Economics，58（2）：221-237.

Oliveira C，Antunes C H，2004. A multiple objective model to deal with economy-energy-environment interactions[J]. European Journal of Operational Research，153（2）：370-385.

Önal H，2004. First-best，second-best，and heuristic solutions in conservation reserve site selection[J].

Biological Conservation，115（1）：55-62.

Önal H，Briers R A，2002. Incorporating spatial criteria in optimum reserve network selection[J]. Proceedings of the Royal Society B：Biological Sciences，269（1508）：2437-2441.

Önal H，Briers R A，2003. Selection of a minimum-boundary reserve network using integer programming[J]. Proceedings of the Royal Society B：Biological Sciences，270（1523）：1487-1491.

Önal H，Briers R A，2005. Designing a conservation reserve network with minimal fragmentation：A linear integer programming approach[J]. Environmental Modeling & Assessment，10（3）：193-202.

Önal H，Briers R A，2006. Optimal selection of a connected reserve network[J]. Operations Research，54（2）：379-388.

Önal H，Wang Y C，2008. A graph theory approach for designing conservation reserve networks with minimal fragmentation[J]. Networks，51（2）：142-152.

Önal H，Yanprechaset P，2007. Site accessibility and prioritization of nature reserves[J]. Ecological Economics，60（4）：763-773.

Ord J K，Getis A，1995. Local spatial autocorrelation statistics：Distributional issues and an application[J]. Geographical Analysis，27（4）：286-306.

Overmars K P，de Koning G H J，Veldkamp A，2003. Spatial autocorrelation in multi-scale land use models[J]. Ecological Modelling，164（2-3）：257-270.

Pain D J，Fishpool L，Byaruhanga A，et al.，2005. Biodiversity representation in Uganda's forest IBAs[J]. Biological Conservation，125（1）：133-138.

Papaioannou D，Kalavrouziotis I K，Koukoulakis P H，et al.，2018. Interrelationships of metal transfer factor under wastewater reuse and soil pollution[J]. Journal of Environmental Management，216：328-336.

Patten B C，1978. Systems approach to the concept of environment[J]. The Ohio Journal of Science，78（4）：206-222.

Patten B C，1982. Environs：Relativistic elementary particles for ecology[J]. The American Naturalist，119（2）：179-219.

Patten B C，1985. Energy cycling in the ecosystem[J]. Ecological Modelling，28（1-2）：1-71.

Patten B C，1991. Network ecology：indirect determination of the life-environment relationship in ecosystems[M]//Higashi M，Burns T P. Theoretical Studies of Ecosystems：The Network Perspective. New York：Cambridge University Press：288-351.

Patten B C，1992. Energy，emergy and environs[J]. Ecological Modelling，62（1-3）：29-69.

Patten B C，1999. Holoecology：The Unification of Nature by Network Indirect Effects[M]. New York：Kluwer.

Patten B C，Bosserman R W，Finn J T，et al.，1976. Propagation of cause in ecosystems[M]//Patten B C.

Systems Analysis and Simulation in Ecology. New York：Academic Press.

Patten B C，Higashi M，1984. Modified cycling index for ecological applications[J]. Ecological Modelling，25（1-3）：69-83.

Patten B C，Higashi M，Burns T P，1990. Trophic dynamics in ecosystem networks：Significance of cycles and storage[J]. Ecological Modelling，51（1-2）：1-28.

Pauly D，Christensen V，Dalsgaard J，et al.，1998. Fishing down marine food webs[J]. Science，279（5352）：860-863.

Pawar S，Koo M S，Kelley C，et al.，2007. Conservation assessment and prioritization of areas in Northeast India：Priorities for amphibians and reptiles[J]. Biological Conservation，136（3）：346-361.

Pearce J L，Kirk D A，Lane C P，et al.，2008. Prioritizing avian conservation areas for the Yellowstone to Yukon Region of North America[J]. Biological Conservation，141（4）：908-924.

Pearson R G，Dawson T P，Liu C，2004. Modelling species distributions in Britain：A hierarchical integration of climate and land-cover data[J]. Ecography，27（3）：285-298.

Perovic D J，Gurr G M，Raman A，et al.，2010. Effect of landscape composition and arrangement on biological control agents in a simplified agricultural system：A cost-distance approach[J]. Biological Control，52（3）：263-270.

Phillips S J，2005. A brief tutorial on MaxEnt[EB/OL]. http：//www.cs.princeton.edu/~schapire/maxent/turorial/tutorial.doc.

Phillips S J，Anderson R P，Schapire R E，2006. Maximum entropy modeling of species geographic distributions[J]. Ecological Modelling，190（3-4）：231-259.

Pimm S L，Lawton J H，1998. Planning for biodiversity[J]. Science，279：2068-2069.

Polasky S，Camm J D，Garber-Yonts B，2001. Selecting biological reserves cost effectively：An application to terrestrial bertebrate conservation in Oregon[J]. Land Economics，77（1）：68-78.

Polasky S，Camm J D，Solow A R，et al.，2000. Choosing reserve networks with incomplete species information[J]. Biological Conservation，94：1-10.

Polasky S，Csuti B，Vossler C A，et al.，2001. A comparison of taxonomic distinctness versus richness as criteria for setting conservation priorities for North American birds[J]. Biological Conservation，97（1）：99-105.

Poulin M，Bélisle M，Cabeza M，2006. Within-site habitat configuration in reserve design：A case study with a peatland bird[J]. Biological Conservation，128（1）：55-66.

Pressey R L，Possingham H P，Day J R，1997. Effectiveness of alternative heuristic algorithms for identifying indicative minimum requirements for conservation reserves[J]. Biological Conservation，80（2）：207-219.

Pressey R L，Possingham H P，Logan V S，et al.，1999. Effects of data characteristics on the results of reserve selection algorithms[J]. Journal of Biogeography，26（1）：179-191.

Pressey R L，Possingham H P，Margules C R，1996. Optimality in reserve selection algorithms：When does it matter and how much？[J]. Biological Conservation，76（3）：259-267.

Price O，Woinarski J C Z，Liddle D L，et al.，1995. Patterns of species composition and reserve design for a fragmented estate：Monsoon rainforests in the Northern Territory，Australia[J]. Biological Conservation，74（1）：9-19.

Procter A，Mcdaniels T，Vignola R，2017. Using expert judgments to inform economic evaluation of ecosystem-based adaptation decisions：Watershed management for enhancing water supply for Tegucigalpa，Honduras[J]. Environment Systems and Decisions，37（4）：410-422.

Rabinowitz A，Zeller K A，2010. A range-wide model of landscape connectivity and conservation for the jaguar，*Panthera onca*[J]. Biological Conservation，143（4）：939-945.

Rahimifard S，Seow Y，Childs T，2010. Minimising embodied product energy to support energy efficient manufacturing[J]. CIRP Annals，59（1）：25-28.

Ray N，Burgman M A，2006. Subjective uncertainties in habitat suitability maps[J]. Ecological Modelling，195（3-4）：172-186.

Ray N，Lehmann A，Joly P，2002. Modeling spatial distribution of amphibian populations：A GIS approach based on habitat matrix permeability[J]. Biodiversity and Conservation，11（12）：2143-2165.

Rayfield B，Moilanen A，Fortin M-J，2009. Incorporating consumer-resource spatial interactions in reserve design[J]. Ecological Modelling，220（5）：725-733.

Riekhof M-C，Regnier E，Quaas M，2019. Economic growth，international trade，and the depletion or conservation of renewable natural resources[J]. Journal of Environmental Economics and Management，97：116-133.

Rodrigues A S L，Gaston K J，2002a. Maximising phylogenetic diversity in the selection of networks of conservation areas[J]. Biological Conservation，105（1）：103-111.

Rodrigues A S L，Gaston K J，2002b. Optimisation in reserve selection procedures— why not？[J]. Biological Conservation，107（1）：123-129.

Rodrigues A S L，Gregory R D，Gaston K J，2000. Robustness of reserve selection procedures under temporal species turnover[J]. Proceedings of the Royal Society B：Biological Sciences，267（1438）：49-55.

Rondinini C，Chiozza F，Boitani L，2006. High human density in the irreplaceable sites for African vertebrates conservation[J]. Biological Conservation，133（3）：358-363.

Rosen M A，Dincer I，1999. Exergy analysis of waste emissions[J]. International Journal of Energy Research，23（13）：1153-1163.

Rothley K D，1999. Designing bioreserve networks to satisfy multiple，conflicting demands[J]. Ecological Applications，9（3）：741-750.

Sabbadin R，Spring D，Rabier C-E，2007. Dynamic reserve site selection under contagion risk of deforestation[J]. Ecological Modelling，201（1）：75-81.

Santhi C，Srinivasan R，Arnold J，et al.，2006. A modeling approach to evaluate the impacts of water quality management plans implemented in a watershed in Texas[J].Environmental Modelling & Software，21（8）：1141-1157.

Santhi N，Horowitz T S，Duffy J F，et al.，2007. Acute sleep deprivation and circadian misalignment associated with transition onto the first night of work impairs visual selective attention[J]. PLoS ONE，2：e1233.

Saura S，Pascual-Hortal L，2007. A new habitat availability index to integrate connectivity in landscape conservation planning：comparison with existing indices and application to a case study[J]. Landscape and Urban Planning，83（2-3）：91-103.

Schaeffer R，Wirtshafter R M，1992. An exergy analysis of the Brazilian economy：From energy production to final energy use[J]. Energy，17（9）：841-855.

Scharler U M，Fath B D，2009. Comparing network analysis methodologies for consumer-resource relations at species and ecosystems scales[J]. Ecological Modelling，220（22）：3210-3218.

Schramski J R，Gattie D K，Patten B C，et al.，2006. Indirect effects and distributed control in ecosystems：distributed control in the environ networks of a seven-compartment model of nitrogen flow in the Neuse River Estuary，USA—steady-state analysis[J]. Ecological Modelling，194（1-3）：189-201.

Schramski J R，Gattie D K，Patten B C，et al.，2007. Indirect effects and distributed control in ecosystems：Distributed control in the environ networks of a seven-compartment model of nitrogen flow in the Neuse River Estuary，USA—time series analysis[J]. Ecological Modelling，206（1-2）：18-30.

Sciubba E，2001. Beyond thermoeconomics？ The concept of extended-exergy accounting and its application to the analysis and design of thermal systems[J]. Exergy Industrial Journal，1（2）：68-84.

Sciubba E，2003. Extended-exergy accounting applied to energy recovery from waste：The concept of total recycling[J]. Energy，28（13）：1315-1334.

Sciubba E，2004. From engineering economics to extended exergy accounting：A possible path from monetary to resource-based costing[J]. Journal of Industrial Ecology，8（4）：19-40.

Seewer J，2012. Child cancer cluster confounds tiny ohio town[EB/OL]. http：//www.nbcnews.com/id/40855275/ns/health-cancer/t/child-cancer-cluster-confounds-tiny-ohio-town/.

Shaikh F，Ji Q，Fan Y，2016. Evaluating China's natural gas supply security based on ecological network analysis[J]. Journal of Cleaner Production，139：1196-1206.

Shannon C E，1948. A mathematical theory of communication[J]. The Bell System Technical Journal，27（3）：379-423.

Shrestha A B，Wake C P，Mayewski P A，et al.，1999. Maximum temperature trends in the himalaya and its vicinity：an analysis based on temperature records from nepal for the period 1971-94[J]. Journal of Climate，12：2775-2786.

Siitonen P，Tanskanen A，Lehtinen A，2003. Selecting forest reserves with a multi-objective spatial algorithm[J]. Environmental Science & Policy，6（3）：301-309.

Simaika J P，Samways M J，2009. Reserve selection using Red Listed taxa in three global biodiversity hotspots：Dragonflies in South Africa[J]. Biological Conservation，142（3）：638-651.

Sklar E，2007. NetLogo，a multi-agent simulation environment[J]. Artificial Life，13（3）：303-311.

Snyder S A，Tyrell L E，Haight R G，1999. An optimization approach to selecting research natural areas in national forests[J]. Forest Science，45（3）：458-469.

Snyder S，Revelle C，Haight R G，2004. One- and two-objective approaches to an area-constrained habitat reserve site selection problem[J]. Biological Conservation，119（4）：565-574.

Stephan A，1999. Varieties of emergentism[J]. Evolution and Cognition，5（1）：49-59.

Strange N，Theilade I，Thea S，et al.，2007. Integration of species persistence，costs and conflicts：An evaluation of tree conservation strategies in Cambodia[J]. Biological Conservation，137（2）：223-236.

Strange N，Thorsen B J，Bladt J，2006. Optimal reserve selection in a dynamic world[J]. Biological Conservation，131（1）：33-41.

Sun L，Bai B F，Wang J，2018. Imaging theory of vectorial optical near field based on reciprocity of electromagnetism[C]. IEEE，2018 Conference on Lasers and Electro-Optics Pacific Rim（CLEO-PR）.

Sun Z D，Lotz T，Chang N B，2017. Assessing the long-term effects of land use changes on runoff patterns and food production in a large lake watershed with policy implications[J]. Journal of Environmental Management，204（Part 1）：92-101.

Surra C A，1985. Courtship types：Variations in interdependence between partners and social networks[J]. Journal of Personality and Social Psychology，49（2）：357-375.

Sutcliffe O L，Bakkestuen V，Fry G，et al.，2003. Modelling the benefits of farmland restoration：Methodology and application to butterfly movement[J]. Landscape and Urban Planning，63（1）：15-31.

Thakkar A K，Desai V R，Patel A，et al.，2017. Impact assessment of watershed management programmes on land use/land cover dynamics using remote sensing and GIS[J]. Remote Sensing Applications Society and Environment，5：1-15.

Tisue S，Wilensky U，2004. NetLogo：A simple environment for modeling complexity[C]. International

Conference on Complex Systems.

Tobler W R，1970. A computer movie simulating urban growth in the Detroit region[J]. Economic Geography，46：234-240.

Tole L，2006. Choosing reserve sites probabilistically：A Colombian Amazon case study[J]. Ecological Modelling，194（4）：344-356.

Tóth S F，Haight R G，Snyder S A，et al.，2009. Reserve selection with minimum contiguous area restrictions：an application to open space protection planning in suburban Chicago[J]. Biological Conservation，142（8）：1617-1627.

Ulanowicz R E，1980. A hypothesis on the development of natural communities[J]. Journal of Theoretical Biology，85（2）：223-245.

Ulanowicz R E，1983. Identifying the structure of cycling in ecosystems[J]. Mathematical Biosciences，65（2）：219-237.

Ulanowicz R E，1986. Growth and Development：Ecosystem Phenomenology[M]. New York：Springer-Verlag.

Ulanowicz R E，1997. Ecology：The Ascendent Perspective[M]. New York：Columbia University Press.

Ulanowicz R E，2004. Quantitative methods for ecological network analysis[J]. Computational Biology and Chemistry，28（5-6）：321-339.

Ulanowicz R E，Kemp W M，1979. Toward canonical trophic aggregations[J]. The American Naturalist，114（6）：871-883.

Ulanowicz R E，Puccia C J，1990. Mixed trophic impacts in ecosystems[J]. Coenoses，5（1）：7-16.

Ulanowicz R E，Tuttle J H，1992. The trophic consequences of oyster stock rehabilitation in Chesapeake Bay[J]. Estuaries，15：298-306.

Ulanowicz R E，Wolff W F，1991. Ecosystem flow networks：Loaded dice？[J]. Mathematical Biosciences，103（1）：45-68.

Urban D，Keitt T，2001. Landscape connectivity：A graph-theoretic perspective[J]. Ecology，82（5）：1205-1218.

Van Langevelde F，Claassen F，Schotman A，2002. Two strategies for conservation planning in human-dominated landscapes[J]. Landscape and Urban Planning，58（2-4）：281-295.

Vanderkam R P D，Wiersma Y F，King D J，2007. Heuristic algorithms vs. Linear programs for designing efficient conservation reserve networks：Evaluation of solution optimality and processing time[J]. Biological Conservation，137（3）：349-358.

Vasas V，Jordán F，2006. Topological keystone species in ecological interaction networks：Considering link quality and non-trophic effects[J]. Ecological Modelling，196（3-4）：365-378.

Virolainen K M，Virola T，Suhonen J，et al.，1999. Selecting networks of nature reserves：Methods do affect the long-term outcome[J]. Proceedings of the Royal Society B：Biological Sciences，266（1424）：1141-1146.

Vos C C，Verboom J，Opdam P F M，et al.，2001. Toward ecologically scaled landscape indices[J]. The American Naturalist，157（1）：24-41.

Wall G，1987. Exergy conversion in the Swedish society[J]. Resources and Energy，9（1）：55-73.

Wall G，1990. Exergy conversion in the Japanese society[J]. Energy，15（5）：435-444.

Walters C，Christensen V，Pauly D，1997. Structuring dynamic models of exploited ecosystems from trophic mass-balance assessments[J]. Reviews in Fish Biology and Fisheries，7：139-172.

Walters C，Pauly D，Christensen V，1999. Ecospace：Prediction of mesoscale spatial patterns in trophic relationships of exploited ecosystems，with emphasis on the impacts of marine protected areas[J]. Ecosystems，2：539-554.

Watts N，Amann M，Ayeb-Karlsson S，et al.，2018. The Lancet Countdown on health and climate change：From 25 years of inaction to a global transformation for public health[J]. The Lancet，391（10120）：581-630.

Wessels K J，Freitag S，van Jaarsveld A S，1999. The use of land facets as biodiversity surrogates during reserve selection at a local scale[J]. Biological Conservation，89（1）：21-38.

Whipple S J，Borrett S R，Patten B C，et al.，2007. Indirect effects and distributed control in ecosystems：Comparative network environ analysis of a seven-compartment model of nitrogen flow in the Neuse River estuary，USA—time series analysis[J]. Ecological Modelling，206（1-2）：1-17.

WHO，UNDP，2001. Environment and People's Health in China[R/OL]. http：//www.wpro.who.int/environmental_health/documents/docs/CHNEnvironmentalHealth.pdf.

Wiersma Y F，Nudds T D，2009. Efficiency and effectiveness in representative reserve design in Canada：The contribution of existing protected areas[J]. Biological Conservation，142（8）：1639-1646.

Wilensky U，1999. NetLogo[R/OL]. http：//ccl.northwestern.edu/netlogo/.

Wilhere G F，Goering M，Wang H L，2008. Average optimacity：An index to guide site prioritization for biodiversity conservation[J]. Biological Conservation，141（3）：770-781.

Williams D G，Baruch Z，2000. African grass invasion in the Americas：Ecosystem consequences and the role of ecophysiology[J]. Biological Invasions，2：123-140.

Williams J C，2008. Optimal reserve site selection with distance requirements[J]. Computers & Operations Research，35（2）：488-498.

Williamson P，Mitchell G，McDonald A T，2002. Domestic water demand forecasting：a static microsimulation approach[J]. Water and Environment Journal，16（4）：243-248.

Willis C K，Lombard A T，Cowling R M，et al.，1996. Reserve systems for limestone endemic flora of the Cape Lowland Fynbos：iterative versus linear programming[J]. Biological Conservation，77（1）：53-62.

Wilson K A，Westphal M I，Possingham H P，et al.，2005. Sensitivity of conservation planning to different approaches to using predicted species distribution data[J]. Biological Conservation，122（1）：99-112.

Winston M R，Angermeier P L，1995. Assessing conservation value using centers of population density[J]. Conservation Biology，9（6）：1518-1527.

Woinarski J C Z，Price O，Faith D P，1996. Application of a taxon priority system for conservation planning by selecting areas which are most distinct from environments[J]. Biological Conservation，76（2）：147-159.

Wolman A，1965. The metabolism of cities[J]. Scientific American，213（3）：179-190.

Wu Z W，Xu Z J，Zhang L Z，2014. Punishment mechanism with self-adjusting rules in spatial voluntary public goods games[J]. Communications in Theoretical Physics，62（5）：649-654.

Wulff F，Field J G，Mann K H，1989. Network Analysis in Marine Ecology：Methods and Applications[M]. Berlin：Springer-verlag：284.

Xing Q G，Chen C Q，Shi H Y，et al.，2008. Estimation of chlorophyll-a concentrations in the Pearl River Estuary using in situ hyperspectral data：A case study[J]. Marine Technology Society Journal，4（2）：555633.

Yohanis Y G，Norton B，2002. Life-cycle operational and embodied energy for a generic single-storey office building in the UK[J]. Energy，27（1）：77-92.

You Z，Yang H B，Fu M C，2018. Settlement intention characteristics and determinants in floating populations in Chinese border cities[J]. Sustainable Cities and Society，39：476-486.

Yu X，Sekhari A，Nongaillard A，et al.，2017. A LCIA Model considering pollution transfer phenomena[C]. IFIP International Conference on Product Lifecycle Management，409：365-374.

Zafra-Calvo N，Cerro R，Fuller T，et al.，2010. Prioritizing areas for conservation and vegetation restoration in post-agricultural landscapes：A Biosphere Reserve plan for Bioko，Equatorial Guinea[J]. Biological Conservation，143（3）：787-794.

Zhang Y L，2016. Dynamic mechanism of population transfer and its effect on food industries credit systems[J]. Acta Universitatis Cibiniensis Series E：Food Technology，20（2）：111-120.

Zhang Y，Lu H J，Fath B D，et al.，2016. Modelling urban nitrogen metabolic processes based on ecological network analysis：A case study in Beijing，China[J]. Ecological Modelling，337：29-38.

Zhang Y，Yang Z F，Fath B D，2010. Ecological network analysis of an urban water metabolic system：Model development，and a case study for Beijing[J]. Science of the Total Environment，408（20）：4702-4711.

Zhang Y，Yang Z F，Fath B D，et al.，2010. Ecological network analysis of an urban energy metabolic system：

Model development，and a case study of four Chinese cities[J]. Ecological Modelling，221（16）：1865-1879.

Zhang Y，Yang Z F，Yu X Y，2009. Ecological network and emergy analysis of urban metabolic systems：Model development，and a case study of four Chinese cities[J]. Ecological Modelling，220（1）：1431-1442.

Zhang Z H，2016. A simulation study on cooperation behavior using NetLogo software considering resource re-allocation[J]. Canadian Social Science，12（4）：20-26.

Zhao R，Xi B D，Liu Y Y，et al.，2017. Economic potential of leachate evaporation by using landfill gas：A system dynamics approach[J]. Resources，Conservation and Recycling，124：74-84.

Zhao R，Zhou X，Jin Q，et al.，2017. Enterprises' compliance with government carbon reduction labelling policy using a system dynamics approach[J]. Journal of Cleaner Production，163：303-319.

Zielinski W J，Carroll C，Dunk J R，2006. Using landscape suitability models to reconcile conservation planning for two key forest predators[J]. Biological Conservation，133（4）：409-430.

Blokker E J M，2006. Modelleren van afnamepatronen：beschrijving en evaluatie van simulatiemodel SIMDEUM[M]. Kiwa N V，Nieuwegein：Iningen University.